序

  笔者毕业于交通大学应用数学研究所博士班，高中第一次数学段考只考了十几分，班排名是最后一名，从成绩吊车尾到拿到博士学位，关键的转折是大三时期的一位教授，手把手教我怎么学数学。回首求学路，有时会希望如果早点开窍便能少走很多的冤枉路，这本书花了约两年的时间，将如何学数学的要领写进书里，希望学生们读完这本书时不只学会了微积分也知道怎么学数学。

  微积分教科书应该具备什么特色，从大纲是否能看出学习目标而不只是学习内容？每个艰深的定义与定理之后，如果只有一两题简单范例展示说明，当困难的习题做不出来，是因为例题不够多还是没有掌握题型变化的缘故？如果待会就要考试，合上手上的教材时还能够记住多少内容？本书有五个重点特色：

- 第一个特色是从大纲就能明白每个章节的学习目标，让微积分初学者翻阅这本书时就能清楚整个脉络。

- 第二个特色是每个章节在介绍范例之前，先展示说明共有几种重要题型的变化并且每个题型用几个步骤能够完成解题，因此，当练习所有范例之后才能化繁为简，透过题型的解题步骤掌握所有变化。

- 第三个特色是本书提供约两千题的范例，每道范例的解题过程皆展示最详细的解题步骤，因此不会出现跳几个解题步骤困扰读者的情况。

- 第四个特色是尽可能白话的介绍每章节的内容，希望让读者清楚整个全貌，以便了解哪些章节的内容有连动的关系以及哪些章节特别重要，例如罗比达法则在之后哪些章节的解题过程中还会用到。

- 第五个特色是有别于白话介绍书的内容，每道范例的解题过程需要绝对的严谨与精确，笔者于这两千多道范例的解题过程只用了"令"、"则"、"因为"、"所以"、"导致"做说明。期盼藉由这些特色能将微积分最细致的内容呈现给读者。

  笔者在担任实变函数论助教时，有位大学读经济系的外系同学来修课，刚开始写证明很像在讲故事，之后透过讨论慢慢抓到精髓，目前已从约翰霍普金斯的数学与统计研究所拿到博士学位，举这例子并不是想鼓励每个人当数学家，是希望每个学生能找到自己感兴趣的领域，学习永远都不会太晚。期待这本书能让唱歌唱通宵的学生们、忙于社团的学生们、练球练太晚的学生们、有男女朋友的学生们、学过微积分却忘的一乾二净的学生们在学习或复习上更有效率，科学的知识是宝贵的，每个人的时间也是宝贵！

代数符号

Notations	Definition	Examples	Explanation
$\equiv$	$A \equiv B$, indicates that A is defined by B	$f(x) \equiv x^2$	$f(x)$ is defined by x^2.
$:=$	$A := B$, indicates that A is defined by B	$f(x) := x^3$	$f(x)$ is defined by x^3.
∞	infinity	$\lim\limits_{n \to \infty} n^2 = \infty$	When n approaches infinity, n^2 also approaches infinity.
$\lfloor x \rfloor$	$\lfloor x \rfloor$ is the greatest integer that is less than or equal to x	$\lfloor 2.3 \rfloor = 2$, $\lfloor -2.3 \rfloor = -3$	2 is the greatest integer that is less than 2.3. -3 is the greatest integer that is less than -2.3.
$[x]$	$[x]$ is the greatest integer that is less than or equal to x	$[2.3] = 2$, $[-2.3] = -3$	2 is the greatest integer that is less than 2.3. -3 is the greatest integer that is less than -2.3.
$\sum$	Summation(Sigma)	$\sum\limits_{n=1}^{10} n = 55$	$1 + 2 + \cdots + 10 = 55$
$\prod$	continued multiplication (Pi)	$\prod\limits_{n=1}^{5} n = 120$	$1 \times 2 \dots \times 5 = 120$
e	$e := \sum\limits_{n=0}^{\infty} \frac{1}{n!}$, (Euler's number)	$e^2 \cdot e^3 = e^5$	Based on Exponential Law, $e^2 \cdot e^3 = e^5$.
π	$\pi = 3.1415926 \dots$ (Pi, Ratio of the circumference of a circle to its diameter)	$\sin\frac{\pi}{2} = 1$	When the angle of θ equals $\frac{\pi}{2}$, $\sin\theta$ equals 1

排列组合符号

Notations	Definition	Examples	Explanation
!	$n! = 1 \times 2 \times \ldots \times n$	$3!$	$3! = 1 \times 2 \times 3 = 6$
P_k^n	$P_k^n = \dfrac{n!}{(n-k)!}$	$P_2^5 = \dfrac{5!}{3!}$	$P_2^5 = \dfrac{5!}{3!} = 5 \times 4 = 20$
C_k^n	$C_k^n = \dfrac{n!}{k!\,(n-k)!}$	$C_2^5 = \dfrac{5!}{3!\,2!}$	$C_2^5 = \dfrac{5!}{3!\,2!} = 10$

集合符号

Notations	Definition	Examples	Explanation
{ }	set	$\{1,2,3,5\}$	The set consist of these elements 1,2,3,5.
$\cup$	union	$\{1,3\} \cup \{2,5\} = \{1,2,3,5\}$	Union of $\{1,3\}$ and $\{2,5\}$ is equal to $\{1,2,3,5\}$.
$\cap$	intersect	$\{1,3,5\} \cap \{1,2,5,7\} = \{1,5\}$	Intersection of $\{1,3,5\}$ and $\{1,2,5,7\}$ is equal to $\{1,5\}$.
$\subset$	subset	$\{1,5\} \subset \{1,3,5\}$	$\{1,5\}$ is the subset of $\{1,3,5\}$.
$\not\subset$	not a subset	$\{1,3,5\} \not\subset \{1,5\}$	Because $3 \notin \{1,5\}$, $\{1,3,5\}$ is not the subset of $\{1,5\}$.
$\subseteq$	subset or equal	$\{1,5\} \subseteq \{1,3,5\}$, $\{1,5\} \subseteq \{1,5\}$, $\{1,3,5\} \not\subseteq \{1,5\}$	$\{1,5\}$ is the subset of $\{1,3,5\}$. Because $\{1,5\} = \{1,5\}$, $\{1,5\} \subseteq \{1,5\}$. $\{1,3,5\}$ is not the subset of $\{1,5\}$.
A^c	A's complement set	$\sqrt{3} \in Q^c$	$\sqrt{3}$ can't be written in a fraction. Hence, it's an irrational number.
$A \backslash B$	A set, excluding $A \cap B$ elements	$\{1,3,5\} \backslash \{5,7\} = \{1,3\}$	The intersection for the two sets is $\{5\}$, so taking away $\{5\}$ from $\{1,3,5\}$ equals $\{1,3\}$.
$\in$	belong to	$a \in \{a,b,c\}$	a belongs to the set $\{a,b,c\}$.
$\notin$	does not	$d \notin \{a,b,c\}$	d doesn't belong to the set

	belong to		$\{a,b,c\}$.
N	positive integers	$N = \{1,2,3,\dots\}$, $3 \in N$	By definition, the set of positive integers is equal to $\{1,2,3,\dots\}$. 3 belong to the set of positive integers.
Z	integers	$Z = \{\dots,-2,-1,0,1,2,\dots\}$, $-2 \in Z$	By definition, we have $Z = \{\dots,-2,-1,0,1,2,\dots\}$. -2 belongs to the set of integers.
Q	rational numbers	$Q = \left\{\dfrac{m}{n} : m \in Z, n \in Z\backslash\{0\}\right\}$, $-\dfrac{4}{3} \in Q$	Rational numbers set includes all numbers with a fraction format. $-\dfrac{4}{3}$ is a rational number.
Q^c	irrational numbers	$\sqrt{3} \in Q^c$	$\sqrt{3}$ can't be written in a fraction. Hence, it's an irrational number.
R	real numbers	$R = Q \cup Q^c$, $-\dfrac{4}{3} \in R, \sqrt{3} \in R$	Real numbers are the union of irrational numbers and rational numbers. $-\dfrac{4}{3}$ is a real number, $\sqrt{3}$ is a real number

逻辑符号

Notations	Definition	Examples	Explanation
$\vee$	or	$x \in A \vee x \in B \Rightarrow x \in A \cup B$	If x belongs to A or B then x belongs to $A \cup B$.
$\wedge$	and	$x < 1 \wedge x > 0 \Rightarrow 0 < x < 1$	If $x < 1$ and $x > 0$ then $0 < x < 1$.
$\Rightarrow$	implies	$x < 1 \Rightarrow x < 2$	$x < 1$ implies $x < 2$.
$\Leftrightarrow$	if and only if	$|x| < 1 \Leftrightarrow -1 < x < 1$	If $|x| < 1$ then $-1 < x < 1$. Conversely, if $-1 < x < 1$

				then $|x| < 1$.
$\because$	because	$\because x < 1 \quad \therefore x < 2$		Because $x < 1, x < 2$.
$\therefore$	so	$\because x < 1 \quad \therefore x < 2$		$x < 1$, so $x < 2$.
$\forall$	for each	$\forall x \in Q, \exists m \in Z, n \in Z\backslash\{0\}$ s.t. $x = \dfrac{m}{n}$		By definition of ration numbers, for each rational number x, there extis $m \in Z, n \in Z\backslash\{0\}$ such that $x = \dfrac{m}{n}$.
$\exists$	There exists	$\forall x \in Q, \exists m \in Z, n \in Z\backslash\{0\}$ s.t. $x = \dfrac{m}{n}$		By definition of ration numbers, for each rational number x, there extis $m \in Z, n \in Z\backslash\{0\}$ such that $x = \dfrac{m}{n}$.

微积分符号

Notations	Definition	Examples	Explanation
$\lim\limits_{x \to c} f(x) = L$	$\forall \varepsilon > 0, \exists \delta > 0$ such that $0 < |x - c| < \delta$ $\Rightarrow |f(x) - L| < \varepsilon$	$\lim\limits_{x \to 2} x^2 = 4$	When x approaches 2, the limit of x^2 is 4
ε	epsilon	$\forall \varepsilon > 0$	for each $\varepsilon > 0$
δ	delta	$\forall \varepsilon > 0,$ $\exists \delta > 0 \; s.t. \dots$	for each $\varepsilon > 0,$ there exist $\delta > 0$ such that ....
e	$e := \sum\limits_{n=0}^{\infty} \dfrac{1}{n!},$ (Euler's number)	$\lim\limits_{x \to \infty} \left(1 + \dfrac{1}{x}\right)^x = e$	It can be proven with L'Hôpital's rule.
$f'(x)$	derivative	$(x^2)' = 2x$	x^2 has derivative $(x^2)' = 2x$.
$\dfrac{\partial f(x, y)}{\partial x}$	partial derivative	$\dfrac{\partial}{\partial x}(x^2 y) = 2xy$	$x^2 y$ has the partial derivative

			$\dfrac{\partial}{\partial x}(x^2 y) = 2xy.$
$\displaystyle\int$	integral	$\displaystyle\int 2x\,dx = x^2$	$2x$ has indefinite integral x^2.
$\displaystyle\iint$	double integral	Find $\displaystyle\iint_R ye^{xy}\,dA =?$	Find the double integral of ye^{xy} in the range R.
$\displaystyle\iiint$	triple integral	Find $\displaystyle\iiint_V x^2\,dV =?$	Find the triple integral of x^2 in the range V
$\displaystyle\oint$	closed contour / line integral	Find $\displaystyle\oint y^3\,dx + x^3\,dy$ $=?,\ C:x^2 + y^2 = r^2$	Find the closed line integral $\displaystyle\oint y^3\,dx + x^3\,dy$ $=?$, where $C:x^2 + y^2 = r^2$.
$\displaystyle\oiint$	closed surface integral	Find $\displaystyle\oiint_S \vec{F}\cdot\vec{n}\,dA =?,$ where $\vec{F} = (x, y, z)$	Find the closed surface integral $\displaystyle\oiint_S \vec{F}\cdot\vec{n}\,dA =?,$ $\vec{F} = (x, y, z).$

第五章　　定积分

　　与定积分有关的积分类型包含：瑕积分、多重积分、线积分、面积分…等，无论是何种类型，过程中或最终皆须计算定积分的值；此外，微积分第二基本定理是定积分与不定积分之间最重要的桥梁，也是连结所有不同积分最重要的定理；微积分第二基本定理告诉我们计算定积分时，相当于先求出不定积分接着于积分的上下界取值；瑕积分相当于求出定积分后再取极限值，多重积分则是藉由 Fubini's Theorem 将重积分转为计算多次定积分，线积分是相当于计算单变量的定积分，曲面积分则是藉由投影的手法将曲面积分转为重积分，再计算多次定积分的概念

　　定积分不只局限于字面上与积分有关的章节，下一章于判断无穷级数收敛或发散时所用到的积分检验法(Integral Test)，告诉我们可以藉由此检验法，将判断无穷级数收敛或发散的问题，转成判断瑕积分收敛或发散的问题；使用 Comparison Test 或 Limit Comparison Test 判断无穷级数收敛发散时，也常搭配积分检验法(Integral Test)使用；整体而言，除了第七章偏微分的应用之外，其余与定积分的关联性皆很高

　　为了介绍定积分的定义，接下来将先介绍上黎曼和、下黎曼和以及黎曼和；接着使用黎曼和结合极限的概念，定义什么是黎曼可积分(Riemann Integrable)与其基本性质，第一个性质告诉我们，对于两个可黎曼积分的函数而言，任意线性组合的定积分等于分别求出各自的定积分在作线性组合，此外，之后用来判断瑕积分收敛发散的 Comparison Test 或 Limit Comparison Test 则用到了第二个性质；了解黎曼可积分之后再了解黎曼可积分的充要条件，两个充要条件分别为函数需满足黎曼条件以及上黎曼积分等于下黎曼积分；这时候读者可能仍然无法具体说出哪些函数是黎曼可积分，而这部份可藉由连续函数为黎曼可积分函数的定理来帮忙回答这问题；一般来说，判断函数是否为黎曼可积分并不会从定义下手而是说明函数为连续函数，反之，于某区间不连续的函数仍有可能为黎曼可积分，因此，在推论的过程当中，若出现"因为函数不连续所以不是黎曼可积分"则为错误的论述

　　知道哪些函数为黎曼可积分之后，介绍微积分第一基本定理与微积分第二基本定理，当中，微积分第二基本定理告诉我们，在求定积分时，只需先求出被积分函数的反导函数，接着在上下界取值则等于定积分的值，简单来说，在前一章不定积分的每个范例当中，所有算出来的反导函数，只需在上下界取值则为其定积分的值

　　求黎曼和时，通常藉由定义将问题转为定积分求值的问题，当被积分函数较为复杂时，可能也须藉由变量代换法或分部积分法求值；当定积分的上下界为函数时，Leibniz 微分公式提供先积分再微分的一般式，考试类型包含：对定积分求微分式、分子分母出现积分式且同时趋近于零时、分子分母出现积分式且同时趋近于无穷大时、求积分式的极值、求积分式的反函数导数值…等，这部分的考题也常搭配罗比达法则一块使用

　　接着讨论瑕积分，瑕积分求值的问题相当于计算定积分后取极限的问题，因此瑕积分求值的方法，涵盖求定积分与求极限各种可能方法的所有组合；此外，在判断瑕积分是否收敛时，会藉由 Comparison Test 与 Quotient Test 这两个检验法来说明，倘若被积分函数较为复杂时，也需要搭配变量代换法与分部积分法一并使用；下一章判断正项级数是否收敛或判断交错级数是否为绝对收敛时，所使用的积分检验法、比较法(Comparison Test)、极限比较法(Limit Comparison Test)，相当于把问题转为判断瑕积分是否收敛的问题；此外，在求幂级数的收敛区间是否有包含端点时，也常使用积分检验法，即藉由判断所对应的瑕积分是否收敛来说明收敛区间是否有包含端点，因此读者需要有迅速且精确判断瑕积分是否收敛的能力，之后在处理无穷级数是否收敛以及求幂级数的收敛区间的时候才较为轻松

　　最后介绍积分的几何应用，包含求面积、求体积、求弧长与表面积，当中求面积又分为：给显函数求面积、给隐函数求面积、给参数式求面积以及给极坐标求面积

5.1 定积分的定义

【定义】闭区间$[a, b]$的分割(Partition)

假设 $P = \{x_0, x_1, x_2, \cdots, x_n\}$ 且 P 满足 $a = x_0 < x_1 < x_2 < \cdots < x_n = b$

则 P 为区间 $[a, b]$ 的一個分割 且 $\|P\| := \max\limits_{1 \leq i \leq n} \Delta x_i$

【定义】上黎曼和

假设 P 为区间 $[a, b]$ 的分割，函数 $f(x)$ 的上黎曼和定义为 $U(P, f) = \sum\limits_{i=1}^{n} \Delta x_i \sup\limits_{t \in [x_{i-1}, x_i]} f(t)$

【定义】下黎曼和

假设 P 为区间 $[a,b]$ 的分割，函数 $f(x)$ 的下黎曼和定义为 $L(P,f) = \sum_{i=1}^{n} \Delta x_i \inf_{t\in[x_{i-1},x_i]} f(t)$

底下的引理告诉我们，当分割越来越细时，上黎曼和会越来越小，下黎曼和会越来越大

【引理】

Assume P_2 为 P_1 的 refinement then $L(P_1,f) \leq L(P_2,f)$ and $U(P_2,f) \leq U(P_1,f)$

Proof:

Claim: $U(P_2,f) \leq U(P_1,f)$

Let P_2 contain only one more point than P_1 and denote it by a.

Assume a is in the jth subinterval of P_1, then

$$U(P_2,f) = \sum_{\substack{i=1 \\ i\neq j}}^{n} \Delta x_i \sup_{t\in[x_{i-1},x_i]} f(t) + (a - x_{j-1}) \sup_{t\in[x_{j-1},a]} f(t) + (x_j - a) \sup_{t\in[a,x_j]} f(t)$$

$\because \sup_{t\in[x_{j-1},a]} f(t) \leq \sup_{t\in[x_{j-1},x_j]} f(t)$ 且 $\sup_{t\in[a,x_j]} f(t) \leq \sup_{t\in[x_{j-1},x_j]} f(t)$ $\therefore U(P_2,f) \leq U(P_1,f)$

Claim: $L(P_1,f) \leq L(P_2,f)$

Let P_2 contain only one more point than P_1 and denote it by a.

Assume a is in the jth subinterval of P_1, then

$$L(P_2,f) = \sum_{\substack{i=1 \\ i\neq j}}^{n} \Delta x_i \inf_{t\in[x_{i-1},x_i]} f(t) + (a - x_{j-1}) \inf_{t\in[x_{j-1},a]} f(t) + (x_j - a) \inf_{t\in[a,x_j]} f(t)$$

$\because \inf_{t\in[x_{j-1},a]} f(t) \geq \inf_{t\in[x_{j-1},x_j]} f(t)$ 且 $\inf_{t\in[a,x_j]} f(t) \geq \inf_{t\in[x_{j-1},x_j]} f(t)$ $\therefore L(P_2,f) \geq L(P_1,f)$

【定义】 黎曼和

假设 P 为区间 $[a,b]$ 的分割，函数 $f(x)$ 的黎曼和定义为 $R(P,f,s) := \sum_{i=1}^{n} \Delta x_i f(s_i)$,

where $x_{i-1} \leq s_i \leq x_i, 1 \leq i \leq n$

【定义】 黎曼可积分(Riemann Integrable)

(i) 函数 $f(x)$ 于 $[a,b]$ 黎曼可积分(Riemann Integrable)

$\Leftrightarrow \exists\, I \in R$ satisfying the property: $\forall \varepsilon > 0, \exists$ Partition P_ε of $[a, b]$

s. t. $\forall$ Partition P finer than P_ε and $\forall s_i$ in $[x_{i-1}, x_i]$, we have $|R(P, f, s) - I| < \varepsilon$.

(ii) 此外，当 I 存在时，$\displaystyle\int_a^b f(x)dx := I$ 且称 $\displaystyle\int_a^b f(x)dx$ 存在

5.2 定积分的基本性质

求定积分的过程中时常用到第一个基本性质，此外，之后用来判断瑕积分收敛发散的 Comparison Test 或 Limit Comparison Test 则用到了第二个性质：

假设 $f(x)$ 和 $g(x)$ 于 $[a, b]$ 黎曼可积分

(i) $\displaystyle\int_a^b \alpha f(x) + \beta g(x)dx = \alpha \int_a^b f(x)dx + \beta \int_a^b g(x)dx\,,\forall\, \alpha, \beta \in R$

(ii) $f(x) \le g(x),\ \forall x \in [a, b] \Rightarrow \displaystyle\int_a^b f(x)dx \le \int_a^b g(x)dx$

Proof:

(i)

Let $h(x) = \alpha f(x) + \beta g(x)$ then $\forall$ partition P of $[a, b]$,

$$R(P, h, s) = \sum_{i=1}^{n} h(s_i)\Delta x_i = \sum_{i=1}^{n} (\alpha f(s_i) + \beta g(s_i))\Delta x_i$$

$$= \alpha \sum_{i=1}^{n} f(s_i)\Delta x_i + \beta \sum_{i=1}^{n} g(s_i)\Delta x_i = \alpha R(P, f, s) + \beta R(P, g, s),$$

Let $\varepsilon > 0$,

Choose P_ε^1 of $[a, b]$ s. t. $\left| \displaystyle\int_a^b f(x)dx - R(P, f, s) \right| < \dfrac{\varepsilon}{2|\alpha|},\quad \forall P$ is finer than P_ε^1

Choose P_ε^2 of $[a, b]$ s. t. $\left| \displaystyle\int_a^b g(x)dx - R(P, g, s) \right| < \dfrac{\varepsilon}{2|\beta|},\quad \forall P$ is finer than P_ε^2

Choose $P_\varepsilon^3 = P_\varepsilon^1 \cup P_\varepsilon^2$ then $\forall P$ is finer than P_ε^3, we have

$$\left| R(P, h, s) - \alpha \int_a^b f(x)dx - \beta \int_a^b f(x)dx \right|$$

$$= \left| \alpha R(P, f, s) + \beta R(P, g, s) - \alpha \int_a^b f(x)dx - \beta \int_a^b f(x)dx \right|$$

$$< |\alpha|\left|\int_a^b f(x)dx - R(P,f,s)\right| + |\beta|\left|\int_a^b g(x)dx - R(P,g,s)\right| < \varepsilon$$

$$\Rightarrow \int_a^b \alpha f(x) + \beta g(x)dx = \alpha \int_a^b f(x)dx + \beta \int_a^b g(x)dx \,, \forall\, \alpha, \beta \in R$$

(ii)

Let P be any partition of $[a,b]$

$$\text{then } R(P,f,s) = \sum_{i=1}^n f(s_i)\Delta x_i \leq \sum_{i=1}^n g(s_i)\Delta x_i = R(P,g,s)$$

$\because f(x)$ 和 $g(x)$ 于 $[a,b]$ 黎曼可积分,

Let $\varepsilon > 0$ and choose partition P_ε of $[a,b]$ s.t. $\forall P$ is finer than P_ε

$$\therefore \left|\int_a^b f(x)dx - R(P,f,s)\right| < \frac{\varepsilon}{2} \text{ and } \left|\int_a^b g(x)dx - R(P,g,s)\right| < \frac{\varepsilon}{2}$$

$$\therefore \int_a^b f(x)dx < R(P,f,s) + \frac{\varepsilon}{2} \leq R(P,g,s) + \frac{\varepsilon}{2} < \int_a^b g(x)dx + \varepsilon$$

$$\therefore f(x) \leq g(x) \,\forall x \in [a,b] \Rightarrow \int_a^b f(x)dx \leq \int_a^b g(x)dx$$

为了说明黎曼可积分的充要条件，先介绍黎曼条件、上黎曼积分以及下黎曼积分

【定义】黎曼条件

函数 $f(x)$ 于 $[a,b]$ 满足黎曼条件

$\Leftrightarrow \forall \varepsilon > 0, \exists$ partition P_ε of $[a,b]$ 使得若 P is finer than P_ε 则 $0 \leq U(P,f) - L(P,f) < \varepsilon$

【定义】上黎曼积分

$$(U)\int_a^b f(x)dx = \inf\{U(P,f) : \forall \text{ Partition } P \text{ of } [a,b]\}$$

【定义】下黎曼积分

$$(L)\int_a^b f(x)dx = \sup\{L(P,f) : \forall \text{ Partition } P \text{ of } [a,b]\}$$

【定理】黎曼可积分的充要条件

$f(x)$ 于 $[a,b]$ 黎曼可积分 $\Leftrightarrow$ 函数 $f(x)$ 于 $[a,b]$ 满足黎曼条件

$$\Leftrightarrow (U)\int_a^b f(x)dx = (L)\int_a^b f(x)dx$$

Proof:

(i) Claim: $f(x)$于$[a,b]$黎曼可积分 $\Rightarrow$ $f(x)$于$[a,b]$满足黎曼条件

Let $\varepsilon > 0$, choose partition P_ε of $[a,b]$ s.t. $\forall s_i$ and t_i in $[x_{i-1}, x_i]$, we have

$$\left| \sum_{i=1}^n f(s_i)\Delta x_i - \int_a^b f(x)dx \right| < \frac{\varepsilon}{3} \ \text{ and } \ \left| \sum_{i=1}^n f(t_i)\Delta x_i - \int_a^b f(x)dx \right| < \frac{\varepsilon}{3}$$

$$\therefore \left| \sum_{i=1}^n \Delta x_i \cdot (f(s_i) - f(t_i)) \right| < \frac{2\varepsilon}{3}$$

$$\because \sup_{t\in[x_{i-1},x_i]} f(t) - \inf_{t\in[x_{i-1},x_i]} f(t) = \sup_{s,t\in[x_{i-1},x_i]} f(s) - f(t)$$

$$\therefore \text{ let } \varepsilon' = \frac{\varepsilon}{3(b-a)}, \ \text{ choose } s_i^* \text{ and } t_i^* \text{ in } [x_{i-1}, x_i] \text{ s.t.}$$

$$\sup_{t\in[x_{i-1},x_i]} f(t) - \inf_{t\in[x_{i-1},x_i]} f(t) - \varepsilon' < f(s_i^*) - f(t_i^*)$$

$$\therefore U(P,f) - L(P,f) = \sum_{i=1}^n \left(\sup_{t\in[x_{i-1},x_i]} f(t) - \inf_{t\in[x_{i-1},x_i]} f(t) \right) \Delta x_i$$

$$< \sum_{i=1}^n \left(f(s_i^*) - f(t_i^*) \right) \Delta x_i + \sum_{i=1}^n \varepsilon' \Delta x_i < \varepsilon$$

(ii) Claim: $f(x)$于$[a,b]$满足黎曼条件 $\Rightarrow (U)\int_a^b f(x)dx = (L)\int_a^b f(x)dx$

Let $\varepsilon > 0$, choose Partition P_ε of $[a,b]$ s.t. P is finer than P_ε $\Rightarrow U(P,f) < L(P,f) + \varepsilon$

$$\therefore (U)\int_a^b f(x)dx \leq U(P,f) < L(P,f) + \varepsilon \leq (L)\int_a^b f(x)dx + \varepsilon$$

$$\therefore (U)\int_a^b f(x)dx \leq (L)\int_a^b f(x)dx$$

$$\because (U)\int_a^b f(x)dx \geq (L)\int_a^b f(x)dx \quad \therefore (U)\int_a^b f(x)dx = (L)\int_a^b f(x)dx$$

(iii) Claim: $(U)\int_a^b f(x)dx = (L)\int_a^b f(x)dx \Rightarrow f(x)$于$[a,b]$黎曼可积分

Let $\varepsilon > 0$ and $A = (U)\int_a^b f(x)dx = (L)\int_a^b f(x)dx$

Choose P_ε^1 of $[a,b]$ s.t. $(L)\int_a^b f(x)dx - \varepsilon < L(P,f),\ \ \forall P$ is finer than P_ε^1

Choose P_ε^2 of $[a,b]$ s.t. $(U)\int_a^b f(x)dx + \varepsilon > U(P,f),\ \ \forall P$ is finer than P_ε^2

Choose $P_\varepsilon = P_\varepsilon^1 \cup P_\varepsilon^2$ then $\forall P$ is finer than P_ε, we have

$(L)\int_a^b f(x)dx - \varepsilon < L(P,f) \le R(P,f,s) \le U(P,f) < (U)\int_a^b f(x)dx + \varepsilon$

Let $A = (U)\int_a^b f(x)dx = (L)\int_a^b f(x)dx.$ Then $|R(P,f,\xi) - A| < \varepsilon,\ \ \forall P$ is finer than P_ε

【推论】

假设 $f(x)$ 于 $[a,b]$ 黎曼可积分则 $\int_a^b f(x)dx = \lim_{\|P\| \to 0} R(P,f,\xi)$

底下的定理说明于任意闭区间连续的函数皆为黎曼可积分，判断函数是否为黎曼可积分通常不会从定义下手而是说明函数为连续函数，至于有哪些函数是连续函数，请回顾第一章关于连续函数的章节；反之，于某区间不连续的函数仍有可能为黎曼可积分，因此，在推论的过程当中，若出现"因为函数不连续所以不是黎曼可积分"则为错误的论述

【定理】黎曼可积分的充分条件

假设 $f(x)$ 于 $[a,b]$ 为连续函数则 $f(x)$ 于 $[a,b]$ 黎曼可积分

Proof:

Claim: $\forall \varepsilon > 0,\ \exists$ partition P_ε of $[a,b]$ s.t. $\forall \|P\| < \|P_\varepsilon\| < \delta \Rightarrow U(P,f) - L(P,f) < \varepsilon$

$\because f(x)$ is continuous on $[a,b]$ $\therefore f(x)$ is uniformly continuous on $[a,b]$.

Let $\varepsilon > 0,\ $ choose $\delta > 0$ s.t. $|x - y| < \delta \Rightarrow |f(x) - f(y)| < \dfrac{\varepsilon}{b-a}$

Choose partition P_ε of $[a,b]$ s.t. $\|P_\varepsilon\| < \delta,\ $ then $\forall P$ is finer than P_ε

we have $\sup\limits_{t \in [x_{i-1}, x_i]} f(t) - \inf\limits_{t \in [x_{i-1}, x_i]} f(t) = \sup\limits_{s,t \in [x_{i-1}, x_i]} f(s) - f(t) < \dfrac{\varepsilon}{b-a}$

$\therefore U(P,f) - L(P,f) = \sum_{i=1}^n \left(\sup\limits_{t \in [x_{i-1}, x_i]} f(t) - \inf\limits_{t \in [x_{i-1}, x_i]} f(t) \right) \Delta x_i < \dfrac{\varepsilon}{b-a} \cdot (b-a) = \varepsilon$

底下提供一个不连续的函数但却是黎曼可积分

范例说明：

$$f(x) = \begin{cases} 0, & 0 \le x < 1/2 \\ 1, & \dfrac{1}{2} \le x \le 1 \end{cases} \quad \text{is intergrable on } [0,1].$$

Proof:

Let $0 < \varepsilon < \dfrac{1}{2}$ and choose $P_\varepsilon = \left\{ 0, \dfrac{1-\varepsilon}{2}, \dfrac{1+\varepsilon}{2}, 1 \right\}$. Then P is a partion of $[0,1]$.

$$U(P_\varepsilon, f) - L(P_\varepsilon, f) = \sum_{i=1}^{3} \Delta x_i \sup_{t \in [x_{i-1}, x_i]} f(t) - \sum_{i=1}^{3} \Delta x_i \inf_{t \in [x_{i-1}, x_i]} f(t)$$

$$= 0 + \varepsilon + \dfrac{1-\varepsilon}{2} - \left(0 + 0 + \dfrac{1-\varepsilon}{2} \right) = \varepsilon$$

$\therefore U(P, f) - L(P, f) < U(P_\varepsilon, f) - L(P_\varepsilon, f) < \varepsilon, \forall$ Partition P finer than P_ε

$\therefore f(x)$ is intergrable on $[0,1]$

底下展示一个不是黎曼可积分的函数

范例说明：

$$f(x) = \begin{cases} 0, & x \in Q \\ 1, & x \in Q^c \end{cases} \quad \text{is not intergrable on } [0,1].$$

Proof:

Let $\varepsilon > 0$ and let P_ε be any partion of $[0,1]$. We have

$$U(P_\varepsilon, f) - L(P_\varepsilon, f) = \sum_{i=1}^{n} \Delta x_i \sup_{t \in [x_{i-1}, x_i]} f(t) - \sum_{i=1}^{n} \Delta x_i \inf_{t \in [x_{i-1}, x_i]} f(t)$$

$$= \sum_{i=1}^{n} \Delta x_i \cdot 1 - \sum_{i=1}^{n} \Delta x_i \cdot 0 = 1$$

$\therefore f(x)$ is not intergrable on $[0,1]$

5.3 定积分的考试类型与微积分基本定理

定积分的考试类型可分为定积分的计算、求黎曼和以及 Leibniz 微分公式的应用。关于定积分的计算，考试类型又可分为：使用变量代换、使用分部积分法、有理式的定积分、无理式的定积分、使用半角代换法；计算方法与不定积分相同，只是多了最后一步取值的动作，定积分的求法是结合微积分第二基本定理与不定积分，因此,底下先介绍微积分基本定理

【**定理**】第一积分均值定理

Assume $f(x)$ 于 $[a,b]$ 区间连续 then $\exists c \in [a,b]$ s.t. $\displaystyle\int_a^b f(t)dt = f(c)(b-a)$

Proof:

Let P be any partition of $[a,b]$.

Then $(b-a)\displaystyle\inf_{x\in[a,b]} f(x) \leq L(P,f) \leq U(P,f) \leq (b-a)\sup_{x\in[a,b]} f(x)$

$\therefore (b-a)\displaystyle\inf_{x\in[a,b]} f(x) \leq \int_a^b f(t)dt \leq (b-a)\sup_{x\in[a,b]} f(x)$

$\because f(x)$ 于 $[a,b]$ 区间连续 $\quad \therefore \exists c \in [a,b]$ s.t. $\displaystyle\int_a^b f(t)dt = f(c)(b-a)$

【**定理**】微积分第一基本定理

假设 $f(x)$ 于 $[a,b]$ 区间连续且 $F(x) = \displaystyle\int_a^x f(t)dt, \ \forall x \in [a,b]$

$\Rightarrow F'(x) = f(x), \forall x \in (a,b)$

Proof:

Let $x, y \in (a,b)$ and $x < y$, by First Mean-Value Theorem for integral

$\exists c \in (x,y)$ s.t. $F(y) - F(x) = \displaystyle\int_x^y f(t)dt = f(c)(y-x)$

$\therefore F'(x^+) = \displaystyle\lim_{y\to x^+} \frac{F(y)-F(x)}{y-x} = \lim_{y\to x^+} \frac{f(c)(y-x)}{y-x} = f(x)$

Assume $x > y$, by the same way, we have

$\exists c \in (y,x)$ s.t. $F(y) - F(x) = \displaystyle\int_x^y f(t)dt = f(c)(y-x)$

$$F'(x^-) = \lim_{y \to x^-} \frac{F(y) - F(x)}{y - x} = \lim_{y \to x^-} \frac{f(c)(y - x)}{y - x} = f(x)$$

【定理】 微积分第二基本定理

假设 $f(x)$ 于 (a,b) 区间连续且 $F'(x) = f(x)$, $\forall x \in (a,b)$

$$\Rightarrow \int_a^b f(t)dt = F(b) - F(a)$$

<u>Proof:</u>

$\because \forall$ partition $P = \{x_0, x_1, x_2, \cdots, x_n\}$ of $[a,b]$, $\exists t_i \in [x_i, x_{i+1}]$ s.t.

$$F(b) - F(a) = \sum_{i=0}^{n} F(x_i) - F(x_{i-1}) = \sum_{i=0}^{n} F'(t_i)\Delta x_i = \sum_{i=0}^{n} f(t_i)\Delta x_i$$

Let $\varepsilon > 0$, choose P_ε s.t. $\forall P$ is finer than P_ε

$$\Rightarrow \left| \sum_{i=0}^{n} f(s_i)\Delta x_i - \int_a^b f(t)dt \right| < \varepsilon, \text{where } \forall s_i \in [x_i, x_{i+1}]$$

$$\therefore \left| F(b) - F(a) - \int_a^b f(t)dt \right| = \left| \sum_{i=0}^{n} f(t_i)\Delta x_i - \int_a^b f(t)dt \right| < \varepsilon$$

5.3.1 定积分的计算

5.3.1.1 使用变量代换法

与不定积分相同，当被积分函数较为复杂，尝试用变量代换，将原函数化为较干净且能积分的样貌，例如当函数式带有 $\sqrt{f(x)}$，先尝试令 $u = f(x)$，接着观察是否能化为较简洁能够积分的函数式

Type 1. 变数代换法

$$求 \int_a^b f(g(x))g'(x)\,dx = ?$$

解题流程：

令 $u = g(x)$ 则 $du = g'(x)dx$ $\therefore \int_a^b f(g(x))g'(x)\,dx = \int_{g(a)}^{g(b)} f(u)\,du$，求 $\int_{g(a)}^{g(b)} f(u)\,du = ?$

Type 2. 根号里没有根号

求 $\int_a^b h\big(\alpha f(x) \pm \beta g(x)\sqrt[n]{cx+d}\big)\,dx = ?$，$\forall \alpha, \beta \in R, c, d > 0$

解题流程：

Step1.

令 $u = \sqrt[n]{cx+d}$ 则 $u^n = cx + d$，$x = \dfrac{u^n - d}{c}$ 且 $\dfrac{nu^{n-1}}{c}du = dx$

Step2.

藉由变数代换法 $\int_a^b h\big(\alpha f(x) \pm \beta g(x)\sqrt[n]{cx+d}\big)\,dx$

$$= \int_{(ca+d)^{\frac{1}{n}}}^{(cb+d)^{\frac{1}{n}}} \frac{nu^{n-1}h\left(\alpha f(\frac{u^n-d}{c}) \pm \beta g(\frac{u^n-d}{c})u\right)}{c}\,du$$

Step3.

$$求 \int_{(ca+d)^{\frac{1}{n}}}^{(cb+d)^{\frac{1}{n}}} \frac{nu^{n-1}h\left(\alpha f(\frac{u^n-d}{c}) \pm \beta g(\frac{u^n-d}{c})u\right)}{c}\,du = ?$$

<u>范例说明：</u>

(I) 如果 $h(x) = \dfrac{1}{x}$ 则求 $\displaystyle\int_{(ca+d)^{\frac{1}{n}}}^{(cb+d)^{\frac{1}{n}}} \frac{nu^{n-1}}{c\left(\alpha f(\frac{u^n-d}{c}) \pm \beta g(\frac{u^n-d}{c})u\right)}\,du = ?$

(II) 如果 $h(x) = x$ 则求 $\displaystyle\int_{(ca+d)^{\frac{1}{n}}}^{(cb+d)^{\frac{1}{n}}} \frac{nu^{n-1}\left(\alpha f(\frac{u^n-d}{c}) \pm \beta g(\frac{u^n-d}{c})u\right)}{c}\,du = ?$

<u>补充说明：</u>

由上式观察出，如果 $f(x)$、$g(x)$ 为常数，则被积分函数会是多项式函数，如果 $f(x)$、$g(x)$ 为多项式函数，则被积分函数是有理函数式，可利用比较系数法拆成数个分式相加再积分，详细作法请参照此章的有理式积分

Type 3.　根号里有根号

$$\text{求} \int_a^b \frac{1}{\sqrt[n]{\alpha + \gamma \cdot \sqrt[n]{\beta + cx}}} \, dx = ?, \quad \forall \alpha, \beta, c, \gamma > 0$$

解题流程:

Step1.

$$\text{令} u = \alpha + \gamma \cdot \sqrt[n]{\beta + cx} \ \text{则} \ \frac{\gamma c}{n}(\beta + cx)^{\frac{1-n}{n}} dx = du \Rightarrow dx = \frac{n\left(\dfrac{u-\alpha}{\gamma}\right)^{n-1}}{\gamma c} \, du$$

Step2.

$$\therefore \int_a^b \frac{1}{\sqrt[n]{\alpha + \gamma \cdot \sqrt[n]{\beta + cx}}} \, dx = \int_{\alpha+\gamma\sqrt[n]{\beta+ca}}^{\alpha+\gamma\sqrt[n]{\beta+cb}} \frac{n(u-\alpha)^{n-1}}{c\gamma^n \sqrt[n]{u}} \, du$$

$$\text{求} \int_{\alpha+\gamma\sqrt[n]{\beta+ca}}^{\alpha+\gamma\sqrt[n]{\beta+cb}} \frac{n(u-\alpha)^{n-1}}{c\gamma^n \sqrt[n]{u}} \, du = ?$$

Type 4.

$$\text{求} \int_a^b \frac{1}{\alpha x^2 + \beta x + \gamma} \, dx = ?, \quad \text{其中} \ \beta^2 - 4\alpha\gamma < 0 \ \text{and} \ \alpha > 0$$

解题流程:

$$\because \frac{1}{\alpha x^2 + \beta x + \gamma} = \frac{1}{\alpha\left(x + \dfrac{\beta}{2\alpha}\right)^2 + \gamma - \dfrac{\beta^2}{4\alpha}} = \frac{1}{\gamma - \dfrac{\beta^2}{4\alpha}} \cdot \frac{1}{\alpha\left(\dfrac{x + \dfrac{\beta}{2\alpha}}{\sqrt{\gamma - \dfrac{\beta^2}{4\alpha}}}\right)^2 + 1}$$

$$= \frac{1}{\gamma - \dfrac{\beta^2}{4\alpha}} \cdot \frac{1}{\left(\dfrac{\sqrt{\alpha}\,x + \dfrac{\beta}{2\sqrt{\alpha}}}{\sqrt{\gamma - \dfrac{\beta^2}{4\alpha}}}\right)^2 + 1}$$

$$\text{令 } t = \frac{\sqrt{\alpha}x + \frac{\beta}{2\sqrt{\alpha}}}{\sqrt{\gamma - \frac{\beta^2}{4\alpha}}} \quad \text{则 } dt = \frac{\sqrt{\alpha}}{\sqrt{\gamma - \frac{\beta^2}{4\alpha}}} dx, \quad \text{令 } a' = \frac{\sqrt{\alpha}a + \frac{\beta}{2\sqrt{\alpha}}}{\sqrt{\gamma - \frac{\beta^2}{4\alpha}}} \quad \text{and} \quad b' = \frac{\sqrt{\alpha}b + \frac{\beta}{2\sqrt{\alpha}}}{\sqrt{\gamma - \frac{\beta^2}{4\alpha}}}$$

藉由变数代换法

$$\text{则 } \int_a^b \frac{1}{\alpha x^2 + \beta x + \gamma} dx = \frac{1}{\gamma - \frac{\beta^2}{4\alpha}} \int_a^b \frac{1}{\left(\frac{\sqrt{\alpha}x + \frac{\beta}{2\sqrt{\alpha}}}{\sqrt{\gamma - \frac{\beta^2}{4\alpha}}} \right)^2 + 1} dx$$

$$= \frac{1}{\gamma - \frac{\beta^2}{4\alpha}} \cdot \frac{\sqrt{\gamma - \frac{\beta^2}{4\alpha}}}{\sqrt{\alpha}} \int_{a'}^{b'} \frac{1}{t^2 + 1} dt = \frac{1}{\sqrt{\gamma - \frac{\beta^2}{4\alpha}} \sqrt{\alpha}} \tan^{-1} t \Big|_{a'}^{b'}$$

Example 1.

$$\text{求 } \int_a^b x\sqrt{x + 4}\, dx =?, \quad \forall a, b > -4$$

【解】

令 $u = x + 4$ 则 $du = dx$, 藉由变数代换法

$$\text{则 } \int x\sqrt{x + 4}\, dx = \int (u - 4)\sqrt{u}\, du = \int u^{\frac{3}{2}} - 4u^{\frac{1}{2}}\, du = \frac{2u^{\frac{5}{2}}}{5} - \frac{8u^{\frac{3}{2}}}{3} + c$$

$$= \frac{2(x + 4)^{\frac{5}{2}}}{5} - \frac{8(x + 4)^{\frac{3}{2}}}{3} + c$$

$$\text{令 } a, b > -4 \text{ 则 } \int_a^b x\sqrt{x + 4}\, dx = \left(\frac{2(x + 4)^{\frac{5}{2}}}{5} - \frac{8(x + 4)^{\frac{3}{2}}}{3} \right)\Bigg|_a^b$$

$$= \frac{2(b + 4)^{\frac{5}{2}}}{5} - \frac{8(b + 4)^{\frac{3}{2}}}{3} - \left(\frac{2(a + 4)^{\frac{5}{2}}}{5} - \frac{8(a + 4)^{\frac{3}{2}}}{3} \right)$$

Example 2.

$$\text{求} \int_a^b \frac{1}{\sqrt{x}(1+x)} dx =?, \quad \forall a, b > 0$$

【解】

令 $u = \sqrt{x}$ 则 $du = \dfrac{x^{-\frac{1}{2}}}{2} dx \Rightarrow 2u\,du = dx$, 藉由变数代换法

则 $\displaystyle\int \frac{dx}{\sqrt{x}(1+x)} = \int \frac{2u\,du}{u(1+u^2)} = 2\int \frac{du}{1+u^2} = 2\tan^{-1} u + c = 2\tan^{-1}\sqrt{x} + c$

令 $a, b > 0$ 则 $\displaystyle\int_a^b \frac{1}{\sqrt{x}(1+x)} dx = 2\left(\tan^{-1}\sqrt{b} - \tan^{-1}\sqrt{a}\right)$

Example 3.

$$\text{求} \int_a^b x\sqrt{1-x}\,dx =?, \quad \forall a, b < 1$$

【解】

令 $u = \sqrt{1-x}$ 则 $du = -\dfrac{(1-x)^{-\frac{1}{2}}}{2} dx \Rightarrow -2u\,du = dx$, 藉由变数代换法

则 $\displaystyle\int x\sqrt{1-x}\,dx = \int (1-u^2)u(-2u)\,du = 2\int u^4 - u^2\,du = 2\left(\frac{u^5}{5} - \frac{u^3}{3}\right) + c$

$= \dfrac{2(1-x)^{\frac{5}{2}}}{5} - \dfrac{2(1-x)^{\frac{3}{2}}}{3} + c$

令 $a, b < 1$ 则 $\displaystyle\int_a^b x\sqrt{1-x}\,dx = \frac{2(1-b)^{\frac{5}{2}}}{5} - \frac{2(1-b)^{\frac{3}{2}}}{3} - \left(\frac{2(1-a)^{\frac{5}{2}}}{5} - \frac{2(1-a)^{\frac{3}{2}}}{3}\right)$

Example 4.

$$\text{求} \int_a^b x^2\sqrt{x-1}\,dx =?, \quad \forall a, b > 1$$

【解】

令 $u = \sqrt{x-1}$ 则 $du = \dfrac{(x-1)^{-\frac{1}{2}}}{2} dx \Rightarrow 2u\,du = dx$, 藉由变数代换法

则 $\displaystyle\int x^2\sqrt{x-1}\,dx = \int (u^2+1)^2 2u^2\,du = 2\int u^6 + 2u^4 + u^2\,du$

$$= 2\left(\frac{u^7}{7} + \frac{2u^5}{5} + \frac{u^3}{3}\right) + c = \frac{2(x-1)^{\frac{7}{2}}}{7} + \frac{4(x-1)^{\frac{5}{2}}}{5} + \frac{2(x-1)^{\frac{3}{2}}}{3} + c$$

令 $a, b > 1$ 则 $\displaystyle\int_a^b x^2\sqrt{x-1}\,dx$

$$= \frac{2(b-1)^{\frac{7}{2}}}{7} + \frac{4(b-1)^{\frac{5}{2}}}{5} + \frac{2(b-1)^{\frac{3}{2}}}{3} - \left(\frac{2(a-1)^{\frac{7}{2}}}{7} + \frac{4(a-1)^{\frac{5}{2}}}{5} + \frac{2(a-1)^{\frac{3}{2}}}{3}\right)$$

Example 5.

$$求 \int_a^b \frac{x+1}{\sqrt{x^2+2x+3}}\,dx =?, \quad \forall a, b \in R$$

【解】

令 $u = x^2 + 2x + 3$ 则 $du = 2x + 2\,dx \Rightarrow \dfrac{du}{2} = (x+1)dx$, 藉由变数代换法

则 $\displaystyle\int \frac{x+1}{\sqrt{x^2+2x+3}}\,dx = \int \frac{1}{2\sqrt{u}}\,du = u^{\frac{1}{2}} + c = (x^2+2x+3)^{\frac{1}{2}} + c$

令 $a, b \in R$ 则 $\displaystyle\int_a^b \frac{x+1}{\sqrt{x^2+2x+3}}\,dx = (b^2+2b+3)^{\frac{1}{2}} - (a^2+2a+3)^{\frac{1}{2}}$

Example 6.

$$求 \int_a^b \sqrt{x}\sqrt{1+x\sqrt{x}}\,dx =?, \quad \forall a, b > 0$$

【解】

令 $u = 1 + x\sqrt{x}$ 则 $du = \dfrac{3}{2}x^{\frac{1}{2}}\,dx$, 藉由变数代换法

则 $\displaystyle\int \sqrt{x}\sqrt{1+x\sqrt{x}}\,dx = \frac{2}{3}\int \sqrt{u}\,du = \frac{4u^{\frac{3}{2}}}{9} + c = \frac{4(1+x\sqrt{x}\,)^{\frac{3}{2}}}{9} + c$

令 $a, b > 0$ 则 $\displaystyle\int_a^b \sqrt{x}\sqrt{1+x\sqrt{x}}\,dx = \frac{4(1+b\sqrt{b}\,)^{\frac{3}{2}}}{9} - \frac{4(1+a\sqrt{a}\,)^{\frac{3}{2}}}{9}$

Example 7.

$$\text{求} \int_a^b \frac{(x - x^3)^{\frac{1}{3}}}{x^4} dx = ?, \quad \forall a, b \neq 0$$

【解】

$$\because \frac{(x - x^3)^{\frac{1}{3}}}{x^4} = \frac{\frac{1}{x}(x - x^3)^{\frac{1}{3}}}{x^3} = \frac{\left(\frac{1}{x^2} - 1\right)^{\frac{1}{3}}}{x^3}$$

令 $u = \dfrac{1}{x^2} - 1$ 則 $du = -2x^{-3} dx \Rightarrow \dfrac{-du}{2} = x^{-3} dx$, 藉由變數代換法

$$\text{則} \int \frac{(x - x^3)^{\frac{1}{3}} dx}{x^4} = \int \frac{\left(\frac{1}{x^2} - 1\right)^{\frac{1}{3}} dx}{x^3} = -\int \frac{u^{\frac{1}{3}} du}{2} = -\frac{3u^{\frac{4}{3}}}{8} + c = -\frac{3\left(\frac{1}{x^2} - 1\right)^{\frac{4}{3}}}{8} + c$$

令 $a, b \neq 0$ 則 $\displaystyle\int_a^b \frac{(x - x^3)^{\frac{1}{3}}}{x^4} dx = -\frac{3\left(\frac{1}{b^2} - 1\right)^{\frac{4}{3}}}{8} + \frac{3\left(\frac{1}{a^2} - 1\right)^{\frac{4}{3}}}{8}$

Example 8.

$$\text{求} \int_a^b \frac{1}{x - x^{\frac{1}{3}}} dx = ?, \quad \forall a, b > 1$$

【解】

令 $u = x^{\frac{1}{3}}$ 則 $du = \dfrac{1}{3} x^{-\frac{2}{3}} dx \Rightarrow 3u^2 du = dx$, 藉由變數代換法

$$\text{則} \int \frac{dx}{x - x^{\frac{1}{3}}} = \int \frac{3u^2 du}{u^3 - u} = 3 \int \frac{u du}{u^2 - 1} = \frac{3}{2} \ln|u^2 - 1| + c = \frac{3}{2} \ln\left|x^{\frac{2}{3}} - 1\right| + c$$

令 $a, b > 1$ 則 $\displaystyle\int_a^b \frac{1}{x - x^{\frac{1}{3}}} dx = \frac{3}{2} \ln \frac{b^{\frac{2}{3}} - 1}{a^{\frac{2}{3}} - 1}$

Example 9.

$$\text{求} \int_a^b \frac{x^3}{\sqrt{x^2 + 2}} dx = ?, \quad \forall a, b \in R$$

【解】

令 $u = x^2 + 2$ 则 $du = 2xdx$ 且 $x^2 = u - 2$，藉由变数代换法

则 $\int \dfrac{x^3}{\sqrt{x^2 + 2}}dx = \int \dfrac{u - 2}{2\sqrt{u}}du = \dfrac{1}{2}\int \left(\sqrt{u} - 2u^{-\frac{1}{2}}\right)du = \dfrac{1}{2}\left(\dfrac{2}{3}u^{\frac{3}{2}} - 4u^{\frac{1}{2}} + c\right)$

$= \dfrac{1}{3}(x^2 + 2)^{\frac{3}{2}} - 2(x^2 + 2)^{\frac{1}{2}} + c$

令 $a, b \in R$ 则 $\displaystyle\int_a^b \dfrac{x^3 dx}{\sqrt{x^2 + 2}} = \dfrac{(b^2 + 2)^{\frac{3}{2}} - (a^2 + 2)^{\frac{3}{2}}}{3} - 2\left((b^2 + 2)^{\frac{1}{2}} - (a^2 + 2)^{\frac{1}{2}}\right)$

Example 10.

$$\text{求} \int_a^b \dfrac{\sqrt{1 + \sqrt{x}}}{\sqrt{x}}dx = ?, \quad \forall a, b > 0$$

【解】

令 $u = 1 + \sqrt{x}$ 则 $du = \dfrac{1}{2}x^{-\frac{1}{2}}dx$，藉由变数代换法

则 $\int \dfrac{\sqrt{1 + \sqrt{x}}}{\sqrt{x}}dx = 2\int \sqrt{u}du = \dfrac{4}{3}u^{\frac{3}{2}} + c = \dfrac{4}{3}(1 + \sqrt{x})^{\frac{3}{2}} + c$

令 $a, b > 0$ 则 $\displaystyle\int_a^b \dfrac{\sqrt{1 + \sqrt{x}}}{\sqrt{x}}dx = \dfrac{4}{3}\left((1 + \sqrt{b})^{\frac{3}{2}} - (1 + \sqrt{a})^{\frac{3}{2}}\right)$

Example 11.

$$\text{求} \int_a^b \dfrac{\sqrt{1 - \sqrt{x}}}{\sqrt{x}}dx = ?, \quad \forall\, 0 < a, b < 1$$

【解】

令 $u = 1 - \sqrt{x}$ 则 $du = \dfrac{-1}{2}x^{-\frac{1}{2}}dx$，藉由变数代换法

则 $\int \dfrac{\sqrt{1 - \sqrt{x}}}{\sqrt{x}}dx = -2\int \sqrt{u}du = -\dfrac{4}{3}u^{\frac{3}{2}} + c = -\dfrac{4}{3}(1 - \sqrt{x})^{\frac{3}{2}} + c$

令 $0 < a, b < 1$ 则 $\displaystyle\int_a^b \dfrac{\sqrt{1 - \sqrt{x}}}{\sqrt{x}}dx = -\dfrac{4}{3}\left((1 - \sqrt{b})^{\frac{3}{2}} - (1 - \sqrt{a})^{\frac{3}{2}}\right)$

Example 12.

$$\text{求} \int_a^b \frac{1}{x - \sqrt{x}} dx = ?, \quad \forall a, b > 1$$

【解】

令 $u = \sqrt{x}$ 则 $du = \frac{1}{2} x^{-\frac{1}{2}} dx \Rightarrow 2u\,du = dx$, 藉由变数代换法

则 $\int \frac{1}{x - \sqrt{x}} dx = \int \frac{2u}{u^2 - u} dx = \int \frac{2}{u - 1} dx = 2\ln|u - 1| + c = 2\ln\left|\sqrt{x} - 1\right| + c$

令 $a, b > 1$ 则 $\int_a^b \frac{1}{x - \sqrt{x}} dx = 2\ln\frac{\sqrt{b} - 1}{\sqrt{a} - 1}$

Example 13.

$$\text{求} \int_a^b \frac{x}{\sqrt{9 - x^4}} dx = ?, \quad \forall -\sqrt{3} < a, b < \sqrt{3}$$

【解】

令 $u = x^2$ 则 $du = 2x\,dx$, 藉由变数代换法

则 $\int \frac{x}{\sqrt{9 - x^4}} dx = \int \frac{du}{2\sqrt{9 - u^2}} = \int \frac{du}{6\sqrt{1 - \left(\frac{u}{3}\right)^2}} = \frac{1}{2} \sin^{-1} \frac{u}{3} + c = \frac{1}{2} \sin^{-1} \frac{x^2}{3} + c$

令 $-\sqrt{3} < a, b < \sqrt{3}$ 则 $\int_a^b \frac{x}{\sqrt{9 - x^4}} dx = \frac{1}{2}\left(\sin^{-1} \frac{b^2}{3} - \sin^{-1} \frac{a^2}{3} \right)$

Example 14.

$$\text{求} \int_a^b \frac{x^3}{1 + x^8} dx = ?, \quad \forall a, b \in R$$

【解】

令 $u = x^4$ 则 $du = 4x^3 dx$, 藉由变数代换法

则 $\int \frac{x^3}{1 + x^8} dx = \frac{1}{4} \int \frac{du}{1 + u^2} = \frac{1}{4} \tan^{-1} u + c = \frac{1}{4} \tan^{-1} x^4 + c$

令 $a, b \in R$ 则 $\int_a^b \frac{x^3}{1 + x^8} dx = \frac{1}{4}(\tan^{-1} b^4 - \tan^{-1} a^4)$

Example 15.

$$\text{求} \int_a^b (1 + \sqrt{x})^k dx =?, \quad \forall k \in N, \ a, b > 0$$

【解】

令 $u = 1 + \sqrt{x}$ 则 $du = \dfrac{1}{2} x^{-\frac{1}{2}} dx$，藉由变数代换法

令 $k \in N$ 则 $\displaystyle\int (1 + \sqrt{x})^k dx = \int 2(u - 1)u^k dx = 2\left(\dfrac{u^{k+2}}{k+2} - \dfrac{u^{k+1}}{k+1}\right) + c$

$$= \frac{2(1 + \sqrt{x})^{k+2}}{k+2} - \frac{2(1 + \sqrt{x})^{k+1}}{k+1} + c$$

令 $a, b > 0$ 则 $\displaystyle\int_a^b (1 + \sqrt{x})^k dx$

$$= \frac{2(1 + \sqrt{b})^{k+2}}{k+2} - \frac{2(1 + \sqrt{b})^{k+1}}{k+1} - \left(\frac{2(1 + \sqrt{a})^{k+2}}{k+2} - \frac{2(1 + \sqrt{a})^{k+1}}{k+1}\right)$$

Example 16.

$$\text{求} \int_a^b \frac{1}{\sqrt{x} + \sqrt[3]{x}} dx =?, \quad \forall a, b > 0$$

【解】

令 $u = x^{\frac{1}{6}}$ 则 $du = \dfrac{1}{6} x^{-\frac{5}{6}} dx \Rightarrow 6u^5 du = dx$，藉由变数代换法

则 $\displaystyle\int \frac{1}{\sqrt{x} + \sqrt[3]{x}} dx = \int \frac{6u^5}{u^3 + u^2} du = \int \frac{6u^3}{u + 1} du$

$$= 6 \int \frac{u^2(u+1) - u(u+1) + (u+1) - 1}{u+1} du = 6 \int u^2 - u + 1 - \frac{1}{u+1} du$$

$$= 6\left(\frac{u^3}{3} - \frac{u^2}{2} + u - \ln|u+1|\right) + c = 2x^{\frac{1}{2}} - 3x^{\frac{1}{3}} + 6x^{\frac{1}{6}} - 6\ln\left|x^{\frac{1}{6}} + 1\right| + c$$

令 $a, b > 0$ 则 $\displaystyle\int_a^b \frac{1}{\sqrt{x} + \sqrt[3]{x}} dx$

$$= 2b^{\frac{1}{2}} - 3b^{\frac{1}{3}} + 6b^{\frac{1}{6}} - 6\ln\left(b^{\frac{1}{6}} + 1\right) - \left(2a^{\frac{1}{2}} - 3a^{\frac{1}{3}} + 6a^{\frac{1}{6}} - 6\ln\left(a^{\frac{1}{6}} + 1\right)\right)$$

Example 17.

$$求 \int_a^b \frac{\sqrt{x}}{\sqrt[3]{x}+1}\,dx =?, \quad \forall a,b > 0$$

【解】

令 $u = x^{\frac{1}{6}}$ 则 $du = \frac{1}{6}x^{-\frac{5}{6}}dx \Rightarrow 6u^5 du = dx$, 藉由变数代换法

$$则 \int \frac{\sqrt{x}}{1+\sqrt[3]{x}}\,dx = \int \frac{6u^8 du}{1+u^2}$$

$$= 6\int \frac{u^6(u^2+1) - u^4(u^2+1) + u^2(u^2+1) - (u^2+1) + 1}{u^2+1}\,du$$

$$= 6\int u^6 - u^4 + u^2 - 1 + \frac{1}{u^2+1}\,du = 6\left(\frac{u^7}{7} - \frac{u^5}{5} + \frac{u^3}{3} - u + \tan^{-1}u\right) + c$$

$$= \frac{6x^{\frac{7}{6}}}{7} - \frac{6x^{\frac{5}{6}}}{5} + 2x^{\frac{1}{2}} - 6x^{\frac{1}{6}} + 6\tan^{-1}x^{\frac{1}{6}} + c$$

令 $a,b>0$ 则 $\int_a^b \frac{\sqrt{x}}{\sqrt[3]{x}+1}\,dx$

$$= \frac{6b^{\frac{7}{6}}}{7} - \frac{6b^{\frac{5}{6}}}{5} + 2b^{\frac{1}{2}} - 6b^{\frac{1}{6}} + 6\tan^{-1}b^{\frac{1}{6}} - \left(\frac{6a^{\frac{7}{6}}}{7} - \frac{6a^{\frac{5}{6}}}{5} + 2a^{\frac{1}{2}} - 6a^{\frac{1}{6}} + 6\tan^{-1}a^{\frac{1}{6}}\right)$$

Example 18.

$$求 \int_\alpha^\beta \frac{1}{x\sqrt{a+bx}}\,dx =?, \quad \forall\, a,b,\alpha,\beta > 0$$

【解】

令 $u = \sqrt{a+bx}$ 则 $du = \frac{b}{2}(a+bx)^{-\frac{1}{2}}dx$, 藉由变数代换法

$$\because u^2 = a+bx \qquad \therefore \frac{1}{x} = \frac{b}{u^2-a}$$

$$\therefore \int \frac{1}{x\sqrt{a+bx}}\,dx = \frac{2}{b}\int \frac{b}{u^2-a}\,du = \int \frac{2}{u^2-a}\,du = \int \frac{2}{(u-\sqrt{a})(u+\sqrt{a})}\,du$$

$$= \int \frac{1}{\sqrt{a}}\left(\frac{1}{u-\sqrt{a}} - \frac{1}{u+\sqrt{a}}\right)du = \frac{1}{\sqrt{a}}\left(\ln|u-\sqrt{a}| - \ln|u+\sqrt{a}|\right) + c$$

$$= \frac{1}{\sqrt{a}}\left(\ln|\sqrt{a+bx}-\sqrt{a}| - \ln|\sqrt{a+bx}+\sqrt{a}|\right) + c$$

$$\text{令 } a, b, \alpha, \beta > 0 \text{ 则 } \int_{\alpha}^{\beta} \frac{dx}{x\sqrt{a+bx}} = \frac{\ln\dfrac{\sqrt{a+b\beta}-\sqrt{a}}{\sqrt{a+b\alpha}-\sqrt{a}} - \ln\dfrac{\sqrt{a+b\beta}+\sqrt{a}}{\sqrt{a+b\alpha}+\sqrt{a}}}{\sqrt{a}}$$

Example 19.

$$\text{求 } \int_{a}^{b} \frac{1}{\sqrt{1+\sqrt{x}}}\, dx = ?, \quad \forall a, b > 0$$

【解】

$$\text{令 } u = 1 + \sqrt{x} \text{ 则 } du = \frac{1}{2}x^{-\frac{1}{2}}dx, \text{ 藉由变数代换法}$$

$$\text{则 } \int \frac{1}{\sqrt{1+\sqrt{x}}}\, dx = 2\int \frac{u-1}{\sqrt{u}}\, du = 2\int u^{\frac{1}{2}} - u^{-\frac{1}{2}}\, du = 2\left(\frac{2}{3}u^{\frac{3}{2}} - 2u^{\frac{1}{2}}\right) + c$$

$$= \frac{4}{3}(1+\sqrt{x})^{\frac{3}{2}} - 4(1+\sqrt{x})^{\frac{1}{2}} + c$$

$$\text{令 } a, b > 0 \text{ 则 } \int_{a}^{b} \frac{1}{\sqrt{1+\sqrt{x}}}\, dx = \frac{4}{3}\left((1+\sqrt{b})^{\frac{3}{2}} - (1+\sqrt{a})^{\frac{3}{2}}\right) - 4\left((1+\sqrt{b})^{\frac{1}{2}} - (1+\sqrt{a})^{\frac{1}{2}}\right)$$

Example 20.

$$\text{求 } \int_{a}^{b} \frac{1}{\sqrt{1+x^{\frac{1}{3}}}}\, dx = ?, \quad \forall a, b > 0$$

【解】

$$\text{令 } u = 1 + x^{\frac{1}{3}} \text{ 则 } du = \frac{1}{3}x^{-\frac{2}{3}}dx, \text{ 藉由变数代换法}$$

$$\text{则 } \int \frac{1}{\sqrt{1+x^{\frac{1}{3}}}}\, dx = 3\int \frac{(u-1)^2}{\sqrt{u}}\, du = 3\int u^{\frac{3}{2}} - 2u^{\frac{1}{2}} + u^{-\frac{1}{2}}\, du$$

$$= 3\left(\frac{2}{5}u^{\frac{5}{2}} - \frac{4}{3}u^{\frac{3}{2}} + 2u^{\frac{1}{2}}\right) + c = 3\left(\frac{2}{5}\left(1+x^{\frac{1}{3}}\right)^{\frac{5}{2}} - \frac{4}{3}\left(1+x^{\frac{1}{3}}\right)^{\frac{3}{2}} + 2\left(1+x^{\frac{1}{3}}\right)^{\frac{1}{2}}\right) + c$$

$$= \frac{6}{5}\left(1+x^{\frac{1}{3}}\right)^{\frac{5}{2}} - 4\left(1+x^{\frac{1}{3}}\right)^{\frac{3}{2}} + 6\left(1+x^{\frac{1}{3}}\right)^{\frac{1}{2}} + c$$

$$\text{令 } a, b > 0 \text{ 则}$$

$$\int_a^b \frac{1}{\sqrt{1+x^{\frac{1}{3}}}}\,dx = \frac{6\left(\left(1+b^{\frac{1}{3}}\right)^{\frac{5}{2}} - \left(1+a^{\frac{1}{3}}\right)^{\frac{5}{2}}\right)}{5} - 4\left(\left(1+b^{\frac{1}{3}}\right)^{\frac{3}{2}} - \left(1+a^{\frac{1}{3}}\right)^{\frac{3}{2}}\right)$$

$$+6\left(\left(1+b^{\frac{1}{3}}\right)^{\frac{1}{2}} - \left(1+a^{\frac{1}{3}}\right)^{\frac{1}{2}}\right)$$

Example 21.

$$求 \int_a^b \frac{1}{\sqrt{1-\sqrt{x}}}\,dx = ?, \quad \forall\, 0 < a,b < 1$$

【解】

令 $u = 1 - \sqrt{x}$ 则 $du = \dfrac{-1}{2}x^{-\frac{1}{2}}dx$, 藉由变数代换法

则 $\displaystyle\int \frac{1}{\sqrt{1-\sqrt{x}}}\,dx = 2\int \frac{u-1}{\sqrt{u}}\,du = 2\int u^{\frac{1}{2}} - u^{-\frac{1}{2}}\,du = 2\left(\frac{2}{3}u^{\frac{3}{2}} - 2u^{\frac{1}{2}}\right)$

$= \dfrac{4}{3}(1-\sqrt{x})^{\frac{3}{2}} - 4\sqrt{1-\sqrt{x}} + c$

令 $0 < a,b < 1$ 则 $\displaystyle\int_a^b \frac{1}{\sqrt{1-\sqrt{x}}}\,dx$

$= \dfrac{4}{3}\left((1-\sqrt{b})^{\frac{3}{2}} - (1-\sqrt{a})^{\frac{3}{2}}\right) - 4\left(\sqrt{1-\sqrt{b}} - \sqrt{1-\sqrt{a}}\right)$

Example 22.

$$求 \int_a^b \frac{1}{\sqrt{2+\sqrt{1+\sqrt{x}}}}\,dx = ?, \quad \forall\, a,b > 0$$

【解】

令 $u = 2 + \sqrt{1+\sqrt{x}}$ 则 $du = \dfrac{1}{2}(1+\sqrt{x})^{-\frac{1}{2}}\left(\dfrac{1}{2}x^{-\frac{1}{2}}\right)dx$, 藉由变数代换法

$\because (1+\sqrt{x})^{\frac{1}{2}} = u - 2$ 且 $x^{\frac{1}{2}} = (u-2)^2 - 1 = u^2 - 4u + 3$

$\therefore dx = 4(u-2)(u^2 - 4u + 3)\,du \Rightarrow dx = 4(u^3 - 6u^2 + 11u - 6)\,du$

$$\therefore \int \frac{1}{\sqrt{2 + \sqrt{1 + \sqrt{x}}}}\, dx = 4 \int \frac{u^3 - 6u^2 + 11u - 6}{\sqrt{u}}\, du$$

$$= 4 \int u^{\frac{5}{2}} - 6u^{\frac{3}{2}} + 11u^{\frac{1}{2}} - 6u^{-\frac{1}{2}}\, du = 4\left(\frac{2}{7}u^{\frac{7}{2}} - \frac{12}{5}u^{\frac{5}{2}} + \frac{22}{3}u^{\frac{3}{2}} - 12u^{\frac{1}{2}}\right) + c$$

$$= 4\left(\frac{2}{7}\left(2 + \sqrt{1 + \sqrt{x}}\right)^{\frac{7}{2}} - \frac{12}{5}\left(2 + \sqrt{1 + \sqrt{x}}\right)^{\frac{5}{2}} + \frac{22}{3}\left(2 + \sqrt{1 + \sqrt{x}}\right)^{\frac{3}{2}}\right.$$

$$\left. - 12\left(2 + \sqrt{1 + \sqrt{x}}\right)^{\frac{1}{2}}\right) + c$$

令 $a, b > 0$

则 $\displaystyle\int_a^b \frac{1}{\sqrt{2 + \sqrt{1 + \sqrt{x}}}}\, dx$

$$= \frac{8}{7}\left(\left(2 + \sqrt{1 + \sqrt{b}}\right)^{\frac{7}{2}} - \left(2 + \sqrt{1 + \sqrt{a}}\right)^{\frac{7}{2}}\right) - \frac{48}{5}\left(\left(2 + \sqrt{1 + \sqrt{b}}\right)^{\frac{5}{2}} - \left(2 + \sqrt{1 + \sqrt{a}}\right)^{\frac{5}{2}}\right)$$

$$+ \frac{88}{3}\left(\left(2 + \sqrt{1 + \sqrt{b}}\right)^{\frac{3}{2}} - \left(2 + \sqrt{1 + \sqrt{a}}\right)^{\frac{3}{2}}\right) - 48\left(\left(2 + \sqrt{1 + \sqrt{b}}\right)^{\frac{1}{2}} - \left(2 + \sqrt{1 + \sqrt{a}}\right)^{\frac{1}{2}}\right)$$

Example 23.

$$求 \int_a^b \tan x\, dx = ?, \quad \forall\, -\frac{\pi}{2} < a, b < \frac{\pi}{2}$$

【解】

$$\because \int \tan x\, dx = \int \frac{\sin x}{\cos x}\, dx$$

令 $u = \cos x$ 则 $du = -\sin x\, dx$，藉由变数代换法

$$则 \int \tan x\, dx = \int \frac{\sin x}{\cos x}\, dx = -\int \frac{du}{u} = -\ln|u| + c = -\ln|\cos x| + c$$

$$令\, -\frac{\pi}{2} < a, b < \frac{\pi}{2} \quad 则 \int_a^b \tan x\, dx = -\ln \frac{\cos b}{\cos a}$$

Example 24.

$$\text{求} \int_a^b \cot x \, dx = ?, \quad \forall \, 0 < a, b < \pi$$

【解】

$$\because \int \cot x \, dx = \int \frac{\cos x}{\sin x} \, dx$$

令 $u = \sin x$ 则 $du = \cos x \, dx$，藉由变数代换法

$$\text{则} \int \cot x \, dx = \int \frac{\cos x}{\sin x} \, dx = \int \frac{du}{u} = \ln|u| + c = \ln|\sin x| + c$$

令 $0 < a, b < \pi$ 则 $\int_a^b \cot x \, dx = \ln \frac{\sin b}{\sin a}$

Example 25.

$$\text{求} \int_a^b \sec x \, dx = ?, \quad \forall \, 0 < a, b < \frac{\pi}{2}$$

【解】

$$\because (\sec x)' = \tan x \sec x \ \text{且} \ (\tan x)' = \sec^2 x \quad \therefore (\tan x + \sec x)' = (\tan x + \sec x) \sec x$$

令 $u = \tan x + \sec x$ 则 $du = (\tan x + \sec x) \sec x \, dx$，藉由变数代换法

$$\text{则} \int \sec x \, dx = \int \frac{(\tan x + \sec x) \sec x}{\tan x + \sec x} \, dx = \int \frac{du}{u} = \ln|u| = \ln|\tan x + \sec x| + c$$

令 $0 < a, b < \frac{\pi}{2}$ 则 $\int_a^b \sec x \, dx = \ln \frac{\tan b + \sec b}{\tan a + \sec a}$

Example 26.

$$\text{求} \int_a^b \csc x \, dx = ?, \quad \forall \, 0 < a, b < \frac{\pi}{2}$$

【解】

$$\because (\csc x)' = -\cot x \csc x \ \text{且} \ (\cot x)' = -\csc^2 x \quad \therefore (\cot x + \csc x)' = -(\cot x + \csc x) \csc x$$

令 $u = \cot x + \csc x$ 则 $du = -(\cot x + \csc x) \csc x \, dx$，藉由变数代换法

$$\text{则} \int \csc x \, dx = \int \frac{(\cot x + \csc x) \csc x}{\cot x + \csc x} \, dx = -\int \frac{du}{u} = -\ln|u| = -\ln|\cot x + \csc x| + c$$

令 $0 < a, b < \frac{\pi}{2}$ 则 $\int_a^b \csc x \, dx = -\ln \frac{\cot b + \csc b}{\cot a + \csc a}$

Example 27.

$$\text{求} \int_a^b \sin^3 x \, dx = ?, \quad \forall\, a, b \in R$$

【解】

$$\because \int \sin^3 x \, dx = \int \sin x \sin^2 x \, dx = \int \sin x \, (1 - \cos^2 x) \, dx$$

令 $u = \cos x$ 则 $du = -\sin x \, dx$, 藉由变数代换法

$$\text{则} \int \sin x \, (1 - \cos^2 x) \, dx = \int -(1 - u^2) \, du = -u + \frac{u^3}{3} + c = -\cos x + \frac{1}{3}\cos^3 x + c$$

$$\text{令 } a, b \in R \text{ 则} \int_a^b \sin^3 x \, dx = -\cos b + \cos a + \frac{1}{3}(\cos^3 b - \cos^3 a)$$

Example 28.

$$\text{求} \int_a^b \cos^3 x \, dx = ?, \quad \forall\, a, b \in R$$

【解】

$$\because \int \cos^3 x \, dx = \int \cos x \cos^2 x \, dx = \int \cos x \, (1 - \sin^2 x) \, dx$$

$$= \int (1 - u^2) \, du = u - \frac{u^3}{3} + c = \sin x - \frac{1}{3}\sin^3 x + c$$

$$\text{令 } a, b \in R \text{ 则} \int_a^b \cos^3 x \, dx = \sin b - \frac{1}{3}\sin^3 b - \left(\sin a - \frac{1}{3}\sin^3 a\right)$$

Example 29.

$$\text{求} \int_a^b \tan^3 x \, dx = ?, \quad \forall\, -\frac{\pi}{2} < a, b < \frac{\pi}{2}$$

【解】

$$\because \int \tan^3 x \, dx = \int \frac{\tan^2 x \tan x \sec x}{\sec x} \, dx = \int \frac{(\sec^2 x - 1) \tan x \sec x}{\sec x} \, dx$$

令 $u = \sec x$ 则 $du = \tan x \sec x \, dx$, 藉由变数代换法

$$\text{则} \int \tan^3 x \, dx = \int \frac{(\sec^2 x - 1) \tan x \sec x}{\sec x} \, dx = \int u - \frac{1}{u} \, du = \frac{u^2}{2} - \ln|u| + c$$

$$= \frac{\sec^2 x}{2} - \ln|\sec x| + c$$

令 $-\frac{\pi}{2} < a, b < \frac{\pi}{2}$ 则 $\int_a^b \tan^3 x\, dx = \frac{\sec^2 b}{2} - \ln\sec b - \left(\frac{\sec^2 a}{2} - \ln\sec a\right)$

Example 30.

$$求 \int_a^b \cot^3 x\, dx =?, \quad \forall\, 0 < a, b < \pi$$

【解】

$$\because \int \cot^3 x\, dx = \int \frac{\cot^2 x \cot x \csc x}{\csc x}\, dx = \int \frac{(\csc^2 x - 1)\cot x \csc x}{\csc x}\, dx$$

令 $u = \csc x$ 则 $du = -\cot x \csc x\, dx$，藉由变数代换法

$$则 \int \cot^3 x\, dx = \int \frac{(\csc^2 x - 1)\cot x \csc x}{\csc x}\, dx = -\int u - \frac{1}{u}\, du = -\frac{u^2}{2} + \ln|u| + c$$

$$= -\frac{\csc^2 x}{2} + \ln|\csc x| + c$$

令 $0 < a, b < \pi$ 则 $\int_a^b \cot^3 x\, dx = -\frac{\csc^2 b}{2} + \ln\csc b + \frac{\csc^2 a}{2} - \ln\csc a$

Example 31.

$$求 \int_a^b \sin^4 x\, dx =?, \quad \forall\, a, b \in R$$

【解】

$$\int \sin^4 x\, dx = \int (\sin^2 x)^2 dx = \int \left(\frac{1 - \cos 2x}{2}\right)^2 dx = \int \frac{1 - 2\cos 2x + \cos^2 2x}{4}\, dx$$

$$= \int \frac{1 - 2\cos 2x + \dfrac{1 + \cos 4x}{2}}{4}\, dx = \frac{1}{4}\int \frac{3}{2} - 2\cos 2x + \frac{\cos 4x}{2}\, dx$$

$$= \frac{1}{4}\left(\frac{3x}{2} - \sin 2x + \frac{1}{8}\sin 4x\right) + c$$

令 $a, b \in R$ 则 $\int_a^b \sin^4 x\, dx = \dfrac{\dfrac{3b}{2} - \sin 2b + \dfrac{1}{8}\sin 4b - \left(\dfrac{3a}{2} - \sin 2a + \dfrac{1}{8}\sin 4a\right)}{4}$

Example 32.

$$\text{求} \int_a^b \cos^4 x \, dx = ?, \quad \forall \, a, b \in R$$

【解】

$$\int \cos^4 x \, dx = \int (\cos^2 x)^2 dx = \int \left(\frac{1 + \cos 2x}{2}\right)^2 dx = \int \frac{1 + 2\cos 2x + \cos^2 2x}{4} dx$$

$$= \int \frac{1 + 2\cos 2x + \dfrac{1 + \cos 4x}{2}}{4} dx = \frac{1}{4} \int \frac{3}{2} + 2\cos 2x + \frac{\cos 4x}{2} dx$$

$$= \frac{1}{4}\left(\frac{3x}{2} + \sin 2x + \frac{1}{8}\sin 4x\right) + c$$

$$\text{令 } a, b \in R \text{ 則} \int_a^b \cos^4 x \, dx = \frac{\dfrac{3b}{2} + \sin 2b + \dfrac{1}{8}\sin 4b - \left(\dfrac{3a}{2} + \sin 2a + \dfrac{1}{8}\sin 4a\right)}{4}$$

Example 33.

$$\text{求} \int_a^b \sin^5 x \, dx = ?, \quad \forall \, a, b \in R$$

【解】

$$\because \int \sin^5 x \, dx = \int \sin^4 x (\sin x) \, dx = \int (1 - \cos^2 x)^2 \sin x \, dx$$

令 $u = \cos x$ 則 $du = -\sin x \, dx$, 藉由變數代換法

$$\text{則} \int (1 - \cos^2 x)^2 \sin x \, dx = -\int (1 - u^2)^2 du = -\int u^4 - 2u^2 + 1 \, du$$

$$= -\left(\frac{u^5}{5} - \frac{2}{3}u^3 + u\right) + c = -\left(\frac{\cos^5 x}{5} - \frac{2}{3}\cos^3 x + \cos x\right) + c$$

令 $a, b \in R$ 則 $\displaystyle\int_a^b \sin^5 x \, dx$

$$= -\left(\frac{\cos^5 b}{5} - \frac{2}{3}\cos^3 b + \cos b - \left(\frac{\cos^5 a}{5} - \frac{2}{3}\cos^3 a + \cos a\right)\right)$$

Example 34.

$$\text{求} \int_a^b \cos^5 x \, dx = ?, \quad \forall \, a, b \in R$$

【解】

$$\because \int \cos^5 x \, dx = \int \cos^4 x (\cos x) \, dx = \int (1 - \sin^2 x)^2 \cos x \, dx$$

令 $u = \sin x$ 则 $du = \cos x \, dx$，藉由变数代换法

$$\text{则} \int (1 - \sin^2 x)^2 \cos x \, dx = \int (1 - u^2)^2 du = \int u^4 - 2u^2 + 1 \, du$$

$$= \frac{u^5}{5} - \frac{2}{3} u^3 + u + c = \frac{\sin^5 x}{5} - \frac{2}{3} \sin^3 x + \sin x + c$$

令 $a, b \in R$ 则 $\int_a^b \cos^5 x \, dx = \frac{\sin^5 b}{5} - \frac{2}{3} \sin^3 b + \sin b - \left(\frac{\sin^5 a}{5} - \frac{2}{3} \sin^3 a + \sin a \right)$

Example 35.

$$\text{求} \int_0^\pi \sqrt{\cos^6 x} \, dx = ?$$

【解】

$$\because \int_0^\pi \sqrt{\cos^6 x} \, dx = \int_0^\pi |\cos x|^3 \, dx = \int_0^{\frac{\pi}{2}} \cos^3 x \, dx - \int_{\frac{\pi}{2}}^\pi \cos^3 x \, dx$$

$$= \int_0^{\frac{\pi}{2}} (1 - \sin^2 x) \cos x \, dx - \int_{\frac{\pi}{2}}^\pi (1 - \sin^2 x) \cos x \, dx$$

令 $t = \sin x$ 则 $dt = \cos x \, dx$，藉由变数代换法

$$\text{则} \int_0^{\frac{\pi}{2}} (1 - \sin^2 x) \cos x \, dx = \int_0^1 1 - t^2 \, dt = 1 - \frac{1}{3} = \frac{2}{3}$$

$$\int_{\frac{\pi}{2}}^\pi (1 - \sin^2 x) \cos x \, dx = \int_1^0 1 - t^2 \, dt = -1 - \left(\frac{-1}{3} \right) = \frac{-2}{3}$$

$$\therefore \int_0^\pi \sqrt{\cos^6 x} \, dx = \int_0^{\frac{\pi}{2}} (1 - \sin^2 x) \cos x \, dx - \int_{\frac{\pi}{2}}^\pi (1 - \sin^2 x) \cos x \, dx = \frac{4}{3}$$

Example 36.

$$\text{求} \int_0^\pi \cos^3 x \ dx = ?$$

【解】

$$\because \int_0^\pi \cos^3 x \ dx = \int_0^\pi \cos^2 x \cdot \cos x \, dx = \int_0^\pi (1 - \sin^2 x) \cdot \cos x \, dx$$

$$= \int_0^{\frac{\pi}{2}} (1 - \sin^2 x) \cdot \cos x \, dx + \int_{\frac{\pi}{2}}^\pi (1 - \sin^2 x) \cdot \cos x \, dx$$

令 $u = \sin x$ 则 $du = \cos x \, dx$, 藉由变数代换法

$$\text{则} \int_0^{\frac{\pi}{2}} (1 - \sin^2 x) \cdot \cos x \, dx + \int_{\frac{\pi}{2}}^\pi (1 - \sin^2 x) \cdot \cos x \, dx$$

$$= \int_0^1 (1 - u^2) \, du + \int_1^0 (1 - u^2) \, du = 0$$

Example 37.

$$\text{求} \int_1^8 \frac{dx}{x + 2\sqrt[3]{x}} = ?$$

【解】

令 $x = u^3$ 则 $dx = 3u^2 \, du$, 藉由变数代换法

$$\text{则} \int_1^8 \frac{dx}{x + 2\sqrt[3]{x}} = \int_1^2 \frac{3u^2}{u^3 + 2u} \, du = 3 \int_1^2 \frac{u}{u^2 + 2} \, du = \frac{3}{2} \cdot \ln(u^2 + 2)|_1^2 = \frac{3}{2} \ln 2$$

Example 38.

$$\text{求} \int_1^{k^3} \frac{dx}{x + 2\sqrt[3]{x}} = ?, \ \forall \, k > 1$$

【解】

令 $k > 1$, 令 $x = u^3$ 则 $dx = 3u^2 \, du$, 藉由变数代换法

$$\int_1^{k^3} \frac{dx}{x + 2\sqrt[3]{x}} = \int_1^k \frac{3u^2}{u^3 + 2u} \, du = 3 \int_1^k \frac{u}{u^2 + 2} \, du = \frac{3}{2} \cdot \ln(u^2 + 2)|_1^k = \frac{3}{2} \ln \frac{k^2 + 2}{3}$$

Example 39.

$$\text{求} \int_3^4 (x+2)(x-3)^3 dx = ?$$

【解】

$$\text{令}\, t = x - 3 \text{ 则 } \int_3^4 (x+2)(x-3)^3 dx = \int_0^1 (t+5)t^3 dt = \left(\frac{t^5}{5} + \frac{5t^4}{4}\right)\Big|_0^1 = \frac{29}{20}$$

Example 40.

$$\text{求} \int_4^9 \frac{dx}{x - \sqrt{x}} = ?$$

【解】

$$\text{令}\, x = t^2 \text{ 则 } dx = 2t dt, \text{ 藉由变数代换法}$$

$$\text{则} \int_4^9 \frac{dx}{x - \sqrt{x}} = \int_2^3 \frac{2t dt}{t^2 - t} = 2\int_2^3 \frac{dt}{t-1} = 2\ln(t-1)|_2^3 = 2\ln 2$$

Example 41.

$$\text{求} \int_0^3 x\sqrt{1+x}\, dx = ?$$

【解】

$$\text{令}\, 1 + x = t \text{ 则 } \int_0^3 x\sqrt{1+x}\, dx = \int_1^4 (t-1)\sqrt{t}\, dt = \left(\frac{2}{5}t^{\frac{5}{2}} - \frac{2}{3}t^{\frac{3}{2}}\right)\Big|_1^4 = \frac{116}{15}$$

Example 42.

$$\text{求} \int_{-1}^1 \frac{dx}{\sqrt{x^2 + 2x + 5}} = ?$$

【解】

$$\because x^2 + 2x + 5 = (x+1)^2 + 4$$

$$\text{令}\, x + 1 = t \text{ 则 } \int_{-1}^1 \frac{dx}{\sqrt{x^2 + 2x + 5}} = \int_{-1}^1 \frac{dx}{\sqrt{(x+1)^2 + 4}} = \int_0^2 \frac{dt}{\sqrt{t^2 + 4}}$$

$$\text{令}\, t = 2\tan\theta \text{ 则 } dt = 2\sec^2\theta d\theta, \text{ 藉由变数代换法}$$

$$\therefore \int_0^2 \frac{dt}{\sqrt{t^2 + 4}} = \int_0^{\frac{\pi}{4}} \frac{2\sec^2\theta d\theta}{\sqrt{4\tan^2\theta + 4}} = \int_0^{\frac{\pi}{4}} \sec\theta d\theta = \ln\tan\theta + \sec\theta|_0^{\frac{\pi}{4}} = \ln(1 + \sqrt{2})$$

Example 43.

$$求 \int_0^{\frac{\sqrt{3}}{2}} \frac{2x^3}{\sqrt{1-x^2}}\, dx = ?$$

【解】

令 $1 - x^2 = t$ 则 $-2x\,dx = dt$, 藉由变数代换法

$$则 \int_0^{\frac{\sqrt{3}}{2}} \frac{2x^3\,dx}{\sqrt{1-x^2}} = 2\int_0^{\frac{\sqrt{3}}{2}} \frac{\left(\frac{x^2}{-2}\right)(-2x)\,dx}{\sqrt{1-x^2}} = 2\int_1^{\frac{1}{4}} \frac{\frac{1-t}{-2}\,dt}{\sqrt{t}} = -\left(2t^{\frac{1}{2}} - \frac{2}{3}t^{\frac{3}{2}}\right)\Big|_1^{\frac{1}{4}} = \frac{5}{12}$$

Example 44.

$$求 \int_{-1}^{3} \left[x + \frac{1}{4}\right] dx = ?$$

【解】

令 $u = x + \frac{1}{4}$ 则 $du = dx$, 藉由变数代换法

$$则 \int_{-1}^{3} \left[x + \frac{1}{4}\right] dx = \int_{\frac{-3}{4}}^{\frac{13}{4}} [u]\, du = \int_{\frac{-3}{4}}^{0} [u]\, du + \int_0^1 [u]\, du + \int_1^2 [u]\, du + \int_2^3 [u]\, du + \int_3^{\frac{13}{4}} [u]\, du$$

$$= \int_{\frac{-3}{4}}^{0} -1\, du + \int_0^1 0\, du + \int_1^2 1\, du + \int_2^3 2\, du + \int_3^{\frac{13}{4}} 3\, du = \frac{-3}{4} + 1 + 2 + \frac{3}{4} = 3$$

Example 45.

$$求 \int_1^3 \frac{1}{[2x]}\, dx = ?$$

【解】

令 $u = 2x$ 则 $du = 2dx$, 藉由变数代换法

$$\therefore \int_1^3 \frac{1}{[2x]}\, dx = \frac{1}{2}\int_2^6 \frac{1}{[u]}\, du = \frac{1}{2}\left(\int_2^3 \frac{1}{[u]}\, du + \int_3^4 \frac{1}{[u]}\, du + \int_4^5 \frac{1}{[u]}\, du + \int_5^6 \frac{1}{[u]}\, du\right)$$

$$= \frac{1}{2}\left(\int_2^3 \frac{1}{2}\, du + \int_3^4 \frac{1}{3}\, du + \int_4^5 \frac{1}{4}\, du + \int_5^6 \frac{1}{5}\, du\right) = \frac{1}{2}\left(\frac{1}{2} + \frac{1}{3} + \frac{1}{4} + \frac{1}{5}\right) = \frac{77}{120}$$

Example 46.

$$求 \int_a^b \sin mx \sin nx \, dx = ?, \quad \forall \, a, b \in R$$

【解】

(1) 当 $m = n$,

$$\int \sin mx \sin nx \, dx = \int \sin mx \sin mx \, dx = \int \sin^2 mx \, dx = \int \frac{1 - \cos 2mx}{2} \, dx$$

$$= \frac{x}{2} - \frac{\sin 2mx}{4m} + c$$

令 $a, b \in R$ 则 $\displaystyle\int_a^b \sin mx \sin nx \, dx = \frac{b}{2} - \frac{\sin 2mb}{4m} - \left(\frac{a}{2} - \frac{\sin 2ma}{4m} \right)$

(2) 当 $m \neq n$,

$$\int \sin mx \sin nx \, dx = \frac{1}{2} \int \cos(m - n)x - \cos(m + n)x \, dx$$

$$= \frac{1}{2} \left(\frac{\sin(m - n)x}{m - n} - \frac{\sin(m + n)x}{m + n} \right) + c$$

令 $a, b \in R$ 则 $\displaystyle\int_a^b \sin mx \sin nx \, dx$

$$= \frac{1}{2} \left(\frac{\sin(m - n)b}{m - n} - \frac{\sin(m + n)b}{m + n} - \left(\frac{\sin(m - n)a}{m - n} - \frac{\sin(m + n)a}{m + n} \right) \right)$$

Example 47.

$$求 \int_a^b \sin mx \cos nx \, dx = ?, \quad \forall \, a, b \in R$$

【解】

(1) 当 $m = n$,

$$\int \sin mx \cos nx \, dx = \int \sin mx \cos mx \, dx = \frac{1}{2} \int \sin 2mx \, dx = \frac{-\cos 2m\,x}{4m} + c$$

令 $a, b \in R$ 则 $\displaystyle\int_a^b \sin mx \cos nx \, dx = \frac{-\cos 2m\,b}{4m} + \frac{\cos 2m\,a}{4m}$

(2) 当 $m \neq n$,

$$\int \sin mx \cos nx \, dx = \frac{1}{2} \int \sin(m+n)x + \sin(m-n)x \, dx$$

$$= \frac{1}{2}\left(-\frac{\cos(m+n)x}{m+n} - \frac{\cos(m-n)x}{m-n}\right) + c$$

令 $a, b \in R$ 则 $\int_{a}^{b} \sin mx \cos nx \, dx$

$$= \frac{1}{2}\left(-\frac{\cos(m+n)b}{m+n} - \frac{\cos(m-n)b}{m-n} + \frac{\cos(m+n)a}{m+n} + \frac{\cos(m-n)a}{m-n}\right)$$

Example 48.

$$求 \int_{a}^{b} \cos mx \cos nx \, dx = ?, \quad \forall \, a, b \in R$$

【解】

(1) 当 $m = n$,

$$\int \cos mx \cos nx \, dx = \int \cos mx \cos mx \, dx = \int \cos^2 mx \, dx = \int \frac{1 + \cos 2mx}{2} \, dx$$

$$= \frac{x}{2} + \frac{\sin 2mx}{4m} + c$$

令 $a, b \in R$ 则 $\int_{a}^{b} \cos mx \cos nx \, dx = \frac{b}{2} + \frac{\sin 2mb}{4m} - \left(\frac{a}{2} + \frac{\sin 2ma}{4m}\right)$

(2) 当 $m \neq n$,

$$\int \sin mx \sin nx \, dx = \frac{1}{2} \int \cos(m-n)x + \cos(m+n)x \, dx$$

$$= \frac{1}{2}\left(\frac{\sin(m-n)x}{m-n} + \frac{\sin(m+n)x}{m+n}\right) + c$$

令 $a, b \in R$ 则 $\int_{a}^{b} \cos mx \cos nx \, dx$

$$= \frac{1}{2}\left(\frac{\sin(m-n)b}{m-n} + \frac{\sin(m+n)b}{m+n} - \left(\frac{\sin(m-n)a}{m-n} + \frac{\sin(m+n)a}{m+n}\right)\right)$$

Example 49.

$$求 \int_{a}^{b} \frac{\tan^{-1} x}{1 + x^2} \, dx = ?, \quad \forall a, b \in R$$

【解】

令 $u = \tan^{-1} x$ 则 $du = \dfrac{dx}{1 + x^2}$，藉由变数代换法

则 $\displaystyle\int \dfrac{\tan^{-1} x}{1 + x^2} dx = \int u\, du = \dfrac{u^2}{2} + c = \dfrac{(\tan^{-1} x)^2}{2} + c$

令 $a, b \in R$ 则 $\displaystyle\int_a^b \dfrac{\tan^{-1} x}{1 + x^2} dx = \dfrac{(\tan^{-1} b)^2}{2} - \dfrac{(\tan^{-1} a)^2}{2}$

Example 50.

$$求 \int_a^b \dfrac{1}{x(\ln x)^2} = ?, \quad \forall a, b > 0$$

【解】

令 $u = \ln x$ 则 $du = \dfrac{dx}{x}$，藉由变数代换法

则 $\displaystyle\int \dfrac{1}{x(\ln x)^2} dx = \int u^{-2} du = -u^{-1} + c = -\dfrac{1}{\ln x} + c$

令 $a, b > 0$ 则 $\displaystyle\int_a^b \dfrac{1}{x(\ln x)^2} = \dfrac{1}{\ln a} - \dfrac{1}{\ln b}$

Example 51.

$$求 \int_a^b \dfrac{e^{\sqrt{x}}}{\sqrt{x}} dx = ?, \quad \forall a, b > 0$$

【解】

令 $u = \sqrt{x}$ 则 $du = \dfrac{dx}{2\sqrt{x}}$，藉由变数代换法 则 $\displaystyle\int \dfrac{e^{\sqrt{x}}}{\sqrt{x}} dx = 2 \int e^u du = 2e^u + c = 2e^{\sqrt{x}} + c$

令 $a, b > 0$ 则 $\displaystyle\int_a^b \dfrac{e^{\sqrt{x}}}{\sqrt{x}} dx = 2\left(e^{\sqrt{b}} - e^{\sqrt{a}}\right)$

Example 52.

$$求 \int_a^b \dfrac{(\sin^{-1} x)^2}{\sqrt{1 - x^2}} dx = ?, \quad \forall 0 < a, b < 1$$

【解】

令 $u = \sin^{-1} x$ 则 $du = \dfrac{dx}{\sqrt{1 - x^2}}$，藉由变数代换法

$$\text{则} \int \frac{(\sin^{-1} x)^2}{\sqrt{1-x^2}}\, dx = \int u^2\, du + c = \frac{u^3}{3} + c = \frac{(\sin^{-1} x)^3}{3} + c$$

$$\text{令}\ 0 < a, b < 1\ \text{则} \int_a^b \frac{(\sin^{-1} x)^2}{\sqrt{1-x^2}}\, dx = \frac{(\sin^{-1} b)^3}{3} - \frac{(\sin^{-1} a)^3}{3}$$

Example 53.

$$\text{求} \int_a^b \frac{e^{\sqrt[3]{x}}}{\sqrt[3]{x^2}}\, dx = ?, \quad \forall a, b \in R$$

【解】

$$\text{令}\ u = x^{\frac{1}{3}}\ \text{则}\ du = \frac{x^{\frac{-2}{3}}}{3}\, dx, \quad \text{藉由变数代换法}$$

$$\text{则} \int \frac{e^{\sqrt[3]{x}}}{\sqrt[3]{x^2}}\, dx = \int x^{\frac{-2}{3}} e^{x^{\frac{1}{3}}}\, dx = 3 \int e^u\, du = 3e^u + c = 3e^{x^{\frac{1}{3}}} + c$$

$$\text{令}\ a, b \in R\ \text{则} \int_a^b \frac{e^{\sqrt[3]{x}}}{\sqrt[3]{x^2}}\, dx = 3\left(e^{b^{\frac{1}{3}}} - e^{a^{\frac{1}{3}}}\right)$$

Example 54.

$$\text{求} \int_a^b \frac{e^{2x}}{\sqrt{1-e^{4x}}}\, dx = ?, \quad \forall a, b < 0$$

【解】

$$\text{令}\ t = e^{2x}\ \text{则}\ dt = 2e^{2x}\, dx, \quad \text{藉由变数代换法}$$

$$\text{则} \int \frac{e^{2x}}{\sqrt{1-e^{4x}}}\, dx = \frac{1}{2} \int \frac{1}{\sqrt{1-t^2}}\, dt = \frac{1}{2}\sin^{-1} t + c = \frac{1}{2}\sin^{-1} e^{2x} + c$$

$$\text{令}\ a, b < 0\ \text{则} \int_a^b \frac{e^{2x}}{\sqrt{1-e^{4x}}}\, dx = \frac{1}{2}\left(\sin^{-1} e^{2b} - \sin^{-1} e^{2a}\right)$$

Example 55.

$$\text{求} \int_a^b \frac{1}{x^2 + 2x + 5}\, dx = ?, \quad \forall a, b \in R$$

【解】

$$\because \int \frac{1}{x^2 + 2x + 5}\, dx = \int \frac{1}{(x+1)^2 + 4}\, dx = \frac{1}{4} \int \frac{1}{\left(\frac{x+1}{2}\right)^2 + 1}\, dx$$

令 $t = \dfrac{x+1}{2}$ 则 $dt = \dfrac{dx}{2}$，藉由变数代换法

则 $\dfrac{1}{4}\displaystyle\int \dfrac{1}{\left(\dfrac{x+1}{2}\right)^2+1}\,dx = \dfrac{1}{2}\displaystyle\int \dfrac{1}{t^2+1}\,dt = \dfrac{1}{2}\tan^{-1}t + c = \dfrac{1}{2}\tan^{-1}\left(\dfrac{x+1}{2}\right) + c$

令 $a,b \in R$ 则 $\displaystyle\int_a^b \dfrac{1}{x^2+2x+5}\,dx = \dfrac{1}{2}\left(\tan^{-1}\left(\dfrac{b+1}{2}\right) - \tan^{-1}\left(\dfrac{a+1}{2}\right)\right)$

Example 56.

$$\text{求}\ \int_a^b \dfrac{1}{1+e^x}\,dx = ?,\quad \forall a,b \in R$$

【解】

令 $t = 1 + e^x$ 则 $dt = e^x\,dx \Rightarrow dx = \dfrac{dt}{t-1}$，藉由变数代换法

则 $\displaystyle\int \dfrac{1}{1+e^x}\,dx = \int \dfrac{1}{t(t-1)}\,dt = \int \dfrac{1}{t-1} - \dfrac{1}{t}\,dt = \ln\dfrac{t-1}{t} + c = \ln\dfrac{e^x}{1+e^x} + c$

令 $a,b \in R$ 则 $\displaystyle\int_a^b \dfrac{1}{1+e^x}\,dx = \ln\dfrac{e^b}{1+e^b} - \ln\dfrac{e^a}{1+e^a}$

Example 57.

$$\text{求}\ \int_a^b \dfrac{\tan^{-1}\sqrt{x}}{\sqrt{x}(1+x)}\,dx = ?,\quad \forall a,b > 0$$

【解】

令 $u = \sqrt{x}$ 则 $du = \dfrac{1}{2}x^{-\frac{1}{2}}\,dx \Rightarrow dx = 2u\,du$，藉由变数代换法

则 $\displaystyle\int \dfrac{\tan^{-1}\sqrt{x}}{\sqrt{x}(1+x)}\,dx = \int \dfrac{(\tan^{-1}u)2u}{u(1+u^2)}\,du = 2\int \dfrac{\tan^{-1}u}{1+u^2}\,du$

令 $t = \tan^{-1}u$ 则 $dt = \dfrac{du}{1+u^2}$，藉由变数代换法

则 $2\displaystyle\int \dfrac{\tan^{-1}u}{1+u^2}\,du = 2\int t\,dt = t^2 + c = (\tan^{-1}u)^2 + c = \left(\tan^{-1}\sqrt{x}\right)^2 + c$

令 $a,b > 0$ 则 $\displaystyle\int_a^b \dfrac{\tan^{-1}\sqrt{x}}{\sqrt{x}(1+x)}\,dx = \left(\tan^{-1}\sqrt{b}\right)^2 - \left(\tan^{-1}\sqrt{a}\right)^2$

Example 58.

$$\text{求} \int_a^b \frac{1}{x(1+x^3)} \, dx = ?, \quad \forall a, b > 0$$

【解】

令 $t = x^3$ 则 $dt = 3x^2 dx$，藉由变数代换法

$$\text{则} \int \frac{1}{x(1+x^3)} \, dx = \frac{1}{3} \int \frac{x^2}{x^3(1+x^3)} \, dx = \frac{1}{3} \int \frac{1}{t(1+t)} \, dt = \frac{1}{3} \int \frac{1}{t} - \frac{1}{t+1} \, dt$$

$$= \frac{1}{3} \ln \frac{t}{t+1} + c = \frac{1}{3} \ln \frac{x^3}{x^3+1} + c$$

令 $a, b > 0$ 则 $\int_a^b \frac{1}{x(1+x^3)} \, dx = \frac{1}{3} \left(\ln \frac{b^3}{b^3+1} - \ln \frac{a^3}{a^3+1} \right)$

Example 59.

$$\text{求} \int_a^b \frac{1}{x(1+x^2)} \, dx = ?, \quad \forall a, b \in R$$

【解】

令 $t = x^2$ 则 $dt = 2x dx$，藉由变数代换法

$$\text{则} \int \frac{dx}{x(1+x^2)} = \int \frac{x dx}{x^2(1+x^2)} = \int \frac{dt}{2t(1+t)} = \frac{\ln\left(\frac{t}{t+1}\right)}{2} + c = \frac{\ln\left(\frac{x^2}{x^2+1}\right)}{2} + c$$

令 $a, b \in R$ 则 $\int_a^b \frac{1}{x(1+x^2)} \, dx = \frac{1}{2} \left(\ln \frac{b^2}{b^2+1} - \ln \frac{a^2}{a^2+1} \right)$

Example 60.

$$\text{求} \int_a^b \frac{1}{\sqrt{1+e^x}} \, dx = ?, \quad \forall a, b \in R$$

【解】

令 $t = \sqrt{1+e^x}$ 则 $dt = \frac{e^x}{2\sqrt{1+e^x}} \, dx$，藉由变数代换法

$$\text{则} \int \frac{1}{\sqrt{1+e^x}} \, dx = \int \frac{e^x}{e^x \sqrt{1+e^x}} \, dx = 2 \int \frac{1}{t^2-1} \, dt = \int \frac{1}{t-1} - \frac{1}{t+1} \, dt$$

$$= \ln \frac{t-1}{t+1} + c = \ln \frac{\sqrt{1+e^x}-1}{\sqrt{1+e^x}+1} + c$$

$$\text{令 } a, b \in R \text{ 则 } \int_a^b \frac{1}{\sqrt{1 + e^x}} dx = \ln \frac{\sqrt{1 + e^b} - 1}{\sqrt{1 + e^b} + 1} - \ln \frac{\sqrt{1 + e^a} - 1}{\sqrt{1 + e^a} + 1}$$

Example 61.

$$\text{求 } \int_a^b \frac{1}{x\sqrt{x^6 - 1}} dx = ?, \quad \forall a, b > 1$$

【解】

令 $u = \sqrt{x^6 - 1}$ 则 $du = 3x^5(x^6 - 1)^{-\frac{1}{2}} dx$ 且 $u^2 = x^6 - 1$, 藉由变数代换法

$$\text{则 } \int \frac{1}{x\sqrt{x^6 - 1}} dx = \int \frac{x^5}{x^6\sqrt{x^6 - 1}} dx = \frac{1}{3} \int \frac{1}{u^2 + 1} du = \frac{1}{3} \tan^{-1} u + c$$

$$= \frac{1}{3} \tan^{-1}\left(\sqrt{x^6 - 1}\right) + c$$

$$\text{令 } a, b > 1 \text{ 则 } \int_a^b \frac{1}{x\sqrt{x^6 - 1}} dx = \frac{1}{3}\left(\tan^{-1}\left(\sqrt{b^6 - 1}\right) - \tan^{-1}\left(\sqrt{a^6 - 1}\right)\right)$$

Example 62.

$$\text{求 } \int_a^b \frac{1}{x\sqrt{3x^2 - 2x - 1}} dx = ?, \quad \forall a, b > 1$$

【解】

$$\because \int \frac{1}{x\sqrt{3x^2 - 2x - 1}} dx = \int \frac{1}{x^2 \sqrt{3 - \dfrac{2}{x} - \dfrac{1}{x^2}}} dx$$

令 $u = \dfrac{1}{x}$ 则 $du = -x^{-2} dx$, 藉由变数代换法

$$\text{则 } \int \frac{1}{x^2 \sqrt{3 - \dfrac{2}{x} - \dfrac{1}{x^2}}} dx = -\int \frac{1}{\sqrt{3 - 2u - u^2}} du = -\int \frac{1}{\sqrt{4 - (u + 1)^2}} du$$

$$= -\frac{1}{2} \int \frac{1}{\sqrt{1 - \left(\dfrac{u + 1}{2}\right)^2}} du = -\sin^{-1}\left(\frac{u + 1}{2}\right) + c = -\sin^{-1}\left(\frac{\dfrac{1}{x} + 1}{2}\right) + c$$

令 $a, b > 1$ 则 $\displaystyle\int_a^b \frac{1}{x\sqrt{3x^2 - 2x - 1}}\,dx = \sin^{-1}\left(\frac{\frac{1}{a}+1}{2}\right) - \sin^{-1}\left(\frac{\frac{1}{b}+1}{2}\right)$

5.3.1.2 使用分部积分法

$$\int_a^b u(x)v'(x)\,dx = u(x)v(x)\big|_{x=a}^{x=b} - \int_a^b u'(x)v(x)\,dx$$

与不定积分相同, $u(x)$ 代表的是微分之后较容易计算积分, $v'(x)$ 代表是其积分式较容易积分; 也可能与变量代换法合并解题, 先做变量代换再做分部积分, 也可能先做分部积分, 再做变量代换

考试类型:

Type 1.

求 $\displaystyle\int_a^b x^n \cdot e^{\alpha x}\,dx =?$

解题流程:

Step1.

令 $u = x^n,\ dv = e^{\alpha x}dx$ 则 $du = nx^{n-1}dx,\ v = \dfrac{e^{\alpha x}}{\alpha}$

Step2.

藉由分部积分法则 $\displaystyle\int_a^b x^n \cdot e^{\alpha x}\,dx = x^n \cdot \frac{e^{\alpha x}}{\alpha}\bigg|_{x=a}^{x=b} - \frac{n}{\alpha}\int_a^b x^{n-1} \cdot e^{\alpha x}\,dx$

补充说明:

与不定积分相同, 多数题型为藉由分部积分法对 x^n 作降序动作重复做 n 次, 则能求得定积分值

Type 2.

求 $\displaystyle\int_a^b x^n \cdot \sin \alpha x\,dx =?$

解题流程:

Step1.

令 $u = x^n$, $dv = \sin \alpha x\, dx$ 则 $du = nx^{n-1}dx$, $v = -\dfrac{\cos \alpha x}{\alpha}$

藉由分部积分法则 $\displaystyle\int_a^b x^n \sin \alpha x\, dx = -\left.\dfrac{x^n \cos \alpha x}{\alpha}\right|_{x=a}^{x=b} + \dfrac{n}{\alpha}\int_a^b x^{n-1} \cos \alpha x\, dx$

Step2.

令 $u = x^{n-1}$, $dv = \cos \alpha x\, dx$ 则 $du = (n-1)x^{n-2}dx$, $v = \dfrac{\sin \alpha x}{\alpha}$

藉由分部积分法则 $\displaystyle\int_a^b x^{n-1} \cos \alpha x\, dx = \left.\dfrac{x^{n-1}\sin \alpha x}{\alpha}\right|_{x=a}^{x=b} - \dfrac{n-1}{\alpha}\int_a^b x^{n-2} \sin \alpha x\, dx$

Step3.

$$\int_a^b x^n \cdot \sin \alpha x\, dx = -\left.\dfrac{x^n \cos \alpha x}{\alpha}\right|_{x=a}^{x=b} + \dfrac{n}{\alpha}\left(\left.x^{n-1} \cdot \dfrac{\sin \alpha x}{\alpha}\right|_{x=a}^{x=b} - \dfrac{n-1}{\alpha}\int_a^b x^{n-2} \cdot \sin \alpha x\, dx\right)$$

Type 3.

求 $\displaystyle\int_a^b x^n \cdot \cos \alpha x\, dx = ?$

解题流程:

Step1.

令 $u = x^n$, $dv = \cos \alpha x\, dx$ 则 $du = nx^{n-1}dx$, $v = \dfrac{\sin \alpha x}{\alpha}$

藉由分部积分法则 $\displaystyle\int_a^b x^n \cos \alpha x\, dx = \left.\dfrac{x^n \sin \alpha x}{\alpha}\right|_{x=a}^{x=b} - \dfrac{n}{\alpha}\int_a^b x^{n-1} \sin \alpha x\, dx$

Step2.

令 $u = x^{n-1}$, $dv = \sin \alpha x\, dx$ 则 $du = (n-1)x^{n-2}dx$, $v = -\dfrac{\cos \alpha x}{\alpha}$

藉由分部积分法则

$$\int_a^b x^{n-1} \sin \alpha x\, dx = -\left.\dfrac{x^{n-1}\cos \alpha x}{\alpha}\right|_{x=a}^{x=b} + \dfrac{n-1}{\alpha}\int_a^b x^{n-2} \cos \alpha x\, dx$$

Step3.

$$\int_a^b x^n \cdot \cos \alpha x\, dx = \left.\dfrac{x^n \sin \alpha x}{\alpha}\right|_{x=a}^{x=b} - \dfrac{n}{\alpha}\left(-\left.x^{n-1} \cdot \dfrac{\cos \alpha x}{\alpha}\right|_{x=a}^{x=b} + \dfrac{n-1}{\alpha}\int_a^b x^{n-2} \cdot \cos \alpha x\, dx\right)$$

Type 4.

求 $\displaystyle\int_a^b x^n \cdot \ln^m x\, dx =?$

解题流程：

令 $u = \ln^m x,\ dv = x^n dx$ 则 $du = \dfrac{m\ln^{m-1} x\, dx}{x},\ v = \dfrac{x^{n+1}}{n+1}$

藉由分部积分法则 $\displaystyle\int_a^b x^n \ln^m x\, dx = \left.\dfrac{x^{n+1}\ln^m x}{n+1}\right|_{x=a}^{x=b} - \dfrac{m}{n+1}\int_a^b x^n \ln^{m-1} x\, dx$

Type 5.

求 $\displaystyle\int_a^b x^n \cdot \sin^{-1} x\, dx =?$

解题流程：

Step1.

令 $u = \sin^{-1} x,\ dv = x^n dx$ 则 $du = \dfrac{1}{\sqrt{1-x^2}} dx,\ v = \dfrac{x^{n+1}}{n+1}$

藉由分部积分法则 $\displaystyle\int_a^b x^n \sin^{-1} x\, dx = \left.\dfrac{x^{n+1}\sin^{-1} x}{n+1}\right|_{x=a}^{x=b} - \dfrac{1}{n+1}\int_a^b \dfrac{x^{n+1}}{\sqrt{1-x^2}} dx$

Step2.

令 $x = \cos\theta,\ dx = -\sin\theta\, d\theta$，藉由变数代换法

则 $\displaystyle\int_a^b \dfrac{x^{n+1}}{\sqrt{1-x^2}} dx = -\int_{\cos^{-1} a}^{\cos^{-1} b} \dfrac{\sin\theta\cos^n\theta}{\sqrt{1-\cos^2\theta}} d\theta = -\int_{\cos^{-1} a}^{\cos^{-1} b} \cos^n\theta\, d\theta$

Step3.

$\therefore \displaystyle\int_a^b x^n \cdot \sin^{-1} x\, dx = \left.\dfrac{x^{n+1}\sin^{-1} x}{n+1}\right|_{x=a}^{x=b} + \dfrac{1}{n+1}\left(\int_{\cos^{-1} a}^{\cos^{-1} b} \cos^n\theta\, d\theta\right) =?$

Step4.

$\displaystyle\int_{\cos^{-1} a}^{\cos^{-1} b} \cos^n\theta\, d\theta = \left.\dfrac{\sin\theta}{n}\cos^{n-1}\theta\right|_{\cos^{-1} a}^{\cos^{-1} b} + \dfrac{n-1}{n}\int_{\cos^{-1} a}^{\cos^{-1} b} \cos^{n-2}\theta\, d\theta$

<u>补充说明:</u>

相当于将问题转换成求 $\displaystyle\int_{\cos^{-1} a}^{\cos^{-1} b} \cos^n \theta \, d\theta =$?

Type 6.

求 $\displaystyle\int_a^b x^n \cdot \tan^{-1} x \, dx =$?

解题流程:

Step1.

令 $u = \tan^{-1} x$, $\ dv = x^n dx$ 则 $\ du = \dfrac{1}{1+x^2} dx$, $\ v = \dfrac{x^{n+1}}{n+1}$

藉由分部积分法则 $\displaystyle\int_a^b x^n \tan^{-1} x \, dx = \left.\dfrac{x^{n+1} \tan^{-1} x}{n+1}\right|_{x=a}^{x=b} - \dfrac{1}{n+1}\int_a^b \dfrac{x^{n+1}}{1+x^2} dx$

Step2.

令 $x = \tan\theta$ 则 $\ dx = \sec^2\theta \, d\theta$, 藉由变数代换法

$\displaystyle\int_a^b \dfrac{x^{n+1}}{1+x^2} dx = \int_{\tan^{-1} a}^{\tan^{-1} b} \dfrac{\tan^{n+1}\theta}{1+\tan^2\theta} \cdot \sec^2\theta \, d\theta = \int_{\tan^{-1} a}^{\tan^{-1} b} \tan^{n+1}\theta \, d\theta$

Step3.

$\displaystyle\therefore \int_a^b x^n \cdot \tan^{-1} x \, dx = \left.\dfrac{x^{n+1}\tan^{-1} x}{n+1}\right|_{x=a}^{x=b} - \dfrac{1}{n+1}\int_{\tan^{-1} a}^{\tan^{-1} b} \tan^{n+1}\theta \, d\theta$

Step4.

$\displaystyle\int_{\tan^{-1} a}^{\tan^{-1} b} \tan^{n+1}\theta \, d\theta = \left.\dfrac{1}{n}\tan^n\theta\right|_{\tan^{-1} a}^{\tan^{-1} b} - \int_{\tan^{-1} a}^{\tan^{-1} b} \tan^{n-1}\theta \, d\theta$

<u>补充说明:</u>

相当于将问题转换成求 $\displaystyle\int_{\tan^{-1} a}^{\tan^{-1} b} \tan^{n+1}\theta \, d\theta =$?

Type 7.

求 $\displaystyle\int_a^b \ln P_n(x) \, dx =$?

解题流程:

Step1.

令 $u = \ln P_n(x)$, $dv = dx$ 则 $du = \dfrac{P_n'(x)}{P_n(x)} dx$, $v = x$

藉由分部积分法则 $\displaystyle\int_a^b \ln P_n(x)\, dx = x \ln P_n(x)\big|_a^b - \int_a^b \dfrac{x P_n'(x)}{P_n(x)} dx$, 求 $\displaystyle\int_a^b \dfrac{x P_n'(x)}{P_n(x)} dx = ?$

Example 1.

$$求 \int_a^b \ln x \, dx = ?, \quad \forall\, a, b > 0$$

【解】

令 $u = \ln x$, $dv = dx$ 则 $du = \dfrac{dx}{x}$, $v = x$, 藉由分部积分法

则 $\displaystyle\int \ln x \, dx = x \ln x - \int x \dfrac{dx}{x} = x \ln x - x + c$

令 $a, b > 0$ 则 $\displaystyle\int_a^b \ln x \, dx = b \ln b - b - (a \ln a - a)$

Example 2.

$$求 \int_a^b x\ln x \, dx = ?, \quad \forall\, a, b > 0$$

【解】

令 $u = \ln x$, $dv = xdx$ 则 $du = \dfrac{dx}{x}$, $v = \dfrac{x^2}{2}$, 藉由分部积分法

则 $\displaystyle\int x\ln x \, dx = \dfrac{x^2}{2}(\ln x) - \int \dfrac{x}{2} dx = \dfrac{x^2}{2}(\ln x) - \dfrac{x^2}{4} + c$

令 $a, b > 0$ 则 $\displaystyle\int_a^b x\ln x \, dx = \dfrac{b^2 \ln b}{2} - \dfrac{b^2}{4} - \left(\dfrac{a^2 \ln a}{2} - \dfrac{a^2}{4}\right)$

Example 3.

$$求 \int_a^b x e^x dx = ?, \quad \forall\, a, b \in R$$

【解】

令 $u = x$, $dv = e^x dx$ 则 $du = dx$, $v = e^x$, 藉由分部积分法

则 $\displaystyle\int xe^x dx = xe^x - \int e^x dx = xe^x - e^x + c$

令 $a, b \in R$ 则 $\displaystyle\int_a^b xe^x dx = be^b - e^b - (ae^a - e^a)$

Example 4.

$$求 \int_a^b x\cos x \, dx = ?, \quad \forall\, a, b \in R$$

【解】

令 $u = x$, $dv = \cos x \, dx$ 则 $du = dx$, $v = \sin x$, 藉由分部积分法

则 $\displaystyle\int x\cos x \, dx = x \sin x - \int \sin x \, dx = x \sin x + \cos x + c$

令 $a, b \in R$ 则 $\displaystyle\int_a^b x\cos x \, dx = b \sin b + \cos b - (a \sin a + \cos a)$

Example 5.

$$求 \int_a^b x^2\cos x \, dx = ?, \quad \forall\, a, b \in R$$

【解】

令 $u = x^2$, $dv = \cos x \, dx$ 则 $du = 2x dx$, $v = \sin x$, 藉由分部积分法

则 $\displaystyle\int x^2\cos x \, dx = x^2 \sin x - 2\int x \sin x \, dx + c$

令 $s = x, dt = \sin x \, dx$ 则 $ds = dx, t = -\cos x$, 藉由分部积分法

则 $\displaystyle\int x \sin x \, dx = -x \cos x + \int \cos x dx = -x \cos x + \sin x$

$\therefore \displaystyle\int x^2\cos x \, dx = x^2 \sin x - 2\int x \sin x \, dx + c = x^2 \sin x + 2x \cos x - 2 \sin x + c$

令 $a, b \in R$ 则 $\displaystyle\int_a^b x^2\cos x \, dx$

$= b^2 \sin b + 2b \cos b - 2 \sin b - (a^2 \sin a + 2a \cos a - 2 \sin a)$

Example 6.

$$求 \int_a^b x^n \ln x \, dx = ?, \quad \forall a, b > 0, \quad n \in N$$

【解】

令 $u = \ln x$, $dv = x^n dx$ 则 $du = \dfrac{dx}{x}$, $v = \dfrac{x^{n+1}}{n+1}$, 藉由分部积分法

则 $\displaystyle\int x^n \ln x \, dx = \dfrac{x^{n+1} \ln x}{n+1} - \int \dfrac{1}{x} \cdot \dfrac{x^{n+1}}{n+1} \, dx = \dfrac{x^{n+1} \ln x}{n+1} - \int \dfrac{x^n}{n+1} \, dx$

$= \dfrac{x^{n+1} \ln x}{n+1} - \dfrac{x^{n+1}}{(n+1)^2} + c$

令 $a, b > 0$ 则 $\displaystyle\int_a^b x^n \ln x \, dx = \dfrac{b^{n+1} \ln b}{n+1} - \dfrac{b^{n+1}}{(n+1)^2} - \left(\dfrac{a^{n+1} \ln a}{n+1} - \dfrac{a^{n+1}}{(n+1)^2} \right)$

Example 7.

$$求 \int_a^b x^2 e^{-x} dx = ?, \quad \forall a, b \in R$$

【解】

令 $u = x^2$, $dv = e^{-x} dx$ 则 $du = 2x dx$, $v = -e^{-x}$, 藉由分部积分法

则 $\displaystyle\int x^2 e^{-x} dx = -x^2 e^{-x} + \int 2x \, e^{-x} dx + c$

令 $s = x$, $dt = e^{-x} dx$ 则 $ds = dx$, $t = -e^{-x}$, 藉由分部积分法

则 $\displaystyle\int x e^{-x} dx = -x e^{-x} + \int e^{-x} dx = -x e^{-x} - e^{-x} + c$

$\therefore \displaystyle\int x^2 e^{-x} dx = -x^2 e^{-x} + \int 2x \, e^{-x} dx = -x^2 e^{-x} + 2(-x e^{-x} - e^{-x}) + c$

令 $a, b \in R$

则 $\displaystyle\int_a^b x^2 e^{-x} dx = -b^2 e^{-b} + 2(-b e^{-b} - e^{-b}) - \left(-a^2 e^{-a} + 2(-a e^{-a} - e^{-a}) \right)$

Example 8.

$$求 \int_a^b x \sin x \, dx = ?, \quad \forall a, b \in R$$

【解】

令 $u = x,\ dv = \sin x\, dx$ 则 $du = dx,\ v = -\cos x$，藉由分部积分法

则 $\displaystyle\int x\sin x\ dx = -x\cos x + \int \cos x\, dx = -x\cos x + \sin x + c$

令 $a, b \in R$ 则 $\displaystyle\int_a^b x\sin x\, dx = -b\cos b + \sin b + a\cos a - \sin a$

Example 9.

$$\text{求} \int_a^b x2^x dx = ?,\quad \forall\, a, b \in R$$

【解】

令 $u = x,\ dv = 2^x dx$ 则 $du = dx,\ v = 2^x \cdot \dfrac{1}{\ln 2}$，藉由分部积分法

则 $\displaystyle\int x2^x dx = \frac{x2^x}{\ln 2} - \int \frac{2^x dx}{\ln 2} = \frac{x2^x}{\ln 2} - \frac{2^x}{(\ln 2)^2} + c$

令 $a, b \in R$ 则 $\displaystyle\int_a^b x2^x dx = \frac{b2^b}{\ln 2} - \frac{2^b}{(\ln 2)^2} - \left(\frac{a2^a}{\ln 2} - \frac{2^a}{(\ln 2)^2}\right)$

Example 10.

$$\text{求} \int_a^b x^3\ln^2 x\, dx = ?,\quad \forall\, a, b > 0$$

【解】

令 $u = \ln^2 x,\ dv = x^3 dx$ 则 $du = \dfrac{2}{x}\ln x\, dx,\ v = \dfrac{x^4}{4}$，藉由分部积分法

则 $\displaystyle\int x^3\ln^2 x\, dx = \frac{x^4}{4}\ln^2 x - \frac{1}{2}\int x^3\ln x\ dx$

令 $s = \ln x,\ dt = x^3 dx$ 则 $ds = \dfrac{1}{x}dx,\ t = \dfrac{x^4}{4}$，藉由分部积分法

则 $\displaystyle\int x^3\ln x\ dx = \frac{x^4\ln x}{4} - \frac{1}{4}\int x^3 dx = \frac{x^4\ln x}{4} - \frac{x^4}{16}$

$\therefore \displaystyle\int x^3\ln^2 x\, dx = \frac{x^4}{4}\ln^2 x - \frac{1}{2}\int x^3\ln x\ dx = \frac{x^4}{4}\ln^2 x - \frac{1}{2}\left(\frac{x^4\ln x}{4} - \frac{x^4}{16}\right) + c$

令 $a, b > 0$

则 $\displaystyle\int_a^b x^3 \ln^2 x\, dx = \frac{b^4}{4}\ln^2 b - \frac{1}{2}\left(\frac{b^4 \ln b}{4} - \frac{b^4}{16}\right) - \left(\frac{a^4}{4}\ln^2 a - \frac{1}{2}\left(\frac{a^4 \ln a}{4} - \frac{a^4}{16}\right)\right)$

Example 11.

$$求 \int_a^b e^{\sqrt{x}}dx =?, \quad \forall\, a,b > 0$$

【解】

令 $u = \sqrt{x}$ 则 $2u\,du = dx$, 藉由变数代换法 $\displaystyle\int e^{\sqrt{x}}dx = \int 2u e^u\,du$

令 $s = u,\ dt = e^u\,du$ 则 $ds = du,\ t = e^u$, 藉由分部积分法

则 $\displaystyle\int u e^u\,du = u e^u - \int e^u\,du = u e^u - e^u$

$\therefore \displaystyle\int e^{\sqrt{x}}dx = \int 2u e^u\,du = 2(u e^u - e^u) + c = 2\left(\sqrt{x}e^{\sqrt{x}} - e^{\sqrt{x}}\right) + c$

令 $a,b > 0$ 则 $\displaystyle\int_a^b e^{\sqrt{x}}dx = 2\left(\sqrt{b}e^{\sqrt{b}} - e^{\sqrt{b}} - \left(\sqrt{a}e^{\sqrt{a}} - e^{\sqrt{a}}\right)\right)$

Example 12.

$$求 \int_a^b \ln(x^2 + 2x + 2)dx =?, \quad \forall\, a,b \in R$$

【解】

令 $u = \ln(x^2 + 2x + 2),\ dv = dx$ 则 $du = \dfrac{2x + 2}{x^2 + 2x + 2}dx,\ v = x$

藉由分部积分法

则 $\displaystyle\int \ln(x^2 + 2x + 2)dx = x\ln(x^2 + 2x + 2) - \int \frac{x(2x + 2)}{x^2 + 2x + 2}dx$

$\displaystyle = x\ln(x^2 + 2x + 2) - 2\int \frac{(x^2 + 2x + 2) - (x + 1) - 1}{x^2 + 2x + 2}dx$

$\displaystyle = x\ln(x^2 + 2x + 2) - 2\int 1 - \frac{x + 1}{x^2 + 2x + 2} - \frac{1}{(x + 1)^2 + 1}dx$

$\displaystyle = x\ln(x^2 + 2x + 2) - 2x + \ln(x^2 + 2x + 2) + 2\tan^{-1}(x + 1) + c$

令 $a,b \in R$ 则 $\displaystyle\int_a^b \ln(x^2 + 2x + 2)dx$

$$= b\ln(b^2 + 2b + 2) - 2b + \ln(b^2 + 2b + 2) + 2\tan^{-1}(b+1)$$
$$-a\ln(a^2 + 2a + 2) + 2a - \ln(a^2 + 2a + 2) - 2\tan^{-1}(a+1)$$

Example 13.

$$求 \int_a^b \ln(1 + x^2)dx = ?, \quad \forall\, a, b \in R$$

【解】

令 $u = \ln(1 + x^2)$, $dv = dx$ 则 $du = \dfrac{2x}{1 + x^2}dx$, $v = x$, 藉由分部积分法

则 $\displaystyle\int \ln(1 + x^2)dx = x\ln(1 + x^2) - \int \frac{2x^2}{1 + x^2}dx$

$$= x\ln(1 + x^2) - \int \frac{2x^2 + 2 - 2}{1 + x^2}dx = x\ln(1 + x^2) - 2x + 2\tan^{-1}x + c$$

令 $a, b \in R$ 则 $\displaystyle\int_a^b \ln(1 + x^2)dx$

$$= b\ln(1 + b^2) - 2b + 2\tan^{-1}b - (a\ln(1 + a^2) - 2a + 2\tan^{-1}a)$$

Example 14.

$$求 \int_a^b x\ln^2 x\, dx = ?, \quad \forall\, a, b > 0$$

【解】

令 $u = \ln^2 x$, $dv = xdx$ 则 $du = \dfrac{2}{x}\ln x\, dx$, $v = \dfrac{x^2}{2}$, 藉由分部积分法

则 $\displaystyle\int x\ln^2 x\, dx = \frac{x^2}{2}\ln^2 x - \int x\ln x\, dx$

令 $s = \ln x$, $dt = xdx$ 则 $ds = \dfrac{1}{x}dx$, $t = \dfrac{x^2}{2}$, 藉由分部积分法

则 $\displaystyle\int x\ln x\, dx = \frac{x^2}{2}\ln x - \frac{1}{2}\int x\, dx = \frac{x^2}{2}\ln x - \frac{x^2}{4}$

$$\therefore \int x\ln^2 x\, dx = \frac{x^2}{2}\ln^2 x - \int x\ln x\, dx = \frac{x^2}{2}\ln^2 x - \left(\frac{x^2}{2}\ln x - \frac{x^2}{4}\right) + c$$

令 $a, b > 0$

则 $\displaystyle\int_a^b x\ln^2 x\,dx = \frac{b^2}{2}\ln^2 b - \left(\frac{b^2}{2}\ln b - \frac{b^2}{4}\right) - \left(\frac{a^2}{2}\ln^2 a - \left(\frac{a^2}{2}\ln a - \frac{a^2}{4}\right)\right)$

Example 15.

$$求 \int_a^b x^2\ln(x+1)dx =?,\quad \forall\, a,b > -1$$

【解】

令 $u = \ln(1+x),\ dv = x^2 dx$ 则 $du = \dfrac{dx}{1+x},\ v = \dfrac{x^3}{3}$，藉由分部积分法

则 $\displaystyle\int x^2\ln(x+1)dx = \frac{x^3}{3}\ln(1+x) - \int \frac{x^3 dx}{3(1+x)}$

令 $t = 1+x$，藉由变换变数法

则 $\displaystyle\int \frac{x^3 dx}{3(1+x)} = \frac{1}{3}\int \frac{(t-1)^3}{t}dt = \frac{1}{3}\int t^2 - 3t + 3 - \frac{1}{t}dt$

$= \dfrac{1}{3}\left(\dfrac{t^3}{3} - \dfrac{3t^2}{2} + 3t - \ln|t|\right) + c = \dfrac{(1+x)^3}{9} - \dfrac{(1+x)^2}{2} + (1+x) - \dfrac{\ln|x+1|}{3} + c$

$\therefore \displaystyle\int x^2\ln(x+1)dx = \frac{x^3}{3}\ln(1+x) - \int \frac{x^3 dx}{3(1+x)}$

$= \dfrac{x^3}{3}\ln(1+x) - \left(\dfrac{(1+x)^3}{9} - \dfrac{(1+x)^2}{2} + (1+x) - \dfrac{\ln|x+1|}{3} + c\right) + c$

令 $a,b > -1$ 则 $\displaystyle\int_a^b x^2\ln(x+1)dx$

$= \dfrac{b^3}{3}\ln(1+b) - \left(\dfrac{(1+b)^3}{9} - \dfrac{(1+b)^2}{2} + (1+b) - \dfrac{\ln(b+1)}{3}\right)$

$- \dfrac{a^3}{3}\ln(1+a) + \left(\dfrac{(1+a)^3}{9} - \dfrac{(1+a)^2}{2} + (1+a) - \dfrac{\ln(a+1)}{3}\right)$

Example 16.

$$求 \int_a^b \sin^{-1} x\,dx =?,\quad \forall\, -1 < a,b < 1$$

【解】

令 $u = \sin^{-1} x,\ dv = dx$，则 $du = \dfrac{dx}{\sqrt{1-x^2}},\ v = x$，藉由分部积分法

则 $\displaystyle\int \sin^{-1} x \, dx = x\sin^{-1} x - \int \frac{xdx}{\sqrt{1-x^2}}$

令 $t = 1 - x^2$, 则 $dt = -2xdx$, 藉由变数代换法

则 $\displaystyle\int \frac{xdx}{\sqrt{1-x^2}} = -\int \frac{dt}{2\sqrt{t}} = -\sqrt{t} = -\sqrt{1-x^2}$

$\therefore \displaystyle\int \sin^{-1} x \, dx = x\sin^{-1} x - \int \frac{xdx}{\sqrt{1-x^2}} = x\sin^{-1} x + \sqrt{1-x^2} + c$

令 $-1 < a, b < 1$

则 $\displaystyle\int_a^b \sin^{-1} x \, dx = b\sin^{-1} b + \sqrt{1-b^2} - \left(a\sin^{-1} a + \sqrt{1-a^2}\right)$

Example 17.

$$求 \int_a^b \tan^{-1} x \, dx =?, \quad \forall\, a, b \in R$$

【解】

令 $u = \tan^{-1} x, \ dv = dx$ 则 $du = \dfrac{dx}{1+x^2}, \ v = x$, 藉由分部积分法

则 $\displaystyle\int \tan^{-1} x \, dx = x\tan^{-1} x - \int \frac{xdx}{1+x^2} = x\tan^{-1} x - \frac{1}{2}\ln(1+x^2) + c$

令 $a, b \in R$

则 $\displaystyle\int_a^b \tan^{-1} x \, dx = b\tan^{-1} b - \frac{1}{2}\ln(1+b^2) - a\tan^{-1} a + \frac{1}{2}\ln(1+a^2)$

Example 18.

$$求 \int_a^b x\tan^{-1} x \, dx =?, \quad \forall\, a, b \in R$$

【解】

令 $u = \tan^{-1} x, \ dv = xdx$ 则 $du = \dfrac{dx}{1+x^2}, \ v = \dfrac{x^2}{2}$, 藉由分部积分法

则 $\displaystyle\int x\tan^{-1} x \, dx = \frac{x^2}{2}\tan^{-1} x - \frac{1}{2}\int \frac{x^2 dx}{1+x^2} = \frac{x^2}{2}\tan^{-1} x - \frac{1}{2}\int \frac{1+x^2-1\,dx}{1+x^2}$

$= \dfrac{x^2}{2}\tan^{-1} x - \dfrac{x}{2} + \dfrac{1}{2}\tan^{-1} x + c$

令 $a, b \in R$ 则

$$\int_a^b x\tan^{-1} x \, dx = \frac{b^2}{2}\tan^{-1} b - \frac{b}{2} + \frac{1}{2}\tan^{-1} b - \left(\frac{a^2}{2}\tan^{-1} a - \frac{a}{2} + \frac{1}{2}\tan^{-1} a\right)$$

Example 19.

$$\text{求} \int_a^b x\sin^{-1} x \, dx = ?, \quad \forall -1 \le a, b \le 1$$

【解】

令 $u = \sin^{-1} x, \ dv = xdx$ 则 $du = \dfrac{dx}{\sqrt{1-x^2}}, \ v = \dfrac{x^2}{2}$，藉由分部积分法

则 $\displaystyle\int x\sin^{-1} x \, dx = \frac{x^2}{2}\sin^{-1} x - \frac{1}{2}\int \frac{x^2 dx}{\sqrt{1-x^2}}$

令 $x = \cos\theta$ 则 $dx = -\sin\theta d\theta$，藉由变数代换法

则 $\displaystyle\int \frac{x^2 dx}{\sqrt{1-x^2}} = -\int \frac{\sin\theta\cos^2\theta}{\sin\theta} d\theta = -\int \frac{1+\cos 2\theta}{2} d\theta$

$$= \frac{-\theta}{2} - \frac{\sin 2\theta}{4} = \frac{-\theta}{2} - \frac{\sin\theta\cos\theta}{2} = \frac{-\cos^{-1} x}{2} - \frac{x\sqrt{1-x^2}}{2}$$

$$\therefore \int x\sin^{-1} x \, dx = \frac{x^2 \sin^{-1} x}{2} - \frac{1}{2}\int \frac{x^2 dx}{\sqrt{1-x^2}} = \frac{x^2 \sin^{-1} x}{2} + \frac{\cos^{-1} x}{4} + \frac{x\sqrt{1-x^2}}{4} + c$$

令 $-1 \le a, b \le 1$ 则 $\displaystyle\int_a^b x\sin^{-1} x \, dx$

$$= \frac{b^2}{2}\sin^{-1} b + \frac{\cos^{-1} b}{4} + \frac{b\sqrt{1-b^2}}{4} - \left(\frac{a^2}{2}\sin^{-1} a + \frac{\cos^{-1} a}{4} + \frac{a\sqrt{1-a^2}}{4}\right)$$

Example 20.

$$\text{求} \int_a^b \sin^{-1}\sqrt{x} \, dx = ?, \quad \forall 0 \le a, b \le 1$$

【解】

令 $u = \sin^{-1}\sqrt{x}, \ dv = dx$ 则 $du = \dfrac{\frac{1}{2}x^{-\frac{1}{2}}dx}{\sqrt{1-x}}, \ v = x$, 藉由分部积分法

则 $\displaystyle\int \sin^{-1}\sqrt{x} \, dx = x\sin^{-1} x - \int \frac{x^{\frac{1}{2}}dx}{2\sqrt{1-x}} dx$

令 $x = \sin^2\theta$，则 $dx = 2\sin\theta\cos\theta\, d\theta$，藉由变数代换法

$$\therefore \int \frac{x^{\frac{1}{2}}dx}{2\sqrt{1-x}}dx = \int \frac{2\sin^2\theta\cos\theta}{2\sqrt{1-\sin^2\theta}}d\theta = \int \sin^2\theta\, d\theta = \int \frac{1-\cos 2\theta}{2}d\theta$$

$$= \frac{\theta}{2} - \frac{\sin 2\theta}{4} + c = \frac{1}{2}\sin^{-1}\sqrt{x} - \frac{\sqrt{x(1-x)}}{2} + c$$

$$\therefore \int \sin^{-1}\sqrt{x}\, dx = x\sin^{-1}x - \int \frac{x^{\frac{1}{2}}dx}{2\sqrt{1-x}} = x\sin^{-1}x - \frac{\sin^{-1}\sqrt{x}}{2} + \frac{\sqrt{x(1-x)}}{2} + c$$

令 $0 \le a, b \le 1$ 则 $\displaystyle\int_a^b \sin^{-1}\sqrt{x}\, dx$

$$= b\sin^{-1}b - \left(\frac{1}{2}\sin^{-1}\sqrt{b} - \frac{\sqrt{b(1-b)}}{2}\right) - a\sin^{-1}a + \left(\frac{1}{2}\sin^{-1}\sqrt{a} - \frac{\sqrt{a(1-a)}}{2}\right)$$

Example 21.

$$求 \int_a^b \tan^{-1}\sqrt{x}\ dx = ?,\quad \forall a, b \ge 0$$

【解】

令 $u = \tan^{-1}\sqrt{x}$，$dv = dx$ 则 $du = \dfrac{\frac{1}{2}x^{-\frac{1}{2}}}{1+x}dx$，$v = x$，藉由分部积分法

则 $\displaystyle\int \tan^{-1}\sqrt{x}\, dx = x\tan^{-1}x - \frac{1}{2}\int \frac{x^{\frac{1}{2}}}{1+x}dx$

令 $x = u^2$ 则 $dx = 2u\,du$，藉由变数代换法

$$\int \frac{x^{\frac{1}{2}}dx}{1+x} = \int \frac{2u^2\,du}{1+u^2} = 2\left(\int 1 - \frac{1}{1+u^2}\,du\right) = 2u - 2\tan^{-1}u = 2\sqrt{x} - 2\tan^{-1}\sqrt{x}$$

$$\therefore \int \tan^{-1}\sqrt{x}\, dx = x\tan^{-1}x - \frac{1}{2}\int \frac{x^{\frac{1}{2}}}{1+x}dx = x\tan^{-1}x - \sqrt{x} + \tan^{-1}\sqrt{x} + c$$

令 $a, b \ge 0$ 则 $\displaystyle\int_a^b \tan^{-1}\sqrt{x}\, dx = b\tan^{-1}b - \sqrt{b} + \tan^{-1}\sqrt{b} - \left(a\tan^{-1}a - \sqrt{a} + \tan^{-1}\sqrt{a}\right)$

Example 22.

$$\text{求} \int_a^b \sin(\ln x)\, dx = ?, \quad \forall a, b > 0$$

【解】

令 $u = \ln x$ 则 $e^u du = dx$，藉由变数代换法与分部积分法

则 $\int \sin(\ln x)\, dx = \int e^u \sin u\, du = e^u \sin u - \int e^u \cos u\, du$

$= e^u \sin u - (e^u \cos u + \int e^u \sin u\, du)$

$\Rightarrow \int \sin(\ln x)\, dx = \int e^u \sin u\, du = \dfrac{1}{2}(e^u \sin u - e^u \cos u)$

$= \dfrac{1}{2}(x \sin \ln x - x \cos \ln x) + c$

令 $a, b > 0$ 则 $\int_a^b \sin(\ln x)\, dx = \dfrac{b \sin \ln b - b \cos \ln b - (a \sin \ln a - a \cos \ln a)}{2}$

Example 23.

$$\text{求} \int_a^b \frac{\ln x}{x^3}\, dx = ?, \quad \forall a, b > 0$$

【解】

令 $u = \ln x$, $dv = x^{-3} dx$ 则 $du = \dfrac{1}{x} dx$, $v = -\dfrac{x^{-2}}{2}$，藉由分部积分法

则 $\int \dfrac{\ln x}{x^3}\, dx = -\dfrac{x^{-2} \ln x}{2} + \dfrac{1}{2} \int x^{-3} dx = -\dfrac{\ln x}{2x^2} - \dfrac{1}{4} x^{-2} + c$

令 $a, b > 0$ 则 $\int_a^b \dfrac{\ln x}{x^3}\, dx = \dfrac{\ln a}{2a^2} + \dfrac{1}{4} a^{-2} - \left(\dfrac{\ln b}{2b^2} + \dfrac{1}{4} b^{-2} \right)$

Example 24.

$$\text{求} \int_a^b x \ln \sqrt{x}\, dx = ?, \quad \forall a, b > 0$$

【解】

令 $u = \ln \sqrt{x}$, $dv = x\, dx$ 则 $du = \dfrac{1}{2x} dx$, $v = \dfrac{x^2}{2}$，藉由分部积分法

$$\int x \ln \sqrt{x}\, dx = \frac{x^2 \ln \sqrt{x}}{2} - \frac{1}{4}\int x\, dx = \frac{x^2 \ln \sqrt{x}}{2} - \frac{x^2}{8} + c = \frac{x^2 \ln x}{4} - \frac{x^2}{8} + c$$

$$令\, a, b > 0 \quad 则 \quad \int_a^b x \ln \sqrt{x}\, dx = \frac{b^2 \ln b}{4} - \frac{b^2}{8} - \left(\frac{a^2 \ln a}{4} - \frac{a^2}{8}\right)$$

Example 25.

$$求 \int_a^b \frac{\tan^{-1} x}{x^3}\, dx = ?, \quad \forall a, b > 0$$

【解】

$$令\, u = \tan^{-1} x, \quad dv = x^{-3} dx \quad 则 \quad du = \frac{1}{1 + x^2}\, dx, \quad v = -\frac{x^{-2}}{2}, \quad 藉由分部积分法$$

$$则 \int \frac{\tan^{-1} x}{x^3}\, dx = -\frac{x^{-2}\tan^{-1} x}{2} + \frac{1}{2}\int \frac{dx}{x^2(1 + x^2)}$$

$$= -\frac{x^{-2}\tan^{-1} x}{2} + \frac{1}{2}\int \left(\frac{1}{x^2} - \frac{1}{1 + x^2}\right) dx = -\frac{x^{-2}\tan^{-1} x}{2} + \frac{1}{2}(-x^{-1} - \tan^{-1} x)$$

$$令\, a, b > 0$$

$$则 \int_a^b \frac{\tan^{-1} x}{x^3}\, dx = \frac{a^{-2}\tan^{-1} a}{2} + \frac{1}{2}(a^{-1} + \tan^{-1} a) - \left(\frac{b^{-2}\tan^{-1} b}{2} + \frac{1}{2}(b^{-1} + \tan^{-1} b)\right)$$

Example 26.

$$求 \int_a^b \ln(x^3 e^x)\, dx = ?, \quad \forall a, b > 0$$

【解】

$$\because \int \ln(x^3 e^x)\, dx = \int x + 3\ln x\, dx = \frac{x^2}{2} + 3\int \ln x\, dx$$

$$令\, u = \ln x, \quad dv = dx \quad 则 \quad du = \frac{1}{x}\, dx, \quad v = x, \quad 藉由分部积分法$$

$$则 \int \ln x\, dx = x \ln x - \int dx = x \ln x - x \quad \therefore \int \ln(x^3 e^x)\, dx = \frac{x^2}{2} + 3(x \ln x - x) + c$$

$$令\, a, b > 0 \quad 则 \quad \int_a^b \ln(x^3 e^x)\, dx = \frac{b^2}{2} + 3(b \ln b - b) - \frac{a^2}{2} - 3(a \ln a - a)$$

Example 27.

$$求 \int_a^b x^2 e^{-2x} dx = ?, \quad \forall a, b \in R$$

【解】

令 $u = x^2$, $dv = e^{-2x}dx$ 则 $du = 2xdx$, $v = -\dfrac{e^{-2x}}{2}$，藉由分部积分法

则 $\displaystyle\int x^2 e^{-2x} dx = -\dfrac{x^2 e^{-2x}}{2} + \int xe^{-2x} dx$

令 $s = x$, $dt = e^{-2x}dx$ 则 $ds = dx$, $t = -\dfrac{e^{-2x}}{2}$，藉由分部积分法

则 $\displaystyle\int xe^{-2x} dx = -\dfrac{xe^{-2x}}{2} + \dfrac{1}{2}\int e^{-2x} dx = -\dfrac{xe^{-2x}}{2} - \dfrac{1}{4}e^{-2x}$

$\therefore \displaystyle\int x^2 e^{-2x} dx = -\dfrac{x^2 e^{-2x}}{2} + \int xe^{-2x} dx = -\dfrac{x^2 e^{-2x}}{2} - \dfrac{xe^{-2x}}{2} - \dfrac{1}{4}e^{-2x}$

令 $a, b \in R$ 则 $\displaystyle\int_a^b x^2 e^{-2x} dx = \dfrac{a^2 e^{-2a}}{2} + \dfrac{ae^{-2a}}{2} + \dfrac{e^{-2a}}{4} - \dfrac{b^2 e^{-2b}}{2} - \dfrac{be^{-2b}}{2} - \dfrac{e^{-2b}}{4}$

Example 28.

$$求 \int_a^b \frac{\sin\frac{1}{x}}{x^3} dx = ?, \quad \forall a, b > 0$$

【解】

令 $u = \dfrac{1}{x}$ 则 $du = -x^{-2}dx$，藉由变数代换法 $\displaystyle\int \dfrac{\sin\frac{1}{x}}{x^3} dx = -\int u \sin u \, du$

令 $s = u$, $dt = \sin u \, du$ 则 $ds = du$, $t = -\cos u$，藉由分部积分法

则 $\displaystyle\int u \sin u \, du = -u \cos u + \int \cos u \, du = -\dfrac{1}{x}\cos\dfrac{1}{x} + \sin\dfrac{1}{x} + c$

$\therefore \displaystyle\int \dfrac{\sin\frac{1}{x}}{x^3} dx = \dfrac{1}{x}\cos\dfrac{1}{x} - \sin\dfrac{1}{x} + c$

令 $a, b > 0$ 则 $\displaystyle\int_a^b \dfrac{\sin\frac{1}{x}}{x^3} dx = \dfrac{1}{b}\cos\dfrac{1}{b} - \sin\dfrac{1}{b} - \left(\dfrac{1}{a}\cos\dfrac{1}{a} - \sin\dfrac{1}{a}\right)$

Example 29.

$$\text{求} \int_a^b x(\ln x)^3 dx = ?, \quad \forall a, b > 0$$

【解】

令 $u = \ln x$ 则 $dx = e^u du$, 藉由变换变数法 $\int x(\ln x)^3 dx = \int u^3 e^{2u} du$

藉由分部积分法 $\int u^3 e^{2u} du = \dfrac{u^3 e^{2u}}{2} - \dfrac{3}{2} \int u^2 e^{2u} du$

$$= \frac{u^3 e^{2u}}{2} - \frac{3}{2}\left(\frac{u^2 e^{2u}}{2} - \int u e^{2u} du\right) = \frac{u^3 e^{2u}}{2} - \frac{3u^2 e^{2u}}{4} + \frac{3}{2}\left(\frac{u e^{2u}}{2} - \frac{e^{2u}}{4}\right) + c$$

$$= \frac{x^2(\ln x)^3}{2} - \frac{3x^2(\ln x)^2}{4} + \frac{3}{2}\left(\frac{x^2 \ln x}{2} - \frac{x^2}{4}\right) + c$$

令 $a, b > 0$ 则 $\int_a^b x(\ln x)^3 dx = \dfrac{b^2(\ln b)^3}{2} - \dfrac{3b^2(\ln b)^2}{4} + \dfrac{3b^2 \ln x}{4} - \dfrac{3b^2}{8}$

$$- \left(\frac{a^2(\ln a)^3}{2} - \frac{3a^2(\ln a)^2}{4} + \frac{3a^2 \ln x}{4} - \frac{3a^2}{8}\right)$$

Example 30.

$$\text{求} \int_a^b (\ln x)^2 dx = ?, \quad \forall a, b > 0$$

【解】

令 $u = \ln x$ 则 $dx = e^u du$, 藉由变换变数法 $\int (\ln x)^2 dx = \int u^2 e^u du$

藉由分部积分法

则 $\int u^2 e^u du = u^2 e^u - 2 \int u e^u du = u^2 e^u - 2\left(u e^u - \int e^u du\right)$

$$= u^2 e^u - 2(u e^u - e^u) = (\ln x)^2 x - 2(x \ln x - x) + c$$

令 $a, b > 0$ 则 $\int_a^b (\ln x)^2 dx = (\ln b)^2 b - 2(b \ln b - b) - (\ln a)^2 a + 2(a \ln a - a)$

Example 31.

$$\text{求} \int_a^b \frac{\ln(1+x)}{(1+x)^2} dx = ?, \quad \forall a, b > -1$$

【解】

令 $u = \ln(1+x)$, $dv = \dfrac{1}{(1+x)^2}dx$ 则 $du = \dfrac{dx}{1+x}$, $v = -(1+x)^{-1}$

藉由分部积分法 则 $\displaystyle\int \frac{\ln(1+x)}{(1+x)^2}dx$

$= -(1+x)^{-1}\ln(1+x) + \displaystyle\int \frac{1}{(1+x)^2}dx = -(1+x)^{-1}\ln(1+x) - (1+x)^{-1} + c$

令 $a, b > -1$ 则

$\displaystyle\int_a^b \frac{\ln(1+x)dx}{(1+x)^2} = -(1+b)^{-1}(\ln(1+b)+1) + (1+a)^{-1}(\ln(1+a)+1)$

Example 32.

$$\text{求} \int_a^b \frac{\ln(\tan^{-1}x)}{1+x^2}dx = ?, \quad \forall a, b \in R$$

【解】

令 $u = \ln(\tan^{-1}x)$, $dv = \dfrac{dx}{1+x^2}$ 则 $du = \dfrac{dx}{(1+x^2)\tan^{-1}x}$, $v = \tan^{-1}x$

藉由分部积分法 $\displaystyle\int \frac{\ln(\tan^{-1}x)dx}{1+x^2}$

$= \tan^{-1}x\ln(\tan^{-1}x) - \displaystyle\int \frac{dx}{1+x^2} = \tan^{-1}x\ln(\tan^{-1}x) - \tan^{-1}x + c$

令 $a, b \in R$ 则 $\displaystyle\int_a^b \frac{\ln(\tan^{-1}x)\,dx}{1+x^2} = \tan^{-1}b\,(\ln(\tan^{-1}b) - 1) - \tan^{-1}a\,(\ln(\tan^{-1}a) - 1)$

5.3.1.3　求有理式的定积分

求 $\displaystyle\int_a^b \frac{P(x)}{Q(x)}dx = ?$, 其中 $P(x)$、$Q(x)$ 为多项式函数

与不定积分相同, 当分子分母皆为多项式函数时, 需将被积分函数拆解为数个较易求得不定积分的有理式函数

考试类型:

Type 1.

求 $\displaystyle\int_{x_1}^{x_2} \frac{P(x)}{Q(x)} dx = ?$，其中 $P(x)$、$Q(x)$为多项式函数

直接使用比较系数，化为数個分式相加再积分

解题流程：

Step1.

找 $Q(x)$ 的根，假设为 α、β，即 $Q(x) = (x-\alpha)(x-\beta)$

Step2.

令 $\dfrac{P(x)}{Q(x)} = \dfrac{a}{x-\alpha} + \dfrac{b}{x-\beta}$ 则 $\dfrac{P(x)}{Q(x)} = \dfrac{a}{x-\alpha} + \dfrac{b}{x-\beta} = \dfrac{a(x-\beta) + b(x-\alpha)}{(x-\alpha)(x-\beta)}$

$\therefore P(x) = a(x-\beta) + b(x-\alpha)$

Step3

$\because P(x)$、α、β已知，藉由比较系数找a、b明确的值使得 $\dfrac{P(x)}{Q(x)} = \dfrac{a}{x-\alpha} + \dfrac{b}{x-\beta}$

Step4.

$\therefore \displaystyle\int_{x_1}^{x_2} \frac{P(x)}{Q(x)} dx = \int_{x_1}^{x_2} \frac{a}{x-\alpha} + \frac{b}{x-\beta} dx = a\ln\frac{x_2-\alpha}{x_1-\alpha} + b\ln\frac{x_2-\beta}{x_1-\beta}$

Type 2.

求 $\displaystyle\int_{x_1}^{x_2} \frac{P(x)}{(x-\alpha)(x^2+\beta x+\gamma)} dx = ?$，$\forall \beta^2 - 4\gamma < 0$

解题流程：

Step1.

令 $\dfrac{P(x)}{(x-\alpha)(x^2+\beta x+\gamma)} = \dfrac{a}{x-\alpha} + \dfrac{bx+c}{x^2+\beta x+\gamma}$

则$P(x) = a(x^2+\beta x+\gamma) + (x-\alpha)(bx+c)$

Step2.

找a、b、c 使得 $P(x) = a(x^2+\beta x+\gamma) + (x-\alpha)(bx+c)$

Step3

因此 $\displaystyle\int_{x_1}^{x_2} \frac{P(x)}{(x-\alpha)(x^2+\beta x+\gamma)} dx = \int_{x_1}^{x_2} \frac{a}{x-\alpha} + \frac{bx+c}{x^2+\beta x+\gamma} dx$

$= a\ln\dfrac{x_2-\alpha}{x_1-\alpha} + \displaystyle\int_{x_1}^{x_2} \frac{bx+c}{x^2+\beta x+\gamma} dx$

Step4.

求 $\displaystyle\int_{x_1}^{x_2} \frac{bx + c}{x^2 + \beta x + \gamma}\, dx = ?$

Type 3.

求 $\displaystyle\int_{x_1}^{x_2} \frac{P(x)}{(x - \alpha)^2 (x^2 + \beta x + \gamma)}\, dx = ?, \quad \forall \beta^2 - 4\gamma < 0$

解题流程:

Step1.

令 $\dfrac{P(x)}{(x - \alpha)^2 (x^2 + \beta x + \gamma)} = \dfrac{a}{x - \alpha} + \dfrac{b}{(x - \alpha)^2} + \dfrac{cx + d}{x^2 + \beta x + \gamma}$

则 $P(x) = a(x - \alpha)(x^2 + \beta x + \gamma) + b(x^2 + \beta x + \gamma) + (x - \alpha)^2 (cx + d)$

Step2.

找 a、b、c、d 使得

$P(x) = a(x - \alpha)(x^2 + \beta x + \gamma) + b(x^2 + \beta x + \gamma) + (x - \alpha)^2 (cx + d)$

Step3.

因此 $\displaystyle\int_{x_1}^{x_2} \frac{P(x)}{(x - \alpha)^2 (x^2 + \beta x + \gamma)}\, dx = \int_{x_1}^{x_2} \frac{a}{x - \alpha} + \frac{b}{(x - \alpha)^2} + \frac{cx + d}{x^2 + \beta x + \gamma}\, dx$

Step4.

求 $\displaystyle\int_{x_1}^{x_2} \frac{a}{x - \alpha} + \frac{b}{(x - \alpha)^2} + \frac{cx + d}{x^2 + \beta x + \gamma}\, dx = ?$

Type 4.

求 $\displaystyle\int_{x_1}^{x_2} \frac{P(x)}{(x - \alpha)(x - \beta)(x - \gamma)}\, dx = ?, \quad \forall \alpha\beta\gamma \neq 0$

解题流程:

Step1.

令 $\dfrac{P(x)}{(x - \alpha)(x - \beta)(x - \gamma)} = \dfrac{a}{x - \alpha} + \dfrac{b}{x - \beta} + \dfrac{c}{x - \gamma}$

则 $P(x) = a(x - \beta)(x - \gamma) + b(x - \alpha)(x - \gamma) + c(x - \alpha)(x - \beta)$

Step2.

找 a、b、c 使得 $P(x) = a(x - \beta)(x - \gamma) + b(x - \alpha)(x - \gamma) + c(x - \alpha)(x - \beta)$

Step3.

因此 $\displaystyle\int_{x_1}^{x_2} \frac{P(x)}{(x - \alpha)(x - \beta)(x - \gamma)}\, dx = \int_{x_1}^{x_2} \frac{a}{x - \alpha} + \frac{b}{x - \beta} + \frac{c}{x - \gamma}\, dx$

$$= a \ln \frac{x_2 - \alpha}{x_1 - \alpha} + b \ln \frac{x_2 - \beta}{x_1 - \beta} + c \ln \frac{x_2 - \gamma}{x_1 - \gamma}$$

Type 5.

$$求 \int_{x_1}^{x_2} \frac{P(x)}{(x - \alpha)(x^2 + \beta)^2} dx = ?, \quad \forall \alpha\beta \neq 0$$

解题流程:

Step1.

$$令 \frac{P(x)}{(x - \alpha)(x^2 + \beta)^2} = \frac{a}{x - \alpha} + \frac{bx + c}{x^2 + \beta} + \frac{dx + f}{(x^2 + \beta)^2}$$

则 $P(x) = a(x^2 + \beta)^2 + (bx + c)(x - \alpha)(x^2 + \beta) + (dx + f)(x - \alpha)$

Step2.

找 a、b、c、d、f 使得 $P(x) = a(x^2 + \beta)^2 + (bx + c)(x - \alpha)(x^2 + \beta) + (dx + f)(x - \alpha)$

Step3.

$$因此 \int_{x_1}^{x_2} \frac{P(x)}{(x - \alpha)(x^2 + \beta)^2} dx = \int_{x_1}^{x_2} \frac{a}{x - \alpha} + \frac{bx + c}{x^2 + \beta} + \frac{dx + f}{(x^2 + \beta)^2} dx$$

$$= a \ln \frac{x_2 - \alpha}{x_1 - \alpha} + \int_{x_1}^{x_2} \frac{bx + c}{x^2 + \beta} + \frac{dx + f}{(x^2 + \beta)^2} dx, \quad 求 \int_{x_1}^{x_2} \frac{bx + c}{x^2 + \beta} + \frac{dx + f}{(x^2 + \beta)^2} dx = ?$$

Type 6.

$$求 \int_{x_1}^{x_2} \frac{P(x)}{x^4 - \alpha^4} dx = ?, \quad \forall \alpha \neq 0$$

解题流程:

Step1.

$$令 \frac{1}{x^4 - \alpha^4} = \frac{ax + b}{x^2 - \alpha^2} + \frac{cx + d}{x^2 + \alpha^2} \quad 则 \ 1 = (ax + b)(x^2 + \alpha^2) + (cx + d)(x^2 - \alpha^2)$$

Step2.

找 a、b、c、d 使得 $1 = (ax + b)(x^2 + \alpha^2) + (cx + d)(x^2 - \alpha^2)$

Step3.

$$\therefore \int_{x_1}^{x_2} \frac{1}{x^4 - \alpha^4} dx = \int_{x_1}^{x_2} \frac{ax + b}{x^2 - \alpha^2} + \frac{cx + d}{x^2 + \alpha^2} dx, \quad 求 \int_{x_1}^{x_2} \frac{ax + b}{x^2 - \alpha^2} + \frac{cx + d}{x^2 + \alpha^2} dx = ?$$

Type 7.

求 $\displaystyle\int_{x_1}^{x_2} \frac{P(x)}{x^3 - \gamma^3}\, dx =?, \quad \forall \gamma \neq 0$

解题流程：

Step1.

$\because x^3 - \gamma^3 = (x - \gamma)(x^2 + \gamma x + \gamma^2)$，令 $\dfrac{P(x)}{x^3 - \gamma^3} = \dfrac{a}{x - \gamma} + \dfrac{bx + c}{x^2 + \gamma x + \gamma^2}$

则 $\dfrac{P(x)}{x^3 - \gamma^3} = \dfrac{a(x^2 + \gamma x + \gamma^2) + (bx + c)(x - \gamma)}{(x - \gamma)(x^2 + \gamma x + \gamma^2)}$

Step2.

找 a、b、c 使得 $P(x) = a(x^2 + \gamma x + \gamma^2) + (bx + c)(x - \gamma)$

Step3.

因此 $\displaystyle\int_{x_1}^{x_2} \frac{P(x)}{x^3 - \gamma^3}\, dx = \int_{x_1}^{x_2} \frac{a}{x - \gamma} + \frac{bx + c}{x^2 + \gamma x + \gamma^2}\, dx$，求 $\displaystyle\int_{x_1}^{x_2} \frac{a}{x - \gamma} + \frac{bx + c}{x^2 + \gamma x + \gamma^2}\, dx =?$

Example 1.

求 $\displaystyle\int_{\alpha}^{\beta} \frac{x^2 + 5}{(x + 1)(x^2 - 2x + 3)}\, dx =?, \quad \forall \alpha, \beta > -1$

【解】

令 $\dfrac{x^2 + 5}{(x + 1)(x^2 - 2x + 3)} = \dfrac{a}{x + 1} + \dfrac{bx + c}{x^2 - 2x + 3}$

则 $\dfrac{x^2 + 5}{(x + 1)(x^2 - 2x + 3)} = \dfrac{a(x^2 - 2x + 3) + (bx + c)(x + 1)}{(x + 1)(x^2 - 2x + 3)}$

$\Rightarrow x^2 + 5 = a(x^2 - 2x + 3) + (bx + c)(x + 1)$

令 $x = -1$ 则 $a = 1$

令 $x = 0$ 则 $5 = 3 + c \qquad \therefore c = 2$

令 $x = 1$ 则 $6 = 2a + 2b + 2c \qquad \therefore b = 0$

比较系数 $\Rightarrow a = 1, b = 0, c = 2$

$\therefore \displaystyle\int \frac{x^2 + 5}{(x + 1)(x^2 - 2x + 3)}\, dx = \int \frac{1}{x + 1} + \frac{2}{x^2 - 2x + 3}\, dx$

$= \displaystyle\int \frac{1}{x + 1} + \frac{2}{(x - 1)^2 + (\sqrt{2})^2}\, dx = \int \frac{dx}{x + 1} + \frac{1}{2} \int \frac{2\, dx}{\left(\dfrac{x - 1}{\sqrt{2}}\right)^2 + 1}$

$$= \ln|x + 1| + \sqrt{2}\tan^{-1}\frac{x-1}{\sqrt{2}} + c$$

$$令\ \alpha, \beta > -1\ 则 \int_{\alpha}^{\beta} \frac{x^2 + 5}{(x+1)(x^2 - 2x + 3)}\, dx$$

$$= \ln(\beta + 1) + \sqrt{2}\tan^{-1}\frac{\beta - 1}{\sqrt{2}} - \left(\ln(\alpha + 1) + \sqrt{2}\tan^{-1}\left(\frac{\alpha - 1}{\sqrt{2}}\right)\right)$$

Example 2.

$$求 \int_{\alpha}^{\beta} \frac{1}{x^4 - 16}\, dx = ?, \quad \forall \alpha, \beta > 2$$

【解】

$$\because \frac{1}{x^4 - 16} = \frac{1}{(x^2 + 4)(x^2 - 4)},$$

$$令\ \frac{1}{x^4 - 16} = \frac{ax + b}{x^2 - 4} + \frac{cx + d}{x^2 + 4}\ 则\ \frac{1}{x^4 - 16} = \frac{(ax + b)(x^2 + 4) + (cx + d)(x^2 - 4)}{(x^2 + 4)(x^2 - 4)}$$

$$\Rightarrow 1 = (ax + b)(x^2 + 4) + (cx + d)(x^2 - 4)$$

$$令\ x = 0\ 则\ 1 = 4b - 4d\ \because (b + d)x^2 = 0,\ \forall x \in R\ \therefore b = \frac{1}{8},\ d = -\frac{1}{8}$$

$$\because (a + c)x^3 = 0\ 且\ (a - c)x = 0,\ \forall x \in R \quad \therefore a = c = 0$$

$$\therefore \frac{1}{x^4 - 16} = \frac{1}{8}\left(\frac{1}{x^2 - 4} - \frac{1}{x^2 + 4}\right) = \frac{1}{8}\left(\frac{1}{4}\left(\frac{1}{x - 2} - \frac{1}{x + 2}\right) - \frac{1}{x^2 + 4}\right)$$

$$= \frac{1}{32}\left(\frac{1}{x + 2} - \frac{1}{x - 2}\right) - \frac{1}{8}\cdot\frac{1}{4\left(\left(\frac{x}{2}\right)^2 + 1\right)}$$

$$\therefore \int \frac{1}{x^4 - 16}\, dx = \int \frac{1}{32}\left(\frac{1}{x + 2} - \frac{1}{x - 2}\right) - \frac{1}{8}\cdot\frac{1}{4\left(\left(\frac{x}{2}\right)^2 + 1\right)}\, dx$$

$$= \frac{1}{32}\left(\ln|x + 2| - \ln|x - 2|\right) - \frac{1}{16}\tan^{-1}\frac{x}{2} + c$$

$$令\ \alpha, \beta > 2\ 则 \int_{\alpha}^{\beta} \frac{1}{x^4 - 16}\, dx = \frac{1}{32}\left(\ln\frac{\beta + 2}{\alpha + 2} - \ln\frac{\beta - 2}{\alpha - 2}\right) - \frac{1}{16}\left(\tan^{-1}\frac{\beta}{2} - \tan^{-1}\frac{\alpha}{2}\right)$$

Example 3.

$$求 \int_{\alpha}^{\beta} \frac{1}{x^3 + 1}\, dx = ?, \quad \forall \alpha, \beta > -1$$

【解】

$$\because x^3 + 1 = (x + 1)(x^2 - x + 1)$$

$$令 \frac{1}{x^3 + 1} = \frac{a}{x + 1} + \frac{bx + c}{x^2 - x + 1} \quad 则 \quad \frac{1}{x^3 + 1} = \frac{a(x^2 - x + 1) + (bx + c)(x + 1)}{(x + 1)(x^2 - x + 1)}$$

$$\Rightarrow 1 = a(x^2 - x + 1) + (bx + c)(x + 1)$$

$$令 x = -1 \text{ 则 } 1 = 3a \qquad \therefore a = \frac{1}{3}$$

$$令 x = 0 \text{ 则 } 1 = \frac{1}{3} + c \qquad \therefore c = \frac{2}{3}$$

$$令 x = 1 \text{ 则 } 1 = a + 2(b + c) \qquad \therefore b = \frac{-1}{3}$$

$$\therefore \frac{1}{x^3 + 1} = \frac{1}{3}\left(\frac{1}{x + 1} - \frac{x - 2}{x^2 - x + 1}\right) = \frac{1}{3}\left(\frac{1}{x + 1} - \frac{\frac{1}{2}(2x - 1) - \frac{3}{2}}{x^2 - x + 1}\right)$$

$$\therefore \int \frac{1}{x^3 + 1}\, dx = \frac{1}{3} \int \frac{1}{x + 1} - \frac{\frac{1}{2}(2x - 1) - \frac{3}{2}}{x^2 - x + 1}\, dx$$

$$= \frac{1}{3}\ln|x + 1| - \frac{1}{6}\ln|x^2 - x + 1| + \frac{1}{2} \int \frac{dx}{x^2 - x + 1}$$

$$\therefore \int \frac{dx}{x^2 - x + 1} = \int \frac{dx}{(x - \frac{1}{2})^2 + \frac{3}{4}} = \int \frac{dx}{\frac{3}{4}\left(\left(\frac{x - \frac{1}{2}}{\sqrt{\frac{3}{4}}}\right)^2 + 1\right)} = \frac{2}{\sqrt{3}}\tan^{-1}\frac{x - \frac{1}{2}}{\sqrt{\frac{3}{4}}} + c$$

$$\therefore \int \frac{1}{x^3 + 1}\, dx = \frac{1}{3}\ln|x + 1| - \frac{1}{6}\ln|x^2 - x + 1| + \frac{1}{\sqrt{3}}\tan^{-1}\left(\frac{x - \frac{1}{2}}{\sqrt{\frac{3}{4}}}\right) + c$$

$$令 \alpha, \beta > -1 \text{ 则 } \int_{\alpha}^{\beta} \frac{1}{x^3 + 1}\, dx$$

$$= \frac{1}{3}\ln\frac{\beta+1}{\alpha+1} - \frac{1}{6}\ln\frac{\beta^2-\beta+1}{\alpha^2-\alpha+1} + \frac{1}{\sqrt{3}}\left(\tan^{-1}\left(\frac{\beta-\frac{1}{2}}{\sqrt{\frac{3}{4}}}\right) - \tan^{-1}\left(\frac{\alpha-\frac{1}{2}}{\sqrt{\frac{3}{4}}}\right)\right)$$

Example 4.

$$求 \int_{\alpha}^{\beta} \frac{1}{x^3-1}\,dx =?, \quad \forall \alpha, \beta > 1$$

【解】

$$\because x^3 - 1 = (x-1)(x^2+x+1)$$

令 $\dfrac{1}{x^3+1} = \dfrac{a}{x-1} + \dfrac{bx+c}{x^2+x+1}$ 则 $\dfrac{1}{x^3+1} = \dfrac{a(x^2+x+1)+(bx+c)(x-1)}{(x-1)(x^2+x+1)}$

$$\Rightarrow 1 = a(x^2+x+1) + (bx+c)(x-1)$$

令 $x = 1$ 则 $1 = 3a \qquad \therefore a = \dfrac{1}{3}$

令 $x = 0$ 则 $1 = \dfrac{1}{3} - c \quad \therefore c = \dfrac{-2}{3}$

令 $x = -1$ 则 $1 = a - 2(-b+c) \qquad \therefore b = \dfrac{-1}{3}$

$$\therefore \frac{1}{x^3-1} = \frac{1}{3}\left(\frac{1}{x-1} - \frac{x+2}{x^2+x+1}\right) = \frac{1}{3}\left(\frac{1}{x-1} - \frac{\frac{1}{2}(2x+1)+\frac{3}{2}}{x^2+x+1}\right)$$

$$\therefore \int \frac{1}{x^3-1}\,dx = \frac{1}{3}\int \frac{1}{x-1} - \frac{\frac{1}{2}(2x+1)+\frac{3}{2}}{x^2+x+1}\,dx$$

$$= \frac{1}{3}\ln|x-1| - \frac{1}{6}\ln|x^2+x+1| - \frac{1}{2}\int \frac{dx}{x^2+x+1}$$

$$\because \int \frac{dx}{x^2+x+1} = \int \frac{dx}{\left(x+\frac{1}{2}\right)^2+\frac{3}{4}} = \int \frac{dx}{\frac{3}{4}\left(\left(\frac{x+\frac{1}{2}}{\sqrt{\frac{3}{4}}}\right)^2+1\right)} = \frac{2}{\sqrt{3}}\tan^{-1}\frac{x+\frac{1}{2}}{\sqrt{\frac{3}{4}}} + c$$

$$\therefore \int \frac{1}{x^3 - 1} dx = \frac{1}{3}\ln|x-1| - \frac{1}{6}\ln|x^2+x+1| - \frac{1}{\sqrt{3}}\tan^{-1}\left(\frac{x+\frac{1}{2}}{\sqrt{\frac{3}{4}}}\right) + c$$

令 $\alpha, \beta > 1$ 则 $\displaystyle\int_\alpha^\beta \frac{1}{x^3-1} dx$

$$= \frac{1}{3}\ln\frac{\beta-1}{\alpha-1} - \frac{1}{6}\ln\frac{\beta^2+\beta+1}{\alpha^2+\alpha+1} - \frac{1}{\sqrt{3}}\left(\tan^{-1}\left(\frac{\beta+\frac{1}{2}}{\sqrt{\frac{3}{4}}}\right) - \tan^{-1}\left(\frac{\alpha+\frac{1}{2}}{\sqrt{\frac{3}{4}}}\right)\right)$$

Example 5.

$$求 \int_\alpha^\beta \frac{7-x-2x^2}{(x-1)^2(x^2+x+2)} dx = ?, \quad \forall \alpha, \beta > 1$$

【解】

令 $\dfrac{7-x-2x^2}{(x-1)^2(x^2+x+2)} = \dfrac{a}{x-1} + \dfrac{b}{(x-1)^2} + \dfrac{cx+d}{x^2+x+2}$

则 $\dfrac{7-x-2x^2}{(x-1)^2(x^2+x+2)} = \dfrac{a(x-1)(x^2+x+2) + b(x^2+x+2) + (cx+d)(x-1)^2}{(x-1)^2(x^2+x+2)}$

$\therefore 7-x-2x^2 = a(x-1)(x^2+x+2) + b(x^2+x+2) + (cx+d)(x-1)^2$

令 $x=1$ 则 $4 = 4b$ $\qquad \therefore b = 1$

$\because 0 = (a+c)x^3, \ \forall x \in R \qquad \therefore a+c = 0$

$\because -2x^2 = (b-2c+d)x^2, \ \forall x \in R \quad \therefore b-2c+d = -2 \ \therefore -2c+d = -3$

$\because -x = (a+b+c-2d)x, \ \forall x \in R \quad \therefore a+b+c-2d = -1$

$\therefore b-2d = -1 \Rightarrow d = 1 \Rightarrow c = 2 \Rightarrow a = -2$

比较系数则 $a = -2, b = 1, c = 2, d = 1$

$\therefore \dfrac{7-x-2x^2}{(x-1)^2(x^2+x+2)} = \dfrac{-2}{x-1} + \dfrac{1}{(x-1)^2} + \dfrac{2x+1}{x^2+x+2}$

$\therefore \displaystyle\int \frac{7-x-2x^2}{(x-1)^2(x^2+x+2)} dx = \int \frac{-2}{x-1} + \frac{1}{(x-1)^2} + \frac{2x+1}{x^2+x+2} dx$

$= -2\ln|x-1| - (x-1)^{-1} + \ln|x^2+x+2| + c$

令 $\alpha, \beta > 1$ 则 $\displaystyle\int_\alpha^\beta \frac{7-x-2x^2}{(x-1)^2(x^2+x+2)} dx$

$$= -2\ln\frac{\beta-1}{\alpha-1} - (\beta-1)^{-1} + (\alpha-1)^{-1} + \ln\frac{\beta^2+\beta+2}{\alpha^2+\alpha+2}$$

Example 6.

$$\text{求} \int_\alpha^\beta \frac{x}{(x+1)^2(x^2+1)}\,dx =?,\quad \forall \alpha,\beta > -1$$

【解】

$$\text{令} \frac{x}{(x+1)^2(x^2+1)} = \frac{ax+b}{(x+1)^2} + \frac{cx+d}{(x^2+1)}$$

$$\text{则} \frac{x}{(x+1)^2(x^2+1)} = \frac{(ax+b)(x^2+1)+(cx+d)(x+1)^2}{(x+1)^2(x^2+1)}$$

$$\therefore x = (ax+b)(x^2+1)+(cx+d)(x+1)^2$$

$$\because 0 = (a+c)x^3,\ \ \forall x \in R \qquad\qquad \therefore a+c=0$$

$$\because 0 = (b+d+2c)x^2,\ \ \forall x \in R \qquad \therefore b+d+2c=0$$

$$\text{令} x = -1 \text{ 则} -1 = -2a+2b$$

$$\text{令} x = 0 \text{ 则} 0 = b+d \ \therefore c = 0 \Rightarrow a = 0 \Rightarrow b = -\frac{1}{2} \Rightarrow d = \frac{1}{2}$$

$$\therefore \frac{x}{(x+1)^2(x^2+1)} = \frac{-1}{2(x+1)^2} + \frac{1}{2(x^2+1)}$$

$$\therefore \int \frac{x\,dx}{(x+1)^2(x^2+1)} = \int \frac{-1}{2(x+1)^2} + \frac{1}{2(x^2+1)}\,dx = \frac{(x+1)^{-1}}{2} + \frac{\tan^{-1}x}{2} + c$$

$$\text{令} \alpha,\beta > -1$$

$$\text{则} \int_\alpha^\beta \frac{x}{(x+1)^2(x^2+1)}\,dx = \frac{1}{2}(\beta+1)^{-1} + \frac{1}{2}\tan^{-1}\beta - \left(\frac{1}{2}(\alpha+1)^{-1} + \frac{1}{2}\tan^{-1}\alpha\right)$$

Example 7.

$$\text{求} \int_\alpha^\beta \frac{x^2+2x-1}{2x^3+3x^2-2x} =?,\quad \forall \alpha,\beta > \frac{1}{2}$$

【解】

$$\because 2x^3+3x^2-2x = x(2x-1)(x+2)$$

$$\text{令} \frac{x^2+2x-1}{2x^3+3x^2-2x} = \frac{a}{x} + \frac{b}{2x-1} + \frac{c}{x+2}$$

$$\text{则} \frac{x^2+2x-1}{2x^3+3x^2-2x} = \frac{a(2x-1)(x+2)+bx(x+2)+cx(2x-1)}{2x^3+3x^2-2x}$$

$\therefore x^2 + 2x - 1 = a(2x - 1)(x + 2) + bx(x + 2) + cx(2x - 1)$

令 $x = 0$ 则 $-1 = -2a$　　$\therefore a = \dfrac{1}{2}$

令 $x = \dfrac{1}{2}$ 则 $\dfrac{1}{4} = \dfrac{5b}{4}$　　　　$\therefore b = \dfrac{1}{5}$

令 $x = -2$ 则 $-1 = 10c$　　$\therefore c = -\dfrac{1}{10}$

$\therefore \dfrac{x^2 + 2x - 1}{2x^3 + 3x^2 - 2x} = \dfrac{\frac{1}{2}}{x} + \dfrac{\frac{1}{5}}{2x - 1} + \dfrac{-\frac{1}{10}}{x + 2}$

$\therefore \displaystyle\int \dfrac{x^2 + 2x - 1}{2x^3 + 3x^2 - 2x}\, dx = \int \dfrac{\frac{1}{2}}{x} + \dfrac{\frac{1}{5}}{2x - 1} + \dfrac{-\frac{1}{10}}{x + 2}\, dx$

$= \dfrac{1}{2}\ln|x| + \dfrac{1}{10}\ln|2x - 1| - \dfrac{1}{10}\ln|x + 2| + c$

令 $\alpha, \beta > \dfrac{1}{2}$ 则 $\displaystyle\int_{\alpha}^{\beta} \dfrac{x^2 + 2x - 1}{2x^3 + 3x^2 - 2x}\, dx = \dfrac{1}{2}\ln\dfrac{\beta}{\alpha} + \dfrac{1}{10}\ln\dfrac{2\beta - 1}{2\alpha - 1} - \dfrac{1}{10}\ln\dfrac{\beta + 2}{\alpha + 2}$

Example 8.

$$求 \int_{\alpha}^{\beta} \dfrac{1 - x + 2x^2 - x^3}{x(x^2 + 1)^2} =?, \quad \forall \alpha, \beta > 0$$

【解】

令 $\dfrac{1 - x + 2x^2 - x^3}{x(x^2 + 1)^2} = \dfrac{a}{x} + \dfrac{bx + c}{x^2 + 1} + \dfrac{dx + e}{(x^2 + 1)^2}$

则 $\dfrac{1 - x + 2x^2 - x^3}{x(x^2 + 1)^2} = \dfrac{a(x^2 + 1)^2 + (bx + c)x(x^2 + 1) + x(dx + e)}{x(x^2 + 1)^2}$

$\therefore 1 - x + 2x^2 - x^3 = a(x^2 + 1)^2 + (bx + c)x(x^2 + 1) + dx^2 + ex$

令 $x = 0$ 则 $a = 1$

令 $x^2 + 1 = 0$ 则 $1 - x + 2x^2 - x^3 = 1 - x - 2 + x = -1$

且 $a(x^2 + 1)^2 + (bx + c)x(x^2 + 1) + dx^2 + ex = -d + ex$　　$\therefore d = 1, \ e = 0$

$\because 0 = (a + b)x^4, \ \forall x \in R$　　　　$\because a = 1 \ \therefore b = -1$

$\because -x^3 = cx^3, \ \forall x \in R$　　　　$\therefore c = -1$

比较系数则 $a = 1, b = -1, c = -1, d = 1, e = 0$

$$\therefore \int \frac{1-x+2x^2-x^3}{x(x^2+1)^2}\,dx = \int \frac{1}{x} + \frac{-x-1}{x^2+1} + \frac{x}{(x^2+1)^2}\,dx$$

$$= \ln x - \frac{1}{2}\ln|x^2+1| - \tan^{-1}x - \frac{1}{2}(x^2+1)^{-1}$$

$$令\ \alpha,\beta > 0 \ \ 则 \int_\alpha^\beta \frac{1-x+2x^2-x^3}{x(x^2+1)^2}\,dx$$

$$= \ln\frac{\beta}{\alpha} - \frac{1}{2}\ln\frac{\beta^2+1}{\alpha^2+1} - \tan^{-1}\beta + \tan^{-1}\alpha - \frac{1}{2}\left((\beta^2+1)^{-1} - (\alpha^2+1)^{-1}\right)$$

Example 9.

$$求 \int_\alpha^\beta \frac{1}{x^4-1}\,dx =?, \quad \forall \alpha,\beta > 1$$

【解】

$$\because \frac{1}{x^4-1} = \frac{1}{(x^2+1)(x^2-1)} = \frac{1}{2}\left(\frac{1}{x^2-1} - \frac{1}{x^2+1}\right)$$

$$= \frac{1}{2}\left(\frac{1}{2}\left(\frac{1}{x-1} - \frac{1}{x+1}\right) - \frac{1}{x^2+1}\right) = \frac{1}{4}\left(\frac{1}{x-1} - \frac{1}{x+1}\right) - \frac{1}{2}\cdot\frac{1}{(x^2+1)}$$

$$\therefore \int \frac{1}{x^4-1}\,dx = \int \frac{1}{4}\left(\frac{1}{x-1} - \frac{1}{x+1}\right) - \frac{1}{2}\cdot\frac{1}{(x^2+1)}\,dx$$

$$= \frac{1}{4}(\ln|x-1| - \ln|x+1|) - \frac{1}{2}\tan^{-1}x + c$$

$$令\ \alpha,\beta > 1 \ 则 \int_\alpha^\beta \frac{1}{x^4-1}\,dx = \frac{1}{4}\left(\ln\frac{\beta-1}{\alpha-1} - \ln\frac{\beta+1}{\alpha+1}\right) - \frac{1}{2}(\tan^{-1}\beta - \tan^{-1}\alpha)$$

Example 10.

$$求 \int_\alpha^\beta \frac{x}{x^4-1}\,dx =?, \quad \forall \alpha,\beta > 1$$

【解】

$$\because x^4-1 = (x^2-1)(x^2+1)$$

$$令 \frac{x}{x^4-1} = \frac{ax+b}{x^2-1} + \frac{cx+d}{x^2+1} \ \ 则 \ \ \frac{x}{x^4-1} = \frac{(ax+b)(x^2+1) + (cx+d)(x^2-1)}{(x^2-1)(x^2+1)}$$

$$\therefore x = (ax+b)(x^2+1) + (cx+d)(x^2-1)$$

$$令\ x = 0 \ 则\ 0 = b - d$$

令 $x = 1$ 则 $1 = 2(a + b)$

$\because (a + c)x^3 = 0, \ \forall x \in R \quad \therefore a + c = 0$

$\because (a - c)x = x, \ \forall x \in R \quad \therefore a - c = 1 \quad \therefore a = \dfrac{1}{2} \Rightarrow c = -\dfrac{1}{2}, b = 0, d = 0$

$\therefore \dfrac{x}{x^4 - 1} = \dfrac{x}{2(x^2 - 1)} - \dfrac{x}{2(x^2 + 1)}$

$\therefore \displaystyle\int \dfrac{x}{x^4 - 1} dx = \int \dfrac{x}{2(x^2 - 1)} - \dfrac{x}{2(x^2 + 1)} dx = \dfrac{1}{4}\ln(x^2 - 1) - \dfrac{1}{4}\ln(x^2 + 1) + c$

令 $\alpha, \beta > 1$ 则 $\displaystyle\int_\alpha^\beta \dfrac{x}{x^4 - 1} dx = \dfrac{1}{4}\ln\dfrac{\beta^2 - 1}{\alpha^2 - 1} - \dfrac{1}{4}\ln\dfrac{\beta^2 + 1}{\alpha^2 + 1}$

Example 11.

$$求 \int_\alpha^\beta \dfrac{x^2}{x^4 - 1} dx =?, \ \ \forall \alpha, \beta > 1$$

【解】

$\because x^4 - 1 = (x^2 - 1)(x^2 + 1)$

令 $\dfrac{x^2}{x^4 - 1} = \dfrac{ax + b}{x^2 - 1} + \dfrac{cx + d}{x^2 + 1}$ 则 $\dfrac{x^2}{x^4 - 1} = \dfrac{(ax + b)(x^2 + 1) + (cx + d)(x^2 - 1)}{(x^2 - 1)(x^2 + 1)}$

$\therefore x^2 = (ax + b)(x^2 + 1) + (cx + d)(x^2 - 1)$

令 $x = 0$ 则 $0 = b - d$

令 $x = 1$ 则 $1 = 2(a + b)$

$\because (a + c)x^3 = 0, \ \forall x \in R \quad \therefore a + c = 0$

$\because (a - c)x = 0, \ \forall x \in R \quad \therefore a - c = 0 \ \therefore a = 0 \Rightarrow c = 0, b = \dfrac{1}{2}, d = \dfrac{1}{2}$

$\therefore \dfrac{x^2}{x^4 - 1} = \dfrac{1}{2}\left(\dfrac{1}{x^2 - 1} + \dfrac{1}{x^2 + 1}\right) = \dfrac{1}{2}\left(\dfrac{1}{2}\left(\dfrac{1}{x - 1} - \dfrac{1}{x + 1}\right) + \dfrac{1}{x^2 + 1}\right)$

$\therefore \displaystyle\int \dfrac{x^2}{x^4 - 1} dx = \dfrac{1}{4}\ln|x - 1| - \dfrac{1}{4}\ln|x + 1| + \dfrac{1}{2}\tan^{-1}x + c$

令 $\alpha, \beta > 1$ 则 $\displaystyle\int_\alpha^\beta \dfrac{x^2}{x^4 - 1} dx = \dfrac{1}{4}\ln\dfrac{\beta - 1}{\alpha - 1} - \dfrac{1}{4}\ln\dfrac{\beta + 1}{\alpha + 1} + \dfrac{\tan^{-1}\beta - \tan^{-1}\alpha}{2}$

Example 12.

$$求 \int_\alpha^\beta \dfrac{x^4}{x^4 - 1} dx =?, \ \ \forall \alpha, \beta > 1$$

【解】

$$\because \frac{x^4}{x^4-1} = 1 + \frac{1}{x^4-1} = 1 + \frac{1}{x^2+1}\cdot\frac{1}{x^2-1} = 1 - \frac{1}{2}\left(\frac{1}{x^2+1} - \frac{1}{x^2-1}\right)$$

$$= \frac{1}{2}\left(1 - \frac{1}{x^2+1}\right) + \frac{1}{2}\left(1 + \frac{1}{x^2-1}\right) = \frac{1}{2}\left(\frac{x^2}{x^2-1} + \frac{x^2}{x^2+1}\right)$$

$$= \frac{1}{2}\left(\frac{1}{2}\left(\frac{x}{x-1} + \frac{x}{x+1}\right) + \frac{x^2}{x^2+1}\right) = \frac{1}{2}\left(\frac{1}{2}\left(\frac{x-1+1}{x-1} + \frac{x+1-1}{x+1}\right) + \frac{x^2+1-1}{x^2+1}\right)$$

$$= 1 + \frac{1}{4}\cdot\frac{1}{x-1} - \frac{1}{4}\cdot\frac{1}{x+1} - \frac{1}{2}\cdot\frac{1}{x^2+1}$$

$$\therefore \int \frac{x^4}{x^4-1}dx = \int 1 + \frac{1}{4}\cdot\frac{1}{x-1} - \frac{1}{4}\cdot\frac{1}{x+1} - \frac{1}{2}\cdot\frac{1}{x^2+1}dx$$

$$= x + \frac{1}{4}\ln|x-1| - \frac{1}{4}\ln|x+1| - \frac{1}{2}\tan^{-1}x + c$$

$$令\,\alpha,\beta > 1 \; 则 \int_\alpha^\beta \frac{x^4}{x^4-1}dx = \beta - \alpha + \frac{1}{4}\ln\frac{\beta-1}{\alpha-1} - \frac{1}{4}\ln\frac{\beta+1}{\alpha+1} - \frac{\tan^{-1}\beta - \tan^{-1}\alpha}{2}$$

Example 13.

$$求 \int_\alpha^\beta \frac{1}{x(x^4-1)}dx = ?, \quad \forall \alpha,\beta > 1$$

【解】

$$令\, \frac{1}{x(x^4-1)} = \frac{ax^3+bx^2+cx+d}{x^4-1} + \frac{e}{x}$$

$$则\; 1 = x(ax^3+bx^2+cx+d) + e(x^4-1) = (a+e)x^4 + bx^3 + cx^2 + dx - e$$

$$\Rightarrow e = -1, a = 1, b = c = d = 0$$

$$\therefore \frac{1}{x(x^4-1)} = \frac{x^3}{x^4-1} - \frac{1}{x}$$

$$\therefore \int \frac{1}{x(x^4-1)}dx = \int \frac{x^3}{x^4-1} - \frac{1}{x}dx = \frac{1}{4}\ln|x^4-1| - \ln|x| + c$$

$$令\, \alpha,\beta > 1 \; 则 \int_\alpha^\beta \frac{1}{x(x^4-1)}dx = \frac{1}{4}\ln\frac{\beta^4-1}{\alpha^4-1} - \ln\frac{\beta}{\alpha}$$

Example 14.

$$求 \int_\alpha^\beta \frac{1}{x(x^2-5x-6)}dx = ?, \quad \forall \alpha,\beta > 6$$

【解】

令 $\dfrac{1}{x(x^2 - 5x - 6)} = \dfrac{a}{x} + \dfrac{b}{x - 6} + \dfrac{c}{x + 1}$

则 $\dfrac{1}{x(x^2 - 5x - 6)} = \dfrac{a(x - 6)(x + 1) + bx(x + 1) + cx(x - 6)}{x(x^2 - 5x - 6)}$

$\therefore 1 = a(x - 6)(x + 1) + bx(x + 1) + cx(x - 6)$

令 $x = 0$ 则 $1 = -6a \quad \therefore a = -\dfrac{1}{6}$

令 $x = 6$ 则 $1 = 42b \quad \therefore b = \dfrac{1}{42}$

令 $x = -1$ 则 $1 = 7c \quad \therefore c = \dfrac{1}{7}$

$\therefore \dfrac{1}{x(x^2 - 5x - 6)} = -\dfrac{1}{6x} + \dfrac{1}{42(x - 6)} + \dfrac{1}{7(x + 1)}$

$\therefore \displaystyle\int \dfrac{1}{x(x^2 - 5x - 6)}\,dx = \int -\dfrac{1}{6x} + \dfrac{1}{42(x - 6)} + \dfrac{1}{7(x + 1)}\,dx$

$= -\dfrac{1}{6}\ln|x| + \dfrac{1}{42}\ln|x - 6| + \dfrac{1}{7}\ln|x + 1| + c$

令 $\alpha, \beta > 6$ 则 $\displaystyle\int_{\alpha}^{\beta} \dfrac{1}{x(x^2 - 5x - 6)}\,dx = -\dfrac{1}{6}\ln\dfrac{\beta}{\alpha} + \dfrac{1}{42}\ln\dfrac{\beta - 6}{\alpha - 6} + \dfrac{1}{7}\ln\dfrac{\beta + 1}{\alpha + 1}$

Example 15.

$\qquad$ 求 $\displaystyle\int_{\alpha}^{\beta} \dfrac{1}{x^4 + 1}\,dx =?, \quad \forall \alpha, \beta \in R$

【解】

$\because x^4 + 1 = (x^2 + 1)^2 - 2x^2 = (x^2 + 1)^2 - (\sqrt{2}x)^2 = (x^2 + 1 + \sqrt{2}x)(x^2 + 1 - \sqrt{2}x)$

令 $\dfrac{1}{x^4 + 1} = \dfrac{ax + b}{(x^2 + 1 - \sqrt{2}x)} + \dfrac{cx + d}{(x^2 + 1 + \sqrt{2}x)}$

则 $\dfrac{1}{x^4 + 1} = \dfrac{(ax + b)(x^2 + 1 + \sqrt{2}x) + (cx + d)(x^2 + 1 - \sqrt{2}x)}{(x^2 + 1 - \sqrt{2}x)(x^2 + 1 + \sqrt{2}x)}$

$\therefore 1 = (ax + b)(x^2 + 1 + \sqrt{2}x) + (cx + d)(x^2 + 1 - \sqrt{2}x)$

令 $x = 0$ 则 $b + d = 1$

$\because (a + c)x^3 = 0, \quad \forall x \in R \quad \therefore a + c = 0$

$$\because (\sqrt{2}a + b - \sqrt{2}c + d)x^2 = 0, \quad \forall x \in R \quad \therefore \sqrt{2}a + b - \sqrt{2}c + d = 0$$

$$\because (a + \sqrt{2}b + c - \sqrt{2}d)x = 0, \quad \forall x \in R \quad \therefore a + \sqrt{2}b + c - \sqrt{2}d = 0$$

$$\therefore b - d = 0 \Rightarrow b = d = \frac{1}{2}, a = \frac{-1}{2\sqrt{2}}, c = \frac{1}{2\sqrt{2}}$$

$$\therefore \frac{1}{x^4 + 1} = \frac{-x + \sqrt{2}}{2\sqrt{2}(x^2 + 1 - \sqrt{2}x)} + \frac{x + \sqrt{2}}{2\sqrt{2}(x^2 + 1 + \sqrt{2}x)}$$

$$\therefore \int \frac{1}{x^4 + 1} dx = \frac{1}{2\sqrt{2}}\left(\int -\frac{x - \sqrt{2}}{(x^2 + 1 - \sqrt{2}x)} + \frac{x + \sqrt{2}}{(x^2 + 1 + \sqrt{2}x)}\right) dx$$

$$= \frac{1}{2\sqrt{2}}\left(-\int \frac{\frac{1}{2}(2x - \sqrt{2}) - \frac{\sqrt{2}}{2}}{(x^2 + 1 - \sqrt{2}x)} + \frac{\frac{1}{2}(2x + \sqrt{2}) + \frac{\sqrt{2}}{2}}{(x^2 + 1 + \sqrt{2}x)}\right) dx$$

$$= \frac{1}{4\sqrt{2}}\left(-\ln|x^2 + 1 - \sqrt{2}x| + \ln|x^2 + 1 + \sqrt{2}x|\right)$$

$$+ \frac{1}{4}\int \frac{dx}{(x^2 + 1 - \sqrt{2}x)} + \frac{1}{4}\int \frac{dx}{(x^2 + 1 + \sqrt{2}x)}$$

$$\because \int \frac{dx}{(x^2 + 1 - \sqrt{2}x)} + \frac{dx}{(x^2 + 1 + \sqrt{2}x)} = \int \frac{dx}{\left(x - \frac{1}{\sqrt{2}}\right)^2 + \left(\frac{1}{\sqrt{2}}\right)^2} + \int \frac{dx}{\left(x + \frac{1}{\sqrt{2}}\right)^2 + \left(\frac{1}{\sqrt{2}}\right)^2}$$

$$= \sqrt{2}(\tan^{-1}(\sqrt{2}x - 1) + \tan^{-1}(\sqrt{2}x + 1))$$

$$\therefore \int \frac{1}{x^4 + 1} dx = \frac{1}{4\sqrt{2}}\left(-\ln|x^2 + 1 - \sqrt{2}x| + \ln|x^2 + 1 + \sqrt{2}x|\right)$$

$$+ \frac{\sqrt{2}}{4}\left(\tan^{-1}(\sqrt{2}x + 1) + \tan^{-1}(\sqrt{2}x - 1)\right) + c$$

$$令\ \alpha, \beta \in R \ \ 则 \int_{\alpha}^{\beta} \frac{1}{x^4 + 1} dx$$

$$= \frac{1}{4\sqrt{2}}\left(-\ln\frac{\beta^2 + 1 - \sqrt{2}\beta}{\alpha^2 + 1 - \sqrt{2}\alpha} + \ln\frac{\beta^2 + 1 + \sqrt{2}\beta}{\alpha^2 + 1 + \sqrt{2}\alpha}\right)$$

$$+ \frac{\sqrt{2}\left(\tan^{-1}(\sqrt{2}\beta + 1) + \tan^{-1}(\sqrt{2}\beta - 1) - \left(\tan^{-1}(\sqrt{2}\alpha + 1) + \tan^{-1}(\sqrt{2}\alpha - 1)\right)\right)}{4}$$

Example 16.

$$求 \int_{\alpha}^{\beta} \frac{x}{x^4 + 1}\, dx =?, \quad \forall \alpha, \beta \in R$$

【解】

$$\because \int \frac{x}{x^4 + 1}\, dx = \frac{1}{2} \int \frac{2x}{(x^2)^2 + 1}\, dx, \quad 令\ t = x^2\ 则\ dt = 2x\, dx, \quad 藉由变换变数法$$

$$则 \int \frac{x}{x^4 + 1}\, dx = \frac{1}{2} \int \frac{2x}{(x^2)^2 + 1}\, dx = \frac{1}{2} \int \frac{dt}{t^2 + 1} = \frac{1}{2} \tan^{-1} t + c = \frac{1}{2} \tan^{-1} x^2 + c$$

$$令\ \alpha, \beta \in R\ 则 \int_{\alpha}^{\beta} \frac{x}{x^4 + 1}\, dx = \frac{1}{2}(\tan^{-1}\beta^2 - \tan^{-1}\alpha^2)$$

Example 17.

$$求 \int_{\alpha}^{\beta} \frac{x^3}{x^4 + 1}\, dx =?, \quad \forall \alpha, \beta \in R$$

【解】

$$\because \int \frac{x^3}{x^4 + 1}\, dx = \frac{1}{4} \int \frac{4x^3}{x^4 + 1}\, dx = \frac{1}{4} \ln|x^4 + 1| + c$$

$$令\ \alpha, \beta \in R\ 则 \int_{\alpha}^{\beta} \frac{x^3}{x^4 + 1}\, dx = \frac{1}{4} \ln \frac{\beta^4 + 1}{\alpha^4 + 1}$$

Example 18.

$$求 \int_{\alpha}^{\beta} \frac{x^4}{x^4 + 1}\, dx =?, \quad \forall \alpha, \beta \in R$$

【解】

$$\because \int \frac{x^4}{x^4 + 1}\, dx = \int \frac{x^4 + 1 - 1}{x^4 + 1}\, dx = x - \int \frac{1}{x^4 + 1}\, dx$$

$$且\ x^4 + 1 = (x^2 + 1)^2 - 2x^2 = (x^2 + 1)^2 - (\sqrt{2}x)^2 = (x^2 + 1 + \sqrt{2}x)(x^2 + 1 - \sqrt{2}x)$$

$$令\ \frac{1}{x^4 + 1} = \frac{ax + b}{(x^2 + 1 - \sqrt{2}x)} + \frac{cx + d}{(x^2 + 1 + \sqrt{2}x)}$$

$$则\ \frac{1}{x^4 + 1} = \frac{(ax + b)(x^2 + 1 + \sqrt{2}x) + (cx + d)(x^2 + 1 - \sqrt{2}x)}{(x^2 + 1 - \sqrt{2}x)(x^2 + 1 + \sqrt{2}x)}$$

$$\therefore 1 = (ax + b)(x^2 + 1 + \sqrt{2}x) + (cx + d)(x^2 + 1 - \sqrt{2}x)$$

$$令 x = 0\ 则\ b + d = 1$$

$$\because (a + c)x^3 = 0, \quad \forall x \in R \qquad\qquad \therefore a + c = 0$$

$$\because (\sqrt{2}a + b - \sqrt{2}c + d)x^2 = 0, \ \forall x \in R \qquad \therefore \sqrt{2}a + b - \sqrt{2}c + d = 0$$

$$\because (a + \sqrt{2}b + c - \sqrt{2}d)x = 0, \ \forall x \in R \qquad \therefore a + \sqrt{2}b + c - \sqrt{2}d = 0$$

$$\therefore b - d = 0 \Rightarrow b = d = \frac{1}{2}, a = \frac{-1}{2\sqrt{2}}, c = \frac{1}{2\sqrt{2}}$$

$$\therefore \frac{1}{x^4 + 1} = \frac{-x + \sqrt{2}}{2\sqrt{2}(x^2 + 1 - \sqrt{2}x)} + \frac{x + \sqrt{2}}{2\sqrt{2}(x^2 + 1 + \sqrt{2}x)}$$

$$\therefore \int \frac{1}{x^4 + 1}\,dx = \frac{1}{2\sqrt{2}}\left(\int -\frac{x - \sqrt{2}}{(x^2 + 1 - \sqrt{2}x)} + \frac{x + \sqrt{2}}{(x^2 + 1 + \sqrt{2}x)}\right)dx$$

$$= \frac{1}{2\sqrt{2}}\left(-\int \frac{\frac{1}{2}(2x - \sqrt{2}) - \frac{\sqrt{2}}{2}}{(x^2 + 1 - \sqrt{2}x)} + \frac{\frac{1}{2}(2x + \sqrt{2}) + \frac{\sqrt{2}}{2}}{(x^2 + 1 + \sqrt{2}x)}\right)dx$$

$$= \frac{1}{4\sqrt{2}}\left(-\ln\left|x^2 + 1 - \sqrt{2}x\right| + \ln\left|x^2 + 1 + \sqrt{2}x\right|\right)$$

$$+ \frac{1}{4}\int \frac{dx}{(x^2 + 1 - \sqrt{2}x)} + \frac{1}{4}\int \frac{dx}{(x^2 + 1 + \sqrt{2}x)}$$

$$\because \int \frac{dx}{(x^2 + 1 - \sqrt{2}x)} + \frac{dx}{(x^2 + 1 + \sqrt{2}x)} = \int \frac{dx}{\left(x - \frac{1}{\sqrt{2}}\right)^2 + \left(\frac{1}{\sqrt{2}}\right)^2} + \int \frac{dx}{\left(x + \frac{1}{\sqrt{2}}\right)^2 + \left(\frac{1}{\sqrt{2}}\right)^2}$$

$$= \sqrt{2}\left(\tan^{-1}(\sqrt{2}x - 1) + \tan^{-1}(\sqrt{2}x + 1)\right)$$

$$\therefore \int \frac{1}{x^4 + 1}\,dx = \frac{1}{4\sqrt{2}}\left(-\ln\left|x^2 + 1 - \sqrt{2}x\right| + \ln\left|x^2 + 1 + \sqrt{2}x\right|\right)$$

$$+ \frac{\sqrt{2}}{4}\left(\tan^{-1}(\sqrt{2}x + 1) + \tan^{-1}(\sqrt{2}x - 1)\right)$$

$$= x - \left(\frac{1}{4\sqrt{2}}\left(-\ln\left|x^2 + 1 - \sqrt{2}x\right| + \ln\left|x^2 + 1 + \sqrt{2}x\right|\right)\right.$$

$$\left.+ \frac{\sqrt{2}}{4}\left(\tan^{-1}(\sqrt{2}x + 1) + \tan^{-1}(\sqrt{2}x - 1)\right)\right) + c$$

令 $\alpha, \beta \in R$ 则 $\displaystyle\int_{\alpha}^{\beta} \frac{x^4}{x^4 + 1}\,dx$

$$= \beta - \alpha - \frac{\left(-\ln\dfrac{\beta^2 + 1 - \sqrt{2}\beta}{\alpha^2 + 1 - \sqrt{2}\alpha} + \ln\dfrac{\beta^2 + 1 + \sqrt{2}\beta}{\alpha^2 + 1 + \sqrt{2}\alpha} \right)}{4\sqrt{2}}$$

$$- \frac{\sqrt{2}\left(\tan^{-1}(\sqrt{2}\beta + 1) + \tan^{-1}(\sqrt{2}\beta - 1) - \left(\tan^{-1}(\sqrt{2}\alpha + 1) + \tan^{-1}(\sqrt{2}\alpha - 1) \right) \right)}{4}$$

Example 19.

$$求 \int_{\alpha}^{\beta} \frac{1}{x(x^4 + 1)}\, dx =?, \quad \forall \alpha, \beta \in R$$

【解】

$$\because \int \frac{dx}{x(x^4 + 1)} = \int \frac{x^3\, dx}{x^4(x^4 + 1)}, \quad 令\ t = x^4\ 则\ dt = 4x^3 dx,\ 藉由变换代换法$$

$$则 \int \frac{1}{x(x^4 + 1)}\, dx = \int \frac{x^3}{x^4(x^4 + 1)}\, dx = \frac{1}{4}\int \frac{1}{t(t + 1)}\, dx = \frac{1}{4}\int \frac{1}{t} - \frac{1}{(t + 1)}\, dt$$

$$= \frac{1}{4}(\ln|t| - \ln|t + 1|) + c = \frac{1}{4}(\ln|x^4| - \ln|x^4 + 1|) + c$$

$$令\ \alpha, \beta \in R\ 则 \int_{\alpha}^{\beta} \frac{1}{x(x^4 + 1)}\, dx = \frac{1}{4}\left(\ln\frac{\beta^4}{\alpha^4} - \ln\frac{\beta^4 + 1}{\alpha^4 + 1} \right)$$

5.3.1.4　求无理式的定积分

$$求 \int_{a}^{b} f\left(\sqrt{g(x)} \right) dx =?$$

与不定积分相同，当被积分函数出现 $\sqrt{\alpha^2 - x^2}$, $\sqrt{\alpha^2 + x^2}$, 或 $\sqrt{x^2 - \alpha^2}$ 时，需藉由三角函数的变换变量解题；此外，当分母出现二次多项式时，也尝试用三角函数的变换变量解题

考试类型：

Type 1.

$$求 \int_{a}^{b} f\left(\sqrt{\alpha^2 - x^2} \right) dx =?$$

解题流程：

Step1.

令 $x = \alpha\sin\theta$ 则 $\sqrt{\alpha^2 - x^2} = \sqrt{\alpha^2 - \alpha^2\sin^2\theta} = \alpha\cos\theta$ 且 $dx = \alpha\cos\theta d\theta$

Step2.

$$\int_a^b f\left(\sqrt{\alpha^2 - x^2}\right)dx = \int_{\sin^{-1}\frac{a}{\alpha}}^{\sin^{-1}\frac{b}{\alpha}} f(\alpha\cos\theta)\,\alpha\cos\theta d\theta, \ \ 求 \int_{\sin^{-1}\frac{a}{\alpha}}^{\sin^{-1}\frac{b}{\alpha}} f(\alpha\cos\theta)\,\alpha\cos\theta d\theta = ?$$

<u>范例说明:</u>

(I)若 $f(x) = x$ 则求 $\displaystyle\int_{\sin^{-1}\frac{a}{\alpha}}^{\sin^{-1}\frac{b}{\alpha}} \alpha^2\cos^2\theta d\theta = ?$

(II)若 $f(x) = x^2$ 则求 $\displaystyle\int_{\sin^{-1}\frac{a}{\alpha}}^{\sin^{-1}\frac{b}{\alpha}} \alpha^3\cos^3\theta d\theta = ?$

(III)若 $f(x) = \dfrac{1}{x}$ 则 $\displaystyle\int_{\sin^{-1}\frac{a}{\alpha}}^{\sin^{-1}\frac{b}{\alpha}} d\theta = \sin^{-1}\frac{b}{\alpha} - \sin^{-1}\frac{a}{\alpha}$

Type 2.

求 $\displaystyle\int_a^b f\left(\sqrt{\alpha^2 + x^2}\right)dx = ?$

解题流程:

Step1.

令 $x = \alpha\tan\theta$ 则 $\sqrt{\alpha^2 + x^2} = \sqrt{\alpha^2 + (\alpha\tan\theta)^2} = \alpha\sec\theta$ 且 $dx = \alpha\sec^2\theta d\theta$

Step2.

$$\int_a^b f\left(\sqrt{\alpha^2 + x^2}\right)dx = \int_{\tan^{-1}\frac{a}{\alpha}}^{\tan^{-1}\frac{b}{\alpha}} f(\alpha\sec\theta)\alpha\sec^2 d\theta, \ \ 求 \int_{\tan^{-1}\frac{a}{\alpha}}^{\tan^{-1}\frac{b}{\alpha}} f(\alpha\sec\theta)\alpha\sec^2 d\theta = ?$$

<u>范例说明:</u>

(I)若 $f(x) = x$ 则求 $\displaystyle\int_{\tan^{-1}\frac{a}{\alpha}}^{\tan^{-1}\frac{b}{\alpha}} \alpha^2\sec^3 d\theta = ?$

(II)若 $f(x) = x^2$ 则求 $\displaystyle\int_{\tan^{-1}\frac{a}{\alpha}}^{\tan^{-1}\frac{b}{\alpha}} \alpha^3 \sec^4 d\theta =?$

(III)若 $f(x) = \dfrac{1}{x}$ 则求 $\displaystyle\int_{\tan^{-1}\frac{a}{\alpha}}^{\tan^{-1}\frac{b}{\alpha}} \sec\theta\, d\theta =?$

Type 3.

$$求 \int_a^b f\left(\sqrt{x^2 - \alpha^2}\right) dx =?$$

解题流程:

Step1.

令$x = \alpha\sec\theta$ 则 $\sqrt{x^2 - \alpha^2} = \sqrt{\alpha^2 \sec^2\theta - \alpha^2} = \alpha\tan\theta$ 且 $dx = \alpha\sec\theta\tan\theta\, d\theta$

Step2.

$$\int_a^b f\left(\sqrt{x^2 - \alpha^2}\right) dx = \int_{\sec^{-1}\frac{a}{\alpha}}^{\sec^{-1}\frac{b}{\alpha}} f(\alpha\tan\theta)\alpha\sec\theta\tan\theta d\theta$$

$$求 \int_{\sec^{-1}\frac{a}{\alpha}}^{\sec^{-1}\frac{b}{\alpha}} f(\alpha\tan\theta)\alpha\sec\theta\tan\theta d\theta =?$$

<u>范例说明:</u>

(I)若 $f(x) = x$ 则求 $\displaystyle\int_{\sec^{-1}\frac{a}{\alpha}}^{\sec^{-1}\frac{b}{\alpha}} \alpha^2 \sec\theta\tan^2\theta d\theta =?$

(II)若 $f(x) = x^2$ 则求 $\displaystyle\int_{\sec^{-1}\frac{a}{\alpha}}^{\sec^{-1}\frac{b}{\alpha}} \alpha^3 \sec\theta\tan^3\theta d\theta =?$

(III)若 $f(x) = \dfrac{1}{x}$ 则求 $\displaystyle\int_{\sec^{-1}\frac{a}{\alpha}}^{\sec^{-1}\frac{b}{\alpha}} \sec\theta\, d\theta =?$

Type 4.

$$求 \int_{\alpha}^{\beta} \frac{1}{(ax^2 + bx + c)^2}\, dx = ?, \quad 其中\ b^2 - 4ac < 0 \text{ and } a > 0$$

解题流程:

$$\because \frac{1}{ax^2 + bx + c} = \frac{1}{a\left(x + \dfrac{b}{2a}\right)^2 + c - \dfrac{b^2}{4a}} = \frac{1}{c - \dfrac{b^2}{4a}} \cdot \frac{1}{a\left(\dfrac{x + \dfrac{b}{2a}}{\sqrt{c - \dfrac{b^2}{4a}}}\right)^2 + 1}$$

$$= \frac{1}{c - \dfrac{b^2}{4a}} \cdot \frac{1}{\left(\dfrac{\sqrt{a}\,x + \dfrac{b}{2\sqrt{a}}}{\sqrt{c - \dfrac{b^2}{4a}}}\right)^2 + 1}$$

$$令\ t = \frac{\sqrt{a}\,x + \dfrac{b}{2\sqrt{a}}}{\sqrt{c - \dfrac{b^2}{4a}}} \quad 则\ dt = \frac{\sqrt{a}}{\sqrt{c - \dfrac{b^2}{4a}}}\, dx, \quad 令\ \alpha' = \frac{\sqrt{a}\,\alpha + \dfrac{b}{2\sqrt{a}}}{\sqrt{c - \dfrac{b^2}{4a}}} \quad \text{and}\ \beta' = \frac{\sqrt{a}\,\beta + \dfrac{b}{2\sqrt{a}}}{\sqrt{c - \dfrac{b^2}{4a}}}$$

藉由变数代换法

$$则 \int_{\alpha}^{\beta} \frac{1}{(ax^2 + bx + c)^2}\, dx = \frac{1}{\left(c - \dfrac{b^2}{4a}\right)^2} \int_{\alpha}^{\beta} \frac{1}{\left(\left(\dfrac{\sqrt{a}\,x + \dfrac{b}{2\sqrt{a}}}{\sqrt{c - \dfrac{b^2}{4a}}}\right)^2 + 1\right)^2}\, dx$$

$$= \frac{1}{\left(c - \dfrac{b^2}{4a}\right)^2} \cdot \frac{\sqrt{c - \dfrac{b^2}{4a}}}{\sqrt{a}} \int_{\alpha'}^{\beta'} \frac{1}{(t^2 + 1)^2}\, dt = \frac{1}{\left(c - \dfrac{b^2}{4a}\right)^{\frac{3}{2}} \sqrt{a}} \int_{\alpha'}^{\beta'} \frac{1}{(t^2 + 1)^2}\, dt$$

令 $t = \tan\theta$ 则 $dt = \sec^2\theta\, d\theta$

$$\therefore \frac{1}{\left(c - \dfrac{b^2}{4a}\right)^{\frac{3}{2}} \sqrt{a}} \int_{\alpha'}^{\beta'} \frac{1}{(t^2 + 1)^2}\, dt = \frac{1}{\left(c - \dfrac{b^2}{4a}\right)^{\frac{3}{2}} \sqrt{a}} \int_{\tan^{-1}\alpha'}^{\tan^{-1}\beta'} \frac{\sec^2\theta}{\sec^4\theta}\, d\theta$$

$$= \frac{1}{\left(c - \frac{b^2}{4a}\right)^{\frac{3}{2}} \sqrt{a}} \int_{\tan^{-1} \alpha'}^{\tan^{-1} \beta'} \cos^2 \theta \, d\theta = \frac{1}{\left(c - \frac{b^2}{4a}\right)^{\frac{3}{2}} \sqrt{a}} \left(\frac{\theta}{2} + \frac{\sin 2\theta}{4}\right)\Bigg|_{\tan^{-1} \alpha'}^{\tan^{-1} \beta'}$$

$$= \frac{1}{\left(c - \frac{b^2}{4a}\right)^{\frac{3}{2}} \sqrt{a}} \left(\frac{\tan^{-1} t}{2} + \frac{t}{2(t^2 + 1)}\right)\Bigg|_{\alpha'}^{\beta'}$$

$$= \frac{1}{\left(c - \frac{b^2}{4a}\right)^{\frac{3}{2}} \sqrt{a}} \left(\frac{\tan^{-1} \beta' - \tan^{-1} \alpha'}{2} + \frac{\beta'}{2((\beta')^2 + 1)} - \frac{\alpha'}{2((\alpha')^2 + 1)}\right)$$

Type 5.

$$求 \int_{\alpha}^{\beta} \frac{1}{(ax^2 + bx + c)^{\frac{3}{2}}} dx = ?, \quad 其中 \ a > 0 \ \text{and} \ b^2 - 4ac > 0$$

解题流程:

$$\because \frac{1}{ax^2 + bx + c} = \frac{1}{a\left(x + \frac{b}{2a}\right)^2 + c - \frac{b^2}{4a}} = \frac{1}{a\left(x + \frac{b}{2a}\right)^2 - \left(\frac{b^2}{4a} - c\right)}$$

$$= \frac{1}{\frac{b^2}{4a} - c} \cdot \frac{1}{a\left(\dfrac{x + \frac{b}{2a}}{\sqrt{\frac{b^2}{4a} - c}}\right)^2 - 1} = \frac{1}{\frac{b^2}{4a} - c} \cdot \frac{1}{\left(\dfrac{\sqrt{a}x + \frac{b}{2\sqrt{a}}}{\sqrt{\frac{b^2}{4a} - c}}\right)^2 - 1}$$

$$令 \ t = \frac{\sqrt{a}x + \frac{b}{2\sqrt{a}}}{\sqrt{\frac{b^2}{4a} - c}} \quad 则 \ dt = \frac{\sqrt{a}}{\sqrt{\frac{b^2}{4a} - c}} dx, \ 令 \alpha' = \frac{\sqrt{a}\alpha + \frac{b}{2\sqrt{a}}}{\sqrt{\frac{b^2}{4a} - c}} \quad \text{and} \ \beta' = \frac{\sqrt{a}\beta + \frac{b}{2\sqrt{a}}}{\sqrt{\frac{b^2}{4a} - c}}$$

藉由变数代换法

则 $\displaystyle\int_{\alpha}^{\beta} \frac{1}{(ax^2+bx+c)^{\frac{3}{2}}}\,dx = \frac{1}{\left(\frac{b^2}{4a}-c\right)^{\frac{3}{2}}}\int_{\alpha}^{\beta}\frac{1}{\left(\left(\dfrac{\sqrt{a}x+\dfrac{b}{2\sqrt{a}}}{\sqrt{\dfrac{b^2}{4a}-c}}\right)^2-1\right)^{\frac{3}{2}}}\,dx$

$$= \frac{1}{\left(\frac{b^2}{4a}-c\right)^{\frac{3}{2}}}\cdot\frac{\sqrt{\dfrac{b^2}{4a}-c}}{\sqrt{a}}\int_{\alpha'}^{\beta'}\frac{1}{(t^2-1)^{\frac{3}{2}}}\,dt = \frac{1}{\left(\frac{b^2}{4a}-c\right)\sqrt{a}}\int_{\alpha'}^{\beta'}\frac{1}{(t^2-1)^{\frac{3}{2}}}\,dt$$

令 $t=\sec\theta$ 则 $dt=\sec\theta\tan\theta\,d\theta$

$$\therefore \frac{1}{\left(\frac{b^2}{4a}-c\right)\sqrt{a}}\int_{\alpha'}^{\beta'}\frac{1}{(t^2-1)^{\frac{3}{2}}}\,dt = \frac{1}{\left(\frac{b^2}{4a}-c\right)\sqrt{a}}\int_{\sec^{-1}\alpha'}^{\sec^{-1}\beta'}\frac{\sec\theta\tan\theta}{(\sec^2\theta-1)^{\frac{3}{2}}}\,d\theta$$

$$= \frac{1}{\left(\frac{b^2}{4a}-c\right)\sqrt{a}}\int_{\sec^{-1}\alpha'}^{\sec^{-1}\beta'}\frac{\sec\theta}{\tan^2\theta}\,d\theta = \frac{1}{\left(\frac{b^2}{4a}-c\right)\sqrt{a}}\int_{\sec^{-1}\alpha'}^{\sec^{-1}\beta'}\frac{\cos\theta}{\sin^2\theta}\,d\theta$$

$$= -\frac{1}{\left(\frac{b^2}{4a}-c\right)\sqrt{a}\,\sin\theta}\Bigg|_{\sec^{-1}\alpha'}^{\sec^{-1}\beta'} = -\frac{t}{\left(\frac{b^2}{4a}-c\right)\sqrt{a}\sqrt{t^2-1}}\Bigg|_{\alpha'}^{\beta'}$$

$$= -\frac{\beta'}{\left(\frac{b^2}{4a}-c\right)\sqrt{a}\sqrt{(\beta')^2-1}} + \frac{\alpha'}{\left(\frac{b^2}{4a}-c\right)\sqrt{a}\sqrt{(\alpha')^2-1}}$$

Type 6.

求 $\displaystyle\int_{\alpha}^{\beta}\frac{1}{(-ax^2+bx+c)^{\frac{3}{2}}}\,dx = ?$, 其中 $a>0$ and $b^2+4ac>0$

解题流程:

$$\because \frac{1}{-ax^2+bx+c} = \frac{1}{c+\frac{b^2}{4a}-a\left(x-\frac{b}{2a}\right)^2} = \frac{1}{\left(c+\frac{b^2}{4a}\right)\left(1-\left(\dfrac{\sqrt{a}x-\dfrac{b}{2\sqrt{a}}}{\sqrt{c+\dfrac{b^2}{4a}}}\right)^2\right)}$$

$$\therefore \int_\alpha^\beta \frac{1}{(-ax^2+bx+c)^{\frac{3}{2}}}\,dx = \frac{1}{\left(c+\frac{b^2}{4a}\right)^{\frac{3}{2}}} \int_\alpha^\beta \frac{1}{\left(1-\left(\dfrac{\sqrt{a}x-\dfrac{b}{2\sqrt{a}}}{\sqrt{c+\dfrac{b^2}{4a}}}\right)^2\right)^{\frac{3}{2}}}\,dx$$

$$\Leftrightarrow t = \frac{\sqrt{a}x-\dfrac{b}{2\sqrt{a}}}{\sqrt{c+\dfrac{b^2}{4a}}} \ \text{则}\ dt = \frac{\sqrt{a}}{\sqrt{c+\dfrac{b^2}{4a}}}\,dx, \ \text{令}\ \alpha' = \frac{\sqrt{a}\alpha-\dfrac{b}{2\sqrt{a}}}{\sqrt{c+\dfrac{b^2}{4a}}} \ \text{and}\ \beta' = \frac{\sqrt{a}\beta-\dfrac{b}{2\sqrt{a}}}{\sqrt{c+\dfrac{b^2}{4a}}}$$

$$\therefore \frac{1}{\left(c+\frac{b^2}{4a}\right)^{\frac{3}{2}}} \int_\alpha^\beta \frac{1}{\left(1-\left(\dfrac{\sqrt{a}x-\dfrac{b}{2\sqrt{a}}}{\sqrt{c+\dfrac{b^2}{4a}}}\right)^2\right)^{\frac{3}{2}}}\,dx$$

$$= \frac{\dfrac{\sqrt{c+\dfrac{b^2}{4a}}}{\sqrt{a}}}{\left(c+\dfrac{b^2}{4a}\right)^{\frac{3}{2}}} \int_{\alpha'}^{\beta'} \frac{1}{(1-t^2)^{\frac{3}{2}}}\,dt = \frac{1}{\sqrt{a}\left(c+\dfrac{b^2}{4a}\right)} \int_{\alpha'}^{\beta'} \frac{1}{(1-t^2)^{\frac{3}{2}}}\,dt$$

$$\text{令}\ t = \sin\theta \ \text{则}\ dt = \cos\theta\,d\theta$$

$$\therefore \frac{1}{\sqrt{a}\left(c+\dfrac{b^2}{4a}\right)} \int_{\alpha'}^{\beta'} \frac{1}{(1-t^2)^{\frac{3}{2}}}\,dt = \frac{1}{\sqrt{a}\left(c+\dfrac{b^2}{4a}\right)} \int_{\sin^{-1}\alpha'}^{\sin^{-1}\beta'} \frac{\cos\theta}{(1-\sin^2\theta)^{\frac{3}{2}}}\,d\theta$$

$$= \frac{1}{\sqrt{a}\left(c+\dfrac{b^2}{4a}\right)} \int_{\sin^{-1}\alpha'}^{\sin^{-1}\beta'} \frac{1}{\cos^2\theta}\,d\theta = \frac{1}{\sqrt{a}\left(c+\dfrac{b^2}{4a}\right)} \int_{\sin^{-1}\alpha'}^{\sin^{-1}\beta'} \sec^2\theta\,d\theta$$

$$= \frac{\tan\theta}{\sqrt{a}\left(c+\dfrac{b^2}{4a}\right)}\Bigg|_{\sin^{-1}\alpha'}^{\sin^{-1}\beta'} = \frac{t}{\sqrt{a}\left(c+\dfrac{b^2}{4a}\right)\sqrt{1-t^2}}\Bigg|_{\alpha'}^{\beta'}$$

$$= \frac{\beta'}{\sqrt{a}\left(c+\dfrac{b^2}{4a}\right)\sqrt{1-(\beta')^2}} - \frac{\alpha'}{\sqrt{a}\left(c+\dfrac{b^2}{4a}\right)\sqrt{1-(\alpha')^2}}$$

Example 1.

$$求 \int_a^b \frac{dx}{\sqrt{\alpha^2 - x^2}} = ?, \quad \forall\, 0 < a < b < \alpha$$

【解】

令 $\alpha > 0$，令 $x = \alpha\sin\theta$ 则 $dx = \alpha\cos\theta\, d\theta$，藉由变数代换法

$$则 \int \frac{dx}{\sqrt{\alpha^2 - x^2}} = \int \frac{\alpha\cos\theta\, d\theta}{\sqrt{\alpha^2 - (\alpha\sin\theta)^2}} = \int \frac{\alpha\cos\theta\, d\theta}{\alpha\cos\theta} = \theta + c = \sin^{-1}\frac{x}{\alpha} + c$$

$$令\, 0 < a < b < \alpha \;则 \int_a^b \frac{dx}{\sqrt{\alpha^2 - x^2}} = \sin^{-1}\frac{b}{\alpha} - \sin^{-1}\frac{a}{\alpha}$$

Example 2.

$$求 \int_a^b \sqrt{\alpha^2 - x^2}\, dx = ?, \quad \forall\, 0 < a < b < \alpha$$

【解】

令 $\alpha > 0$，令 $x = \alpha\sin\theta$ 则 $dx = \alpha\cos\theta\, d\theta$，藉由变数代换法

$$\therefore \int \sqrt{\alpha^2 - x^2}\, dx = \int \sqrt{\alpha^2 - (\alpha\sin\theta)^2} \cdot \alpha\cos\theta\, d\theta = \int (\alpha\cos\theta)^2\, d\theta$$

$$= \alpha^2 \int \frac{1 + \cos 2\theta\, d\theta}{2} = \frac{\alpha^2}{2}\left(\theta + \frac{\sin 2\theta}{2}\right) + c$$

$$= \frac{\alpha^2}{2}\sin^{-1}\frac{x}{\alpha} + \frac{\alpha^2}{4}\left(\frac{2x\sqrt{\alpha^2 - x^2}}{\alpha^2}\right) + c = \frac{\alpha^2}{2}\sin^{-1}\frac{x}{\alpha} + \left(\frac{x\sqrt{\alpha^2 - x^2}}{2}\right) + c$$

令 $0 < a < b < \alpha$

$$则 \int_a^b \sqrt{\alpha^2 - x^2}\, dx = \alpha^2\sin^{-1}\frac{b}{\alpha} + \left(\frac{b\sqrt{\alpha^2 - b^2}}{2}\right) - \left(\alpha^2\sin^{-1}\frac{a}{\alpha} + \left(\frac{a\sqrt{\alpha^2 - a^2}}{2}\right)\right)$$

Example 3.

$$求 \int_a^b \frac{1}{x\sqrt{\alpha^2 - x^2}}\, dx = ?, \quad \forall\, 0 < a < b < \alpha$$

【解】

令 $\alpha > 0$，令 $x = \alpha\sin\theta$ 则 $dx = \alpha\cos\theta\, d\theta$，藉由变数代换法

$$\therefore \int \frac{1}{x\sqrt{\alpha^2 - x^2}}\,dx = \int \frac{\alpha\cos\theta\,d\theta}{\alpha\sin\theta\,\sqrt{\alpha^2 - (\alpha\sin\theta)^2}} = \int \frac{\alpha\cos\theta\,d\theta}{\alpha\sin\theta\,\alpha\cos\theta}$$

$$= \int \frac{d\theta}{\alpha\sin\theta} = \frac{1}{\alpha}\ln|\csc\theta - \cot\theta| + c = \frac{1}{\alpha}\ln\left|\frac{\alpha}{x} - \frac{\sqrt{\alpha^2 - x^2}}{x}\right| + c$$

令 $0 < a < b < \alpha$ 则 $\displaystyle\int_a^b \frac{1}{x\sqrt{\alpha^2 - x^2}}\,dx = \frac{1}{\alpha}\ln\frac{\dfrac{\alpha - \sqrt{\alpha^2 - b^2}}{b}}{\dfrac{\alpha - \sqrt{\alpha^2 - a^2}}{a}}$

Example 4.

$$求 \int_a^b \frac{1}{(\alpha^2 - x^2)^{\frac{3}{2}}}\,dx = ?, \quad \forall\, 0 < a < b < \alpha$$

【解】

令 $\alpha > 0$, 令 $x = \alpha\sin\theta$ 则 $dx = \alpha\cos\theta\,d\theta$, 藉由变数代换法

$$\therefore \int \frac{1}{(\alpha^2 - x^2)^{\frac{3}{2}}}\,dx = \int \frac{\alpha\cos\theta\,d\theta}{(\alpha^2 - \alpha^2\sin^2\theta)^{\frac{3}{2}}} = \int \frac{d\theta}{\alpha^2\cos^2\theta} = \frac{1}{\alpha^2}\int \sec^2\theta\,d\theta$$

$$= \frac{\tan\theta}{\alpha^2} + c = \frac{x}{\alpha^2\sqrt{\alpha^2 - x^2}} + c$$

令 $0 < a < b < \alpha$ 则 $\displaystyle\int_a^b \frac{1}{(\alpha^2 - x^2)^{\frac{3}{2}}}\,dx = \frac{b}{\alpha^2\sqrt{\alpha^2 - b^2}} - \frac{a}{\alpha^2\sqrt{\alpha^2 - a^2}}$

Example 5.

$$求 \int_a^b \frac{dx}{\sqrt{\alpha^2 + x^2}} = ?, \quad \forall\, a, b, \alpha > 0$$

【解】

令 $\alpha > 0$, 令 $x = \alpha\tan\theta$ 则 $dx = \alpha\sec^2\theta\,d\theta$, 藉由变数代换法

则 $\displaystyle\int \frac{dx}{\sqrt{\alpha^2 + x^2}} = \int \frac{\alpha\sec^2\theta}{\sqrt{\alpha^2 + (\alpha\tan\theta)^2}}\,d\theta = \int \frac{\alpha\sec^2\theta}{\alpha\sec\theta}\,d\theta$

$$= \ln|\tan\theta + \sec\theta| + c = \ln\left|\frac{x}{\alpha} + \frac{\sqrt{\alpha^2 + x^2}}{\alpha}\right| + c$$

令 $a, b > 0$ 则 $\displaystyle\int_a^b \frac{dx}{\sqrt{\alpha^2 + x^2}} = \ln \frac{b + \sqrt{\alpha^2 + b^2}}{a + \sqrt{\alpha^2 + a^2}}$

Example 6.

$$求 \int_a^b \sqrt{\alpha^2 + x^2}\, dx = ?, \quad \forall a, b, \alpha > 0$$

【解】

令 $\alpha > 0$, 令 $x = \alpha\tan\theta$ 则 $dx = \alpha\sec^2\theta\, d\theta$, 藉由变数代换法

$$\therefore \int \sqrt{\alpha^2 + x^2}\, dx = \int \sqrt{\alpha^2 + (\alpha\tan\theta\,)^2}\, \alpha\sec^2\theta\, d\theta = \int \alpha^2\sec^3\theta\, d\theta$$

令 $u = \sec\theta, dv = \sec^2\theta\, d\theta$ 则 $du = \sec\theta\tan\theta\, d\theta, v = \tan\theta$, 藉由分部积分法

$$\int \alpha^2\sec^3\theta\, d\theta = \alpha^2\left(\sec\theta\tan\theta - \int \sec\theta\tan^2\theta\, d\theta\right)$$

$$= \alpha^2\left(\sec\theta\tan\theta - \int \sec\theta\,(\sec^2\theta - 1)\, d\theta\right)$$

$$\Rightarrow 2\int \sec^3\theta\, d\theta = \sec\theta\tan\theta + \int \sec\theta\, d\theta = \sec\theta\tan\theta + \ln|\tan\theta + \sec\theta| + c$$

$$\therefore \int \sqrt{\alpha^2 + x^2}\, dx = \int \alpha^2\sec^3\theta\, d\theta = \frac{\alpha^2}{2}\left(\sec\theta\tan\theta + \ln|\tan\theta + \sec\theta|\right) + c$$

$$= \left(\frac{x\sqrt{\alpha^2 + x^2}}{2}\right) + \ln\left|\frac{x}{\alpha} + \frac{\sqrt{\alpha^2 + x^2}}{\alpha}\right| + c$$

令 $a, b > 0$ 则 $\displaystyle\int_a^b \sqrt{\alpha^2 + x^2}\, dx = \frac{b\sqrt{\alpha^2 + b^2}}{2} - \frac{a\sqrt{\alpha^2 + a^2}}{2} + \ln\frac{b + \sqrt{\alpha^2 + b^2}}{a + \sqrt{\alpha^2 + a^2}}$

Example 7.

$$求 \int_a^b \frac{dx}{x\sqrt{\alpha^2 + x^2}} = ?, \quad \forall a, b > 0, \alpha \in R$$

【解】

令 $\alpha \in R$, 令 $x = \alpha\tan\theta$ 则 $dx = \alpha\sec^2\theta\, d\theta$, 藉由变数代换法

$$\therefore \int \frac{dx}{x\sqrt{\alpha^2 + x^2}} = \int \frac{\alpha\sec^2\theta\, d\theta}{\alpha\tan\theta\,\sqrt{\alpha^2 + (\alpha\tan\theta\,)^2}} = \int \frac{\sec\theta\, d\theta}{\alpha\tan\theta} = \int \frac{d\theta}{\alpha\sin\theta}$$

$$= \frac{1}{\alpha}\ln|\csc\theta - \cot\theta| + c = \frac{1}{\alpha}\ln\left|\frac{\sqrt{\alpha^2 + x^2}}{x} - \frac{\alpha}{x}\right| + c$$

$$\text{令}\, a, b > 0 \text{ 则 } \int_a^b \frac{dx}{x\sqrt{\alpha^2 + x^2}} = \frac{1}{\alpha} \ln \frac{\dfrac{\sqrt{\alpha^2 + b^2} - \alpha}{b}}{\dfrac{\sqrt{\alpha^2 + a^2} - \alpha}{a}}$$

Example 8.

$$\text{求} \int_a^b \frac{1}{\sqrt{x^2 - \alpha^2}}\, dx = ?, \quad \forall 0 < \alpha < a < b$$

【解】

令 $\alpha > 0$, 令 $x = \alpha \sec\theta$ 则 $dx = \alpha\sec\theta\tan\theta\, d\theta$, 藉由变数代换法

$$\int \frac{1}{\sqrt{x^2 - \alpha^2}}\, dx = \int \frac{\alpha\sec\theta\tan\theta}{\sqrt{(\alpha\sec\theta)^2 - \alpha^2}}\, d\theta = \int \frac{\alpha\sec\theta\tan\theta}{\sqrt{(\alpha\tan\theta)^2}}\, d\theta = \int \sec\theta\, d\theta$$

$$= \ln|\tan\theta + \sec\theta| + c = \ln\left|\frac{x}{\alpha} + \frac{\sqrt{x^2 - \alpha^2}}{\alpha}\right| + c$$

令 $0 < \alpha < a < b$ 则 $\displaystyle\int_a^b \frac{1}{\sqrt{x^2 - \alpha^2}}\, dx = \ln \frac{b + \sqrt{b^2 - \alpha^2}}{a + \sqrt{a^2 - \alpha^2}}$

Example 9.

$$\text{求} \int_a^b \sqrt{x^2 - \alpha^2}\, dx = ?, \quad \forall 0 < \alpha < a < b$$

【解】

令 $\alpha > 0$, 令 $x = \alpha\sec\theta$ 则 $dx = \alpha\sec\theta\tan\theta\, d\theta$, 藉由变数代换法

$$\because \int \sqrt{x^2 - \alpha^2}\, dx = \int \left(\sqrt{(\alpha\sec\theta)^2 - \alpha^2}\right) \alpha\sec\theta\tan\theta\, d\theta$$

$$= \int \alpha^2\sec\theta\tan^2\theta\, d\theta = \int \alpha^2\sec\theta(\sec^2\theta - 1)\, d\theta$$

$$\because 2\int \sec^3\theta\, d\theta = \sec\theta\tan\theta + \int \sec\theta\, d\theta \text{ 且 } \int \sec\theta\, d\theta = \ln|\tan\theta + \sec\theta|$$

$$\therefore \int \sec^3\theta\, d\theta = \frac{1}{2}\left(\sec\theta\tan\theta + \ln|\tan\theta + \sec\theta|\right) + c$$

$$\therefore \int \sqrt{x^2 - \alpha^2}\, dx = \frac{\alpha^2}{2}\left(\sec\theta\tan\theta - \ln|\tan\theta + \sec\theta|\right) + c$$

$$= \frac{\alpha^2}{2}\left(\frac{x\sqrt{x^2-\alpha^2}}{\alpha^2} - \ln\left|\frac{x}{\alpha} + \frac{\sqrt{x^2-\alpha^2}}{\alpha}\right|\right) + c$$

令 $0 < \alpha < a < b$ 则 $\displaystyle\int_a^b \sqrt{x^2-\alpha^2}\,dx = \frac{\alpha^2}{2}\left(\frac{b\sqrt{b^2-\alpha^2}}{\alpha^2} - \frac{a\sqrt{a^2-\alpha^2}}{\alpha^2} - \ln\frac{b+\sqrt{b^2-\alpha^2}}{a+\sqrt{a^2-\alpha^2}}\right)$

Example 10.

$$求 \int_a^b \frac{1}{x\sqrt{x^2-\alpha^2}}\,dx = ?, \quad \forall \alpha \neq 0$$

【解】

令 $\alpha \neq 0$，令 $x = \alpha\sec\theta$ 则 $dx = \alpha\sec\theta\tan\theta\,d\theta$，藉由变数代换法

$$\therefore \int \frac{1}{x\sqrt{x^2-\alpha^2}}\,dx = \int \frac{\alpha\sec\theta\tan\theta}{\alpha\sec\theta\,\sqrt{(\alpha\sec\theta)^2-\alpha^2}}\,d\theta = \int \frac{\alpha\sec\theta\tan\theta}{\alpha\sec\theta\,\alpha\tan\theta}\,d\theta = \frac{\theta}{\alpha} + c$$

$$= \frac{1}{\alpha}\sec^{-1}\frac{x}{\alpha} + c$$

$$\therefore \int_a^b \frac{1}{x\sqrt{x^2-\alpha^2}}\,dx = \frac{1}{\alpha}\left(\sec^{-1}\frac{b}{\alpha} - \sec^{-1}\frac{a}{\alpha}\right)$$

Example 11.

$$求 \int_a^b \frac{\sqrt{x^2-\alpha^2}}{x}\,dx = ?, \quad \forall \alpha \neq 0$$

【解】

令 $\alpha \neq 0$，令 $x = \alpha\sec\theta$ 则 $dx = \alpha\sec\theta\tan\theta\,d\theta$，藉由变数代换法

则 $\displaystyle\int \frac{\sqrt{x^2-\alpha^2}}{x}\,dx = \int \frac{\sqrt{(\alpha\sec\theta)^2-\alpha^2}\,\alpha\sec\theta\tan\theta}{\alpha\sec\theta}\,d\theta = \alpha\int \tan^2\theta\,d\theta$

$$= \alpha\int \sec^2\theta - 1\,d\theta = \alpha(\tan\theta - \theta) + c = \alpha\left(\frac{\sqrt{x^2-\alpha^2}}{\alpha} - \sec^{-1}\frac{x}{\alpha}\right) + c$$

$$\therefore \int_a^b \frac{\sqrt{x^2-\alpha^2}}{x}\,dx = \alpha\left(\frac{\sqrt{b^2-\alpha^2}}{\alpha} - \frac{\sqrt{a^2-\alpha^2}}{\alpha} - \sec^{-1}\frac{b}{\alpha} + \sec^{-1}\frac{a}{\alpha}\right)$$

Example 12.

$$求 \int_{-b}^b \frac{x^4}{\sqrt{b^2-x^2}}\,dx = ?, \quad \forall b > 0$$

【解】

令 $b > 0$, $x = b\sin\theta$ 则 $dx = b\cos\theta\,d\theta$, 藉由变数代换法

$$\text{则} \int_{-b}^{b} \frac{x^4}{\sqrt{b^2 - x^2}}\,dx = \int_{\frac{-\pi}{2}}^{\frac{\pi}{2}} \frac{(b\sin\theta)^4\, b\cos\theta\,d\theta}{\sqrt{b^2 - (b\sin\theta)^2}} = \int_{\frac{-\pi}{2}}^{\frac{\pi}{2}} (b\sin\theta)^4\,d\theta$$

$$= b^4 \int_{\frac{-\pi}{2}}^{\frac{\pi}{2}} \left(\frac{1 - \cos 2\theta}{2}\right)^2 d\theta = b^4 \int_{\frac{-\pi}{2}}^{\frac{\pi}{2}} \frac{1 - 2\cos 2\theta + \dfrac{1 + \cos 4\theta}{2}}{4}\,d\theta$$

$$= \frac{b^4}{4} \left(\frac{3\pi}{2} - \sin 2\theta\Big|_{\frac{-\pi}{2}}^{\frac{\pi}{2}} + \frac{1}{8}\sin 4\theta\Big|_{\frac{-\pi}{2}}^{\frac{\pi}{2}}\right) = \frac{3\pi b^4}{8}$$

Example 13.

$$\text{求} \int_{a}^{b} \frac{1}{e^x \sqrt{e^{2x} + 4}}\,dx = ?, \quad \forall a, b \in R$$

【解】

令 $t = e^x$ 则 $dx = \dfrac{dt}{t}$, 藉由变数代换法 则 $\displaystyle\int \frac{1}{e^x \sqrt{e^{2x} + 4}}\,dx = \int \frac{1}{t^2 \sqrt{t^2 + 4}}\,dt$

令 $t = 2\tan\theta$ 则 $dt = 2\sec^2\theta\,d\theta$, 藉由变数代换法

$$\text{则} \int \frac{1}{t^2 \sqrt{t^2 + 4}}\,dt = \int \frac{2\sec^2\theta\,d\theta}{4\tan^2\theta \sqrt{4\tan^2\theta + 4}} = \frac{1}{4}\int \frac{\sec\theta\,d\theta}{\tan^2\theta} = \frac{1}{4}\int \frac{\cos\theta\,d\theta}{\sin^2\theta}$$

$$= \frac{1}{4}\int \cot\theta \csc\theta\,d\theta = \frac{-\csc\theta}{4} + c = \frac{-\sqrt{t^2 + 4}}{4t} + c = \frac{-\sqrt{e^{2x} + 4}}{4e^x} + c$$

$$\text{令 } a, b \in R \text{ 则} \int_{a}^{b} \frac{1}{e^x \sqrt{e^{2x} + 4}}\,dx = \frac{\sqrt{e^{2a} + 4}}{4e^a} - \frac{\sqrt{e^{2b} + 4}}{4e^b}$$

Example 14.

$$\text{求} \int_{a}^{b} \frac{1}{(4x^2 + 4x + 5)^2}\,dx = ?, \quad \forall a, b \in R$$

【解】

$$\because \frac{1}{(4x^2 + 4x + 5)^2} = \frac{1}{16\left(x^2 + x + \dfrac{5}{4}\right)^2} = \frac{1}{16\left(\left(x + \dfrac{1}{2}\right)^2 + 1\right)^2}$$

令 $t = x + \dfrac{1}{2}$ 则 $dt = dx$, 藉由变数代换法

$$\therefore \int \frac{1}{(4x^2+4x+5)^2}\,dx = \int \frac{1}{16\left(\left(x+\frac{1}{2}\right)^2+1\right)^2}\,dx = \int \frac{1}{16(t^2+1)^2}\,dx$$

令 $t = \tan\theta$ 则 $dt = \sec^2\theta\,d\theta$, 藉由变数代换法

$$\therefore \frac{1}{16}\int \frac{1}{(t^2+1)^2}\,dt = \frac{1}{16}\int \frac{\sec^2\theta}{\sec^4\theta}\,d\theta = \frac{1}{16}\int \cos^2\theta\,d\theta = \frac{1}{16}\int \frac{1+\cos 2\theta}{2}\,d\theta$$

$$= \frac{1}{16}\left(\frac{\theta}{2}+\frac{\sin 2\theta}{4}\right) = \frac{1}{16}\left(\frac{\tan^{-1}t}{2}+\frac{\sin\theta\cos\theta}{2}\right) = \frac{1}{16}\left(\frac{\tan^{-1}t}{2}+\frac{t}{2(t^2+1)}\right)$$

$$= \frac{1}{16}\left(\frac{\tan^{-1}\left(x+\frac{1}{2}\right)}{2}+\frac{x+\frac{1}{2}}{2\left(\left(x+\frac{1}{2}\right)^2+1\right)}\right)+c$$

令 $a,b \in R$ 则 $\displaystyle\int_a^b \frac{1}{(4x^2+4x+5)^2}\,dx$

$$= \frac{1}{16}\left(\frac{\tan^{-1}\left(b+\frac{1}{2}\right)}{2}+\frac{b+\frac{1}{2}}{2\left(\left(b+\frac{1}{2}\right)^2+1\right)}-\frac{\tan^{-1}\left(a+\frac{1}{2}\right)}{2}-\frac{a+\frac{1}{2}}{2\left(\left(a+\frac{1}{2}\right)^2+1\right)}\right)$$

Example 15.

$$求 \int_a^b \frac{x}{(3-2x-x^2)^{\frac{3}{2}}}\,dx = ?, \quad \forall 0 < a,b < 1$$

【解】

$$\because \frac{x}{(3-2x-x^2)^{\frac{3}{2}}} = \frac{x}{(4-(x+1)^2)^{\frac{3}{2}}} = \frac{x}{8\left(1-(\frac{x+1}{2})^2\right)^{\frac{3}{2}}}$$

令 $t = \dfrac{x+1}{2}$ 则 $2\,dt = dx$ 且 $x = 2t-1$, 藉由变数代换法

$$\therefore \int \frac{x}{(3-2x-x^2)^{\frac{3}{2}}}\,dx = \int \frac{x}{8\left(1-(\frac{x+1}{2})^2\right)^{\frac{3}{2}}}\,dx = 2\int \frac{2t-1}{8(1-t^2)^{\frac{3}{2}}}\,dt$$

令 $t = \sin\theta$ 则 $dt = \cos\theta\,d\theta$, 藉由变数代换法

$$\therefore 2\int \frac{2t-1}{8(1-t^2)^{\frac{3}{2}}}\,dt = 2\int \frac{(2\sin\theta-1)\cos\theta}{8(1-\sin\theta^2)^{\frac{3}{2}}}\,d\theta = 2\int \frac{(2\sin\theta-1)\cos\theta}{8\cos^3\theta}\,d\theta$$

$$= \frac{1}{2}\int \tan\theta\sec\theta\,d\theta - \frac{1}{4}\int \sec^2\theta\,d\theta = \frac{\sec\theta}{2} - \frac{\tan\theta}{4}$$

$$= \frac{1}{2\sqrt{1-t^2}} - \frac{t}{4\sqrt{1-t^2}} = \frac{2-t}{4\sqrt{1-t^2}} = \frac{2-\dfrac{x+1}{2}}{4\sqrt{1-\left(\dfrac{x+1}{2}\right)^2}} + c = \frac{3-x}{4\sqrt{3-2x-x^2}} + c$$

$$令\ 0<a,b<1\ \ 则\ \int_a^b \frac{x}{(3-2x-x^2)^{\frac{3}{2}}}\,dx = \frac{3-b}{4\sqrt{3-2b-b^2}} - \frac{3-a}{4\sqrt{3-2a-a^2}}$$

Example 16.

$$求\ \int_{\frac{\pi}{2}}^{\pi} \sqrt{3\cos^2 x + \cos^4 x}\,dx =?$$

【解】

$$\because \sqrt{3\cos^2 x + \cos^4 x} = |\cos x|\sqrt{3+\cos^2 x} = |\cos x|\sqrt{3+(1-\sin^2 x)}$$

$$= -\cos x\sqrt{4-\sin^2 x},\ \ \forall \frac{\pi}{2} < x < \pi$$

令 $t=\sin x$ 则 $dt = \cos x\,dx$，藉由变数代换法

$$则\ \int_{\frac{\pi}{2}}^{\pi} \sqrt{3\cos^2 x + \cos^4 x}\,dx = \int_{\frac{\pi}{2}}^{\pi} -\cos x\sqrt{4-\sin^2 x}\,dx = \int_0^1 \sqrt{4-t^2}\,dt$$

令 $t = 2\sin\theta$ 则 $dt = 2\cos\theta d\theta$，藉由变数代换法

$$则\ \int_0^1 \sqrt{4-t^2}\,dt = \int_0^{\frac{\pi}{6}} \sqrt{2^2-(2\sin\theta)^2}\,(2\cos\theta)d\theta = \int_0^{\frac{\pi}{6}} 4\cos^2\theta\,d\theta$$

$$= 4\int_0^{\frac{\pi}{6}} \frac{1+\cos 2\theta}{2}\,d\theta = 2\left(\theta + \frac{\sin 2\theta}{2}\right)\Big|_0^{\frac{\pi}{6}} = \frac{\pi}{3} + \frac{\sqrt{3}}{2}$$

Example 17.

求 $\displaystyle\int_0^3 \sqrt{x^2+9}\,dx =?$

【解】

令 $x = 3\tan\theta$ 则 $dx = 3\sec^2\theta d\theta$，藉由变数代换法

则 $\displaystyle\int_0^3 \sqrt{x^2+9}\,dx = \int_0^{\frac{\pi}{4}} \sqrt{(3\tan\theta)^2+9}\,(3\sec^2\theta)d\theta = 9\int_0^{\frac{\pi}{4}} \sec^3\theta d\theta$

$\because \displaystyle\int \sec^3\theta d\theta = \sec\theta\tan\theta + \int \sec\theta\,d\theta = \frac{1}{2}(\sec\theta\tan\theta + \ln|\tan\theta + \sec\theta|) + c$

$\therefore \displaystyle\int_0^3 \sqrt{x^2+9}\,dx = 9\int_0^{\frac{\pi}{4}} \sec^3\theta d\theta = \frac{9}{2}(\sec\theta\tan\theta + \ln|\tan\theta + \sec\theta|)\,|_0^{\frac{\pi}{4}}$

$= \dfrac{9}{2}\left(\sqrt{2} + \ln(\sqrt{2}+1)\right)$

Example 18.

求 $\displaystyle\int_1^2 \frac{dx}{\sqrt{x^2-1}} =?$

【解】

令 $x = \sec\theta$ 则 $dx = \sec\theta\tan\theta\,d\theta$，藉由变数代换法

则 $\displaystyle\int_1^2 \frac{dx}{\sqrt{x^2-1}} = \int_0^{\frac{\pi}{3}} \frac{\sec\theta\tan\theta\,d\theta}{\sqrt{(\sec\theta)^2-1}} = \int_0^{\frac{\pi}{3}} \frac{\sec\theta\tan\theta\,d\theta}{\sqrt{\tan^2\theta}} = \int_0^{\frac{\pi}{3}} \sec\theta d\theta$

$= \ln|\tan\theta + \sec\theta|\,|_0^{\frac{\pi}{3}} = \ln(2+\sqrt{3})$

Example 19.

求 $\displaystyle\int_0^4 \frac{3x^3}{\sqrt{9+x^2}}\,dx =?$

【解】

令 $x = 3\tan t$ 则 $dx = 3\sec^2 t\,dt$，藉由变数代换法

$\therefore \displaystyle\int_0^4 \frac{3x^3\,dx}{\sqrt{9+x^2}} = \int_0^{\tan^{-1}\frac{4}{3}} \frac{9\cdot 27\cdot\tan^3 t\cdot\sec^2 t\,dt}{\sqrt{9+9\tan^2 t}} = \int_0^{\tan^{-1}\frac{4}{3}} \frac{9\cdot 27\cdot\tan^3 t\cdot\sec^2 t}{3\sec t}\,dt$

$$= \int_0^{\tan^{-1}\frac{4}{3}} 81 \cdot \tan^3 t \cdot \sec t \, dt = 81 \int_0^{\tan^{-1}\frac{4}{3}} (\sec^2 t - 1) \cdot \tan t \, \sec t \, dt$$

令 $u = \sec t$ 则 $du = \tan t \sec t \, dt$，藉由变数代换法

$$则 \; 81 \int_0^{\tan^{-1}\frac{4}{3}} (\sec^2 t - 1) \cdot \tan t \, \sec t \, dt = 81 \int_1^{\frac{5}{3}} (u^2 - 1) \, du = 81 \left(\frac{u^3}{3} - u \right) \Big|_1^{\frac{5}{3}}$$

$$= 81 \left(\frac{1}{3} \cdot \left(\frac{125}{27} - 1 \right) - \frac{2}{3} \right) = 44$$

Example 20.

$$求 \; \int_0^{2\sqrt{2}} \frac{x^2}{\sqrt{16 - x^2}} \, dx = ?$$

【解】

令 $x = 4\sin\theta$ 则 $dx = 4\cos\theta \, d\theta$，藉由变数代换法

$$则 \; \int_0^{2\sqrt{2}} \frac{x^2}{\sqrt{16 - x^2}} \, dx = \int_0^{\frac{\pi}{4}} \frac{16 \sin^2\theta \cdot 4\cos\theta \, d\theta}{\sqrt{16 - 16\sin^2\theta}} = 16 \int_0^{\frac{\pi}{4}} \sin^2\theta \, d\theta$$

$$= 16 \int_0^{\frac{\pi}{4}} \frac{1 - \cos 2\theta}{2} \, d\theta = 16 \left(\frac{1}{2} \cdot \frac{\pi}{4} - \frac{\sin 2\theta}{4} \Big|_0^{\frac{\pi}{4}} \right) = 2\pi - 4$$

Example 21.

$$求 \; \int_a^b \frac{1}{(x^2 + 2x + 5)^2} \, dx = ?, \quad \forall a, b \in R$$

【解】

$$\because \frac{1}{(x^2 + 2x + 5)^2} = \frac{1}{((x+1)^2 + 4)^2} = \frac{1}{16 \left(\left(\frac{x+1}{2} \right)^2 + 1 \right)^2}$$

令 $t = \dfrac{x+1}{2}$ 则 $dt = \dfrac{dx}{2}$，藉由变数代换法

$$则 \; \int \frac{1}{(x^2 + 2x + 5)^2} \, dx = \int \frac{1}{16 \left(\left(\frac{x+1}{2} \right)^2 + 1 \right)^2} \, dx = \frac{1}{8} \int \frac{1}{(t^2 + 1)^2} \, dt$$

令 $t = \tan\theta$ 则 $dt = \sec^2\theta\, d\theta$, 藉由变数代换法

则 $\dfrac{1}{8}\displaystyle\int \dfrac{1}{(t^2+1)^2}\,dt = \dfrac{1}{8}\int \dfrac{\sec^2\theta}{\sec^4\theta}\,d\theta = \dfrac{1}{8}\int \cos^2\theta\, d\theta = \dfrac{1}{8}\int \dfrac{1+\cos 2\theta}{2}\,d\theta$

$= \dfrac{1}{8}\left(\dfrac{\theta}{2} + \dfrac{\sin 2\theta}{4}\right) + c = \dfrac{1}{8}\left(\dfrac{\tan^{-1} t}{2} + \dfrac{\sin\theta\cos\theta}{2}\right) = \dfrac{1}{8}\left(\dfrac{\tan^{-1} t}{2} + \dfrac{t}{2(t^2+1)}\right) + c$

$= \dfrac{1}{8}\left(\dfrac{\tan^{-1}\left(\frac{x+1}{2}\right)}{2} + \dfrac{\frac{x+1}{2}}{2\left(\left(\frac{x+1}{2}\right)^2 + 1\right)}\right) + c$

令 $a, b \in R$ 则 $\displaystyle\int_a^b \dfrac{1}{(x^2+2x+5)^2}\,dx$

$= \dfrac{1}{8}\left(\dfrac{\tan^{-1}\left(\frac{b+1}{2}\right)}{2} + \dfrac{\frac{b+1}{2}}{2\left(\left(\frac{b+1}{2}\right)^2 + 1\right)} - \dfrac{\tan^{-1}\left(\frac{a+1}{2}\right)}{2} - \dfrac{\frac{a+1}{2}}{2\left(\left(\frac{a+1}{2}\right)^2 + 1\right)}\right)$

5.3.1.5 使用半角代换法

考试类型:

Type 1.

求 $\displaystyle\int_a^b \dfrac{f(\sin nx, \cos nx)}{g(\sin nx, \cos nx)}\,dx =?$

与不定积分相同, 当被积分函数为有理式且分子分母只出现 $\sin x, \cos x$ 或常数时, 尝试使用半角代换法

解题流程:

Step1.

令 $t = \tan\dfrac{nx}{2}$ 则 $x = \dfrac{2\tan^{-1} t}{n} \Rightarrow dx = \dfrac{2}{n(1+t^2)}\,dt$

$\because t = \tan\dfrac{nx}{2} \quad \therefore \sin\dfrac{nx}{2} = \dfrac{t}{\sqrt{1+t^2}}$ 且 $\cos\dfrac{nx}{2} = \dfrac{1}{\sqrt{1+t^2}}$

Step2.

藉由两倍角公式 $\sin nx = 2\sin\dfrac{nx}{2}\cos\dfrac{nx}{2} = 2\cdot\dfrac{t}{\sqrt{1+t^2}}\cdot\dfrac{1}{\sqrt{1+t^2}} = \dfrac{2t}{1+t^2}$

且 $\cos nx = \cos^2\dfrac{nx}{2} - \sin^2\dfrac{nx}{2} = \dfrac{1}{1+t^2} - \dfrac{t^2}{1+t^2} = \dfrac{1-t^2}{1+t^2}$

Step3.

$$\therefore \int_a^b \frac{f(\sin nx,\cos nx)}{g(\sin nx,\cos nx)}\,dx = \int_{\tan\frac{na}{2}}^{\tan\frac{nb}{2}} \frac{f\left(\dfrac{2t}{1+t^2},\dfrac{1-t^2}{1+t^2}\right)}{g\left(\dfrac{2t}{1+t^2},\dfrac{1-t^2}{1+t^2}\right)} \cdot \frac{2}{n(1+t^2)}\,dt$$

<u>范例说明:</u>

(I) 当 $f(x,y)=1,\ g(x,y)=\alpha x + \beta y + \gamma,\ n=1$

$$\int_a^b \frac{1}{\alpha\sin x + \beta\cos x + \gamma}\,dx = \int_{\tan\frac{a}{2}}^{\tan\frac{b}{2}} \frac{f\left(\dfrac{2t}{1+t^2},\dfrac{1-t^2}{1+t^2}\right)}{g\left(\dfrac{2t}{1+t^2},\dfrac{1-t^2}{1+t^2}\right)} \cdot \frac{2dt}{(1+t^2)}$$

$$= \int_{\tan\frac{a}{2}}^{\tan\frac{b}{2}} \frac{1}{\dfrac{2\alpha t + \beta(1-t^2) + \gamma(1+t^2)}{1+t^2}} \cdot \frac{2dt}{(1+t^2)} = \int_{\tan\frac{a}{2}}^{\tan\frac{b}{2}} \frac{2dt}{t^2(\gamma-\beta) + 2\alpha t + \beta + \gamma}$$

(II) 当 $f(x,y)=\dfrac{1}{y},\ g(x,y)=\dfrac{2x}{y}+\dfrac{1}{y}-1,\ n=1$

$$\int_a^b \frac{\sec x}{2\tan x + \sec x - 1}\,dx = \int_{\tan\frac{a}{2}}^{\tan\frac{b}{2}} \frac{f\left(\dfrac{2t}{1+t^2},\dfrac{1-t^2}{1+t^2}\right)}{g\left(\dfrac{2t}{1+t^2},\dfrac{1-t^2}{1+t^2}\right)} \cdot \frac{2dt}{(1+t^2)}$$

$$= \int_{\tan\frac{a}{2}}^{\tan\frac{b}{2}} \frac{\dfrac{1+t^2}{1-t^2}}{\dfrac{4t + 1 + t^2 - 1 + t^2}{1-t^2}} \cdot \frac{2}{(1+t^2)}\,dt = \int_{\tan\frac{a}{2}}^{\tan\frac{b}{2}} \frac{1}{t(2+t)}\,dt$$

<u>补充说明:</u>

相当于藉由半角代换法转换成求有理式积分的问题:

$$\int_a^b \frac{f(\sin nx,\cos nx)}{g(\sin nx,\cos nx)}\,dx =? \overset{\text{半角代换法}}{\Longleftrightarrow} \int_{\tan\frac{na}{2}}^{\tan\frac{nb}{2}} \frac{P(t)}{Q(t)}\,dt$$

Example 1.

$$\text{求} \int_a^b \frac{dx}{\sin x + \cos x} = ?, \quad \forall\, 0 < a, b < \frac{\pi}{4}$$

【解】

令 $t = \tan\dfrac{x}{2}$ 則 $dx = \dfrac{2}{1+t^2}dt$, $\quad \sin x = \dfrac{2t}{1+t^2}$ 且 $\cos x = \dfrac{1-t^2}{1+t^2}$,

藉由變數代換法

$$\therefore \int \frac{dx}{\sin x + \cos x} = \int \frac{1}{\left(\dfrac{2t}{1+t^2} + \dfrac{1-t^2}{1+t^2}\right)} \cdot \frac{2}{1+t^2}dt = \int \frac{2dt}{2t + (1-t^2)}$$

$$= \int \frac{2dt}{(\sqrt{2})^2 - (t-1)^2} = 2\int \frac{1}{\sqrt{2}+(t-1)} \cdot \frac{1}{\sqrt{2}-(t-1)}dt$$

$$= \frac{2}{2\sqrt{2}} \int \frac{1}{\sqrt{2}+(t-1)} + \frac{1}{\sqrt{2}-(t-1)}dt = \frac{1}{\sqrt{2}}\ln\left|\frac{\sqrt{2}+(t-1)}{\sqrt{2}-(t-1)}\right| + c$$

$$= \frac{1}{\sqrt{2}}\ln\left|\frac{\sqrt{2}+(\tan\frac{x}{2} - 1)}{\sqrt{2}-(\tan\frac{x}{2} - 1)}\right| + c$$

令 $0 < a, b < \dfrac{\pi}{4}$ 則 $\displaystyle\int_a^b \frac{dx}{\sin x + \cos x} = \frac{1}{\sqrt{2}}\left(\ln\frac{\sqrt{2}+(\tan\frac{b}{2} - 1)}{\sqrt{2}-(\tan\frac{b}{2} - 1)} - \ln\frac{\sqrt{2}+(\tan\frac{a}{2} - 1)}{\sqrt{2}-(\tan\frac{a}{2} - 1)}\right)$

Example 2.

$$\text{求} \int_a^b \frac{dx}{1 + \sin x - \cos x} = ?, \quad \forall\, 0 < a, b < \pi$$

【解】

令 $t = \tan\dfrac{x}{2}$ 則 $dx = \dfrac{2}{1+t^2}dt$, $\quad \sin x = \dfrac{2t}{1+t^2}$ 且 $\cos x = \dfrac{1-t^2}{1+t^2}$

藉由變數代換法

$$\int \frac{dx}{1 + \sin x - \cos x} = \int \frac{2dt}{\left(1 + \dfrac{2t}{1+t^2} - \dfrac{1-t^2}{1+t^2}\right)(1+t^2)} = \int \frac{2dt}{1+t^2 + 2t - 1 + t^2}$$

$$= \int \frac{2dt}{2t^2 + 2t} = \int \frac{dt}{t(t+1)} = \ln\left|\frac{t}{t+1}\right| + c = \ln\left|\frac{\tan\frac{x}{2}}{1 + \tan\frac{x}{2}}\right| + c$$

令 $0 < a, b < \pi$ 則 $\displaystyle\int_a^b \frac{dx}{1 + \sin x - \cos x} = \ln\frac{\tan\frac{b}{2}}{1 + \tan\frac{b}{2}} - \ln\frac{\tan\frac{a}{2}}{1 + \tan\frac{a}{2}}$

Example 3.

$$求 \int_a^b \frac{dx}{3 + \cos x} = ?, \quad \forall a, b \in R$$

【解】

令 $t = \tan\dfrac{x}{2}$ 則 $dx = \dfrac{2}{1 + t^2}dt$ 且 $\cos x = \dfrac{1 - t^2}{1 + t^2}$，藉由变数代换法

$$\int \frac{dx}{3 + \cos x} = \int \frac{1}{3 + \dfrac{1 - t^2}{1 + t^2}} \cdot \frac{2}{1 + t^2} dt = \int \frac{2dt}{3(1 + t^2) + 1 - t^2} = \int \frac{2dt}{2t^2 + 4}$$

$$= \int \frac{dt}{t^2 + 2} = \frac{1}{2}\int \frac{dt}{\left(\dfrac{t}{\sqrt{2}}\right)^2 + 1} = \frac{\sqrt{2}}{2}\tan^{-1}\frac{t}{\sqrt{2}} + c = \frac{\sqrt{2}}{2}\tan^{-1}\left(\frac{\tan\frac{x}{2}}{\sqrt{2}}\right) + c$$

令 $a, b \in R$ 則 $\displaystyle\int_a^b \frac{dx}{3 + \cos x} = \frac{\sqrt{2}}{2}\left(\tan^{-1}\frac{\tan\frac{b}{2}}{\sqrt{2}} - \tan^{-1}\frac{\tan\frac{a}{2}}{\sqrt{2}}\right)$

Example 4.

$$求 \int_a^b \frac{x + \sin x}{1 + \cos x} dx = ?, \quad \forall -\pi \le a, b \le \pi$$

【解】

$$\because \int \frac{x + \sin x}{1 + \cos x} dx = \int \frac{x}{1 + \cos x} dx + \int \frac{\sin x}{1 + \cos x} dx$$

$$\because \int \frac{x}{1 + \cos x} dx = \int \frac{x\,dx}{2\cos^2\frac{x}{2}} = \int \frac{x}{2}\sec^2\frac{x}{2} dx$$

令 $u = x$, $dv = \sec^2 \dfrac{x}{2} dx$ 則 $du = dx$, $v = 2\tan\dfrac{x}{2}$, 藉由分部積分法

$$\therefore \int \frac{x}{1 + \cos x} dx = \int \frac{x}{2}\sec^2\frac{x}{2} dx = \frac{1}{2}\left(2x\tan\frac{x}{2} - \int 2\tan\frac{x}{2} dx\right)$$

$$\therefore \int \frac{\sin x}{1 + \cos x} dx = \int \frac{2\sin\frac{x}{2}\cos\frac{x}{2} dx}{2\cos^2\frac{x}{2}} = \int \frac{\sin\frac{x}{2} dx}{\cos\frac{x}{2}} = \int \tan\frac{x}{2} dx + c$$

$$\therefore \int \frac{x + \sin x}{1 + \cos x} dx = x\tan\frac{x}{2} + c, \quad 令 -\pi \le a, b \le \pi \ 則 \int_a^b \frac{x + \sin x}{1 + \cos x} dx = b\tan\frac{b}{2} - a\tan\frac{a}{2}$$

Example 5.

$$求 \int_a^b \frac{dx}{2 - \sin x + \cos x} = ?, \quad \forall a, b \in R$$

【解】

令 $t = \tan\dfrac{x}{2}$ 則 $dx = \dfrac{2}{1 + t^2} dt$, $\sin x = \dfrac{2t}{1 + t^2}$ 且 $\cos x = \dfrac{1 - t^2}{1 + t^2}$

藉由變數代換法

$$\therefore \int \frac{dx}{2 - \sin x + \cos x} = \int \frac{1}{\left(2 - \dfrac{2t}{1 + t^2} + \dfrac{1 - t^2}{1 + t^2}\right)} \cdot \frac{2}{1 + t^2} dt = \int \frac{2dt}{2 + 2t^2 - 2t + 1 - t^2}$$

$$= \int \frac{2dt}{t^2 - 2t + 3} = \int \frac{2dt}{(t - 1)^2 + (\sqrt{2})^2} = \frac{1}{2}\int \frac{2dt}{\left(\dfrac{t - 1}{\sqrt{2}}\right)^2 + 1} = \sqrt{2}\tan^{-1}\frac{t - 1}{\sqrt{2}} + c$$

$$= \sqrt{2}\tan^{-1}\frac{\tan\frac{x}{2} - 1}{\sqrt{2}} + c$$

$$令 a, b \in R \ 則 \int_a^b \frac{dx}{2 - \sin x + \cos x} = \sqrt{2}\left(\tan^{-1}\frac{\tan\frac{b}{2} - 1}{\sqrt{2}} - \tan^{-1}\frac{\tan\frac{a}{2} - 1}{\sqrt{2}}\right)$$

Example 6.

$$求 \int_a^b \frac{dx}{3 + 2\cos x + \sin x} = ?, \quad \forall a, b \in R$$

【解】

令 $t = \tan\dfrac{x}{2}$ 则 $dx = \dfrac{2}{1+t^2}dt$, $\sin x = \dfrac{2t}{1+t^2}$ 且 $\cos x = \dfrac{1-t^2}{1+t^2}$

藉由变数代换法

$$\therefore \int \frac{dx}{3 + 2\cos x + \sin x} = \int \frac{1}{3 + 2\left(\dfrac{1-t^2}{1+t^2}\right) + \dfrac{2t}{1+t^2}} \cdot \frac{2}{1+t^2}dt$$

$$= \int \frac{2dt}{3(1+t^2) + 2(1-t^2) + 2t} = \int \frac{2dt}{t^2 + 2t + 5} = \int \frac{2dt}{(t+1)^2 + 4}$$

$$= \frac{1}{2}\int \frac{dt}{\left(\dfrac{t+1}{2}\right)^2 + 1} = \tan^{-1}\frac{t+1}{2} + c = \tan^{-1}\frac{\tan\dfrac{x}{2} + 1}{2} + c$$

令 $a, b \in R$ 则 $\displaystyle\int_a^b \frac{dx}{3 + 2\cos x + \sin x} = \tan^{-1}\frac{\tan\dfrac{b}{2} + 1}{2} - \tan^{-1}\frac{\tan\dfrac{a}{2} + 1}{2}$

Example 7.

$$求 \int_a^b \frac{dx}{5 + \cos 2x} = ?, \quad \forall a, b \in R$$

【解】

令 $t = \tan x$ 则 $dx = \dfrac{1}{1+t^2}dt$ 且 $\cos 2x = \dfrac{1-t^2}{1+t^2}$，藉由变数代换法

$$\int \frac{dx}{5 + \cos 2x} = \int \frac{1}{5 + \dfrac{1-t^2}{1+t^2}} \cdot \frac{1}{1+t^2}dt = \int \frac{dt}{5(1+t^2) + 1 - t^2} = \int \frac{dt}{4t^2 + 6}$$

$$= \frac{1}{6}\int \frac{dt}{\left(\sqrt{\dfrac{2}{3}}\,t\right)^2 + 1} = \frac{\sqrt{3}}{6\sqrt{2}}\tan^{-1}\left(\sqrt{\dfrac{2}{3}}\,t\right) + c = \frac{\sqrt{3}}{6\sqrt{2}}\tan^{-1}\left(\sqrt{\dfrac{2}{3}}\tan x\right) + c$$

令 $a, b \in R$ 则 $\displaystyle\int_a^b \frac{dx}{5 + \cos 2x} = \frac{\sqrt{3}}{6\sqrt{2}}\left(\tan^{-1}\left(\sqrt{\dfrac{2}{3}}\tan b\right) - \tan^{-1}\left(\sqrt{\dfrac{2}{3}}\tan a\right)\right)$

Example 8.

$$求 \int_a^b \frac{dx}{\cos^4 x + \sin^4 x} = ?, \quad \forall a, b \in R$$

【解】

$$\because \cos^4 x + \sin^4 x = (\cos^2 x + \sin^2 x)^2 - 2\sin^2 x \cos^2 x$$

$$= 1 - 2\sin^2 x \cos^2 x = 1 - 2\left(\frac{\sin 2x}{2}\right)^2 = 1 - \frac{1 - \cos^2 2x}{2} = \frac{1}{2} + \frac{1}{2}\left(\frac{1 + \cos 4x}{2}\right)$$

$$\therefore \int \frac{dx}{\cos^4 x + \sin^4 x} = \int \frac{dx}{\frac{1}{2} + \frac{1}{4}(1 + \cos 4x)}$$

令 $t = \tan 2x$ 则 $dx = \dfrac{1}{2(1 + t^2)} dt$ 且 $\cos 4x = \dfrac{1 - t^2}{1 + t^2}$，藉由变数代换法

$$\therefore \int \frac{dx}{\frac{1}{2} + \frac{1}{4}(1 + \cos 4x)} = \int \frac{\frac{1}{2(1 + t^2)} dt}{\frac{1}{2} + \frac{1}{4}\left(1 + \frac{1 - t^2}{1 + t^2}\right)} = \int \frac{2dt}{3(1 + t^2) + 1 - t^2}$$

$$= \int \frac{dt}{t^2 + 2} = \frac{1}{2} \int \frac{dt}{\left(\frac{t}{\sqrt{2}}\right)^2 + 1} = \frac{\sqrt{2}}{2} \tan^{-1} \frac{t}{\sqrt{2}} + c = \frac{\sqrt{2}}{2} \tan^{-1} \frac{\tan 2x}{\sqrt{2}} + c$$

令 $a, b \in R$ 则 $\displaystyle \int_a^b \frac{dx}{\cos^4 x + \sin^4 x} = \frac{\sqrt{2}}{2}\left(\tan^{-1} \frac{\tan 2b}{\sqrt{2}} - \tan^{-1} \frac{\tan 2a}{\sqrt{2}}\right)$

5.3.2　求黎曼和

取 $P_n = \left\{ x_i : x_i = \dfrac{k}{n}, \forall\, 0 \le k \le n \right\}$ 使得 $\Delta x_i = \dfrac{1}{n}$

将 $\displaystyle \lim_{n \to \infty} \frac{1}{n} \sum_{k=1}^{n} a_{n,k} = ?$ 的问题转换成找函数 $f(x)$ 使得 $f\left(\dfrac{k}{n}\right) = a_{n,k}$, $\forall 1 \le k \le n$

如果找到的 $f(x)$ 于 $[0,1]$ 区间可黎曼积分则 $\displaystyle \lim_{\|P\| \to 0} R(P, f, \xi) = \int_0^1 f(x)dx$

$$\therefore \lim_{n\to\infty} \frac{1}{n}\sum_{k=1}^{n} a_{n,k} = \lim_{n\to\infty} \frac{1}{n}\sum_{k=1}^{n} f\left(\frac{k}{n}\right) = \int_0^1 f(x)dx, \ \text{接著求} \int_a^b f(x)dx =?$$

当无法直接求此定积分时需藉由变量代换法、分部积分法与半角代换法…等方法求之；若此定积分为有理式的定积分则将被积分函数拆解为数个较易求得定积分值的函数；若此定积分为无理式的定积分则藉由三角函数结合变量代换法解题

考试类型:

Type 1.

$$\text{求} \lim_{n\to\infty} \frac{1}{n}\sum_{k=1}^{n} a_{n,k} =?$$

解题流程:

Step1.

$$\text{取} \ P_n = \left\{x_i : x_i = \frac{k}{n}, \forall\, 0 \le k \le n\right\} \text{使得} \ \Delta x_i = \frac{1}{n}$$

$$\text{找于}[0,1]\text{可黎曼积分}f(x)\text{使得} f\left(\frac{k}{n}\right) = a_{n,k} \ \text{则} \ \lim_{n\to\infty} \frac{1}{n}\sum_{k=1}^{n} a_{n,k} = \lim_{n\to\infty} \frac{1}{n}\sum_{k=1}^{n} f\left(\frac{k}{n}\right)$$

Step2.

$$\because f(x)\text{于}[0,1]\text{区间可黎曼积分} \quad \therefore \lim_{\|P\|\to 0} R(P,f,\xi) = \int_0^1 f(x)dx$$

$$\Rightarrow \lim_{n\to\infty} \frac{1}{n}\sum_{k=1}^{n} a_{n,k} = \lim_{n\to\infty} \frac{1}{n}\sum_{k=1}^{n} f\left(\frac{k}{n}\right) = \int_0^1 f(x)dx, \ \text{求} \int_0^1 f(x)dx =?$$

<u>范例说明:</u>

$$(\mathrm{I}) \text{求} \lim_{n\to\infty} \frac{1}{n}\sum_{k=1}^{n} \frac{1}{2+\dfrac{k}{n}} =?$$

$$\text{令} f(x) = \frac{1}{2+x} \ \text{取} \ P_n = \left\{x_i : x_i = \frac{i}{n}, \forall\, 0 \le i \le n\right\} \text{使得} \Delta x = \frac{1}{n}$$

(II) 求 $\displaystyle\lim_{n\to\infty}\frac{1}{n}\sum_{k=1}^{n}\left(\frac{k}{n}\right)^{p} = ?$

令 $f(x) = x^p$ 取 $P_n = \left\{x_i : x_i = \dfrac{i}{n}, \forall\, 0 \le i \le n\right\}$ 使得 $\Delta x = \dfrac{1}{n}$

(III) 求 $\displaystyle\lim_{n\to\infty}\frac{1}{n}\left(\sum_{k=1}^{n}\frac{1}{3+\left(\frac{k}{n}\right)^2}\right) = ?$

令 $f(x) = \dfrac{1}{3+x^2}$ 取 $P_n = \left\{x_i : x_i = \dfrac{i}{n}, \forall\, 0 \le i \le n\right\}$ 使得 $\Delta x = \dfrac{1}{n}$

Type 2.

求 $\displaystyle\lim_{n\to\infty}\sum_{k=1}^{n} a_{n,k} = ?$

解题流程：

Step1.

找 $b_{n,k}$ 使得 $a_{n,k} = \dfrac{b_{n,k}}{n}$, $\forall n \in N$, $k \le n$ 则 $\displaystyle\lim_{n\to\infty}\sum_{k=1}^{n} a_{n,k} = \lim_{n\to\infty}\frac{1}{n}\sum_{k=1}^{n} b_{n,k}$

Step2.

取 $P_n = \left\{x_i : x_i = \dfrac{k}{n}, \forall\, 0 \le k \le n\right\}$ 使得 $\Delta x_i = \dfrac{1}{n}$

找于 $[0,1]$ 可黎曼积分 $f(x)$ 使得 $f\left(\dfrac{k}{n}\right) = b_{n,k}$ 则 $\displaystyle\lim_{n\to\infty}\frac{1}{n}\sum_{k=1}^{n} b_{n,k} = \lim_{n\to\infty}\frac{1}{n}\sum_{k=1}^{n} f\left(\dfrac{k}{n}\right)$

Step3.

$\because f(x)$ 于 $[0,1]$ 区间可黎曼积分 $\quad\therefore \displaystyle\lim_{\|P\|\to 0} R(P,f,\xi) = \int_{0}^{1} f(x)\,dx$

$\Rightarrow \displaystyle\lim_{n\to\infty}\sum_{k=1}^{n} a_{n,k} = \lim_{n\to\infty}\frac{1}{n}\sum_{k=1}^{n} b_{n,k} = \lim_{n\to\infty}\frac{1}{n}\sum_{k=1}^{n} f\left(\dfrac{k}{n}\right) = \int_{0}^{1} f(x)\,dx$

Step4.

求 $\displaystyle\int_0^1 f(x)dx = ?$

<u>范例说明:</u>

(I) 求 $\displaystyle\lim_{n\to\infty} \frac{n}{3n^2+1^2} + \frac{n}{3n^2+2^2} + \cdots + \frac{n}{3n^2+n^2} = ?$

$\because \displaystyle\lim_{n\to\infty} \frac{n}{3n^2+1^2} + \frac{n}{3n^2+2^2} + \cdots + \frac{n}{3n^2+n^2} = \lim_{n\to\infty} \frac{1}{n}\left(\sum_{k=1}^{n} \frac{1}{3+\left(\frac{k}{n}\right)^2}\right)$

令 $f(x) = \dfrac{1}{3+x^2}$ 取 $P_n = \left\{x_i : x_i = \dfrac{i}{n}, \forall\, 0 \le i \le n\right\}$ 使得 $\Delta x = \dfrac{1}{n}$

(II) 求 $\displaystyle\lim_{n\to\infty} \sum_{k=1}^{n} \ln \sqrt[n]{\left(2+\frac{k}{n}\right)} = ?$

$\because \ln \sqrt[n]{\left(2+\dfrac{k}{n}\right)} = \dfrac{1}{n}\ln\left(2+\dfrac{k}{n}\right)$

令 $f(x) = \ln(2+x)$ 取 $P_n = \left\{x_i : x_i = \dfrac{i}{n}, \forall\, 0 \le i \le n\right\}$ 使得 $\Delta x = \dfrac{1}{n}$

(III) 求 $\displaystyle\lim_{n\to\infty} \frac{1}{\sqrt{n^2+1^2}} + \frac{1}{\sqrt{n^2+2^2}} + \cdots + \frac{1}{\sqrt{n^2+n^2}} = ?$

$\because \dfrac{1}{\sqrt{n^2+1^2}} + \dfrac{1}{\sqrt{n^2+2^2}} + \cdots + \dfrac{1}{\sqrt{n^2+n^2}} = \dfrac{1}{n}\left(\dfrac{1}{\sqrt{1+\left(\frac{1}{n}\right)^2}} + \dfrac{1}{\sqrt{1+\left(\frac{2}{n}\right)^2}} + \cdots + \dfrac{1}{\sqrt{1+\left(\frac{n}{n}\right)^2}}\right)$

令 $f(x) = \dfrac{1}{\sqrt{1+x^2}}$ 取 $P_n = \left\{x_i : x_i = \dfrac{i}{n} \; \forall\, 0 \le i \le n\right\}$ 使得 $\Delta x = \dfrac{1}{n}$

Type 3.

求 $\dfrac{\displaystyle\lim_{n\to\infty} \sum_{k=1}^{n} a_{n,k}}{\displaystyle\lim_{n\to\infty} \sum_{k=1}^{n} b_{n,k}} = ?$

解题流程:

Step1.

$$取\ P_n = \left\{x_i : x_i = \frac{k}{n}, \forall\, 0 \le k \le n\right\}\ 使得\ \Delta x_i = \frac{1}{n},\quad \because \frac{\lim\limits_{n\to\infty}\sum_{k=1}^{n}a_{n,k}}{\lim\limits_{n\to\infty}\sum_{k=1}^{n}b_{n,k}} = \frac{\lim\limits_{n\to\infty}\frac{1}{n}\sum_{k=1}^{n}a_{n,k}}{\lim\limits_{n\to\infty}\frac{1}{n}\sum_{k=1}^{n}b_{n,k}}$$

Step2.

$$找于[0,1]可黎曼积分f(x)使得 f\left(\frac{k}{n}\right) = a_{n,k}, 找于[0,1]可黎曼积分g(x)使得 g\left(\frac{k}{n}\right) = b_{n,k}$$

$$则\ \lim_{n\to\infty}\frac{1}{n}\sum_{k=1}^{n}a_{n,k} = \lim_{n\to\infty}\frac{1}{n}\sum_{k=1}^{n}f\left(\frac{k}{n}\right)\ \text{and}\ \lim_{n\to\infty}\frac{1}{n}\sum_{k=1}^{n}b_{n,k} = \lim_{n\to\infty}\frac{1}{n}\sum_{k=1}^{n}g\left(\frac{k}{n}\right)$$

Step3.

$$\because f(x), g(x)于[0,1]区间可黎曼积分$$

$$\therefore \lim_{\|P\|\to 0}R(P,f,\xi) = \int_0^1 f(x)dx\ \text{且}\ \lim_{\|P\|\to 0}R(P,g,\xi) = \int_0^1 g(x)dx$$

$$\therefore \lim_{n\to\infty}\frac{1}{n}\sum_{k=1}^{n}a_{n,k} = \lim_{n\to\infty}\frac{1}{n}\sum_{k=1}^{n}f\left(\frac{k}{n}\right) = \int_0^1 f(x)dx$$

$$且 \lim_{n\to\infty}\frac{1}{n}\sum_{k=1}^{n}b_{n,k} = \lim_{n\to\infty}\frac{1}{n}\sum_{k=1}^{n}g\left(\frac{k}{n}\right) = \int_0^1 g(x)dx$$

Step4.

$$求 \int_0^1 f(x)dx = ?\ \text{and}\ \int_0^1 g(x)dx = ?$$

<u>范例说明:</u>

(I)求 $\displaystyle\lim_{n\to\infty}\frac{\sum_{k=1}^{n}k^3\,\sum_{k=1}^{n}k^6}{\sum_{k=1}^{n}k^4\,\sum_{k=1}^{n}k^5} = ?$

$$\because \frac{\sum_{k=1}^{n}k^3\,\sum_{k=1}^{n}k^6}{\sum_{k=1}^{n}k^4\,\sum_{k=1}^{n}k^5} = \frac{\frac{1}{n}\left(\sum_{k=1}^{n}\left(\frac{k}{n}\right)^3\right)\frac{1}{n}\left(\sum_{k=1}^{n}\left(\frac{k}{n}\right)^6\right)}{\frac{1}{n}\left(\sum_{k=1}^{n}\left(\frac{k}{n}\right)^4\right)\frac{1}{n}\left(\sum_{k=1}^{n}\left(\frac{k}{n}\right)^5\right)}$$

$$令 f_1(x) = x^3,\ f_2(x) = x^6,\ f_3(x) = x^4,\ f_4(x) = x^5,$$

$$取\ P_n = \left\{x_i : x_i = \frac{i}{n}, \forall\, 0 \le i \le n\right\}使得 \Delta x = \frac{1}{n}$$

(II) 求 $\displaystyle\lim_{n\to\infty}\frac{\left(\sum_{k=1}^n k^\alpha\right)^{\beta+1}}{\left(\sum_{k=1}^n k^\beta\right)^{\alpha+1}}=?,\quad \forall\,\alpha,\beta>0$

$$\because \frac{\left(\sum_{k=1}^n k^\alpha\right)^{\beta+1}}{\left(\sum_{k=1}^n k^\beta\right)^{\alpha+1}}=\frac{n^{(\beta+1)(-1-\alpha)}\left(\sum_{k=1}^n k^\alpha\right)^{\beta+1}}{n^{(\alpha+1)(-1-\beta)}\left(\sum_{k=1}^n k^\beta\right)^{\alpha+1}}=\frac{\left(\frac{1}{n}\sum_{k=1}^n\left(\frac{k}{n}\right)^\alpha\right)^{\beta+1}}{\left(\frac{1}{n}\sum_{k=1}^n\left(\frac{k}{n}\right)^\beta\right)^{\alpha+1}}$$

令 $f(x)=x^\alpha$, $g(x)=x^\beta$ 取 $P_n=\left\{x_i:x_i=\dfrac{i}{n},\forall\,0\le i\le n\right\}$ 使得 $\Delta x=\dfrac{1}{n}$

Type 4.

求 $\displaystyle\lim_{n\to\infty}\sum_{k=1}^n \ln\left(a_{n,k}\right)^{\frac{1}{n}}=?$

解题流程：

Step1.

$\because \ln\left(a_{n,k}\right)^{\frac{1}{n}}=\dfrac{1}{n}\ln a_{n,k}\quad \therefore \displaystyle\lim_{n\to\infty}\sum_{k=1}^n \ln\left(a_{n,k}\right)^{\frac{1}{n}}=\lim_{n\to\infty}\frac{1}{n}\sum_{k=1}^n \ln a_{n,k}$

Step2.

取 $P_n=\left\{x_i:x_i=\dfrac{k}{n},\forall\,0\le k\le n\right\}$ 使得 $\Delta x_i=\dfrac{1}{n}$

找于 $[0,1]$ 可黎曼积分 $f(x)$ 使得 $f\left(\dfrac{k}{n}\right)=\ln a_{n,k}$ 则 $\displaystyle\lim_{n\to\infty}\frac{1}{n}\sum_{k=1}^n \ln a_{n,k}=\lim_{n\to\infty}\frac{1}{n}\sum_{k=1}^n f\left(\frac{k}{n}\right)$

Step3.

$\because f(x)$ 于 $[0,1]$ 区间可黎曼积分 $\quad\therefore \displaystyle\lim_{\|P\|\to 0}R(P,f,\xi)=\int_0^1 f(x)dx$

$\therefore \displaystyle\lim_{n\to\infty}\sum_{k=1}^n \ln\left(a_{n,k}\right)^{\frac{1}{n}}=\lim_{n\to\infty}\frac{1}{n}\sum_{k=1}^n \ln a_{n,k}=\lim_{n\to\infty}\frac{1}{n}\sum_{k=1}^n f\left(\frac{k}{n}\right)=\int_0^1 f(x)dx$

Step4.

求 $\displaystyle\int_0^1 f(x)dx=?$

<u>范例说明:</u>

(I) 求 $\displaystyle\lim_{n\to\infty}\sum_{k=1}^{n}\ln\sqrt[n]{\left(2+\dfrac{k}{n}\right)}=?$

$\because \ln\sqrt[n]{\left(2+\dfrac{k}{n}\right)}=\dfrac{1}{n}\ln\left(2+\dfrac{k}{n}\right)$

令 $f(x)=\ln(2+x)$ 取 $P_n=\left\{x_i:x_i=\dfrac{i}{n},\forall\,0\le i\le n\right\}$ 使得 $\Delta x=\dfrac{1}{n}$

Type 5.

求 $\displaystyle\lim_{n\to\infty}\left(\prod_{k=1}^{n}a_{n,k}\right)^{\frac{1}{n}}=?$

解题流程:

Step1.

$\displaystyle\because\left(\prod_{k=1}^{n}a_{n,k}\right)^{\frac{1}{n}}=\exp\left(\frac{1}{n}\ln\prod_{k=1}^{n}a_{n,k}\right)=\exp\left(\frac{1}{n}\sum_{k=1}^{n}\ln a_{n,k}\right)$

$\displaystyle\therefore\lim_{n\to\infty}\left(\prod_{k=1}^{n}a_{n,k}\right)^{\frac{1}{n}}=\exp\left(\lim_{n\to\infty}\frac{1}{n}\sum_{k=1}^{n}\ln a_{n,k}\right)$

Step2.

取 $P_n=\left\{x_i:x_i=\dfrac{k}{n},\forall\,0\le k\le n\right\}$ 使得 $\Delta x_i=\dfrac{1}{n}$

找于 $[0,1]$ 可黎曼积分 $f(x)$ 使得 $f\left(\dfrac{k}{n}\right)=\ln a_{n,k}$ 则 $\displaystyle\lim_{n\to\infty}\frac{1}{n}\sum_{k=1}^{n}\ln a_{n,k}=\lim_{n\to\infty}\frac{1}{n}\sum_{k=1}^{n}f\left(\dfrac{k}{n}\right)$

Step3.

$\because f(x)$ 于 $[0,1]$ 区间可黎曼积分　$\displaystyle\therefore\lim_{\|P\|\to 0}R(P,f,\xi)=\int_{0}^{1}f(x)dx$

$\displaystyle\therefore\lim_{n\to\infty}\left(\prod_{k=1}^{n}a_{n,k}\right)^{\frac{1}{n}}=\exp\left(\lim_{n\to\infty}\frac{1}{n}\sum_{k=1}^{n}\ln a_{n,k}\right)=\exp\left(\lim_{n\to\infty}\frac{1}{n}\sum_{k=1}^{n}f\left(\dfrac{k}{n}\right)\right)=\exp\left(\int_{0}^{1}f(x)dx\right)$

$$\Rightarrow \quad \text{求} \int_0^1 f(x)dx = ?$$

<u>范例说明:</u>

(I) 求 $\lim\limits_{n \to \infty} \left(\dfrac{(3n)!}{2n!\, n^n} \right)^{\frac{1}{n}} = ?$

$$\because \left(\frac{(3n)!}{2n!\, n^n} \right)^{\frac{1}{n}} = \left(\frac{1 \cdot 2 \cdot 3 \cdots 2n(2n+1)\cdots 3n}{1 \cdot 2 \cdot 3 \cdots 2n \cdot n^n} \right)^{\frac{1}{n}} = \left(\frac{(2n+1)\cdots(2n+n)}{n^n} \right)^{\frac{1}{n}}$$

$$= \exp\left(\frac{1}{n} \ln\left(\frac{(2n+1)\cdots(2n+n)}{n^n} \right) \right) = \exp\left(\frac{1}{n}\left(\ln\left(2 + \frac{1}{n}\right) + \ln\left(2 + \frac{2}{n}\right) + \cdots + \ln\left(2 + \frac{n}{n}\right) \right) \right)$$

令 $f(x) = \ln(2+x)$, 取 $P_n = \left\{ x_i : x_i = \dfrac{i}{n}, \forall\, 0 \le i \le n \right\}$ 使得 $\Delta x = \dfrac{1}{n}$

Example 1.

$$\text{求} \lim_{n \to \infty} \frac{1}{n^4}(1^3 + 2^3 + \cdots + n^3) = ?$$

【解】

$$\because \lim_{n \to \infty} \frac{1}{n^4}(1^3 + 2^3 + \cdots + n^3) = \lim_{n \to \infty} \frac{1}{n^4} \sum_{k=1}^{n} k^3 = \lim_{n \to \infty} \frac{1}{n} \sum_{k=1}^{n} \left(\frac{k}{n} \right)^3$$

令 $f(x) = x^3$ 取 $P_n = \left\{ x_i : x_i = \dfrac{i}{n}, \forall\, 0 \le i \le n \right\}$ 使得 $\Delta x = \dfrac{1}{n}$

$$\therefore \lim_{n \to \infty} \frac{1}{n^4}(1^3 + 2^3 + \cdots + n^3) = \lim_{n \to \infty} \frac{1}{n} \sum_{k=1}^{n} \left(\frac{k}{n} \right)^3 = \lim_{n \to \infty} \Delta x \sum_{k=1}^{n} f(x_k) = \int_0^1 f(x)dx$$

$$= \int_0^1 x^3 dx = \frac{1}{4}$$

Example 2.

$$(1)\text{求} \lim_{n \to \infty} \frac{1}{2n+1} + \frac{1}{2n+2} + \cdots + \frac{1}{2n+n} = ?$$

$$(2) 求 \lim_{n\to\infty} \frac{1}{p\cdot n+1} + \frac{1}{p\cdot n+2} + \cdots + \frac{1}{p\cdot n+n} =?, \quad \forall p > 0$$

【解】

(1)

$$\because \lim_{n\to\infty} \frac{1}{2n+1} + \frac{1}{2n+2} + \cdots + \frac{1}{2n+n} = \lim_{n\to\infty} \frac{1}{n}\sum_{k=1}^{n} \frac{1}{2+\dfrac{k}{n}}$$

$$令 f(x) = \frac{1}{2+x} \quad 取 \ P_n = \left\{x_i : x_i = \frac{i}{n}, \forall\, 0 \le i \le n\right\} 使得 \Delta x = \frac{1}{n}$$

$$\therefore \lim_{n\to\infty} \frac{1}{2n+1} + \frac{1}{2n+2} + \cdots + \frac{1}{2n+n} = \lim_{n\to\infty} \frac{1}{n}\sum_{k=1}^{n} \frac{1}{2+\dfrac{k}{n}} = \lim_{n\to\infty} \Delta x \sum_{k=1}^{n} f(x_k)$$

$$= \int_0^1 f(x)\,dx = \int_0^1 \frac{1}{2+x}\,dx = \ln(x+2)|_0^1 = \ln\frac{3}{2}$$

(2)

$$令\, p > 0$$

$$\because \lim_{n\to\infty} \frac{1}{p\cdot n+1} + \frac{1}{p\cdot n+2} + \cdots + \frac{1}{p\cdot n+n} = \lim_{n\to\infty} \frac{1}{n}\sum_{k=1}^{n} \frac{1}{p+\dfrac{k}{n}}$$

$$令 f(x) = \frac{1}{p+x} \quad 取 \ P_n = \left\{x_i : x_i = \frac{i}{n}, \forall\, 0 \le i \le n\right\} 使得 \Delta x = \frac{1}{n}$$

$$\therefore \lim_{n\to\infty} \frac{1}{p\cdot n+1} + \frac{1}{p\cdot n+2} + \cdots + \frac{1}{p\cdot n+n} = \lim_{n\to\infty} \frac{1}{n}\sum_{k=1}^{n} \frac{1}{p+\dfrac{k}{n}}$$

$$= \lim_{n\to\infty} \Delta x \sum_{k=1}^{n} f(x_k) = \int_0^1 f(x)\,dx = \int_0^1 \frac{1}{p+x}\,dx = \ln(x+p)|_0^1 = \ln\frac{p+1}{p}$$

Example 3.

$$(1) 求 \lim_{n\to\infty} \frac{1}{n^{p+1}}(1^p + 2^p + \cdots + n^p) =?, \quad \forall p > 0$$

$$(2) 求 \lim_{n\to\infty} \frac{n}{3n^2+1^2} + \frac{n}{3n^2+2^2} + \cdots + \frac{n}{3n^2+n^2} =?$$

【解】

(1)

令 $p > 0$

$$\because \lim_{n \to \infty} \frac{1^p + 2^p + \cdots + n^p}{n^{p+1}} = \lim_{n \to \infty} \frac{1}{n}\left(\left(\frac{1}{n}\right)^p + \left(\frac{2}{n}\right)^p + \cdots + \left(\frac{n}{n}\right)^p\right) = \lim_{n \to \infty} \frac{1}{n}\sum_{k=1}^{n}\left(\frac{k}{n}\right)^p$$

令 $f(x) = x^p$ 取 $P_n = \left\{x_i : x_i = \frac{i}{n}, \forall\, 0 \le i \le n\right\}$ 使得 $\Delta x = \frac{1}{n}$

$$\therefore \lim_{n \to \infty} \frac{1}{n^{p+1}}(1^p + 2^p + \cdots + n^p) = \lim_{n \to \infty} \frac{1}{n}\sum_{k=1}^{n}\left(\frac{k}{n}\right)^p = \lim_{n \to \infty} \Delta x \sum_{k=1}^{n} f(x_k)$$

$$= \int_0^1 f(x)dx = \int_0^1 x^p dx = \frac{1}{p+1}$$

(2)

$$\because \lim_{n \to \infty} \frac{n}{3n^2 + 1^2} + \frac{n}{3n^2 + 2^2} + \cdots + \frac{n}{3n^2 + n^2}$$

$$= \lim_{n \to \infty} \frac{1}{n^2}\left(\frac{n}{3 + \left(\frac{1}{n}\right)^2} + \frac{n}{3 + \left(\frac{2}{n}\right)^2} + \cdots + \frac{n}{3 + \left(\frac{n}{n}\right)^2}\right)$$

$$= \lim_{n \to \infty} \frac{1}{n}\left(\frac{1}{3 + \left(\frac{1}{n}\right)^2} + \frac{1}{3 + \left(\frac{2}{n}\right)^2} + \cdots + \frac{1}{3 + \left(\frac{n}{n}\right)^2}\right) = \lim_{n \to \infty} \frac{1}{n}\left(\sum_{k=1}^{n}\frac{1}{3 + \left(\frac{k}{n}\right)^2}\right)$$

令 $f(x) = \frac{1}{3 + x^2}$ 取 $P_n = \left\{x_i : x_i = \frac{i}{n}, \forall\, 0 \le i \le n\right\}$ 使得 $\Delta x = \frac{1}{n}$

$$\therefore \lim_{n \to \infty} \frac{n}{3n^2 + 1^2} + \frac{n}{3n^2 + 2^2} + \cdots + \frac{n}{3n^2 + n^2} = \lim_{n \to \infty} \frac{1}{n}\left(\sum_{k=1}^{n}\frac{1}{3 + \left(\frac{k}{n}\right)^2}\right) = \lim_{n \to \infty} \Delta x \sum_{k=1}^{n} f(x_k)$$

$$= \int_0^1 f(x)dx = \int_0^1 \frac{1}{3 + x^2}dx = \frac{1}{3}\int_0^1 \frac{1}{1 + \left(\frac{x}{\sqrt{3}}\right)^2}dx = \frac{1}{\sqrt{3}}\tan^{-1}\frac{x}{\sqrt{3}}\bigg|_0^1 = \frac{\pi}{6\sqrt{3}}$$

Example 4.

$$(1)\,求\,\lim_{n\to\infty}\frac{1}{n}\sum_{k=1}^{n}\sqrt{\frac{9k}{n}}=?$$

$$(2)\,求\,\lim_{n\to\infty}\sum_{k=1}^{n}\ln\sqrt[n]{\left(2+\frac{k}{n}\right)}=?$$

【解】

(1)

$$\because \lim_{n\to\infty}\frac{1}{n}\sum_{k=1}^{n}\sqrt{\frac{9k}{n}}=\lim_{n\to\infty}\frac{1}{n}\sum_{k=1}^{n}3\sqrt{\frac{k}{n}}$$

令 $f(x)=3\sqrt{x}$, 取 $P_n=\left\{x_i:x_i=\dfrac{i}{n},\forall\,0\le i\le n\right\}$ 使得 $\Delta x=\dfrac{1}{n}$

$$\therefore \lim_{n\to\infty}\frac{1}{n}\sum_{k=1}^{n}\sqrt{\frac{9k}{n}}=\lim_{n\to\infty}\frac{1}{n}\sum_{k=1}^{n}3\sqrt{\frac{k}{n}}=\lim_{n\to\infty}\Delta x\sum_{k=1}^{n}f(x_k)=\int_0^1 f(x)dx=3\int_0^1\sqrt{x}dx=2$$

(2)

$$\because \ln\sqrt[n]{\left(2+\frac{k}{n}\right)}=\frac{1}{n}\ln\left(2+\frac{k}{n}\right)$$

令 $f(x)=\ln(2+x)$ 取 $P_n=\left\{x_i:x_i=\dfrac{i}{n},\forall\,0\le i\le n\right\}$ 使得 $\Delta x=\dfrac{1}{n}$

$$\therefore \lim_{n\to\infty}\sum_{k=1}^{n}\ln\sqrt[n]{\left(2+\frac{k}{n}\right)}=\lim_{n\to\infty}\frac{1}{n}\sum_{k=1}^{n}\ln\left(2+\frac{k}{n}\right)=\lim_{n\to\infty}\Delta x\sum_{k=1}^{n}f(x_k)$$

$$=\int_0^1 f(x)dx=\int_0^1\ln(2+x)\,dx$$

令 $u=\ln(2+x),\ dv=dx$ 则 $du=\dfrac{dx}{2+x},\ v=x,$ by integration by parts,

$$\therefore \int_0^1\ln(2+x)\,dx=x\ln(2+x)|_0^1-\int_0^1\frac{x}{2+x}dx=\ln 3-\int_0^1\frac{2+x-2}{2+x}dx$$

$$=\ln 3-(1-2\ln(2+x)|_0^1)=\ln 3-1+2\ln\frac{3}{2}$$

$$\therefore \lim_{n\to\infty} \sum_{k=1}^{n} \ln \sqrt[n]{\left(2 + \frac{k}{n}\right)} = \ln 3 - 1 + 2\ln\frac{3}{2}$$

Example 5.

$$求\ \lim_{n\to\infty} \frac{\sum_{k=1}^{n} \dfrac{1}{(k+3n)^2(k-4n)}}{\sum_{k=1}^{n} \dfrac{1}{(k+3n)(k-4n)^2}} = ?$$

【解】

$$\because \frac{\sum_{k=1}^{n} \dfrac{1}{(k+3n)^2(k-4n)}}{\sum_{k=1}^{n} \dfrac{1}{(k+3n)(k-4n)^2}} = \frac{\dfrac{\sum_{k=1}^{n} \dfrac{1}{\left(\frac{k}{n}+3\right)^2\left(\frac{k}{n}-4\right)}}{n^3}}{\dfrac{\sum_{k=1}^{n} \dfrac{1}{\left(\frac{k}{n}+3\right)\left(\frac{k}{n}-4\right)^2}}{n^3}} = \frac{\dfrac{\sum_{k=1}^{n} \dfrac{1}{\left(\frac{k}{n}+3\right)^2\left(\frac{k}{n}-4\right)}}{n}}{\dfrac{\sum_{k=1}^{n} \dfrac{1}{\left(\frac{k}{n}+3\right)\left(\frac{k}{n}-4\right)^2}}{n}}$$

$$令\ f(x) = \frac{1}{(x+3)^2(x-4)}, \quad g(x) = \frac{1}{(x+3)(x-4)^2}$$

$$取\ P_n = \left\{ x_i : x_i = \frac{i}{n} \ \forall\ 0 \le i \le n \right\} 使得\ \Delta x = \frac{1}{n}$$

$$\therefore \lim_{n\to\infty} \frac{\sum_{k=1}^{n} \dfrac{1}{(k+3n)^2(k-4n)}}{\sum_{k=1}^{n} \dfrac{1}{(k+3n)(k-4n)^2}} = \lim_{n\to\infty} \frac{\dfrac{1}{n}\sum_{k=1}^{n} \dfrac{1}{\left(\frac{k}{n}+3\right)^2\left(\frac{k}{n}-4\right)}}{\dfrac{1}{n}\sum_{k=1}^{n} \dfrac{1}{\left(\frac{k}{n}+3\right)\left(\frac{k}{n}-4\right)^2}}$$

$$= \frac{\displaystyle\lim_{n\to\infty} \Delta x \sum_{k=1}^{n} f(x_k)}{\displaystyle\lim_{n\to\infty} \Delta x \sum_{k=1}^{n} g(x_k)} = \frac{\int_0^1 f(x)\,dx}{\int_0^1 g(x)\,dx} = \frac{\int_0^1 \dfrac{1}{(x+3)^2(x-4)}\,dx}{\int_0^1 \dfrac{1}{(x+3)(x-4)^2}\,dx}$$

$$\because \frac{1}{(x+3)^2(x-4)} = \frac{-\dfrac{1}{7}}{(x+3)^2} + \frac{-\dfrac{1}{49}}{x+3} + \frac{\dfrac{1}{49}}{x-4}$$

且 $\dfrac{1}{(x+3)(x-4)^2} = \dfrac{\frac{1}{49}}{x+3} + \dfrac{-\frac{1}{49}}{x-4} + \dfrac{\frac{1}{7}}{(x-4)^2}$

$$\therefore \dfrac{\int_0^1 \dfrac{1}{(x+3)^2(x-4)}\,dx}{\int_0^1 \dfrac{1}{(x+3)(x-4)^2}\,dx} = \dfrac{\int_0^1 \dfrac{-\frac{1}{7}}{(x+3)^2} + \dfrac{-\frac{1}{49}}{x+3} + \dfrac{\frac{1}{49}}{x-4}\,dx}{\int_0^1 \dfrac{\frac{1}{49}}{x+3} + \dfrac{-\frac{1}{49}}{x-4} + \dfrac{\frac{1}{7}}{(x-4)^2}\,dx}$$

$$\because \int_0^1 \dfrac{\frac{1}{7}}{(x-4)^2}\,dx = \dfrac{-1}{7}(x-4)^{-1}\Big|_0^1 = \dfrac{-1}{7}\left(\dfrac{-1}{3} + \dfrac{1}{4}\right)$$

$$\int_0^1 \dfrac{-\frac{1}{7}}{(x+3)^2}\,dx = \dfrac{1}{7}(x+3)^{-1}\Big|_0^1 = \dfrac{1}{7}\left(\dfrac{1}{4} - \dfrac{1}{3}\right)$$

$$\therefore \int_0^1 \dfrac{-\frac{1}{7}}{(x+3)^2} + \dfrac{-\frac{1}{49}}{x+3} + \dfrac{\frac{1}{49}}{x-4}\,dx = -\int_0^1 \dfrac{\frac{1}{49}}{x+3} + \dfrac{-\frac{1}{49}}{x-4} + \dfrac{\frac{1}{7}}{(x-4)^2}\,dx$$

$$\therefore \dfrac{\int_0^1 \dfrac{1}{(x+3)^2(x-4)}\,dx}{\int_0^1 \dfrac{1}{(x+3)(x-4)^2}\,dx} = \dfrac{\int_0^1 \dfrac{-\frac{1}{7}}{(x+3)^2} + \dfrac{-\frac{1}{49}}{x+3} + \dfrac{\frac{1}{49}}{x-4}\,dx}{\int_0^1 \dfrac{\frac{1}{49}}{x+3} + \dfrac{-\frac{1}{49}}{x-4} + \dfrac{\frac{1}{7}}{(x-4)^2}\,dx} = -1$$

Example 6.

$$(1)\,求\ \lim_{n\to\infty} \dfrac{1}{n^{p+1}} \sum_{k=1}^{n} k^p =?,\ \ \forall\, p > -1$$

$$(2)\,求\ \lim_{n\to\infty} \dfrac{1}{n^{10}} \sum_{k=1}^{n} k^8(k^2 - (k-1)^2) =?$$

【解】

(1)

令 $p > -1$，$\because \dfrac{1}{n^{p+1}} \displaystyle\sum_{k=1}^{n} k^p = \dfrac{1}{n} \sum_{k=1}^{n} \left(\dfrac{k}{n}\right)^p$

令 $f(x) = x^p$　取 $P_n = \left\{x_i : x_i = \dfrac{i}{n}, \forall\, 0 \le i \le n\right\}$ 使得 $\Delta x = \dfrac{1}{n}$

$\therefore \displaystyle\lim_{n\to\infty} \dfrac{1}{n^{p+1}} \sum_{k=1}^{n} k^p = \lim_{n\to\infty} \dfrac{1}{n} \sum_{k=1}^{n} \left(\dfrac{k}{n}\right)^p = \lim_{n\to\infty} \Delta x \sum_{k=1}^{n} f(x_k) = \int_0^1 f(x)\,dx = \int_0^1 x^p\,dx = \dfrac{1}{p+1}$

(2)

$\because \dfrac{1}{n^{10}} \displaystyle\sum_{k=1}^{n} k^8\left(k^2 - (k-1)^2\right) = \dfrac{1}{n} \sum_{k=1}^{n} \left(\dfrac{k}{n}\right)^8 \left(\dfrac{2k-1}{n}\right)$

令 $f(x) = x^8 \cdot 2x$，$g(x) = x^8$　取 $P_n = \left\{x_i : x_i = \dfrac{i}{n}\ \forall\, 0 \le i \le n\right\}$ 使得 $\Delta x = \dfrac{1}{n}$

Claim: $\displaystyle\lim_{n\to\infty} \dfrac{1}{n} \sum_{k=1}^{n} \left(\dfrac{k}{n}\right)^8 \left(\dfrac{-1}{n}\right) = 0$

$\displaystyle\lim_{n\to\infty} \dfrac{1}{n} \sum_{k=1}^{n} \left(\dfrac{k}{n}\right)^8 \left(\dfrac{-1}{n}\right) = -\lim_{n\to\infty} \Delta x \sum_{k=1}^{n} g(x_k) \dfrac{1}{n} = -\lim_{n\to\infty} \dfrac{1}{n} \cdot \int_0^1 g(x)\,dx = 0$

$\therefore \displaystyle\lim_{n\to\infty} \dfrac{1}{n} \sum_{k=1}^{n} \left(\dfrac{k}{n}\right)^8 \left(\dfrac{2k-1}{n}\right) = \lim_{n\to\infty} \dfrac{1}{n} \sum_{k=1}^{n} \left(\dfrac{k}{n}\right)^8 \left(\dfrac{2k}{n}\right) = \lim_{n\to\infty} \Delta x \sum_{k=1}^{n} f(x_k)$

$= \displaystyle\int_0^1 f(x)\,dx = 2\int_0^1 x^9\,dx = \dfrac{1}{5}$

Example 7.

$\qquad$ 求 $\displaystyle\lim_{n\to\infty} \dfrac{1}{n}\left(\left(\dfrac{1}{n}\right)^9 + \left(\dfrac{2}{n}\right)^9 + \cdots + \left(\dfrac{n}{n}\right)^9\right) = ?$

【解】

令 $f(x) = x^9$　取 $P_n = \left\{x_i : x_i = \dfrac{i}{n}, \forall\, 0 \le i \le n\right\}$ 使得 $\Delta x = \dfrac{1}{n}$

$$\therefore \lim_{n\to\infty} \frac{1}{n}\left(\left(\frac{1}{n}\right)^9 + \left(\frac{2}{n}\right)^9 + \cdots + \left(\frac{n}{n}\right)^9\right) = \lim_{n\to\infty} \frac{1}{n}\sum_{k=1}^{n}\left(\frac{k}{n}\right)^9 = \lim_{n\to\infty}\Delta x\sum_{k=1}^{n} f(x_k) = \int_0^1 f(x)dx$$

$$= \int_0^1 x^9 dx = \frac{1}{10}$$

Example 8.

$$求 \ \lim_{n\to\infty} \frac{1}{n}\left(\sqrt{1-\cos\frac{2\pi}{n}} + \sqrt{1-\cos\frac{4\pi}{n}} + \cdots + \sqrt{1-\cos\frac{2n\pi}{n}}\right) = ?$$

【解】

$$令 f(x) = (1-\cos 2x\pi)^{\frac{1}{2}} \ 取 \ P_n = \left\{x_i : x_i = \frac{i}{n}, \forall \, 0 \le i \le n\right\} 使得 \ \Delta x = \frac{1}{n}$$

$$\therefore \lim_{n\to\infty} \frac{1}{n}\left(\sqrt{1-\cos\frac{2\pi}{n}} + \sqrt{1-\cos\frac{4\pi}{n}} + \cdots + \sqrt{1-\cos\frac{2n\pi}{n}}\right)$$

$$= \lim_{n\to\infty} \frac{1}{n}\sum_{k=1}^{n}\left(1-\cos\frac{2k\pi}{n}\right)^{\frac{1}{2}} = \lim_{n\to\infty}\Delta x\sum_{k=1}^{n} f(x_k) = \int_0^1 f(x)dx$$

$$= \int_0^1 (1-\cos 2x\pi)^{\frac{1}{2}}dx = \sqrt{2}\int_0^1 \sin(x\pi)\,dx = -\frac{\sqrt{2}}{\pi}\cos(x\pi)\Big|_0^1 = \frac{2\sqrt{2}}{\pi}$$

Example 9.

$$求 \ \lim_{n\to\infty} \sum_{k=1}^{n} \frac{\pi}{4n}\tan\frac{k\pi}{4n} = ?$$

【解】

$$令 f(x) = \frac{\pi}{4}\tan\frac{\pi x}{4} \ 取 \ P_n = \left\{x_i : x_i = \frac{i}{n}, \forall \, 0 \le i \le n\right\} 使得 \ \Delta x = \frac{1}{n}$$

$$\therefore \lim_{n\to\infty} \sum_{k=1}^{n} \frac{\pi}{4n}\tan\frac{k\pi}{4n} = \lim_{n\to\infty} \frac{1}{n}\sum_{k=1}^{n} \frac{\pi}{4}\tan\frac{k\pi}{4n} = \lim_{n\to\infty}\Delta x\sum_{k=1}^{n} f(x_k) = \int_0^1 f(x)dx$$

$$= \int_0^1 \frac{\pi}{4} \tan \frac{\pi x}{4} \, dx = -\ln \cos \frac{\pi x}{4} \Big|_0^1 = \ln \sqrt{2}$$

Example 10.

$$求 \ \lim_{n \to \infty} \frac{\pi}{n} \left(\cos \frac{\pi}{6n} + \cos \frac{2\pi}{6n} + \cdots + \cos \frac{n\pi}{6n} \right) = ?$$

【解】

$$\because \frac{\pi}{n} \left(\cos \frac{\pi}{6n} + \cos \frac{2\pi}{6n} + \cdots + \cos \frac{n\pi}{6n} \right) = \frac{\pi}{n} \sum_{k=1}^{n} \cos \frac{\pi}{6} \cdot \frac{k}{n}$$

$$令 f(x) = \pi \cos \frac{\pi x}{6} \ \ 取 \ P_n = \left\{ x_i : x_i = \frac{i}{n} \ \ \forall \, 0 \le i \le n \right\} \ 使得 \ \Delta x = \frac{1}{n}$$

$$\therefore \lim_{n \to \infty} \frac{\pi}{n} \left(\cos \frac{\pi}{6n} + \cos \frac{2\pi}{6n} + \cdots + \cos \frac{n\pi}{6n} \right) = \lim_{n \to \infty} \frac{\pi}{n} \sum_{k=1}^{n} \cos \frac{\pi}{6} \cdot \frac{k}{n}$$

$$= \lim_{n \to \infty} \Delta x \sum_{k=1}^{n} f(x_k) = \int_0^1 f(x) \, dx = \int_0^1 \pi \cos \frac{\pi x}{6} \, dx = 6 \sin \frac{\pi x}{6} \Big|_0^1 = 3$$

Example 11.

$$(1) 求 \ \lim_{n \to \infty} \frac{1}{n^{\frac{2}{3}}} \left(1 + \frac{1}{\sqrt[3]{2}} + \cdots + \frac{1}{\sqrt[3]{n}} \right) = ?$$

$$(2) 求 \ \lim_{n \to \infty} \frac{1}{n^{1 - \frac{1}{p}}} \left(1 + \frac{1}{\sqrt[p]{2}} + \cdots + \frac{1}{\sqrt[p]{n}} \right) = ?, \ \ \forall p > 1$$

【解】
(1)

$$\because \frac{1}{n^{\frac{2}{3}}} \left(1 + \frac{1}{\sqrt[3]{2}} + \cdots + \frac{1}{\sqrt[3]{n}} \right) = \frac{1}{n} \left(\frac{1}{\sqrt[3]{\frac{1}{n}}} + \frac{1}{\sqrt[3]{\frac{2}{n}}} + \cdots + \frac{1}{\sqrt[3]{\frac{n}{n}}} \right)$$

$$令 f(x) = \frac{1}{\sqrt[3]{x}} \ \ 取 \ P_n = \left\{ x_i : x_i = \frac{i}{n}, \forall \, 0 \le i \le n \right\} 使得 \ \Delta x = \frac{1}{n}$$

$$\therefore \lim_{n\to\infty} \frac{1}{n^{\frac{2}{3}}}\left(1 + \frac{1}{\sqrt[3]{2}} + \cdots + \frac{1}{\sqrt[3]{n}}\right) = \lim_{n\to\infty}\frac{1}{n}\left(\frac{1}{\sqrt[3]{\frac{1}{n}}} + \frac{1}{\sqrt[3]{\frac{2}{n}}} + \cdots + \frac{1}{\sqrt[3]{\frac{n}{n}}}\right)$$

$$= \lim_{n\to\infty}\Delta x \sum_{k=1}^{n} f(x_k) = \int_0^1 f(x)dx = \int_0^1 \frac{1}{\sqrt[3]{x}}dx = \left.\frac{3x^{\frac{2}{3}}}{2}\right|_{x=0}^{x=1} = \frac{3}{2}$$

(2)

$$\diamondsuit\, p > 1, \quad \because \frac{1}{n^{1-\frac{1}{p}}}\left(1 + \frac{1}{\sqrt[p]{2}} + \cdots + \frac{1}{\sqrt[p]{n}}\right) = \frac{1}{n}\left(\frac{1}{\sqrt[p]{\frac{1}{n}}} + \frac{1}{\sqrt[p]{\frac{2}{n}}} + \cdots + \frac{1}{\sqrt[p]{\frac{n}{n}}}\right)$$

令 $f(x) = x^{-\frac{1}{p}}$ 取 $P_n = \left\{x_i : x_i = \frac{i}{n}, \forall\, 0 \le i \le n\right\}$ 使得 $\Delta x = \frac{1}{n}$

$$\therefore \lim_{n\to\infty}\frac{1}{n^{1-\frac{1}{p}}}\left(1 + \frac{1}{\sqrt[p]{2}} + \cdots + \frac{1}{\sqrt[p]{n}}\right) = \lim_{n\to\infty}\frac{1}{n}\left(\frac{1}{\sqrt[p]{\frac{1}{n}}} + \frac{1}{\sqrt[p]{\frac{2}{n}}} + \cdots + \frac{1}{\sqrt[p]{\frac{n}{n}}}\right)$$

$$= \lim_{n\to\infty}\Delta x \sum_{k=1}^{n} f(x_k) = \int_0^1 f(x)dx = \int_0^1 x^{-\frac{1}{p}}dx = \left.\frac{p}{p-1}x^{\frac{p-1}{p}}\right|_0^1 = \frac{p}{p-1}$$

Example 12.

$$\text{求} \lim_{n\to\infty}\frac{1}{n^7}\sum_{k=1}^{n} k^5(k^2 - (k-1)^2) = ?$$

【解】

$$\because \frac{1}{n^7}\sum_{k=1}^{n} k^5(k^2 - (k-1)^2) = \frac{1}{n^7}\sum_{k=1}^{n} k^5(2k-1) = \frac{2}{n}\sum_{k=1}^{n}\left(\frac{k}{n}\right)^6 - \frac{1}{n}\sum_{k=1}^{n}\left(\frac{k}{n}\right)^5 \cdot \frac{1}{n}$$

令 $f_1(x) = 2x^6$, $f_2(x) = x^5$ 取 $P_n = \left\{x_i : x_i = \frac{i}{n}, \forall\, 0 \le i \le n\right\}$ 使得 $\Delta x = \frac{1}{n}$

$$\therefore \lim_{n\to\infty} \frac{1}{n^7} \sum_{k=1}^{n} k^5(k^2-(k-1)^2) = \lim_{n\to\infty} \frac{2}{n} \sum_{k=1}^{n} \left(\frac{k}{n}\right)^6 - \frac{1}{n}\sum_{k=1}^{n}\left(\frac{k}{n}\right)^5 \cdot \frac{1}{n}$$

$$\because \lim_{n\to\infty} \frac{1}{n} \sum_{k=1}^{n} \left(\frac{k}{n}\right)^5 \cdot \frac{1}{n} = \lim_{n\to\infty}\frac{1}{n}\left(\Delta x \sum_{k=1}^{n} f(x_k)\right) = \lim_{n\to\infty}\frac{1}{n}\left(\int_0^1 f_2(x)dx\right) = 0$$

$$\therefore \lim_{n\to\infty} \frac{1}{n^7} \sum_{k=1}^{n} k^5(k^2-(k-1)^2) = \int_0^1 f_1(x)dx = 2\int_0^1 x^6 dx = \frac{2}{7}$$

Example 13.

$$求 \ \lim_{n\to\infty} \frac{1}{n}\left(\tan\frac{1}{n} + \tan\frac{2}{n} + \cdots + \tan\frac{n}{n}\right) = ?$$

【解】

$$令 f(x) = \tan x \ \ 取 \ P_n = \left\{x_i : x_i = \frac{i}{n}, \forall\, 0 \le i \le n\right\} 使得 \Delta x = \frac{1}{n}$$

$$\therefore \lim_{n\to\infty} \frac{1}{n}\left(\tan\frac{1}{n} + \tan\frac{2}{n} + \cdots + \tan\frac{n}{n}\right) = \lim_{n\to\infty}\frac{1}{n}\sum_{k=1}^{n}\tan\frac{k}{n} = \lim_{n\to\infty}\Delta x \sum_{k=1}^{n} f(x_k)$$

$$= \int_0^1 f(x)dx = \int_0^1 \tan x\, dx$$

$$\because \int \tan x\, dx = \int \frac{\sin x}{\cos x}dx, \ \ 令 u = \cos x \ 则 \ du = -\sin x\, dx, \ \ 藉由变换代换法$$

$$\therefore \int \tan x\, dx = \int \frac{\sin x}{\cos x}dx = -\int \frac{du}{u} = -\ln|u| + c = -\ln|\cos x| + c$$

$$\therefore \lim_{n\to\infty}\frac{1}{n}\left(\tan\frac{1}{n} + \tan\frac{2}{n} + \cdots + \tan\frac{n}{n}\right) = \int_0^1 \tan x\, dx = -\ln\cos 1$$

Example 14.

$$求 \ \lim_{n\to\infty} \frac{1}{\sqrt{n^2+1^2}} + \frac{1}{\sqrt{n^2+2^2}} + \cdots + \frac{1}{\sqrt{n^2+n^2}} = ?$$

【解】

$$\because \frac{1}{\sqrt{n^2+1^2}} + \frac{1}{\sqrt{n^2+2^2}} + \cdots + \frac{1}{\sqrt{n^2+n^2}}$$

$$= \frac{1}{n}\left(\frac{1}{\sqrt{1+\left(\frac{1}{n}\right)^2}} + \frac{1}{\sqrt{1+\left(\frac{2}{n}\right)^2}} + \cdots + \frac{1}{\sqrt{1+\left(\frac{n}{n}\right)^2}}\right)$$

令 $f(x) = \dfrac{1}{\sqrt{1+x^2}}$ 取 $P_n = \left\{x_i : x_i = \dfrac{i}{n} \ \forall\, 0 \leq i \leq n\right\}$ 使得 $\Delta x = \dfrac{1}{n}$

$$\therefore \lim_{n\to\infty} \frac{1}{\sqrt{n^2+1^2}} + \frac{1}{\sqrt{n^2+2^2}} + \cdots + \frac{1}{\sqrt{n^2+n^2}}$$

$$= \lim_{n\to\infty} \frac{1}{n}\left(\frac{1}{\sqrt{1+\left(\frac{1}{n}\right)^2}} + \frac{1}{\sqrt{1+\left(\frac{2}{n}\right)^2}} + \cdots + \frac{1}{\sqrt{1+\left(\frac{n}{n}\right)^2}}\right)$$

$$= \lim_{n\to\infty} \Delta x \sum_{k=1}^{n} f(x_k) = \int_0^1 f(x)\,dx = \int_0^1 \frac{1}{\sqrt{1+x^2}}\,dx$$

令 $x = \tan\theta$ 则 $dx = \sec^2\theta\,d\theta$，藉由变数代换法

$$\therefore \int_0^1 \frac{1}{\sqrt{1+x^2}}\,dx = \int_0^{\frac{\pi}{4}} \frac{\sec^2\theta\,d\theta}{\sqrt{1+\tan^2\theta}} = \int_0^{\frac{\pi}{4}} \sec\theta\,d\theta = \ln(\sec\theta + \tan\theta)\big|_0^{\frac{\pi}{4}} = \ln(1+\sqrt{2})$$

Example 15.

$$\text{求}\ \lim_{n\to\infty} \frac{1}{n}\big((2n+1)(2n+2)\cdots(2n+n)\big)^{\frac{1}{n}} = ?$$

【解】

$$\because \frac{1}{n}\big((2n+1)(2n+2)\cdots(2n+n)\big)^{\frac{1}{n}} = \left(\frac{(2n+1)(2n+2)\cdots(2n+n)}{n^n}\right)^{\frac{1}{n}}$$

$$= \exp\left(\frac{1}{n}\ln\left(\frac{(2n+1)(2n+2)\cdots(2n+n)}{n^n}\right)\right)$$

$$= \exp\left(\frac{1}{n}\left(\ln\left(2+\frac{1}{n}\right) + \ln\left(2+\frac{2}{n}\right) + \cdots + \ln\left(2+\frac{n}{n}\right)\right)\right)$$

令 $f(x) = \ln(2+x)$ 取 $P_n = \left\{x_i : x_i = \dfrac{i}{n}, \forall\, 0 \leq i \leq n\right\}$ 使得 $\Delta x = \dfrac{1}{n}$

$$\therefore \lim_{n\to\infty} \frac{1}{n}\big((2n+1)(2n+2)\cdots(2n+n)\big)^{\frac{1}{n}}$$

$$= \lim_{n \to \infty} \exp\left(\frac{1}{n}\left(\ln\left(2 + \frac{1}{n}\right) + \ln\left(2 + \frac{2}{n}\right) + \cdots + \ln\left(2 + \frac{n}{n}\right)\right)\right)$$

$$= \exp\left(\lim_{n \to \infty} \Delta x \sum_{k=1}^{n} f(x_k)\right) = \exp\left(\int_0^1 f(x)dx\right) = \exp\left(\int_0^1 \ln(2 + x)\, dx\right)$$

令 $u = \ln(2 + x),\ dv = dx$ 则 $du = \dfrac{dx}{2 + x},\ v = x,$ 藉由分部积分法

$$\int_0^1 \ln(2 + x)\, dx = x\ln(2 + x)\big|_0^1 - \int_0^1 \frac{x}{2 + x}\, dx = \ln 3 - \int_0^1 \frac{2 + x - 2}{2 + x}\, dx$$

$$= \ln 3 - 1 + 2\int_0^1 \frac{1}{2 + x}\, dx = \ln 3 - 1 + 2\ln(2 + x)\big|_0^1 = \ln 3 - 1 + 2\ln\frac{3}{2}$$

$$\therefore \lim_{n \to \infty} \frac{1}{n}((2n + 1)(2n + 2) \cdots (2n + n))^{\frac{1}{n}} = \exp\left(\ln 3 - 1 + 2\ln\frac{3}{2}\right)$$

Example 16.

$$求 \lim_{n \to \infty} \frac{1}{n}\left(\sqrt{1 + \cos\frac{\pi}{n}} + \sqrt{1 + \cos\frac{2\pi}{n}} + \cdots + \sqrt{1 + \cos\frac{n\pi}{n}}\right) = ?$$

【解】

令 $f(x) = (1 + \cos x\pi)^{\frac{1}{2}}$ 取 $P_n = \left\{x_i : x_i = \dfrac{i}{n}, \forall\, 0 \le i \le n\right\}$ 使得 $\Delta x = \dfrac{1}{n}$

$$\therefore \lim_{n \to \infty} \frac{1}{n}\left(\sqrt{1 + \cos\frac{\pi}{n}} + \sqrt{1 + \cos\frac{2\pi}{n}} + \cdots + \sqrt{1 + \cos\frac{n\pi}{n}}\right)$$

$$= \lim_{n \to \infty} \frac{1}{n}\sum_{k=1}^{n}\left(1 + \cos\frac{k\pi}{n}\right)^{\frac{1}{2}} = \lim_{n \to \infty} \Delta x \sum_{k=1}^{n} f(x_k) = \int_0^1 f(x)dx = \int_0^1 (1 + \cos x\pi)^{\frac{1}{2}}dx$$

$$\because \cos^2\frac{x\pi}{2} = \frac{1 + \cos x\pi}{2}$$

$$\therefore \int_0^1 (1 + \cos x\pi)^{\frac{1}{2}}dx = \sqrt{2}\int_0^1 \cos\frac{x\pi}{2}\, dx = \frac{2\sqrt{2}}{\pi}\sin\frac{x\pi}{2}\bigg|_0^1 = \frac{2\sqrt{2}}{\pi}$$

Example 17.

$$\text{求}\ \lim_{n\to\infty}\sum_{k=0}^{n-1}\frac{\sqrt{n^2-k^2}}{n^2}=?$$

【解】

$$\because \sum_{k=0}^{n-1}\frac{\sqrt{n^2-k^2}}{n^2}=\frac{1}{n}\sum_{k=0}^{n-1}\sqrt{1-\frac{k^2}{n^2}}$$

令 $f(x)=(1-x^2)^{\frac{1}{2}}$ 取 $P_n=\left\{x_i:x_i=\frac{i}{n},\forall\,0\le i\le n\right\}$ 使得 $\Delta x=\frac{1}{n}$

$$\therefore \lim_{n\to\infty}\frac{1}{n}\sum_{k=0}^{n-1}\sqrt{1-\frac{k^2}{n^2}}=\lim_{n\to\infty}\Delta x\sum_{k=1}^{n}f(x_k)=\int_0^1 f(x)dx=\int_0^1(1-x^2)^{\frac{1}{2}}dx$$

令 $x=\sin\theta$ 则 $dx=\cos x\,d\theta$, 藉由变换代换法

$$\int_0^1(1-x^2)^{\frac{1}{2}}dx=\int_0^{\frac{\pi}{2}}\cos^2\theta\,d\theta=\int_0^{\frac{\pi}{2}}\frac{1+\cos 2\theta}{2}\,d\theta=\frac{\pi}{4}$$

Example 18.

$$\text{求}\ \lim_{n\to\infty}\sum_{k=1}^{2n}\frac{\pi}{n}\sin\frac{k\pi}{4n}=?$$

【解】

$$\because \sum_{k=1}^{2n}\frac{\pi}{n}\sin\frac{k\pi}{4n}=\frac{1}{2n}\sum_{k=1}^{2n}2\pi\sin\left(\frac{k}{2n}\cdot\frac{\pi}{2}\right)$$

令 $f(x)=2\pi\sin\frac{\pi x}{2}$ 取 $P_n=\left\{x_i:x_i=\frac{i}{2n},\forall\,0\le i\le 2n\right\}$ 使得 $\Delta x=\frac{1}{2n}$

$$\therefore \lim_{n\to\infty}\sum_{k=1}^{2n}\frac{\pi}{n}\sin\frac{k\pi}{4n}=\lim_{n\to\infty}\frac{1}{2n}\sum_{k=1}^{2n}2\pi\sin\left(\frac{k}{2n}\cdot\frac{\pi}{2}\right)=\lim_{n\to\infty}\Delta x\sum_{k=1}^{n}f(x_k)$$

$$=\int_0^1 f(x)dx=2\pi\int_0^1\sin\frac{\pi x}{2}dx=-4\cos\frac{\pi x}{2}\Big|_0^1=4$$

Example 19.

$$(1)求\ \lim_{n\to\infty}\left(\frac{(3n)!}{2n!\,n^n}\right)^{\frac{1}{n}}=?\qquad (2)求\ \lim_{n\to\infty}\frac{\sqrt[n]{n!}}{n}=?$$

【解】

(1)

$$\because\left(\frac{(3n)!}{2n!\,n^n}\right)^{\frac{1}{n}}=\left(\frac{1\cdot2\cdot3\cdot\cdots2n(2n+1)\cdots3n}{1\cdot2\cdot3\cdot\cdots2n\cdot n^n}\right)^{\frac{1}{n}}=\left(\frac{(2n+1)\cdots(2n+n)}{n^n}\right)^{\frac{1}{n}}$$

$$=\exp\left(\frac{1}{n}\ln\left(\frac{(2n+1)\cdots(2n+n)}{n^n}\right)\right)=\exp\left(\frac{1}{n}\left(\ln\left(2+\frac{1}{n}\right)+\ln\left(2+\frac{2}{n}\right)+\cdots+\ln\left(2+\frac{n}{n}\right)\right)\right)$$

$$令 f(x)=\ln(2+x)\,,\,取\ P_n=\left\{x_i:x_i=\frac{i}{n},\forall\,0\le i\le n\right\}使得\ \Delta x=\frac{1}{n}$$

$$\therefore\lim_{n\to\infty}\left(\frac{(3n)!}{2n!\,n^n}\right)^{\frac{1}{n}}=\lim_{n\to\infty}\exp\left(\frac{1}{n}\left(\ln\left(2+\frac{1}{n}\right)+\ln\left(2+\frac{2}{n}\right)+\cdots+\ln\left(2+\frac{n}{n}\right)\right)\right)$$

$$=\exp\left(\lim_{n\to\infty}\Delta x\sum_{k=1}^{n}f(x_k)\right)=\exp\left(\int_0^1 f(x)dx\right)=\exp\left(\int_0^1\ln(2+x)\,dx\right)$$

$$=\exp\left(\ln 3-1+2\ln\frac{3}{2}\right)$$

(2)

$$\because\frac{\sqrt[n]{n!}}{n}=\left(\frac{1\cdot2\cdot3\cdot\cdots n}{n^n}\right)^{\frac{1}{n}}=\exp\left(\frac{1}{n}\ln\frac{1}{n}\cdot\frac{2}{n}\cdots\frac{n}{n}\right)=\exp\left(\frac{1}{n}\sum_{k=1}^{n}\ln\frac{k}{n}\right)$$

$$令 f(x)=\ln x\ \ 取\ P_n=\left\{x_i:x_i=\frac{i}{n},\forall\,0\le i\le n\right\}使得\ \Delta x=\frac{1}{n}$$

$$\therefore\lim_{n\to\infty}\frac{\sqrt[n]{n!}}{n}=\lim_{n\to\infty}\exp\left(\frac{1}{n}\sum_{k=1}^{n}\ln\frac{k}{n}\right)=\exp\left(\lim_{n\to\infty}\Delta x\sum_{k=1}^{n}f(x_k)\right)$$

$$=\exp\left(\int_0^1 f(x)dx\right)=\exp\left(\int_0^1\ln x\,dx\right)=\exp(-1)$$

Example 20.

$$求 \quad \lim_{n\to\infty} \frac{\sqrt[n]{n!}}{pn} =?, \quad \forall p \in N$$

【解】

$$\because \frac{\sqrt[n]{n!}}{pn} = \left(\frac{1 \cdot 2 \cdot 3 \cdots n}{(pn)^n}\right)^{\frac{1}{n}} = \exp\left(\frac{1}{n}\ln\frac{1}{pn}\cdot\frac{2}{pn}\cdots\frac{n}{pn}\right) = \exp\left(\frac{1}{n}\sum_{k=1}^{n}\ln\frac{k}{pn}\right)$$

$$令 f(x) = \ln\frac{x}{p} \quad 取 \ P_n = \left\{x_i : x_i = \frac{i}{n}, \forall\, 0 \le i \le n\right\} 使得 \Delta x = \frac{1}{n}$$

$$\therefore \lim_{n\to\infty}\frac{\sqrt[n]{n!}}{pn} = \lim_{n\to\infty}\exp\left(\frac{1}{n}\sum_{k=1}^{n}\ln\frac{k}{pn}\right) = \exp\left(\lim_{n\to\infty}\Delta x\sum_{k=1}^{n}f(x_k)\right) = \exp\left(\int_0^1 f(x)dx\right)$$

$$= \exp\left(\int_0^1 \ln\left(\frac{x}{p}\right)dx\right)$$

$$令 u = \ln\frac{x}{p}, \quad dv = dx \text{ 则 } du = \frac{1}{x}dx, \quad v = x, \quad 藉由分部积分法$$

$$\therefore \int_0^1 \ln\frac{x}{p}dx = x\ln\frac{x}{p}\Big|_0^1 - \int_0^1 1dx = -1 - \ln p \quad \therefore \lim_{n\to\infty}\frac{\sqrt[n]{n!}}{pn} = \exp(-1 - \ln p)$$

Example 21.

$$求 \quad \lim_{n\to\infty}\frac{1}{n}\left(\tan^{-1}\frac{1}{n} + \tan^{-1}\frac{2}{n} + \cdots + \tan^{-1}\frac{n}{n}\right) =?$$

【解】

$$令 f(x) = \tan^{-1} x \quad 取 \ P_n = \left\{x_i : x_i = \frac{i}{n}, \forall\, 0 \le i \le n\right\} 使得 \Delta x = \frac{1}{n}$$

$$\therefore \lim_{n\to\infty}\frac{1}{n}\left(\tan^{-1}\frac{1}{n} + \tan^{-1}\frac{2}{n} + \cdots + \tan^{-1}\frac{n}{n}\right) = \lim_{n\to\infty}\frac{1}{n}\sum_{k=1}^{n}\tan^{-1}\frac{k}{n}$$

$$= \lim_{n\to\infty}\Delta x\sum_{k=1}^{n}f(x_k) = \int_0^1 f(x)dx = \int_0^1 \tan^{-1} x\, dx$$

$$令 u = \tan^{-1} x, \quad dv = dx \text{ 则 } du = \frac{dx}{1+x^2}, \quad v = x, \quad 藉由分部积分法$$

则 $\displaystyle\int \tan^{-1} x \; dx = x\tan^{-1} x - \int \frac{x\,dx}{1+x^2} = x\tan^{-1} x - \frac{1}{2}\ln(1+x^2) + c$

$\therefore \displaystyle\lim_{n\to\infty} \frac{1}{n}\left(\tan^{-1}\frac{1}{n} + \tan^{-1}\frac{2}{n} + \cdots + \tan^{-1}\frac{n}{n}\right) = \int_0^1 \tan^{-1} x\,dx = \tan^{-1} 1 - \frac{1}{2}\ln 2 = \frac{\pi}{4} - \frac{1}{2}\ln 2$

Example 22.

$$\text{求}\; \lim_{n\to\infty} \frac{1}{n}\left(\frac{1}{n}\ln\frac{1}{n} + \frac{2}{n}\ln\frac{2}{n} + \cdots + \frac{n}{n}\ln\frac{n}{n}\right) = ?$$

【解】

令 $f(x) = x\ln x$ 取 $P_n = \left\{x_i : x_i = \dfrac{i}{n}, \forall\, 0 \le i \le n\right\}$ 使得 $\Delta x = \dfrac{1}{n}$

$$\therefore \lim_{n\to\infty} \frac{1}{n}\left(\frac{1}{n}\ln\frac{1}{n} + \frac{2}{n}\ln\frac{2}{n} + \cdots + \frac{n}{n}\ln\frac{n}{n}\right) = \lim_{n\to\infty} \frac{1}{n}\sum_{k=1}^{n} \frac{k}{n}\ln\frac{k}{n}$$

$$= \lim_{n\to\infty} \Delta x \sum_{k=1}^{n} f(x_k) = \int_0^1 f(x)\,dx = \int_0^1 x\ln x\,dx$$

令 $u = \ln x, \; dv = x\,dx$ 则 $du = \dfrac{dx}{x}, \; v = \dfrac{x^2}{2}$, 藉由分部积分法

则 $\displaystyle\int x\ln x\,dx = \frac{x^2\ln x}{2} - \int \frac{x}{2}\,dx = \frac{x^2\ln x}{2} - \frac{x^2}{4} + c$

$\therefore \displaystyle\lim_{n\to\infty} \frac{1}{n}\left(\frac{1}{n}\ln\frac{1}{n} + \frac{2}{n}\ln\frac{2}{n} + \cdots + \frac{n}{n}\ln\frac{n}{n}\right) = \int_0^1 x\ln x\,dx = -\frac{1}{4}$

Example 23.

$$(1)\,\text{求}\; \lim_{n\to\infty} n^{-\frac{4}{3}} \sum_{k=1}^{n} \sqrt[3]{k} = ?$$

$$(2)\,\text{求}\; \lim_{n\to\infty} \frac{\sum_{k=1}^{n} k^3 \sum_{k=1}^{n} k^6}{\sum_{k=1}^{n} k^4 \sum_{k=1}^{n} k^5} = ?$$

【解】

(1)

$$\because n^{-\frac{4}{3}} \sum_{k=1}^{n} \sqrt[3]{k} = n^{-1} \sum_{k=1}^{n} \sqrt[3]{\frac{k}{n}}$$

令 $f(x) = \sqrt[3]{x}$ 取 $P_n = \left\{ x_i : x_i = \dfrac{i}{n}, \forall\, 0 \le i \le n \right\}$ 使得 $\Delta x = \dfrac{1}{n}$

$$\therefore \lim_{n \to \infty} \frac{\sum_{k=1}^{n} \sqrt[3]{k}}{n^{\frac{4}{3}}} = \lim_{n \to \infty} \frac{\sum_{k=1}^{n} \sqrt[3]{\frac{k}{n}}}{n} = \lim_{n \to \infty} \Delta x \sum_{k=1}^{n} f(x_k) = \int_0^1 f(x)\,dx = \int_0^1 \sqrt[3]{x}\,dx = \frac{3}{4}$$

(2)

$$\because \frac{\sum_{k=1}^{n} k^3 \sum_{k=1}^{n} k^6}{\sum_{k=1}^{n} k^4 \sum_{k=1}^{n} k^5} = \frac{\dfrac{1}{n}\left(\sum_{k=1}^{n} \left(\frac{k}{n}\right)^3 \right) \dfrac{1}{n}\left(\sum_{k=1}^{n} \left(\frac{k}{n}\right)^6 \right)}{\dfrac{1}{n}\left(\sum_{k=1}^{n} \left(\frac{k}{n}\right)^4 \right) \dfrac{1}{n}\left(\sum_{k=1}^{n} \left(\frac{k}{n}\right)^5 \right)}$$

令 $f_1(x) = x^3, \ f_2(x) = x^6, \ f_3(x) = x^4, \ f_4(x) = x^5,$

取 $P_n = \left\{ x_i : x_i = \dfrac{i}{n}, \forall\, 0 \le i \le n \right\}$ 使得 $\Delta x = \dfrac{1}{n}$

$$\therefore \lim_{n \to \infty} \frac{\sum_{k=1}^{n} k^3 \sum_{k=1}^{n} k^6}{\sum_{k=1}^{n} k^4 \sum_{k=1}^{n} k^5} = \lim_{n \to \infty} \frac{\dfrac{1}{n}\left(\sum_{k=1}^{n} \left(\frac{k}{n}\right)^3 \right) \dfrac{1}{n}\left(\sum_{k=1}^{n} \left(\frac{k}{n}\right)^6 \right)}{\dfrac{1}{n}\left(\sum_{k=1}^{n} \left(\frac{k}{n}\right)^4 \right) \dfrac{1}{n}\left(\sum_{k=1}^{n} \left(\frac{k}{n}\right)^5 \right)}$$

$$= \frac{\lim_{n \to \infty} \Delta x \sum_{k=1}^{n} f_1(x_k) \lim_{n \to \infty} \Delta x \sum_{k=1}^{n} f_2(x_k)}{\lim_{n \to \infty} \Delta x \sum_{k=1}^{n} f_3(x_k) \lim_{n \to \infty} \Delta x \sum_{k=1}^{n} f_4(x_k)} = \frac{\int_0^1 f_1(x)\,dx \int_0^1 f_2(x)\,dx}{\int_0^1 f_3(x)\,dx \int_0^1 f_4(x)\,dx}$$

$$= \frac{\int_0^1 x^3\,dx \int_0^1 x^6\,dx}{\int_0^1 x^4\,dx \int_0^1 x^5\,dx} = \frac{\dfrac{1}{4} \cdot \dfrac{1}{7}}{\dfrac{1}{5} \cdot \dfrac{1}{6}} = \frac{15}{14}$$

Example 24.

$$求 \ \lim_{n \to \infty} \frac{\left(\sum_{k=1}^{n} k^\alpha \right)^{\beta+1}}{\left(\sum_{k=1}^{n} k^\beta \right)^{\alpha+1}} = ?, \quad \forall\, \alpha, \beta > 0$$

【解】

$$\because \frac{\left(\sum_{k=1}^n k^\alpha\right)^{\beta+1}}{\left(\sum_{k=1}^n k^\beta\right)^{\alpha+1}} = \frac{n^{(\beta+1)(-1-\alpha)}\left(\sum_{k=1}^n k^\alpha\right)^{\beta+1}}{n^{(\alpha+1)(-1-\beta)}\left(\sum_{k=1}^n k^\beta\right)^{\alpha+1}} = \frac{\left(\frac{1}{n}\sum_{k=1}^n \left(\frac{k}{n}\right)^\alpha\right)^{\beta+1}}{\left(\frac{1}{n}\sum_{k=1}^n \left(\frac{k}{n}\right)^\beta\right)^{\alpha+1}}$$

令 $f(x) = x^\alpha$, $g(x) = x^\beta$ 取 $P_n = \left\{x_i : x_i = \dfrac{i}{n}, \forall\, 0 \le i \le n\right\}$ 使得 $\Delta x = \dfrac{1}{n}$

$$\therefore \lim_{n\to\infty} \frac{\left(\sum_{k=1}^n k^\alpha\right)^{\beta+1}}{\left(\sum_{k=1}^n k^\beta\right)^{\alpha+1}} = \lim_{n\to\infty} \frac{\left(\frac{1}{n}\sum_{k=1}^n \left(\frac{k}{n}\right)^\alpha\right)^{\beta+1}}{\left(\frac{1}{n}\sum_{k=1}^n \left(\frac{k}{n}\right)^\beta\right)^{\alpha+1}} = \frac{\left(\lim\limits_{n\to\infty}\Delta x \sum_{k=1}^n f(x_k)\right)^{\beta+1}}{\left(\lim\limits_{n\to\infty}\Delta x \sum_{k=1}^n g(x_k)\right)^{\alpha+1}}$$

$$= \frac{\left(\int_0^1 x^\alpha\, dx\right)^{\beta+1}}{\left(\int_0^1 x^\beta\, dx\right)^{\alpha+1}} = \frac{(\beta+1)^{\alpha+1}}{(\alpha+1)^{\beta+1}}$$

Example 25.

$$求 \quad \lim_{n\to\infty} \frac{\left(\frac{1}{3}+\frac{1}{3n}\right)^p + \left(\frac{1}{3}+\frac{2}{3n}\right)^p + \cdots + \left(\frac{1}{3}+\frac{n}{3n}\right)^p}{\left(\frac{1}{3n}\right)^p + \left(\frac{2}{3n}\right)^p + \cdots + \left(\frac{n}{3n}\right)^p} =?, \quad \forall\, p > -1$$

【解】

令 $p > -1$, $\because \dfrac{\left(\frac{1}{3}+\frac{1}{3n}\right)^p + \left(\frac{1}{3}+\frac{2}{3n}\right)^p + \cdots + \left(\frac{1}{3}+\frac{n}{3n}\right)^p}{\left(\frac{1}{3n}\right)^p + \left(\frac{2}{3n}\right)^p + \cdots + \left(\frac{n}{3n}\right)^p} = \dfrac{\frac{1}{n}\sum_{k=1}^n \left(\frac{1}{3}+\frac{k}{3n}\right)^p}{\frac{1}{n}\sum_{k=1}^n \left(\frac{k}{3n}\right)^p}$

令 $f_1(x) = \left(\dfrac{1}{3}+\dfrac{x}{3}\right)^p$, $f_2(x) = \left(\dfrac{x}{3}\right)^p$

取 $P_n = \left\{x_i : x_i = \dfrac{i}{n}, \forall\, 0 \le i \le n\right\}$ 使得 $\Delta x = \dfrac{1}{n}$

$$\therefore \lim_{n\to\infty} \frac{\left(\frac{1}{3}+\frac{1}{3n}\right)^p + \left(\frac{1}{3}+\frac{2}{3n}\right)^p + \cdots + \left(\frac{1}{3}+\frac{n}{3n}\right)^p}{\left(\frac{1}{3n}\right)^p + \left(\frac{2}{3n}\right)^p + \cdots + \left(\frac{n}{3n}\right)^p} = \lim_{n\to\infty} \frac{\frac{1}{n}\sum_{k=1}^n \left(\frac{1}{3}+\frac{k}{3n}\right)^p}{\frac{1}{n}\sum_{k=1}^n \left(\frac{k}{3n}\right)^p}$$

$$= \frac{\lim\limits_{n\to\infty}\Delta x \sum_{k=1}^n f_1(x_k)}{\lim\limits_{n\to\infty}\Delta x \sum_{k=1}^n f_2(x_k)} = \frac{\int_0^1 f_1(x)dx}{\int_0^1 f_2(x)dx} = \frac{\int_0^1 \left(\frac{1}{3}+\frac{x}{3}\right)^p dx}{\int_0^1 \left(\frac{x}{3}\right)^p dx} = \frac{\left(\frac{2}{3}\right)^{p+1} - \left(\frac{1}{3}\right)^{p+1}}{\left(\frac{1}{3}\right)^{p+1}}$$

Example 26.

$$求\ \lim_{n\to\infty} \frac{(\frac{1}{q}+\frac{1}{q\cdot n})^p + (\frac{1}{q}+\frac{2}{q\cdot n})^p + \cdots + (\frac{1}{q}+\frac{n}{q\cdot n})^p}{(\frac{1}{q\cdot n})^p + (\frac{2}{q\cdot n})^p + \cdots + (\frac{n}{q\cdot n})^p} =?,\ \ \forall\, p > -1, q \in N$$

【解】

令 $p > -1, q \in N$

$$\because \frac{\left(\frac{1}{q}+\frac{1}{q\cdot n}\right)^p + \left(\frac{1}{q}+\frac{2}{q\cdot n}\right)^p + \cdots + \left(\frac{1}{q}+\frac{n}{q\cdot n}\right)^p}{\left(\frac{1}{q\cdot n}\right)^p + \left(\frac{2}{q\cdot n}\right)^p + \cdots + \left(\frac{n}{q\cdot n}\right)^p} = \frac{\frac{1}{n}\sum_{k=1}^{n}\left(\frac{1}{q}+\frac{k}{qn}\right)^p}{\frac{1}{n}\sum_{k=1}^{n}\left(\frac{k}{qn}\right)^p}$$

令 $f_1(x) = \left(\frac{1}{q}+\frac{x}{q}\right)^p$, $f_2(x) = \left(\frac{x}{q}\right)^p$ 取 $P_n = \left\{x_i: x_i = \frac{i}{n}, \forall\, 0 \le i \le n\right\}$ 使得 $\Delta x = \frac{1}{n}$

$$\therefore \lim_{n\to\infty} \frac{\left(\frac{1}{q}+\frac{1}{q\cdot n}\right)^p + \left(\frac{1}{q}+\frac{2}{q\cdot n}\right)^p + \cdots + \left(\frac{1}{q}+\frac{n}{q\cdot n}\right)^p}{\left(\frac{1}{q\cdot n}\right)^p + \left(\frac{2}{q\cdot n}\right)^p + \cdots + \left(\frac{n}{q\cdot n}\right)^p} = \lim_{n\to\infty} \frac{\frac{1}{n}\sum_{k=1}^{n}\left(\frac{1}{q}+\frac{k}{qn}\right)^p}{\frac{1}{n}\sum_{k=1}^{n}\left(\frac{k}{qn}\right)^p}$$

$$= \frac{\lim\limits_{n\to\infty}\Delta x \sum_{k=1}^{n}f_1(x_k)}{\lim\limits_{n\to\infty}\Delta x \sum_{k=1}^{n}f_2(x_k)} = \frac{\int_0^1 f_1(x)dx}{\int_0^1 f_2(x)dx} = \frac{\int_0^1 \left(\frac{1}{q}+\frac{x}{q}\right)^p dx}{\int_0^1 \left(\frac{x}{q}\right)^p dx} = \frac{\left(\frac{2}{q}\right)^{p+1} - \left(\frac{1}{q}\right)^{p+1}}{\left(\frac{1}{q}\right)^{p+1}}$$

Example 27.

$$求\ \lim_{n\to\infty} \frac{1}{n^2}\left((1^{\frac{1}{2}} + n^{\frac{1}{2}})^2 + (2^{\frac{1}{2}} + n^{\frac{1}{2}})^2 + \cdots + (n^{\frac{1}{2}} + n^{\frac{1}{2}})^2\right) =?$$

【解】

$$\because \frac{1}{n^2}\left((1^{\frac{1}{2}} + n^{\frac{1}{2}})^2 + (2^{\frac{1}{2}} + n^{\frac{1}{2}})^2 + \cdots + (n^{\frac{1}{2}} + n^{\frac{1}{2}})^2\right)$$

$$= \frac{1}{n}\left(\left(\sqrt{\frac{1}{n}} + 1\right)^2 + \left(\sqrt{\frac{2}{n}} + 1\right)^2 + \cdots + \left(\sqrt{\frac{n}{n}} + 1\right)^2\right)$$

令 $f(x) = (1 + x^{\frac{1}{2}})^2$ 取 $P_n = \left\{x_i: x_i = \frac{i}{n}, \forall\, 0 \le i \le n\right\}$ 使得 $\Delta x = \frac{1}{n}$

$$\therefore \lim_{n\to\infty}\frac{1}{n^2}\left((1^{\frac{1}{2}}+n^{\frac{1}{2}})^2+(2^{\frac{1}{2}}+n^{\frac{1}{2}})^2+\cdots+(n^{\frac{1}{2}}+n^{\frac{1}{2}})^2\right)=\lim_{n\to\infty}\frac{1}{n}\sum_{k=1}^{n}\left(\left(\frac{k}{n}\right)^{\frac{1}{2}}+1\right)^2$$

$$=\lim_{n\to\infty}\Delta x\sum_{k=1}^{n}f(x_k)=\int_0^1 f(x)dx=\int_0^1(1+x^{\frac{1}{2}})^2 dx=\int_0^1 1+2x^{\frac{1}{2}}+x\,dx$$

$$=x+\frac{4x^{\frac{3}{2}}}{3}+\frac{x^2}{2}\Big|_0^1=\frac{17}{6}$$

Example 28.

$$\text{求}\ \lim_{n\to\infty}\frac{1}{n}\left(\sec\frac{1}{n}+\sec\frac{2}{n}+\cdots+\sec\frac{n}{n}\right)=?$$

【解】

$$\text{令}f(x)=\sec x\ \ \text{取}\ P_n=\left\{x_i: x_i=\frac{i}{n},\forall\,0\le i\le n\right\}\text{使得}\ \Delta x=\frac{1}{n}$$

$$\therefore \lim_{n\to\infty}\frac{1}{n}\left(\sec\frac{1}{n}+\sec\frac{2}{n}+\cdots+\sec\frac{n}{n}\right)=\lim_{n\to\infty}\frac{1}{n}\sum_{k=1}^{n}\sec\frac{k}{n}=\lim_{n\to\infty}\Delta x\sum_{k=1}^{n}f(x_k)$$

$$=\int_0^1 f(x)dx=\int_0^1 \sec x\,dx$$

$$\because (\sec x)'=\tan x\sec x\ \text{且}\ (\tan x)'=\sec^2 x\ \therefore (\tan x+\sec x)'=(\tan x+\sec x)\sec x$$

$$\text{令}u=\tan x+\sec x\ \text{则}\ du=(\tan x+\sec x)\sec x\,dx,\ \text{藉由变换代换法}$$

$$\therefore \int \sec x\,dx=\int \frac{(\tan x+\sec x)\sec x}{\tan x+\sec x}dx=\int\frac{du}{u}=\ln|u|=\ln|\tan x+\sec x|+c$$

$$\therefore \lim_{n\to\infty}\frac{1}{n}\left(\sec\frac{1}{n}+\sec\frac{2}{n}+\cdots+\sec\frac{n}{n}\right)=\int_0^1 \sec x\,dx=\ln|\tan 1+\sec 1|$$

Example 29.

$$\text{求}\ \lim_{n\to\infty}\frac{1}{n}\left(\sin^3\frac{1}{n}+\sin^3\frac{2}{n}+\cdots+\sin^3\frac{n}{n}\right)=?$$

【解】

$$\text{令}f(x)=\sin^3 x\ \ \text{取}\ P_n=\left\{x_i: x_i=\frac{i}{n},\forall\,0\le i\le n\right\}\text{使得}\ \Delta x=\frac{1}{n}$$

$$\therefore \lim_{n\to\infty}\frac{1}{n}\left(\sin^3\frac{1}{n}+\sin^3\frac{2}{n}+\cdots+\sin^3\frac{n}{n}\right)=\lim_{n\to\infty}\frac{1}{n}\sum_{k=1}^{n}\sin^3\frac{k}{n}$$

$$=\lim_{n\to\infty}\Delta x\sum_{k=1}^{n}f(x_k)=\int_0^1 f(x)dx=\int_0^1\sin^3 x\,dx$$

$$\because\int\sin^3 x\,dx=\int\sin x\sin^2 x\,dx=\int\sin x\,(1-\cos^2 x)\,dx$$

令 $u=\cos x$ 则 $du=-\sin x\,dx$, 藉由变换代换法

$$\therefore\int\sin x\,(1-\cos^2 x)\,dx=\int -(1-u^2)\,du=-u+\frac{u^3}{3}+c=-\cos x+\frac{\cos^3 x}{3}+c$$

$$\therefore\lim_{n\to\infty}\frac{1}{n}\left(\sin^3\frac{1}{n}+\sin^3\frac{2}{n}+\cdots+\sin^3\frac{n}{n}\right)=\int_0^1\sin^3 x\,dx$$

$$=-\cos 1+1+\frac{1}{3}(\cos^3 1-1)=-\cos 1+\frac{2}{3}+\frac{1}{3}\cos^3 1$$

Example 30.

$$求\ \lim_{n\to\infty}\frac{1}{n}\left(\tan^3\frac{1}{n}+\tan^3\frac{2}{n}+\cdots+\tan^3\frac{n}{n}\right)=?$$

【解】

令 $f(x)=\tan^3 x$ 取 $P_n=\left\{x_i:x_i=\dfrac{i}{n},\forall\,0\le i\le n\right\}$ 使得 $\Delta x=\dfrac{1}{n}$

$$\therefore\lim_{n\to\infty}\frac{1}{n}\left(\tan^3\frac{1}{n}+\tan^3\frac{2}{n}+\cdots+\tan^3\frac{n}{n}\right)=\lim_{n\to\infty}\frac{1}{n}\sum_{k=1}^{n}\tan^3\frac{k}{n}$$

$$=\lim_{n\to\infty}\Delta x\sum_{k=1}^{n}f(x_k)=\int_0^1 f(x)dx=\int_0^1\tan^3 x\,dx$$

$$\because\int\tan^3 x\,dx=\int\frac{\tan^2 x\tan x\sec x}{\sec x}\,dx=\int\frac{(\sec^2 x-1)\tan x\sec x}{\sec x}\,dx$$

令 $u=\sec x$ 则 $du=\tan x\sec x\,dx$, 藉由变换代换法

$$\int\tan^3 x\,dx=\int\frac{(\sec^2 x-1)\tan x\sec x}{\sec x}\,dx=\int u-\frac{1}{u}\,du=\frac{u^2}{2}-\ln|u|+c$$

$$= \frac{\sec^2 x}{2} - \ln|\sec x| + c$$

$$\therefore \lim_{n \to \infty} \frac{1}{n}\left(\tan^3 \frac{1}{n} + \tan^3 \frac{2}{n} + \cdots + \tan^3 \frac{n}{n}\right) = \int_0^1 \tan^3 x \, dx = \frac{\sec^2 1}{2} - \ln \sec 1 - \frac{1}{2}$$

Example 31.

$$求 \ \lim_{n \to \infty} \frac{1}{n}\left(\sin^4 \frac{1}{n} + \sin^4 \frac{2}{n} + \cdots + \sin^4 \frac{n}{n}\right) = ?$$

【解】

令 $f(x) = \sin^4 x$　取 $P_n = \left\{x_i : x_i = \frac{i}{n}, \forall\, 0 \le i \le n\right\}$ 使得 $\Delta x = \frac{1}{n}$

$$\therefore \lim_{n \to \infty} \frac{1}{n}\left(\sin^4 \frac{1}{n} + \sin^4 \frac{2}{n} + \cdots + \sin^4 \frac{n}{n}\right) = \lim_{n \to \infty} \frac{1}{n} \sum_{k=1}^{n} \sin^4 \frac{k}{n} = \lim_{n \to \infty} \Delta x \sum_{k=1}^{n} f(x_k)$$

$$= \int_0^1 f(x)\,dx = \int_0^1 \sin^4 x \, dx$$

$$\because \int \sin^4 x \, dx = \int (\sin^2 x)^2 dx = \int \left(\frac{1 - \cos 2x}{2}\right)^2 dx$$

$$= \int \frac{1 - 2\cos 2x + \cos^2 2x}{4} \, dx = \int \frac{1 - 2\cos 2x + \dfrac{1 + \cos 4x}{2}}{4} \, dx$$

$$= \frac{1}{4}\int \frac{3}{2} - 2\cos 2x + \frac{\cos 4x}{2} \, dx = \frac{1}{4}\left(\frac{3x}{2} - \sin 2x + \frac{1}{8}\sin 4x\right) + c$$

$$\therefore \lim_{n \to \infty} \frac{1}{n}\left(\sin^4 \frac{1}{n} + \sin^4 \frac{2}{n} + \cdots + \sin^4 \frac{n}{n}\right) = \int_0^1 \sin^4 x \, dx = \frac{1}{4}\left(\frac{3}{2} - \sin 2 + \frac{1}{8}\sin 4\right)$$

Example 32.

$$求 \ \lim_{n \to \infty} \frac{1}{n}\left(\sin^5 \frac{1}{n} + \sin^5 \frac{2}{n} + \cdots + \sin^5 \frac{n}{n}\right) = ?$$

【解】

令 $f(x) = \sin^5 x$　取 $P_n = \left\{x_i : x_i = \frac{i}{n}, \forall\, 0 \le i \le n\right\}$ 使得 $\Delta x = \frac{1}{n}$

$$\therefore \lim_{n\to\infty} \frac{1}{n}\left(\sin^5\frac{1}{n} + \sin^5\frac{2}{n} + \cdots + \sin^5\frac{n}{n}\right) = \lim_{n\to\infty}\frac{1}{n}\sum_{k=1}^{n}\sin^5\frac{k}{n} = \lim_{n\to\infty}\Delta x \sum_{k=1}^{n} f(x_k)$$

$$= \int_0^1 f(x)dx = \int_0^1 \sin^5 x \, dx$$

$$\because \int \sin^5 x \, dx = \int \sin^4 x (\sin x)\,dx = \int (1-\cos^2 x)^2 \sin x \, dx$$

令 $u = \cos x$ 则 $du = -\sin x \, dx$, 藉由变换代换法

$$\therefore \int (1-\cos^2 x)^2 \sin x \, dx = -\int (1-u^2)^2 du = -\int u^4 - 2u^2 + 1\,du$$

$$= -\left(\frac{u^5}{5} - \frac{2}{3}u^3 + u\right) + c = -\left(\frac{\cos^5 x}{5} - \frac{2}{3}\cos^3 x + \cos x\right) + c$$

$$\therefore \lim_{n\to\infty}\frac{1}{n}\left(\sin^5\frac{1}{n} + \sin^5\frac{2}{n} + \cdots + \sin^5\frac{n}{n}\right) = \int_0^1 \sin^5 x \, dx$$

$$= -\left(\frac{\cos^5 1}{5} - \frac{2}{3}\cos^3 1 + \cos 1 - \left(\frac{1}{5} - \frac{2}{3} + 1\right)\right) = -\left(\frac{\cos^5 1}{5} - \frac{2}{3}\cos^3 1 + \cos 1 - \frac{8}{15}\right)$$

Example 33.

$$求 \lim_{n\to\infty}\frac{1}{n}\left(\frac{\left(\sin^{-1}\frac{1}{n}\right)^2}{\sqrt{1-\left(\frac{1}{n}\right)^2}} + \frac{\left(\sin^{-1}\frac{2}{n}\right)^2}{\sqrt{1-\left(\frac{2}{n}\right)^2}} + \cdots + \frac{\left(\sin^{-1}\frac{n}{n}\right)^2}{\sqrt{1-\left(\frac{n}{n}\right)^2}}\right) =?$$

【解】

$$令 f(x) = \frac{(\sin^{-1} x)^2}{\sqrt{1-x^2}} \ \ 取 \ P_n = \left\{x_i : x_i = \frac{i}{n}, \forall\, 0 \le i \le n\right\} 使得 \Delta x = \frac{1}{n}$$

$$\therefore \lim_{n\to\infty}\frac{1}{n}\left(\frac{\left(\sin^{-1}\frac{1}{n}\right)^2}{\sqrt{1-\left(\frac{1}{n}\right)^2}} + \frac{\left(\sin^{-1}\frac{2}{n}\right)^2}{\sqrt{1-\left(\frac{2}{n}\right)^2}} + \cdots + \frac{\left(\sin^{-1}\frac{n}{n}\right)^2}{\sqrt{1-\left(\frac{n}{n}\right)^2}}\right) = \lim_{n\to\infty}\frac{1}{n}\sum_{k=1}^{n}\frac{\left(\sin^{-1}\frac{k}{n}\right)^2}{\sqrt{1-\left(\frac{k}{n}\right)^2}}$$

$$= \lim_{n\to\infty}\Delta x \sum_{k=1}^{n} f(x_k) = \int_0^1 f(x)dx = \int_0^1 \frac{(\sin^{-1} x)^2}{\sqrt{1-x^2}}\,dx$$

令 $u = \sin^{-1} x$　则 $du = \dfrac{dx}{\sqrt{1-x^2}}$，藉由变数代换法

则 $\displaystyle\int \frac{(\sin^{-1} x)^2}{\sqrt{1-x^2}}\,dx = \int u^2 du = \frac{u^3}{3} = \frac{(\sin^{-1} x)^3}{3} + c$

$\therefore \displaystyle\lim_{n\to\infty} \frac{1}{n}\left(\frac{\left(\sin^{-1}\frac{1}{n}\right)^2}{\sqrt{1-\left(\frac{1}{n}\right)^2}} + \frac{\left(\sin^{-1}\frac{2}{n}\right)^2}{\sqrt{1-\left(\frac{2}{n}\right)^2}} + \cdots + \frac{\left(\sin^{-1}\frac{n}{n}\right)^2}{\sqrt{1-\left(\frac{n}{n}\right)^2}} \right) = \int_0^1 \frac{(\sin^{-1} x)^2}{\sqrt{1-x^2}}\,dx$

$= \dfrac{(\sin^{-1} 1)^3}{3} = \dfrac{(\frac{\pi}{2})^3}{3}$

Example 34.

$$求 \lim_{n\to\infty} \frac{1}{n}\left(\ln\frac{1}{n} + \ln\frac{2}{n} + \cdots + \ln\frac{n}{n} \right) = ?$$

【解】

令 $f(x) = \ln x$ 取 $P_n = \left\{ x_i : x_i = \dfrac{i}{n}, \forall\, 0 \leq i \leq n \right\}$ 使得 $\Delta x = \dfrac{1}{n}$

$\therefore \displaystyle\lim_{n\to\infty} \frac{1}{n}\left(\ln\frac{1}{n} + \ln\frac{2}{n} + \cdots + \ln\frac{n}{n} \right) = \lim_{n\to\infty} \frac{1}{n} \sum_{k=1}^{n} \ln\frac{k}{n} = \lim_{n\to\infty} \Delta x \sum_{k=1}^{n} f(x_k)$

$= \displaystyle\int_0^1 f(x)\,dx = \int_0^1 \ln x\,dx$

令 $u = \ln x,\ dv = dx$ 则 $du = \dfrac{dx}{x},\ v = x$，藉由分部积分法

则 $\displaystyle\int \ln x\,dx = x\ln x - \int x\frac{dx}{x} = x\ln x - x + c$

$\therefore \displaystyle\lim_{n\to\infty} \frac{1}{n}\left(\ln\frac{1}{n} + \ln\frac{2}{n} + \cdots + \ln\frac{n}{n} \right) = \int_0^1 \ln x\,dx = -1$

Example 35.

$$求 \lim_{n\to\infty} \frac{1}{n}\left(\frac{1}{n}\cos\frac{1}{n} + \frac{2}{n}\cos\frac{2}{n} + \cdots + \frac{n}{n}\cos\frac{n}{n} \right) = ?$$

【解】

令 $f(x) = x\cos x$ 取 $P_n = \left\{x_i : x_i = \dfrac{i}{n}, \forall\, 0 \le i \le n\right\}$ 使得 $\Delta x = \dfrac{1}{n}$

$$\therefore \lim_{n\to\infty}\frac{1}{n}\left(\frac{1}{n}\cos\frac{1}{n}+\frac{2}{n}\cos\frac{2}{n}+\cdots+\frac{n}{n}\cos\frac{n}{n}\right) = \lim_{n\to\infty}\frac{1}{n}\sum_{k=1}^{n}\frac{k}{n}\cos\frac{k}{n}$$

$$= \lim_{n\to\infty}\Delta x\sum_{k=1}^{n}f(x_k) = \int_0^1 f(x)dx = \int_0^1 x\cos x\,dx$$

令 $u = x,\ dv = \cos x\,dx$ 则 $du = dx,\ v = \sin x$，藉由分部积分法

则 $\displaystyle\int x\cos x\,dx = x\sin x - \int \sin x\,dx = x\sin x + \cos x + c$

$$\therefore \lim_{n\to\infty}\frac{1}{n}\left(\frac{1}{n}\cos\frac{1}{n}+\frac{2}{n}\cos\frac{2}{n}+\cdots+\frac{n}{n}\cos\frac{n}{n}\right) = \int_0^1 x\cos x\,dx = \sin 1 + \cos 1 - 1$$

Example 36.

$$求\ \lim_{n\to\infty}\frac{1}{n}\left(\sin^{-1}\frac{1}{n}+\sin^{-1}\frac{2}{n}+\cdots+\sin^{-1}\frac{n}{n}\right) =?$$

【解】

令 $f(x) = \sin^{-1} x$ 取 $P_n = \left\{x_i : x_i = \dfrac{i}{n}, \forall\, 0 \le i \le n\right\}$ 使得 $\Delta x = \dfrac{1}{n}$

$$\therefore \lim_{n\to\infty}\frac{1}{n}\left(\sin^{-1}\frac{1}{n}+\sin^{-1}\frac{2}{n}+\cdots+\sin^{-1}\frac{n}{n}\right) = \lim_{n\to\infty}\frac{1}{n}\sum_{k=1}^{n}\sin^{-1}\frac{k}{n}$$

$$= \lim_{n\to\infty}\Delta x\sum_{k=1}^{n}f(x_k) = \int_0^1 f(x)dx = \int_0^1 \sin^{-1} x\,dx$$

令 $u = \sin^{-1} x,\ dv = dx$，则 $du = \dfrac{dx}{\sqrt{1-x^2}},\ v = x$，藉由分部积分法

则 $\displaystyle\int \sin^{-1} x\,dx = x\sin^{-1} x - \int \frac{x\,dx}{\sqrt{1-x^2}}$

令 $t = 1 - x^2$，则 $dt = -2x\,dx$，藉由变数代换法

则 $\displaystyle\int \frac{x\,dx}{\sqrt{1-x^2}} = -\int \frac{dt}{2\sqrt{t}} = -\sqrt{t} = -\sqrt{1-x^2}$

$$\therefore \int \sin^{-1} x \, dx = x \sin^{-1} x - \int \frac{x\,dx}{\sqrt{1-x^2}} = x \sin^{-1} x + \sqrt{1-x^2} + c$$

$$\therefore \lim_{n \to \infty} \frac{1}{n}\left(\sin^{-1}\frac{1}{n} + \sin^{-1}\frac{2}{n} + \cdots + \sin^{-1}\frac{n}{n}\right) = \int_0^1 \sin^{-1} x \, dx = \sin^{-1} 1 - 1 = \frac{\pi}{2} - 1$$

Example 37.

$$\text{求}\ \lim_{n \to \infty} \frac{1}{n}\left(\frac{1}{n}\tan^{-1}\frac{1}{n} + \frac{2}{n}\tan^{-1}\frac{2}{n} + \cdots + \frac{n}{n}\tan^{-1}\frac{n}{n}\right) = ?$$

【解】

$$\text{令}f(x) = x\tan^{-1} x \ \ \text{取}\ P_n = \left\{x_i : x_i = \frac{i}{n}, \forall\, 0 \le i \le n\right\} \text{使得}\ \Delta x = \frac{1}{n}$$

$$\therefore \lim_{n \to \infty} \frac{1}{n}\left(\frac{1}{n}\tan^{-1}\frac{1}{n} + \frac{2}{n}\tan^{-1}\frac{2}{n} + \cdots + \frac{n}{n}\tan^{-1}\frac{n}{n}\right) = \lim_{n \to \infty} \frac{1}{n}\sum_{k=1}^{n} \frac{k}{n}\tan^{-1}\frac{k}{n}$$

$$= \lim_{n \to \infty} \Delta x \sum_{k=1}^{n} f(x_k) = \int_0^1 f(x)dx = \int_0^1 x\tan^{-1} x \, dx$$

$$\text{令}u = \tan^{-1} x, \ \ dv = x\,dx \ \ \text{则}\ du = \frac{dx}{1+x^2}, \ \ v = \frac{x^2}{2}, \ \ \text{藉由分部积分法}$$

$$\text{则}\int x\tan^{-1} x \, dx = \frac{x^2}{2}\tan^{-1} x - \frac{1}{2}\int \frac{x^2\,dx}{1+x^2} = \frac{x^2}{2}\tan^{-1} x - \frac{1}{2}\int \frac{1+x^2-1\,dx}{1+x^2}$$

$$= \frac{x^2}{2}\tan^{-1} x - \frac{x}{2} + \frac{1}{2}\tan^{-1} x + c$$

$$\therefore \lim_{n \to \infty} \frac{1}{n}\left(\frac{1}{n}\tan^{-1}\frac{1}{n} + \frac{2}{n}\tan^{-1}\frac{2}{n} + \cdots + \frac{n}{n}\tan^{-1}\frac{n}{n}\right) = \int_0^1 x\tan^{-1} x \, dx$$

$$= \frac{1}{2}\tan^{-1} 1 - \frac{1}{2} + \frac{1}{2}\tan^{-1} 1 = \frac{\pi}{4} - \frac{1}{2}$$

Example 38.

$$\text{求}\ \lim_{n \to \infty} \frac{1}{n}\left(\sin\ln\frac{1}{n} + \sin\ln\frac{2}{n} + \cdots + \sin\ln\frac{n}{n}\right) = ?$$

【解】

$$\text{令}f(x) = \sin\ln x \ \ \text{取}\ P_n = \left\{x_i : x_i = \frac{i}{n}, \forall\, 0 \le i \le n\right\} \text{使得}\ \Delta x = \frac{1}{n}$$

$$\therefore \lim_{n\to\infty} \frac{1}{n}\left(\sin\ln\frac{1}{n} + \sin\ln\frac{2}{n} + \cdots + \sin\ln\frac{n}{n}\right) = \lim_{n\to\infty} \frac{1}{n}\sum_{k=1}^{n}\sin\ln\frac{k}{n}$$

$$= \lim_{n\to\infty}\Delta x \sum_{k=1}^{n} f(x_k) = \int_0^1 f(x)dx = \int_0^1 \sin\ln x\, dx$$

令 $u = \ln x$ 则 $e^u du = dx$, 藉由变数代换法

$$\therefore \int \sin(\ln x)\, dx = \int e^u \sin u\, du = e^u \sin u - \int e^u \cos u\, du$$

$$= e^u \sin u - \left(e^u \cos u + \int e^u \sin u\, du\right)$$

$$\Rightarrow \int \sin(\ln x)\, dx = \int e^u \sin u\, du = \frac{e^u \sin u - e^u \cos u}{2} = \frac{(x\sin\ln x - x\cos\ln x)}{2} + c$$

$$\therefore \lim_{n\to\infty} \frac{1}{n}\left(\sin\ln\frac{1}{n} + \sin\ln\frac{2}{n} + \cdots + \sin\ln\frac{n}{n}\right) = \int_0^1 \sin\ln x\, dx = \frac{\sin\ln 1 - \cos\ln 1}{2}$$

5.3.3　Leibniz 微分公式的应用

【定理】Leibniz 微分公式

假设 $F\big(x, g(x), h(x)\big) = \int_{h(x)}^{g(x)} f(x,t)dt$ 且 $f(x,t), g(x)$ 以及 $h(x)$ 皆可微

则 $F'(x) = \int_{h(x)}^{g(x)} \frac{\partial}{\partial x} f(x,t)dt + f(x, g(x))g'(x) - f(x, h(x))h'(x)$

<u>Proof:</u>

Let $F\big(x, g(x), h(x)\big) = \int_{h(x)}^{g(x)} f(x,t)dt$ then $\frac{d}{dx}F(x, g(x), h(x)) = \frac{\partial F}{\partial x} + \frac{\partial F}{\partial g}\cdot\frac{\partial g}{\partial x} + \frac{\partial F}{\partial h}\cdot\frac{\partial h}{\partial x}$

$\because \frac{\partial F}{\partial x} = \int_{h(x)}^{g(x)} \frac{\partial}{\partial x} f(x,t)dt,\quad \frac{\partial F}{\partial g}\cdot\frac{\partial g}{\partial x} = f(x, g(x))g'(x)$ and $\frac{\partial F}{\partial h}\cdot\frac{\partial h}{\partial x} = -f(x, h(x))h'(x)$

$\therefore F'(x) = \int_{h(x)}^{g(x)} \frac{\partial}{\partial x} f(x,t)dt + f(x, g(x))g'(x) - f(x, h(x))h'(x)$

考试类型:

Type 1.

Assume $F(x) = \displaystyle\int_{h(x)}^{g(x)} f(x,t)dt$，求 $F'(x) =$?

解题流程:

$$F'(x) = \int_{h(x)}^{g(x)} \frac{\partial}{\partial x} f(x,t)dt + f\big(x,g(x)\big)g'(x) - f\big(x,h(x)\big)h'(x)$$

<u>范例说明</u>:

(I) 求 $\dfrac{d}{dx}\displaystyle\int_{\tan 2x}^{\cos x} e^t dt =$?

藉由 Leibniz 微分公式 则 $\dfrac{d}{dx}\displaystyle\int_{\tan 2x}^{\cos x} e^t dt = e^{\cos x}(\cos x)' - e^{\tan 2x}(\tan 2x)'$

Type 2.

求 $\displaystyle\lim_{x\to a}\frac{1}{p(x)}\int_{h(x)}^{g(x)} f(t)dt =$? 其中 $\displaystyle\lim_{x\to a} g(x) = \lim_{x\to a} h(x)$ 且 $\displaystyle\lim_{x\to a} p(x) = 0$

使用 Leibniz 微分公式结合罗比达法则求极限的问题

解题流程:

Step1.

藉由罗比达法则 $\displaystyle\lim_{x\to a}\frac{1}{p(x)}\int_{h(x)}^{g(x)} f(t)dt = \lim_{x\to a}\frac{\left(\int_{h(x)}^{g(x)} f(t)dt\right)'}{p'(x)}$

Step2.

藉由 Leibniz 微分公式 $\displaystyle\lim_{x\to a}\frac{\left(\int_{h(x)}^{g(x)} f(t)dt\right)'}{p'(x)} = \lim_{x\to a}\frac{f\big(g(x)\big)g'(x) - f\big(h(x)\big)h'(x)}{p'(x)}$

Step3.

求 $\displaystyle\lim_{x\to a}\frac{f\big(g(x)\big)g'(x) - f\big(h(x)\big)h'(x)}{p'(x)} =$?

<u>范例说明</u>:

(I) 求 $\displaystyle\lim_{x\to 0}\frac{1}{x^8}\int_{0}^{x^2} \tan t^3 dt =$?

藉由罗比达法则 $\displaystyle\lim_{x\to 0}\frac{1}{x^8}\int_0^{x^2}\tan t^3\,dt=\lim_{x\to 0}\frac{\frac{\partial}{\partial x}\left(\int_0^{x^2}\tan t^3\,dt\right)}{8x^7}$

藉由 Leibniz 微分公式则 $\displaystyle\lim_{x\to 0}\frac{\frac{\partial}{\partial x}\left(\int_0^{x^2}\tan t^3\,dt\right)}{8x^7}=\lim_{x\to 0}\frac{2x\tan x^6}{8x^7}=\lim_{x\to 0}\frac{\tan x^6}{4x^6}=\frac{1}{4}$

Type 3.

求 $\displaystyle\lim_{x\to a}\frac{\int_{h_1(x)}^{g_1(x)}f_1(t)\,dt}{\int_{h_2(x)}^{g_2(x)}f_2(t)\,dt}=?$ 其中 $\displaystyle\lim_{x\to a}g_1(x)=\lim_{x\to a}h_1(x)$ 且 $\displaystyle\lim_{x\to a}g_2(x)=\lim_{x\to a}h_2(x)$

使用 Leibniz 微分公式结合罗比达法则求极限的问题

解题流程：

Step1.

藉由罗比达法则 $\displaystyle\lim_{x\to a}\frac{\int_{h_1(x)}^{g_1(x)}f_1(t)\,dt}{\int_{h_2(x)}^{g_2(x)}f_2(t)\,dt}=\lim_{x\to a}\frac{\left(\int_{h_1(x)}^{g_1(x)}f_1(t)\,dt\right)'}{\left(\int_{h_2(x)}^{g_2(x)}f_2(t)\,dt\right)'}$

Step2.

藉由 Leibniz 微分公式 $\displaystyle\lim_{x\to a}\frac{\left(\int_{h_1(x)}^{g_1(x)}f_1(t)\,dt\right)'}{\left(\int_{h_2(x)}^{g_2(x)}f_2(t)\,dt\right)'}=\lim_{x\to a}\frac{f_1\big(g_1(x)\big)g_1'(x)-f_1\big(h_1(x)\big)h_1'(x)}{f_2\big(g_2(x)\big)g_2'(x)-f_2\big(h_2(x)\big)h_2'(x)}$

Step3.

求 $\displaystyle\lim_{x\to a}\frac{f_1\big(g_1(x)\big)g_1'(x)-f_1\big(h_1(x)\big)h_1'(x)}{f_2\big(g_2(x)\big)g_2'(x)-f_2\big(h_2(x)\big)h_2'(x)}=?$

<u>范例说明：</u>

(I) 求 $\displaystyle\lim_{x\to 0^+}\frac{\int_0^{\tan x}\sqrt[3]{\sin t}\,dt}{\int_0^{\sin x}\sqrt[3]{\tan t}.dt}$

藉由罗比达法则 $\displaystyle\lim_{x\to 0^+}\frac{\int_0^{\tan x}\sqrt[3]{\sin t}\,dt}{\int_0^{\sin x}\sqrt[3]{\tan t}\,dt}=\lim_{x\to 0^+}\frac{\frac{\partial}{\partial x}\int_0^{\tan x}\sqrt[3]{\sin t}\,dt}{\frac{\partial}{\partial x}\int_0^{\sin x}\sqrt[3]{\tan t}\,dt}$

藉由 Leibniz 微分公式 $\displaystyle\lim_{x\to 0^+}\frac{\frac{\partial}{\partial x}\int_0^{\tan x}\sqrt[3]{\sin t}\,dt}{\frac{\partial}{\partial x}\int_0^{\sin x}\sqrt[3]{\tan t}\,dt}=\lim_{x\to 0^+}\frac{\sqrt[3]{\sin\tan x}\,\sec^2 x}{\sqrt[3]{\tan\sin x}\,\cos x}$

Type 4.

$$求 \lim_{x \to \infty} \frac{\int_{h_1(x)}^{g_1(x)} f_1(t)dt}{\int_{h_2(x)}^{g_2(x)} f_2(t)dt} =? \quad 其中 \lim_{x \to \infty} \int_{h_1(x)}^{g_1(x)} f_1(t)dt = \lim_{x \to \infty} \int_{h_2(x)}^{g_2(x)} f_2(t)dt = \infty$$

使用 Leibniz 微分公式结合罗比达法则求极限的问题

解题流程:

Step1.

$$藉由罗比达法则 \lim_{x \to \infty} \frac{\int_{h_1(x)}^{g_1(x)} f_1(t)dt}{\int_{h_2(x)}^{g_2(x)} f_2(t)dt} = \lim_{x \to \infty} \frac{\left(\int_{h_1(x)}^{g_1(x)} f_1(t)dt\right)'}{\left(\int_{h_2(x)}^{g_2(x)} f_2(t)dt\right)'}$$

Step2.

$$藉由 Leibniz 微分公式 \lim_{x \to \infty} \frac{\left(\int_{h_1(x)}^{g_1(x)} f_1(t)dt\right)'}{\left(\int_{h_2(x)}^{g_2(x)} f_2(t)dt\right)'} = \lim_{x \to \infty} \frac{f_1(g_1(x))g_1'(x) - f_1(h_1(x))h_1'(x)}{f_2(g_2(x))g_2'(x) - f_2(h_2(x))h_2'(x)}$$

Step3.

$$求 \lim_{x \to \infty} \frac{f_1(g_1(x))g_1'(x) - f_1(h_1(x))h_1'(x)}{f_2(g_2(x))g_2'(x) - f_2(h_2(x))h_2'(x)} =?$$

<u>范例说明</u>:

(I) 求 $\lim_{x \to \infty} \dfrac{\sqrt{x} \int_3^{\sqrt{x}} e^{t^2}dt}{e^x} =?$

$$藉由罗比达法则 \lim_{x \to \infty} \frac{\sqrt{x} \int_3^{\sqrt{x}} e^{t^2}dt}{e^x} = \lim_{x \to \infty} \frac{\frac{\partial}{\partial x}\left(\sqrt{x} \int_3^{\sqrt{x}} e^{t^2}dt\right)}{\frac{\partial}{\partial x} e^x}$$

$$藉由 Leibniz 微分公式 \lim_{x \to \infty} \frac{\frac{\partial}{\partial x}\left(\sqrt{x} \int_3^{\sqrt{x}} e^{t^2}dt\right)}{\frac{\partial}{\partial x} e^x} = \lim_{x \to \infty} \frac{\frac{x^{-\frac{1}{2}}}{2}\int_3^{\sqrt{x}} e^{t^2}dt + \sqrt{x}e^x\left(\frac{1}{2}x^{-\frac{1}{2}}\right)}{e^x}$$

Type 5.

$$假设 f(x) = \int_0^{h(x)} g(t)dt, \quad 求 f(x) 的极值$$

解题流程:

Step1.

藉由 Leibniz 微分公式 $f'(x) = g(h(x))h'(x)$

Step2.

找 c 使得 $f'(c) = 0$

Step3.

若 $f''(c) > 0$ 则 $f(c)$ 为相对极小值且 若 $f''(c) < 0$ 则 $f(c)$ 为相对极大值

<u>范例说明:</u>

(I)假设 $f(x) = \displaystyle\int_0^{x^2} 2t - 1\, dt$，求 $f'(x) =?$，$f(x)$ 的极值

$\because f'(x) = (2x^2 - 1)2x = 4x^3 - 2x \Rightarrow f''(x) = 12x^2 - 2$

令 $f'(x) = 0$ 则 $x = 0, \pm\sqrt{\dfrac{1}{2}}$

$\because f''(x) = 12x^2 - 2 \quad \therefore f''\left(\pm\sqrt{\dfrac{1}{2}}\right) = 4 > 0$ 且 $f''(0) = -2 < 0$

$f(0) = 0$ 为相对极大值且 $f\left(\pm\sqrt{\dfrac{1}{2}}\right) = \displaystyle\int_0^{\frac{1}{2}}(2t - 1)dt = \dfrac{1}{4} - \dfrac{1}{2} = -\dfrac{1}{4}$ 为相对极小值

Type 6.

假设 $f(x) = \displaystyle\int_0^x g(t)dt$，求 $(f^{-1})'(c) = ?$

解题流程:

Step1.

藉由反函数的微分公式，$(f^{-1})'(y) = \dfrac{1}{f'(x)}$

Step2.

藉由 Leibniz 微分公式 $f'(x) = g(x)$

Step3.

找 a s.t. $f(a) = c$ 则 $(f^{-1})'(c) = \dfrac{1}{f'(a)} = \dfrac{1}{g(a)}$

<u>范例说明:</u>

(I)假设 $f(x) = \displaystyle\int_3^x \dfrac{1}{\sqrt{1 + t^3}}\, dt$，求 $(f^{-1})'(0) =?$

$$\because (f^{-1})'(y) = \frac{1}{f'(x)}, \quad 令 f(x) = 0 \ 则 \ x = 3$$

$$\because f'(x) = \frac{1}{\sqrt{1+x^3}} \quad \therefore (f^{-1})'(0) = \sqrt{1+x^3}\Big|_{x=3} = 2\sqrt{7}$$

Example 1.

$$(1)\ 求 \ \frac{d}{dx}\int_{\tan 2x}^{\cos x} e^t dt = ? \qquad (2)\ 求 \ \frac{\partial}{\partial x}\int_{2xy}^{e^x \tan y} te^{xy} dt = ?$$

【解】

(1)

藉由 Leibniz 微分公式 则 $\dfrac{d}{dx}\displaystyle\int_{\tan 2x}^{\cos x} e^t dt$

$$= e^{\cos x}(\cos x)' - e^{\tan 2x}(\tan 2x)' = -e^{\cos x}\sin x - 2e^{\tan 2x}\sec^2 2x$$

(2)

藉由 Leibniz 微分公式

则 $\dfrac{\partial}{\partial x}\displaystyle\int_{2xy}^{e^x \tan y} te^{xy} dt = \int_{2xy}^{e^x \tan y} yte^{xy} dt + e^x \tan y\, e^{xy} \cdot e^x \tan y - 2xye^{xy} \cdot 2y$

$$= \frac{ye^{xy}}{2}((e^x \tan y)^2 - (2xy)^2) + (e^x \tan y\, e^{xy} \cdot e^x \tan y - 4xye^{xy} \cdot y)$$

Example 2.

$$假设 \ F(x) = \int_0^x \frac{1}{t^2+9} dt, \quad 求 \ F'(0) = ?, \ F'\left(\frac{1}{2}\right) = ?$$

【解】

藉由 Leibniz 微分公式 $F'(x) = \dfrac{1}{x^2+9} \Rightarrow F'(0) = \dfrac{1}{9}, \ F'\left(\dfrac{1}{2}\right) = \dfrac{4}{37}$

Example 3.

$$假设 \ F(x) = \int_x^1 t\sqrt{t^2+1}\, dt, \quad 求 \ F'(0) = ?, \ F'\left(\frac{1}{2}\right) = ?$$

【解】

藉由 Leibniz 微分公式 $F'(x) = -x\sqrt{x^2+1} \Rightarrow F'(0) = 0, \ F'\left(\dfrac{1}{2}\right) = -\dfrac{\sqrt{5}}{4}$

Example 4.

$$\text{假设 } F(x) = \int_1^x \cos \pi t \, dt, \ \ \text{求 } F'(0) =?, \ F'\left(\frac{1}{2}\right) =?$$

【解】

藉由 Leibniz 微分公式 $F'(x) = \cos \pi x \Rightarrow \ F'(0) = 1, \ F'\left(\frac{1}{2}\right) = 0$

Example 5.

$$\text{假设 } F(x) = \int_0^{x^3} t\cos t \, dt, \ \ \text{求 } F'(x) =?$$

【解】

藉由 Leibniz 微分公式 $F'(x) = (x^3 \cos x^3) 3x^2 = 3x^5 \cos x^3$

Example 6.

$$\text{假设 } F(x) = \int_{x^2}^1 t - \sin^2 t \, dt, \ \ \text{求 } F'(x) =?$$

【解】

藉由 Leibniz 微分公式 $F'(x) = -2x(x^2 - \sin^2 x^2) = -2x^3 + 2x \sin^2 x^2$

Example 7.

$$\text{假设 } F(x) = 2x + \int_0^x \frac{\sin 2t}{t^2 + 1} \, dt, \ \ \text{求 } F'(0) =?$$

【解】

藉由 Leibniz 微分公式 $F'(x) = 2 + \dfrac{\sin 2x}{x^2 + 1} \Rightarrow \ F'(0) = 2$

Example 8.

$$\text{假设 } F(x) = \int_0^x \frac{t - 1}{t^2 + 1} \, dt, \ \ \text{求} F(x)\text{的极值}$$

【解】

藉由 Leibniz 微分公式 $F'(x) = \dfrac{x - 1}{x^2 + 1}, \ \ \text{令 } F'(x) = 0 \text{ 则 } x = 1$

$\because F'(1) = 0, \ F'(x) < 0, \ \forall x < 1 \ \text{且} \ F'(x) > 0, \ \forall x > 1 \ \therefore F(x)\text{于} x = 1 \text{ 有极小值}$

$\therefore F(1) = \int_0^1 \frac{t-1}{t^2+1}dt = \left.\frac{\ln(x^2+1)}{2}\right|_0^1 - \tan^{-1}x|_0^1 = \ln 2 - \frac{\pi}{4} \ \therefore F(x)\text{的极小值} = \ln 2 - \frac{\pi}{4}$

Example 9.

假设 f 为连续函数且 $\int_0^x f(t)dt = \dfrac{2x}{x^2+4}$, 求 f 与 x 轴的交点?

【解】

藉由 Leibniz 微分公式 $f(x) = \left(\dfrac{2x}{x^2+4}\right)' = \dfrac{2(x^2+4) - 2x \cdot 2x}{(x^2+4)^2} = \dfrac{-2x^2+8}{(x^2+4)^2}$

令 $f(x) = 0$ 则 $x = \pm 2 \Rightarrow f$ 与 x 轴的交点为 $(2,0), (-2,0)$

Example 10.

假设 $f(x)$ 为连续函数, $\displaystyle\lim_{x \to a} \frac{1}{x-a} \int_{a^2}^{x^2} f(t)dt = ?$

【解】

藉由罗比达法则 $\displaystyle\lim_{x \to a} \frac{1}{x-a} \int_{a^2}^{x^2} f(t)dt = \lim_{x \to a} \frac{\left(\int_{a^2}^{x^2} f(t)dt\right)'}{(x-a)'} = \lim_{x \to a} \frac{\left(\int_{a^2}^{x^2} f(t)dt\right)'}{1}$

藉由 Leibniz 微分公式则 $\displaystyle\lim_{x \to a} \frac{\left(\int_{a^2}^{x^2} f(t)dt\right)'}{1} = \lim_{x \to a} \frac{f(x^2)2x}{1} = f(a^2)2a$

Example 11.

(1) 求 $\displaystyle\lim_{x \to 0} \frac{1}{x} \int_0^x (1 + \tan 3t)^{\frac{1}{t}}dt = ?$

(2) 求 $\displaystyle\lim_{h \to 0} \frac{\int_5^{5+h} e^{-x^2}dx}{h} = ?$

【解】

(1)

藉由罗比达法则 $\displaystyle\lim_{x\to 0}\frac{1}{x}\int_0^x (1+\tan 3t)^{\frac{1}{t}}dt = \lim_{x\to 0}\frac{\frac{\partial}{\partial x}(\int_0^x (1+\tan 3t)^{\frac{1}{t}}dt)}{1}$

藉由 Leibniz 微分公式

则 $\displaystyle\lim_{x\to 0}\frac{\frac{\partial}{\partial x}(\int_0^x (1+\tan 3t)^{\frac{1}{t}}dt)}{1} = \lim_{x\to 0}\frac{(1+\tan 3x)^{\frac{1}{x}}}{1} = \lim_{x\to 0}\left(1+\frac{\tan 3x}{3x}\cdot 3x\right)^{\frac{1}{x}} = e^3$

(2)

藉由罗比达法则 $\displaystyle\lim_{h\to 0}\frac{\int_5^{5+h} e^{-x^3}dx}{h} = \lim_{h\to 0}\frac{\frac{\partial}{\partial h}(\int_5^{5+h} e^{-x^3}dx)}{1}$

藉由 Leibniz 微分公式 $\displaystyle\lim_{h\to 0}\frac{\frac{\partial}{\partial h}(\int_5^{5+h} e^{-x^3}dx)}{1} = \lim_{h\to 0}\frac{e^{-(5+h)^3}}{1} = e^{-125}$

Example 12.

求 $\displaystyle\frac{d}{dx}\int_{\frac{1}{x}}^{\frac{2}{x}}\frac{\sin xt}{t}dt = ?$

【解】

$$\frac{d}{dx}\int_{\frac{1}{x}}^{\frac{2}{x}}\frac{\sin xt}{t}dt = \frac{\sin x\cdot\frac{2}{x}}{\frac{2}{x}}\left(-\frac{2}{x^2}\right) - \frac{\sin x\cdot\frac{1}{x}}{\frac{1}{x}}\left(-\frac{1}{x^2}\right) + \int_{\frac{1}{x}}^{\frac{2}{x}}\cos xt\,dt$$

$$= -\frac{\sin 2}{x} + \frac{\sin 1}{x} + \frac{\sin xt}{x}\Big|_{t=\frac{1}{x}}^{t=\frac{2}{x}} = 0$$

Example 13.

(1)求 $\displaystyle\lim_{x\to 0}\frac{1}{x^8}\int_0^{x^2}\tan t^3 dt = ?$

(2)求 $\displaystyle\lim_{x\to 0}\frac{1}{x^4}\int_{x^4}^{x^5}\sqrt{4+t^4}dt = ?$

(3) 求 $\displaystyle\lim_{x \to 0}\frac{\int_0^{2x}\sin t\cos t\,dt}{x^2}=?$

【解】

(1)

藉由罗比达法则 $\displaystyle\lim_{x \to 0}\frac{1}{x^8}\int_0^{x^2}\tan t^3\,dt=\lim_{x \to 0}\frac{\frac{\partial}{\partial x}(\int_0^{x^2}\tan t^3\,dt)}{8x^7}$

藉由 Leibniz 微分公式则 $\displaystyle\lim_{x \to 0}\frac{\frac{\partial}{\partial x}(\int_0^{x^2}\tan t^3\,dt)}{8x^7}=\lim_{x \to 0}\frac{2x\tan x^6}{8x^7}=\lim_{x \to 0}\frac{\tan x^6}{4x^6}=\frac{1}{4}$

(2)

藉由罗比达法则 $\displaystyle\lim_{x \to 0}\frac{1}{x^4}\int_{x^4}^{x^5}\sqrt{4+t^4}\,dt=\lim_{x \to 0}\frac{\frac{\partial}{\partial x}\int_{x^4}^{x^5}\sqrt{4+t^4}\,dt}{4x^3}$

藉由 Leibniz 微分公式 则 $\displaystyle\lim_{x \to 0}\frac{\frac{\partial}{\partial x}\int_{x^4}^{x^5}\sqrt{4+t^4}\,dt}{4x^3}$

$=\displaystyle\lim_{x \to 0}\frac{\sqrt{4+x^{20}}(5x^4)-\sqrt{4+x^{16}}(4x^3)}{4x^3}=\lim_{x \to 0}\frac{5x}{4}\sqrt{4+x^{20}}-\sqrt{4+x^{16}}=-2$

(3)

藉由罗比达法则 $\displaystyle\lim_{x \to 0}\frac{\int_0^{2x}\sin t\cos t\,dt}{x^2}=\lim_{x \to 0}\frac{\frac{\partial}{\partial x}\int_0^{2x}\sin t\cos t\,dt}{2x}$

藉由 Leibniz 微分公式 $\displaystyle\lim_{x \to 0}\frac{\frac{\partial}{\partial x}\int_0^{2x}\sin t\cos t\,dt}{2x}=2\lim_{x \to 0}\frac{\sin 2x\cos 2x}{2x}=2$

Example 14.

(1) 求 $\displaystyle\frac{d}{dx}\int_{x^4}^{x^5}e^{t^2}\,dt=?$

(2) 求 $\displaystyle\frac{\partial}{\partial x}\int_{x^2y^2}^{x^3y^3}x^2te^{t^2}\,dt=?$

【解】

(1)

藉由 Leibniz 微分公式则 $\dfrac{d}{dx}\displaystyle\int_{x^4}^{x^5} e^{t^2}dt = e^{(x^5)^2}\cdot 5x^4 - e^{(x^4)^2}\cdot 4x^3$

(2)

$$\because \frac{\partial}{\partial x}\int_{x^2y^2}^{x^3y^3} x^2 t e^{t^2}dt = \frac{\partial}{\partial x}\left(x^2\int_{x^2y^2}^{x^3y^3} t e^{t^2}dt\right) = 2x\int_{x^2y^2}^{x^3y^3} t e^{t^2}dt + x^2\frac{\partial}{\partial x}\int_{x^2y^2}^{x^3y^3} t e^{t^2}dt$$

$$\because \int_{x^2y^2}^{x^3y^3} t e^{t^2}dt = \frac{e^{t^2}}{2}\bigg|_{x^2y^2}^{x^3y^3} = \frac{e^{x^6y^6} - e^{x^4y^4}}{2}$$

$$\therefore \frac{\partial}{\partial x}\left(\int_{x^2y^2}^{x^3y^3} t e^{t^2}dt\right) = 3x^5y^6 e^{x^6y^6} - 2x^3y^4 e^{x^4y^4}$$

$$\therefore \frac{\partial}{\partial x}\int_{x^2y^2}^{x^3y^3} x^2 t e^{t^2}dt = 2x\left(\frac{e^{x^6y^6} - e^{x^4y^4}}{2}\right) + x^2\left(3x^5y^6 e^{x^6y^6} - 2x^3y^4 e^{x^4y^4}\right)$$

Example 15.

(1) 求 $\displaystyle\lim_{x\to 0}\frac{\int_0^{x^2}\tan t^3\, dt}{x^8} =?$

(2) 求 $\displaystyle\lim_{x\to 0^+}\frac{\int_0^{\tan x}\sqrt[3]{t}\,dt}{\int_0^{\sin x}\sqrt[3]{t}\,dt} =?$

【解】

(1)

藉由罗比达法则 $\displaystyle\lim_{x\to 0}\frac{\int_0^{x^2}\tan t^2\, dt}{x^8} = \lim_{x\to 0}\frac{\frac{\partial}{\partial x}\int_0^{x^2}\tan t^3\, dt}{8x^7}$

藉由 Leibniz 微分公式 $\displaystyle\lim_{x\to 0}\frac{\frac{\partial}{\partial x}\int_0^{x^2}\tan t^3\, dt}{8x^7} = \lim_{x\to 0}\frac{2x\tan x^6}{8x^7} = \frac{1}{4}$

(2)

藉由罗比达法则 $\displaystyle\lim_{x\to 0^+}\frac{\int_0^{\tan x}\sqrt[3]{t}\,dt}{\int_0^{\sin x}\sqrt[3]{t}\,dt} = \lim_{x\to 0}\frac{\frac{\partial}{\partial x}\int_0^{\tan x}\sqrt[3]{t}\,dt}{\frac{\partial}{\partial x}\int_0^{\sin x}\sqrt[3]{t}\,dt}$

藉由 Leibniz 微分公式 $\displaystyle\lim_{x\to 0}\frac{\frac{\partial}{\partial x}\int_0^{\tan x}\sqrt[3]{t}\,dt}{\frac{\partial}{\partial x}\int_0^{\sin x}\sqrt[3]{t}\,dt} = \lim_{x\to 0}\frac{\sqrt[3]{\tan x}\,\sec^2 x}{\sqrt[3]{\sin x}\,\cos x} = 1$

Example 16.

$$\text{求 } \lim_{x\to\infty} \sqrt{x}\, e^{-x} \int_3^{\sqrt{x}} e^{t^2}\, dt = ?$$

【解】

藉由罗比达法则 $\lim_{x\to\infty} \sqrt{x}\, e^{-x} \int_3^{\sqrt{x}} e^{t^2}\, dt = \lim_{x\to\infty} \dfrac{\sqrt{x}\int_3^{\sqrt{x}} e^{t^2}\, dt}{e^x} = \lim_{x\to\infty} \dfrac{\frac{\partial}{\partial x}\left(\sqrt{x}\int_3^{\sqrt{x}} e^{t^2}\, dt\right)}{\frac{\partial}{\partial x} e^x}$

藉由 Leibniz 微分公式

$$\lim_{x\to\infty} \dfrac{\frac{\partial}{\partial x}\left(\sqrt{x}\int_3^{\sqrt{x}} e^{t^2}\, dt\right)}{\frac{\partial}{\partial x} e^x} = \lim_{x\to\infty} \dfrac{\frac{x^{-\frac{1}{2}}}{2}\int_3^{\sqrt{x}} e^{t^2}\, dt + \sqrt{x}\, e^x\left(\frac{1}{2}x^{-\frac{1}{2}}\right)}{e^x} = \frac{1}{2} + \lim_{x\to\infty} \dfrac{\int_3^{\sqrt{x}} e^{t^2}\, dt}{2e^x x^{\frac{1}{2}}}$$

$$= \frac{1}{2} + \lim_{x\to\infty} \dfrac{e^x\left(\frac{1}{2}x^{-\frac{1}{2}}\right)}{2\left(e^x x^{\frac{1}{2}} + \frac{1}{2}e^x x^{-\frac{1}{2}}\right)} = \frac{1}{2}$$

Example 17.

$$(1)\text{假设 } F(x) = \int_1^x f(t)\, dt \text{ 且 } f(t) = \int_1^{t^3} \frac{\sqrt{1+u^3}}{u}\, du,\ \text{求 } F''(2) = ?$$

$$(2)\text{求 } \frac{d^2}{dx^2} \int_0^x \left(\int_1^{\sin t} \sqrt{3+u^5}\, du\right) dt = ?$$

【解】

(1)

$$\because F(x) = \int_1^x f(t)\, dt \quad \therefore F'(x) = f(x) = \int_1^{x^3} \frac{\sqrt{1+u^3}}{u}\, du$$

$$\therefore F''(x) = f'(x) = \frac{\sqrt{1+x^9}}{x^3}\cdot 3x^2 = \frac{3\sqrt{1+x^9}}{x} \Rightarrow F''(2) = \frac{3\sqrt{513}}{2}$$

(2)

$$\frac{d^2}{dx^2} \int_0^x \left(\int_1^{\sin t} \sqrt{3+u^5}\, du\right) dt = \frac{d}{dx}\left(\frac{d}{dx} \int_0^x \left(\int_1^{\sin t} \sqrt{3+u^5}\, du\right) dt\right)$$

$$= \frac{d}{dx}\left(\int_1^{\sin x} \sqrt{3+u^5}\, du\right) = \cos x \sqrt{3+\sin^5 x}$$

Example 18.

$$(1)\ 求\ \lim_{x \to 0} \frac{x - \int_0^x \cos t^2\, dt + x^5}{6 \sin^{-1} x - 6x - x^3} = ?$$

$$(2)\ 求\ \lim_{x \to 0^+} \frac{\int_0^{\tan x} \sqrt[3]{\sin t}\, dt}{\int_0^{\sin x} \sqrt[3]{\tan t}\, dt} = ?$$

【解】

(1)

藉由罗比达法则　$\displaystyle \lim_{x \to 0} \frac{x - \int_0^x \cos t^2\, dt + x^5}{6 \sin^{-1} x - 6x - x^3} = \lim_{x \to 0} \frac{\frac{\partial}{\partial x}\left(x - \int_0^x \cos t^2\, dt + x^5\right)}{\frac{6}{\sqrt{1-x^2}} - 6 - 3x^2}$

藉由 Leibniz 微分公式与罗比达法则

$$\lim_{x \to 0} \frac{\frac{\partial}{\partial x}\left(x - \int_0^x \cos t^2\, dt + x^5\right)}{\frac{6}{\sqrt{1-x^2}} - 6 - 3x^2} = \lim_{x \to 0} \frac{1 - \cos x^2 + 5x^4}{\frac{6}{\sqrt{1-x^2}} - 6 - 3x^2} = \lim_{x \to 0} \frac{2x \sin x^2 + 20x^3}{6x(1-x^2)^{-\frac{3}{2}} - 6x}$$

$$= \lim_{x \to 0} \frac{2 \sin x^2 + 20x^2}{6(1-x^2)^{-\frac{3}{2}} - 6} = \lim_{x \to 0} \frac{4x\cos x^2 + 40x}{18x(1-x^2)^{-\frac{5}{2}}} = \lim_{x \to 0} \frac{4\cos x^2 + 40}{18(1-x^2)^{-\frac{5}{2}}} = \frac{22}{9}$$

(2)

藉由罗比达法则　$\displaystyle \lim_{x \to 0^+} \frac{\int_0^{\tan x} \sqrt[3]{\sin t}\, dt}{\int_0^{\sin x} \sqrt[3]{\tan t}\, dt} = \lim_{x \to 0^+} \frac{\frac{\partial}{\partial x}\int_0^{\tan x} \sqrt[3]{\sin t}\, dt}{\frac{\partial}{\partial x}\int_0^{\sin x} \sqrt[3]{\tan t}\, dt}$

藉由 Leibniz 微分公式　$\displaystyle \lim_{x \to 0^+} \frac{\frac{\partial}{\partial x}\int_0^{\tan x} \sqrt[3]{\sin t}\, dt}{\frac{\partial}{\partial x}\int_0^{\sin x} \sqrt[3]{\tan t}\, dt} = \lim_{x \to 0^+} \frac{\sqrt[3]{\sin \tan x}\, \sec^2 x}{\sqrt[3]{\tan \sin x}\, \cos x}$

$$\because \lim_{x \to 0^+} \frac{\sqrt[3]{\sin \tan x}}{\sqrt[3]{\tan \sin x}} = \lim_{x \to 0^+} \sqrt[3]{\frac{\sin \tan x}{\tan x}} \cdot \sqrt[3]{\frac{\tan x}{\sin x}} \cdot \sqrt[3]{\frac{\sin x}{\tan \sin x}} = \lim_{x \to 0^+} \sqrt[3]{\frac{\tan x}{\sin x}} = 1$$

$$\therefore \lim_{x \to 0^+} \frac{\sqrt[3]{\sin \tan x}\, \sec^2 x}{\sqrt[3]{\tan \sin x}\, \cos x} = \lim_{x \to 0^+} \frac{\sec^2 x}{\cos x} = 1$$

Example 19.

$$\text{求}\quad \lim_{x\to\infty}\frac{\int_0^{x^2} e^{t-x^2}(2t^2+3)dt}{x^4}=?$$

【解】

$$\because \int_0^{x^2} e^{t-x^2}(2t^2+3)dt = e^{-x^2}\int_0^{x^2} e^t(2t^2+3)dt$$

令 $u=2t^2+3,\ dv=e^t dt$ 则 $du=4t,\ v=e^t$, 藉由分部积分法

$$\text{则}\ e^{-x^2}\int_0^{x^2} e^t(2t^2+3)dt = e^{-x^2}\left((2x^4+3)e^{x^2}-3-4\int_0^{x^2} te^t dt\right)$$

$$= e^{-x^2}\left((2x^4+3)e^{x^2}-3-4\left(x^2 e^{x^2}-(e^{x^2}-1)\right)\right)$$

$$= (2x^4+3)-3e^{-x^2}-4\left(x^2-(1-e^{-x^2})\right)$$

$$\Rightarrow \lim_{x\to\infty}\frac{\int_0^{x^2} e^{t-x^2}(2t^2+1)dt}{x^4} = \lim_{x\to\infty}\frac{(2x^4+3)-3e^{-x^2}-4\left(x^2-(1-e^{-x^2})\right)}{x^4}=2$$

Example 20.

$$\text{设 } f(x) \text{ 为连续函数 且} \int_0^{x} f(u)du = -3+x^2+x\sin 2x+c\cos 2x$$

$$\text{求 (1) } c=?\quad (2)\ \int_{\frac{\pi}{4}}^{\frac{\pi}{2}} f(x)dx =?\quad (3)\ f'(\frac{\pi}{4})=?$$

【解】

(1)

$$\because 0 = \int_0^{0} f(u)du = -3+c\cos 0 = -3+c \quad \therefore c=3$$

(2)

$$\int_{\frac{\pi}{4}}^{\frac{\pi}{2}} f(x)dx = \int_0^{\frac{\pi}{2}} f(x)dx - \int_0^{\frac{\pi}{4}} f(x)dx$$

$$= -3 + \frac{\pi^2}{4} + \frac{\pi}{2}\sin\pi + 3\cos\pi - \left(-3 + \frac{\pi^2}{16} + \frac{\pi}{4}\sin\frac{\pi}{2} + 3\cos\frac{\pi}{2}\right) = \frac{3\pi^2}{16} - \frac{\pi}{4} - 3$$

(3)

$$\because f(x) = 2x + \sin 2x + 2x\cos 2x - 6\sin 2x = 2x - 5\sin 2x + 2x\cos 2x$$

$$\therefore f'(x) = 2 - 10\cos 2x + 2\cos 2x - 4x\sin 2x = 2 - 8\cos 2x - 4x\sin 2x$$

$$\therefore f'\left(\frac{\pi}{4}\right) = 2 - 8\cos\frac{\pi}{2} - \pi\sin\frac{\pi}{2} = 2 - \pi$$

Example 21.

$$(1)\text{假设 } F(x) = \int_{-\sqrt{x}}^{\sqrt{x}} e^{-\frac{t^2}{2}}dt, \quad \text{求 } F'(2)\text{的值}$$

$$(2)\text{假设 } F(x) = \int_{2}^{x^2} \frac{\sqrt{3t^2+1}}{t^2+1}dt, \quad \text{求 } F'(2)\text{的值}$$

【解】

(1)

藉由 Leibniz 微分公式

$$\text{则 } F'(x) = e^{-\frac{x}{2}}\left(\frac{1}{2}x^{-\frac{1}{2}}\right) - e^{-\frac{x}{2}}\left(-\frac{1}{2}x^{-\frac{1}{2}}\right) = e^{-\frac{x}{2}}\left(x^{-\frac{1}{2}}\right) \quad \therefore F'(2) = e^{-1}2^{-\frac{1}{2}}$$

(2)

$$\text{藉由 Leibniz 微分公式则 } F'(x) = \frac{\sqrt{3x^4+1}}{x^4+1}\cdot 2x \quad \therefore F'(2) = \frac{28}{17}$$

Example 22.

$$(1)\text{假设 } f(x) = \int_{0}^{x} (x-t)\cos^3 t\, dt, \quad \forall -\frac{\pi}{2} < x < \frac{3\pi}{2}, \quad \text{求} f(x)\text{的极值}$$

$$(2)\text{假设 } f(x) = \int_{0}^{x^2} (2t-1)dt, \quad \text{求 } f'(x) =?, \quad f(x)\text{的极值}$$

【解】

(1)

$$\because f(x) = \int_{0}^{x} (x-t)\cos^3 t\, dt = x\int_{0}^{x}\cos^3 t\, dt - \int_{0}^{x} t\cos^3 t\, dt$$

$$\therefore f'(x) = \int_{0}^{x}\cos^3 t\, dt + x\left(\frac{\partial}{\partial x}\int_{0}^{x}\cos^3 t\, dt\right) - \frac{\partial}{\partial x}\int_{0}^{x} t\cos^3 t\, dt$$

$$= \int_0^x \cos^3 t\, dt + x\cos^3 x - x\cos^3 x = \int_0^x \cos^3 t\, dt = \int_0^x (1 - \sin^2 t)\cos t\, dt$$

$$= \sin x - \frac{\sin^3 x}{3} = \sin x\left(1 - \frac{\sin^2 x}{3}\right)$$

令 $f'(x) = 0$ 则 $x = 0$ or π

$\because f''(x) = \cos^3 x \qquad \therefore f''(0) = 1 > 0$ 且 $f''(\pi) = -1 < 0$

$\therefore f(0) = 0$ 为相对极小值, $f(\pi)$ 为相对极大值

Claim: $f(\pi) = \dfrac{14}{9}$

$\because f(\pi) = \pi \int_0^\pi \cos^3 t\, dt - \int_0^\pi t\cos^3 t\, dt$ 且 $\int_0^\pi \cos^3 t\, dt = \sin x(1 - \dfrac{\sin^2 x}{3})\Big|_0^\pi = 0$

$\therefore f(\pi) = -\int_0^\pi t\cos^3 t\, dt$

$\because \int_0^\pi t\cos^3 t\, dt = \int_0^\pi t(1 - \sin^2 t)\cos t\, dt = \int_0^\pi t\cos t\, dt - \int_0^\pi t\sin^2 t \cos t\, dt$

藉由 Integration by parts 则 $\int_0^\pi t\cos t\, dt = t\sin t\big|_0^\pi - \int_0^\pi \sin t\, dt = -2$

藉由 Integration by parts

则 $-\int_0^\pi t\sin^2 t \cos t\, dt = -\dfrac{t}{3}\sin^3 t\Big|_0^\pi + \dfrac{1}{3}\int_0^\pi \sin^3 t\, dt = \dfrac{1}{3}\int_0^\pi \sin^3 t\, dt$

且 $\dfrac{1}{3}\int_0^\pi \sin^3 t\, dt = \dfrac{1}{3}\int_0^\pi (1 - \cos^2 t)\sin t\, dt = \dfrac{1}{3}\left(-\cos t + \dfrac{\cos^3 t}{3}\Big|_0^\pi\right) = \dfrac{4}{9}$

$\therefore f(\pi) = -\int_0^\pi t\cos^3 t\, dt = \dfrac{14}{9} \qquad \therefore f(x)$ 于 $x = \pi$ 有最大值 $\dfrac{14}{9}$

(2)

$\because f'(x) = (2x^2 - 1)2x = 4x^3 - 2x \Rightarrow f''(x) = 12x^2 - 2$

令 $f'(x) = 0$ 则 $x = 0, \pm\sqrt{\dfrac{1}{2}}$

$\because f''(x) = 12x^2 - 2 \qquad \therefore f''\left(\pm\sqrt{\dfrac{1}{2}}\right) = 4 > 0$ 且 $f''(0) = -2 < 0$

$$f(0) = 0 \text{ 为相对极大值 } \text{且} f\left(\pm\sqrt{\frac{1}{2}}\right) = \int_0^{\frac{1}{2}} (2t-1)\,dt = \frac{1}{4} - \frac{1}{2} = -\frac{1}{4} \text{ 为相对极小值}$$

Example 23.

$$\text{假设 } f(x) = \left(\int_0^x e^{-t^2}\,dt\right)^2, \quad g(x) = \int_0^1 \frac{e^{-x^2(t^2+1)}}{t^2+1}\,dt$$

(1) Show that $f'(x) + g'(x) = 0, \quad \forall\, x \in R$

(2) Use (1) to show that $f(x) + g(x) = \dfrac{\pi}{4}, \quad \forall\, x \in R$

【解】

(1)

$$\because f'(x) = 2\int_0^x e^{-t^2}\,dt\left(\frac{\partial}{\partial x}\int_0^x e^{-t^2}\,dt\right) = 2\left(\int_0^x e^{-t^2}\,dt\right)e^{-x^2}$$

$$\because g'(x) = \int_0^1 \frac{e^{-x^2(t^2+1)}}{t^2+1}(-2x(t^2+1))\,dt = e^{-x^2}\int_0^1 -2x e^{-x^2 t^2}\,dt$$

$$\text{令 } u = xt \text{ 则 } \frac{du}{x} = dt \qquad \therefore g'(x) = -2e^{-x^2}\int_0^x e^{-u^2}\,du$$

因此 $f'(x) + g'(x) = 0, \quad \forall\, x \in R$

(2)

$\because f'(x) + g'(x) = 0, \ \forall\, x \in R \qquad \therefore f(x) + g(x) = constant, \ \forall\, x \in R$

$$\therefore f(x) + g(x) = f(0) + g(0) = \left(\int_0^0 e^{-t^2}\,dt\right)^2 + \int_0^1 \frac{1}{t^2+1}\,dt = \tan^{-1} t\Big|_0^1 = \frac{\pi}{4}$$

Example 24.

$$\text{假设 } f(x) \text{满足 } 9 + \int_a^x \frac{f(t)}{t^2}\,dt = 3\sqrt[3]{x}, \text{ 求 } (1)\ f(x) =?\ (2)\ a =?$$

【解】

$$\because 9 + \int_a^x \frac{f(t)}{t^2}\,dt = 3\sqrt[3]{x}$$

$$\therefore \frac{d}{dx}\left(9 + \int_a^x \frac{f(t)}{t^2}\,dt\right) = \frac{d}{dx}\left(3\sqrt[3]{x}\right) \Rightarrow \frac{f(x)}{x^2} = x^{-\frac{2}{3}} \Rightarrow f(x) = x^{\frac{4}{3}}$$

$$令\ x = a\ \ 则\ 9 + \int_a^a \frac{f(t)}{t^2}\,dt = 3\sqrt[3]{a} \Rightarrow a = 27$$

Example 25.

$$求\ \lim_{n \to 0} \frac{1}{n} \int_3^{3+n} e^{-x^3}\,dx = ?$$

【解】

$$\lim_{n \to 0} \frac{\int_3^{3+n} e^{-x^3}\,dx}{n} = \lim_{n \to 0} \frac{e^{-(n+3)^3}}{1} = e^{-27}$$

Example 26.

$$假设\ x = \int_0^y \frac{1}{\sqrt{1 + 9t^2}}\,dt,\quad 求\ \frac{1}{y}\frac{d^2 y}{dx^2} = ?$$

【解】

$$\because x = \int_0^y \frac{1}{\sqrt{1 + 9t^2}}\,dt \qquad \therefore 1 = \frac{1}{\sqrt{1 + 9y^2}} \cdot \frac{dy}{dx} \Rightarrow \frac{dy}{dx} = \sqrt{1 + 9y^2}$$

$$\therefore \frac{d^2 y}{dx^2} = \frac{1}{2}(1 + 9y^2)^{-\frac{1}{2}} \cdot 18y \cdot \frac{dy}{dx} = 9y \Rightarrow \frac{1}{y}\frac{d^2 y}{dx^2} = 9$$

Example 27.

$$(1)假设\ f(x) = \int_3^x \frac{1}{\sqrt{1 + t^3}}\,dt,\quad 求\ (f^{-1})'(0) = ?$$

$$(2)假设\ f(x) = \int_{x^2}^3 \sqrt{5 + 3^t}\,dt,\, x \geq 0,\quad 求\ (f^{-1})'(0) = ?$$

【解】

(1)

$$\because (f^{-1})'(y) = \frac{1}{f'(x)},\quad 令\ f(x) = 0\ 则\ x = 3$$

$$\because f'(x) = \frac{1}{\sqrt{1 + x^3}} \qquad \therefore (f^{-1})'(0) = \sqrt{1 + x^3}\Big|_{x=3} = 2\sqrt{7}$$

(2)

$$\because (f^{-1})'(y) = \frac{1}{f'(x)}, \quad 令 f(x) = 0 \ 则 \ x = \sqrt{3}$$

$$\because f'(x) = -2x\sqrt{5 + 3^{x^2}} \quad \therefore (f^{-1})'(0) = \left.\frac{-1}{2x\sqrt{5 + 3^{x^2}}}\right|_{x=\sqrt{3}} = \frac{-1}{8\sqrt{6}}$$

Example 28.

$$假设 f(x) = \int_{2x}^{x^3+1} \frac{t^2}{\sqrt{10 + t^2}} dt, \quad 求 f'(1) =?$$

【解】

$$\because f(x) = \int_{2x}^{x^3+1} \frac{t^2}{\sqrt{10 + t^2}} dt \quad \therefore f'(x) = \frac{(x^3 + 1)^2 3x^2}{\sqrt{10 + (x^3 + 1)^2}} - \frac{(2x)^2 2}{\sqrt{10 + (2x)^2}} \Rightarrow f'(1) = \frac{4}{\sqrt{14}}$$

Example 29.

$$假设 f(x) = \int_{0}^{|x|} \frac{e^{2t}}{t + 3} dt, \quad 求 f'(-2) =?$$

【解】

$$\because f(x) = \int_{0}^{-x} \frac{e^{2t}}{t + 3} dt, \quad \forall x < 0 \quad \therefore f'(x) = -\frac{e^{-2x}}{-x + 3} \Rightarrow f'(-2) = -\frac{e^4}{5}$$

Example 30.

$$求 \ \lim_{x \to \infty} \frac{\int_{1}^{x} \ln t \, dt}{x \ln x} =?$$

【解】

$$藉由罗比达法则 \ \lim_{x \to \infty} \frac{\int_{1}^{x} \ln t \, dt}{x \ln x} = \lim_{x \to \infty} \frac{\frac{\partial}{\partial x} \int_{1}^{x} \ln t \, dt}{1 + \ln x}$$

$$藉由 \ Leibniz \ 微分公式 \ \frac{\partial}{\partial x} \int_{1}^{x} \ln t \, dt = \ln x \quad \therefore \lim_{x \to \infty} \frac{\frac{\partial}{\partial x} \int_{1}^{x} \ln t \, dt}{1 + \ln x} = \lim_{x \to \infty} \frac{\ln x}{1 + \ln x}$$

$$藉由罗比达法则 \ \lim_{x \to \infty} \frac{\ln x}{1 + \ln x} = 1 \Rightarrow \lim_{x \to \infty} \frac{\int_{1}^{x} \ln t \, dt}{x \ln x} = 1$$

Example 31.

$$求 \int_0^1 \frac{x^\alpha - 1}{\ln x}\, dx \ =?, \quad \forall\, \alpha \geq 0$$

【解】

$$令\ F(\alpha) = \int_0^1 \frac{x^\alpha - 1}{\ln x}\, dx \quad 则\ F'(\alpha) = \int_0^1 \frac{\partial}{\partial \alpha}\left(\frac{x^\alpha - 1}{\ln x}\right) dx$$

$$\because \frac{\partial}{\partial \alpha}\left(\frac{x^\alpha - 1}{\ln x}\right) = \frac{x^\alpha \ln x}{\ln x} = x^\alpha \therefore F'(\alpha) = \int_0^1 \frac{\partial}{\partial \alpha}\left(\frac{x^\alpha - 1}{\ln x}\right) dx = \int_0^1 x^\alpha dx = \frac{1}{\alpha + 1}$$

$$\therefore F(\alpha) = \ln(\alpha + 1) + c, \quad \because F(0) = 0 \quad \therefore c = 0 \Rightarrow F(\alpha) = \ln(\alpha + 1)$$

Example 32.

$$求 \int_0^\infty e^{-x^2} \cos \alpha x\, dx \ =?$$

【解】

$$令\ F(\alpha) = \int_0^\infty e^{-x^2} \cos \alpha x\, dx \quad 则\ F'(\alpha) = \int_0^\infty \frac{\partial}{\partial \alpha}\left(e^{-x^2} \cos \alpha x\right) dx = -\int_0^\infty x e^{-x^2} \sin \alpha x\, dx$$

$$令\ u = \sin \alpha x, \quad dv = x e^{-x^2} dx \quad 则\ du = \alpha \cos \alpha x\, dx, \quad v = -\frac{e^{-x^2}}{2}$$

藉由 Integration by parts

$$-\int_0^\infty x e^{-x^2} \sin \alpha x\, dx = \left.\frac{e^{-x^2} \sin \alpha x}{2}\right|_0^\infty - \int_0^\infty \frac{e^{-x^2} \alpha \cos \alpha x}{2}\, dx = -\frac{\alpha F(\alpha)}{2}$$

$$\therefore F'(\alpha) = -\frac{\alpha F(\alpha)}{2} \Rightarrow F(\alpha) = c e^{-\frac{\alpha^2}{4}}, \quad \because F(0) = \frac{\sqrt{\pi}}{2} \quad \therefore F(\alpha) = \frac{\sqrt{\pi}}{2} e^{-\frac{\alpha^2}{4}}$$

5.4 瑕积分

5.4.1 　瑕积分的定义与收敛

【定义】瑕积分的定义

$\int_a^b f(x)dx$ 为瑕积分 if any of the following hold:

(i) $a = -\infty$ or $b = \infty$

(ii) $\exists\, c \in [a,b]$ s.t. $\lim\limits_{x \to c^-} |f(c)| = \infty$ or $\lim\limits_{x \to c^+} |f(c)| = \infty$

【定义】 瑕积分的类型定义

(i) a、b 至少有一個为 $\pm\infty$时，称 $\int_a^b f(x)dx$ 为第一类瑕积分

(ii) $\exists\, c \in [a,b]$ s.t. $f(c) = \pm\infty$（c 为临界点），称 $\int_a^b f(x)dx$ 为第二类瑕积分

(iii) 同时为第一类与第二类瑕积分，称 $\int_a^b f(x)dx$ 为第三类瑕积分

【定义】 瑕积分收敛与发散的定义

(i) $\int_a^\infty f(x)dx := \lim\limits_{b \to \infty} \int_a^b f(x)dx$ 且 $\lim\limits_{b \to \infty} \int_a^b f(x)dx$ 存在 $\Leftrightarrow$ $\int_a^\infty f(x)dx$ 收敛

再者,若 $\int_a^\infty |f(x)|dx$ 收敛 则称 $\int_a^\infty f(x)dx$ 绝对收敛

若 $\int_a^\infty f(x)dx$ 收敛 且 $\int_a^\infty |f(x)|dx$ 发散 则称 $\int_a^\infty f(x)dx$ 条件收敛

(ii) $\int_{-\infty}^b f(x)dx := \lim\limits_{a \to -\infty} \int_a^b f(x)dx$ 且 $\lim\limits_{a \to -\infty} \int_a^b f(x)dx$ 存在 $\Leftrightarrow$ $\int_{-\infty}^b f(x)dx$ 收敛

再者,若 $\int_{-\infty}^b |f(x)|dx$ 收敛 则称 $\int_{-\infty}^b f(x)dx$ 绝对收敛

若 $\int_{-\infty}^b f(x)dx$ 收敛 且 $\int_{-\infty}^b |f(x)|dx$ 发散 则称 $\int_{-\infty}^b f(x)dx$ 条件收敛

(iii) $\int_{-\infty}^\infty f(x)dx := \lim\limits_{a \to -\infty} \int_a^c f(x)dx + \lim\limits_{b \to \infty} \int_c^b f(x)dx$ 且

$\lim\limits_{a \to -\infty} \int_a^c f(x)dx$ 与 $\lim\limits_{b \to \infty} \int_c^b f(x)dx$ 皆存在 $\Leftrightarrow$ $\int_{-\infty}^\infty f(x)dx$ 收敛

再者,若 $\int_{-\infty}^\infty |f(x)|dx$ 收敛 则称 $\int_{-\infty}^\infty f(x)dx$ 绝对收敛

若 $\displaystyle\int_{-\infty}^{\infty} f(x)dx$ 收敛且 $\displaystyle\int_{-\infty}^{\infty} |f(x)|dx$ 发散 则称 $\displaystyle\int_{-\infty}^{\infty} f(x)dx$ 条件收敛

(iv)Assume $\exists\, c \in [a, b]$ s.t. $\displaystyle\lim_{x\to c^-} |f(c)| = \infty$ or $\displaystyle\lim_{x\to c^+} |f(c)| = \infty$. Then

$$\int_a^b f(x)dx := \lim_{s\to c^-} \int_a^s f(x)dx + \lim_{t\to c^+} \int_t^b f(x)dx \ \text{且}$$

$$\lim_{s\to c^-} \int_a^s f(x)dx \ \text{与} \ \lim_{t\to c^+} \int_t^b f(x)dx \ \text{皆存在} \Leftrightarrow \int_a^b f(x)dx \ \text{收敛}$$

再者,若 $\displaystyle\int_a^b |f(x)|dx$ 收敛 则称 $\displaystyle\int_a^b f(x)dx$ 绝对收敛

若 $\displaystyle\int_a^b f(x)dx$ 收敛且 $\displaystyle\int_a^b |f(x)|dx$ 发散 则称 $\displaystyle\int_a^b f(x)dx$ 条件收敛

5.4.2　瑕积分的考试类型与相关定理

瑕积分的考试类型，可区分为两大类：

(i) 求 $\displaystyle\int_a^b f(x)dx$ 瑕积分的值

从瑕积分收敛与发散的定义，可观察出求瑕积分的值等于先求定积分再取极限值的问题；之前定积分的考试类型大致可分为：使用变量代换法、使用分部积分法、求有理式函数的定积分、求无理式函数的定积分、使用半角代换法；再者，取极限值的问题，可分为直接带入型、消掉共同项再取极限的有理式型、把式子有理化再取极限的类型、x趋近于无穷大时求极限…等；因此，瑕积分的考试类型可思考成这两大类问题的所有组合。

求瑕积分的值 ＝ 计算定积分的值 ＋ 取极限值的问题

(ii)判断 $\displaystyle\int_a^b f(x)dx$ 瑕积分收敛或发散

底下介绍两个定理帮助判断瑕积分的收敛与发散，分别为 Comparison test 与 Quotient test，遇到第一类或第二类瑕积分时，读者应找出 Comparison test 或 Quotient test 当中的$g(x)$满足其定理的条件，以帮助判断 $\displaystyle\int_a^b f(x)dx$ 的收敛或发散，一般而言，$\displaystyle\int_a^b g(x)dx$的收敛或

发散，相对应该较容易判断；当$\displaystyle\int_a^b f(x)dx$为第三类瑕积分时，先将瑕积分拆解为第一类

瑕积分与第二类瑕积分，接着设法找出 Comparison test 或 Quotient test 当中各自的 $g(x)$ 满足其条件；如果无法找出适当的 $g(x)$ 搭配这两定理检验，也可直接藉由计算瑕积分的值判断收敛或发散；此外，如果无法找出 Comparison test 或 Quotient test 当中的 $g(x)$ 满足其定理的条件，也可尝试先将积分做转换，方法包含：变数代换法、分部积分法…等，之后再找适当的 $g(x)$ 满足 Comparison test 或 Quotient test 的条件。

【**Lemma**】(Any bounded monotone function has finite one-sided limit)

Let $f(x)$ be an increasing function on (a, ∞). Assume $\exists M > 0$ s.t. $f(x) \leq M, \forall x \in (a, \infty)$,

then $\lim_{x \to \infty} f(x)$ exists and $\lim_{x \to \infty} f(x) \leq M$

Proof:

Let $S = \{y : y = f(x) \text{ for } x > a\}$

$\because S$ is bounded by M and every bounded set has a least upper bound

Let s be the least upper bounded of S and let $\varepsilon > 0$

then $\exists x_0 > a$ s.t. $s - \varepsilon < f(x_0) \leq f(x) \leq s, \ \forall x > x_0$ $\because \lim_{x \to \infty} f(x)$ exists and $\lim_{x \to \infty} f(x) = s$

【**定理**】Comparison test（第一类瑕积分）

当 $\displaystyle\int_a^\infty f(x)dx$ 与 $\displaystyle\int_a^\infty g(x)dx$ 皆为第一类瑕积分时，

若 $0 \leq f(x) \leq g(x), \ \forall x > a$ 则

(i) $\displaystyle\int_a^\infty g(x)dx$ converges $\Rightarrow \displaystyle\int_a^\infty f(x)dx$ converges

(ii) $\displaystyle\int_a^\infty f(x)dx$ diverges $\Rightarrow \displaystyle\int_a^\infty g(x)dx$ diverges

Proof:

Claim: $\displaystyle\int_a^\infty g(x)dx$ converges $\Rightarrow \displaystyle\int_a^\infty f(x)dx$ converges

Let $F(t) = \displaystyle\int_a^t f(x)dx$ and $G(t) = \displaystyle\int_a^t g(x)dx$

$\because 0 \leq f(x) \leq g(x), \ \forall a \leq x \leq b \therefore F(t)$ and $G(t)$ are increasing and $F(t) \leq G(t), \ \forall t > a$

$\because \lim_{t \to \infty} G(t)$ exists $\therefore$ Let $M = \lim_{t \to \infty} G(t)$ then $F(t) \leq M, \ \forall t \in (a, \infty)$

$\because$ Any bounded monotone function has finite one-sided limit

$\therefore \lim_{t \to \infty} F(t)$ exists $\Rightarrow \displaystyle\int_a^{\infty} f(x)dx$ converges

$\therefore \displaystyle\int_a^{\infty} g(x)dx$ converges $\Rightarrow \displaystyle\int_a^{\infty} f(x)dx$ converges

$\therefore \displaystyle\int_a^{\infty} f(x)dx$ diverges $\Rightarrow \displaystyle\int_a^{\infty} g(x)dx$ diverges

【定理】Comparison test（第二类瑕积分）

当 $\displaystyle\int_a^b f(x)dx$ 与 $\displaystyle\int_a^b g(x)dx$ 皆为第二类瑕积分时

Assume that $\lim_{x \to b} f(x) = \lim_{x \to b} g(x) = \infty$. 若 $0 \leq f(x) \leq g(x)$, $\forall\, a \leq x \leq b$ 则

(i) $\displaystyle\int_a^b g(x)dx$ converges $\Rightarrow \displaystyle\int_a^b f(x)dx$ converges

(ii) $\displaystyle\int_a^b f(x)dx$ diverges $\Rightarrow \displaystyle\int_a^b g(x)dx$ diverges

<u>Proof:</u>

Claim: $\displaystyle\int_a^b g(x)dx$ converges $\Rightarrow \displaystyle\int_a^b f(x)dx$ converges

Let $F(t) = \displaystyle\int_a^t f(x)dx$ and $G(t) = \displaystyle\int_a^t g(x)dx$

$\because 0 \leq f(x) \leq g(x)$, $\forall\, a \leq x \leq b$ and $\displaystyle\int_a^t f(x)dx \leq \int_a^t g(x)dx$

$\therefore F(t)$ and $G(t)$ are increasing and $F(t) \leq G(t)$, $\forall\, a \leq t \leq b$

$\because \lim_{t \to b} G(t)$ exists $\quad \therefore$ Let $M = \lim_{t \to b} \displaystyle\int_a^t g(x)dx$ then $F(t) \leq M$, $\forall t \in (a, b)$

$\because$ Any bounded monotone function has finite one-sided limit

$\therefore \lim_{t \to b} F(t)$ exists $\Rightarrow \displaystyle\int_a^b f(x)dx$ converges

$\therefore \displaystyle\int_a^{\infty} g(x)dx$ converges $\Rightarrow \displaystyle\int_a^{\infty} f(x)dx$ converges

$\therefore \displaystyle\int_a^b f(x)dx$ diverges $\Rightarrow \displaystyle\int_a^b g(x)dx$ diverges

【定理】Quotient test（第一类瑕积分）

当 $\displaystyle\int_a^\infty f(x)dx$ 与 $\displaystyle\int_a^\infty g(x)dx$ 皆为第一类瑕积分时

若 $f(x) \geq 0,\ g(x) \geq 0$ 且 $\displaystyle\lim_{x\to\infty}\frac{f(x)}{g(x)} = L$ 则

(i) As $0 < L < \infty$, $\displaystyle\int_a^\infty g(x)dx$ converges $\Leftrightarrow \displaystyle\int_a^\infty f(x)dx$ converges

(ii) As $L = 0$, $\displaystyle\int_a^\infty g(x)dx$ converges $\Rightarrow \displaystyle\int_a^\infty f(x)dx$ converges

(iii) As $L = \infty$, $\displaystyle\int_a^\infty g(x)dx$ diverges $\Rightarrow \displaystyle\int_a^\infty f(x)dx$ diverges

Proof:

(i)

Claim: As $0 < L < \infty$, $\displaystyle\int_a^\infty g(x)dx$ converges $\Leftrightarrow \displaystyle\int_a^\infty f(x)dx$ converges

$\because \displaystyle\lim_{x\to\infty}\frac{f(x)}{g(x)} = L,\quad$ choose $M_1 \in N$ s.t. $x > M_1 \Rightarrow \left|\dfrac{f(x)}{g(x)} - L\right| < \dfrac{L}{2}$

$\therefore \dfrac{L}{2}g(x) < f(x) < \dfrac{3L}{2}g(x),\ \forall\, x > M_1$

Let $F(t) = \displaystyle\int_a^t f(x)dx$ and $G(t) = \displaystyle\int_a^t g(x)dx$,

Claim: $\displaystyle\int_a^\infty g(x)dx$ converges $\Rightarrow \displaystyle\int_a^\infty f(x)dx$ converges

$\because f(x) \geq 0$ and $g(x) \geq 0 \quad \therefore F(t)$ and $G(t)$ are increasing

$\because f(x) < \dfrac{3L}{2}g(x),\ \forall\, x > M_1 \ \therefore F(t) - F(M_1) < \dfrac{3L}{2}\big(G(t) - G(M_1)\big),\ \forall\, t > M_1$

$\because \displaystyle\lim_{t\to\infty} G(t)$ exists $\ \therefore$ Let $M = \displaystyle\lim_{t\to\infty} G(t)$ then $F(t) \leq \dfrac{3L}{2}\big(M - G(M_1)\big) + F(M_1),\forall\, t > a$

$\because$ Any bounded monotone function has finite one-sided limit

$\therefore \displaystyle\lim_{t\to\infty} F(t)$ exists $\Rightarrow \displaystyle\int_a^\infty f(x)dx$ converges

$\therefore \displaystyle\int_a^\infty g(x)dx$ converges $\Rightarrow \displaystyle\int_a^\infty f(x)dx$ converges

Claim: $\displaystyle\int_a^\infty f(x)dx$ converges $\Rightarrow \displaystyle\int_a^\infty g(x)dx$ converges

$\because f(x) \geq 0$ and $g(x) \geq 0$　$\therefore F(t)$ and $G(t)$ are increasing

$\because \dfrac{L}{2}g(x) < f(x),\ \forall x > M_1$　$\therefore \dfrac{L}{2}\big(G(t) - G(M_1)\big) < F(t) - F(M_1),\ \forall t > M_1$

$\because \lim\limits_{t\to\infty} F(t)$ exists　$\therefore$ Let $\mathrm{M} = \lim\limits_{t\to\infty} F(t)$ then $G(t) \leq \dfrac{2}{L}\big(\mathrm{M} - F(M_1)\big) + G(M_1), \forall t > a$

$\because$ Any bounded monotone function has finite one-sided limit

$\therefore \lim\limits_{t\to\infty} G(t)$ exists $\Rightarrow \displaystyle\int_a^\infty g(x)dx$ converges

$\therefore \displaystyle\int_a^\infty f(x)dx$ converges $\Rightarrow \displaystyle\int_a^\infty g(x)dx$ converges

(ii)

Claim: As $L = 0$, $\displaystyle\int_a^\infty g(x)dx$ converges $\Rightarrow \displaystyle\int_a^\infty f(x)dx$ converges

$\because \lim\limits_{x\to\infty} \dfrac{f(x)}{g(x)} = 0$, choose $M_1 \in N$ s.t. $x > M_1 \Rightarrow \left|\dfrac{f(x)}{g(x)}\right| < 1$　$\therefore f(x) < g(x),\ \forall x > M_1$

Let $F(t) = \displaystyle\int_a^t f(x)dx$ and $G(t) = \displaystyle\int_a^t g(x)dx$,

$\because f(x) \geq 0$ and $g(x) \geq 0$　$\therefore F(t)$ and $G(t)$ are increasing

$\because f(x) < g(x),\ \forall x > M_1$　$\therefore F(t) - F(M_1) \leq G(t) - G(M_1),\ \forall t > M_1$

$\because \lim\limits_{t\to\infty} G(t)$ exists　$\therefore$ Let $\mathrm{M}_2 = \lim\limits_{t\to\infty} G(t)$ then $F(t) \leq \mathrm{M}_2 - G(M_1) + F(M_1),\ \forall t > a$

$\because$ Any bounded monotone function has finite one-sided limit

$\therefore \lim\limits_{t\to\infty} F(t)$ exists $\Rightarrow \displaystyle\int_a^\infty f(x)dx$ converges

$\therefore$ As $L = 0$, $\displaystyle\int_a^\infty g(x)dx$ converges $\Rightarrow \displaystyle\int_a^\infty f(x)dx$ converges

(iii)

Claim: As $L = \infty$, $\displaystyle\int_a^\infty g(x)dx$ diverges $\Rightarrow \displaystyle\int_a^\infty f(x)dx$ diverges

$\because \lim\limits_{x\to\infty} \dfrac{f(x)}{g(x)} = \infty$, choose $M \in N$ s.t. $x > M \Rightarrow 1 < \left|\dfrac{f(x)}{g(x)}\right|$　$\therefore f(x) > g(x),\ \forall x > M$

Let $F(t) = \int_a^t f(x)dx$ and $G(t) = \int_a^t g(x)dx$

$\because 0 < g(x) < f(x), \forall x > M$ $\therefore G(t) - G(M) \leq F(t) - F(M),\ \forall t > M$

$\because \lim_{t \to \infty} G(t) = \infty$ $\therefore \lim_{t \to \infty} F(t) = \infty \Rightarrow \int_a^\infty f(x)dx$ diverges

$\therefore$ As $L = \infty,\ \int_a^\infty g(x)dx$ diverges $\Rightarrow \int_a^\infty f(x)dx$ diverges

【定理】Quotient test（第二类瑕积分）

当 $\int_a^b f(x)dx$ 与 $\int_a^b g(x)dx$ 皆为第二类瑕积分时

假设 $\lim_{x \to b} f(x) = \lim_{x \to b} g(x) = \infty$, 若 $f(x) \geq 0$, $g(x) \geq 0$ 且 $\lim_{x \to b} \dfrac{f(x)}{g(x)} = L$ 则

(i)As $0 < L < \infty,\ \int_a^b g(x)dx$ converges $\Leftrightarrow \int_a^b f(x)dx$ converges

(ii)As $L = 0,\ \int_a^b g(x)dx$ converges $\Rightarrow \int_a^b f(x)dx$ converges

(iii)As $L = \infty,\ \int_a^b g(x)dx$ diverges $\Rightarrow \int_a^b f(x)dx$ diverges

Proof:

(i)

Claim: As $0 < L < \infty,\ \int_a^b g(x)dx < \infty \Leftrightarrow \int_a^b f(x)dx < \infty$

$\because \lim_{x \to b} \dfrac{f(x)}{g(x)} = L,$ choose $\delta > 0$ s.t. $0 < |x - b| < \delta \Rightarrow \left|\dfrac{f(x)}{g(x)} - L\right| < \dfrac{L}{2}$

$\therefore \dfrac{L}{2}g(x) < f(x) < \dfrac{3L}{2}g(x),\ \forall b - \delta < x < b$

Let $F(t) = \int_a^t f(x)dx$ and $G(t) = \int_a^t g(x)dx$

Claim: $\int_a^b g(x)dx$ converges $\Rightarrow \int_a^b f(x)dx$ converges

$\because f(x) \geq 0$ and $g(x) \geq 0$ $\therefore F(t)$ and $G(t)$ are increasing

$\because \dfrac{L}{2}g(x) < f(x) < \dfrac{3L}{2}g(x),\ \forall b - \delta < x < b$

$$\therefore F(t) - F(b - \delta) < \frac{3L}{2}\big(G(t) - G(b - \delta)\big), \quad \forall b - \delta < t < b$$

$$\because \lim_{t \to b} G(t) \text{ exists}$$

Let $M = \lim_{t \to b} G(t)$ then $F(t) \leq \frac{3L}{2}\big(M - G(b - \delta)\big) + F(b - \delta), \quad \forall t \in (a, b)$

$\because$ Any bounded monotone function has finite one-sided limit

$$\therefore \lim_{t \to b} F(t) \text{ exists} \Rightarrow \int_a^b f(x)dx \text{ converges} \because \int_a^b g(x)dx \text{ converges} \Rightarrow \int_a^b f(x)dx \text{ converges}$$

Claim: $\displaystyle\int_a^b f(x)dx$ converges $\Rightarrow \displaystyle\int_a^b g(x)dx$ converges

$\because f(x) \geq 0$ and $g(x) \geq 0 \quad \therefore F(t)$ and $G(t)$ are increasing

$$\because \frac{L}{2} g(x) < f(x) < \frac{3L}{2} g(x), \quad \forall\, b - \delta < x < b$$

$$\therefore G(t) - G(b - \delta) < \frac{2}{L}\big(F(t) - F(b - \delta)\big), \quad \forall b - \delta < t < b$$

$$\because \lim_{t \to b} F(t) \text{ exists}$$

Let $M = \lim_{t \to b} F(t)$ then $G(t) \leq \frac{2}{L}\big(M - F(b - \delta)\big) + G(b - \delta), \quad \forall t \in (a, b)$

$\because$ Any bounded monotone function has finite one-sided limit

$$\therefore \lim_{t \to b} G(t) \text{ exists} \Rightarrow \int_a^b g(x)dx \text{ converges} \because \int_a^b f(x)dx \text{ converges} \Rightarrow \int_a^b g(x)dx \text{ converges}$$

(ii)

Claim: As $L = 0$, $\displaystyle\int_a^b g(x)dx$ converges $\Rightarrow \displaystyle\int_a^b f(x)dx$ converges

$$\because \lim_{x \to b} \frac{f(x)}{g(x)} = 0, \quad \text{choose } \delta > 0 \text{ s.t. } 0 < |x - b| < \delta \Rightarrow \left|\frac{f(x)}{g(x)}\right| < 1$$

$$\therefore f(x) < g(x), \quad \forall\, b - \delta < x < b$$

Let $F(t) = \displaystyle\int_a^t f(x)dx$ and $G(t) = \displaystyle\int_a^t g(x)dx,$

$\because f(x) \geq 0$ and $g(x) \geq 0 \quad \therefore F(t)$ and $G(t)$ are increasing

$\because f(x) < g(x), \quad \forall\, b - \delta < x < b$

$\therefore F(t) - F(b - \delta) < G(t) - G(b - \delta), \quad \forall b - \delta < t < b$

$\because \lim\limits_{t \to b} G(t)$ exists

$\therefore$ Let $M = \lim\limits_{t \to b} G(t)$ then $F(t) \leq M - G(b - \delta) + F(b - \delta), \forall t \in (a, b)$

$\because$ Any bounded monotone function has finite one-sided limit

$\therefore \lim\limits_{t \to b} F(t)$ exists $\Rightarrow \int_a^b f(x)dx$ converges

$\therefore$ As $L = 0,$ $\int_a^b g(x)dx$ converges $\Rightarrow \int_a^b f(x)dx$ converges

(iii)

Claim: As $L = \infty,$ $\int_a^b g(x)dx$ diverges $\Rightarrow \int_a^b f(x)dx$ diverges

$\because \lim\limits_{x \to b} \dfrac{f(x)}{g(x)} = \infty,$ choose $\delta > 0$ s.t. $0 < |x - b| < \delta \Rightarrow \left|\dfrac{f(x)}{g(x)}\right| > 1$

$\therefore 0 < g(x) < f(x), \ \forall \, b - \delta < x < b$

Let $F(t) = \int_a^t f(x)dx$ and $G(t) = \int_a^t g(x)dx$

$\because g(x) < f(x), \ \forall \, x \in (b - \delta, b) \quad \therefore G(t) - G(b - \delta) \leq F(t) - F(b - \delta), \forall t \in (b - \delta, b)$

$\because \lim\limits_{t \to b} G(t) = \infty \quad \therefore \lim\limits_{t \to b} F(t) = \infty \Rightarrow \int_a^b f(x)dx$ diverges

$\therefore$ As $L = \infty,$ $\int_a^b g(x)dx$ diverges $\Rightarrow \int_a^b f(x)dx$ diverges

5.4.3　求瑕积分的值

5.4.3.1　使用变量代换法求瑕积分的值

求第一类型瑕积分 $\int_0^\infty f\big(g(x)\big)g'(x)\,dx =?$ 或 求第二类型瑕积分 $\int_a^b f\big(g(x)\big)g'(x)\,dx =?$

其中假设 $f\big(g(a)\big)g'(a) = \infty$ 或 $f\big(g(b)\big)g'(b) = \infty$

解题流程:

Step1.

令 $u = g(x)$ 则 $du = g'(x)dx$ and $\displaystyle\int_a^b f(g(x))g'(x)\,dx = \int_{g(a)}^{g(b)} f(u)du$

Step2.

求第一类型瑕积分时

$\because \displaystyle\int_0^\infty f(g(x))g'(x)\,dx = \lim_{a\to 0, b\to\infty} \int_a^b f(g(x))g'(x)\,dx = \lim_{a\to 0, b\to\infty} \int_{g(a)}^{g(b)} f(u)du$

$\therefore$ 求 $\displaystyle\lim_{a\to 0, b\to\infty} \int_{g(a)}^{g(b)} f(u)du = ?$

求第二类型瑕积分时

$\because \displaystyle\int_a^b f(g(x))g'(x)\,dx = \int_{g(a)}^{g(b)} f(u)du \qquad \therefore$ 求 $\displaystyle\int_{g(a)}^{g(b)} f(u)du = ?$

<u>补充说明：</u>

求瑕积分的值等于先计算定积分再取极限值的问题，与使用变量代换法求定积分相同，当被积分函数较为复杂时，尝试使用变量代换法，将原函数化为较干净且能积分的样貌，例如当函数式带有 $\sqrt{f(x)}$，先尝试令 $u = f(x)$，接着观察是否能化为较简洁能够积分的函数式

考试类型：

Type 1. 根号里没有根号

求第一类型瑕积分

(i) $\displaystyle\int_0^\infty h\big(\alpha f(x) \pm \beta g(x) \sqrt[n]{cx + d}\big)\,dx = ?, \quad \forall \alpha, \beta \in R, c, d > 0$

或求第二类型瑕积分

(ii) $\displaystyle\int_a^b h\big(\alpha f(x) \pm \beta g(x) \sqrt[n]{cx + d}\big)\,dx = ?, \quad \forall \alpha, \beta \in R, c, d > 0$

其中 $h\big(\alpha f(a) \pm \beta g(a) \sqrt[n]{ca + d}\big) = \infty$ 或 $h\big(\alpha f(b) \pm \beta g(b) \sqrt[n]{cb + d}\big) = \infty$

解题流程：

Step1.

令 $u = \sqrt[n]{cx + d}$ 则 $u^n = cx + d$, $x = \dfrac{u^n - d}{c}$ 且 $dx = \dfrac{nu^{n-1}}{c}du$

Step2.

$\displaystyle\int_a^b h\big(\alpha f(x) \pm \beta g(x) \sqrt[n]{cx + d}\big)dx = \int_{(ca+d)^{\frac{1}{n}}}^{(cb+d)^{\frac{1}{n}}} \frac{nu^{n-1}h\Big(\alpha f(\frac{u^n - d}{c}) \pm \beta g(\frac{u^n - d}{c})u\Big)}{c}du$

Step3.

求第一类型瑕积分时

$$\int_0^\infty h(\alpha f(x) \pm \beta g(x) \sqrt[n]{cx+d})\, dx$$

$$= \lim_{a\to 0, b\to\infty} \int_{(ca+d)^{\frac{1}{n}}}^{(cb+d)^{\frac{1}{n}}} \frac{nu^{n-1} h\left(\alpha f(\frac{u^n-d}{c}) \pm \beta g(\frac{u^n-d}{c})u\right)}{c}\, du$$

求 $\displaystyle \lim_{a\to 0, b\to\infty} \int_{(ca+d)^{\frac{1}{n}}}^{(cb+d)^{\frac{1}{n}}} \frac{nu^{n-1} h\left(\alpha f(\frac{u^n-d}{c}) \pm \beta g(\frac{u^n-d}{c})u\right)}{c}\, du = ?$

求第二类型瑕积分时

$$\int_a^b h(\alpha f(x) \pm \beta g(x) \sqrt[n]{cx+d})\, dx = \int_{(ca+d)^{\frac{1}{n}}}^{(cb+d)^{\frac{1}{n}}} \frac{nu^{n-1} h\left(\alpha f(\frac{u^n-d}{c}) \pm \beta g(\frac{u^n-d}{c})u\right)}{c}\, du$$

求 $\displaystyle \int_{(ca+d)^{\frac{1}{n}}}^{(cb+d)^{\frac{1}{n}}} \frac{nu^{n-1} h\left(\alpha f(\frac{u^n-d}{c}) \pm \beta g(\frac{u^n-d}{c})u\right)}{c}\, du = ?$

<u>范例说明:</u>

(I)As $h(x) = \dfrac{1}{x}$, $\displaystyle \int_0^\infty h(\alpha f(x) \pm \beta g(x) \sqrt[n]{cx+d})\, dx$

$$= \lim_{a\to 0, b\to\infty} \int_{(ca+d)^{\frac{1}{n}}}^{(cb+d)^{\frac{1}{n}}} \frac{nu^{n-1}}{c\left(\alpha f(\frac{u^n-d}{c}) \pm \beta g(\frac{u^n-d}{c})u\right)}\, du$$

(II)As $h(x) = x$, $\displaystyle \int_0^\infty h(\alpha f(x) \pm \beta g(x) \sqrt[n]{cx+d})\, dx$

$$= \lim_{a\to 0, b\to\infty} \int_{(ca+d)^{\frac{1}{n}}}^{(cb+d)^{\frac{1}{n}}} \frac{nu^{n-1}\left(\alpha f(\frac{u^n-d}{c}) \pm \beta g(\frac{u^n-d}{c})u\right)\, du}{c}$$

(III)As $h(x) = x$,

$$\int_a^b \alpha f(x) \pm \beta g(x) \sqrt[n]{cx+d}\, dx = \int_{(ca+d)^{\frac{1}{n}}}^{(cb+d)^{\frac{1}{n}}} \frac{nu^{n-1}\left(\alpha f(\frac{u^n-d}{c}) \pm \beta g(\frac{u^n-d}{c})u\right)}{c}\, du$$

<u>补充说明</u>:

由上式可观察出，如果$f(x)$、$g(x)$为常数，被积分函数会是多项式函数，如果$f(x)$、$g(x)$是多项式函数，则被积分函数为有理函数式，可利用比较系数法将其拆成数个分式相加再积分，详细作法请参照此章所介绍如何求有理式的瑕积分

Type 2. 根号裡有根号

求第二类型瑕积分 $\displaystyle\int_a^b \frac{1}{\sqrt[n]{\alpha + \gamma \cdot \sqrt[n]{\beta + cx}}} dx =?$

其中 $\dfrac{1}{\sqrt[n]{\alpha + \gamma \cdot \sqrt[n]{\beta + c \cdot a}}} = \infty$ 或 $\dfrac{1}{\sqrt[n]{\alpha + \gamma \cdot \sqrt[n]{\beta + c \cdot b}}} = \infty$

解题流程：

Step1.

令 $u = \alpha + \gamma \cdot \sqrt[n]{\beta + cx}$ 则 $\dfrac{\gamma c}{n}(\beta + cx)^{\frac{1-n}{n}} dx = du \Rightarrow dx = \dfrac{n(\frac{u-\alpha}{\gamma})^{n-1}}{\gamma c} du$

Step2.

令 $a' = \alpha + \gamma\sqrt[n]{\beta + ca}, \ b' = \alpha + \gamma\sqrt[n]{\beta + cb}$

则 $\displaystyle\int_a^b \frac{1}{\sqrt[n]{\alpha + \gamma \cdot \sqrt[n]{\beta + cx}}} dx = \int_{a'}^{b'} \frac{n(u-\alpha)^{n-1}}{c\gamma^n \sqrt[n]{u}} du, \ 求 \int_{a'}^{b'} \frac{n(u-\alpha)^{n-1}}{c\gamma^n \sqrt[n]{u}} du =?$

Example 1.

求 $\displaystyle\int_0^\infty \frac{dx}{2 + e^x} =?$

【解】

令 $t = 2 + e^x$ 则 $dt = e^x dx$ 且 $dx = \dfrac{dt}{t-2}$，藉由变数代换法，令 $a > 0$

$$\text{则} \int_0^a \frac{dx}{2+e^x} = \int_3^{2+e^a} \frac{dt}{t(t-2)} = \frac{1}{2}\int_3^{2+e^a}\left(\frac{1}{t-2}-\frac{1}{t}\right)dt = \ln\frac{t-2}{t}\Big|_3^{2+e^a} = \ln\frac{3e^a}{2+e^a}$$

$$\therefore \int_0^\infty \frac{dx}{1+e^x} = \lim_{a\to\infty}\int_0^a \frac{dx}{1+e^x} = \lim_{a\to\infty}\ln\frac{3e^a}{2+e^a} = \ln 3$$

Example 2.

$$\text{求} \int_0^\infty \frac{2dx}{e^{-x}+e^x} = ?$$

【解】

令 $t = e^x$ 则 $\dfrac{dt}{t} = dx$, 藉由变数代换法

$$\therefore \int_0^a \frac{2dx}{e^{-x}+e^x} = \int_1^a \frac{2dt}{t(t^{-1}+t)} = 2\tan^{-1}t\Big|_1^a = 2\tan^{-1}a - \frac{\pi}{2}, \quad \forall a > 0$$

$$\therefore \int_0^\infty \frac{2dx}{e^{-x}+e^x} = \lim_{a\to\infty}\int_0^a \frac{2dx}{e^{-x}+e^x} = \lim_{a\to\infty}2\tan^{-1}a - \frac{\pi}{2} = \frac{\pi}{2}$$

Example 3.

$$\text{求} \int_0^1 \frac{1}{x+\sqrt{x}}dx = ?$$

【解】

令 $u = \sqrt{x}$ 则 $du = \dfrac{1}{2}x^{-\frac{1}{2}}dx$ 且 $2udu = dx$, 藉由变数代换法

$$\therefore \int_0^1 \frac{1}{x+\sqrt{x}}dx = \int_0^1 \frac{2u}{u^2+u}du = \int_0^1 \frac{2}{u+1}du = 2\ln(u+1)\Big|_0^1 = 2\ln 2$$

Example 4.

$$\text{求} \int_0^1 \frac{1}{\sqrt{x}+\sqrt[3]{x}}dx = ?$$

【解】

令 $u = x^{\frac{1}{6}}$ 则 $du = \dfrac{1}{6} x^{-\frac{5}{6}} dx \Rightarrow 6u^5 du = dx$, 藉由变数代换法

$$\therefore \int_0^1 \frac{1}{\sqrt{x} + \sqrt[3]{x}} dx = \int_0^1 \frac{6u^5}{u^3 + u^2} du = \int_0^1 \frac{6u^3}{u+1} du$$

$$= 6 \int_0^1 \frac{u^2(u+1) - u(u+1) + (u+1) - 1}{u+1} du = 6 \int_0^1 u^2 - u + 1 - \frac{1}{u+1} du$$

$$= 6 \left(\frac{u^3}{3} - \frac{u^2}{2} + u - \ln(u+1) \right) \Big|_0^1 = 6 \left(\frac{1}{3} - \frac{1}{2} + 1 - \ln 2 \right) = 5 - 6 \ln 2$$

Example 5.

$$\text{求} \int_1^\infty \frac{1}{x\sqrt{a+bx}} dx = ?, \quad \forall a, b > 0$$

【解】

令 $u = \sqrt{a+bx}$ 则 $du = \dfrac{b}{2}(a+bx)^{-\frac{1}{2}} dx$, 藉由变数代换法

$$\because u^2 = a + bx \qquad \therefore \frac{1}{x} = \frac{b}{u^2 - a}$$

$$\therefore \int_1^\infty \frac{1}{x\sqrt{a+bx}} dx = \frac{2}{b} \int_{\sqrt{a+b}}^\infty \frac{b}{u^2 - a} du = 2 \int_{\sqrt{a+b}}^\infty \frac{1}{u^2 - a} du$$

$$= 2 \int_{\sqrt{a+b}}^\infty \frac{1}{(u - \sqrt{a})(u + \sqrt{a})} du = \int_{\sqrt{a+b}}^\infty \frac{1}{\sqrt{a}} \left(\frac{1}{u - \sqrt{a}} - \frac{1}{u + \sqrt{a}} \right) du$$

$$= \frac{1}{\sqrt{a}} \left(\ln|u - \sqrt{a}| - \ln|u + \sqrt{a}| \right) \Big|_{\sqrt{a+b}}^\infty = \frac{-1}{\sqrt{a}} \left(\ln \frac{\sqrt{a+b} - \sqrt{a}}{\sqrt{a+b} + \sqrt{a}} \right)$$

Example 6.

$$\vec{x} \int_0^1 \frac{1}{\sqrt{1 - \sqrt{x}}}\, dx = ?$$

【解】

令 $u = 1 - \sqrt{x}$　则 $du = \frac{-1}{2} x^{-\frac{1}{2}} dx$，藉由变数代换法

$$\int_0^1 \frac{1}{\sqrt{1 - \sqrt{x}}}\, dx = 2 \int_1^0 \frac{u - 1}{\sqrt{u}}\, du = 2 \int_1^0 u^{\frac{1}{2}} - u^{-\frac{1}{2}}\, du = 2 \left(\frac{2}{3} u^{\frac{3}{2}} - 2 u^{\frac{1}{2}} \right) \Big|_1^0 = \frac{8}{3}$$

Example 7.

$$\vec{x} \int_0^1 \frac{1}{\sqrt{x}(1 + x)}\, dx = ?$$

【解】

令 $u = \sqrt{x}$　则 $du = \frac{x^{-\frac{1}{2}}}{2} dx \Rightarrow 2u\,du = dx$，藉由变数代换法

$$\therefore \int \frac{dx}{\sqrt{x}(1 + x)} = \int \frac{2u\,du}{u(1 + u^2)} = 2 \int \frac{du}{1 + u^2} = 2 \tan^{-1} u + c = 2 \tan^{-1} \sqrt{x} + c$$

$$\therefore \int_0^1 \frac{1}{\sqrt{x}(1 + x)}\, dx = 2 \left(\tan^{-1} \sqrt{1} - \tan^{-1} \sqrt{0} \right) = \frac{\pi}{2}$$

Example 8.

$$\vec{x} \int_1^\infty \frac{(x - x^3)^{\frac{1}{3}}}{x^4}\, dx = ?$$

【解】

$$\because \frac{(x - x^3)^{\frac{1}{3}}}{x^4} = \frac{\frac{1}{x}(x - x^3)^{\frac{1}{3}}}{x^3} = \frac{\left(\frac{1}{x^2} - 1 \right)^{\frac{1}{3}}}{x^3}$$

令 $u = \frac{1}{x^2} - 1$ 则 $du = -2x^{-3}\, dx \Rightarrow \frac{-du}{2} = x^{-3}\, dx$，藉由变数代换法

$$\therefore \int \frac{(x - x^3)^{\frac{1}{3}} dx}{x^4} = \int \frac{\left(\frac{1}{x^2} - 1 \right)^{\frac{1}{3}} dx}{x^3} = -\int \frac{u^{\frac{1}{3}} du}{2} = -\frac{3 u^{\frac{4}{3}}}{8} + c = -\frac{3 \left(\frac{1}{x^2} - 1 \right)^{\frac{4}{3}}}{8} + c$$

$$\therefore \int_1^\infty \frac{(x - x^3)^{\frac{1}{3}}}{x^4} dx = -\frac{3}{8}$$

Example 9.

$$求 \int_0^1 \frac{\sqrt{1 + \sqrt{x}}}{\sqrt{x}} dx = ?$$

【解】

令 $u = 1 + \sqrt{x}$ 则 $du = \frac{1}{2} x^{-\frac{1}{2}} dx$, 藉由变数代换法

$$\therefore \int \frac{\sqrt{1 + \sqrt{x}}}{\sqrt{x}} dx = 2 \int \sqrt{u} du = \frac{4}{3} u^{\frac{3}{2}} + c = \frac{4}{3} (1 + \sqrt{x})^{\frac{3}{2}} + c$$

$$\therefore \int_0^1 \frac{\sqrt{1 + \sqrt{x}}}{\sqrt{x}} dx = \frac{4}{3} \left((1 + 1)^{\frac{3}{2}} - 1 \right) = \frac{4}{3} (2\sqrt{2} - 1)$$

Example 10.

$$求 \int_0^1 \frac{\sqrt{1 - \sqrt{x}}}{\sqrt{x}} dx = ?$$

【解】

令 $u = 1 - \sqrt{x}$ 则 $du = \frac{-1}{2} x^{-\frac{1}{2}} dx$, 藉由变数代换法

$$\therefore \int \frac{\sqrt{1 - \sqrt{x}}}{\sqrt{x}} dx = -2 \int \sqrt{u} du = -\frac{4}{3} u^{\frac{3}{2}} + c = -\frac{4}{3} (1 - \sqrt{x})^{\frac{3}{2}} + c$$

$$\therefore \int_0^1 \frac{\sqrt{1 - \sqrt{x}}}{\sqrt{x}} dx = -\frac{4}{3} \left((1 - \sqrt{1})^{\frac{3}{2}} - (1 - \sqrt{0})^{\frac{3}{2}} \right) = \frac{4}{3}$$

Example 11.

$$求 \int_{\sqrt{\frac{3}{2}}}^{\sqrt{3}} \frac{x}{\sqrt{9 - x^4}} dx = ?$$

【解】

令 $u = x^2$ 则 $du = 2xdx$，藉由变数代换法

$$\therefore \int \frac{x}{\sqrt{9-x^4}}dx = \int \frac{du}{2\sqrt{9-u^2}} = \int \frac{du}{6\sqrt{1-\left(\frac{u}{3}\right)^2}} = \frac{1}{2}\sin^{-1}\frac{u}{3} + c = \frac{1}{2}\sin^{-1}\frac{x^2}{3} + c$$

$$\therefore \int_{\sqrt{\frac{3}{2}}}^{\sqrt{3}} \frac{x}{\sqrt{9-x^4}}dx = \frac{1}{2}\left(\sin^{-1}1 - \sin^{-1}\frac{1}{2}\right) = \frac{1}{2}\left(\frac{\pi}{2} - \frac{\pi}{6}\right) = \frac{\pi}{6}$$

Example 12.

$$求 \int_0^\infty \frac{x^3}{1+x^8}dx = ?$$

【解】

令 $u = x^4$ 则 $du = 4x^3dx$，藉由变数代换法

$$\therefore \int \frac{x^3}{1+x^8}dx = \frac{1}{4}\int \frac{du}{1+u^2} = \frac{1}{4}\tan^{-1}u + c = \frac{1}{4}\tan^{-1}x^4 + c$$

$$\therefore \int_a^b \frac{x^3}{1+x^8}dx = \frac{1}{4}(\tan^{-1}b^4 - \tan^{-1}a^4) \qquad \therefore \int_0^\infty \frac{x^3}{1+x^8}dx = \frac{1}{4}\left(\frac{\pi}{2} - 0\right) = \frac{\pi}{8}$$

Example 13.

$$求 \int_0^1 \frac{1}{\sqrt{x} + \sqrt[3]{x}}dx = ?$$

【解】

令 $u = x^{\frac{1}{6}}$ 则 $du = \frac{1}{6}x^{-\frac{5}{6}}dx \Rightarrow 6u^5du = dx$，藉由变数代换法

$$\therefore \int \frac{1}{\sqrt{x} + \sqrt[3]{x}}dx = \int \frac{6u^5du}{u^3 + u^2} = \int \frac{6u^3du}{u+1} = 6\int \frac{u^2(u+1) - u(u+1) + (u+1) - 1}{u+1}du$$

$$= 6\int u^2 - u + 1 - \frac{1}{u+1}du = 6\left(\frac{u^3}{3} - \frac{u^2}{2} + u - \ln|u+1|\right) + c$$

$$= 2x^{\frac{1}{2}} - 3x^{\frac{1}{3}} + 6x^{\frac{1}{6}} - 6\ln\left|x^{\frac{1}{6}} + 1\right| + c$$

$$\therefore \int_a^b \frac{1}{\sqrt{x} + \sqrt[3]{x}}dx = 2b^{\frac{1}{2}} - 3b^{\frac{1}{3}} + 6b^{\frac{1}{6}} - 6\ln\left(b^{\frac{1}{6}} + 1\right) - \left(2a^{\frac{1}{2}} - 3a^{\frac{1}{3}} + 6a^{\frac{1}{6}} - 6\ln\left(a^{\frac{1}{6}} + 1\right)\right)$$

$$\therefore \int_0^1 \frac{1}{\sqrt{x} + \sqrt[3]{x}}\,dx = 5 - 6\ln 2$$

Example 14.

$$求 \int_{-1}^0 \frac{1}{\sqrt{1 + x^{\frac{1}{3}}}}\,dx =?$$

【解】

令 $u = 1 + x^{\frac{1}{3}}$ 则 $du = \frac{1}{3}x^{-\frac{2}{3}}dx$, 藉由变数代换法

$$\therefore \int \frac{1}{\sqrt{1 + x^{\frac{1}{3}}}}\,dx = 3\int \frac{(u-1)^2}{\sqrt{u}}\,du = 3\int u^{\frac{3}{2}} - 2u^{\frac{1}{2}} + u^{-\frac{1}{2}}\,du$$

$$= 3\left(\frac{2}{5}u^{\frac{5}{2}} - \frac{4}{3}u^{\frac{3}{2}} + 2u^{\frac{1}{2}}\right) + c = 3\left(\frac{2}{5}\left(1 + x^{\frac{1}{3}}\right)^{\frac{5}{2}} - \frac{4}{3}\left(1 + x^{\frac{1}{3}}\right)^{\frac{3}{2}} + 2\left(1 + x^{\frac{1}{3}}\right)^{\frac{1}{2}}\right) + c$$

$$= \frac{6}{5}\left(1 + x^{\frac{1}{3}}\right)^{\frac{5}{2}} - 4\left(1 + x^{\frac{1}{3}}\right)^{\frac{3}{2}} + 6\left(1 + x^{\frac{1}{3}}\right)^{\frac{1}{2}} + c$$

则 $\int_a^b \frac{1}{\sqrt{1 + x^{\frac{1}{3}}}}\,dx = \frac{6}{5}\left(\left(1 + b^{\frac{1}{3}}\right)^{\frac{5}{2}} - \left(1 + a^{\frac{1}{3}}\right)^{\frac{5}{2}}\right)$

$$-4\left(\left(1 + b^{\frac{1}{3}}\right)^{\frac{3}{2}} - \left(1 + a^{\frac{1}{3}}\right)^{\frac{3}{2}}\right) + 6\left(\left(1 + b^{\frac{1}{3}}\right)^{\frac{1}{2}} - \left(1 + a^{\frac{1}{3}}\right)^{\frac{1}{2}}\right)$$

$$\therefore \int_{-1}^0 \frac{1}{\sqrt{1 + x^{\frac{1}{3}}}}\,dx = \frac{6}{5} - 4 + 6 = \frac{16}{5}$$

Example 15.

$$求 \int_0^1 \frac{1}{\sqrt{1 - \sqrt{x}}}\,dx =?$$

【解】

令 $u = 1 - \sqrt{x}$ 则 $du = \frac{-1}{2}x^{-\frac{1}{2}}dx$, 藉由变数代换法

$$\therefore \int \frac{1}{\sqrt{1-\sqrt{x}}}\,dx = 2\int \frac{u-1}{\sqrt{u}}\,du = 2\int u^{\frac{1}{2}} - u^{-\frac{1}{2}}\,du = 2\left(\frac{2}{3}u^{\frac{3}{2}} - 2u^{\frac{1}{2}}\right) + c$$

$$= \frac{4}{3}(1-\sqrt{x})^{\frac{3}{2}} - 4\sqrt{1-\sqrt{x}} + c$$

$$\therefore \int_0^1 \frac{1}{\sqrt{1-\sqrt{x}}}\,dx = \frac{4}{3}(-1) - 4(-1) = \frac{8}{3}$$

Example 16.

$$求 \int_0^8 \frac{dx}{x+2\sqrt[3]{x}} = ?$$

【解】

令 $x = u^3$ 则 $dx = 3u^2\,du$, 藉由变数代换法

$$\therefore \int_0^8 \frac{dx}{x+2\sqrt[3]{x}} = \int_0^2 \frac{3u^2}{u^3+2u}\,du = 3\int_0^2 \frac{u}{u^2+2}\,du = \frac{3}{2}\cdot\ln(u^2+2)\big|_0^2 = \frac{3}{2}\ln 3$$

Example 17.

$$求 \int_0^\infty \frac{\tan^{-1}x}{1+x^2}\,dx = ?$$

【解】

令 $u = \tan^{-1}x$ 则 $du = \frac{dx}{1+x^2}$, 藉由变数代换法

$$则 \int \frac{\tan^{-1}x}{1+x^2}\,dx = \int u\,du = \frac{u^2}{2} + c = \frac{(\tan^{-1}x)^2}{2} + c$$

$$\therefore \int_0^\infty \frac{\tan^{-1}x}{1+x^2}\,dx = \lim_{b\to\infty} \frac{(\tan^{-1}b)^2}{2} - \frac{(\tan^{-1}0)^2}{2} = \frac{\left(\frac{\pi}{2}\right)^2}{2}$$

Example 18.

$$求 \int_0^{\frac{1}{2}} \frac{1}{x(\ln x)^2} = ?$$

【解】

令 $u = \ln x$ 则 $du = \frac{dx}{x}$, 藉由变数代换法

$$\text{则} \int \frac{1}{x(\ln x)^2}\, dx = \int u^{-2}\, du = -u^{-1} + c = -\frac{1}{\ln x} + c \quad \therefore \int_0^{\frac{1}{2}} \frac{1}{x(\ln x)^2} = \frac{1}{\ln 2}$$

Example 19.

$$\text{求} \int_0^1 \frac{e^{\sqrt{x}}}{\sqrt{x}}\, dx = ?$$

【解】

令 $u = \sqrt{x}$ 则 $du = \dfrac{dx}{2\sqrt{x}}$, 藉由变数代换法

$$\text{则} \int \frac{e^{\sqrt{x}}}{\sqrt{x}}\, dx = 2 \int e^u\, du = 2e^u + c = 2e^{\sqrt{x}} + c \quad \therefore \int_0^1 \frac{e^{\sqrt{x}}}{\sqrt{x}}\, dx = 2(e-1)$$

Example 20.

$$\text{求} \int_0^1 \frac{(\sin^{-1} x)^2}{\sqrt{1-x^2}}\, dx = ?$$

【解】

令 $u = \sin^{-1} x$ 则 $du = \dfrac{dx}{\sqrt{1-x^2}}$, 藉由变数代换法

$$\text{则} \int \frac{(\sin^{-1} x)^2}{\sqrt{1-x^2}}\, dx = \int u^2\, du = \frac{u^3}{3} + c = \frac{(\sin^{-1} x)^3}{3} + c$$

$$\therefore \int_0^1 \frac{(\sin^{-1} x)^2}{\sqrt{1-x^2}}\, dx = \frac{(\sin^{-1} 1)^3}{3} - \frac{(\sin^{-1} 0)^3}{3} = \frac{(\frac{\pi}{2})^3}{3}$$

Example 21.

$$\text{求} \int_0^1 \frac{e^{\sqrt[3]{x}}}{\sqrt[3]{x^2}}\, dx = ?$$

【解】

$$\because \int \frac{e^{\sqrt[3]{x}}}{\sqrt[3]{x^2}}\, dx = \int x^{\frac{-2}{3}} e^{x^{\frac{1}{3}}}\, dx = 3e^{x^{\frac{1}{3}}} + c \quad \therefore \int_0^1 \frac{e^{\sqrt[3]{x}}}{\sqrt[3]{x^2}}\, dx = 3(e-1)$$

Example 22.

$$\text{求} \int_{-1}^{0} \frac{e^{2x}}{\sqrt{1 - e^{4x}}}\, dx = ?$$

【解】

令 $t = e^{2x}$ 则 $dt = 2e^{2x}\, dx$,　藉由变数代换法

$$\text{则} \int \frac{e^{2x}}{\sqrt{1 - e^{4x}}}\, dx = \frac{1}{2} \int \frac{1}{\sqrt{1 - t^2}}\, dt = \frac{1}{2} \sin^{-1} t + c = \frac{1}{2} \sin^{-1} e^{2x} + c$$

$$\therefore \int_{-1}^{0} \frac{e^{2x}}{\sqrt{1 - e^{4x}}}\, dx = \frac{1}{2} \left(\sin^{-1} 1 - \sin^{-1} e^{-2} \right) = \frac{1}{2} \left(\frac{\pi}{2} - \sin^{-1} e^{-2} \right)$$

Example 23.

$$\text{求} \int_{1}^{\infty} \frac{1}{x^2 + 2x + 5}\, dx = ?$$

【解】

$$\because \int \frac{1}{x^2 + 2x + 5}\, dx = \int \frac{1}{(x + 1)^2 + 4}\, dx = \frac{1}{4} \int \frac{1}{\left(\frac{x + 1}{2} \right)^2 + 1}\, dx$$

令 $t = \dfrac{x + 1}{2}$ 则 $dt = \dfrac{dx}{2}$,　藉由变数代换法

$$\text{则} \frac{1}{4} \int \frac{1}{\left(\frac{x + 1}{2} \right)^2 + 1}\, dx = \frac{1}{2} \int \frac{1}{t^2 + 1}\, dt = \frac{1}{2} \tan^{-1} t + c = \frac{1}{2} \tan^{-1} \frac{x + 1}{2} + c$$

$$\therefore \int_{1}^{\infty} \frac{1}{x^2 + 2x + 5}\, dx = \frac{1}{2} \left(\lim_{b \to \infty} \tan^{-1} \frac{b + 1}{2} - \tan^{-1} \frac{1 + 1}{2} \right) = \frac{1}{2} \left(\frac{\pi}{2} - \frac{\pi}{4} \right) = \frac{\pi}{8}$$

Example 24.

$$\text{求} \int_{0}^{\infty} \frac{1}{1 + e^x}\, dx = ?$$

【解】

令 $t = 1 + e^x$ 则 $dt = e^x\, dx \Rightarrow dx = \dfrac{dt}{t - 1}$,　藉由变数代换法

$$\text{则} \int \frac{1}{1 + e^x}\, dx = \int \frac{1}{t(t - 1)}\, dt = \int \frac{1}{t - 1} - \frac{1}{t}\, dt = \ln \frac{t - 1}{t} + c = \ln \frac{e^x}{1 + e^x} + c$$

$$\therefore \int_{0}^{\infty} \frac{1}{1 + e^x}\, dx = \lim_{b \to \infty} \ln \frac{e^b}{1 + e^b} - \ln \frac{1}{2} = \ln 2$$

Example 25.

$$\text{求} \int_1^\infty \frac{\tan^{-1}\sqrt{x}}{\sqrt{x}(1+x)}\,dx =?$$

【解】

令 $u = \sqrt{x}$ 则 $du = \frac{1}{2}x^{-\frac{1}{2}}dx \Rightarrow dx = 2u\,du$, 藉由变数代换法

则 $\int \frac{\tan^{-1}\sqrt{x}}{\sqrt{x}(1+x)}\,dx = \int \frac{(\tan^{-1}u)2u}{u(1+u^2)}\,du = 2\int \frac{\tan^{-1}u}{1+u^2}\,du$

令 $t = \tan^{-1}u$ 则 $dt = \frac{du}{1+u^2}$, 藉由变数代换法

则 $2\int \frac{\tan^{-1}u}{1+u^2}\,du = 2\int t\,dt = t^2 + c = (\tan^{-1}u)^2 + c = \left(\tan^{-1}\sqrt{x}\right)^2 + c$

$\therefore \int_1^\infty \frac{\tan^{-1}\sqrt{x}}{\sqrt{x}(1+x)}\,dx = \lim_{b\to\infty}\left(\tan^{-1}\sqrt{b}\right)^2 - \left(\tan^{-1}\sqrt{1}\right)^2 = \left(\frac{\pi}{2}\right)^2 - \left(\frac{\pi}{4}\right)^2 = \frac{3\pi^2}{16}$

Example 26.

$$\text{求} \int_1^\infty \frac{1}{x(1+x^3)}\,dx = ?$$

【解】

令 $t = x^3$ 则 $dt = 3x^2\,dx$, 藉由变数代换法

则 $\int \frac{1}{x(1+x^3)}\,dx = \int \frac{x^2}{x^3(1+x^3)}\,dx = \frac{1}{3}\int \frac{1}{t(1+t)}\,dt = \frac{1}{3}\int \frac{1}{t} - \frac{1}{t+1}\,dt$

$= \frac{1}{3}\ln\frac{t}{t+1} + c = \frac{1}{3}\ln\frac{x^3}{x^3+1} + c$

$\therefore \int_1^\infty \frac{1}{x(1+x^3)}\,dx = \frac{1}{3}\left(\lim_{b\to\infty}\ln\frac{b^3}{b^3+1} - \ln\frac{1}{2}\right) = \frac{\ln 2}{3}$

Example 27.

$$\text{求} \int_1^\infty \frac{1}{x(1+x^2)}\,dx = ?$$

【解】

令 $t = x^2$ 则 $dt = 2x\,dx$, 藉由变数代换法

则 $\int \dfrac{dx}{x(1+x^2)} = \int \dfrac{xdx}{x^2(1+x^2)} = \dfrac{1}{2}\int \dfrac{dt}{t(1+t)} = \dfrac{1}{2}\ln\dfrac{t}{t+1} + c = \dfrac{1}{2}\ln\dfrac{x^2}{x^2+1} + c$

$\therefore \int_1^\infty \dfrac{1}{x(1+x^2)}\,dx = \dfrac{1}{2}\left(\lim_{b\to\infty}\ln\dfrac{b^2}{b^2+1} - \ln\dfrac{1}{2}\right) = \dfrac{\ln 2}{2}$

Example 28.

$$\text{求} \int_0^\infty \dfrac{1}{\sqrt{1+e^x}}\,dx =?$$

【解】

令 $t = \sqrt{1+e^x}$ 则 $dt = \dfrac{e^x}{2\sqrt{1+e^x}}\,dx$, 藉由变数代换法

则 $\int \dfrac{1}{\sqrt{1+e^x}}\,dx = \int \dfrac{e^x}{e^x\sqrt{1+e^x}}\,dx = 2\int \dfrac{1}{t^2-1}\,dt = \int \dfrac{1}{t-1} - \dfrac{1}{t+1}\,dt$

$= \ln\dfrac{t-1}{t+1} + c = \ln\dfrac{\sqrt{1+e^x}-1}{\sqrt{1+e^x}+1} + c$

$\therefore \int_0^\infty \dfrac{1}{\sqrt{1+e^x}}\,dx = \lim_{b\to\infty}\left(\ln\dfrac{\sqrt{1+e^b}-1}{\sqrt{1+e^b}+1}\right) - \ln\dfrac{\sqrt{1+1}-1}{\sqrt{1+1}+1} = \ln\dfrac{\sqrt{2}+1}{\sqrt{2}-1}$

Example 29.

$$\text{求} \int_1^\infty \dfrac{1}{x\sqrt{x^6-1}}\,dx =?$$

【解】

令 $u = \sqrt{x^6-1}$ 则 $du = 3x^5(x^6-1)^{-\frac{1}{2}}\,dx$ 且 $u^2 = x^6-1$, 藉由变数代换法

则 $\int \dfrac{dx}{x\sqrt{x^6-1}} = \int \dfrac{x^5dx}{x^6\sqrt{x^6-1}} = \dfrac{1}{3}\int \dfrac{du}{u^2+1} = \dfrac{\tan^{-1}\left(\sqrt{x^6-1}\right)}{3} + c$

$\therefore \int_1^\infty \dfrac{1}{x\sqrt{x^6-1}}\,dx = \dfrac{1}{3}\left(\lim_{b\to\infty}\tan^{-1}\left(\sqrt{b^6-1}\right) - \tan^{-1}\left(\sqrt{1-1}\right)\right) = \dfrac{\pi}{6}$

Example 30.

$$\text{求} \int_1^\infty \dfrac{1}{x\sqrt{3x^2-2x-1}}\,dx =?$$

【解】

$$\because \int \frac{1}{x\sqrt{3x^2 - 2x - 1}} dx = \int \frac{1}{x^2\sqrt{3 - \dfrac{2}{x} - \dfrac{1}{x^2}}} dx$$

令 $u = \dfrac{1}{x}$ 则 $du = -x^{-2} dx$，藉由变数代换法

$$则 \int \frac{1}{x^2\sqrt{3 - \dfrac{2}{x} - \dfrac{1}{x^2}}} dx = -\int \frac{1}{\sqrt{3 - 2u - u^2}} du = -\int \frac{1}{\sqrt{4 - (u+1)^2}} du$$

$$= -\frac{1}{2} \int \frac{1}{\sqrt{1 - \left(\dfrac{u+1}{2}\right)^2}} du = -\sin^{-1}\frac{u+1}{2} + c = -\sin^{-1}\left(\frac{\dfrac{1}{x} + 1}{2}\right) + c$$

$$\therefore \int_1^\infty \frac{1}{x\sqrt{3x^2 - 2x - 1}} dx = \sin^{-1}\left(\frac{\dfrac{1}{1} + 1}{2}\right) - \lim_{b \to \infty} \sin^{-1}\left(\frac{\dfrac{1}{b} + 1}{2}\right) = \frac{\pi}{2} - \frac{\pi}{6} = \frac{\pi}{3}$$

5.4.3.2 使用分部积分法求瑕积分的值

$$\int_a^b u(x)v'(x)dx = u(x)v(x)\big|_{x=a}^{x=b} - \int_a^b u'(x)v(x)dx$$

$$\int_0^\infty u(x)v'(x)dx = \lim_{a \to 0, b \to \infty} \left(u(x)v(x)\big|_{x=a}^{x=b} - \int_a^b u'(x)v(x)dx \right)$$

求瑕积分的值等于先计算定积分再取极限值的问题，与使用分部积分法求定积分相同，$u(x)$代表的是微分之后较容易计算积分，$v'(x)$代表的是积分式$v(x)$较容易积分；也可能与变量代换法合并解题，先做变量代换再作分部积分，也可能先做分部积分再作变量代换

(i)求第一类型瑕积分 $\displaystyle\int_0^\infty u(x)v'(x)dx =?$ 时

解题流程：

Step1.

$$\int_0^\infty u(x)v'(x)dx = \lim_{a \to 0, b \to \infty} \int_a^b u(x)v'(x)dx = \lim_{a \to 0, b \to \infty} \left(u(x)v(x)\big|_{x=a}^{x=b} - \int_a^b u'(x)v(x)dx \right)$$

Step2.

求 $\displaystyle\lim_{a\to 0, b\to\infty}\left(u(x)v(x)|_{x=a}^{x=b} - \int_a^b u'(x)v(x)dx\right) =?$

(ii) 求第二类型瑕积分 $\displaystyle\int_a^b u(x)v'(x)dx =?$ 时，其中假设 $u(a)v'(a) = \infty$ 或 $u(b)v'(b) = \infty$

Step1.

$\displaystyle\because \int_a^b u(x)v'(x)dx = u(x)v(x)|_{x=a}^{x=b} - \int_a^b u'(x)v(x)dx$

Step2.

求 $\displaystyle u(x)v(x)|_{x=a}^{x=b} - \int_a^b u'(x)v(x)dx =?$

考试类型：

Type 1.

求第一类瑕积分 $\displaystyle\int_0^\infty x^n \cdot e^{\alpha x}dx =?$

解题流程：

Step1.

令 $u = x^n,\ dv = e^{\alpha x}dx$ 则 $du = nx^{n-1}dx,\ v = \dfrac{e^{\alpha x}}{\alpha}$

藉由分部积分法则 $\displaystyle\int_a^b x^n \cdot e^{\alpha x}dx = x^n \cdot \frac{e^{\alpha x}}{\alpha}\Big|_{x=a}^{x=b} - \frac{n}{\alpha}\int_a^b x^{n-1} \cdot e^{\alpha x}dx$

Step2.

求第一类型瑕积分时

$$\int_0^\infty x^n \cdot e^{\alpha x}dx = \lim_{a\to 0, b\to\infty}\left(x^n \cdot \frac{e^{\alpha x}}{\alpha}\Big|_{x=a}^{x=b} - \frac{n}{\alpha}\int_a^b x^{n-1} \cdot e^{\alpha x}dx\right)$$

补充说明：

藉由分部积分法可对 x^n 作降序的动作，重复做 n 次将能求得积分值且当 $\alpha < 0$ 时极限值存在

Type 2.

求第二类瑕积分 $\displaystyle\int_0^1 x^n \cdot \ln^m x\, dx =?$

解题流程：

Step1.

令 $u = \ln^m x, \ dv = x^n dx$ 则 $du = \dfrac{m\ln^{m-1} x\, dx}{x}, \ v = \dfrac{x^{n+1}}{n+1}$

藉由分部积分法则 $\displaystyle\int_0^1 x^n \ln^m x\, dx = \dfrac{x^{n+1}\ln^m x}{n+1}\Big|_{x=0}^{x=1} - \dfrac{m}{n+1}\int_0^1 x^n \ln^{m-1} x\, dx$

Step2.

求 $\dfrac{x^{n+1}\ln^m x}{n+1}\Big|_{x=0}^{x=1} - \dfrac{m}{n+1}\displaystyle\int_0^1 x^n \ln^{m-1} x\, dx = ?$

Type 3.

求第二类瑕积分 $\displaystyle\int_a^b \ln P_n(x)\, dx = ?$，其中假设 $\ln P_n(a) = \infty$ 或 $\ln P_n(b) = \infty$

解题流程：

Step1.

令 $u = \ln P_n(x), \ dv = dx$ 则 $du = \dfrac{P_n'(x)}{P_n(x)}\, dx, \ v = x$

藉由分部积分法则 $\displaystyle\int_a^b \ln P_n(x)\, dx = x\ln P_n(x)|_a^b - \int_a^b \dfrac{xP_n'(x)}{P_n(x)}\, dx$

Step2.

求 $\displaystyle\int_a^b \dfrac{xP_n'(x)}{P_n(x)}\, dx = ?$

Example 1.

求 $\displaystyle\int_0^1 \ln\dfrac{1}{1-x}\, dx = ?$

【解】

$\because \displaystyle\int_0^1 \ln\dfrac{1}{1-x}\, dx = -\int_0^1 \ln(1-x)\, dx$

令 $u = \ln(1-x)$, $dv = dx$ 则 $du = \dfrac{-1\,dx}{1-x}$, $v = x$, 藉由分部积分法

$$\int_0^1 \ln(1-x)dx = x\ln(1-x)\big|_0^a + \int_0^a \frac{x\,dx}{1-x} = x\ln(1-x)\big|_0^a + \int_0^a \frac{-1(1-x)+1\,dx}{1-x}$$

$$= x\ln(1-x)\big|_0^a - a - \ln(1-x)\big|_0^a = a\ln(1-a) - a - \ln(1-a)$$

$$\therefore \int_0^1 \ln\frac{1}{1-x}dx = -1 \cdot \lim_{a\to 1^-} a\ln(1-a) - a - \ln(1-a) = 1$$

Example 2.

$$求 \int_0^2 \ln\frac{1}{2-x}dx = ?$$

【解】

$$\because \int_0^2 \ln\frac{1}{2-x}dx = -\int_0^2 \ln(2-x)dx$$

令 $u = \ln(2-x)$, $dv = dx$ 则 $du = \dfrac{-1\,dx}{2-x}$, $v = x$, 藉由分部积分法

$$则 \int_0^a \ln(2-x)dx = x\ln(2-x)\big|_0^a + \int_0^a \frac{x}{2-x}dx = x\ln(2-x)\big|_0^a + \int_0^a \frac{-1(2-x)+2}{2-x}dx$$

$$= x\ln(2-x)\big|_0^a - a - 2\ln(2-x)\big|_0^a = (a-2)\ln(2-a) - a + 2\ln 2$$

$$\therefore \int_0^2 \ln\frac{1}{2-x}dx = -1 \cdot \left(\lim_{a\to 2^-} (a-2)\ln(2-a) - a + 2\ln2 \right) = 2 - 2\ln 2$$

Example 3.

$$求 \int_0^1 x^n \ln x\,dx = ?, \quad \forall n \geq 0$$

【解】

令 $n \geq 0$, 令 $u = \ln x$, $dv = x^n dx$ 则 $du = \dfrac{dx}{x}$, $v = \dfrac{x^{n+1}}{n+1}$, 藉由分部积分法

则 $\displaystyle\int_a^1 x^n \ln x\, dx = \ln x \cdot \dfrac{x^{n+1}}{n+1}\Big|_a^1 - \int_a^1 \dfrac{x^n dx}{n+1} = \ln x \cdot \dfrac{x^{n+1}}{n+1}\Big|_a^1 - \dfrac{x^{n+1}}{(n+1)^2}\Big|_a^1$

$= -\ln a \cdot \dfrac{a^{n+1}}{n+1} - \dfrac{1-a^{n+1}}{(n+1)^2}$

藉由罗比达法则 $\displaystyle\lim_{a \to 0^+} \ln a \cdot \dfrac{a^{n+1}}{n+1} = 0$ $\therefore \lim_{a \to 0^+} \int_a^1 x^n \ln x\, dx = -\lim_{a \to 0^+} \dfrac{1-a^{n+1}}{(n+1)^2} = -\dfrac{1}{(n+1)^2}$

Example 4.

$$求 \int_0^\infty e^{-x} \cos x\, dx =?$$

【解】

令 $u = e^{-x}$, $dv = \cos x\, dx$ 则 $du = -e^{-x} dx$, $v = \sin x$, 藉由分部积分法

则 $\displaystyle\int_0^a e^{-x} \cos x\, dx = e^{-x} \sin x\big|_0^a + \int_0^a e^{-x} \sin x\, dx = e^{-a} \sin a + \int_0^a e^{-x} \sin x\, dx$

令 $s = e^{-x}$, $dt = \sin x\, dx$ 则 $ds = -e^{-x} dx$, $t = -\cos x$, 藉由分部积分法

则 $\displaystyle\int_0^a e^{-x} \sin x\, dx = -e^{-x} \cos x\big|_0^a - \int_0^a e^{-x} \cos x\, dx = -(e^{-a} \cos a - 1) - \int_0^a e^{-x} \cos x\, dx$

$\therefore \displaystyle\int_0^a e^{-x} \cos x\, dx = e^{-a} \sin a - (e^{-a} \cos a - 1) - \int_0^a e^{-x} \cos x\, dx$

$\therefore \displaystyle\int_0^\infty e^{-x} \cos x\, dx = \lim_{a \to \infty} \int_0^a e^{-x} \cos x\, dx = \lim_{a \to \infty} \dfrac{1}{2}\left(e^{-a} \sin a - (e^{-a} \cos a - 1)\right) = \dfrac{1}{2}$

Example 5.

$$求 \int_0^1 \ln x\, dx =?$$

【解】

令 $u = \ln x,\ dv = dx$ 则 $du = \dfrac{dx}{x},\ v = x,$ 藉由分部积分法

则 $\displaystyle\int \ln x\, dx = x\ln x - \int x\dfrac{dx}{x} = x\ln x - x + c \qquad \therefore \int_0^1 \ln x\, dx = -1$

Example 6.

$$求 \int_0^1 x\ln x\, dx =?$$

【解】

令 $u = \ln x,\ dv = xdx$ 则 $du = \dfrac{dx}{x},\ v = \dfrac{x^2}{2},$ 藉由分部积分法

则 $\displaystyle\int x\ln x\, dx = \dfrac{x^2}{2}(\ln x) - \int \dfrac{x}{2}dx = \dfrac{x^2}{2}(\ln x) - \dfrac{x^2}{4} + c$

$\therefore \displaystyle\int_a^b x\ln x\, dx = \dfrac{b^2}{2}(\ln b) - \dfrac{b^2}{4} - \left(\dfrac{a^2}{2}(\ln a) - \dfrac{a^2}{4}\right) \ \therefore \int_0^1 x\ln x\, dx = -\dfrac{1}{4}$

Example 7.

$$求 \int_{-\infty}^0 xe^x dx =?$$

【解】

令 $u = x,\ dv = e^x dx$ 则 $du = dx,\ v = e^x,$ 藉由分部积分法

则 $\displaystyle\int xe^x dx = xe^x - \int e^x dx = xe^x - e^x + c$

$\therefore \displaystyle\int_a^b xe^x dx = be^b - e^b - (ae^a - e^a) \qquad \therefore \int_{-\infty}^0 xe^x dx = -1$

Example 8.

$$求 \int_0^\infty x^2 e^{-x} dx = ?$$

【解】

令 $u = x^2,\ dv = e^{-x} dx$ 则 $du = 2xdx,\ v = -e^{-x},$ 藉由分部积分法

则 $\displaystyle\int x^2 e^{-x} dx = -x^2 e^{-x} + \int 2x\, e^{-x} dx + c$

令 $s = x,\ dt = e^{-x}dx$　则　$ds = dx,\ t = -e^{-x}$,　藉由分部积分法

则 $\displaystyle\int xe^{-x}dx = -xe^{-x} + \int e^{-x}dx = -xe^{-x} - e^{-x} + c$

$\therefore \displaystyle\int x^2 e^{-x}dx = -x^2 e^{-x} + \int 2x\,e^{-x}dx = -x^2 e^{-x} + 2(-xe^{-x} - e^{-x}) + c$

$\therefore \displaystyle\int_a^b x^2 e^{-x}dx = -b^2 e^{-b} + 2(-be^{-b} - e^{-b}) - \left(-a^2 e^{-a} + 2(-ae^{-a} - e^{-a})\right)$

$\therefore \displaystyle\int_0^\infty x^2 e^{-x}dx = \lim_{b\to\infty} -b^2 e^{-b} + 2(-be^{-b} - e^{-b}) - \lim_{a\to 0}\left(-a^2 e^{-a} + 2(-ae^{-a} - e^{-a})\right) = 2$

Example 9.

$$\text{求}\int_0^1 x^3 \ln^2 x\,dx = ?$$

【解】

令 $u = \ln^2 x,\ dv = x^3 dx$　则　$du = \dfrac{2}{x}\ln x\,dx,\ v = \dfrac{x^4}{4}$,　藉由分部积分法

则 $\displaystyle\int x^3 \ln^2 x\,dx = \dfrac{x^4}{4}\ln^2 x - \dfrac{1}{2}\int x^3 \ln x\,dx$

令 $s = \ln x,\ dt = x^3 dx$　则　$ds = \dfrac{1}{x}dx,\ t = \dfrac{x^4}{4}$,　藉由分部积分法

则 $\displaystyle\int x^3 \ln x\,dx = \dfrac{x^4 \ln x}{4} - \dfrac{1}{4}\int x^3 dx = \dfrac{x^4 \ln x}{4} - \dfrac{x^4}{16}$

$\therefore \displaystyle\int x^3 \ln^2 x\,dx = \dfrac{x^4}{4}\ln^2 x - \dfrac{1}{2}\int x^3 \ln x\,dx = \dfrac{x^4}{4}\ln^2 x - \dfrac{1}{2}\left(\dfrac{x^4 \ln x}{4} - \dfrac{x^4}{16}\right) + c$

$\therefore \displaystyle\int_a^b x^3 \ln^2 x\,dx = \dfrac{b^4}{4}\ln^2 b - \dfrac{1}{2}\left(\dfrac{b^4 \ln b}{4} - \dfrac{b^4}{16}\right) - \left(\dfrac{a^4}{4}\ln^2 a - \dfrac{1}{2}\left(\dfrac{a^4 \ln a}{4} - \dfrac{a^4}{16}\right)\right)$

$\therefore \displaystyle\int_0^1 x^3 \ln^2 x\,dx = \lim_{b\to 1}\dfrac{b^4}{4}\ln^2 b - \dfrac{1}{2}\left(\dfrac{b^4 \ln b}{4} - \dfrac{b^4}{16}\right) - \lim_{a\to 0}\left(\dfrac{a^4}{4}\ln^2 a - \dfrac{1}{2}\left(\dfrac{a^4 \ln a}{4} - \dfrac{a^4}{16}\right)\right) = \dfrac{1}{32}$

Example 10.

$$\text{求}\int_0^1 x \ln^2 x\,dx = ?$$

【解】

令 $u = \ln^2 x$，$dv = x\,dx$ 则 $du = \dfrac{2}{x}\ln x\,dx$，$v = \dfrac{x^2}{2}$，藉由分部积分法

则 $\displaystyle\int x \ln^2 x\,dx = \dfrac{x^2}{2}\ln^2 x - \int x \ln x\,dx$

令 $s = \ln x$，$dt = x\,dx$ 则 $ds = \dfrac{1}{x}\,dx$，$t = \dfrac{x^2}{2}$，藉由分部积分法

则 $\displaystyle\int x \ln x\,dx = \dfrac{x^2}{2}\ln x - \dfrac{1}{2}\int x\,dx = \dfrac{x^2}{2}\ln x - \dfrac{x^2}{4} + c$

$\therefore \displaystyle\int x \ln^2 x\,dx = \dfrac{x^2}{2}\ln^2 x - \int x \ln x\,dx = \dfrac{x^2}{2}\ln^2 x - \left(\dfrac{x^2}{2}\ln x - \dfrac{x^2}{4}\right) + c$

$\therefore \displaystyle\int_a^b x \ln^2 x\,dx = \dfrac{b^2}{2}\ln^2 b - \left(\dfrac{b^2}{2}\ln b - \dfrac{b^2}{4}\right) - \left(\dfrac{a^2}{2}\ln^2 a - \left(\dfrac{a^2}{2}\ln a - \dfrac{a^2}{4}\right)\right)$

$\therefore \displaystyle\int_0^1 x \ln^2 x\,dx = \lim_{b\to 1}\dfrac{b^2\ln^2 b}{2} - \left(\dfrac{b^2\ln b}{2} - \dfrac{b^2}{4}\right) - \lim_{a\to 0}\left(\dfrac{a^2\ln^2 a}{2} - \left(\dfrac{a^2\ln a}{2} - \dfrac{a^2}{4}\right)\right) = \dfrac{1}{4}$

Example 11.

$\qquad$ 求 $\displaystyle\int_1^\infty \dfrac{\ln x}{x^3}\,dx =?$

【解】

令 $u = \ln x$，$dv = x^{-3}\,dx$ 则 $du = \dfrac{1}{x}\,dx$，$v = -\dfrac{x^{-2}}{2}$，藉由分部积分法

则 $\displaystyle\int \dfrac{\ln x}{x^3}\,dx = -\dfrac{x^{-2}\ln x}{2} + \dfrac{1}{2}\int x^{-3}\,dx = -\dfrac{\ln x}{2x^2} - \dfrac{1}{4}x^{-2} + c$

$\therefore \displaystyle\int_1^\infty \dfrac{\ln x}{x^3}\,dx = \dfrac{\ln 1}{2} + \dfrac{1}{4} - \lim_{b\to\infty}\left(\dfrac{\ln b}{2b^2} + \dfrac{b^{-2}}{4}\right) = \dfrac{1}{4}$

Example 12.

$\qquad$ 求 $\displaystyle\int_0^1 x \ln\sqrt{x}\,dx = ?$

【解】

令 $u = \ln \sqrt{x}, \ dv = xdx$ 则 $du = \dfrac{1}{2x}dx, \ v = \dfrac{x^2}{2}$，藉由分部积分法

则 $\displaystyle\int x \ln \sqrt{x}\, dx = \dfrac{x^2 \ln \sqrt{x}}{2} - \dfrac{1}{4}\int x dx = \dfrac{x^2 \ln \sqrt{x}}{2} - \dfrac{x^2}{8} + c = \dfrac{x^2 \ln x}{4} - \dfrac{x^2}{8} + c$

$\therefore \displaystyle\int_0^1 x \ln \sqrt{x}\, dx = \dfrac{\ln 1}{4} - \dfrac{1}{8} - \lim_{a \to 0}\left(\dfrac{a^2 \ln a}{4} - \dfrac{a^2}{8}\right) = -\dfrac{1}{8}$

Example 13.

$\qquad$ 求 $\displaystyle\int_1^\infty \dfrac{\tan^{-1} x}{x^3}\, dx = ?$

【解】

令 $u = \tan^{-1} x, \ dv = x^{-3}dx$ 则 $du = \dfrac{dx}{1+x^2}dx, \ v = -\dfrac{x^{-2}}{2}$，藉由分部积分法

则 $\displaystyle\int \dfrac{\tan^{-1} x}{x^3}\, dx = -\dfrac{x^{-2} \tan^{-1} x}{2} + \dfrac{1}{2}\int \dfrac{dx}{x^2(1+x^2)}$

$= -\dfrac{x^{-2} \tan^{-1} x}{2} + \dfrac{1}{2}\int \left(\dfrac{1}{x^2} - \dfrac{1}{1+x^2}\right) dx = -\dfrac{x^{-2} \tan^{-1} x}{2} + \dfrac{1}{2}(-x^{-1} - \tan^{-1} x) + c$

$\therefore \displaystyle\int_1^\infty \dfrac{\tan^{-1} x\, dx}{x^3} = \dfrac{\tan^{-1} 1}{2} + \dfrac{1 + \tan^{-1} 1}{2} - \lim_{b \to \infty}\left(\dfrac{b^{-2} \tan^{-1} b}{2} + \dfrac{b^{-1} + \tan^{-1} b}{2}\right)$

$= \dfrac{\pi}{8} + \dfrac{1}{2} + \dfrac{\pi}{8} - \dfrac{\pi}{4} = \dfrac{1}{2}$

Example 14.

$\qquad$ 求 $\displaystyle\int_0^1 \ln(x^3 e^x)\, dx = ?$

【解】

$\displaystyle\int \ln(x^3 e^x)\, dx = \int x + 3\ln x\, dx = \dfrac{x^2}{2} + 3\int \ln x\, dx$

令 $u = \ln x, \ dv = dx$ 则 $du = \dfrac{1}{x}dx, \ v = x$，藉由分部积分法

则 $\displaystyle\int \ln x\, dx = x \ln x - \int dx = x \ln x - x + c$

$\therefore \displaystyle\int \ln(x^3 e^x)\, dx = \dfrac{x^2}{2} + 3(x \ln x - x) + c$

$$\therefore \int_0^1 \ln(x^3 e^x)\, dx = \frac{1}{2} + 3(\ln 1 - 1) - \lim_{a \to 0}\left(\frac{a^2}{2} + 3(a \ln a - a)\right) = \frac{-5}{2}$$

Example 15.

$$\text{求} \int_0^\infty x^2 e^{-2x}\, dx = ?$$

【解】

令 $u = x^2,\ dv = e^{-2x}dx$ 则 $du = 2xdx,\ v = -\dfrac{e^{-2x}}{2}$，藉由分部积分法

则 $\displaystyle\int x^2 e^{-2x}\, dx = -\frac{x^2 e^{-2x}}{2} + \int xe^{-2x}\, dx$

令 $s = x,\ dt = e^{-2x}dx$ 则 $ds = dx,\ t = -\dfrac{e^{-2x}}{2}$，藉由分部积分法

则 $\displaystyle\int xe^{-2x}\, dx = -\frac{xe^{-2x}}{2} + \frac{1}{2}\int e^{-2x}\, dx = -\frac{xe^{-2x}}{2} - \frac{1}{4}e^{-2x} + c$

$$\therefore \int x^2 e^{-2x}\, dx = -\frac{x^2 e^{-2x}}{2} + \int xe^{-2x}\, dx = -\frac{x^2 e^{-2x}}{2} - \frac{xe^{-2x}}{2} - \frac{1}{4}e^{-2x} + c$$

$$\therefore \int_0^\infty x^2 e^{-2x}\, dx = -\lim_{b \to \infty}\left(\frac{b^2 e^{-2b}}{2} + \frac{be^{-2b}}{2} + \frac{1}{4}e^{-2b}\right) + \lim_{a \to 0}\left(\frac{a^2 e^{-2a}}{2} + \frac{ae^{-2a}}{2} + \frac{1}{4}e^{-2a}\right) = \frac{1}{4}$$

Example 16.

$$\text{求} \int_1^\infty \frac{\sin\frac{1}{x}}{x^3}\, dx = ?$$

【解】

令 $u = \dfrac{1}{x}$ 则 $du = -x^{-2}dx$，藉由变数代换法 $\displaystyle\int \frac{\sin\frac{1}{x}}{x^3}\, dx = -\int u \sin u\, du$

令 $s = u,\ dt = \sin u\, du$ 则 $ds = du,\ t = -\cos u$，藉由分部积分法

则 $\displaystyle\int u \sin u\, du = -u\cos u + \int \cos u\, du = -u\cos u + \sin u + c = -\frac{1}{x}\cos\frac{1}{x} + \sin\frac{1}{x} + c$

$$\therefore \int \frac{\sin\frac{1}{x}}{x^3}dx = \frac{1}{x}\cos\frac{1}{x} - \sin\frac{1}{x} + c$$

$$\therefore \int_1^\infty \frac{\sin\frac{1}{x}}{x^3}dx = \lim_{b\to\infty}\left(\frac{1}{b}\cos\frac{1}{b} - \sin\frac{1}{b}\right) - \lim_{a\to 1}\left(\frac{1}{a}\cos\frac{1}{a} - \sin\frac{1}{a}\right) = \sin 1 - \cos 1$$

Example 17.

$$求 \int_0^1 x(\ln x)^3 dx = ?$$

【解】

令 $u = \ln x$ 则 $du = \dfrac{dx}{x} \Rightarrow dx = e^u du$，藉由变数代换法则 $\int x(\ln x)^3 dx = \int u^3 e^{2u} du$,

藉由分部积分法则

$$\int u^3 e^{2u} du = \frac{u^3 e^{2u}}{2} - \frac{3}{2}\int u^2 e^{2u} du = \frac{u^3 e^{2u}}{2} - \frac{3}{2}\left(\frac{u^2 e^{2u}}{2} - \int u e^{2u} du\right)$$

$$= \frac{u^3 e^{2u}}{2} - \frac{3u^2 e^{2u}}{4} + \frac{3}{2}\left(\frac{u e^{2u}}{2} - \frac{e^{2u}}{4}\right) + c = \frac{x^2(\ln x)^3}{2} - \frac{3x^2(\ln x)^2}{4} + \frac{3}{2}\left(\frac{x^2 \ln x}{2} - \frac{x^2}{4}\right) + c$$

$$\int x(\ln x)^3 dx = \frac{x^2(\ln x)^3}{2} - \frac{3x^2(\ln x)^2}{4} + \frac{3}{2}\left(\frac{x^2 \ln x}{2} - \frac{x^2}{4}\right) + c$$

$$\therefore \int_0^1 x(\ln x)^3 dx = \lim_{b\to 1}\left(\frac{b^2(\ln b)^3}{2} - \frac{3b^2(\ln b)^2}{4} + \frac{3}{2}\left(\frac{b^2 \ln b}{2} - \frac{b^2}{4}\right)\right)$$

$$- \lim_{a\to 0}\left(\frac{a^2(\ln a)^3}{2} - \frac{3a^2(\ln a)^2}{4} + \frac{3}{2}\left(\frac{a^2 \ln a}{2} - \frac{a^2}{4}\right)\right) = -\frac{3}{8}$$

Example 18.

$$求 \int_0^1 (\ln x)^2 dx = ?$$

【解】

令 $u = \ln x$ 则 $du = \dfrac{dx}{x} \Rightarrow dx = e^u du$，藉由变数代换法则 $\int (\ln x)^2 dx = \int u^2 e^u du$,

藉由分部积分法

$$\text{則} \int u^2 e^u \, du = u^2 e^u - 2 \int u e^u \, du = u^2 e^u - 2\left(u e^u - \int e^u \, du\right)$$

$$= u^2 e^u - 2(u e^u - e^u) = (\ln x)^2 x - 2(x \ln x - x) + c$$

$$\therefore \int_0^1 (\ln x)^2 \, dx = (\ln 1)^2 - 2(\ln 1 - 1) - \lim_{a \to 0}\left((\ln a)^2 a - 2(a \ln a - a)\right) = 2$$

Example 19.

$$\text{求} \int_0^{\infty} \frac{\ln(1 + x)}{(1 + x)^2} \, dx = ?$$

【解】

$$\text{令 } u = \ln(1 + x), \quad dv = \frac{1}{(1 + x)^2} \, dx \ \text{則 } du = \frac{dx}{1 + x}, \quad v = -(1 + x)^{-1}$$

藉由分部积分法

$$\text{則} \int \frac{\ln(1 + x)}{(1 + x)^2} \, dx = -(1 + x)^{-1} \ln(1 + x) + \int \frac{1}{(1 + x)^2} \, dx$$

$$= -(1 + x)^{-1} \ln(1 + x) - (1 + x)^{-1} + c$$

$$\therefore \int_0^{\infty} \frac{\ln(1 + x)}{(1 + x)^2} \, dx = -\lim_{b \to \infty} \frac{\ln(1 + b) + 1}{1 + b} + \lim_{a \to 0} \frac{\ln(1 + a) + 1}{1 + a} = 1$$

Example 20.

$$\text{求} \int_1^{\infty} \frac{\ln(\tan^{-1} x)}{1 + x^2} \, dx = ?$$

【解】

$$\text{令 } u = \ln(\tan^{-1} x), \quad dv = \frac{dx}{1 + x^2} \ \text{則 } du = \frac{dx}{(1 + x^2)\tan^{-1} x}, \quad v = \tan^{-1} x$$

藉由分部积分法

$$\int \frac{\ln(\tan^{-1} x)}{1 + x^2} \, dx = (\tan^{-1} x) \ln(\tan^{-1} x) - \int \frac{1}{1 + x^2} \, dx$$

$$= (\tan^{-1} x) \ln(\tan^{-1} x) - \tan^{-1} x + c$$

$$\therefore \int_1^{\infty} \frac{\ln(\tan^{-1} x)}{1 + x^2} \, dx = \lim_{b \to \infty} \tan^{-1} b \left(\ln(\tan^{-1} b) - 1\right) - \lim_{a \to 1} \tan^{-1} a \left(\ln(\tan^{-1} a) - 1\right)$$

$$= \frac{\pi}{2}\left(\left(\ln \frac{\pi}{2}\right) - 1\right) - \frac{\pi}{4}\left(\left(\ln \frac{\pi}{4}\right) - 1\right)$$

5.4.3.3　求有理式瑕积分的值

求第一类型瑕积分 $\displaystyle\int_0^\infty \frac{P(x)}{Q(x)}\,dx =?$　其中 $P(x)$、$Q(x)$ 为多项式函数

求瑕积分的值等于先计算定积分再取极限值的问题，与求有理式的定积分相同，当分子分母皆为多项式函数时，需先将被积分函数拆解为数个较易求得定积分的有理式函数

考试类型：

Type 1.

求 $\displaystyle\int_0^\infty \frac{P(x)}{Q(x)}\,dx =?$，可直接使用比较系数，化为分式相加再积分

解题流程：

Step1.

找 $Q(x)$ 的根，假设为 x_0, x_1，即 $Q(x) = (x - x_0)(x - x_1)$

Step2.

$$\text{令}\ \frac{P(x)}{Q(x)} = \frac{\alpha}{x - x_0} + \frac{\beta}{x - x_1},\quad \because \frac{P(x)}{Q(x)} = \frac{\alpha}{x - x_0} + \frac{\beta}{x - x_1} = \frac{\alpha(x - x_1) + \beta(x - x_0)}{(x - x_0)(x - x_1)}$$

$$\therefore P(x) = \alpha(x - x_1) + \beta(x - x_0)$$

$\because P(x)$、x_0、x_1 已知，藉由比较系数找 α, β 的值使得 $P(x) = \alpha(x - x_1) + \beta(x - x_0)$

Step3.

$$\therefore \int_a^b \frac{P(x)}{Q(x)}\,dx = \int_a^b \frac{\alpha}{x - x_0} + \frac{\beta}{x - x_1}\,dx = \alpha \ln(x - x_0) + \beta \ln(x - x_1)\big|_{x=a}^{x=b}$$

$$= \alpha \ln \frac{b - x_0}{a - x_0} + \beta \ln \frac{b - x_1}{a - x_1}$$

Step4.

$$\int_0^\infty \frac{P(x)}{Q(x)}\,dx = \lim_{a\to 0, b\to\infty} \alpha \ln \frac{b - x_0}{a - x_0} + \beta \ln \frac{b - x_1}{a - x_1}$$

Type 2.

求 $\displaystyle\int_0^\infty \frac{P(x)}{(x - \alpha)(x^2 + \beta x + \gamma)}\,dx =?$，$\forall \beta^2 - 4\gamma < 0$

解题流程:

Step1.

$$令\frac{P(x)}{(x-\alpha)(x^2+\beta x+\gamma)}=\frac{a}{x-\alpha}+\frac{bx+c}{x^2+\beta x+\gamma}$$

则 $P(x)=a(x^2+\beta x+\gamma)+(x-\alpha)(bx+c)$

找 a、b、c 使得 $P(x)=a(x^2+\beta x+\gamma)+(x-\alpha)(bx+c)$

Step2.

$$因此\int_{x_1}^{x_2}\frac{P(x)}{(x-\alpha)(x^2+\beta x+\gamma)}dx=\int_{x_1}^{x_2}\frac{a}{x-\alpha}+\frac{bx+c}{x^2+\beta x+\gamma}dx$$

$$=a\ln\frac{x_2-\alpha}{x_1-\alpha}+\int_{x_1}^{x_2}\frac{bx+c}{x^2+\beta x+\gamma}dx$$

Step3.

$$因此\int_0^\infty\frac{P(x)}{(x-\alpha)(x^2+\beta x+\gamma)}dx=\lim_{x_1\to 0,x_2\to\infty}a\ln\frac{x_2-\alpha}{x_1-\alpha}+\int_{x_1}^{x_2}\frac{bx+c}{x^2+\beta x+\gamma}dx$$

Step4.

$$求\lim_{x_1\to 0,x_2\to\infty}a\ln\frac{x_2-\alpha}{x_1-\alpha}+\int_{x_1}^{x_2}\frac{bx+c}{x^2+\beta x+\gamma}dx=?$$

Type 3.

$$求\int_0^\infty\frac{P(x)}{(x-\alpha)^2(x^2+\beta x+\gamma)}dx=?,\quad \forall\beta^2-4\gamma<0$$

解题流程:

Step1.

$$令\frac{P(x)}{(x-\alpha)^2(x^2+\beta x+\gamma)}=\frac{a}{x-\alpha}+\frac{b}{(x-\alpha)^2}+\frac{cx+d}{x^2+\beta x+\gamma}$$

则 $P(x)=a(x-\alpha)(x^2+\beta x+\gamma)+b(x^2+\beta x+\gamma)+(x-\alpha)^2(cx+d)$

找 a、b、c、d 使得 $P(x)=a(x-\alpha)(x^2+\beta x+\gamma)+b(x^2+\beta x+\gamma)+(x-\alpha)^2(cx+d)$

Step2.

$$因此\int_{x_1}^{x_2}\frac{P(x)}{(x-\alpha)^2(x^2+\beta x+\gamma)}dx=\int_{x_1}^{x_2}\frac{a}{x-\alpha}+\frac{b}{(x-\alpha)^2}+\frac{cx+d}{x^2+\beta x+\gamma}dx$$

Step3.

$$因此\int_0^\infty\frac{P(x)}{(x-\alpha)^2(x^2+\beta x+\gamma)}dx=\lim_{x_1\to 0,x_2\to\infty}\int_{x_1}^{x_2}\frac{a}{x-\alpha}+\frac{b}{(x-\alpha)^2}+\frac{cx+d}{x^2+\beta x+\gamma}dx$$

Step4.

求 $\displaystyle\lim_{x_1\to 0, x_2\to\infty}\int_{x_1}^{x_2}\frac{a}{x-\alpha}+\frac{b}{(x-\alpha)^2}+\frac{cx+d}{x^2+\beta x+\gamma}\,dx\,=?$

Type 4.

求 $\displaystyle\int_0^\infty\frac{P(x)}{(x-\alpha)(x-\beta)(x-\gamma)}\,dx=?,\quad \forall \alpha\beta\gamma\neq 0$

解题流程:

Step1.

令 $\displaystyle\frac{P(x)}{(x-\alpha)(x-\beta)(x-\gamma)}=\frac{a}{x-\alpha}+\frac{b}{x-\beta}+\frac{c}{x-\gamma}$

则 $P(x)=a(x-\beta)(x-\gamma)+b(x-\alpha)(x-\gamma)+c(x-\alpha)(x-\beta)$

找 a、b、c 使得 $P(x)=a(x-\beta)(x-\gamma)+b(x-\alpha)(x-\gamma)+c(x-\alpha)(x-\beta)$

Step2.

因此 $\displaystyle\int_{x_1}^{x_2}\frac{P(x)}{(x-\alpha)(x-\beta)(x-\gamma)}\,dx=\int_{x_1}^{x_2}\frac{a}{x-\alpha}+\frac{b}{x-\beta}+\frac{c}{x-\gamma}\,dx$

$=a\ln\dfrac{x_2-\alpha}{x_1-\alpha}+b\ln\dfrac{x_2-\beta}{x_1-\beta}+c\ln\dfrac{x_2-\gamma}{x_1-\gamma}$

Step3.

$\displaystyle\int_0^\infty\frac{P(x)}{(x-\alpha)(x-\beta)(x-\gamma)}\,dx=\lim_{x_1\to 0, x_2\to\infty}a\ln\frac{x_2-\alpha}{x_1-\alpha}+b\ln\frac{x_2-\beta}{x_1-\beta}+c\ln\frac{x_2-\gamma}{x_1-\gamma}$

Step4.

求 $\displaystyle\lim_{x_1\to 0, x_2\to\infty}a\ln\frac{x_2-\alpha}{x_1-\alpha}+b\ln\frac{x_2-\beta}{x_1-\beta}+c\ln\frac{x_2-\gamma}{x_1-\gamma}=?$

Type 5.

求 $\displaystyle\int_0^\infty\frac{P(x)}{(x-\alpha)(x^2+\beta)^2}\,dx=?,\quad \forall\alpha\beta\neq 0$

解题流程:

Step1.

令 $\displaystyle\frac{P(x)}{(x-\alpha)(x^2+\beta)^2}=\frac{a}{x-\alpha}+\frac{bx+c}{x^2+\beta}+\frac{dx+f}{(x^2+\beta)^2}$

则 $P(x)=a(x^2+\beta)^2+(bx+c)(x-\alpha)(x^2+\beta)+(dx+f)(x-\alpha)$

找 a、b、c、d、f 使得 $P(x)=a(x^2+\beta)^2+(bx+c)(x-\alpha)(x^2+\beta)+(dx+f)(x-\alpha)$

Step2.

因此 $\displaystyle\int_{x_1}^{x_2} \frac{P(x)}{(x-\alpha)(x^2+\beta)^2}\,dx = \int_{x_1}^{x_2} \frac{a}{x-\alpha} + \frac{bx+c}{x^2+\beta} + \frac{dx+f}{(x^2+\beta)^2}\,dx$

$\displaystyle = a\ln\frac{x_2-\alpha}{x_1-\alpha} + \int_{x_1}^{x_2} \frac{bx+c}{x^2+\beta} + \frac{dx+f}{(x^2+\beta)^2}\,dx$

Step3.

$$\int_0^{\infty} \frac{P(x)}{(x-\alpha)(x^2+\beta)^2}\,dx = \lim_{x_1\to 0,\, x_2\to\infty} a\ln\frac{x_2-\alpha}{x_1-\alpha} + \int_{x_1}^{x_2} \frac{bx+c}{x^2+\beta} + \frac{dx+f}{(x^2+\beta)^2}\,dx$$

Step4.

求 $\displaystyle \lim_{x_1\to 0,\, x_2\to\infty} a\ln\frac{x_2-\alpha}{x_1-\alpha} + \int_{x_1}^{x_2} \frac{bx+c}{x^2+\beta} + \frac{dx+f}{(x^2+\beta)^2}\,dx = ?$

Type 6.

求 $\displaystyle\int_0^{\infty} \frac{P(x)}{x^4-\alpha^4}\,dx = ?, \quad \forall \alpha \neq 0$

解题流程:

Step1.

令 $\displaystyle \frac{P(x)}{x^4-\alpha^4} = \frac{ax+b}{x^2-\alpha^2} + \frac{cx+d}{x^2+\alpha^2}$ 则 $P(x) = (ax+b)(x^2+\alpha^2) + (cx+d)(x^2-\alpha^2)$

找 a、b、c、d 使得 $P(x) = (ax+b)(x^2+\alpha^2) + (cx+d)(x^2-\alpha^2)$

Step2.

因此 $\displaystyle\int_{x_1}^{x_2} \frac{P(x)}{x^4-\alpha^4}\,dx = \int_{x_1}^{x_2} \frac{ax+b}{x^2-\alpha^2} + \frac{cx+d}{x^2+\alpha^2}\,dx$

$\displaystyle \therefore \int_0^{\infty} \frac{P(x)}{x^4-\alpha^4}\,dx = \lim_{x_1\to 0,\, x_2\to\infty} \int_{x_1}^{x_2} \frac{ax+b}{x^2-\alpha^2} + \frac{cx+d}{x^2+\alpha^2}\,dx$

Step3.

求 $\displaystyle \lim_{x_1\to 0,\, x_2\to\infty} \int_{x_1}^{x_2} \frac{ax+b}{x^2-\alpha^2} + \frac{cx+d}{x^2+\alpha^2}\,dx = ?$

Type 7.

求 $\displaystyle\int_0^{\infty} \frac{P(x)}{x^3-\gamma^3}\,dx = ?, \quad \forall \gamma \neq 0$

解题流程:

Step1.

$\because x^3 - \gamma^3 = (x - \gamma)(x^2 + \gamma x + \gamma^2)$，令 $\dfrac{P(x)}{x^3 - \gamma^3} = \dfrac{a}{x - \gamma} + \dfrac{bx + c}{x^2 + \gamma x + \gamma^2}$

则 $\dfrac{P(x)}{x^3 - \gamma^3} = \dfrac{a(x^2 + \gamma x + \gamma^2) + (bx + c)(x - \gamma)}{(x - \gamma)(x^2 + \gamma x + \gamma^2)}$

找 a、b、c 使得 $P(x) = a(x^2 + \gamma x + \gamma^2) + (bx + c)(x - \gamma)$

Step2.

因此 $\displaystyle\int_{x_1}^{x_2} \dfrac{P(x)}{x^3 - \gamma^3}\, dx = \int_{x_1}^{x_2} \dfrac{a}{x - \gamma} + \dfrac{bx + c}{x^2 + \gamma x + \gamma^2}\, dx$

$\therefore \displaystyle\int_{0}^{\infty} \dfrac{P(x)}{x^3 - \gamma^3}\, dx = \lim_{x_1 \to 0, x_2 \to \infty} \int_{x_1}^{x_2} \dfrac{a}{x - \gamma} + \dfrac{bx + c}{x^2 + \gamma x + \gamma^2}\, dx$

Step3.

求 $\displaystyle \lim_{x_1 \to 0, x_2 \to \infty} \int_{x_1}^{x_2} \dfrac{a}{x - \gamma} + \dfrac{bx + c}{x^2 + \gamma x + \gamma^2}\, dx = ?$

Example 1.

求 $\displaystyle\int_{3}^{\infty} \dfrac{dx}{x^4 - 16} = ?$

【解】

$\because \dfrac{1}{x^4 - 16} = \dfrac{1}{(x^2 + 4)(x^2 - 4)}$，令 $\dfrac{1}{x^4 - 16} = \dfrac{ax + b}{x^2 - 4} + \dfrac{cx + d}{x^2 + 4}$

则 $\dfrac{1}{x^4 - 16} = \dfrac{(ax + b)(x^2 + 4) + (cx + d)(x^2 - 4)}{(x^2 + 4)(x^2 - 4)}$

$\Rightarrow 1 = (ax + b)(x^2 + 4) + (cx + d)(x^2 - 4)$

令 $x = 0$ 则 $1 = 4b - 4d$

$\because (b + d)x^2 = 0,\ \forall x \in R \quad \therefore b = \dfrac{1}{8},\ d = -\dfrac{1}{8}$

$\because (a + c)x^3 = 0$ 且 $(a - c)x = 0,\ \forall x \in R \qquad \therefore a = c = 0$

$\therefore \dfrac{1}{x^4 - 16} = \dfrac{1}{8}\left(\dfrac{1}{x^2 - 4} - \dfrac{1}{x^2 + 4}\right) = \dfrac{1}{8}\left(\dfrac{1}{4}\left(\dfrac{1}{x - 2} - \dfrac{1}{x + 2}\right) - \dfrac{1}{x^2 + 4}\right)$

$= \dfrac{1}{32}\left(\dfrac{1}{x + 2} - \dfrac{1}{x - 2}\right) - \dfrac{1}{8} \cdot \dfrac{1}{4\left(\left(\dfrac{x}{2}\right)^2 + 1\right)}$

$$\therefore \int_3^\infty \frac{1}{x^4-16}\,dx = \int_3^\infty \frac{1}{32}\left(\frac{1}{x+2}-\frac{1}{x-2}\right)-\frac{1}{8}\cdot\frac{1}{4\left(\left(\frac{x}{2}\right)^2+1\right)}\,dx$$

$$= \frac{1}{32}\left(\ln\frac{|x+2|}{|x-2|}\right)\Big|_3^\infty - \frac{1}{16}\tan^{-1}\frac{x}{2}\Big|_3^\infty = \frac{1}{32}(-\ln 5) - \frac{1}{16}\left(\frac{\pi}{2}-\tan^{-1}\frac{3}{2}\right)$$

Example 2.

$$求 \int_0^\infty \frac{x}{(x+1)^2(x^2+1)}\,dx =?$$

【解】

令 $\dfrac{x}{(x+1)^2(x^2+1)} = \dfrac{ax+b}{(x+1)^2} + \dfrac{cx+d}{(x^2+1)}$

则 $\dfrac{x}{(x+1)^2(x^2+1)} = \dfrac{(ax+b)(x^2+1)+(cx+d)(x+1)^2}{(x+1)^2(x^2+1)}$

$\therefore x = (ax+b)(x^2+1)+(cx+d)(x+1)^2$

$\because 0 = (a+c)x^3, \ \forall x \in R \qquad \therefore a+c = 0$

$\because 0 = (b+d+2c)x^2, \ \forall x \in R \qquad \therefore b+d+2c = 0$

令 $x=-1$ 则 $-1 = -2a+2b$

令 $x=0$ 则 $0 = b+d$

$\therefore c = 0 \Rightarrow a = 0 \Rightarrow b = -\dfrac{1}{2} \Rightarrow d = \dfrac{1}{2}$

$\therefore \dfrac{x}{(x+1)^2(x^2+1)} = \dfrac{-1}{2(x+1)^2} + \dfrac{1}{2(x^2+1)}$

$$\therefore \int_0^\infty \frac{x}{(x+1)^2(x^2+1)}\,dx = \int_0^\infty \frac{-1}{2(x+1)^2} + \frac{1}{2(x^2+1)}\,dx = \frac{1}{2}(x+1)^{-1} + \frac{1}{2}\tan^{-1}x\Big|_0^\infty$$

$$= \frac{\pi}{4} - \frac{1}{2}$$

Example 3.

$$求 \int_2^\infty \frac{1}{x^4-1}\,dx =?$$

【解】

$$\because \frac{1}{x^4-1} = \frac{1}{(x^2+1)(x^2-1)} = \frac{1}{2}\left(\frac{1}{x^2-1} - \frac{1}{x^2+1}\right)$$

$$= \frac{1}{2}\left(\frac{1}{2}\left(\frac{1}{x-1} - \frac{1}{x+1}\right) - \frac{1}{x^2+1}\right) = \frac{1}{4}\left(\frac{1}{x-1} - \frac{1}{x+1}\right) - \frac{1}{2}\cdot\frac{1}{(x^2+1)}$$

$$\therefore \int_2^\infty \frac{1}{x^4-1}\,dx = \int_2^\infty \frac{1}{4}\left(\frac{1}{x-1} - \frac{1}{x+1}\right) - \frac{1}{2}\cdot\frac{1}{(x^2+1)}\,dx$$

$$= \frac{1}{4}(\ln|x-1| - \ln|x+1|) - \frac{1}{2}\tan^{-1}x\,\Big|_2^\infty = \frac{-1}{4}\left(\ln\frac{1}{3}\right) - \frac{1}{2}\left(\frac{\pi}{2} - \tan^{-1}2\right)$$

Example 4.

$$求 \int_2^\infty \frac{x}{x^4-1}\,dx = ?$$

【解】

$$\because x^4-1 = (x^2-1)(x^2+1), \quad 令 \frac{x}{x^4-1} = \frac{ax+b}{x^2-1} + \frac{cx+d}{x^2+1}$$

$$则 \frac{x}{x^4-1} = \frac{(ax+b)(x^2+1) + (cx+d)(x^2-1)}{(x^2-1)(x^2+1)}$$

$$\therefore x = (ax+b)(x^2+1) + (cx+d)(x^2-1)$$

$$令 x = 0 \;则\; 0 = b+d$$

$$令 x = 1 \;则\; 1 = 2(a+b)$$

$$\because (a+c)x^3 = 0, \quad \forall x \in R \quad \therefore a+c = 0$$

$$\because (a-c)x = x, \quad \forall x \in R \quad \therefore a-c = 1 \quad \therefore a = \frac{1}{2} \Rightarrow c = -\frac{1}{2}, b = 0, d = 0$$

$$\therefore \frac{x}{x^4-1} = \frac{x}{2(x^2-1)} - \frac{x}{2(x^2+1)}$$

$$\therefore \int_2^\infty \frac{x}{x^4-1}\,dx = \int_2^\infty \frac{\frac{x}{2}}{x^2-1} - \frac{\frac{x}{2}}{x^2+1}\,dx = \frac{1}{4}\ln(x^2-1) - \frac{1}{4}\ln(x^2+1)\,\Big|_2^\infty = \frac{1}{4}\ln\frac{3}{5}$$

Example 5.

$$\text{求} \int_{2}^{\infty} \frac{x^2}{x^4 - 1}\, dx = ?$$

【解】

$$\because x^4 - 1 = (x^2 - 1)(x^2 + 1), \quad \text{令} \frac{x^2}{x^4 - 1} = \frac{ax + b}{x^2 - 1} + \frac{cx + d}{x^2 + 1}$$

$$\text{则} \ \frac{x^2}{x^4 - 1} = \frac{(ax + b)(x^2 + 1) + (cx + d)(x^2 - 1)}{(x^2 - 1)(x^2 + 1)}$$

$$\therefore x^2 = (ax + b)(x^2 + 1) + (cx + d)(x^2 - 1)$$

令$x = 0$ 则 $0 = b - d$

令$x = 1$ 则 $1 = 2(a + b)$

$$\because (a + c)x^3 = 0, \ \forall x \in R \quad \therefore a + c = 0$$

$$\because (a - c)x = 0, \ \forall x \in R \quad \therefore a - c = 0 \quad \therefore a = 0 \Rightarrow c = 0, b = \frac{1}{2}, d = \frac{1}{2}$$

$$\therefore \frac{x^2}{x^4 - 1} = \frac{1}{2}\left(\frac{1}{x^2 - 1} + \frac{1}{x^2 + 1}\right) = \frac{1}{2}\left(\frac{1}{2}\left(\frac{1}{x - 1} - \frac{1}{x + 1}\right) + \frac{1}{x^2 + 1}\right)$$

$$\therefore \int_{2}^{\infty} \frac{x^2}{x^4 - 1}\, dx = \int_{2}^{\infty} \frac{1}{2}\left(\frac{1}{2}\left(\frac{1}{x - 1} - \frac{1}{x + 1}\right) + \frac{1}{x^2 + 1}\right) dx$$

$$= \frac{1}{4}\ln(x - 1) - \frac{1}{4}\ln(x + 1) + \frac{1}{2}\tan^{-1} x\Big|_{2}^{\infty} = \frac{\ln 3}{4} + \frac{1}{2}\left(\frac{\pi}{2} - \tan^{-1} 2\right)$$

Example 6.

$$\text{求} \int_{0}^{\infty} \frac{1}{x^4 + 1}\, dx = ?$$

【解】

$$\because x^4 + 1 = (x^2 + 1)^2 - 2x^2 = (x^2 + 1)^2 - (\sqrt{2}x)^2$$

$$= (x^2 + 1 + \sqrt{2}x)(x^2 + 1 - \sqrt{2}x)$$

$$\text{令} \ \frac{1}{x^4 + 1} = \frac{ax + b}{(x^2 + 1 - \sqrt{2}x)} + \frac{cx + d}{(x^2 + 1 + \sqrt{2}x)}$$

$$\text{则} \ \frac{1}{x^4 + 1} = \frac{(ax + b)(x^2 + 1 + \sqrt{2}x) + (cx + d)(x^2 + 1 - \sqrt{2}x)}{(x^2 + 1 - \sqrt{2}x)(x^2 + 1 + \sqrt{2}x)}$$

$$\therefore 1 = (ax + b)(x^2 + 1 + \sqrt{2}x) + (cx + d)(x^2 + 1 - \sqrt{2}x)$$

令 $x = 0$ 则 $b + d = 1$

$$\because (a + c)x^3 = 0, \ \forall x \in R \qquad \therefore a + c = 0$$

$$\because (\sqrt{2}a + b - \sqrt{2}c + d)x^2 = 0, \ \forall x \in R \qquad \therefore \sqrt{2}a + b - \sqrt{2}c + d = 0$$

$$\because (a + \sqrt{2}b + c - \sqrt{2}d)x = 0, \ \forall x \in R \qquad \therefore a + \sqrt{2}b + c - \sqrt{2}d = 0$$

$$\therefore b - d = 0 \Rightarrow b = d = \frac{1}{2}, a = \frac{-1}{2\sqrt{2}}, c = \frac{1}{2\sqrt{2}}$$

$$\therefore \frac{1}{x^4 + 1} = \frac{-x + \sqrt{2}}{2\sqrt{2}(x^2 + 1 - \sqrt{2}x)} + \frac{x + \sqrt{2}}{2\sqrt{2}(x^2 + 1 + \sqrt{2}x)}$$

$$\therefore \int_0^\infty \frac{1}{x^4 + 1}dx = \frac{1}{2\sqrt{2}} \int_0^\infty -\frac{x - \sqrt{2}}{(x^2 + 1 - \sqrt{2}x)} + \frac{x + \sqrt{2}}{(x^2 + 1 + \sqrt{2}x)} dx$$

$$= \frac{1}{2\sqrt{2}} \int_0^\infty \left(-\frac{\frac{1}{2}(2x - \sqrt{2}) - \frac{\sqrt{2}}{2}}{(x^2 + 1 - \sqrt{2}x)} + \frac{\frac{1}{2}(2x + \sqrt{2}) + \frac{\sqrt{2}}{2}}{(x^2 + 1 + \sqrt{2}x)} \right) dx$$

$$= \frac{1}{4\sqrt{2}} \left(-\ln\left|x^2 + 1 - \sqrt{2}x\right| + \ln\left|x^2 + 1 + \sqrt{2}x\right| \right) \Big|_0^\infty$$

$$+ \frac{1}{4} \int_0^\infty \frac{dx}{(x^2 + 1 - \sqrt{2}x)} + \frac{1}{4} \int_0^\infty \frac{dx}{(x^2 + 1 + \sqrt{2}x)}$$

$$\because \frac{1}{4\sqrt{2}} \left(-\ln\left|x^2 + 1 - \sqrt{2}x\right| + \ln\left|x^2 + 1 + \sqrt{2}x\right| \right) \Big|_0^\infty = 0$$

$$\text{且} \int_0^\infty \frac{dx}{(x^2 + 1 - \sqrt{2}x)} + \int_0^\infty \frac{dx}{(x^2 + 1 + \sqrt{2}x)} = \int_0^\infty \frac{dx}{\left(x - \frac{1}{\sqrt{2}}\right)^2 + \left(\frac{1}{\sqrt{2}}\right)^2} + \int_0^\infty \frac{dx}{\left(x + \frac{1}{\sqrt{2}}\right)^2 + \left(\frac{1}{\sqrt{2}}\right)^2}$$

$$= \sqrt{2} \left(\tan^{-1}(\sqrt{2}x + 1) + \tan^{-1}(\sqrt{2}x - 1) \right) \Big|_0^\infty = \sqrt{2}\pi$$

$$\therefore \int_0^\infty \frac{1}{x^4 + 1}dx = \sqrt{2}\pi$$

Example 7.

$$\text{求} \int_0^\infty \frac{x}{x^4 + 1}\,dx = ?$$

【解】

$$\because \int_0^\infty \frac{x}{x^4 + 1}\,dx = \frac{1}{2}\int_0^\infty \frac{2x}{(x^2)^2 + 1}\,dx, \quad \text{令 } t = x^2 \text{ 则 } dt = 2x\,dx, \text{ 藉由变数代换法}$$

$$\text{则} \int_0^\infty \frac{x}{x^4 + 1}\,dx = \frac{1}{2}\int_0^\infty \frac{2x}{(x^2)^2 + 1}\,dx = \frac{1}{2}\int_0^\infty \frac{dt}{t^2 + 1} = \frac{1}{2}\tan^{-1} t \Big|_0^\infty = \frac{\pi}{4}$$

Example 8.

$$\text{求} \int_1^\infty \frac{1}{x(x^4 + 1)}\,dx = ?$$

【解】

$$\because \int \frac{1}{x(x^4 + 1)}\,dx = \int \frac{x^3}{x^4(x^4 + 1)}\,dx, \quad \text{令 } t = x^4 \text{ 则 } dt = 4x^3\,dx, \text{ 藉由变数代换法}$$

$$\therefore \int \frac{1}{x(x^4 + 1)}\,dx = \int \frac{x^3}{x^4(x^4 + 1)}\,dx = \frac{1}{4}\int \frac{1}{t(t + 1)}\,dx$$

$$= \frac{1}{4}\int \frac{1}{t} - \frac{1}{(t + 1)}\,dt = \frac{1}{4}(\ln|t| - \ln|t + 1|) + c = \frac{1}{4}(\ln|x^4| - \ln|x^4 + 1|) + c$$

$$\therefore \int_\alpha^\beta \frac{1}{x(x^4 + 1)}\,dx = \frac{1}{4}\left(\ln\frac{\beta^4}{\alpha^4} - \ln\frac{\beta^4 + 1}{\alpha^4 + 1}\right)$$

$$\therefore \int_1^\infty \frac{1}{x(x^4 + 1)}\,dx = \frac{1}{4}\left(\lim_{\beta \to \infty} \ln\frac{\beta^4}{\beta^4 + 1} - \lim_{\alpha \to 1} \frac{\alpha^4}{\alpha^4 + 1}\right) = \frac{1}{4}\left(-\ln\frac{1}{2}\right) = \frac{1}{4}\ln 2$$

Example 9.

$$\text{求} \int_1^\infty \frac{1}{x^3 + 1}\,dx = ?$$

【解】

$$\because x^3 + 1 = (x + 1)(x^2 - x + 1)$$

$$\text{令} \frac{1}{x^3 + 1} = \frac{a}{x + 1} + \frac{bx + c}{x^2 - x + 1} \quad \text{则} \quad \frac{1}{x^3 + 1} = \frac{a(x^2 - x + 1) + (bx + c)(x + 1)}{(x + 1)(x^2 - x + 1)}$$

$$\Rightarrow 1 = a(x^2 - x + 1) + (bx + c)(x + 1)$$

$$\text{令}\, x = -1 \text{ 则 } 1 = 3a \qquad \therefore a = \frac{1}{3}$$

$$\text{令}\, x = 0 \text{ 则 } 1 = \frac{1}{3} + c \qquad \therefore c = \frac{2}{3}$$

$$\text{令}\, x = 1 \text{ 则 } 1 = a + 2(b + c) \qquad \therefore b = \frac{-1}{3}$$

$$\therefore \frac{1}{x^3 + 1} = \frac{1}{3}\left(\frac{1}{x+1} - \frac{x-2}{x^2-x+1}\right) = \frac{1}{3}\left(\frac{1}{x+1} - \frac{\frac{1}{2}(2x-1) - \frac{3}{2}}{x^2-x+1}\right)$$

$$\therefore \int \frac{1}{x^3+1}\,dx = \frac{1}{3}\int \frac{1}{x+1} - \frac{\frac{1}{2}(2x-1) - \frac{3}{2}}{x^2-x+1}\,dx$$

$$= \frac{1}{3}\ln|x+1| - \frac{1}{6}\ln|x^2-x+1| + \frac{1}{2}\int \frac{dx}{x^2-x+1}$$

$$\therefore \int \frac{dx}{x^2-x+1} = \int \frac{dx}{(x-\frac{1}{2})^2 + \frac{3}{4}} = \int \frac{dx}{\frac{3}{4}\left(\left(\frac{x-\frac{1}{2}}{\sqrt{\frac{3}{4}}}\right)^2 + 1\right)} = \frac{2}{\sqrt{3}}\tan^{-1}\frac{x-\frac{1}{2}}{\sqrt{\frac{3}{4}}}$$

$$\therefore \int \frac{1}{x^3+1}\,dx = \frac{1}{3}\ln|x+1| - \frac{1}{6}\ln|x^2-x+1| + \frac{1}{\sqrt{3}}\tan^{-1}\left(\frac{x-\frac{1}{2}}{\sqrt{\frac{3}{4}}}\right) + c$$

$$\therefore \int_{\alpha}^{\beta} \frac{1}{x^3+1}\,dx = \frac{\ln\frac{\beta+1}{\alpha+1}}{3} - \frac{1}{6}\ln\frac{\beta^2-\beta+1}{\alpha^2-\alpha+1} + \frac{\tan^{-1}\left(\frac{\beta-\frac{1}{2}}{\sqrt{\frac{3}{4}}}\right) - \tan^{-1}\left(\frac{\alpha-\frac{1}{2}}{\sqrt{\frac{3}{4}}}\right)}{\sqrt{3}}$$

$$\therefore \int_{1}^{\infty} \frac{1}{x^3+1}\,dx$$

$$= \lim_{\beta \to \infty} \frac{\ln \frac{(\beta+1)^2}{\beta^2 - \beta + 1}}{6} + \frac{\tan^{-1}\left(\frac{\beta - \frac{1}{2}}{\sqrt{\frac{3}{4}}}\right)}{\sqrt{3}} - \lim_{\alpha \to 1} \frac{\ln \frac{(\alpha+1)^2}{\alpha^2 - \alpha + 1}}{6} - \frac{\tan^{-1}\left(\frac{\alpha - \frac{1}{2}}{\sqrt{\frac{3}{4}}}\right)}{\sqrt{3}}$$

$$= \frac{\pi}{2\sqrt{3}} - \frac{\ln 2}{3} - \frac{\pi}{6\sqrt{3}} = \frac{\pi}{3\sqrt{3}} - \frac{\ln 2}{3}$$

Example 10.

$$求 \int_{\alpha}^{\infty} \frac{1}{x^3 - 1} \, dx = ?, \quad \forall \alpha > 1$$

【解】

$$\because x^3 - 1 = (x-1)(x^2 + x + 1)$$

$$令 \frac{1}{x^3 - 1} = \frac{a}{x-1} + \frac{bx+c}{x^2+x+1} \quad 则 \quad \frac{1}{x^3 - 1} = \frac{a(x^2+x+1) + (bx+c)(x-1)}{(x-1)(x^2+x+1)}$$

$$\Rightarrow 1 = a(x^2 + x + 1) + (bx + c)(x - 1)$$

$$令 x = 1 \text{ 则 } 1 = 3a \qquad \therefore a = \frac{1}{3}$$

$$令 x = 0 \text{ 则 } 1 = \frac{1}{3} - c \qquad \therefore c = \frac{-2}{3}$$

$$令 x = -1 \text{ 则 } 1 = a - 2(-b + c) \qquad \therefore b = \frac{-1}{3}$$

$$\therefore \frac{1}{x^3 - 1} = \frac{1}{3}\left(\frac{1}{x-1} - \frac{x+2}{x^2+x+1} \right) = \frac{1}{3}\left(\frac{1}{x-1} - \frac{\frac{1}{2}(2x+1) + \frac{3}{2}}{x^2+x+1} \right)$$

$$\therefore \int \frac{1}{x^3 - 1} \, dx = \frac{1}{3} \int \frac{1}{x-1} - \frac{\frac{1}{2}(2x+1) + \frac{3}{2}}{x^2+x+1} \, dx$$

$$= \frac{1}{3} \ln |x - 1| - \frac{1}{6} \ln|x^2 + x + 1| - \frac{1}{2} \int \frac{dx}{x^2 + x + 1}$$

$$\because \int \frac{dx}{x^2+x+1} = \int \frac{dx}{\left(x+\frac{1}{2}\right)^2 + \frac{3}{4}} = \int \frac{dx}{\frac{3}{4}\left(\left(\frac{x+\frac{1}{2}}{\sqrt{\frac{3}{4}}}\right)^2 + 1\right)} = \frac{2}{\sqrt{3}} \tan^{-1}\left(\frac{x+\frac{1}{2}}{\sqrt{\frac{3}{4}}}\right)$$

$$\therefore \int \frac{1}{x^3-1} dx = \frac{1}{3}\ln|x-1| - \frac{1}{6}\ln|x^2+x+1| - \frac{1}{\sqrt{3}}\tan^{-1}\left(\frac{x+\frac{1}{2}}{\sqrt{\frac{3}{4}}}\right) + c$$

令 $\alpha, \beta > 1$ 　则　$\displaystyle\int_\alpha^\beta \frac{1}{x^3-1} dx$

$$= \frac{1}{3}\ln\frac{\beta-1}{\alpha-1} - \frac{1}{6}\ln\frac{\beta^2+\beta+1}{\alpha^2+\alpha+1} - \frac{1}{\sqrt{3}}\left(\tan^{-1}\left(\frac{\beta+\frac{1}{2}}{\sqrt{\frac{3}{4}}}\right) - \tan^{-1}\left(\frac{\alpha+\frac{1}{2}}{\sqrt{\frac{3}{4}}}\right)\right)$$

$$\therefore \int_\alpha^\infty \frac{1}{x^3-1} dx = \lim_{\beta\to\infty} \frac{\ln\frac{(\beta-1)^2}{\beta^2+\beta+1}}{6} - \frac{\tan^{-1}\left(\frac{\beta+\frac{1}{2}}{\sqrt{\frac{3}{4}}}\right)}{\sqrt{3}} - \frac{\ln\frac{(\alpha-1)^2}{\alpha^2+\alpha+1}}{6} + \frac{\tan^{-1}\left(\frac{\alpha+\frac{1}{2}}{\sqrt{\frac{3}{4}}}\right)}{\sqrt{3}}$$

$$= -\frac{\pi}{2\sqrt{3}} - \frac{1}{6}\ln\frac{(\alpha-1)^2}{\alpha^2+\alpha+1} + \frac{1}{\sqrt{3}}\tan^{-1}\left(\frac{\alpha+\frac{1}{2}}{\sqrt{\frac{3}{4}}}\right)$$

Example 11.

$$求 \int_\alpha^\infty \frac{7-x-2x^2}{(x-1)^2(x^2+x+2)} dx =?, \quad \forall \alpha > 1$$

【解】

令 $\dfrac{7-x-2x^2}{(x-1)^2(x^2+x+2)} = \dfrac{a}{x-1} + \dfrac{b}{(x-1)^2} + \dfrac{cx+d}{x^2+x+2}$

则 $\dfrac{7-x-2x^2}{(x-1)^2(x^2+x+2)} = \dfrac{a(x-1)(x^2+x+2) + b(x^2+x+2) + (cx+d)(x-1)^2}{(x-1)^2(x^2+x+2)}$

$\therefore 7-x-2x^2 = a(x-1)(x^2+x+2) + b(x^2+x+2) + (cx+d)(x-1)^2$

令 $x = 1$ 则 $4 = 4b$ $\quad \therefore b = 1$

$\because 0 = (a+c)x^3, \ \forall x \in R \qquad \therefore a + c = 0$

$\because -2x^2 = (b - 2c + d)x^2, \ \forall x \in R \quad \therefore b - 2c + d = -2 \quad \therefore -2c + d = -3$

$\because -x = (a + b + c - 2d)x, \ \forall x \in R \quad \therefore a + b + c - 2d = -1$

$\therefore b - 2d = -1 \Rightarrow d = 1 \Rightarrow c = 2 \Rightarrow a = -2$

比较系数则 $a = -2, b = 1, c = 2, d = 1$

$$\therefore \frac{7 - x - 2x^2}{(x-1)^2(x^2+x+2)} = \frac{-2}{x-1} + \frac{1}{(x-1)^2} + \frac{2x+1}{x^2+x+2}$$

$$\therefore \int \frac{7 - x - 2x^2}{(x-1)^2(x^2+x+2)} dx = \int \frac{-2}{x-1} + \frac{1}{(x-1)^2} + \frac{2x+1}{x^2+x+2} dx$$

$$= -2\ln|x - 1| - (x-1)^{-1} + \ln|x^2 + x + 2| + c$$

令 $\alpha, \beta > 1$ 则 $\displaystyle\int_\alpha^\beta \frac{7 - x - 2x^2}{(x-1)^2(x^2+x+2)} dx$

$$= -2\ln\frac{\beta - 1}{\alpha - 1} - (\beta - 1)^{-1} + (\alpha - 1)^{-1} + \ln\frac{\beta^2 + \beta + 2}{\alpha^2 + \alpha + 2}$$

$$\therefore \int_\alpha^\infty \frac{7 - x - 2x^2}{(x-1)^2(x^2+x+2)} dx$$

$$= \lim_{\beta \to \infty}\left(-(\beta - 1)^{-1} + \ln\frac{\beta^2 + \beta + 2}{(\beta - 1)^2}\right) + (\alpha - 1)^{-1} + \ln\frac{(\alpha - 1)^2}{\alpha^2 + \alpha + 2}$$

$$= (\alpha - 1)^{-1} + \ln\frac{(\alpha - 1)^2}{\alpha^2 + \alpha + 2}$$

Example 12.

$$求 \int_\alpha^\infty \frac{1 - x + 2x^2 - x^3}{x(x^2+1)^2} =?, \ \ \forall \alpha > 0$$

【解】

令 $\dfrac{1 - x + 2x^2 - x^3}{x(x^2+1)^2} = \dfrac{a}{x} + \dfrac{bx + c}{x^2 + 1} + \dfrac{dx + e}{(x^2+1)^2}$

则 $\dfrac{1 - x + 2x^2 - x^3}{x(x^2+1)^2} = \dfrac{a(x^2+1)^2 + (bx+c)x(x^2+1) + x(dx+e)}{x(x^2+1)^2}$

$\therefore 1 - x + 2x^2 - x^3 = a(x^2+1)^2 + (bx+c)x(x^2+1) + dx^2 + ex$

令 $x = 0$ 则 $a = 1$

令 $x^2 + 1 = 0$ 则 $1 - x + 2x^2 - x^3 = 1 - x - 2 + x = -1$

且 $a(x^2+1)^2 + (bx+c)x(x^2+1) + dx^2 + ex = -d + ex$　$\therefore d = 1, e = 0$

$\because 0 = (a+b)x^4,\ \forall x \in R,$　　$\because a = 1$　　$\therefore b = -1$

$\because -x^3 = cx^3,\ \forall x \in R$　　　$\therefore c = -1$

比较系数则 $a = 1, b = -1, c = -1, d = 1, e = 0$

$$\therefore \int \frac{1-x+2x^2-x^3}{x(x^2+1)^2}dx = \int \frac{1}{x} + \frac{-x-1}{x^2+1} + \frac{x}{(x^2+1)^2}dx$$

$$= \ln x - \frac{1}{2}\ln|x^2+1| - \tan^{-1}x - \frac{1}{2}(x^2+1)^{-1} + c$$

令 $\alpha, \beta > 0$ 则 $\displaystyle\int_\alpha^\beta \frac{1-x+2x^2-x^3}{x(x^2+1)^2}$

$$= -\frac{1}{2}\ln\frac{\beta^2+1}{\beta^2} - \tan^{-1}\beta - \frac{(\beta^2+1)^{-1}}{2} + \frac{1}{2}\ln\frac{\alpha^2+1}{\alpha^2} + \tan^{-1}\alpha + \frac{(\alpha^2+1)^{-1}}{2}$$

$$\therefore \int_\alpha^\infty \frac{1-x+2x^2-x^3}{x(x^2+1)^2}$$

$$= \lim_{\beta\to\infty} -\frac{\ln\dfrac{\beta^2+1}{\beta^2}}{2} - \tan^{-1}\beta - \frac{(\beta^2+1)^{-1}}{2} + \frac{\ln\dfrac{\alpha^2+1}{\alpha^2}}{2} + \tan^{-1}\alpha + \frac{(\alpha^2+1)^{-1}}{2}$$

$$= -\frac{\pi}{2} + \frac{1}{2}\ln\frac{\alpha^2+1}{\alpha^2} + \tan^{-1}\alpha + \frac{(\alpha^2+1)^{-1}}{2}$$

Example 13.

$$求 \int_\alpha^\infty \frac{1}{x(x^4-1)}dx = ?,\ \ \forall \alpha > 1$$

【解】

令 $\dfrac{1}{x(x^4-1)} = \dfrac{ax^3+bx^2+cx+d}{x^4-1} + \dfrac{e}{x}$

则 $1 = x(ax^3+bx^2+cx+d) + e(x^4-1)$

$= (a+e)x^4 + bx^3 + cx^2 + dx - e \Rightarrow e = -1, a = 1, b = c = d = 0$

$$\therefore \frac{1}{x(x^4-1)} = \frac{x^3}{x^4-1} - \frac{1}{x}$$

$$\therefore \int \frac{1}{x(x^4-1)}dx = \int \frac{x^3}{x^4-1} - \frac{1}{x}dx = \frac{1}{4}\ln|x^4-1| - \ln|x| + c$$

令 $\alpha, \beta > 1$ 则 $\displaystyle\int_\alpha^\beta \frac{1}{x(x^4-1)}dx = \frac{1}{4}\ln\frac{\beta^4-1}{\alpha^4-1} - \ln\frac{\beta}{\alpha}$

$$\therefore \int_\alpha^\infty \frac{1}{x(x^4 - 1)}\, dx = \lim_{\beta \to \infty}\left(\frac{1}{4}\ln\frac{\beta^4 - 1}{\beta^4}\right) - \frac{1}{4}\ln\frac{\alpha^4}{\alpha^4 - 1} = -\frac{1}{4}\ln\frac{\alpha^4}{\alpha^4 - 1}$$

Example 14.

$$求 \int_\alpha^\infty \frac{1}{x(x^2 - 5x - 6)}\, dx = ?, \quad \forall \alpha > 6$$

【解】

$$令 \frac{1}{x(x^2 - 5x - 6)} = \frac{a}{x} + \frac{b}{x - 6} + \frac{c}{x + 1}$$

$$则 \frac{1}{x(x^2 - 5x - 6)} = \frac{a(x - 6)(x + 1) + bx(x + 1) + cx(x - 6)}{x(x^2 - 5x - 6)}$$

$$\therefore 1 = a(x - 6)(x + 1) + bx(x + 1) + cx(x - 6)$$

$$令 x = 0 \text{ 则 } 1 = -6a \quad \therefore a = -\frac{1}{6}$$

$$令 x = 6 \text{ 则 } 1 = 42b \quad \therefore b = \frac{1}{42}$$

$$令 x = -1 \text{ 则 } 1 = 7c \quad \therefore c = \frac{1}{7}$$

$$\therefore \frac{1}{x(x^2 - 5x - 6)} = -\frac{1}{6x} + \frac{1}{42(x - 6)} + \frac{1}{7(x + 1)}$$

$$\therefore \int \frac{1}{x(x^2 - 5x - 6)}\, dx = \int -\frac{1}{6x} + \frac{1}{42(x - 6)} + \frac{1}{7(x + 1)}\, dx$$

$$= -\frac{1}{6}\ln|x| + \frac{1}{42}\ln|x - 6| + \frac{1}{7}\ln|x + 1| + c$$

$$令 \alpha, \beta > 6 \text{ 则 } \int_\alpha^\beta \frac{1}{x(x^2 - 5x - 6)}\, dx = -\frac{1}{6}\ln\frac{\beta}{\alpha} + \frac{1}{42}\ln\frac{\beta - 6}{\alpha - 6} + \frac{1}{7}\ln\frac{\beta + 1}{\alpha + 1}$$

$$\therefore \int_\alpha^\infty \frac{1}{x(x^2 - 5x - 6)}\, dx = \lim_{\beta \to \infty}\frac{1}{42}\ln\frac{(\beta - 6)(\beta + 1)^6}{\beta^7} - \frac{1}{42}\ln\frac{(\alpha - 6)(\alpha + 1)^6}{\alpha^7}$$

$$= -\frac{1}{42}\ln\frac{(\alpha - 6)(\alpha + 1)^6}{\alpha^7}$$

5.4.3.4　求无理式瑕积分的值

求 $\displaystyle\int_0^\infty f\left(\sqrt{g(x)}\right)dx \ =?$

求瑕积分的值等于先计算定积分再取极限值的问题，与求无理式的定积分相同，当被积分函数出现 $\sqrt{\alpha^2 - x^2}$, $\sqrt{\alpha^2 + x^2}$, 或 $\sqrt{x^2 - \alpha^2}$ 时，需藉由三角函数结合变换代换法解题；此外，当分母为二次多项式时，也可尝试用三角函数结合变换代换法解题

考试类型:

Type 1.

求第二类瑕积分 $\displaystyle\int_a^b f\left(\sqrt{\alpha^2 - x^2}\right)dx \ =?$, 其中 $f\left(\sqrt{\alpha^2 - a^2}\right) = \infty$

解题流程:

Step1.

令 $x = \alpha\sin\theta$ 则 $\sqrt{\alpha^2 - x^2} = \sqrt{\alpha^2 - \alpha^2\sin^2\theta} = \alpha\cos\theta$ 且 $dx = \alpha\cos\theta d\theta$

Step2.

$$\int_a^b f\left(\sqrt{\alpha^2 - x^2}\right)dx = \int_{\sin^{-1}\frac{a}{\alpha}}^{\sin^{-1}\frac{b}{\alpha}} f(\alpha\cos\theta)\,\alpha\cos\theta d\theta,$$

求 $\displaystyle\int_{\sin^{-1}\frac{a}{\alpha}}^{\sin^{-1}\frac{b}{\alpha}} f(\alpha\cos\theta)\,\alpha\cos\theta d\theta \ =?$

Type 2.

求第一类瑕积分 $\displaystyle\int_0^\infty f\left(\sqrt{\alpha^2 + x^2}\right)dx \ =?$

解题流程:

Step1.

令 $x = \alpha\tan\theta$ 则 $\sqrt{\alpha^2 + x^2} = \sqrt{\alpha^2 + (\alpha\tan\theta)^2} = \alpha\sec\theta$ 且 $dx = \alpha\sec^2\theta d\theta$

Step2.

$$\therefore \int_a^b f\left(\sqrt{\alpha^2 + x^2}\right)dx = \int_{\tan^{-1}\frac{a}{\alpha}}^{\tan^{-1}\frac{b}{\alpha}} f(\alpha\sec\theta)\,\alpha\sec^2 d\theta$$

$$\therefore \int_0^\infty f\left(\sqrt{\alpha^2 + x^2}\right) dx = \lim_{a\to 0, b\to\infty} \int_a^b f\left(\sqrt{\alpha^2 + x^2}\right) dx$$

$$= \lim_{a\to 0, b\to\infty} \int_{\tan^{-1}\frac{a}{\alpha}}^{\tan^{-1}\frac{b}{\alpha}} f(\alpha \sec\theta)\alpha\sec^2 d\theta = \int_0^{\frac{\pi}{2}} f(\alpha \sec\theta)\alpha\sec^2 d\theta$$

$$求 \int_0^{\frac{\pi}{2}} f(\alpha \sec\theta)\alpha\sec^2 d\theta =?$$

Type 3.

$$求第一类瑕积分 \int_\alpha^\infty f\left(\sqrt{x^2 - \alpha^2}\right) dx =?$$

解题流程:

Step1.

$$令 x = \alpha\sec\theta \text{ 则} \sqrt{x^2 - \alpha^2} = \sqrt{\alpha^2 \sec^2\theta - \alpha^2} = \alpha\tan\theta \text{ 且 } dx = \alpha\sec\theta\tan\theta \, d\theta$$

Step2.

$$\because \int_a^b f\left(\sqrt{x^2 - \alpha^2}\right) dx = \int_{\sec^{-1}\frac{a}{\alpha}}^{\sec^{-1}\frac{b}{\alpha}} f(\alpha\tan\theta)\alpha\sec\theta\tan\theta d\theta$$

$$\therefore \int_\alpha^\infty f\left(\sqrt{x^2 - \alpha^2}\right) dx = \lim_{a\to\alpha, b\to\infty} \int_a^b f\left(\sqrt{x^2 - \alpha^2}\right) dx$$

$$= \lim_{a\to\alpha, b\to\infty} \int_{\sec^{-1}\frac{a}{\alpha}}^{\sec^{-1}\frac{b}{\alpha}} f(\alpha\tan\theta)\alpha\sec\theta\tan\theta d\theta = \int_0^{\frac{\pi}{2}} f(\alpha\tan\theta)\alpha\sec\theta\tan\theta d\theta$$

$$求 \int_0^{\frac{\pi}{2}} f(\alpha\tan\theta)\alpha\sec\theta\tan\theta d\theta =?$$

Type 4.

$$求 \int_0^\infty \frac{1}{(ax^2 + bx + c)^2} dx = ? \text{ 其中 } b^2 - 4ac < 0 \text{ and } a > 0$$

解题流程:

$$\because \frac{1}{ax^2 + bx + c} = \frac{1}{a\left(x + \frac{b}{2a}\right)^2 + c - \frac{b^2}{4a}} = \frac{1}{c - \frac{b^2}{4a}} \cdot \frac{1}{a\left(\frac{x + \frac{b}{2a}}{\sqrt{c - \frac{b^2}{4a}}}\right)^2 + 1}$$

$$= \frac{1}{c - \frac{b^2}{4a}} \cdot \frac{1}{\left(\frac{\sqrt{a}x + \frac{b}{2\sqrt{a}}}{\sqrt{c - \frac{b^2}{4a}}}\right)^2 + 1}$$

$$令\ t = \frac{\sqrt{a}x + \frac{b}{2\sqrt{a}}}{\sqrt{c - \frac{b^2}{4a}}}\ \ 则\ dt = \frac{\sqrt{a}}{\sqrt{c - \frac{b^2}{4a}}}dx, \ \ 令\ \alpha' = \frac{\sqrt{a}\alpha + \frac{b}{2\sqrt{a}}}{\sqrt{c - \frac{b^2}{4a}}}\ \ and\ \ \beta' = \frac{\sqrt{a}\beta + \frac{b}{2\sqrt{a}}}{\sqrt{c - \frac{b^2}{4a}}}$$

藉由变数代换法

$$则 \int_\alpha^\beta \frac{1}{(ax^2 + bx + c)^2}dx = \frac{1}{\left(c - \frac{b^2}{4a}\right)^2} \int_\alpha^\beta \frac{1}{\left(\left(\frac{\sqrt{a}x + \frac{b}{2\sqrt{a}}}{\sqrt{c - \frac{b^2}{4a}}}\right)^2 + 1\right)^2}dx$$

$$= \frac{1}{\left(c - \frac{b^2}{4a}\right)^2} \cdot \frac{\sqrt{c - \frac{b^2}{4a}}}{\sqrt{a}} \int_{\alpha'}^{\beta'} \frac{1}{(t^2 + 1)^2}dt = \frac{1}{\left(c - \frac{b^2}{4a}\right)^{\frac{3}{2}}\sqrt{a}} \int_{\alpha'}^{\beta'} \frac{1}{(t^2 + 1)^2}dt$$

$$令\ t = \tan\theta\ \ 则\ dt = \sec^2\theta\, d\theta$$

$$\therefore \frac{1}{\left(c - \frac{b^2}{4a}\right)^{\frac{3}{2}}\sqrt{a}} \int_{\tan^{-1}\alpha'}^{\tan^{-1}\beta'} \frac{\sec^2\theta}{\sec^4\theta}d\theta = \frac{1}{\left(c - \frac{b^2}{4a}\right)^{\frac{3}{2}}\sqrt{a}} \int_{\tan^{-1}\alpha'}^{\tan^{-1}\beta'} \cos^2\theta\, d\theta$$

$$= \frac{1}{\left(c - \frac{b^2}{4a}\right)^{\frac{3}{2}}\sqrt{a}} \left.\left(\frac{\theta}{2} + \frac{\sin 2\theta}{4}\right)\right|_{\tan^{-1}\alpha'}^{\tan^{-1}\beta'} = \frac{1}{\left(c - \frac{b^2}{4a}\right)^{\frac{3}{2}}\sqrt{a}} \left.\left(\frac{\tan^{-1}t}{2} + \frac{t}{2(t^2 + 1)}\right)\right|_{\alpha'}^{\beta'}$$

$$= \frac{1}{\left(c - \frac{b^2}{4a}\right)^{\frac{3}{2}} \sqrt{a}} \left(\frac{\tan^{-1} \beta'}{2} - \frac{\tan^{-1} \alpha'}{2} + \frac{\beta'}{2((\beta')^2 + 1)} - \frac{\alpha'}{2((\alpha')^2 + 1)} \right)$$

$$\therefore \int_0^\infty \frac{1}{(ax^2 + bx + c)^2} \, dx$$

$$= \frac{1}{\left(c - \frac{b^2}{4a}\right)^{\frac{3}{2}} \sqrt{a}} \left(\frac{\pi}{4} - \frac{\tan^{-1} \frac{\frac{b}{2\sqrt{a}}}{\sqrt{c - \frac{b^2}{4a}}}}{2} - \frac{\frac{\frac{b}{2\sqrt{a}}}{\sqrt{c - \frac{b^2}{4a}}}}{2\left(\left(\frac{\frac{b}{2\sqrt{a}}}{\sqrt{c - \frac{b^2}{4a}}} \right)^2 + 1 \right)} \right)$$

Example 1.

$$求 \int_{\frac{1}{2}}^{1} \sqrt{\frac{1+x}{1-x}} \, dx = ?$$

【解】

$$\because \sqrt{\frac{1+x}{1-x}} = \sqrt{\frac{(1+x)^2}{1-x^2}}, \quad 令 \, x = \cos\theta \, 则 \, dx = \sin\theta \, d\theta, \quad 藉由变数代换法$$

$$\because \sqrt{\frac{(1+x)^2}{1-x^2}} = \frac{1+\cos\theta}{\sin\theta}$$

$$\therefore \int_{\frac{1}{2}}^{1} \sqrt{\frac{1+x}{1-x}} \, dx = \int_{-\frac{\pi}{3}}^{0} \frac{(1+\cos\theta)\sin\theta \, d\theta}{\sin\theta} = \theta \Big|_{-\frac{\pi}{3}}^{0} + \sin\theta \Big|_{-\frac{\pi}{3}}^{0} = \frac{2\pi + 3\sqrt{3}}{6}$$

Example 2.

$$求 \int_{0}^{\infty} \frac{dx}{(x^2 + 1)^4} = ?$$

【解】

令 $x = \tan\theta$ 则 $dx = \sec^2\theta\,d\theta$，藉由变数代换法

$$\therefore \int_0^\infty \frac{dx}{(x^2+1)^4} = \int_0^{\frac{\pi}{2}} \frac{\sec^2\theta\,d\theta}{(\tan^2\theta+1)^4} = \int_0^{\frac{\pi}{2}} \frac{\sec^2\theta\,d\theta}{\sec^8\theta} = \int_0^{\frac{\pi}{2}} \cos^6\theta\,d\theta$$

$$\because \cos^6\theta = \left(\frac{\cos 3\theta + 3\cos\theta}{4}\right)^2 = \frac{\cos^2 3\theta + 6\cos 3\theta\cos\theta + 9\cos^2\theta}{16}$$

$$= \frac{\dfrac{1+\cos 6\theta}{2} + 6\cos 3\theta\cos\theta + \dfrac{9+9\cos 2\theta}{2}}{16}$$

$$= \frac{1}{16}\left(5 + \frac{\cos 6\theta}{2} + 2\cos 4\theta + 2\cos 2\theta + \frac{9\cos 2\theta}{2}\right)$$

$$\therefore \int_0^\infty \frac{dx}{(x^2+1)^4} = \frac{1}{16}\int_0^{\frac{\pi}{2}} 5 + \frac{\cos 6\theta}{2} + 2\cos 4\theta + 2\cos 2\theta + \frac{9\cos 2\theta}{2}\,d\theta = \frac{5\theta}{16}\bigg|_0^{\frac{\pi}{2}} = \frac{5\pi}{32}$$

Example 3.

$$\text{试求当} a \text{为何值时，瑕积分} \int_{\sqrt{2}}^\infty \left(\frac{a}{\sqrt{x^2-1}} - \frac{x}{x^2+1}\right)dx \text{收敛}$$

【解】

令 $x = \sec\theta$ 则 $dx = \sec\theta\tan\theta\,d\theta$，藉由变数代换法

$$\therefore \int_{\sqrt{2}}^\infty \frac{a}{\sqrt{x^2-1}}dx = a\int_{\frac{\pi}{4}}^{\frac{\pi}{2}} \frac{\sec\theta\tan\theta\,d\theta}{\sqrt{\sec^2\theta-1}}$$

$$= a\int_{\frac{\pi}{4}}^{\frac{\pi}{2}} \sec\theta\,d\theta = a\ln(\tan\theta+\sec\theta)\big|_{\frac{\pi}{4}}^{\frac{\pi}{2}} = a\ln(\sqrt{x^2-1}+x)\big|_{\sqrt{2}}^\infty$$

令 $x = \tan\theta$ 则 $dx = \sec^2\theta\,d\theta$，藉由变数代换法

$$\therefore \int_{\sqrt{2}}^{\infty} \frac{x}{x^2+1}\,dx = \int_{\tan^{-1}\sqrt{2}}^{\frac{\pi}{2}} \frac{\tan\theta\,\sec^2\theta\,d\theta}{\tan^2\theta+1}\,d\theta = \int_{\tan^{-1}\sqrt{2}}^{\frac{\pi}{2}} \frac{\tan\theta\,\sec^2\theta\,d\theta}{\sec^2\theta}\,d\theta$$

$$= \int_{\tan^{-1}\sqrt{2}}^{\frac{\pi}{2}} \tan\theta\,d\theta = \ln\sec\theta\Big|_{\tan^{-1}\sqrt{2}}^{\frac{\pi}{2}} = \ln\sqrt{x^2+1}\,\Big|_{\sqrt{2}}^{\infty}$$

$$\therefore \int_{\sqrt{2}}^{\infty}\left(\frac{a}{\sqrt{x^2-1}} - \frac{x}{x^2+1}\right)dx = \ln\frac{(\sqrt{x^2-1}+x)^a}{\sqrt{(x^2+1)}}\Bigg|_{\sqrt{2}}^{\infty} \qquad \therefore a=1 \text{ 瑕积分收敛}$$

Example 4.

$$求 \int_a^b \frac{dx}{\sqrt{b^2-x^2}} = ?, \quad \forall b > a > 0$$

【解】

令 $b > a > 0$, 令 $x = b\sin\theta$ 则 $dx = b\cos\theta\,d\theta$, 藉由变数代换法

$$\therefore \int \frac{dx}{\sqrt{b^2-x^2}} = \int \frac{b\cos\theta\,d\theta}{\sqrt{b^2-(b\sin\theta)^2}} = \int \frac{b\cos\theta\,d\theta}{b\cos\theta} = \theta + c = \sin^{-1}\frac{x}{b} + c$$

$$\therefore \int_a^b \frac{dx}{\sqrt{b^2-x^2}} = \sin^{-1}\frac{b}{b} - \sin^{-1}\frac{a}{b} = \sin^{-1}1 - \sin^{-1}\frac{a}{b}$$

Example 5.

$$求 \int_a^b \frac{1}{x\sqrt{b^2-x^2}}\,dx = ?, \quad \forall b > a > 0$$

【解】

令 $b > a > 0$, 令 $x = b\sin\theta$ 则 $dx = b\cos\theta\,d\theta$, 藉由变数代换法

$$\therefore \int \frac{1}{x\sqrt{b^2-x^2}}\,dx = \int \frac{b\cos\theta\,d\theta}{b\sin\theta\,\sqrt{b^2-(b\sin\theta)^2}} = \int \frac{b\cos\theta\,d\theta}{b\sin\theta\,b\cos\theta}$$

$$= \int \frac{d\theta}{b\sin\theta} = \frac{1}{b}\ln|\csc\theta - \cot\theta| + c = \frac{1}{b}\ln\left|\frac{b}{x} - \frac{\sqrt{b^2-x^2}}{x}\right| + c$$

$$则 \int_a^b \frac{1}{x\sqrt{b^2-x^2}}\,dx = \frac{1}{b}\ln\frac{\frac{b-\sqrt{b^2-b^2}}{b}}{\frac{b-\sqrt{b^2-a^2}}{a}} = \frac{1}{b}\ln\frac{a}{b-\sqrt{b^2-a^2}}$$

Example 6.

$$求 \int_a^b \frac{1}{\sqrt{x^2 - a^2}}\, dx = ?, \quad \forall b > a > 0$$

【解】

令 $b > a > 0$，令 $x = a\sec\theta$ 则 $dx = a\sec\theta\tan\theta\, d\theta$，藉由变数代换法

$$则 \int \frac{1}{\sqrt{x^2 - a^2}}\, dx = \int \frac{a\sec\theta\tan\theta}{\sqrt{(a\sec\theta)^2 - a^2}}\, d\theta = \int \frac{a\sec\theta\tan\theta}{\sqrt{(a\tan\theta)^2}}\, d\theta = \int \sec\theta\, d\theta$$

$$= \ln|\tan\theta + \sec\theta| + c = \ln\left|\frac{x}{a} + \frac{\sqrt{x^2 - a^2}}{a}\right| + c$$

$$\therefore \int_a^b \frac{1}{\sqrt{x^2 - a^2}}\, dx = \ln\frac{b + \sqrt{b^2 - a^2}}{a + \sqrt{a^2 - a^2}} = \ln\frac{b + \sqrt{b^2 - a^2}}{a}$$

Example 7.

$$求 \int_a^b \frac{1}{x\sqrt{x^2 - a^2}}\, dx = ?, \quad \forall b > a > 0$$

【解】

令 $b > a > 0$，令 $x = a\sec\theta$ 则 $dx = a\sec\theta\tan\theta\, d\theta$，藉由变数代换法

$$\int \frac{dx}{x\sqrt{x^2 - a^2}} = \int \frac{a\sec\theta\tan\theta\, d\theta}{a\sec\theta\,\sqrt{(a\sec\theta)^2 - a^2}} = \frac{\theta}{a} + c = \frac{\sec^{-1}\frac{x}{a}}{a} + c$$

$$\therefore \int_a^b \frac{1}{x\sqrt{x^2 - a^2}}\, dx = \frac{1}{a}\left(\sec^{-1}\frac{b}{a} - \sec^{-1}\frac{a}{a}\right)$$

Example 8.

$$求 \int_1^2 \frac{dx}{\sqrt{x^2 - 1}} = ?$$

【解】

令 $x = \sec\theta$ 则 $dx = \sec\theta\tan\theta\, d\theta$，藉由变数代换法

$$\therefore \int_1^2 \frac{dx}{\sqrt{x^2 - 1}} = \int_0^{\frac{\pi}{3}} \frac{\sec\theta\tan\theta\, d\theta}{\sqrt{(\sec\theta)^2 - 1}} = \int_0^{\frac{\pi}{3}} \frac{\sec\theta\tan\theta\, d\theta}{\sqrt{\tan^2\theta}} = \int_0^{\frac{\pi}{3}} \sec\theta\, d\theta$$

$$= \ln|\tan\theta + \sec\theta|\Big|_0^{\frac{\pi}{3}} = \ln(2 + \sqrt{3})$$

Example 9.

$$求 \int_0^4 \frac{x^2}{\sqrt{16 - x^2}}\, dx = ?$$

【解】

令 $x = 4\sin\theta$ 则 $dx = 4\cos\theta\, d\theta$，藉由变数代换法

$$\therefore \int_0^4 \frac{x^2}{\sqrt{16 - x^2}}\, dx = \int_0^{\frac{\pi}{2}} \frac{16\sin^2\theta \cdot 4\cos\theta\, d\theta}{\sqrt{16 - 16\sin^2\theta}} = 16\int_0^{\frac{\pi}{2}} \sin^2\theta\, d\theta$$

$$= 16\int_0^{\frac{\pi}{2}} \frac{1 - \cos 2\theta}{2}\, d\theta = 16\left(\frac{1}{2}\cdot\frac{\pi}{2} - \frac{\sin 2\theta}{4}\Big|_0^{\frac{\pi}{2}}\right) = 4\pi$$

Example 10.

$$求 \int_{-b}^b \frac{x^4}{\sqrt{b^2 - x^2}}\, dx = ?, \quad \forall b \neq 0$$

【解】

令 $b \neq 0$, 令 $x = b\sin\theta$ 则 $dx = b\cos\theta\, d\theta$, 藉由变数代换法

$$\therefore \int_{-b}^b \frac{x^4}{\sqrt{b^2 - x^2}}\, dx = \int_{\frac{-\pi}{2}}^{\frac{\pi}{2}} \frac{(b\sin\theta)^4\, b\cos\theta\, d\theta}{\sqrt{b^2 - (b\sin\theta)^2}} = \int_{\frac{-\pi}{2}}^{\frac{\pi}{2}} (b\sin\theta)^4\, d\theta$$

$$= b^4\int_{\frac{-\pi}{2}}^{\frac{\pi}{2}} \left(\frac{1 - \cos 2\theta}{2}\right)^2 d\theta = b^4\int_{\frac{-\pi}{2}}^{\frac{\pi}{2}} \frac{1 - 2\cos 2\theta + \frac{1 + \cos 4\theta}{2}}{4}\, d\theta$$

$$= \frac{b^4}{4}\left(\frac{3\pi}{2} - \sin 2\theta\Big|_{\frac{-\pi}{2}}^{\frac{\pi}{2}} + \frac{1}{8}\sin 4\theta\Big|_{\frac{-\pi}{2}}^{\frac{\pi}{2}}\right) = \frac{3\pi b^4}{8}$$

Example 11.

$$求 \int_1^\infty \frac{1}{(x^2 + 2x + 5)^2}\, dx = ?$$

【解】

$$\because \frac{1}{(x^2 + 2x + 5)^2} = \frac{1}{((x+1)^2 + 4)^2} = \frac{1}{16\left(\left(\frac{x+1}{2}\right)^2 + 1\right)^2}$$

令 $t = \dfrac{x+1}{2}$ 则 $dt = \dfrac{dx}{2}$, 藉由变数代换法

$$\therefore \int \frac{1}{(x^2 + 2x + 5)^2}\,dx = \int \frac{1}{16\left(\left(\frac{x+1}{2}\right)^2 + 1\right)^2}\,dx = \frac{1}{8}\int \frac{1}{(t^2 + 1)^2}\,dt$$

令 $t = \tan\theta$ 则 $dt = \sec^2\theta\,d\theta$, 藉由变数代换法

$$\therefore \frac{1}{8}\int \frac{1}{(t^2 + 1)^2}\,dt = \frac{1}{8}\int \frac{\sec^2\theta}{\sec^4\theta}\,d\theta = \frac{1}{8}\int \cos^2\theta\,d\theta = \frac{1}{8}\int \frac{1 + \cos 2\theta}{2}\,d\theta$$

$$= \frac{1}{8}\left(\frac{\theta}{2} + \frac{\sin 2\theta}{4}\right) = \frac{1}{8}\left(\frac{\tan^{-1} t}{2} + \frac{\sin\theta\cos\theta}{2}\right) = \frac{1}{8}\left(\frac{\tan^{-1} t}{2} + \frac{t}{2(t^2 + 1)}\right)$$

$$= \frac{1}{8}\left(\frac{\tan^{-1}\left(\frac{x+1}{2}\right)}{2} + \frac{\frac{x+1}{2}}{2\left(\left(\frac{x+1}{2}\right)^2 + 1\right)}\right)$$

$$\therefore \int_1^\infty \frac{1}{(x^2 + 2x + 5)^2}\,dx$$

$$= \frac{1}{8}\left(\lim_{b \to \infty}\left(\frac{\tan^{-1}\left(\frac{b+1}{2}\right)}{2} + \frac{\frac{b+1}{2}}{2\left(\left(\frac{b+1}{2}\right)^2 + 1\right)}\right)\right.$$

$$\left. - \lim_{a \to 1}\left(\frac{\tan^{-1}\left(\frac{a+1}{2}\right)}{2} + \frac{\frac{a+1}{2}}{2\left(\left(\frac{a+1}{2}\right)^2 + 1\right)}\right)\right)$$

$$= \frac{1}{8}\left(\frac{\pi}{4} - \frac{\pi}{8} - \frac{1}{4}\right) = \frac{1}{8}\left(\frac{\pi}{8} - \frac{1}{4}\right)$$

Example 12.

$$求 \int_0^\infty \frac{1}{e^x\sqrt{e^{2x} + 4}}\,dx = ?$$

【解】

令 $t = e^x$ 则 $dx = \dfrac{dt}{t}$，藉由变数代换法 则 $\displaystyle\int \dfrac{1}{e^x\sqrt{e^{2x}+4}}\,dx = \int \dfrac{1}{t^2\sqrt{t^2+4}}\,dt$

令 $t = 2\tan\theta$ 则 $dt = 2\sec^2\theta\,d\theta$，藉由变数代换法

则 $\displaystyle\int \dfrac{1}{t^2\sqrt{t^2+4}}\,dt = \int \dfrac{2\sec^2\theta\,d\theta}{4\tan^2\theta\,\sqrt{4\tan^2\theta+4}} = \dfrac{1}{4}\int \dfrac{\sec\theta\,d\theta}{\tan^2\theta} = \dfrac{1}{4}\int \dfrac{\cos\theta\,d\theta}{\sin^2\theta}$

$= \dfrac{1}{4}\int \cot\theta\csc\theta\,d\theta = \dfrac{-\csc\theta}{4} + c = \dfrac{-\sqrt{t^2+4}}{4t} + c = \dfrac{-\sqrt{e^{2x}+4}}{4e^x} + c$

令 $a, b \in R$ 则 $\displaystyle\int_a^b \dfrac{1}{e^x\sqrt{e^{2x}+4}}\,dx = \dfrac{\sqrt{e^{2a}+4}}{4e^a} - \dfrac{\sqrt{e^{2b}+4}}{4e^b}$

$\therefore \displaystyle\int_0^\infty \dfrac{1}{e^x\sqrt{e^{2x}+4}}\,dx = \lim_{a\to 0}\dfrac{\sqrt{e^{2a}+4}}{4e^a} - \lim_{b\to\infty}\dfrac{\sqrt{e^{2b}+4}}{4e^b} = \dfrac{\sqrt{5}}{4}$

Example 13.

$$求 \int_{\frac{1}{2}}^{\infty} \dfrac{1}{(4x^2+4x+5)^2}\,dx = ?$$

【解】

$\because \dfrac{1}{(4x^2+4x+5)^2} = \dfrac{1}{16\left(x^2+x+\dfrac{5}{4}\right)^2} = \dfrac{1}{16\left(\left(x+\dfrac{1}{2}\right)^2+1\right)^2}$

令 $t = x + \dfrac{1}{2}$ 则 $dt = dx$，藉由变数代换法

$\therefore \displaystyle\int \dfrac{1}{(4x^2+4x+5)^2}\,dx = \int \dfrac{1}{16\left(\left(x+\dfrac{1}{2}\right)^2+1\right)^2}\,dx = \int \dfrac{1}{16(t^2+1)^2}\,dx$

令 $t = \tan\theta$ 则 $dt = \sec^2\theta\,d\theta$，藉由变数代换法

$\therefore \dfrac{1}{16}\displaystyle\int \dfrac{1}{(t^2+1)^2}\,dt = \dfrac{1}{16}\int \dfrac{\sec^2\theta}{\sec^4\theta}\,d\theta = \dfrac{1}{16}\int \cos^2\theta\,d\theta = \dfrac{1}{16}\int \dfrac{1+\cos 2\theta}{2}\,d\theta$

$= \dfrac{1}{16}\left(\dfrac{\theta}{2} + \dfrac{\sin 2\theta}{4}\right) = \dfrac{1}{16}\left(\dfrac{\tan^{-1} t}{2} + \dfrac{\sin\theta\cos\theta}{2}\right) = \dfrac{1}{16}\left(\dfrac{\tan^{-1} t}{2} + \dfrac{t}{2(t^2+1)}\right)$

$= \dfrac{1}{16}\left(\dfrac{\tan^{-1}\left(x+\dfrac{1}{2}\right)}{2} + \dfrac{x+\dfrac{1}{2}}{2\left(\left(x+\dfrac{1}{2}\right)^2+1\right)}\right) + c$

$$\therefore \int_{\frac{1}{2}}^{\infty} \frac{1}{(4x^2 + 4x + 5)^2}\, dx$$

$$= \frac{1}{16}\left(\lim_{b \to \infty}\left(\frac{\tan^{-1}\left(b + \frac{1}{2}\right)}{2} + \frac{b + \frac{1}{2}}{2\left(\left(b + \frac{1}{2}\right)^2 + 1\right)} \right) \right.$$

$$\left. - \lim_{a \to \frac{1}{2}}\left(\frac{\tan^{-1}\left(a + \frac{1}{2}\right)}{2} + \frac{a + \frac{1}{2}}{2\left(\left(a + \frac{1}{2}\right)^2 + 1\right)} \right) \right)$$

$$= \frac{1}{16}\left(\frac{\pi}{4} - \frac{\pi}{8} - \frac{1}{4} \right) = \frac{1}{16}\left(\frac{\pi}{8} - \frac{1}{4} \right)$$

5.4.3.5　其它

Example 1.

$$求 \int_{-\infty}^{\infty} \frac{dx}{1 + x^2} = ?$$

【解】

$$\because \int_{-a}^{a} \frac{dx}{1 + x^2} = 2\int_{0}^{a} \frac{dx}{1 + x^2} = 2\tan^{-1} x\big|_{0}^{a} = 2\tan^{-1} a$$

$$\therefore \lim_{a \to \infty} \int_{-a}^{a} \frac{dx}{1 + x^2} = \lim_{a \to \infty} 2\tan^{-1} a = 2\cdot \frac{\pi}{2} \Rightarrow \int_{-\infty}^{\infty} \frac{dx}{1 + x^2} = \pi$$

Example 2.

$$求 \int_{0}^{3} \frac{dx}{\sqrt[3]{(x - 1)^2}} = ?$$

【解】

$$\because \int_0^a \frac{dx}{\sqrt[3]{(x-1)^2}} = -3(1-x)^{\frac{1}{3}}\Big|_0^a = -3((1-a)^{\frac{1}{3}} - 1), \ \forall 0 < a < 1$$

$$\therefore \lim_{a\to 1^-} \int_0^a \frac{dx}{\sqrt[3]{(x-1)^2}} = \lim_{a\to 1^-} -3\left((1-a)^{\frac{1}{3}} - 1\right) = 3$$

$$\because \int_b^3 \frac{dx}{\sqrt[3]{(x-1)^2}} = 3(x-1)^{\frac{1}{3}}\Big|_b^3 = 3(2^{\frac{1}{3}} - (1-b)^{\frac{1}{3}}), \ \forall 1 < b < 3$$

$$\therefore \lim_{b\to 1^+} \int_b^3 \frac{dx}{\sqrt[3]{(x-1)^2}} = \lim_{b\to 1^+} 3(2^{\frac{1}{3}} - (1-b)^{\frac{1}{3}}) = 3 \cdot 2^{\frac{1}{3}}$$

$$\therefore \int_0^3 \frac{dx}{\sqrt[3]{(x-1)^2}} = \lim_{a\to 1^-} \int_0^a \frac{dx}{\sqrt[3]{(x-1)^2}} + \lim_{b\to 1^+} \int_b^3 \frac{dx}{\sqrt[3]{(x-1)^2}} = 3 + 3 \cdot 2^{\frac{1}{3}}$$

Example 3.

$$证明 \int_1^\infty x^{-p} dx = \begin{cases} 发散, & \text{if } 0 < p \leq 1 \\ \dfrac{1}{p-1}, & \text{if} \quad p > 1 \end{cases}$$

【解】

(1)

$$\text{As } p = 1, \ \because \int_1^\infty x^{-p} dx = \int_1^\infty x^{-1} dx = \ln x\Big|_1^\infty = \infty \quad \therefore \int_1^\infty x^{-p} dx \ 发散, \ \text{for } p = 1$$

(2)

$$\text{As } p \neq 1, \ \because \int_1^\infty x^{-p} dx = \frac{x^{-p+1}}{1-p}\Big|_1^\infty = \begin{cases} \infty, & \text{if } 0 < p < 1 \\ \dfrac{1}{p-1}, & \text{if} \quad p > 1 \end{cases}$$

$$\therefore \int_1^\infty x^{-p} dx = \begin{cases} 发散, & \text{if } 0 < p \leq 1 \\ \dfrac{1}{p-1}, & \text{if} \quad p > 1 \end{cases}$$

Example 4.

$$\text{证明} \int_0^1 x^{-p}dx = \begin{cases} \dfrac{1}{1-p}, & \text{if } 0 < p < 1 \\ \text{发散}, & \text{if} \quad p \geq 1 \end{cases}$$

【解】

(1)

As $p = 1$, $\because \int_0^1 x^{-p}dx = \int_0^1 x^{-1}dx = \ln x|_0^1 = \infty$ $\quad \therefore \int_0^1 x^{-p}dx$ 发散, for $p = 1$

(2)

As $p \neq 1$, $\because \int_0^1 x^{-p}dx = \dfrac{x^{-p+1}}{1-p}\Big|_0^1 = \begin{cases} \dfrac{1}{1-p}, & \text{if } 0 < p < 1 \\ \text{发散}, & \text{if} \quad p > 1 \end{cases}$

$\therefore \int_0^1 x^{-p}dx = \dfrac{x^{-p+1}}{1-p}\Big|_0^1 = \begin{cases} \dfrac{1}{1-p}, & \text{if } 0 < p < 1 \\ \text{发散}, & \text{if} \quad p \geq 1 \end{cases}$

Example 5.

$$\text{证明} \int_1^\infty x^{-p} \ln x \, dx = \begin{cases} \dfrac{1}{(p-1)^2}, & \text{if } p > 1 \\ \text{发散}, & \text{if } 0 < p \leq 1 \end{cases}$$

【解】

(1)

As $p = 1$, $\because \int_1^\infty x^{-p} \ln x \, dx = \dfrac{(\ln x)^2}{2}\Big|_1^\infty$ $\quad \therefore \int_1^\infty x^{-p} \ln x \, dx$ 发散, for $p = 1$

(2)

As $p \neq 1$, 令 $u = \ln x$, $dv = x^{-p}dx$ 则 $du = \dfrac{dx}{x}$, $v = \dfrac{x^{1-p}}{1-p}$, 藉由分部积分法

则 $\int_1^\infty x^{-p} \ln x \, dx = \dfrac{x^{1-p}(\ln x)}{1-p}\Big|_1^\infty - \int_1^\infty \dfrac{x^{-p}dx}{1-p} = \dfrac{x^{1-p}(\ln x)}{1-p}\Big|_1^\infty - \dfrac{x^{-p+1}|_1^\infty}{(p-1)^2}$

As $p > 1$,

$$\because \left. \frac{x^{1-p}\,(\ln x)}{1-p}\right|_1^\infty = 0 \;\; 且\;\; \frac{x^{-p+1}|_1^\infty}{(p-1)^2} = \frac{-1}{(p-1)^2} \qquad \therefore \int_1^\infty x^{-p}\ln x\,dx = \frac{1}{(p-1)^2}$$

As $0 < p < 1$,

$$\because \left.\frac{x^{1-p}\,(\ln x)}{1-p}\right|_1^\infty = \infty \;\;且\;\; \frac{x^{-p+1}|_1^\infty}{(p-1)^2} = \infty \quad \therefore \int_1^\infty x^{-p}\ln x\,dx \;发散, \; \forall 0 < p < 1$$

$$\therefore \int_1^\infty x^{-p}\ln x\,dx = \begin{cases} \dfrac{1}{(p-1)^2}, & \text{if } p > 1 \\[2mm] 发散, & \text{if } 0 < p \le 1 \end{cases}$$

Example 6.

$$\int_1^\infty \frac{1}{x(\ln x)^p}\,dx = \begin{cases} \dfrac{1}{p-1}, & \text{if } p > 1 \\[2mm] 发散, & \text{if } 0 < p \le 1 \end{cases}$$

【解】

(1)

$$\text{As } p = 1, \quad \because \int_1^\infty \frac{1}{x(\ln x)^p}\,dx = \ln(\ln x)|_1^\infty \qquad \therefore \int_1^\infty \frac{1}{x(\ln x)^p}\,dx \;发散, \text{ for } p = 1$$

(2)

$$\text{As } p \ne 1, \quad \because \int_1^\infty \frac{1}{x(\ln x)^p}\,dx = \left.\frac{(\ln x)^{1-p}}{1-p}\right|_1^\infty = \begin{cases} \dfrac{1}{p-1}, & \text{if } p > 1 \\[2mm] 发散, & \text{if } 0 < p < 1 \end{cases}$$

$$\therefore \int_1^\infty \frac{1}{x(\ln x)^p}\,dx = \begin{cases} \dfrac{1}{p-1}, & \text{if } p > 1 \\[2mm] 发散, & \text{if } 0 < p \le 1 \end{cases}$$

5.4.4　判斷瑕積分是收斂或發散

5.4.4.1　直接使用 Comparison Test

考试类型:

Type 1.

说明第一类瑕积分 $\int_0^\infty f(x)dx$ 收敛, 其中 $f(x) \geq 0,\ \forall x \geq 0$

解题流程:

Step1.

找 $g(x)$ 使得 $0 \leq f(x) \leq g(x),\ \forall x > 0$

Step2.

藉由 Comparison Test 若 $\int_0^\infty g(x)dx$ 收敛则 $\int_0^\infty f(x)dx$ 收敛

Type 2.

说明第一类瑕积分 $\int_0^\infty f(x)dx$ 发散, 其中 $f(x) \geq 0,\ \forall x \geq 0$

解题流程:

Step1.

找 $g(x)$ 使得 $0 \leq g(x) \leq f(x),\ \forall x > 0$

Step2.

藉由 Comparison Test 若 $\int_0^\infty g(x)dx$ 发散则 $\int_0^\infty f(x)dx$ 发散

Type 3.

说明第二类瑕积分 $\int_a^b f(x)dx$ 收敛, 其中 $f(x) \geq 0,\ \forall x \geq 0$

解题流程:

Step1.

找 $g(x)$ 使得 $0 \leq f(x) \leq g(x),\ \forall x \in (a,b)$

Step2.

藉由 Comparison Test 若 $\int_a^b g(x)dx$ 收敛则 $\int_a^b f(x)dx$ 收敛

Type 4.

说明第二类瑕积分 $\int_a^b f(x)dx$ 发散, 其中 $f(x) \geq 0,\ \forall x \geq 0$

解题流程:

Step1.

找 $g(x)$ 使得 $0 \le g(x) \le f(x)$, $\forall x \in (a, b)$

Step2.

藉由 Comparison Test 若 $\displaystyle\int_a^b g(x)dx$ 发散 则 $\displaystyle\int_a^b f(x)dx$ 发散

Example 1.

判断 $\displaystyle\int_1^\infty \dfrac{x}{2x^4 + 5x^2 + 1}dx$ 收敛或发散?

【解】

$\because 0 < \dfrac{x}{2x^4 + 5x^2 + 1} < \dfrac{1}{2x^3}$, $\forall x > 1$ 且 $\displaystyle\int_1^a \dfrac{dx}{2x^3} = -\dfrac{1}{4}x^{-2}\Big|_1^a = -\dfrac{1}{4}(a^{-2} - 1)$

$\therefore \displaystyle\int_1^\infty \dfrac{dx}{2x^3} = \lim_{a\to\infty} -\dfrac{1}{4}(a^{-2} - 1) = \dfrac{1}{4} \Rightarrow \displaystyle\int_1^\infty \dfrac{dx}{2x^3}$ 收敛

藉由 Comparison Test 则 $\displaystyle\int_1^\infty \dfrac{xdx}{3x^4 + 5x^2 + 1}$ 收敛

Example 2.

证明 $\displaystyle\int_1^\infty \dfrac{\sin 2x}{x^p}dx$ 绝对收敛, $\forall p > 1$

【解】

令 $p > 1$, $\because 0 \le \left|\dfrac{\sin 2x \, dx}{x^p}\right| \le \dfrac{1}{x^p}$, $\forall x > 1$ 且 $\displaystyle\int_1^\infty \dfrac{dx}{x^p} = \dfrac{x^{1-p}}{1-p}\Big|_1^\infty = \dfrac{1}{p-1} < \infty$

$\therefore \displaystyle\int_1^\infty \dfrac{dx}{x^p}$ 收敛, 藉由 Comparison Test 则 $\displaystyle\int_1^\infty \left|\dfrac{\sin 2x}{x^p}\right|dx$ 收敛

$$\therefore \int_1^\infty \frac{\sin 2x \, dx}{x^p} \quad \text{绝对收敛}, \quad \forall p > 1$$

Example 3.

$$\text{Prove } \int_1^\infty \frac{\cos x}{x^p} \, dx \text{ converges absolutely}, \quad \forall p > 1$$

【解】

$$\diamondsuit p > 1, \quad \because \left| \frac{\cos x}{x^p} \right| < \frac{1}{x^p}, \quad \forall x > 1 \text{ 且 } \int_1^\infty \frac{1}{x^p} \, dx = \frac{x^{1-p}}{1-p} \bigg|_1^\infty = \frac{1}{p-1} < \infty$$

$$\therefore \int_1^\infty \frac{dx}{x^p} \text{ 收敛, 藉由 Comparison Test 则 } \int_1^\infty \left| \frac{\cos x}{x^p} \right| dx \text{ 收敛}$$

$$\Rightarrow \int_1^\infty \frac{\cos x}{x^p} \, dx \text{ converges absolutely}, \quad \forall p > 1$$

Example 4.

$$\text{Prove } \int_0^\infty \frac{\sin x}{x} \, dx \text{ conditionally converges}$$

【解】

$$\text{Claim: } \int_0^\infty \left| \frac{\sin x}{x} \right| dx = \infty$$

$$\because \int_0^\infty \left| \frac{\sin x}{x} \right| dx = \sum_{n=0}^\infty \int_{n\pi}^{(n+1)\pi} \left| \frac{\sin x}{x} \right| dx$$

$$\because \sum_{n=0}^\infty \int_{n\pi}^{(n+1)\pi} \left| \frac{\sin x}{x} \right| dx > \sum_{n=0}^\infty \int_{n\pi+\frac{\pi}{4}}^{(n+1)\pi-\frac{\pi}{4}} \left| \frac{\sin x}{x} \right| dx > \sum_{n=0}^\infty \frac{1}{\sqrt{2}} \left(\frac{1}{(n+1)\pi - \frac{\pi}{4}} \right) \frac{\pi}{2} = \infty$$

$$\therefore \int_0^\infty \left|\frac{\sin x}{x}\right| dx = \infty, \quad \because \int_0^\infty \frac{\sin x}{x} dx\,收敛 \quad \therefore \int_0^\infty \frac{\sin x}{x} dx\ \text{条件收敛}$$

Example 5.

$$判断 \int_1^\infty \frac{\ln x}{(x+a)^p} dx\ 收敛或发散,\ \forall p < 1$$

【解】

$$令\ p < 1, \quad \because \int_1^\infty \frac{\ln x\, dx}{(x+a)^p} > \int_e^\infty \frac{\ln x\, dx}{(x+a)^p} > \int_e^\infty \frac{dx}{(x+a)^p} = \left.\frac{(x+a)^{1-p}}{1-p}\right|_e^\infty = \infty$$

$$藉由\ \text{Comparison Test}\ 则\ \int_1^\infty \frac{\ln x}{(x+a)^p}\ 发散$$

Example 6.

$$判断 \int_0^\infty \frac{1-\cos x}{x^2}\, dx\ 收敛或发散$$

【解】

$$\because \int_0^\infty \frac{1-\cos x}{x^2}\, dx = \int_0^1 \frac{1-\cos x}{x^2}\, dx + \int_1^\infty \frac{1-\cos x}{x^2}\, dx$$

$$\text{Claim:}\ \int_0^1 \frac{1-\cos x}{x^2}\, dx\ 收敛$$

$$\because \lim_{x\to 0} \frac{1-\cos x}{x^2} = \lim_{x\to 0} \frac{\sin x}{2x} = \frac{1}{2},\quad 令\ f(x) = \frac{1-\cos x}{x^2},\quad \forall x \in (0,1]\ 且\ f(0) = \frac{1}{2}$$

$$则\ f(x)\ 于\ [0,1]连续 \Rightarrow \int_0^1 \frac{1-\cos x}{x^2}\, dx\ 收敛$$

Claim: $\displaystyle\int_1^\infty \frac{1 - \cos x}{x^2}\, dx$ 收敛

$\because 0 < \left| \dfrac{1 - \cos x\, dx}{x^2} \right| < \dfrac{2}{x^2}, \quad \forall x > 1$ 且 $\displaystyle\int_0^\infty \frac{2}{x^2}\, dx$ 收敛

藉由 Comparison Test 则 $\displaystyle\int_1^\infty \frac{1 - \cos x\, dx}{x^2}$ 收敛 $\quad \therefore \displaystyle\int_0^\infty \frac{1 - \cos x}{x^2}\, dx$ 收敛

Example 7.

判断 $\displaystyle\int_0^\infty \frac{2\, dx}{e^{-x} + e^x}$ 收敛或发散

【解】

$\because \dfrac{2}{e^{-x} + e^x} < \dfrac{2}{e^x}, \quad \forall x > 0$ 且 $\displaystyle\int_0^\infty \frac{2}{e^x}\, dx$ 收敛, 藉由 Comparison Test 则 $\displaystyle\int_0^\infty \frac{2\, dx}{e^{-x} + e^x}$ 收敛

Example 8.

判断 $\displaystyle\int_e^\infty \frac{\ln x}{x - \sqrt{x}}\, dx$ 收敛或发散

【解】

$\because \dfrac{1}{x} < \dfrac{\ln x}{x} < \dfrac{\ln x}{x - \sqrt{x}}, \quad \forall x > e$ 且 $\displaystyle\int_e^\infty \frac{1}{x}\, dx$ 发散

藉由 Comparison Test 则 $\displaystyle\int_e^\infty \frac{\ln x}{x - \sqrt{x}}\, dx$ 发散

Example 9.

判断 $\displaystyle\int_1^\infty \dfrac{1}{x^4+x^2+1}\,dx$ 收敛或发散

【解】

$\because \dfrac{1}{x^4+x^2+1} < \dfrac{1}{x^2}$, $\forall x > 1$ 且 $\displaystyle\int_1^\infty \dfrac{1}{x^2}\,dx$ 收敛

藉由 Comparison Test 则 $\displaystyle\int_1^\infty \dfrac{1}{x^4+x^2+1}\,dx$ 收敛

Example 10.

判断 $\displaystyle\int_0^1 \dfrac{1}{\sqrt{x}+\sin x}\,dx$ 收敛或发散

【解】

$\because \dfrac{1}{\sqrt{x}+\sin x} < \dfrac{1}{\sqrt{x}}$, $\forall 0 < x < 1$ 且 $\displaystyle\int_0^1 \dfrac{1}{\sqrt{x}}\,dx$ 收敛

藉由 Comparison Test 则 $\displaystyle\int_0^1 \dfrac{1}{\sqrt{x}+\sin x}\,dx$ 收敛

Example 11.

判断 $\displaystyle\int_0^1 \dfrac{1}{\sqrt[3]{x^2}+\tan x}\,dx$ 收敛或发散

【解】

$\because \dfrac{1}{\sqrt[3]{x^2}+\tan x} < x^{-\frac{2}{3}}$, $\forall 0 < x < 1$ 且 $\displaystyle\int_0^1 x^{-\frac{2}{3}}\,dx$ 收敛

藉由 Comparison Test 则 $\displaystyle\int_0^1 \dfrac{1}{\sqrt[3]{x^2}+\tan x}\,dx$ 收敛

Example 12.

$$判断 \int_1^\infty xe^{-x}dx \ 收敛或发散$$

【解】

$\because \lim_{x\to\infty} xe^{-\frac{x}{2}} = 0 \quad \therefore 令 \ \varepsilon = 1, \ 取 \ M \in N \ 使得 \ x \geq M \ 则 \ \left| xe^{-\frac{x}{2}} \right| \leq 1$

$$\because \int_1^\infty xe^{-x}dx = \int_1^M xe^{-x}dx + \int_M^\infty xe^{-x}dx$$

$\because xe^{-x} \ 于 \ [1,M] \ 连续 \quad \therefore xe^{-x} \ 于 \ [1,M] \ 黎曼可积分 \quad \therefore \int_1^M xe^{-x}dx \ 存在$

$\because |xe^{-x}| = \left| e^{-\frac{x}{2}} xe^{-\frac{x}{2}} \right| \leq e^{-\frac{x}{2}}, \ \forall x > M \ 且 \int_M^\infty e^{-\frac{x}{2}}dx \ 收敛$

$藉由 \ Comparison \ Test \ 则 \int_M^\infty xe^{-x}dx \ 收敛 \quad \therefore \int_1^\infty xe^{-x}dx \ 收敛$

Example 13.

$$判断 \int_1^\infty xe^{-x}\cos x \, dx \ 收敛或发散$$

【解】

$\because \lim_{x\to\infty} xe^{-\frac{x}{2}}\cos x = 0 \quad \therefore 令 \ \varepsilon = 1, \ 取 \ M \in N \ 使得 \ x \geq M \ 则 \ \left| xe^{-\frac{x}{2}}\cos x \right| \leq 1$

$$\because \int_1^\infty xe^{-x}\cos x \, dx = \int_1^M xe^{-x}\cos x \, dx + \int_M^\infty xe^{-x}\cos x \, dx$$

$\because xe^{-x}\cos x \ 于 \ [1,M] \ 连续 \quad \therefore xe^{-x}\cos x \ 于 \ [1,M] \ 黎曼可积分$

$$\therefore \int_1^M xe^{-x}\cos x \, dx \ 存在$$

$\because \left| xe^{-x}\cos x \right| = \left| e^{-\frac{x}{2}}xe^{-\frac{x}{2}}\cos x \right| \le e^{-\frac{x}{2}}, \ \forall x > M \ $ 且 $\displaystyle\int_{M}^{\infty} e^{-\frac{x}{2}}dx \ $ 收敛

藉由 Comparison Test 则 $\displaystyle\int_{M}^{\infty} xe^{-x}\cos x\,dx \ $ 收敛 $\quad \therefore \displaystyle\int_{1}^{\infty} xe^{-x}\cos x\,dx \ $ 收敛

Example 14.

$$\text{判断} \int_{1}^{\infty} e^{-x}\ln x\,dx \ \text{收敛或发散}$$

【解】

$\because \displaystyle\lim_{x\to\infty}\ln x\,e^{-\frac{x}{2}} = 0 \quad \therefore$ 令 $\varepsilon = 1$, 取 $M \in N$ 使得 $x \ge M$ 则 $\left| \ln x\,e^{-\frac{x}{2}} \right| \le 1$

$\therefore \displaystyle\int_{1}^{\infty} e^{-x}\ln x\,dx = \int_{1}^{M} e^{-x}\ln x\,dx + \int_{M}^{\infty} e^{-x}\ln x\,dx$

$\because e^{-x}\ln x$ 于 $[1,M]$ 连续 $\therefore e^{-x}\ln x$ 于 $[1,M]$ 黎曼可积分 $\therefore \displaystyle\int_{1}^{M} e^{-x}\ln x\,dx$ 存在

$\because \left| e^{-x}\ln x \right| = \left| e^{-\frac{x}{2}}\ln x\,e^{-\frac{x}{2}} \right| \le e^{-\frac{x}{2}}, \ \forall x > M \ $ 且 $\displaystyle\int_{M}^{\infty} e^{-\frac{x}{2}}dx \ $ 收敛

藉由 Comparison Test 则 $\displaystyle\int_{M}^{\infty} e^{-x}\ln x\,dx \ $ 收敛 $\quad \therefore \displaystyle\int_{1}^{\infty} e^{-x}\ln x\,dx \ $ 收敛

Example 15.

$$\text{判断} \int_{1}^{\infty} \ln x\,e^{-x}\sin x\,dx \ \text{收敛或发散}$$

【解】

$\because \displaystyle\lim_{x\to\infty}\ln x\,e^{-\frac{x}{2}}\sin x = 0 \quad \therefore$ 令 $\varepsilon = 1$, 取 $M \in N$ 使得 $x \ge M$ 则 $\left| \ln x\,e^{-\frac{x}{2}}\sin x \right| \le 1$

$$\because \int_1^\infty \ln x\, e^{-x} \sin x\, dx = \int_1^M \ln x\, e^{-x} \sin x\, dx + \int_M^\infty \ln x\, e^{-x} \sin x\, dx$$

$\because \ln x\, e^{-x} \sin x$ 于 $[1,M]$ 连续　　$\therefore \ln x\, e^{-x} \sin x$ 于 $[1,M]$ 黎曼可积分

$$\therefore \int_1^M \ln x\, e^{-x} \sin x\, dx \text{ 存在}$$

$\because |\ln x\, e^{-x} \sin x| = \left| e^{-\frac{x}{2}} \ln x\, e^{-\frac{x}{2}} \sin x \right| \le e^{-\frac{x}{2}}, \ \forall x > M$ 且 $\int_M^\infty e^{-\frac{x}{2}} dx$ 收敛

藉由 Comparison Test 则 $\int_M^\infty \ln x\, e^{-x} \sin x\, dx$ 收敛　$\therefore \int_1^\infty \ln x\, e^{-x} \sin x\, dx$ 收敛

Example 16.

$$\text{判断} \int_1^\infty e^{-x} \sinh^{-1} x\, dx \text{ 收敛或发散}$$

【解】

$\because \lim_{x \to \infty} \sinh^{-1} x\, e^{-\frac{x}{2}} = 0$　$\therefore$ 令 $\varepsilon = 1$, 取 $M \in N$ 使得 $x \ge M$ 则 $\left| \sinh^{-1} x\, e^{-\frac{x}{2}} \right| \le 1$

$$\therefore \int_1^\infty e^{-x} \sinh^{-1} x\, dx = \int_1^M e^{-x} \sinh^{-1} x\, dx + \int_M^\infty e^{-x} \sinh^{-1} x\, dx$$

$\because e^{-x} \sinh^{-1} x$ 于 $[1,M]$ 连续　　$\therefore e^{-x} \sinh^{-1} x$ 于 $[1,M]$ 黎曼可积分

$$\therefore \int_1^M e^{-x} \sinh^{-1} x\, dx \text{ 存在}$$

$\because |e^{-x} \sinh^{-1} x| = \left| e^{-\frac{x}{2}} \sinh^{-1} x\, e^{-\frac{x}{2}} \right| \le e^{-\frac{x}{2}}, \ \forall x > M$ 且 $\int_M^\infty e^{-\frac{x}{2}} dx$ 收敛

藉由 Comparison Test 则 $\int_M^\infty e^{-x} \sinh^{-1} x\, dx$ 收敛　$\therefore \int_1^\infty e^{-x} \sinh^{-1} x\, dx$ 收敛

Example 17.

$$\text{判断} \int_1^\infty \frac{\ln x}{x^{2+p}}\,dx \ \text{收敛或发散,} \ \forall p > 0$$

【解】

令 $p > 0$, $\because \lim\limits_{x\to\infty} \dfrac{\ln x}{x^p} = 0$ $\therefore$ 令 $\varepsilon = 1$, 取 $M \in N$ 使得 $x \geq M$ 则 $\left|\dfrac{\ln x}{x^p}\right| \leq 1$

$$\because \int_1^\infty \frac{\ln x}{x^{2+p}}\,dx = \int_1^M \frac{\ln x}{x^{2+p}}\,dx + \int_M^\infty \frac{\ln x}{x^{2+p}}\,dx$$

$\because \dfrac{\ln x}{x^{2+p}}$ 于 $[1,M]$ 连续 $\therefore \dfrac{\ln x}{x^{2+p}}$ 于 $[1,M]$ 黎曼可积分 $\Rightarrow \displaystyle\int_1^M \frac{\ln x}{x^{2+p}}\,dx$ 存在

$\because \left|\dfrac{\ln x}{x^{2+p}}\right| = \left|\dfrac{1}{x^2} \cdot \dfrac{\ln x}{x^p}\right| \leq \dfrac{1}{x^2}$, $\forall x > M$ 且 $\displaystyle\int_M^\infty \frac{1}{x^2}\,dx$ 收敛

藉由 Comparison Test 则 $\displaystyle\int_M^\infty \frac{\ln x}{x^{2+p}}\,dx$ 收敛 $\therefore \displaystyle\int_1^\infty \frac{\ln x}{x^{2+p}}\,dx$ 收敛

Example 18.

$$\text{判断} \int_1^\infty \frac{\sin x \ln x}{x^{2+p}}\,dx \ \text{收敛或发散,} \ \forall p > 0$$

【解】

令 $p > 0$, $\because \lim\limits_{x\to\infty} \dfrac{\sin x \ln x}{x^p} = 0$ $\therefore$ 令 $\varepsilon = 1$, 取 $M \in N$ 使得 $x \geq M$ 则 $\left|\dfrac{\sin x \ln x}{x^p}\right| \leq 1$

$$\because \int_1^\infty \frac{\sin x \ln x}{x^{2+p}}\,dx = \int_1^M \frac{\sin x \ln x}{x^{2+p}}\,dx + \int_M^\infty \frac{\sin x \ln x}{x^{2+p}}\,dx$$

$\because \dfrac{\sin x \ln x}{x^{2+p}}$ 于 $[1,M]$ 连续 $\therefore \dfrac{\sin x \ln x}{x^{2+p}}$ 于 $[1,M]$ 黎曼可积分 $\therefore \displaystyle\int_1^M \frac{\sin x \ln x\,dx}{x^{2+p}}$ 存在

$\because \left|\dfrac{\sin x \ln x}{x^{2+p}}\right| = \left|\dfrac{1}{x^2} \cdot \dfrac{\sin x \ln x}{x^p}\right| \leq \dfrac{1}{x^2}$, $\forall x > M$ 且 $\displaystyle\int_M^\infty \frac{1}{x^2}\,dx$ 收敛

藉由 Comparison Test 则 $\displaystyle\int_M^\infty \frac{\sin x \ln x}{x^{2+p}}\,dx$ 收敛 $\quad\therefore \displaystyle\int_1^\infty \frac{\sin x \ln x}{x^{2+p}}\,dx$ 收敛

Example 19.

$$\text{判断} \int_1^\infty \left(\sqrt[n]{x^n + x^{n-1} + 1} - x\right) x^{-p}\,dx \ \text{收敛或发散}, \ \forall p > 1, \ n \geq 2$$

【解】

令 $n \geq 2$, $p > 1$, claim: $\displaystyle\lim_{x\to\infty} \sqrt[n]{x^n + x^{n-1} + 1} - x = \frac{1}{n}$

藉由罗比达法则 $\displaystyle\lim_{x\to\infty} \sqrt[n]{x^n + x^{n-1} + 1} - x$

$$= \lim_{x\to\infty} x\left(\sqrt[n]{1 + x^{-1} + x^{-n}} - 1\right) = \lim_{x\to\infty} \frac{\sqrt[n]{1 + x^{-1} + x^{-n}} - 1}{\frac{1}{x}}$$

$$= \lim_{u\to 0} \frac{\sqrt[n]{1 + u + u^n} - 1}{u} = \lim_{u\to 0} \frac{\frac{1}{n} \cdot (1 + u + u^n)^{\frac{1}{n} - 1}(1 + n \cdot u^{n-1})}{1} = \frac{1}{n}$$

$\therefore$ 令 $\varepsilon = \dfrac{1}{n}$, 取 $M \in \mathbb{N}$ 使得 $x \geq M$ 则 $\left|\sqrt[n]{x^n + x^{n-1} + 1} - \dfrac{1}{n}\right| \leq \dfrac{1}{n}$

$\therefore x \geq M$ 则 $\left|\sqrt[n]{x^n + x^{n-1} + 1}\right| \leq \dfrac{2}{n}$

$$\therefore \int_1^\infty \left(\sqrt[n]{x^n + x^{n-1} + 1} - x\right) x^{-p}\,dx$$

$$= \int_1^M \left(\sqrt[n]{x^n + x^{n-1} + 1} - x\right) x^{-p}\,dx + \int_M^\infty \left(\sqrt[n]{x^n + x^{n-1} + 1} - x\right) x^{-p}\,dx$$

$\because \left(\sqrt[n]{x^n + x^{n-1} + 1} - x\right) x^{-p}$ 于 $[1, M]$ 连续

$\therefore \left(\sqrt[n]{x^n + x^{n-1} + 1} - x\right) x^{-p}$ 于 $[1, M]$ 黎曼可积分

$$\therefore \int_{1}^{M} \left(\sqrt[n]{x^n + x^{n-1} + 1} - x \right) x^{-p} dx \ \text{存在}$$

$$\because \left| \left(\sqrt[n]{x^n + x^{n-1} + 1} - x \right) x^{-p} \right| \le \left| \frac{2x^{-p}}{n} \right|, \ \ \forall x > M \ \text{且} \int_{M}^{\infty} \frac{2x^{-p}}{n} dx \ \text{收敛}, \ \forall p > 1$$

$$\text{藉由 Comparison Test 则} \int_{M}^{\infty} \left(\sqrt[n]{x^n + x^{n-1} + 1} - x \right) x^{-p} dx \ \ \text{收敛}$$

$$\therefore \int_{1}^{\infty} \left(\sqrt[n]{x^n + x^{n-1} + 1} - x \right) x^{-p} dx \ \text{收敛}$$

Example 20.

$$\text{判断} \int_{1}^{\infty} \left(\sqrt[n]{x^n + x^{n-1} + 1} - x \right) x^{-p} \sin x \ dx \ \text{收敛或发散}, \ \forall p > 1, n \ge 2$$

【解】

令 $n \ge 2, \ p > 1, \ $ claim: $\lim\limits_{x \to \infty} \sqrt[n]{x^n + x^{n-1} + 1} - x = \dfrac{1}{n}$

藉由罗比达法则 $\lim\limits_{x \to \infty} \sqrt[n]{x^n + x^{n-1} + 1} - x$

$$= \lim_{x \to \infty} x \left(\sqrt[n]{1 + x^{-1} + x^{-n}} - 1 \right) = \lim_{x \to \infty} \frac{\sqrt[n]{1 + x^{-1} + x^{-n}} - 1}{\dfrac{1}{x}}$$

$$= \lim_{u \to 0} \frac{\sqrt[n]{1 + u + u^n} - 1}{u} = \lim_{u \to 0} \frac{\dfrac{1}{n} \cdot (1 + u + u^n)^{\frac{1}{n} - 1}(1 + n \cdot u^{n-1})}{1} = \frac{1}{n}$$

$$\therefore \text{令} \ \varepsilon = \frac{1}{n}, \ \ \text{取} \ M \in \mathbb{N} \ \text{使得} \ x \ge M \ \text{则} \ \left| \sqrt[n]{x^n + x^{n-1} + 1} - \frac{1}{n} \right| \le \frac{1}{n}$$

$$\therefore x \ge M \ \text{则} \ \left| \sqrt[n]{x^n + x^{n-1} + 1} \right| \le \frac{2}{n}$$

$$\therefore \int_{1}^{\infty} \left(\sqrt[n]{x^n + x^{n-1} + 1} - x \right) x^{-p} \sin x \ dx$$

$$= \int_1^M \left(\sqrt[n]{x^n + x^{n-1} + 1} - x \right) x^{-p} \sin x \, dx + \int_M^\infty \left(\sqrt[n]{x^n + x^{n-1} + 1} - x \right) x^{-p} \sin x \, dx$$

$\because \left(\sqrt[n]{x^n + x^{n-1} + 1} - x \right) x^{-p} \sin x$ 于 $[1, M]$ 连续

$\therefore \left(\sqrt[n]{x^n + x^{n-1} + 1} - x \right) x^{-p} \sin x$ 于 $[1, M]$ 黎曼可积分

$\therefore \int_1^M \left(\sqrt[n]{x^n + x^{n-1} + 1} - x \right) x^{-p} \sin x \, dx$ 存在

$\because \left| \left(\sqrt[n]{x^n + x^{n-1} + 1} - x \right) x^{-p} \sin x \right| \leq \left| \dfrac{2x^{-p}}{n} \right|, \forall x > M$ 且 $\displaystyle\int_M^\infty \dfrac{2x^{-p}}{n} dx$ 收敛, $\forall p > 1$

藉由 Comparison Test 则 $\displaystyle\int_M^\infty \left(\sqrt[n]{x^n + x^{n-1} + 1} - x \right) x^{-p} \sin x \, dx$ 收敛

$\therefore \displaystyle\int_1^\infty \left(\sqrt[n]{x^n + x^{n-1} + 1} - x \right) x^{-p} \sin x \, dx$ 收敛

Example 21.

$$判断 \int_1^\infty x^{\frac{1}{x}} e^{-x} dx \ 收敛或发散$$

【解】

Claim: $\displaystyle\lim_{x \to \infty} x^{\frac{1}{x}} = 1$

$\because x^{\frac{1}{x}} = e^{\frac{1}{x} \cdot \ln x} \ \therefore \ \displaystyle\lim_{x \to \infty} x^{\frac{1}{x}} = \exp\left(\lim_{x \to \infty} \frac{\ln x}{x} \right),$ 藉由罗比达法则 $\displaystyle\lim_{x \to \infty} \frac{\ln x}{x} = \lim_{x \to \infty} \frac{\frac{1}{x}}{1} = 0$

$\therefore \displaystyle\lim_{x \to \infty} x^{\frac{1}{x}} = \exp\left(\lim_{x \to \infty} \frac{1}{x} \cdot \ln x \right) = \exp(0) = 1$

令 $\varepsilon = 1$, 取 $M \in \mathbb{N}$ 使得 $x \geq M$ 则 $\left| x^{\frac{1}{x}} - 1 \right| \leq 1 \quad \therefore x \geq M$ 则 $\left| x^{\frac{1}{x}} \right| \leq 2$

$$\because \int_{1}^{\infty} x^{\frac{1}{x}} e^{-x} dx = \int_{1}^{M} x^{\frac{1}{x}} e^{-x} dx + \int_{M}^{\infty} x^{\frac{1}{x}} e^{-x} dx$$

$\because x^{\frac{1}{x}} e^{-x}$ 于 $[1, M]$ 连续 $\quad \therefore x^{\frac{1}{x}} e^{-x}$ 于 $[1, M]$ 黎曼可积分 $\quad \therefore \int_{1}^{M} x^{\frac{1}{x}} e^{-x} dx$ 存在

$\because \left| x^{\frac{1}{x}} e^{-x} \right| \le 2e^{-x}, \ \forall x > M \ \text{且} \int_{M}^{\infty} 2e^{-x} dx \ \text{收敛}, \ \forall p > 1$

藉由 Comparison Test 则 $\int_{M}^{\infty} x^{\frac{1}{x}} e^{-x} dx$ 收敛 $\quad \therefore \int_{1}^{\infty} x^{\frac{1}{x}} e^{-x} dx$ 收敛

Example 22.

$$判断 \int_{1}^{\infty} x^{\frac{1}{x}} e^{-x} \tan^{-1} x \, dx \ \text{收敛或发散}$$

【解】

Claim: $\lim\limits_{x \to \infty} x^{\frac{1}{x}} = 1$

$\because x^{\frac{1}{x}} = e^{\frac{1}{x} \cdot \ln x} \therefore \lim\limits_{x \to \infty} x^{\frac{1}{x}} = \exp\left(\lim\limits_{x \to \infty} \dfrac{\ln x}{x} \right), \ 藉由罗比达法则 \lim\limits_{x \to \infty} \dfrac{\ln x}{x} = \lim\limits_{x \to \infty} \dfrac{\frac{1}{x}}{1} = 0$

$\therefore \lim\limits_{x \to \infty} x^{\frac{1}{x}} = \exp\left(\lim\limits_{x \to \infty} \dfrac{1}{x} \cdot \ln x \right) = \exp(0) = 1$

令 $\varepsilon = 1, \ \text{取} \ M \in \mathbb{N} \ \text{使得} \ x \ge M \ \text{则} \ \left| x^{\frac{1}{x}} - 1 \right| \le 1 \quad \therefore x \ge M \ \text{则} \ \left| x^{\frac{1}{x}} \right| \le 2$

$$\because \int_{1}^{\infty} x^{\frac{1}{x}} e^{-x} \tan^{-1} x \, dx = \int_{1}^{M} x^{\frac{1}{x}} e^{-x} \tan^{-1} x \, dx + \int_{M}^{\infty} x^{\frac{1}{x}} e^{-x} \tan^{-1} x \, dx$$

$\because x^{\frac{1}{x}} e^{-x} \tan^{-1} x$ 于 $[1, M]$ 连续 $\quad \therefore x^{\frac{1}{x}} e^{-x} \tan^{-1} x$ 于 $[1, M]$ 黎曼可积分

$$\therefore \int_{1}^{M} x^{\frac{1}{x}} e^{-x} \tan^{-1} x \, dx \ \text{存在}$$

$\because \left| x^{\frac{1}{x}} e^{-x} \tan^{-1} x \right| \leq 2 \cdot \dfrac{\pi}{2} \cdot e^{-x}, \ \forall x > M \ \text{且} \displaystyle\int_M^\infty \pi e^{-x} dx \ \text{收敛}, \ \forall p > 1$

藉由 Comparison Test 则 $\displaystyle\int_M^\infty x^{\frac{1}{x}} e^{-x} \tan^{-1} x \, dx$ 收敛 $\therefore \displaystyle\int_1^\infty x^{\frac{1}{x}} e^{-x} \tan^{-1} x \, dx$ 收敛

Example 23.

$\quad$ 判断 $\displaystyle\int_1^\infty e^{-x}(2+3x)^{\frac{1}{5x}} dx$ 收敛或发散

【解】

Claim: $\displaystyle\lim_{x\to\infty} (2+3x)^{\frac{1}{5x}} = 1$

$\because (2+3x)^{\frac{1}{5x}} = e^{\frac{1}{5x}\cdot \ln(2+3x)} \qquad \therefore \displaystyle\lim_{x\to\infty}(2+3x)^{\frac{1}{5x}} = \exp\left(\lim_{x\to\infty} \frac{1}{5x} \cdot \ln(2+3x) \right)$

藉由罗比达法则 $\displaystyle\lim_{x\to\infty} \frac{1}{5x} \cdot \ln(2+3x) = \lim_{x\to\infty} \frac{\frac{3}{2+3x}}{5} = 0$

$\therefore \displaystyle\lim_{x\to\infty}(2+3x)^{\frac{1}{5x}} = \exp\left(\lim_{x\to\infty} \frac{1}{5x} \cdot \ln(2+3x) \right) = \exp(0) = 1$

令 $\varepsilon = 1$, 取 $M \in \mathbb{N}$ 使得 $x \geq M$ 则 $\left| (2+3x)^{\frac{1}{5x}} - 1 \right| \leq 1 \ \therefore x \geq M$ 则 $\left| (2+3x)^{\frac{1}{5x}} \right| \leq 2$

$\because \displaystyle\int_1^\infty e^{-x}(2+3x)^{\frac{1}{5x}} dx = \int_1^M e^{-x}(2+3x)^{\frac{1}{5x}} dx + \int_M^\infty e^{-x}(2+3x)^{\frac{1}{5x}} dx$

$\because e^{-x}(2+3x)^{\frac{1}{5x}}$ 于 $[1,M]$ 连续 $\quad \therefore e^{-x}(2+3x)^{\frac{1}{5x}}$ 于 $[1,M]$ 黎曼可积分

$\therefore \displaystyle\int_1^M e^{-x}(2+3x)^{\frac{1}{5x}} dx$ 存在

$\because \left| e^{-x}(2+3x)^{\frac{1}{5x}} \right| \leq 2e^{-x}, \ \forall x > M \ \text{且} \displaystyle\int_M^\infty e^{-x} dx \ \text{收敛}, \ \forall p > 1$

藉由 Comparison Test 则 $\displaystyle\int_M^\infty e^{-x}(2+3x)^{\frac{1}{5x}}dx$ 收敛 $\therefore \displaystyle\int_1^\infty e^{-x}(2+3x)^{\frac{1}{5x}}dx$ 收敛

Example 24.

判断 $\displaystyle\int_b^\infty \left(\frac{x+a}{x-a}\right)^x e^{-x}dx$ 收敛或发散, $\forall b > a$

【解】

令 $b > a$, claim: $\displaystyle\lim_{x\to\infty}\left(\frac{x+a}{x-a}\right)^x = \exp(2a)$

$\because \left(\frac{x+a}{x-a}\right)^x = e^{x\ln\frac{x+a}{x-a}}$ $\therefore \displaystyle\lim_{x\to\infty}\left(\frac{x+a}{x-a}\right)^x = \exp\left(\lim_{x\to\infty} x\ln\frac{x+a}{x-a}\right)$

藉由罗比达法则

则 $\displaystyle\lim_{x\to\infty} x\ln\frac{x+a}{x-a} = \lim_{x\to\infty}\frac{\ln\frac{x+a}{x-a}}{x^{-1}} = \lim_{x\to\infty}\frac{\frac{x-a}{x+a}\cdot\frac{(x-a-(x+a))}{(x-a)^2}}{-x^{-2}}$

$= \displaystyle\lim_{x\to\infty}\frac{\frac{x-a}{x+a}\cdot\frac{2a}{(x-a)^2}}{x^{-2}} = 2a\lim_{x\to\infty}\frac{1-\frac{a}{x}}{1+\frac{a}{x}}\cdot\frac{1}{\left(1-\frac{a}{x}\right)^2} = 2a$

$\therefore \displaystyle\lim_{x\to\infty}\left(\frac{x+a}{x-a}\right)^x = \exp\left(\lim_{x\to\infty} x\ln\frac{x+a}{x-a}\right) = \exp(2a)$

令 $\varepsilon = \exp(2a)$, 取 $M \in \mathbb{N}$ 使得 $x \geq M$ 则 $\left|\left(\frac{x+a}{x-a}\right)^x - \exp(2a)\right| \leq \exp(2a)$

$\therefore x \geq M$ 则 $\left|\left(\frac{x+a}{x-a}\right)^x\right| \leq 2\exp(2a)$

$\therefore \displaystyle\int_b^\infty \left(\frac{x+a}{x-a}\right)^x e^{-x}dx = \int_b^M \left(\frac{x+a}{x-a}\right)^x e^{-x}dx + \int_M^\infty \left(\frac{x+a}{x-a}\right)^x e^{-x}dx$

$\because \left(\frac{x+a}{x-a}\right)^x e^{-x}$ 于 $[b, M]$ 连续 $\therefore \left(\frac{x+a}{x-a}\right)^x e^{-x}$ 于 $[b, M]$ 黎曼可积分

$\therefore \displaystyle\int_b^M \left(\frac{x+a}{x-a}\right)^x e^{-x}dx$ 存在

$$\because \left|\left(\frac{x+a}{x-a}\right)^x e^{-x}\right| \le 2e^{2a}e^{-x}, \ \forall x > M \ \text{且} \int_M^\infty 2e^{2a}e^{-x}dx \ \text{收敛}, \ \forall p > 1$$

藉由 Comparison Test 则 $\displaystyle\int_M^\infty \left(\frac{x+a}{x-a}\right)^x e^{-x}dx$ 收敛 $\quad \therefore \displaystyle\int_b^\infty \left(\frac{x+a}{x-a}\right)^x e^{-x}dx$ 收敛

Example 25.

$$\text{判断} \int_b^\infty \left(\frac{x+a}{x-a}\right)^x e^{-x}\cos x \, dx \ \text{收敛或发散}, \ \forall b > a$$

【解】

令 $b > a$, claim: $\displaystyle\lim_{x\to\infty}\left(\frac{x+a}{x-a}\right)^x = \exp(2a)$

$\because \left(\dfrac{x+a}{x-a}\right)^x = e^{x\ln\frac{x+a}{x-a}} \qquad \therefore \displaystyle\lim_{x\to\infty}\left(\frac{x+a}{x-a}\right)^x = \exp\left(\lim_{x\to\infty} x\ln\frac{x+a}{x-a}\right)$

藉由罗比达法则

$$\text{则} \ \lim_{x\to\infty} x\ln\frac{x+a}{x-a} = \lim_{x\to\infty}\frac{\ln\dfrac{x+a}{x-a}}{x^{-1}} = \lim_{x\to\infty}\frac{\dfrac{x-a}{x+a}\cdot\dfrac{(x-a-(x+a))}{(x-a)^2}}{-x^{-2}}$$

$$= \lim_{x\to\infty}\frac{\dfrac{x-a}{x+a}\cdot\dfrac{2a}{(x-a)^2}}{x^{-2}} = 2a\lim_{x\to\infty}\frac{1-\dfrac{a}{x}}{1+\dfrac{a}{x}}\cdot\frac{1}{\left(1-\dfrac{a}{x}\right)^2} = 2a$$

$$\therefore \lim_{x\to\infty}\left(\frac{x+a}{x-a}\right)^x = \exp\left(\lim_{x\to\infty} x\ln\frac{x+a}{x-a}\right) = \exp(2a)$$

令 $\varepsilon = \exp(2a)$, 取 $M \in \mathbb{N}$ 使得 $x \ge M$ 则 $\left|\left(\dfrac{x+a}{x-a}\right)^x - \exp(2a)\right| \le \exp(2a)$

$\therefore x \ge M$ 则 $\left|\left(\dfrac{x+a}{x-a}\right)^x\right| \le 2\exp(2a)$

$$\therefore \int_b^\infty \left(\frac{x+a}{x-a}\right)^x e^{-x}\cos x \, dx = \int_b^M \left(\frac{x+a}{x-a}\right)^x e^{-x}\cos x \, dx + \int_M^\infty \left(\frac{x+a}{x-a}\right)^x e^{-x}\cos x \, dx$$

$\because \left(\dfrac{x+a}{x-a}\right)^x e^{-x}\cos x$ 于 $[b,M]$ 连续 $\quad\therefore \left(\dfrac{x+a}{x-a}\right)^x e^{-x}\cos x$ 于 $[b,M]$ 黎曼可积分

$$\therefore \int_b^M \left(\frac{x+a}{x-a}\right)^x e^{-x} \cos x\, dx \ \text{存在}$$

$$\therefore \left|\left(\frac{x+a}{x-a}\right)^x e^{-x} \cos x\right| \le 2e^{2a}e^{-x}, \ \forall x > M \ \text{且} \int_M^\infty 2e^{2a}e^{-x}\, dx \ \text{收敛}, \forall p > 1$$

藉由 Comparison Test 则 $\displaystyle\int_M^\infty \left(\frac{x+a}{x-a}\right)^x e^{-x} \cos x\, dx$ 收敛

$$\therefore \int_b^\infty \left(\frac{x+a}{x-a}\right)^x e^{-x} \cos x\, dx \ \text{收敛}$$

5.4.4.2　直接使用 Quotient Test

考试类型:

Type 1.

判断第一类瑕积分 $\displaystyle\int_0^\infty f(x)dx$ 收敛或发散, 其中 $f(x) \ge 0, \ \forall x > 0$

解题流程:

Step1.

找 $g(x) \ge 0$ 使得 $\displaystyle\lim_{x \to \infty} \frac{f(x)}{g(x)} = L \in (0, \infty)$

Step2.

藉由 Quotient Test, $\displaystyle\int_0^\infty g(x)dx$ 收敛(发散) $\Rightarrow \displaystyle\int_0^\infty f(x)dx$ 收敛(发散)

Type 2.

判断第二类瑕积分 $\displaystyle\int_a^b f(x)dx$ 收敛或发散, 其中 $f(x) \ge 0, \ \forall x \in (a, b)$ 且 $f(a) = \infty$

解题流程:

Step1.

找 $g(x) \ge 0$ 使得 $\displaystyle\lim_{x \to a} \frac{f(x)}{g(x)} = L \in (0, \infty)$

Step2.

藉由 Quotient Test, $\displaystyle\int_a^b g(x)dx$ 收敛(发散) $\Rightarrow \displaystyle\int_a^b f(x)dx$ 收敛(发散)

Example 1.

判断 $\displaystyle\int_2^\infty \frac{x^2-1}{\sqrt{x^6+15}}dx$ 收敛或发散

【解】

$\because \displaystyle\lim_{x\to\infty} \frac{\dfrac{x^2-1}{\sqrt{x^6+15}}}{\dfrac{1}{x}} = \lim_{x\to\infty}\frac{x^3-x}{\sqrt{x^6+15}} = \lim_{x\to\infty}\frac{1-\dfrac{x}{x^3}}{\sqrt{1+\dfrac{15}{x^6}}} = 1$ 且 $\displaystyle\int_2^\infty \frac{1}{x}dx$ 发散

藉由 Quotient Test 则 $\displaystyle\int_2^\infty \frac{x^2-1dx}{\sqrt{x^6+15}}$ 发散

Example 2.

判断 $\displaystyle\int_{-2}^2 \frac{2\sin^{-1}\frac{x}{2}}{2-x}dx$ 收敛或发散

【解】

$\because \displaystyle\lim_{x\to 2}\frac{\dfrac{2\sin^{-1}\frac{x}{2}}{2-x}}{\dfrac{\pi}{2-x}} = \lim_{x\to 2}\frac{2\sin^{-1}\frac{x}{2}}{\pi} = \lim_{x\to 2}\frac{2\cdot\frac{\pi}{2}}{\pi} = 1$

$\because \displaystyle\int_{-2}^2 \frac{\pi}{2-x}dx = -\pi\ln(2-x)\big|_{-2}^2 = \infty \qquad \therefore \displaystyle\int_{-2}^2 \frac{\pi}{2-x}dx$ 发散

藉由 Quotient Test 则 $\displaystyle\int_{-2}^2 \frac{2\sin^{-1}\frac{x}{2}}{2-x}dx$ 发散

Example 3.

判断 $\displaystyle\int_0^{\frac{\pi}{2}} \frac{dx}{(\cos x)^{\frac{1}{n}}}$ 收敛或发散，$\forall n > 1$

【解】

令 $n > 1$，藉由罗比达法则

则 $\displaystyle\lim_{x \to \frac{\pi}{2}^-} \frac{(\cos x)^{-\frac{1}{n}}}{(\frac{\pi}{2} - x)^{\frac{1}{n}}} = \left(\lim_{x \to \frac{\pi}{2}^-} \frac{\cos x}{\frac{\pi}{2} - x} \right)^{-\frac{1}{n}} = \left(\lim_{x \to \frac{\pi}{2}^-} \frac{\sin x}{1} \right)^{-\frac{1}{n}} = 1$

$\displaystyle \because \int_0^{\frac{\pi}{2}} \left(\frac{\pi}{2} - x\right)^{-\frac{1}{n}} dx = \left. \frac{\left(\frac{\pi}{2} - x\right)^{-\frac{1}{n}+1}}{\frac{1}{n} - 1} \right|_0^{\frac{\pi}{2}} < \infty \qquad \therefore \int_0^{\frac{\pi}{2}} \left(\frac{\pi}{2} - x\right)^{-\frac{1}{n}} dx$ 收敛

藉由 Quotient test 则 $\displaystyle \int_{-1}^{1} \frac{dx}{(\cos x)^{\frac{1}{n}}}$ 收敛

Example 4.

判断 $\displaystyle\int_0^{\frac{\pi}{2}} \frac{dx}{(\sin x)^{\frac{1}{n}}}$ 收敛或发散，$\forall n > 1$

【解】

令 $n > 1$，藉由罗比达法则 $\displaystyle\lim_{x \to 0^+} \frac{(\sin x)^{-\frac{1}{n}}}{x^{-\frac{1}{n}}} = \left(\lim_{x \to 0^+} \frac{\sin x}{x} \right)^{-\frac{1}{n}} = \left(\lim_{x \to 0^+} \frac{\sin x}{1} \right)^{-\frac{1}{n}} = 1$

$\displaystyle \because \int_0^{\frac{\pi}{2}} x^{-\frac{1}{n}} dx = \left. \frac{x^{-\frac{1}{n}+1}}{-\frac{1}{n} + 1} \right|_0^{\frac{\pi}{2}} < \infty \qquad \therefore \int_0^{\frac{\pi}{2}} x^{-\frac{1}{n}} dx$ 收敛

藉由 Quotient test 则 $\displaystyle \int_0^{\frac{\pi}{2}} \frac{dx}{(\sin x)^{\frac{1}{n}}}$ 收敛

Example 5.

$$判断 \int_0^{\frac{\pi}{4}} \frac{dx}{(\tan x)^{\frac{1}{n}}} \text{ 收敛或发散, } \forall n > 1$$

【解】

令 $n > 1$, 藉由罗比达法则 $\displaystyle\lim_{x \to 0^+} \frac{(\tan x)^{-\frac{1}{n}}}{x^{-\frac{1}{n}}} = \left(\lim_{x \to 0^+} \frac{\tan x}{x}\right)^{-\frac{1}{n}} = \left(\lim_{x \to 0^+} \frac{\sec^2 x}{1}\right)^{-\frac{1}{n}} = 1$

$$\because \int_0^{\frac{\pi}{4}} x^{-\frac{1}{n}} dx = \left.\frac{x^{-\frac{1}{n}+1}}{-\frac{1}{n}+1}\right|_0^{\frac{\pi}{4}} < \infty \qquad \therefore \int_0^{\frac{\pi}{4}} x^{-\frac{1}{n}} dx \text{ 收敛}$$

藉由 Quotient test 则 $\displaystyle\int_0^{\frac{\pi}{4}} \frac{dx}{(\tan x)^{\frac{1}{n}}}$ 收敛

Example 6.

$$判断 \int_1^{\frac{\pi}{2}} \frac{dx}{(\cot x)^{\frac{1}{n}}} \text{ 收敛或发散}$$

【解】

令 $n > 1$, 藉由罗比达法则 $\displaystyle\lim_{x \to \frac{\pi}{2}^-} \frac{(\cot x)^{-\frac{1}{n}}}{\left(\frac{\pi}{2}-x\right)^{-\frac{1}{n}}} = \left(\lim_{x \to \frac{\pi}{2}^-} \frac{\cot x}{\frac{\pi}{2}-x}\right)^{-\frac{1}{n}} = \left(\lim_{x \to \frac{\pi}{2}^-} \frac{-\csc^2 x}{-1}\right)^{-\frac{1}{n}} = 1$

$$\because \int_0^{\frac{\pi}{2}} \left(\frac{\pi}{2}-x\right)^{-\frac{1}{n}} dx = \left.\frac{\left(\frac{\pi}{2}-x\right)^{-\frac{1}{n}+1}}{-\frac{1}{n}+1}\right|_0^{\frac{\pi}{2}} < \infty \qquad \therefore \int_0^{\frac{\pi}{2}} \left(\frac{\pi}{2}-x\right)^{-\frac{1}{n}} dx \text{ 收敛}$$

藉由 Quotient test 则 $\displaystyle\int_1^{\frac{\pi}{2}} \frac{dx}{(\cot x)^{\frac{1}{n}}}$ 收敛

Example 7.

$$判断 \int_0^\pi \frac{\sin x}{x^4}\,dx \text{ 收敛或发散}$$

【解】

$$\because \lim_{x\to 0} \frac{\frac{\sin x}{x^4}}{\frac{1}{x^3}} = \lim_{x\to 0} \frac{\sin x}{x} = 1 \ \text{且} \ \int_0^\pi \frac{1}{x^3}\,dx = \frac{-x^{-2}}{2}\Big|_0^\pi = \infty \quad \therefore \int_0^\pi \frac{1}{x^3}\,dx \ \text{发散}$$

藉由 Quotient test 则 $\displaystyle\int_0^\pi \frac{\sin x\,dx}{x^4}$ 发散

Example 8.

$$判断 \int_0^1 \frac{1}{x^3 + x^2 + x}\,dx \text{ 收敛或发散}$$

【解】

$$\because \lim_{x\to 0} \frac{\frac{1}{x^3 + x^2 + x}}{\frac{1}{x}} = \lim_{x\to 0} \frac{x}{x^3 + x^2 + x} = \lim_{x\to 0} \frac{1}{x^2 + x + 1} = 1 \ \text{且} \ \int_0^1 \frac{1}{x}\,dx \ \text{发散}$$

藉由 Quotient Test 则 $\displaystyle\int_0^1 \frac{1}{x^3 + x^2 + x}\,dx$ 发散

Example 9.

$$判断 \int_0^1 \frac{1}{x - \sin x}\,dx \text{ 收敛或发散}$$

【解】

藉由罗比达法则 $\displaystyle \lim_{x\to 0} \frac{\frac{1}{x - \sin x}}{\frac{1}{x^3}} = \lim_{x\to 0} \frac{x^3}{x - \sin x} = \lim_{x\to 0} \frac{3x^2}{1 - \cos x} = \lim_{x\to 0} \frac{6x}{\sin x} = 6$

$$\because \int_0^1 \frac{1}{x^3}\, dx \ \text{发散,藉由 Quotient Test 则} \int_0^1 \frac{1}{x - \sin x}\, dx \ \text{发散}$$

Example 10.

$$\text{判断} \int_1^\infty \frac{\ln x}{x+1}\, dx \ \text{收敛或发散}$$

【解】

$$\text{藉由罗比达法则} \ \lim_{x \to \infty} \frac{\dfrac{\ln x}{x+1}}{\dfrac{1}{(x+1)^{\frac{1}{2}}}} = \lim_{x \to \infty} \frac{\ln x}{(x+1)^{\frac{1}{2}}} = \lim_{x \to \infty} \frac{2}{x(x+1)^{\frac{-1}{2}}} = \lim_{x \to \infty} \frac{2\sqrt{x+1}}{x} = 0$$

$$\because \int_1^\infty \frac{1}{(x+1)^{\frac{1}{2}}}\, dx \ \text{发散,藉由 Quotient Test 则} \int_1^\infty \frac{\ln x}{x+1}\, dx \ \text{发散}$$

Example 11.

$$\text{判断} \int_0^1 \frac{1}{x + \sin x}\, dx \ \text{收敛或发散}$$

【解】

藉由罗比达法则

$$\because \lim_{x \to 0} \frac{\dfrac{1}{x+\sin x}}{\dfrac{1}{x^3}} = \lim_{x \to 0} \frac{x^3}{x + \sin x} = \lim_{x \to 0} \frac{3x^2}{1 + \cos x} = 0 \quad \text{且} \int_0^1 \frac{1}{x^3}\, dx \ \text{发散}$$

$$\text{藉由 Quotient Test 则} \int_0^1 \frac{1}{x + \sin x}\, dx \ \text{发散}$$

Example 12.

$$\text{判断} \int_1^\infty x e^{-x}\, dx \ \text{收敛或发散}$$

【解】

$$\because \lim_{x \to \infty} \frac{xe^{-x}}{e^{-\frac{x}{2}}} = 0 \quad \text{且} \int_1^\infty e^{-\frac{x}{2}}dx \ \text{收敛}, \ \text{藉由 Quotient test 则} \int_1^\infty xe^{-x}dx \ \text{收敛}$$

Example 13.

$$\text{判断} \int_1^\infty xe^{-x}\sin x \, dx \ \text{收敛或发散}$$

【解】

$$\because \lim_{x \to \infty} \frac{|xe^{-x}\sin x|}{e^{-\frac{x}{2}}} = 0 \quad \text{且} \int_1^\infty e^{-\frac{x}{2}}dx \ \text{收敛}$$

$$\text{藉由 Quotient test 则} \int_1^\infty |xe^{-x}\sin x|dx \ \text{收敛} \quad \therefore \int_1^\infty xe^{-x}\sin x \, dx \ \text{收敛}$$

Example 14.

$$\text{判断} \int_1^\infty e^{-x}\ln x \, dx \ \text{收敛或发散}$$

【解】

$$\because \lim_{x \to \infty} \frac{e^{-x}\ln x}{e^{-\frac{x}{2}}} = 0 \quad \text{且} \int_1^\infty e^{-\frac{x}{2}}dx \ \text{收敛}, \ \text{藉由 Quotient test 则} \int_1^\infty e^{-x}\ln x \, dx \ \text{收敛}$$

Example 15.

$$\text{判断} \int_1^\infty \cos x \, e^{-x}\ln x \, dx \ \text{收敛或发散}$$

【解】

$$\because \lim_{x \to \infty} \frac{|\cos x \, e^{-x}\ln x|}{e^{-\frac{x}{2}}} = 0 \quad \text{且} \int_1^\infty e^{-\frac{x}{2}}dx \ \text{收敛}$$

藉由 Quotient test 則 $\displaystyle\int_1^\infty |\cos x\, e^{-x}\ln x|\,dx$ 收敛 $\quad\therefore \displaystyle\int_1^\infty \cos x\, e^{-x}\ln x\,dx$ 收敛

Example 16.

$$\text{判断} \int_1^\infty \sinh^{-1} x\, e^{-x}\,dx \text{ 收敛或发散}$$

【解】

$$\because \lim_{x\to\infty} \frac{|e^{-x}\sinh^{-1} x|}{e^{-\frac{x}{2}}} = 0 \quad \text{且} \quad \int_1^\infty e^{-\frac{x}{2}}\,dx \text{ 收敛}$$

藉由 Quotient test 则 $\displaystyle\int_1^\infty |e^{-x}\sinh^{-1} x|\,dx$ 收敛 $\quad\therefore \displaystyle\int_1^\infty e^{-x}\sinh^{-1} x\,dx$ 收敛

Example 17.

$$\text{判断} \int_1^\infty \tan^{-1} x\, e^{-x}\sinh^{-1} x\,dx \text{ 收敛或发散}$$

【解】

$$\because \lim_{x\to\infty} \frac{|\tan^{-1} x\, e^{-x}\sinh^{-1} x|}{e^{-\frac{x}{2}}} = 0 \quad \text{且} \quad \int_1^\infty e^{-\frac{x}{2}}\,dx \text{ 收敛}$$

藉由 Quotient test 则 $\displaystyle\int_1^\infty |\tan^{-1} x\, e^{-x}\sinh^{-1} x|\,dx$ 收敛

$$\therefore \int_1^\infty \tan^{-1} x\, e^{-x}\sinh^{-1} x\,dx \text{ 收敛}$$

Example 18.

$$\text{判断} \int_1^\infty \frac{\ln x}{x^{2+p}}\,dx \text{ 收敛或发散, } \forall p > 0$$

【解】

$$\text{令} p > 0, \quad \because \lim_{x \to \infty} \frac{\frac{\ln x}{x^{2+p}}}{\frac{1}{x^2}} = 0 \ \text{且} \int_1^\infty \frac{1}{x^2}\,dx \ \text{收敛}$$

$$\text{藉由 Quotient test 则} \int_1^\infty \frac{\ln x}{x^{2+p}}\,dx \ \text{收敛} \quad \therefore \int_1^\infty \frac{\ln x}{x^{2+p}}\,dx \ \text{收敛}$$

Example 19.

$$\text{判断} \int_1^\infty \frac{\cos x \ln x}{x^{2+p}}\,dx \ \text{收敛或发散,} \ \forall p > 0$$

【解】

$$\text{令} p > 0, \quad \because \lim_{x \to \infty} \frac{\left|\frac{\cos x \ln x}{x^{2+p}}\right|}{\frac{1}{x^2}} = 0 \ \text{且} \int_1^\infty \frac{1}{x^2}\,dx \ \text{收敛}$$

$$\text{藉由 Quotient test 则} \int_1^\infty \left|\frac{\cos x \ln x}{x^{2+p}}\right|\,dx \ \text{收敛} \quad \therefore \int_1^\infty \frac{\cos x \ln x}{x^{2+p}}\,dx \ \text{收敛}$$

Example 20.

$$\text{判断} \int_1^\infty \left(\sqrt[n]{x^n + x^{n-1} + 1} - x\right) x^{-p}\,dx \ \text{收敛或发散,} \ \forall p > 1, n \geq 2$$

【解】

$$\text{令} n \geq 2, \ \text{claim: } \lim_{x \to \infty} \sqrt[n]{x^n + x^{n-1} + 1} - x = \frac{1}{n}$$

$$\text{藉由罗比达法则} \ \lim_{x \to \infty} \sqrt[n]{x^n + x^{n-1} + 1} - x$$

$$= \lim_{x \to \infty} x\left(\sqrt[n]{1 + x^{-1} + x^{-n}} - 1\right) = \lim_{x \to \infty} \frac{\sqrt[n]{1 + x^{-1} + x^{-n}} - 1}{\frac{1}{x}}$$

$$= \lim_{u \to 0} \frac{\sqrt[n]{1 + u + u^n} - 1}{u} = \lim_{u \to 0} \frac{\frac{1}{n} \cdot (1 + u + u^n)^{\frac{1}{n}-1}(1 + n \cdot u^{n-1})}{1} = \frac{1}{n}$$

$$\because \lim_{x \to \infty} \frac{\left(\sqrt[n]{x^n + x^{n-1} + 1} - x\right)x^{-p}}{x^{-p}} = \frac{1}{n} \quad \text{且} \int_1^\infty x^{-p} dx \text{ 收敛, } \forall p > 1$$

藉由 Quotient test 则 $\int_1^\infty \left(\sqrt[n]{x^n + x^{n-1} + 1} - x\right) x^{-p} dx$ 收敛

Example 21.

判断 $\int_1^\infty \left(\sqrt[n]{x^n + x^{n-1} + 1} - x\right) x^{-p} \sin x \, dx$ 收敛或发散, $\forall p > 1, n \geq 2$

【解】

令 $n \geq 2$, claim: $\lim_{x \to \infty} \sqrt[n]{x^n + x^{n-1} + 1} - x = \frac{1}{n}$

藉由罗比达法则 $\lim_{x \to \infty} \sqrt[n]{x^n + x^{n-1} + 1} - x$

$$= \lim_{x \to \infty} x \left(\sqrt[n]{1 + x^{-1} + x^{-n}} - 1\right) = \lim_{x \to \infty} \frac{\sqrt[n]{1 + x^{-1} + x^{-n}} - 1}{\frac{1}{x}}$$

$$= \lim_{u \to 0} \frac{\sqrt[n]{1 + u + u^n} - 1}{u} = \lim_{u \to 0} \frac{\frac{1}{n} \cdot (1 + u + u^n)^{\frac{1}{n}-1}(1 + n \cdot u^{n-1})}{1} = \frac{1}{n}$$

$$\because \lim_{x \to \infty} \frac{\left|\left(\sqrt[n]{x^n + x^{n-1} + 1} - x\right)x^{-p} \sin x\right|}{|x^{-p} \sin x|} = \frac{1}{n} \quad \text{且} \int_1^\infty |x^{-p} \sin x| dx \text{ 收敛, } \forall p > 1$$

藉由 Quotient test 则 $\int_1^\infty \left|\left(\sqrt[n]{x^n + x^{n-1} + 1} - x\right) x^{-p} \sin x\right| dx$ 收敛

$$\therefore \int_1^\infty \left(\sqrt[n]{x^n + x^{n-1} + 1} - x\right) x^{-p} \sin x \, dx \text{ 收敛}$$

Example 22.

$$判断 \int_1^\infty x^{\frac{1}{x}} e^{-x}\, dx \ \ 收敛或发散$$

【解】

Claim: $\displaystyle\lim_{x\to\infty} x^{\frac{1}{x}} = 1$

$\because x^{\frac{1}{x}} = e^{\frac{1}{x}\cdot \ln x}$ $\therefore \displaystyle\lim_{x\to\infty} x^{\frac{1}{x}} = \exp\left(\lim_{x\to\infty} \frac{\ln x}{x}\right)$ 藉由罗比达法则 $\displaystyle\lim_{x\to\infty}\frac{\ln x}{x} = \lim_{x\to\infty}\frac{\frac{1}{x}}{1} = 0$

$\therefore \displaystyle\lim_{x\to\infty} x^{\frac{1}{x}} = \exp\left(\lim_{x\to\infty}\frac{1}{x}\cdot \ln x\right) = \exp(0) = 1$

$\because \displaystyle\lim_{x\to\infty} \frac{x^{\frac{1}{x}} e^{-x}}{e^{-\frac{x}{2}}} = 0$ 且 $\displaystyle\int_1^\infty e^{-\frac{x}{2}}\, dx$ 收敛, 藉由 Quotient test 则 $\displaystyle\int_1^\infty x^{\frac{1}{x}} e^{-x}\, dx$ 收敛

Example 23.

$$判断 \int_1^\infty x^{\frac{1}{x}} e^{-x} \tan^{-1} x\, dx \ \ 收敛或发散$$

【解】

Claim: $\displaystyle\lim_{x\to\infty} x^{\frac{1}{x}} = 1$

$\because x^{\frac{1}{x}} = e^{\frac{1}{x}\cdot \ln x}$ $\therefore \displaystyle\lim_{x\to\infty} x^{\frac{1}{x}} = \exp\left(\lim_{x\to\infty} \frac{\ln x}{x}\right)$ 藉由罗比达法则 $\displaystyle\lim_{x\to\infty}\frac{\ln x}{x} = \lim_{x\to\infty}\frac{\frac{1}{x}}{1} = 0$

$\therefore \displaystyle\lim_{x\to\infty} x^{\frac{1}{x}} = \exp\left(\lim_{x\to\infty}\frac{\ln x}{x}\right) = \exp(0) = 1$

$\because \displaystyle\lim_{x\to\infty} \frac{\left| x^{\frac{1}{x}} e^{-x} \tan^{-1} x \right|}{e^{-\frac{x}{2}}} = 0$ 且 $\displaystyle\int_1^\infty e^{-\frac{x}{2}}\, dx$ 收敛

藉由 Quotient test 则 $\displaystyle\int_1^\infty \left| x^{\frac{1}{x}} e^{-x} \tan^{-1} x \right|\, dx$ 收敛 $\therefore \displaystyle\int_1^\infty x^{\frac{1}{x}} e^{-x} \tan^{-1} x\, dx$ 收敛

Example 24.

$$判断 \int_1^\infty e^{-x}(2+3x)^{\frac{1}{5x}}dx \ 收敛或发散$$

【解】

Claim: $\lim\limits_{x\to\infty}(2+3x)^{\frac{1}{5x}}=1$

$\because (2+3x)^{\frac{1}{5x}}=e^{\frac{1}{5x}\cdot\ln(2+3x)}$ $\quad \therefore \lim\limits_{x\to\infty}(2+3x)^{\frac{1}{5x}}=\exp\left(\lim\limits_{x\to\infty}\dfrac{1}{5x}\cdot\ln(2+3x)\right)$

藉由罗比达法则 $\lim\limits_{x\to\infty}\dfrac{1}{5x}\cdot\ln(2+3x)=\lim\limits_{x\to\infty}\dfrac{\frac{3}{2+3x}}{5}=0$

$\therefore \lim\limits_{x\to\infty}(2+3x)^{\frac{1}{5x}}=\exp\left(\lim\limits_{x\to\infty}\dfrac{1}{5x}\cdot\ln(2+3x)\right)=\exp(0)=1$

$\because \lim\limits_{x\to\infty}\dfrac{e^{-x}(2+3x)^{\frac{1}{5x}}}{e^{-\frac{x}{2}}}=0$ 且 $\int_1^\infty e^{-\frac{x}{2}}dx$ 收敛

藉由 Quotient test 则 $\int_1^\infty e^{-x}(2+3x)^{\frac{1}{5x}}dx$ 收敛

Example 25.

$$判断 \int_b^\infty \left(\dfrac{x+a}{x-a}\right)^x e^{-x}dx \ 收敛或发散, \ \forall b>a$$

【解】

令 $b>a$, claim: $\lim\limits_{x\to\infty}\left(\dfrac{x+a}{x-a}\right)^x=\exp(2a)$

$\because \left(\dfrac{x+a}{x-a}\right)^x=e^{x\ln\frac{x+a}{x-a}}$ $\quad \therefore \lim\limits_{x\to\infty}\left(\dfrac{x+a}{x-a}\right)^x=\exp\left(\lim\limits_{x\to\infty}x\ln\dfrac{x+a}{x-a}\right)$

藉由罗比达法则

$$\lim_{x \to \infty} x\ln\frac{x+a}{x-a} = \lim_{x \to \infty} \frac{\ln\frac{x+a}{x-a}}{x^{-1}} = \lim_{x \to \infty} \frac{\frac{x-a}{x+a} \cdot \frac{(x-a-(x+a))}{(x-a)^2}}{-x^{-2}} = \lim_{x \to \infty} \frac{\frac{x-a}{x+a} \cdot \frac{2a}{(x-a)^2}}{x^{-2}}$$

$$= 2a \lim_{x \to \infty} \frac{1-\frac{a}{x}}{1+\frac{a}{x}} \cdot \frac{1}{\left(1-\frac{a}{x}\right)^2} = 2a$$

$$\therefore \lim_{x \to \infty} \left(\frac{x+a}{x-a}\right)^x = \exp\left(\lim_{x \to \infty} x\ln\frac{x+a}{x-a}\right) = \exp(2a)$$

$$\because \lim_{x \to \infty} \frac{\left(\frac{x+a}{x-a}\right)^x e^{-x}}{e^{-\frac{x}{2}}} = 0 \quad \text{且} \int_1^{\infty} e^{-\frac{x}{2}}dx \ \text{收敛}$$

藉由 Quotient test 则 $\displaystyle\int_1^{\infty} \left(\frac{x+a}{x-a}\right)^x e^{-x}dx$ 收敛

5.4.4.3 先作变数代换再用 Comparison Test

考试类型:

Type 1.

判断第一类瑕积分 $\displaystyle\int_0^{\infty} f(g(x))g'(x)\,dx$ 收敛或发散, 其中 $f(x) \geq 0$, $g'(x) \geq 0$, $\forall x \geq 0$

解题流程:

Step1.

令 $u = g(x)$ 则 $du = g'(x)dx$, 藉由变换变数则 $\displaystyle\int_a^b f(g(x))g'(x)\,dx = \int_{g(a)}^{g(b)} f(u)du$

Step2.

$$\therefore \int_0^{\infty} f(g(x))g'(x)\,dx = \lim_{a \to 0, b \to \infty} \int_a^b f(g(x))g'(x)\,dx = \lim_{a \to 0, b \to \infty} \int_{g(a)}^{g(b)} f(u)du$$

Step3.

说明 $\displaystyle\int_0^{\infty} f(g(x))g'(x)\,dx$ 收敛时

令 $g(\infty) = \lim_{x \to \infty} g(x)$, 找 $h(u)$ 使得 $0 \leq f(u) \leq h(u)$, $\forall u \in (g(0), g(\infty))$

藉由 Comparison Test

若 $\displaystyle\lim_{a\to 0, b\to\infty}\int_{g(a)}^{g(b)} h(u)du$ 收敛 则 $\displaystyle\lim_{a\to 0, b\to\infty}\int_{g(a)}^{g(b)} f(u)du$ 收敛 $\Rightarrow \displaystyle\int_0^\infty f(g(x))g'(x)\,dx$ 收敛

Step4.

说明 $\displaystyle\int_0^\infty f(g(x))g'(x)\,dx$ 发散时，找 $h(u)$ 使得 $0\leq h(u)\leq f(u)$, $\forall u\in(g(0),g(\infty))$

藉由 Comparison Test

若 $\displaystyle\lim_{a\to 0, b\to\infty}\int_{g(a)}^{g(b)} h(u)du$ 发散 则 $\displaystyle\lim_{a\to 0, b\to\infty}\int_{g(a)}^{g(b)} f(u)du$ 发散 $\Rightarrow \displaystyle\int_0^\infty f(g(x))g'(x)\,dx$ 发散

Type 2.

判断第二类瑕积分 $\displaystyle\int_a^b f(g(x))g'(x)\,dx$ 收敛或发散，其中 $f(x)\geq 0$, $g'(x)\geq 0$, $\forall x\geq 0$

且 $f(g(a))g'(a)=\infty$

解题流程：

Step1.

令 $u=g(x)$ 则 $du=g'(x)dx$，藉由变换变数则 $\displaystyle\int_a^b f(g(x))g'(x)\,dx=\int_{g(a)}^{g(b)} f(u)du$

Step2.

说明 $\displaystyle\int_a^b f(g(x))g'(x)\,dx$ 收敛时，找 $h(u)$ 使得 $0\leq f(u)\leq h(u)$, $\forall u\in(g(a),g(b))$

藉由 Comparison Test，若 $\displaystyle\int_{g(a)}^{g(b)} h(u)du$ 收敛 则 $\displaystyle\int_{g(a)}^{g(b)} f(u)du$ 收敛

$\Rightarrow \displaystyle\int_a^b f(g(x))g'(x)\,dx$ 收敛

Step3.

说明 $\displaystyle\int_a^b f(g(x))g'(x)\,dx$ 发散时，找 $h(u)$ 使得 $0\leq h(u)\leq f(u)$, $\forall u\in(g(a),g(b))$

藉由 Comparison Test，若 $\displaystyle\int_{g(a)}^{g(b)} h(u)du$ 发散 则 $\displaystyle\int_{g(a)}^{g(b)} f(u)du$ 发散

$\Rightarrow \displaystyle\int_a^b f(g(x))g'(x)\,dx$ 发散

Example 1.

$$判断 \int_{3}^{4} \frac{1}{x^2(x^3-27)^{\frac{2}{3}}} \, dx \ 收敛或发散$$

【解】

$$\because \frac{1}{x^2(x^3-27)^{\frac{2}{3}}} < \frac{1}{9(x^3-27)^{\frac{2}{3}}}, \quad \forall\, 3 \leq x \leq 4 \quad \therefore \int_{3}^{4} \frac{dx}{x^2(x^3-27)^{\frac{2}{3}}} < \int_{3}^{4} \frac{dx}{9(x^3-27)^{\frac{2}{3}}}$$

$$\text{Claim: } \int_{3}^{4} \frac{dx}{9(x^3-27)^{\frac{2}{3}}} \ 收敛$$

$$令\, t^3 = x^3 - 27 \ 则 \ 3t^2 dt = 3x^2 dx \ \Rightarrow \ dx = \frac{t^2 dt}{(t^3+27)^{\frac{2}{3}}}$$

$$\therefore \int_{3}^{4} \frac{dx}{9(x^3-27)^{\frac{2}{3}}} = \int_{0}^{\sqrt[3]{37}} \frac{t^2 dt}{9t^2(t^3+27)^{\frac{2}{3}}} = \int_{0}^{\sqrt[3]{37}} \frac{dt}{9(t^3+27)^{\frac{2}{3}}} < \int_{0}^{\sqrt[3]{37}} \frac{dt}{9(0+27)^{\frac{2}{3}}} < \infty$$

$$\therefore \int_{3}^{4} \frac{dx}{9(x^3-27)^{\frac{2}{3}}} \ 收敛, \ 藉由 \text{ Comparison Test } 则 \int_{3}^{4} \frac{dx}{x^2(x^3-27)^{\frac{2}{3}}} \ 收敛$$

Example 2.

$$判断 \int_{-\infty}^{\frac{-1}{2}} \frac{e^{2x}}{2x} \, dx \ 收敛或发散$$

【解】

$$令\, 2x = -u \ 则 \ 2dx = -du \ 则 \int_{-\infty}^{\frac{-1}{2}} \frac{e^{2x}}{2x} \, dx = \frac{-1}{2} \int_{\infty}^{1} \frac{e^{-u}}{-u} \, du = \frac{-1}{2} \int_{1}^{\infty} \frac{e^{-u}}{u} \, du$$

$$\because \frac{e^{-u}}{u} < e^{-u}, \ \forall\, u > 1 \ \text{and} \ \int_{1}^{\infty} e^{-u} du \ 收敛$$

藉由 Comparison Test, 则 $\displaystyle\int_{1}^{\infty}\frac{e^{-u}}{u}\,du$ 收敛 $\quad\therefore\ \displaystyle\int_{-\infty}^{\frac{-1}{2}}\frac{e^{2x}}{2x}\,dx$ 收敛

Example 3.

判断 $\displaystyle\int_{\frac{b}{a}}^{\infty}\frac{1}{x\sqrt{bx-a}}\,dx$ 收敛或发散, $\forall a,b>0$

【解】

令 $u=\sqrt{bx-a}$ 则 $du=\dfrac{b}{2}(bx-a)^{-\frac{1}{2}}dx$ $\because u^2=bx-a$ $\quad\therefore\dfrac{1}{x}=\dfrac{b}{u^2+a}$

$\therefore\displaystyle\int_{\frac{b}{a}}^{\infty}\frac{dx}{x\sqrt{bx-a}}=\frac{2}{b}\int_{0}^{\infty}\frac{b\,du}{u^2+a}=2\int_{0}^{\infty}\frac{du}{u^2+a}=2\int_{0}^{1}\frac{du}{u^2+a}+2\int_{1}^{\infty}\frac{du}{u^2+a}$

$\because\dfrac{1}{u^2+a}$ 于 $[0,1]$ 连续 $\quad\therefore\dfrac{1}{u^2+a}$ 于 $[0,1]$ 黎曼可积分 $\quad\therefore\displaystyle\int_{0}^{1}\frac{1}{u^2+a}\,du$ 存在

$\because\dfrac{1}{u^2+a}\leq\dfrac{1}{u^2},\forall\,u>1$ 且 $\displaystyle\int_{1}^{\infty}\frac{du}{u^2}\,du$ 收敛,

藉由 Comparison Test 则 $\displaystyle\int_{1}^{\infty}\frac{du}{u^2+a}$ 收敛 $\quad\therefore\displaystyle\int_{0}^{\infty}\frac{1}{u^2+a}\,du$ 收敛 $\Rightarrow\displaystyle\int_{\frac{b}{a}}^{\infty}\frac{1}{x\sqrt{bx-a}}\,dx$ 收敛

Example 4.

判断 $\displaystyle\int_{-\infty}^{-2}\frac{e^{x}}{x^2}\,dx$ 收敛或发散

【解】

令 $u=-x$ 则 $du=-dx$, 藉由变数代换法 $\displaystyle\int_{-\infty}^{-2}\frac{e^{x}}{x^2}\,dx=-\int_{\infty}^{2}\frac{e^{-u}}{u^2}\,du=\int_{2}^{\infty}\frac{e^{-u}}{u^2}\,du$

$$\because \frac{e^{-u}}{u^2} < \frac{1}{u^2}, \quad \forall x > 2 \ \text{且} \ \int_2^{\infty} \frac{1}{u^2}\, du \ \text{收敛}$$

藉由 Comparison Test 则 $\displaystyle\int_2^{\infty} \frac{e^{-u}}{u^2}\, du$ 收敛 $\quad \therefore \displaystyle\int_{-\infty}^{-2} \frac{e^x}{x^2}\, dx$ 收敛

Example 5.

$$\text{判断} \ \int_{-1}^{-\infty} \frac{e^{-x}}{x}\, dx \ \text{收敛或发散}$$

【解】

令 $u = -x$ 则 $du = -dx$, 藉由变数代换法 $\displaystyle\int_{-1}^{-\infty} \frac{e^{-x}\, dx}{x} = -\int_1^{\infty} \frac{e^u\, du}{-u} = \int_1^{\infty} \frac{e^u\, du}{u}$

$$\because \frac{e}{u} < \frac{e^u}{u}, \quad \forall x > 1 \ \text{且} \ \int_1^{\infty} \frac{e}{u}\, du \ \text{发散}$$

藉由 Comparison Test 则 $\displaystyle\int_1^{\infty} \frac{e^u}{u}\, du$ 发散 $\quad \therefore \displaystyle\int_{-1}^{-\infty} \frac{e^{-x}}{x}\, dx$ 发散

Example 6.

$$\text{判断} \ \int_0^e \sin(\ln x) \ln x \, dx \ \text{收敛或发散}$$

【解】

令 $u = \ln x$ 则 $\dfrac{dx}{x} = du \Rightarrow dx = e^u du$

藉由变数代换法 $\displaystyle\int_0^e \sin(\ln x) \ln x \, dx = \int_{-\infty}^1 u\, e^u \sin u \, du$

令 $u = -v$ 则 $du = -dv$, 藉由变数代换法

则 $\displaystyle\int_{-\infty}^1 u\, e^u \sin u \, du = -\int_{\infty}^{-1} (-v) e^{-v} \sin(-v)\, dv = -\int_{-1}^{\infty} v e^{-v} \sin(-v)\, dv$

$\because \lim\limits_{v \to \infty} v e^{-\frac{v}{2}} = 0, \quad \therefore$ 令 $\varepsilon = 1,$ 取 $\mathrm{M} \in \mathrm{N}$ 使得 $v \geq \mathrm{M}$ 则 $\left| v e^{-\frac{v}{2}} \right| \leq 1$

$\therefore \displaystyle\int_{-1}^{\infty} v e^{-v} \sin(-v)\, dv = \int_{-1}^{M} v e^{-v} \sin(-v)\, dv + \int_{M}^{\infty} v e^{-v} \sin(-v)\, dv$

$\because v e^{-v} \sin(-v)$ 于 $[-1, M]$ 连续 $\quad \therefore v e^{-v} \sin(-v)$ 于 $[-1, M]$ 黎曼可积分

$\therefore \displaystyle\int_{-1}^{M} v e^{-v} \sin(-v)\, dv$ 存在

$\therefore \displaystyle\int_{M}^{\infty} |v e^{-v} \sin(-v)|\, dv \leq \int_{M}^{\infty} e^{-\frac{v}{2}}\, dv \quad$ 且 $\displaystyle\int_{M}^{\infty} e^{-\frac{v}{2}}\, dv$ 收敛

藉由 Comparison Test 则 $\displaystyle\int_{M}^{\infty} v e^{-v} \sin(-v)\, dv$ 收敛 $\quad \therefore \displaystyle\int_{-1}^{\infty} v e^{-v} \sin(-v)\, dv$ 收敛

$\therefore \displaystyle\int_{0}^{e} \sin(\ln x) \ln x\, dx$ 收敛

Example 7.

$\qquad$ 判断 $\displaystyle\int_{0}^{e} \cos(\ln x) \ln x\, dx$ 收敛或发散

【解】

令 $u = \ln x$ 则 $\dfrac{dx}{x} = du \Rightarrow dx = e^{u} du,$ 藉由变数代换法

$\displaystyle\int_{0}^{e} \cos(\ln x) \ln x\, dx = \int_{-\infty}^{1} u\, e^{u} \cos u\, du$

令 $u = -v$ 则 $du = -dv,$ 藉由变数代换法

则 $\displaystyle\int_{-\infty}^{1} u\, e^{u} \cos u\, du = -\int_{\infty}^{-1} (-v) e^{-v} \cos(-v)\, dv = -\int_{-1}^{\infty} v e^{-v} \cos(-v)\, dv$

$\because \lim\limits_{v \to \infty} v e^{-\frac{v}{2}} = 0 \quad \therefore$ 令 $\varepsilon = 1,$ 取 $\mathrm{M} \in \mathrm{N}$ 使得 $v \geq \mathrm{M}$ 则 $\left| v e^{-\frac{v}{2}} \right| \leq 1$

$\therefore \displaystyle\int_{-1}^{\infty} v e^{-v} \cos(-v)\, dv = \int_{-1}^{M} v e^{-v} \cos(-v)\, dv + \int_{M}^{\infty} v e^{-v} \cos(-v)\, dv$

$\because v e^{-v} \cos(-v)$ 于 $[-1, M]$ 连续 $\quad \therefore v e^{-v} \cos(-v)$ 于 $[-1, M]$ 黎曼可积分

$\therefore \displaystyle\int_{-1}^{M} v e^{-v} \cos(-v)\, dv$ 存在

$\therefore \displaystyle\int_{M}^{\infty} |v e^{-v} \cos(-v)|\, dv \leq \int_{M}^{\infty} e^{-\frac{v}{2}}\, dv \quad$ 且 $\displaystyle\int_{M}^{\infty} e^{-\frac{v}{2}}\, dv$ 收敛

藉由 Comparison Test 则 $\displaystyle\int_M^\infty ve^{-v}\cos(-v)\,dv$ 收敛 $\quad\therefore \displaystyle\int_{-1}^\infty ve^{-v}\cos(-v)\,dv$ 收敛

$\therefore \displaystyle\int_0^e \cos(\ln x)\ln x\,dx$ 收敛

Example 8.

$$\text{判断}\ \int_0^e \ln x\,\tan^{-1}(\ln x)\,dx\ \text{收敛或发散}$$

【解】

令 $u = \ln x$ 则 $\dfrac{dx}{x} = du \Rightarrow dx = e^u du$

藉由变数代换法 $\displaystyle\int_0^e \ln x\,\tan^{-1}(\ln x)\,dx = \int_{-\infty}^1 u\,e^u\tan^{-1}u\,du$

令 $u = -v$ 则 $du = -dv$, 藉由变数代换法

则 $\displaystyle\int_{-\infty}^1 u\,e^u\tan^{-1}u\,du = -\int_\infty^{-1}(-v)e^{-v}\tan^{-1}(-v)\,dv = -\int_{-1}^\infty ve^{-v}\tan^{-1}(-v)\,dv$

$\because \displaystyle\lim_{v\to\infty} ve^{-\frac{v}{2}} = 0 \quad \therefore$ 令 $\varepsilon = 1$, 取 $M \in N$ 使得 $v \geq M$ 则 $\left|ve^{-\frac{v}{2}}\right| \leq 1$

$\therefore \displaystyle\int_{-1}^\infty ve^{-v}\tan^{-1}(-v)\,dv = \int_{-1}^M ve^{-v}\tan^{-1}(-v)\,dv + \int_M^\infty ve^{-v}\tan^{-1}(-v)\,dv$

$\because ve^{-v}\tan^{-1}(-v)$ 于 $[-1,M]$ 连续 $\quad \therefore ve^{-v}\tan^{-1}(-v)$ 于 $[-1,M]$ 黎曼可积分

$\therefore \displaystyle\int_{-1}^M ve^{-v}\tan^{-1}(-v)\,dv$ 存在

$\because \displaystyle\int_M^\infty |ve^{-v}\tan^{-1}(-v)|\,dv \leq \frac{\pi}{2}\int_M^\infty e^{-\frac{v}{2}}\,dv$ 且 $\displaystyle\int_M^\infty e^{-\frac{v}{2}}\,dv$ 收敛

藉由 Comparison Test 则 $\displaystyle\int_M^\infty ve^{-v}\tan^{-1}(-v)\,dv$ 收敛

$\therefore \displaystyle\int_{-1}^\infty ve^{-v}\tan^{-1}(-v)\,dv$ 收敛 $\quad \therefore \displaystyle\int_0^e \ln x\,\tan^{-1}(\ln x)\,dx$ 收敛

Example 9.

$$\text{判断}\ \int_0^{e^{-1}} \ln(u^{-1})\,du\ \text{收敛或发散}$$

【解】

令 $u = e^{-x}$ 则 $du = -e^{-x}dx$, 藉由变数代换法

$$\therefore \int_0^{e^{-1}} \ln(u^{-1})\, du = -\int_\infty^1 xe^{-x}dx = \int_1^\infty xe^{-x}dx$$

$$\because \lim_{x\to\infty} xe^{-\frac{x}{2}} = 0 \quad \therefore \text{令 } \varepsilon = 1, \text{ 取 M} \in \text{N 使得 } x \geq \text{M 则 } \left|xe^{-\frac{x}{2}}\right| \leq 1$$

$$\because \int_1^\infty xe^{-x}dx = \int_1^M xe^{-x}dx + \int_M^\infty xe^{-x}dx$$

$$\because xe^{-x} \text{ 于 } [1,M] \text{ 连续} \quad \therefore xe^{-x} \text{ 于 } [1,M] \text{ 黎曼可积分} \quad \therefore \int_1^M xe^{-x}dx \text{ 存在}$$

$$\because |xe^{-x}| = \left|e^{-\frac{x}{2}}xe^{-\frac{x}{2}}\right| \leq e^{-\frac{x}{2}}, \ \forall x > M \text{ 且 } \int_M^\infty e^{-\frac{x}{2}}dx \text{ 收敛}$$

$$\text{藉由 Comparison Test 则 } \int_M^\infty xe^{-x}dx \text{ 收敛} \quad \therefore \int_0^{e^{-1}} \ln(u^{-1})\, du \text{ 收敛}$$

Example 10.

$$\text{判断 } \int_0^{e^{-1}} \ln(u^{-1}) \cos \ln(u^{-1})\, du \text{ 收敛或发散}$$

【解】

令 $u = e^{-x}$ 则 $du = -e^{-x}dx$, 藉由变数代换法

$$\therefore \int_0^{e^{-1}} \ln(u^{-1}) \cos \ln(u^{-1})\, du = -\int_\infty^1 xe^{-x} \cos x\, dx = \int_1^\infty xe^{-x} \cos x\, dx$$

$$\because \lim_{x\to\infty} xe^{-\frac{x}{2}} \cos x = 0$$

$$\therefore \text{令 } \varepsilon = 1, \text{ 取 M} \in \text{N 使得 } x \geq \text{M 则 } \left|xe^{-\frac{x}{2}} \cos x\right| \leq 1$$

$$\because \int_1^\infty xe^{-x}\cos x\,dx = \int_1^M xe^{-x}\cos x\,dx + \int_M^\infty xe^{-x}\cos x\,dx$$

$\because xe^{-x}\cos x$ 于 $[1,M]$ 连续 $\quad \therefore xe^{-x}\cos x$ 于 $[1,M]$ 黎曼可积分 $\therefore \int_1^M xe^{-x}\cos x\,dx$ 存在

$\because \left|xe^{-x}\cos x\right| = \left|e^{-\frac{x}{2}}xe^{-\frac{x}{2}}\cos x\right| \le e^{-\frac{x}{2}}, \forall x > M$ 且 $\int_M^\infty e^{-\frac{x}{2}}dx$ 收敛

藉由 Comparison Test 则 $\int_M^\infty xe^{-x}\cos x\,dx$ 收敛 $\therefore \int_0^{e^{-1}} \ln(u^{-1})\cos\ln(u^{-1})\,du$ 收敛

Example 11.

$$\text{判断} \int_0^{e^{-1}} \ln\ln(u^{-1})\,du \text{ 收敛或发散}$$

【解】

令 $u = e^{-x}$ 则 $du = -e^{-x}dx$, 藉由变数代换法

$$\therefore \int_0^{e^{-1}} \ln\ln(u^{-1})\,du = -\int_\infty^1 e^{-x}\ln x\,dx = \int_1^\infty e^{-x}\ln x\,dx$$

$\because \lim_{x\to\infty} \ln x\, e^{-\frac{x}{2}} = 0 \quad \therefore$ 令 $\varepsilon = 1$, 取 $M \in \mathbb{N}$ 使得 $x \ge M$ 则 $\left|\ln x\, e^{-\frac{x}{2}}\right| \le 1$

$$\therefore \int_1^\infty e^{-x}\ln x\,dx = \int_1^M e^{-x}\ln x\,dx + \int_M^\infty e^{-x}\ln x\,dx$$

$\because e^{-x}\ln x$ 于 $[1,M]$ 连续 $\quad \therefore e^{-x}\ln x$ 于 $[1,M]$ 黎曼可积分 $\therefore \int_1^M e^{-x}\ln x\,dx$ 存在

$\because \left|e^{-x}\ln x\right| = \left|e^{-\frac{x}{2}}\ln x\, e^{-\frac{x}{2}}\right| \le e^{-\frac{x}{2}}, \ \forall x > M$ 且 $\int_M^\infty e^{-\frac{x}{2}}dx$ 收敛

藉由 Comparison Test 则 $\int_M^\infty e^{-x}\ln x\,dx$ 收敛 $\quad \therefore \int_0^{e^{-1}} \ln\ln(u^{-1})\,du$ 收敛

Example 12.

$$判断 \int_0^{e^{-1}} \sin\ln(u^{-1}) \ln\ln(u^{-1})\, du \ \text{收敛或发散}$$

【解】

令 $u = e^{-x}$ 则 $du = -e^{-x}dx$, 藉由变数代换法

$$\therefore \int_0^{e^{-1}} \sin\ln(u^{-1}) \ln\ln(u^{-1})\, du = -\int_\infty^1 \sin x\, e^{-x}\ln x\, dx = \int_1^\infty \sin x\, e^{-x}\ln x\, dx$$

$$\because \lim_{x\to\infty} \ln x\, e^{-\frac{x}{2}} \sin x = 0 \quad \therefore 令 \varepsilon = 1,\ 取 M \in N\ 使得\ x \geq M\ 则\ \left|\ln x\, e^{-\frac{x}{2}} \sin x\right| \leq 1$$

$$\therefore \int_1^\infty \ln x\, e^{-x} \sin x\, dx = \int_1^M \ln x\, e^{-x} \sin x\, dx + \int_M^\infty \ln x\, e^{-x} \sin x\, dx$$

$$\because \ln x\, e^{-x} \sin x\ 于\ [1, M]\ 连续 \quad \therefore \ln x\, e^{-x} \sin x\ 于\ [1, M]\ 黎曼可积分$$

$$\therefore \int_1^M \ln x\, e^{-x} \sin x\, dx\ 存在$$

$$\because |\ln x\, e^{-x} \sin x| = \left|e^{-\frac{x}{2}}\ln x\, e^{-\frac{x}{2}} \sin x\right| \leq e^{-\frac{x}{2}},\ \forall x > M\ 且 \int_M^\infty e^{-\frac{x}{2}}dx\ 收敛$$

$$藉由\ \text{Comparison Test}\ 则 \int_M^\infty \ln x\, e^{-x} \sin x\, dx\ 收敛 \ \therefore \int_0^{e^{-1}} \sin\ln(u^{-1}) \ln\ln(u^{-1})\, du\ 收敛$$

Example 13.

$$判断 \int_0^{e^{-1}} \sinh^{-1}(\ln u^{-1})\, du \ \text{收敛或发散}$$

【解】

令 $u = e^{-x}$ 则 $du = -e^{-x}dx$, 藉由变数代换法

$$\therefore \int_0^{e^{-1}} \sinh^{-1}(\ln u^{-1})\, du = -\int_\infty^1 e^{-x}\sinh^{-1} x\, dx = \int_1^\infty e^{-x}\sinh^{-1} x\, dx$$

$$\because \lim_{x\to\infty} \sinh^{-1} x\, e^{-\frac{x}{2}} = 0 \quad \therefore \diamondsuit\, \varepsilon = 1,\ \text{取 M} \in \mathbb{N}\ \text{使得}\ x \geq M\ \text{则}\ \left|\sinh^{-1} x\, e^{-\frac{x}{2}}\right| \leq 1$$

$$\therefore \int_1^\infty e^{-x} \sinh^{-1} x\, dx = \int_1^M e^{-x} \sinh^{-1} x\, dx + \int_M^\infty e^{-x} \sinh^{-1} x\, dx$$

$$\because e^{-x} \sinh^{-1} x\ \text{于}\ [1,M]\ \text{连续} \quad \therefore e^{-x} \sinh^{-1} x\ \text{于}\ [1,M]\text{黎曼可积分}$$

$$\therefore \int_1^M e^{-x} \sinh^{-1} x\, dx\ \text{存在}$$

$$\because \left|e^{-x} \sinh^{-1} x\right| = \left|e^{-\frac{x}{2}}\sinh^{-1} x\, e^{-\frac{x}{2}}\right| \leq e^{-\frac{x}{2}},\ \forall x > M\ \text{且}\ \int_M^\infty e^{-\frac{x}{2}}dx\ \text{收敛}$$

$$\text{藉由 Comparison Test 则}\ \int_M^\infty e^{-x} \sinh^{-1} x\, dx\ \text{收敛} \quad \therefore \int_0^{e^{-1}} \sinh^{-1}(\ln u^{-1})\, du\ \text{收敛}$$

5.4.4.4　先作变数代换再用 Quotient Test

考试类型:

Type 1.

判断第一类瑕积分 $\int_0^\infty f(g(x))g'(x)\, dx$ 收敛或发散, 其中 $f(x) \geq 0,\ g'(x) \geq 0,\ \forall x \geq 0$

解题流程:

Step1.

令 $u = g(x)$ 则 $du = g'(x)dx$, 藉由变换变数则 $\int_a^b f(g(x))g'(x)\, dx = \int_{g(a)}^{g(b)} f(u)du$

Step2.

$$\therefore \int_0^\infty f(g(x))g'(x)\, dx = \lim_{a\to 0, b\to\infty} \int_a^b f(g(x))g'(x)\, dx = \lim_{a\to 0, b\to\infty} \int_{g(a)}^{g(b)} f(u)du$$

Step3.

令 $g(\infty) = \lim_{x\to\infty} g(x)$, 找 $h(u) \geq 0$ 使得 $\lim_{u\to g(\infty)} \dfrac{f(u)}{h(u)} = L \in (0, \infty)$

Step4.

藉由 Quotient Test

若 $\displaystyle\lim_{a\to 0, b\to\infty}\int_{g(a)}^{g(b)} h(u)\,du$ 收敛(发散) 则 $\displaystyle\lim_{a\to 0, b\to\infty}\int_{g(a)}^{g(b)} f(u)\,du$ 收敛(发散)

$$\Rightarrow \int_0^\infty f(g(x))g'(x)\,dx \text{ 收敛(发散)}$$

Type 2.

判断第二类瑕积分 $\displaystyle\int_a^b f(g(x))g'(x)\,dx$ 收敛或发散, 其中 $f(x)\geq 0,\ g'(x)\geq 0,\ \forall x\geq 0$

且 $f(g(a))g'(a)=\infty$

解题流程:

Step1.

令 $u=g(x)$ 则 $du=g'(x)dx$, 藉由变换变数则 $\displaystyle\int_a^b f(g(x))g'(x)\,dx = \int_{g(a)}^{g(b)} f(u)\,du$

Step2.

找 $h(u)\geq 0$ 使得 $\displaystyle\lim_{u\to g(a)}\frac{f(u)}{h(u)} = L\in(0,\infty)$

Step3.

藉由 Quotient Test

若 $\displaystyle\int_{g(a)}^{g(b)} h(u)\,du$ 收敛则 $\displaystyle\int_{g(a)}^{g(b)} f(u)\,du$ 收敛 $\Rightarrow \displaystyle\int_a^b f(g(x))g'(x)\,dx$ 收敛

若 $\displaystyle\int_{g(a)}^{g(b)} h(u)\,du$ 发散则 $\displaystyle\int_{g(a)}^{g(b)} f(u)\,du$ 发散 $\Rightarrow \displaystyle\int_a^b f(g(x))g'(x)\,dx$ 发散

Example 1.

判断 $\displaystyle\int_{-\infty}^{\frac{-1}{2}} \frac{e^{2x}}{2x}\,dx$ 收敛或发散

【解】

令 $2x=-u$ 则 $2dx=-du$, 藉由变数代换法

则 $\displaystyle\int_{-\infty}^{\frac{-1}{2}} \frac{e^{2x}}{2x} dx = \frac{-1}{2}\int_{\infty}^{1} \frac{e^{-u}}{-u} du = \frac{-1}{2}\int_{1}^{\infty} \frac{e^{-u}}{u} du$

$\because \displaystyle\lim_{u\to\infty} \frac{\frac{e^{-u}}{u}}{\frac{1}{u^2}} = \lim_{u\to\infty} \frac{u}{e^u} = \lim_{u\to\infty} \frac{1}{e^u} = 0$ and $\displaystyle\int_{1}^{\infty} \frac{1}{u^2} du$ 收敛

藉由 Quotient test 则 $\displaystyle\int_{1}^{\infty} \frac{e^{-u}}{u} du$ 收敛 $\therefore \displaystyle\int_{-\infty}^{\frac{-1}{2}} \frac{e^{2x}}{2x} dx$ 收敛

Example 2.

$$判断 \int_{1}^{\infty} \frac{1}{x\sqrt{a+bx}} dx \ 收敛或发散, \ \forall a,b > 0$$

【解】

令 $u = \sqrt{a+bx}$ 则 $du = \dfrac{b}{2}(a+bx)^{-\frac{1}{2}}dx$, 藉由变数代换法

$\because u^2 = a + bx$ $\therefore \dfrac{1}{x} = \dfrac{b}{u^2-a}$ $\therefore \displaystyle\int_{1}^{\infty} \frac{dx}{x\sqrt{a+bx}} = \frac{2}{b}\int_{\sqrt{a+b}}^{\infty} \frac{bdu}{u^2-a} = 2\int_{\sqrt{a+b}}^{\infty} \frac{du}{u^2-a}$

$\because \displaystyle\lim_{u\to\infty} \frac{\frac{1}{u^2-a}}{\frac{1}{u^2}} = 1$ and $\displaystyle\int_{\sqrt{a+b}}^{\infty} \frac{1}{u^2} du$ 收敛

藉由 Quotient test 则 $\displaystyle\int_{\sqrt{a+b}}^{\infty} \frac{1}{u^2-a} du$ 收敛 $\therefore \displaystyle\int_{1}^{\infty} \frac{1}{x\sqrt{a+bx}} dx$ 收敛

Example 3.

$$判断 \int_{0}^{\frac{1}{2}} \frac{1-u^2}{\sqrt{u^2+15u^8}} du \ 收敛或发散$$

【解】

令 $\dfrac{1}{u} = x$ 则 $-u^{-2}du = dx$, 藉由变数代换法

$$\int_0^{\frac{1}{2}} \frac{1-u^2}{\sqrt{u^2+15u^8}}\, du = -\int_\infty^2 \frac{(1-x^{-2})x^{-2}}{\sqrt{x^{-2}+15x^{-8}}}\, dx = \int_2^\infty \frac{x^2-1}{\sqrt{x^6+15}}\, dx$$

$$\because \lim_{x\to\infty} \frac{\frac{x^2-1}{\sqrt{x^6+15}}}{\frac{1}{x}} = \lim_{x\to\infty} \frac{x^3-x}{\sqrt{x^6+15}} = \lim_{x\to\infty} \frac{1-\frac{x}{x^3}}{\sqrt{1+\frac{15}{x^6}}} = 1 \ \ 且 \ \int_2^\infty \frac{1}{x}\, dx \ \ 发散$$

藉由 Quotient Test 则 $\displaystyle\int_2^\infty \frac{x^2-1\, dx}{\sqrt{x^6+15}}$ 发散 $\quad \therefore \displaystyle\int_0^{\frac{1}{2}} \frac{1-u^2}{\sqrt{u^2+15u^8}}\, du$ 发散

Example 4.

判断 $\displaystyle\int_{-\frac{1}{2}}^{\frac{1}{2}} \frac{\sin^{-1}\frac{1}{2u}}{2u^2-u}\, du$ 收敛或发散

【解】

令 $\dfrac{1}{u} = x$ 则 $-u^{-2}du = dx$，藉由变数代换法

$$\int_{-\frac{1}{2}}^{\frac{1}{2}} \frac{\sin^{-1}\frac{1}{2u}}{2u^2-u}\, du = -\int_{-2}^{2} \frac{x^{-2}\sin^{-1}\frac{x}{2}}{2x^{-2}-x^{-1}}\, dx = -\int_{-2}^{2} \frac{\sin^{-1}\frac{x}{2}}{2-x}\, dx$$

$$\because \lim_{x\to 2} \frac{\frac{2\sin^{-1}\frac{x}{2}}{2-x}}{\frac{\pi}{2-x}} = \lim_{x\to 2} \frac{2\sin^{-1}\frac{x}{2}}{\pi} = \lim_{x\to 2} \frac{2\cdot\frac{\pi}{2}}{\pi} = 1$$

$$\because \int_{-2}^{2} \frac{\pi}{2-x}\, dx = -\pi\ln(2-x)\big|_{-2}^{2} = \infty \quad \therefore \int_{-2}^{2} \frac{\pi}{2-x}\, dx \ \ 发散$$

藉由 Quotient Test 则 $\displaystyle\int_{-2}^{2} \frac{2\sin^{-1}\frac{x}{2}}{2-x}\, dx$ 发散 $\quad \therefore \displaystyle\int_{-\frac{1}{2}}^{\frac{1}{2}} \frac{\sin^{-1}\frac{1}{2u}}{2u^2-u}\, du$ 发散

Example 5.

判断 $\displaystyle\int_{\frac{2}{\pi}}^{\infty} \frac{u^{-2}}{\left(\cos\frac{1}{u}\right)^n}\, du$ 收敛或发散, $\forall n > 1$

【解】

令 $\dfrac{1}{u} = x$ 则 $-u^{-2}du = dx$, 藉由变数代换法

$$\int_{\frac{2}{\pi}}^{\infty} \frac{u^{-2}}{\left(\cos\frac{1}{u}\right)^n}\, du = -\int_{\frac{\pi}{2}}^{0} \frac{x^2 \cdot x^{-2}}{(\cos x)^n}\, dx = \int_{0}^{\frac{\pi}{2}} \frac{1}{(\cos x)^n}\, dx$$

令 $n > 1$ 藉由罗比达法则

则 $\displaystyle\lim_{x \to \frac{\pi}{2}^-} \frac{(\cos x)^{-\frac{1}{n}}}{\left(\frac{\pi}{2} - x\right)^{-\frac{1}{n}}} = \left(\lim_{x \to \frac{\pi}{2}^-} \frac{\cos x}{\frac{\pi}{2} - x}\right)^{-\frac{1}{n}} = \left(\lim_{x \to \frac{\pi}{2}^-} \frac{\sin x}{1}\right)^{-\frac{1}{n}} = 1$

$\because \displaystyle\int_{0}^{\frac{\pi}{2}} \left(\frac{\pi}{2} - x\right)^{-\frac{1}{n}} dx = \left.\frac{\left(\frac{\pi}{2} - x\right)^{-\frac{1}{n}+1}}{-\frac{1}{n} + 1}\right|_{0}^{\frac{\pi}{2}} < \infty$ $\therefore \displaystyle\int_{0}^{\frac{\pi}{2}} \left(\frac{\pi}{2} - x\right)^{-\frac{1}{n}} dx$ 收敛

藉由 Quotient test 则 $\displaystyle\int_{-1}^{1} \frac{dx}{(\cos x)^{\frac{1}{n}}}$ 收敛 $\Rightarrow \displaystyle\int_{\frac{2}{\pi}}^{\infty} \frac{u^{-2}}{\left(\cos\frac{1}{u}\right)^n}\, du$ 收敛

Example 6.

判断 $\displaystyle\int_{\frac{2}{\pi}}^{\infty} \frac{u^{-2}}{\left(\sin\frac{1}{u}\right)^n}\, du$ 收敛或发散, $\forall n > 1$

【解】

令 $\dfrac{1}{u} = x$ 则 $-u^{-2}du = dx$, 藉由变数代换法

$$\int_{\frac{2}{\pi}}^{\infty} \frac{u^{-2}}{\left(\sin\frac{1}{u}\right)^n}\, du = -\int_{\frac{\pi}{2}}^{0} \frac{x^2 \cdot x^{-2}}{(\sin x)^n}\, dx = \int_{0}^{\frac{\pi}{2}} \frac{1}{(\sin x)^n}\, dx$$

令 $n > 1$, 藉由罗比达法则

$$\lim_{x \to 0^+} \frac{(\sin x)^{-\frac{1}{n}}}{x^{-\frac{1}{n}}} = \left(\lim_{x \to 0^+} \frac{\sin x}{x}\right)^{-\frac{1}{n}} = \left(\lim_{x \to 0^+} \frac{\sin x}{1}\right)^{-\frac{1}{n}} = 1$$

$$\because \int_0^{\frac{\pi}{2}} x^{-\frac{1}{n}} dx = \left.\frac{x^{-\frac{1}{n}+1}}{-\frac{1}{n}+1}\right|_0^{\frac{\pi}{2}} = \left.\frac{x^{\frac{n-1}{n}}}{-\frac{1}{n}+1}\right|_0^{\frac{\pi}{2}} < \infty \qquad \therefore \int_0^{\frac{\pi}{2}} x^{-\frac{1}{n}} dx \ \text{收敛}$$

藉由 Quotient test 则 $\displaystyle\int_0^{\frac{\pi}{2}} \frac{dx}{(\sin x)^{\frac{1}{n}}}$ 收敛 $\qquad \therefore \displaystyle\int_{\frac{2}{\pi}}^{\infty} \frac{u^{-2}}{\left(\sin\frac{1}{u}\right)^n} du$ 收敛

Example 7.

判断 $\displaystyle\int_{\frac{4}{\pi}}^{\infty} \frac{u^{-2}}{\left(\tan\frac{1}{u}\right)^n} du$ 收敛或发散, $\forall n > 1$

【解】

令 $\dfrac{1}{u} = x$ 则 $-u^{-2} du = dx$, 藉由变数代换法

$$\int_{\frac{4}{\pi}}^{\infty} \frac{u^{-2}}{\left(\tan\frac{1}{u}\right)^n} du = -\int_{\frac{\pi}{4}}^{0} \frac{x^2 \cdot x^{-2}}{(\tan x)^n} dx = \int_0^{\frac{\pi}{4}} \frac{1}{(\tan x)^n} dx$$

令 $n > 1$, 藉由罗比达法则

则 $\displaystyle\lim_{x \to 0^+} \frac{(\tan x)^{-\frac{1}{n}}}{x^{-\frac{1}{n}}} = \left(\lim_{x \to 0^+} \frac{\tan x}{x}\right)^{-\frac{1}{n}} = \left(\lim_{x \to 0^+} \frac{\sec^2 x}{1}\right)^{-\frac{1}{n}} = 1$

$$\because \int_0^{\frac{\pi}{4}} x^{-\frac{1}{n}} dx = \left.\frac{x^{-\frac{1}{n}+1}}{-\frac{1}{n}+1}\right|_0^{\frac{\pi}{4}} = \left.\frac{x^{\frac{n-1}{n}}}{-\frac{1}{n}+1}\right|_0^{\frac{\pi}{4}} < \infty \qquad \therefore \int_0^{\frac{\pi}{4}} x^{-\frac{1}{n}} dx \ \text{收敛}$$

藉由 Quotient test 则 $\displaystyle\int_0^{\frac{\pi}{4}} \frac{dx}{(\tan x)^{\frac{1}{n}}}$ 收敛 $\qquad \therefore \displaystyle\int_{\frac{4}{\pi}}^{\infty} \frac{u^{-2}}{\left(\tan\frac{1}{u}\right)^n} du$ 收敛

Example 8.

$$\text{判断} \int_{\frac{2}{\pi}}^{1} \frac{u^{-2}}{\left(\cot\frac{1}{u}\right)^n} \, du \quad \text{收敛或发,} \ \forall n > 1$$

【解】

令 $\dfrac{1}{u} = x$ 则 $-u^{-2} du = dx$, 藉由变数代换法

$$\int_{\frac{2}{\pi}}^{1} \frac{u^{-2}}{\left(\cot\frac{1}{u}\right)^n} \, du = -\int_{\frac{\pi}{2}}^{1} \frac{x^2 \cdot x^{-2}}{(\cot x)^n} \, dx = \int_{1}^{\frac{\pi}{2}} \frac{1}{(\cot x)^n} \, dx$$

令 $n > 1$, 藉由罗比达法则

$$\text{则} \ \lim_{x \to \frac{\pi}{2}^-} \frac{(\cot x)^{-\frac{1}{n}}}{\left(\frac{\pi}{2} - x\right)^{-\frac{1}{n}}} = \left(\lim_{x \to \frac{\pi}{2}^-} \frac{\cot x}{\frac{\pi}{2} - x} \right)^{-\frac{1}{n}} = \left(\lim_{x \to \frac{\pi}{2}^-} \frac{-\csc^2 x}{-1} \right)^{-\frac{1}{n}} = 1$$

$$\because \int_{1}^{\frac{\pi}{2}} \left(\frac{\pi}{2} - x\right)^{-\frac{1}{n}} dx = \left. \frac{\left(\frac{\pi}{2} - x\right)^{-\frac{1}{n}+1}}{-\frac{1}{n} + 1} \right|_{\frac{\pi}{2}}^{1} = \left. \frac{\left(\frac{\pi}{2} - x\right)^{\frac{n-1}{n}}}{-\frac{1}{n} + 1} \right|_{\frac{\pi}{2}}^{1} < \infty \quad \therefore \int_{\frac{\pi}{2}}^{1} \left(\frac{\pi}{2} - x\right)^{-\frac{1}{n}} dx \ \text{收敛}$$

藉由 Quotient test 则 $\displaystyle\int_{\frac{\pi}{2}}^{1} \frac{1}{(\cot x)^n} \, dx$ 收敛 $\qquad \therefore \displaystyle\int_{\frac{2}{\pi}}^{1} \frac{u^{-2}}{\left(\cot\frac{1}{u}\right)^n} \, du$ 收敛

Example 9.

$$\text{判断} \int_{0}^{e} \sin(\ln x) \ln x \, dx \quad \text{收敛或发散}$$

【解】

令 $u = \ln x$ 则 $\dfrac{dx}{x} = du \Rightarrow dx = e^u du$, 藉由变数代换法

$$\int_{0}^{e} \sin(\ln x) \ln x \, dx = \int_{-\infty}^{1} u \, e^u \sin u \, du$$

令 $u = -v$ 则 $du = -dv$, 藉由变数代换法

則 $\displaystyle\int_{-\infty}^{1} u\,e^{u}\sin u\,du = -\int_{\infty}^{-1}(-v)e^{-v}\sin(-v)\,dv = -\int_{-1}^{\infty} v e^{-v}\sin(-v)\,dv$

$\because \displaystyle\lim_{v\to\infty}\frac{\left|v e^{-v}\sin(-v)\right|}{e^{-\frac{v}{2}}} = \lim_{v\to\infty}\left|v e^{-\frac{v}{2}}\sin(-v)\right| = 0$　且　$\displaystyle\int_{-1}^{\infty} e^{-\frac{v}{2}}\,dv$　收斂

藉由 Quotient test 則　$\displaystyle\int_{-1}^{\infty}\left|v e^{-v}\sin(-v)\right|\,dv$　收斂　$\therefore \displaystyle\int_{0}^{e}\sin(\ln x)\ln x\,dx$　收斂

Example 10.

　　　判斷 $\displaystyle\int_{0}^{e}\cos(\ln x)\ln x\,dx$　收斂或發散

【解】

令 $u = \ln x$　則 $\dfrac{dx}{x} = du \Rightarrow dx = e^{u}du$,　藉由變數代換法

$\displaystyle\int_{0}^{e}\cos(\ln x)\ln x\,dx = \int_{-\infty}^{1} u\,e^{u}\cos u\,du$

令 $u = -v$　則 $du = -dv$,　藉由變數代換法

則 $\displaystyle\int_{-\infty}^{1} u\,e^{u}\cos u\,du = -\int_{\infty}^{-1}(-v)e^{-v}\cos(-v)\,dv = -\int_{-1}^{\infty} v e^{-v}\cos(-v)\,dv$

$\because \displaystyle\lim_{v\to\infty}\frac{\left|v e^{-v}\cos(-v)\right|}{e^{-\frac{v}{2}}}\ \lim_{v\to\infty}\left|v e^{-\frac{v}{2}}\cos(-v)\right| = 0$　且　$\displaystyle\int_{-1}^{\infty} e^{-\frac{v}{2}}\,dv$　收斂

藉由 Quotient test 則　$\displaystyle\int_{-1}^{\infty}\left|v e^{-v}\cos(-v)\right|\,dv$　收斂　$\therefore \displaystyle\int_{0}^{e}\cos(\ln x)\ln x\,dx$　收斂

Example 11.

　　　判斷 $\displaystyle\int_{0}^{e}\ln x\,\tan^{-1}(\ln x)\,dx$　收斂或發散

【解】

令 $u = \ln x$　則 $\dfrac{dx}{x} = du \Rightarrow dx = e^{u}du$,　藉由變數代換法

$\displaystyle\int_{0}^{e}\tan^{-1}(\ln x)\ln x\,dx = \int_{-\infty}^{1} u\,e^{u}\tan^{-1} u\,du$

令 $u = -v$　則 $du = -dv$,　藉由變數代換法

則 $\displaystyle\int_{-\infty}^{1} u\,e^{u}\tan^{-1} u\,du = -\int_{\infty}^{-1}(-v)e^{-v}\tan^{-1}(-v)\,dv = -\int_{-1}^{\infty} v e^{-v}\tan^{-1}(-v)\,dv$

$$\because \lim_{v \to \infty} \frac{|ve^{-v}\tan^{-1}(-v)|}{e^{-\frac{v}{2}}} \quad \lim_{v \to \infty} \left| ve^{-\frac{v}{2}}\tan^{-1}(-v) \right| = 0 \quad \text{且} \int_{-1}^{\infty} e^{-\frac{v}{2}}dv \text{ 收斂}$$

藉由 Quotient test 則 $\displaystyle\int_{-1}^{\infty} |ve^{-v}\tan^{-1}(-v)|dv$ 收斂 $\quad \therefore \displaystyle\int_{0}^{e} \ln x \tan^{-1}(\ln x)\, dx$ 收斂

Example 12.

$$\text{判斷} \int_{0}^{e^{-1}} \ln(u^{-1})\, du \text{ 收斂或發散}$$

【解】

令 $u = e^{-x}$ 則 $du = -e^{-x}dx$, 藉由變數代換法

$$\therefore \int_{0}^{e^{-1}} \ln(u^{-1})\, du = -\int_{\infty}^{1} xe^{-x}dx = \int_{1}^{\infty} xe^{-x}dx$$

$$\because \lim_{x \to \infty} \frac{xe^{-x}}{e^{-\frac{x}{2}}} = 0 \quad \text{且} \int_{1}^{\infty} e^{-\frac{x}{2}}dx \text{ 收斂}$$

藉由 Quotient test 則 $\displaystyle\int_{1}^{\infty} xe^{-x}dx$ 收斂 $\quad \therefore \displaystyle\int_{0}^{e^{-1}} \ln(u^{-1})\, du$ 收斂

Example 13.

$$\text{判斷} \int_{0}^{e^{-1}} \ln(u^{-1}) \sin\ln(u^{-1})\, du \text{ 收斂或發散}$$

【解】

令 $u = e^{-x}$ 則 $du = -e^{-x}dx$, 藉由變數代換法

$$\therefore \int_{0}^{e^{-1}} \ln(u^{-1}) \sin\ln(u^{-1})\, du = -\int_{\infty}^{1} xe^{-x}\sin x\, dx = \int_{1}^{\infty} xe^{-x}\sin x\, dx$$

$$\because \lim_{x \to \infty} \frac{|xe^{-x}\sin x|}{e^{-\frac{x}{2}}} = 0 \quad \text{且} \int_{1}^{\infty} e^{-\frac{x}{2}}dx \text{ 收斂}$$

藉由 Quotient test 則 $\displaystyle\int_{1}^{\infty} |xe^{-x}\sin x|dx$ 收斂 $\quad \therefore \displaystyle\int_{0}^{e^{-1}} \ln(u^{-1})\sin\ln(u^{-1})\, du$ 收斂

Example 14.

$$判断 \int_0^{e^{-1}} \ln\ln(u^{-1})\, du \text{ 收敛或发散}$$

【解】

令 $u = e^{-x}$ 则 $du = -e^{-x}dx$，藉由变数代换法

$$\therefore \int_0^{e^{-1}} \ln\ln(u^{-1})\, du = -\int_\infty^1 e^{-x}\ln x\, dx = \int_1^\infty e^{-x}\ln x\, dx$$

$$\because \lim_{x\to\infty} \frac{|e^{-x}\ln x|}{e^{-\frac{x}{2}}} = 0 \text{ 且 } \int_1^\infty e^{-\frac{x}{2}}dx \text{ 收敛}$$

藉由 Quotient test 则 $\int_1^\infty |e^{-x}\ln x|\,dx$ 收敛 $\therefore \int_0^{e^{-1}} \ln\ln(u^{-1})\, du$ 收敛

Example 15.

$$判断 \int_0^{e^{-1}} \cos\ln(u^{-1})\ln\ln(u^{-1})\, du \text{ 收敛或发散}$$

【解】

令 $u = e^{-x}$ 则 $du = -e^{-x}dx$，藉由变数代换法

$$\therefore \int_0^{e^{-1}} \cos\ln(u^{-1})\ln\ln(u^{-1})\, du = -\int_\infty^1 \cos x\, e^{-x}\ln x\, dx = \int_1^\infty \cos x\, e^{-x}\ln x\, dx$$

$$\because \lim_{x\to\infty} \frac{|\cos x\, e^{-x}\ln x|}{e^{-\frac{x}{2}}} = 0 \text{ 且 } \int_1^\infty e^{-\frac{x}{2}}dx \text{ 收敛}$$

藉由 Quotient test $\int_1^\infty |\cos x\, e^{-x}\ln x|\,dx$ 收敛 $\therefore \int_0^{e^{-1}} \cos\ln(u^{-1})\ln\ln(u^{-1})\, du$ 收敛

Example 16.

$$\text{判断} \int_0^{e^{-1}} \sinh^{-1}(\ln u^{-1})\,du \ \text{收敛或发散}$$

【解】

令 $u = e^{-x}$ 则 $du = -e^{-x}dx$，藉由变数代换法

$$\therefore \int_0^{e^{-1}} \sinh^{-1}(\ln u^{-1})\,du = -\int_\infty^1 e^{-x}\sinh^{-1}x\,dx = \int_1^\infty e^{-x}\sinh^{-1}x\,dx$$

$$\because \lim_{x\to\infty} \frac{|e^{-x}\sinh^{-1}x|}{e^{-\frac{x}{2}}} = 0 \quad \text{且} \quad \int_1^\infty e^{-\frac{x}{2}}dx \ \text{收敛}$$

藉由 Quotient test 则 $\displaystyle\int_1^\infty |e^{-x}\sinh^{-1}x|dx$ 收敛 $\quad \therefore \int_0^{e^{-1}} \sinh^{-1}(\ln u^{-1})\,du$ 收敛

5.4.4.5　先用分部积分法再用 Comparison Test

考试类型:

Type 1.

判断第一类型瑕积分 $\displaystyle\int_0^\infty u(x)v'(x)dx$ 收敛或发散

解题流程:

Step1.

藉由分部积分 $\displaystyle\int_a^b u(x)v'(x)dx = u(x)v(x)|_{x=a}^{x=b} - \int_a^b u'(x)v(x)dx$

Step2.

$$\therefore \int_0^\infty u(x)v'(x)dx = \lim_{a\to 0, b\to\infty} \int_a^b u(x)v'(x)dx = \lim_{a\to 0, b\to\infty}\left(u(x)v(x)|_{x=a}^{x=b} - \int_a^b u'(x)v(x)dx\right)$$

Step3.

假设 $\displaystyle\lim_{a\to 0, b\to\infty} u(x)v(x)|_{x=a}^{x=b}$ 存在且 $u'(x)v(x) \geq 0, \ \forall x > 0$

Step4.

说明 $\displaystyle\int_0^\infty u(x)v'(x)dx$ 收敛时，找 $h(x)$ 使得 $0 \leq u'(x)v(x) \leq h(x), \forall x \in (0, \infty)$

藉由 Comparison Test, $\displaystyle\lim_{a\to 0, b\to\infty}\int_a^b h(x)dx$ 收斂 $\Rightarrow \displaystyle\int_0^\infty u(x)v'(x)dx$ 收斂

Step5.

说明 $\displaystyle\int_0^\infty u(x)v'(x)dx$ 发散时, 找 $h(x)$ 使得 $0 \le h(x) \le u'(x)v(x),\ \forall x \in (0,\infty)$

藉由 Comparison Test, $\displaystyle\lim_{a\to 0, b\to\infty}\int_a^b h(x)dx$ 发散 $\Rightarrow \displaystyle\int_0^\infty u(x)v'(x)dx$ 发散

Type 2.

判断第二类型瑕积分 $\displaystyle\int_a^b u(x)v'(x)dx$ 收斂或发散, 其中$u(a)v'(a) = \infty$ 或 $u(b)v'(b) = \infty$

解题流程:

Step1.

藉由分部积分则 $\displaystyle\int_a^b u(x)v'(x)dx = u(x)v(x)|_{x=a}^{x=b} - \int_a^b u'(x)v(x)dx$

Step2.

假设$u(x)v(x)|_{x=a}^{x=b}$ 存在 且 $u'(x)v(x) \ge 0,\ \forall x > 0$

Step3.

说明 $\displaystyle\int_a^b u(x)v'(x)dx$ 收斂时, 找 $h(x)$ 使得 $0 \le u'(x)v(x) \le h(x),\ \forall x \in (a,b)$

藉由 Comparison Test, $\displaystyle\int_a^b h(x)dx$ 收斂 $\Rightarrow \displaystyle\int_a^b u(x)v'(x)dx$ 收斂

Step4.

说明 $\displaystyle\int_a^b u(x)v'(x)dx$ 发散时, 找 $h(x)$ 使得 $0 \le h(x) \le u'(x)v(x),\ \forall x \in (a,b)$

藉由 Comparison Test, $\displaystyle\int_a^b h(x)dx$ 发散 $\Rightarrow \displaystyle\int_a^b u(x)v'(x)dx$ 发散

Example 1.

Prove $\displaystyle\int_0^\infty \frac{\sin x}{x}dx$ converges

【解】

令 $g(x) = \dfrac{\sin x}{x}$, $\forall x \in (0,1]$ 且 $g(0) = 1$ 则 $g(x)$ is continuous on $(0,1]$

$\because \lim\limits_{x \to 0^+} g(x) = \lim\limits_{x \to 0^+} \dfrac{\sin x}{x} = 1$ $\quad \therefore g(x)$ is continuous at $x = 0$

$\Rightarrow g(x) = \dfrac{\sin x}{x}$ is continuous on $[0,1]$ $\quad \therefore \displaystyle\int_0^1 \dfrac{\sin x}{x}\,dx$ 收敛

Claim: $\displaystyle\int_1^\infty \dfrac{\sin x}{x}\,dx$ 收敛

令 $u = \dfrac{1}{x}$, $dv = \sin x\,dx$ 则 $du = -\dfrac{dx}{x^2}$, $v = -\cos x$, 藉由 Integration by parts

$\therefore \displaystyle\int_1^a \dfrac{\sin x}{x}\,dx = \dfrac{-\cos x}{x}\Big|_1^a - \int_1^a \dfrac{\cos x}{x^2}\,dx = -\left(\dfrac{\cos a}{a} - \cos 1\right) - \int_1^a \dfrac{\cos x}{x^2}\,dx$

$\therefore \displaystyle\lim_{a \to \infty} \int_1^a \dfrac{\sin x}{x}\,dx = \lim_{a \to \infty} -\left(\dfrac{\cos a}{a} - \cos 1\right) - \int_1^a \dfrac{\cos x}{x^2}\,dx = \cos 1 - \int_1^\infty \dfrac{\cos x}{x^2}\,dx$

$\because \left|\dfrac{\cos x}{x^2}\right| < \dfrac{1}{x^2}$, $\forall x > 1$ 且 $\displaystyle\int_1^\infty \dfrac{1}{x^2}\,dx$ 收敛

藉由 Comparison Test 则 $\displaystyle\int_1^\infty \left|\dfrac{\cos x}{x^2}\right|\,dx$ 收敛 $\therefore \displaystyle\int_1^\infty \dfrac{\cos x}{x^2}\,dx$ 收敛 $\Rightarrow \displaystyle\int_1^\infty \dfrac{\sin x}{x}\,dx$ 收敛

Example 2.

$\quad$ 判断 $\displaystyle\int_1^\infty e^{-x}\ln x\,dx$ 收敛或发散

【解】

令 $u = \ln x$, $dv = e^{-x}dx$ 则 $du = x^{-1}dx$, $v = -e^{-x}$, 藉由 Integration by parts

则 $\displaystyle\int_1^\infty e^{-x}\ln x\,dx = -e^{-x}\ln x\Big|_1^\infty + \int_1^\infty e^{-x}x^{-1}dx = \int_1^\infty e^{-x}x^{-1}dx$

$\because e^{-x}x^{-1} < e^{-x},\ \forall x > 1$ 且 $\displaystyle\int_1^\infty e^{-x}dx$ 收敛

藉由 Comparison Test 则 $\displaystyle\int_1^\infty e^{-x}x^{-1}dx$ 收敛 $\quad\therefore \int_1^\infty e^{-x}\ln x\,dx$ 收敛

Example 3.

$\qquad$ 判断 $\displaystyle\int_1^\infty e^{-x}\ln(2+e^x)\,dx$ 收敛或发散

【解】

令 $u = \ln(2+e^x),\ dv = e^{-x}dx$ 则 $du = \dfrac{e^x dx}{2+e^x},\ v = -e^{-x}$

藉由 Integration by parts 则 $\displaystyle\int_1^\infty e^{-x}\ln(2+e^x)\,dx$

$= -e^{-x}\ln(2+e^x)\Big|_1^\infty + \displaystyle\int_1^\infty \frac{1}{2+e^x}dx = e^{-1}\ln(2+e) + \int_1^\infty \frac{1}{2+e^x}dx$

$\because \dfrac{1}{2+e^x} < \dfrac{1}{e^x},\ \forall x > 1$ 且 $\displaystyle\int_1^\infty e^{-x}dx < \infty$

$\therefore$ 藉由 Comparison Test 则 $\displaystyle\int_1^\infty \frac{1}{2+e^x}dx$ 收敛 $\quad\therefore \int_1^\infty e^{-x}\ln(2+e^x)\,dx$ 收敛

Example 4.

$\qquad$ 判断 $\displaystyle\int_1^\infty \frac{\cos x}{\sqrt{x}}\,dx$ 收敛或发散

【解】

令 $s = \dfrac{1}{\sqrt{x}}, \quad dt = \cos x\, dx$ 则 $ds = \dfrac{-x^{-\frac{3}{2}}}{2}\, dx, \quad t = \sin x$，藉由 Integration by parts

则 $\displaystyle\int_{1}^{\infty} \dfrac{\cos x}{\sqrt{x}}\, dx = \dfrac{\sin x}{\sqrt{x}}\bigg|_{1}^{\infty} + \dfrac{1}{2}\int_{1}^{\infty} x^{-\frac{3}{2}} \sin x\, dx = -\sin 1 + \dfrac{1}{2}\int_{1}^{\infty} x^{-\frac{3}{2}} \sin x\, dx$

$\because \left| x^{-\frac{3}{2}} \sin x \right| < x^{-\frac{3}{2}}, \quad \forall x > 1$ 且 $\displaystyle\int_{1}^{\infty} x^{-\frac{3}{2}}\, du$ 收敛

藉由 Comparison Test 则 $\displaystyle\int_{1}^{\infty} x^{-\frac{3}{2}} \sin x\, dx$ 收敛 $\quad \therefore \displaystyle\int_{1}^{\infty} \dfrac{\cos x}{\sqrt{x}}\, dx$ 收敛

Example 5.

判断 $\displaystyle\int_{1}^{\infty} \dfrac{\cos x}{x}\, dx$ 收敛或发散

【解】

令 $s = x^{-1}, \quad dt = \cos x\, dx$ 则 $ds = -\dfrac{dx}{x^2}, \quad t = \sin x$，藉由 Integration by parts

则 $\displaystyle\int_{1}^{\infty} x^{-1} \cos x\, dx = x^{-1} \sin x\big|_{1}^{\infty} + \int_{1}^{\infty} x^{-2} \sin x\, dx = -\sin 1 + \int_{1}^{\infty} x^{-2} \sin x\, dx$

$\because |x^{-2} \sin x| < x^{-2}, \quad \forall x > 1$ 且 $\displaystyle\int_{1}^{\infty} x^{-2}\, du$ 收敛

藉由 Comparison Test 则 $\displaystyle\int_{1}^{\infty} x^{-2} \sin x\, dx$ 收敛 $\quad \therefore \displaystyle\int_{1}^{\infty} \dfrac{\cos x}{x}\, dx$ 收敛

Example 6.

判斷 $\displaystyle\int_1^\infty e^{-x}\operatorname{csch}^{-1}x\,dx$ 收斂或發散

【解】

令 $s=\operatorname{csch}^{-1}x,\ dt=e^{-x}dx$ 則 $ds=\dfrac{-dx}{x\sqrt{1+x^2}},\ t=-e^{-x}$

藉由 Integration by parts,

則 $\displaystyle\int_1^\infty e^{-x}\operatorname{csch}^{-1}x\,dx=-e^{-x}\cdot\operatorname{csch}^{-1}x\Big|_1^\infty-\int_1^\infty\dfrac{e^{-x}}{x\sqrt{1+x^2}}dx$

$=-e^{-x}\ln\left(\dfrac{1+\sqrt{1+x^2}}{x}\right)\Big|_1^\infty-\int_1^\infty\dfrac{e^{-x}dx}{x\sqrt{1+x^2}}=e^{-1}\ln\left(1+\sqrt2\right)-\int_1^\infty\dfrac{e^{-x}dx}{x\sqrt{1+x^2}}$

$\because\dfrac{e^{-x}}{x\sqrt{1+x^2}}<e^{-x},\ \forall x>1$ 且 $\displaystyle\int_1^\infty e^{-x}dx$ 收斂

藉由 Comparison Test 則 $\displaystyle\int_1^\infty\dfrac{e^{-x}}{x\sqrt{1+x^2}}dx$ 收斂 $\quad\therefore\displaystyle\int_1^\infty e^{-x}\operatorname{csch}^{-1}x\,dx$ 收斂

Example 7.

判斷 $\displaystyle\int_1^\infty x^{-p}\operatorname{csch}^{-1}x\,dx$ 收斂或發散, $\forall p>1$

【解】

令 $p>1,\ s=\operatorname{csch}^{-1}x,\ dt=x^{-p}dx$ 則 $ds=\dfrac{-1}{x\sqrt{1+x^2}}dx,\ t=\dfrac{x^{1-p}}{1-p}$

藉由 Integration by parts,

則 $\displaystyle\int_1^\infty x^{-p}\operatorname{csch}^{-1}x\,dx=\dfrac{x^{1-p}\operatorname{csch}^{-1}x}{1-p}\Big|_1^\infty+\dfrac{1}{(1-p)}\int_1^\infty\dfrac{x^{-p}}{\sqrt{1+x^2}}dx$

$$= \left.\frac{x^{1-p}\ln\left(\frac{1+\sqrt{1+x^2}}{x}\right)}{1-p}\right|_1^\infty + \frac{1}{(1-p)}\int_1^\infty \frac{x^{-p}}{\sqrt{1+x^2}}\,dx = \frac{\ln 1+\sqrt{2}}{p-1} + \frac{1}{(1-p)}\int_1^\infty \frac{x^{-p}}{\sqrt{1+x^2}}\,dx$$

$$\because \frac{x^{-p}}{\sqrt{1+x^2}} < x^{-p},\ \forall x>1\ \text{且}\ \int_1^\infty x^{-p}\,dx\ \text{收敛},\ \forall p>1$$

藉由 Comparison Test 则 $\displaystyle\int_1^\infty \frac{x^{-p}}{\sqrt{1+x^2}}\,dx$ 收敛 $\quad\therefore \displaystyle\int_1^\infty x^{-p}\,\mathrm{csch}^{-1} x\,dx$ 收敛

Example 8.

$$\text{判断}\ \int_1^\infty e^{-x}\sinh^{-1} x\,dx\ \text{收敛或发散}$$

【解】

$$\text{令}\, s = \sinh^{-1} x,\ dt = e^{-x}dx\ \text{则}\ ds = \frac{1}{\sqrt{1+x^2}}\,dx,\ t = -e^{-x}$$

藉由 Integration by parts,

$$\text{则}\ \int_1^\infty e^{-x}\sinh^{-1} x\,dx = -\left.\frac{\sinh^{-1} x}{e^x}\right|_1^\infty + \int_1^\infty \frac{e^{-x}dx}{\sqrt{1+x^2}} = \frac{\sinh^{-1} 1}{e} + \int_1^\infty \frac{e^{-x}dx}{\sqrt{1+x^2}}$$

$$\because \frac{e^{-x}}{\sqrt{1+x^2}} < e^{-x},\ \forall x>1\ \text{且}\ \int_1^\infty e^{-x}dx\ \text{收敛}$$

藉由 Comparison Test 则 $\displaystyle\int_1^\infty \frac{e^{-x}}{\sqrt{1+x^2}}\,dx$ 收敛 $\quad\therefore \displaystyle\int_1^\infty e^{-x}\sinh^{-1} x\,dx$ 收敛

Example 9.

$$\text{判断}\ \int_1^\infty x^{-p}\sinh^{-1} x\,dx\ \text{收敛或发散},\ \forall p>1$$

【解】

令 $p > 1$，$s = \sinh^{-1} x$，$dt = x^{-p} dx$　則　$ds = \dfrac{1}{\sqrt{1+x^2}} dx$，$t = \dfrac{x^{1-p}}{1-p}$

藉由 Integration by parts，

則 $\displaystyle\int_1^\infty x^{-p} \sinh^{-1} x \, dx = \left. \dfrac{x^{1-p} \sinh^{-1} x}{1-p} \right|_1^\infty + \dfrac{1}{1-p} \int_1^\infty \dfrac{x^{1-p}}{\sqrt{1+x^2}} dx$

$= \dfrac{\sinh^{-1} 1}{p-1} + \dfrac{1}{1-p} \displaystyle\int_1^\infty \dfrac{x^{1-p}}{\sqrt{1+x^2}} dx$

$\because \dfrac{x^{1-p}}{\sqrt{1+x^2}} < x^{-p}$，$\forall x > 1$　且　$\displaystyle\int_1^\infty x^{-p} dx$　收斂，$\forall p > 1$

藉由 Comparison Test 則 $\displaystyle\int_1^\infty \dfrac{x^{1-p}}{\sqrt{1+x^2}} dx$　收斂　$\therefore \displaystyle\int_1^\infty x^{-p} \sinh^{-1} x \, dx$　收斂

Example 10.

判斷 $\displaystyle\int_1^\infty (3+x)^{-p} \ln x \, dx$　收斂或發散，$\forall p > 1$

【解】

令 $s = \ln x$，$dt = (3+x)^{-p} dx$　則　$ds = \dfrac{dx}{x}$，$t = \dfrac{(3+x)^{1-p}}{1-p}$

藉由 Integration by parts，

則 $\displaystyle\int_1^\infty (3+x)^{-p} \ln x \, dx = \left. \dfrac{(3+x)^{1-p} \ln x}{1-p} \right|_1^\infty - \int_1^\infty \dfrac{(3+x)^{-p}}{(1-p)x} dx = - \int_1^\infty \dfrac{(3+x)^{-p}}{(1-p)x} dx$

$\because \dfrac{(3+x)^{-p}}{x} < x^{-p-1}$，$\forall x > 1$ 且 $\displaystyle\int_1^\infty x^{-p-1} dx$　收斂，$\forall p > 1$

$$\text{藉由 Comparison Test 则} \quad \int_1^\infty \frac{(3+x)^{-p}}{(1-p)x}dx \text{ 收敛} \quad \therefore \int_1^\infty (3+x)^{-p}\ln x\,dx \text{ 收敛}$$

5.4.4.6　先用分部积分法再用 Quotient Test

考试类型:

Type 1.

判断第一类型瑕积分 $\int_0^\infty u(x)v'(x)dx$ 收敛或发散

解题流程:

Step1.

藉由分部积分法 $\int_a^b u(x)v'(x)dx = u(x)v(x)\big|_{x=a}^{x=b} - \int_a^b u'(x)v(x)dx$

Step2.

$$\therefore \int_0^\infty u(x)v'(x)dx = \lim_{a\to 0,b\to\infty}\int_a^b u(x)v'(x)dx = \lim_{a\to 0,b\to\infty}\left(u(x)v(x)\big|_{x=a}^{x=b} - \int_a^b u'(x)v(x)dx\right)$$

Step3.

假设 $\lim\limits_{a\to 0,b\to\infty} u(x)v(x)\big|_{x=a}^{x=b}$ 存在且 $u'(x)v(x) \geq 0,\ \forall x > 0$

Step4.

找 $h(x) \geq 0$ 使得 $\lim\limits_{x\to\infty} \dfrac{u'(x)v(x)}{h(x)} = L \in (0,\infty)$

藉由 Quotient Test 若 $\lim\limits_{a\to 0,b\to\infty}\int_a^b h(x)dx$ 收敛(发散) 则 $\int_0^\infty u(x)v'(x)dx$ 收敛(发散)

Type 2.

判断第二类型瑕积分 $\int_a^b u(x)v'(x)dx$ 收敛或发散，其中 $u(a)v'(a) = \infty$

解题流程:

Step1.

藉由分部积分法则 $\int_a^b u(x)v'(x)dx = u(x)v(x)\big|_{x=a}^{x=b} - \int_a^b u'(x)v(x)dx$

Step2.

假设 $u(x)v(x)|_{x=a}^{x=b}$ 存在 且 $u'(x)v(x) \geq 0,\ \forall x \in (a,b)$

Step3.

找 $h(x) \geq 0$ 使得 $\displaystyle\lim_{x \to a} \frac{u'(x)v(x)}{h(x)} = L \in (0, \infty)$

藉由 Quotient Test, 若 $\displaystyle\int_a^b h(x)dx$ 收敛(发散) 则 $\displaystyle\int_a^b u(x)v'(x)dx$ 收敛(发散)

Example 1.

$$\text{Prove} \quad \int_0^\infty \frac{\sin x}{x}dx \quad \text{converges}$$

【解】

令 $g(x) = \dfrac{\sin x}{x}$ 且 $g(0) = 1$ 则 $g(x)$ is continuous on(0,1]

$\because \displaystyle\lim_{x \to 0^+} g(x) = \lim_{x \to 0^+} \frac{\sin x}{x} = 1 \qquad \therefore g(x)$ is continuous at $x = 0$

$\Rightarrow g(x) = \dfrac{\sin x}{x}$ is continuous on $[0,1]$ $\qquad \therefore \displaystyle\int_0^1 \frac{\sin x}{x}dx$ 收敛

Claim: $\displaystyle\int_1^\infty \frac{\sin x}{x}dx$ 收敛

令 $u = \dfrac{1}{x},\ dv = \sin x\,dx$ 则 $du = -x^{-2}dx,\ v = -\cos x$

藉由 Integration by parts,

$$\therefore \int_1^a \frac{\sin x}{x}dx = \frac{-\cos x}{x}\Big|_1^a - \int_1^a \frac{\cos x}{x^2}dx = -\left(\frac{\cos a}{a} - \cos 1\right) - \int_1^a \frac{\cos x}{x^2}dx$$

$$\therefore \lim_{a \to \infty} \int_1^a \frac{\sin x}{x}dx = \lim_{a \to \infty} -\left(\frac{\cos a}{a} - \cos 1\right) - \int_1^a \frac{\cos x}{x^2}dx = \cos 1 - \int_1^\infty \frac{\cos x}{x^2}dx$$

$$\because \lim_{x \to \infty} \frac{\dfrac{\cos x}{x^2}}{\dfrac{1}{x^{\frac{3}{2}}}} = \lim_{x \to \infty} \frac{\cos x}{x^{\frac{1}{2}}} = 0 \quad \text{and} \quad \int_1^\infty x^{-\frac{3}{2}} dx \ \text{收敛}$$

藉由 Quotient Test 则 $\displaystyle\int_1^\infty \frac{\cos x}{x^2} dx$ 收敛 $\quad \therefore \displaystyle\int_1^\infty \frac{\sin x}{x} dx$ 收敛 $\Rightarrow \displaystyle\int_0^\infty \frac{\sin x}{x} dx$ 收敛

Example 2.

判断 $\displaystyle\int_1^\infty e^{-x}\ln x \, dx$ 收敛或发散

【解】

令 $u = \ln x, \ dv = e^{-x}dx$ 则 $du = \dfrac{dx}{x}, \ v = -e^{-x},$ 藉由 Integration by parts

则 $\displaystyle\int_1^\infty e^{-x}\ln x \, dx = -e^{-x}\ln x\big|_1^\infty + \int_1^\infty e^{-x}x^{-1}dx = \int_1^\infty e^{-x}x^{-1}dx$

$$\because \lim_{x \to \infty} \frac{e^{-x}x^{-1}}{e^{-x}} = 0 \quad \text{and} \quad \int_1^\infty e^{-x}dx \ \text{收敛}$$

藉由 Quotient Test 则 $\displaystyle\int_1^\infty e^{-x}x^{-1}dx$ 收敛 $\quad \therefore \displaystyle\int_1^\infty e^{-x}\ln x \, dx$ 收敛

Example 3.

判断 $\displaystyle\int_1^\infty e^{-x}\ln(2 + e^x) \, dx$ 收敛或发散

【解】

令 $u = \ln(2 + e^x), \ dv = e^{-x}dx$ 则 $du = \dfrac{e^x}{2 + e^x}dx, \ v = -e^{-x}$

藉由 Integration by parts,

則 $\displaystyle\int_1^\infty e^{-x}\ln(2+e^x)\,dx = -\left.\frac{\ln(2+e^x)}{e^x}\right|_1^\infty + \int_1^\infty \frac{dx}{2+e^x} = \frac{\ln(2+e)}{e} + \int_1^\infty \frac{dx}{2+e^x}$

$\because \displaystyle\lim_{x\to\infty} \frac{\dfrac{1}{2+e^x}}{\dfrac{1}{e^x}} = 0$ and $\displaystyle\int_1^\infty e^{-x}\,dx$ 收斂

藉由 Quotient Test 則 $\displaystyle\int_1^\infty \frac{1}{2+e^x}\,dx$ 收斂 $\quad\therefore \displaystyle\int_1^\infty e^{-x}\ln(2+e^x)\,dx$ 收斂

Example 4.

$\qquad$ 判斷 $\displaystyle\int_1^\infty \frac{\cos x}{\sqrt{x}}\,dx$ 收斂或發散

【解】

令 $s = \dfrac{1}{\sqrt{x}},\ dt = \cos x\,dx$ 則 $ds = \dfrac{-x^{-\frac{3}{2}}dx}{2},\ t = \sin x$，藉由分部積分法

則 $\displaystyle\int_1^\infty \frac{\cos x}{\sqrt{x}}\,dx = \left.\frac{\sin x}{\sqrt{x}}\right|_1^\infty + \frac{1}{2}\int_1^\infty x^{-\frac{3}{2}}\sin x\,dx = -\sin 1 + \frac{1}{2}\int_1^\infty x^{-\frac{3}{2}}\sin x\,dx$

$\because \displaystyle\lim_{x\to\infty} \frac{x^{-\frac{3}{2}}\sin x}{x^{-\frac{5}{4}}} = \lim_{x\to\infty} x^{-\frac{1}{4}}\sin x = 0$ and $\displaystyle\int_1^\infty x^{-\frac{5}{4}}\,dx$ 收斂

藉由 Quotient Test 則 $\displaystyle\int_1^\infty x^{-\frac{3}{2}}\sin x\,dx$ 收斂 $\quad\therefore \displaystyle\int_1^\infty \frac{\cos x}{\sqrt{x}}\,dx$ 收斂

Example 5.

$\qquad$ 判斷 $\displaystyle\int_1^\infty \frac{\cos x}{x}\,dx$ 收斂或發散

【解】

令 $s = x^{-1}$, $dt = \cos x \, dx$ 則 $ds = -\dfrac{dx}{x^2}$, $t = \sin x$, 藉由分部積分法

則 $\displaystyle\int_1^\infty x^{-1}\cos x\,dx = x^{-1}\sin x\big|_1^\infty + \int_1^\infty x^{-2}\sin x\,dx = -\sin 1 + \int_1^\infty x^{-2}\sin x\,dx$

$\because \displaystyle\lim_{x\to\infty}\frac{x^{-2}\sin x}{x^{-\frac{5}{4}}} = \lim_{x\to\infty} x^{-\frac{3}{4}}\sin x = 0$ and $\displaystyle\int_1^\infty x^{-\frac{5}{4}}dx$ 收斂

藉由 Quotient Test 則 $\displaystyle\int_1^\infty x^{-2}\sin x\,dx$ 收斂 $\quad\therefore \displaystyle\int_1^\infty \frac{\cos x}{x}\,dx$ 收斂

Example 6.

判斷 $\displaystyle\int_1^\infty e^{-x}\operatorname{csch}^{-1} x\,dx$ 收斂或發散

【解】

令 $s = \operatorname{csch}^{-1} x$, $dt = \dfrac{dx}{e^x}$ 則 $ds = \dfrac{-dx}{x\sqrt{1+x^2}}$, $t = -e^{-x}$, 藉由分部積分法

則 $\displaystyle\int_1^\infty e^{-x}\operatorname{csch}^{-1} x\,dx = -e^{-x}\cdot\operatorname{csch}^{-1} x\big|_1^\infty - \int_1^\infty \frac{e^{-x}}{x\sqrt{1+x^2}}\,dx$

$= -e^{-x}\cdot\ln\left(\dfrac{1+\sqrt{1+x^2}}{x}\right)\Big|_1^\infty - \displaystyle\int_1^\infty \frac{e^{-x}dx}{x\sqrt{1+x^2}} = e^{-1}\ln(1+\sqrt{2}) - \int_1^\infty \frac{e^{-x}dx}{x\sqrt{1+x^2}}$

$\because \displaystyle\lim_{x\to\infty}\frac{\dfrac{e^{-x}}{x\sqrt{1+x^2}}}{e^{-x}} = \lim_{x\to\infty}\frac{1}{x\sqrt{1+x^2}} = 0$ and $\displaystyle\int_1^\infty e^{-x}dx$ 收斂

藉由 Quotient Test 則 $\displaystyle\int_1^\infty \frac{e^{-x}}{x\sqrt{1+x^2}}\,dx$ 收斂 $\quad\therefore \displaystyle\int_1^\infty e^{-x}\operatorname{csch}^{-1} x\,dx$ 收斂

Example 7.

$$\text{判断} \int_1^\infty x^{-p} \operatorname{csch}^{-1} x \, dx \text{ 收敛或发散, } \forall p > 1$$

【解】

令 $p > 1$, $s = \operatorname{csch}^{-1} x$, $dt = x^{-p} dx$ 则 $ds = \dfrac{-1}{x\sqrt{1+x^2}} dx$, $t = \dfrac{x^{1-p}}{1-p}$

藉由 Integration by parts,

$$\text{则} \int_1^\infty x^{-p} \operatorname{csch}^{-1} x \, dx = \left. \frac{x^{1-p} \operatorname{csch}^{-1} x}{1-p} \right|_1^\infty + \frac{1}{(1-p)} \int_1^\infty \frac{x^{-p}}{\sqrt{1+x^2}} dx$$

$$= \left. \frac{x^{1-p} \ln\left(\dfrac{1+\sqrt{1+x^2}}{x}\right)}{1-p} \right|_1^\infty + \frac{1}{(1-p)} \int_1^\infty \frac{x^{-p}}{\sqrt{1+x^2}} dx = \frac{\ln(1+\sqrt{2})}{p-1} + \frac{1}{(1-p)} \int_1^\infty \frac{x^{-p}}{\sqrt{1+x^2}} dx$$

$$\because \lim_{x\to\infty} \frac{\dfrac{x^{-p}}{\sqrt{1+x^2}}}{x^{-p}} = \lim_{x\to\infty} \frac{1}{\sqrt{1+x^2}} = 0 \quad \text{and} \quad \int_1^\infty x^{-p} dx \text{ 收敛, } \forall p > 1$$

藉由 Quotient Test 则 $\displaystyle\int_1^\infty \frac{x^{-p}}{\sqrt{1+x^2}} dx$ 收敛 $\quad \therefore \displaystyle\int_1^\infty x^{-p} \operatorname{csch}^{-1} x \, dx$ 收敛

Example 8.

$$\text{判断} \int_1^\infty e^{-x} \sinh^{-1} x \, dx \text{ 收敛或发散}$$

【解】

令 $s = \sinh^{-1} x$, $dt = \dfrac{dx}{e^x}$ 则 $ds = \dfrac{dx}{\sqrt{1+x^2}}$, $t = -e^{-x}$, 藉由分部积分法

$$\text{则} \int_1^\infty e^{-x} \sinh^{-1} x \, dx = -\left. \frac{\sinh^{-1} x}{e^x} \right|_1^\infty + \int_1^\infty \frac{e^{-x} dx}{\sqrt{1+x^2}} = \frac{\sinh^{-1} 1}{e} + \int_1^\infty \frac{e^{-x} dx}{\sqrt{1+x^2}}$$

$$\because \lim_{x\to\infty} \frac{\dfrac{e^{-x}}{\sqrt{1+x^2}}}{e^{-x}} = \lim_{x\to\infty} \frac{1}{\sqrt{1+x^2}} = 0 \quad \text{and} \quad \int_1^\infty e^{-x} dx \text{ 收敛}$$

藉由 Quotient Test 则 $\displaystyle\int_1^\infty \frac{e^{-x}}{\sqrt{1+x^2}}\,dx$ 收敛 $\quad\therefore \displaystyle\int_1^\infty e^{-x}\sinh^{-1}x\,dx$ 收敛

Example 9.

判断 $\displaystyle\int_1^\infty x^{-p}\sinh^{-1}x\,dx$ 收敛或发散, $\forall p > 1$

【解】

令 $p > 1$, $s = \sinh^{-1}x$, $dt = x^{-p}dx$ 则 $ds = \dfrac{1}{\sqrt{1+x^2}}\,dx$, $t = \dfrac{x^{1-p}}{1-p}$

藉由 Integration by parts,

则 $\displaystyle\int_1^\infty x^{-p}\sinh^{-1}x\,dx = \frac{x^{1-p}\sinh^{-1}x}{1-p}\bigg|_1^\infty - \frac{1}{1-p}\int_1^\infty \frac{x^{1-p}}{\sqrt{1+x^2}}\,dx$

$= \dfrac{\sinh^{-1}1}{p-1} - \dfrac{1}{1-p}\displaystyle\int_1^\infty \frac{x^{1-p}}{\sqrt{1+x^2}}\,dx$

$\because \displaystyle\lim_{x\to\infty} \frac{\frac{x^{1-p}}{\sqrt{1+x^2}}}{x^{-p}} = \lim_{x\to\infty} \frac{x}{\sqrt{1+x^2}} = 1$ and $\displaystyle\int_1^\infty x^{-p}dx$ 收敛, $\forall p > 1$

藉由 Quotient Test 则 $\displaystyle\int_1^\infty \frac{x^{1-p}}{\sqrt{1+x^2}}\,dx$ 收敛 $\quad\therefore \displaystyle\int_1^\infty x^{-p}\sinh^{-1}x\,dx$ 收敛

Example 10.

判断 $\displaystyle\int_1^\infty (3+x)^{-p}\ln x\,dx$ 收敛或发散, $\forall p > 1$

【解】

令 $p > 1$, $s = \ln x$, $dt = (3+x)^{-p}dx$ 则 $ds = \dfrac{1}{x}\,dx$, $t = \dfrac{(3+x)^{1-p}}{1-p}$

藉由 Integration by parts,

则 $\displaystyle\int_1^\infty (3+x)^{-p}\ln x\, dx = \left.\frac{(3+x)^{1-p}\ln x}{1-p}\right|_1^\infty - \int_1^\infty \frac{(3+x)^{-p}dx}{x(1-p)} = -\int_1^\infty \frac{(3+x)^{-p}dx}{x(1-p)}$

$\because \displaystyle\lim_{x\to\infty} \frac{\dfrac{(3+x)^{-p}}{x(1-p)}}{\dfrac{x^{-p}}{1-p}} = 0$ and $\dfrac{1}{1-p}\displaystyle\int_1^\infty x^{-p}dx$ 收敛, $\forall p > 1$

藉由 Quotient Test 则 $\displaystyle\int_1^\infty \frac{(3+x)^{-p}dx}{x(1-p)}$ 收敛 $\quad \therefore \displaystyle\int_1^\infty (3+x)^{-p}\ln x\, dx$ 收敛

5.4.4.7 先作变数代换再用分部积分法+Comparison Test

考试类型:

Type 1.

判断第一类瑕积分 $\displaystyle\int_0^\infty f(g(x))g'(x)\, dx$ 收敛或发散, 其中 $f(x) \geq$, $g'(x) \geq 0$, $\forall x \geq 0$

解题流程:

Step1.

令 $u = g(x)$ 则 $du = g'(x)dx$, 藉由变换变数法则 $\displaystyle\int_a^b f(g(x))g'(x)\, dx = \int_{g(a)}^{g(b)} f(u)du$

Step2.

$\therefore \displaystyle\int_0^\infty f(g(x))g'(x)\, dx = \lim_{a\to 0, b\to\infty} \int_a^b f(g(x))g'(x)\, dx = \lim_{a\to 0, b\to\infty} \int_{g(a)}^{g(b)} f(u)du$

Step3.

假设 $\exists\, u(x), v(x)$ 使得 $\displaystyle\lim_{a\to 0, b\to\infty} \int_{g(a)}^{g(b)} f(u)du = \lim_{a\to 0, b\to\infty} \int_{g(a)}^{g(b)} u(x)v'(x)dx$

Step4.

藉由 Integration by parts,

$\displaystyle\lim_{a\to 0, b\to\infty} \int_{g(a)}^{g(b)} u(x)v'(x)dx = \lim_{a\to 0, b\to\infty} \left(\left. u(x)v(x)\right|_{x=g(a)}^{x=g(b)} - \int_{g(a)}^{g(b)} u'(x)v(x)dx \right)$

Step5.

假设 $\displaystyle\lim_{a\to0,b\to\infty} u(x)v(x)\big|_{x=g(a)}^{x=g(b)}$ 存在且 $u'(x)v(x) \geq 0,\ \forall x \in (g(a), g(b))$

Step6.

说明 $\displaystyle\lim_{a\to0,b\to\infty}\int_{g(a)}^{g(b)} u(x)v'(x)dx$ 收敛时

$g(\infty) := \displaystyle\lim_{x\to\infty} g(x)$, 找 $h(x)$ 使得 $0 \leq u'(x)v(x) \leq h(x),\ \forall x \in (g(0), g(\infty))$

藉由 Comparison Test, 若 $\displaystyle\lim_{a\to0,b\to\infty}\int_{g(a)}^{g(b)} h(x)dx$ 收敛则 $\displaystyle\lim_{a\to0,b\to\infty}\int_{g(a)}^{g(b)} u'(x)v(x)dx$ 收敛

$\Rightarrow \displaystyle\int_{0}^{\infty} f(g(x))g'(x)\,dx$ 收敛

Step7.

说明 $\displaystyle\lim_{a\to0,b\to\infty}\int_{g(a)}^{g(b)} u(x)v'(x)dx$ 发散时

$g(\infty) := \displaystyle\lim_{x\to\infty} g(x)$, 找 $h(x)$ 使得 $0 \leq h(x) \leq u'(x)v(x),\ \forall x \in (g(0), g(\infty))$

藉由 Comparison Test, 若 $\displaystyle\lim_{a\to0,b\to\infty}\int_{g(a)}^{g(b)} h(x)dx$ 发散则 $\displaystyle\lim_{a\to0,b\to\infty}\int_{g(a)}^{g(b)} u'(x)v(x)dx$ 发散

$\Rightarrow \displaystyle\int_{0}^{\infty} f(g(x))g'(x)\,dx$ 发散

Type 2.

判断第二类瑕积分 $\displaystyle\int_{a}^{b} f(g(x))g'(x)\,dx$ 收敛或发散, 其中 $f(x) \geq 0,\ g'(x) \geq 0,\ \forall x \geq 0$ 且 $f(g(a))g'(a) = \infty$

解题流程:

Step1.

令 $u = g(x)$ 则 $du = g'(x)dx$, 藉由变换变数法则 $\displaystyle\int_{a}^{b} f(g(x))g'(x)\,dx = \int_{g(a)}^{g(b)} f(u)du$

Step2.

假设 $\exists\, u(x), v(x)$ 使得 $\displaystyle\int_{g(a)}^{g(b)} f(u)du = \int_{g(a)}^{g(b)} u(x)v'(x)dx$, 其中 $u(g(a))v'(g(a)) = \infty$

Step3.

藉由 Integration by parts, $\displaystyle\int_{g(a)}^{g(b)} u(x)v'(x)dx = u(x)v(x)\big|_{x=g(a)}^{x=g(b)} - \int_{g(a)}^{g(b)} u'(x)v(x)dx$

Step4.

假设 $u(x)v(x)\big|_{x=g(a)}^{x=g(b)}$ 存在且 $u'(x)v(x) \geq 0, \ \forall x \in (g(a), g(b))$

Step5.

说明 $\displaystyle\int_{g(a)}^{g(b)} u'(x)v(x)dx$ 收敛时

找 $h(x)$ 使得 $0 \leq u'(x)v(x) \leq h(x) \ \forall x \in (g(a), g(b))$

说明 $\displaystyle\int_{g(a)}^{g(b)} u'(x)v(x)dx$ 发散时

找 $h(x)$ 使得 $0 \leq h(x) \leq u'(x)v(x) \ \forall x \in \big(g(a), g(b)\big)$

藉由 Comparison Test, 若 $\displaystyle\int_{g(a)}^{g(b)} h(x)dx$ 收敛(发散) 则 $\displaystyle\int_{g(a)}^{g(b)} u'(x)v(x)dx$ 收敛(发散)

$\Rightarrow \displaystyle\int_{a}^{b} f(g(x))g'(x)\, dx$ 收敛(发散)

Example 1.

$\qquad$ 判断 $\displaystyle\int_{0}^{1} \frac{1}{x}\cos\frac{1}{x}dx$ 为绝对收敛或条件收敛

【解】

令 $u = \dfrac{1}{x}$ 则 $du = -x^{-2}dx$ 且 $-u^{-2}du = dx$, 藉由变换代换法

$$\int_{0}^{1} \frac{1}{x}\cos\frac{1}{x}dx = -\int_{\infty}^{1} u\cos u\,(u^{-2})du = \int_{1}^{\infty} u^{-1}\cos u\,du$$

令 $s = u^{-1}, \ dt = \cos u\,du$ 则 $ds = -\dfrac{du}{u^2}, \ t = \sin u$, 藉由 Integration by parts

$$\text{则 } \int_{1}^{\infty} u^{-1}\cos u\,du = \frac{\sin u}{u}\Big|_{1}^{\infty} + \int_{1}^{\infty} u^{-2}\sin u\,du = -\sin 1 + \int_{1}^{\infty} u^{-2}\sin u\,du$$

$$\because |u^{-2}\sin u| < u^{-2},\ \ \forall\, u > 1\ \ \text{and}\ \ \int_1^\infty u^{-2}\,du\ \text{收敛}$$

藉由 Comparison Test 则 $\displaystyle\int_1^\infty |u^{-2}\sin u|\,du$ 收敛

$$\therefore \int_1^\infty u^{-1}\cos u\,du\ \text{收敛}\ \Rightarrow\ \int_0^1 \frac{1}{x}\cos\frac{1}{x}\,dx\ \text{收敛}$$

Claim: $\displaystyle\int_0^1 \left|\frac{1}{x}\cos\frac{1}{x}\right|\,dx$ 发散

$$\text{令}\ u = \frac{1}{x}\ \text{则}\ \int_0^1 \left|\frac{1}{x}\cos\frac{1}{x}\right|\,dx = -\int_\infty^1 u|\cos u|\,(u^{-2})\,du = \int_1^\infty u^{-1}|\cos u|\,du$$

$$\because \int_1^\infty \frac{|\cos u|}{u}\,du > \sum_{n=1}^\infty \int_{n\pi+\frac{3\pi}{4}}^{(n+1)\pi} \left|\frac{\cos u}{u}\right|\,du > \sum_{n=1}^\infty \frac{1}{\sqrt{2}}\left(\frac{1}{(n+1)\pi}\right)\frac{\pi}{4} = \infty$$

$$\therefore \int_1^\infty u^{-1}|\cos u|\,du\ \text{发散}\ \Rightarrow \int_0^1 \left|\frac{1}{x}\cos\frac{1}{x}\right|\,dx\ \text{发散}\quad \therefore \int_0^1 \frac{1}{x}\cos\frac{1}{x}\,dx\ \text{条件收敛}$$

Example 2.

$$\text{判断}\ \int_0^\infty \cos x^2\,dx\ \text{收敛或发散}$$

【解】

$$\text{令}\, u = x^2\ \text{则}\ du = 2x\,dx \Rightarrow \frac{du}{2\sqrt{u}} = dx,\ \text{藉由变换代换法}$$

$$\because \int_0^\infty \cos x^2\,dx = \int_0^\infty \frac{\cos u}{2\sqrt{u}}\,du = \int_0^1 \frac{\cos u}{2\sqrt{u}}\,du + \int_1^\infty \frac{\cos u}{2\sqrt{u}}\,du$$

Claim: $\displaystyle\int_0^1 \frac{\cos u}{2\sqrt{u}}\,du$ 收敛

$\because \left|\dfrac{\cos u}{2\sqrt{u}}\right| < \dfrac{1}{2\sqrt{u}},\ \ \forall\, 0 < u < 1\ \ \text{and}\ \ \displaystyle\int_0^1 \frac{1}{2\sqrt{u}}\,du$ 收敛

藉由 Comparison Test 则 $\displaystyle\int_0^1 \frac{\cos u}{2\sqrt{u}}\,du$ 收敛

Claim: $\displaystyle\int_1^\infty \frac{\cos u}{2\sqrt{u}}\,du$ 收敛

令 $s = u^{-\frac{1}{2}},\ dt = \cos u\,du$ 则 $ds = -\dfrac{1}{2}u^{-\frac{3}{2}}du,\ t = \sin u$, 藉由分部积分法

则 $\displaystyle\int_1^\infty \frac{\cos u\,du}{\sqrt{u}} = \frac{\sin u}{u^{\frac{1}{2}}}\Bigg|_1^\infty + \int_1^\infty \frac{1}{2}u^{-\frac{3}{2}}\sin u\,du = -\sin 1 + \int_1^\infty \frac{1}{2}u^{-\frac{3}{2}}\sin u\,du$

$\because \left|u^{-\frac{3}{2}}\sin u\right| < u^{-\frac{3}{2}},\ \ \forall\, u > 1\ \text{and}\ \displaystyle\int_1^\infty u^{-\frac{3}{2}}\,du$ 收敛

藉由 Comparison Test 则 $\displaystyle\int_1^\infty u^{-\frac{3}{2}}\sin u\,du$ 收敛 $\qquad \therefore \displaystyle\int_1^\infty \frac{\cos u}{2\sqrt{u}}\,du$ 收敛

因此 $\displaystyle\int_0^\infty \frac{\cos u}{2\sqrt{u}}\,du$ 收敛 $\Rightarrow \displaystyle\int_0^\infty \cos x^2\,dx$ 收敛

Example 3.

$\qquad$ 判断 $\displaystyle\int_0^1 \frac{\cos u^{-2}}{u^2}\,du$ 收敛或发散

【解】

令 $u^{-2} = x$ 则 $-2u^{-3}du = dx \Rightarrow du = -\dfrac{x^{-\frac{3}{2}}}{2}dx$, 藉由变换代换法

$$\int_0^1 \frac{\cos u^{-2}}{u^2}\,du = \int_\infty^1 x\cos x\left(-\frac{x^{-\frac{3}{2}}}{2}\right)dx = \frac{1}{2}\int_1^\infty x^{-\frac{1}{2}}\cos x\,dx$$

令 $s = \dfrac{1}{\sqrt{x}}$, $\ dt = \cos x\,dx\ $ 则 $ds = \dfrac{-x^{-\frac{3}{2}}}{2}\,dx$, $\ t = \sin x$, 藉由 Integration by parts

则 $\displaystyle\int_1^\infty \frac{\cos x}{\sqrt{x}}\,dx = \frac{\sin x}{\sqrt{x}}\Big|_1^\infty + \frac{1}{2}\int_1^\infty x^{-\frac{3}{2}}\sin x\,dx = -\sin 1 + \frac{1}{2}\int_1^\infty x^{-\frac{3}{2}}\sin x\,dx$

$\because \left|x^{-\frac{3}{2}}\sin x\right| < x^{-\frac{3}{2}},\ \forall\, x > 1$ 且 $\displaystyle\int_1^\infty x^{-\frac{3}{2}}dx$ 收敛

藉由 Comparison Test 则 $\displaystyle\int_1^\infty x^{-\frac{3}{2}}\sin x\,dx$ 收敛 $\therefore \displaystyle\int_1^\infty \frac{\cos x}{\sqrt{x}}\,dx$ 收敛 $\Rightarrow \displaystyle\int_0^1 \frac{\cos u^{-2}}{u^2}\,du$ 收敛

Example 4.

$$\text{判断}\ \int_0^1 \frac{\cos u^{-1}}{u}\,du\ \text{收敛或发散}$$

【解】

令 $u^{-1} = x$ 则 $-u^{-2}du = dx \Rightarrow du = -x^{-2}dx$, 藉由变换代换法

$$\int_0^1 \frac{\cos u^{-1}}{u}\,du = \int_\infty^1 x\cos x\,(-x^{-2})dx = \int_1^\infty x^{-1}\cos x\,dx$$

令 $s = x^{-1}$, $\ dt = \cos x\,dx\ $ 则 $\ ds = -\dfrac{dx}{x^2}$, $\ t = \sin x$, 藉由 Integration by parts

则 $\displaystyle\int_1^\infty x^{-1}\cos x\,dx = \frac{\sin x}{x}\Big|_1^\infty + \int_1^\infty x^{-2}\sin x\,dx = -\sin 1 + \int_1^\infty x^{-2}\sin x\,dx$

$\because |x^{-2}\sin x| < x^{-2},\ \forall x > 1$ 且 $\displaystyle\int_1^\infty x^{-2}dx$ 收敛

藉由 Comparison Test 则 $\displaystyle\int_1^\infty x^{-2}\sin x\, du$ 收敛 $\therefore \displaystyle\int_1^\infty x^{-1}\cos x\, dx$ 收敛 $\Rightarrow \displaystyle\int_0^1 \frac{\cos u^{-1}}{u}\, du$ 收敛

Example 5.

$$判断 \int_0^1 \frac{e^{-\frac{1}{u}}\operatorname{csch}^{-1}\frac{1}{u}}{u^2}\, du \ \ 收敛或发散$$

【解】

令 $u^{-1}=x$ 则 $-u^{-2}du=dx$，藉由变换代换法

$$\int_0^1 \frac{e^{-\frac{1}{u}}\operatorname{csch}^{-1}\frac{1}{u}}{u^2}\, du = -\int_\infty^1 e^{-x}\operatorname{csch}^{-1}x\, dx = \int_1^\infty e^{-x}\operatorname{csch}^{-1}x\, dx$$

令 $s=\operatorname{csch}^{-1}x$，$dt=\dfrac{dx}{e^x}$ 则 $ds=\dfrac{-dx,}{x\sqrt{1+x^2}}$ $t=-e^{-x}$，藉由分部积分法

$$\int_1^\infty e^{-x}\operatorname{csch}^{-1}x\, dx = -e^{-x}\cdot\operatorname{csch}^{-1}x\Big|_1^\infty - \int_1^\infty \frac{e^{-x}}{x\sqrt{1+x^2}}\, dx$$

$$= -e^{-x}\ln\left(\frac{1+\sqrt{1+x^2}}{x}\right)\Big|_1^\infty - \int_1^\infty \frac{e^{-x}dx}{x\sqrt{1+x^2}} = e^{-1}\ln(1+\sqrt{2}) - \int_1^\infty \frac{e^{-x}dx}{x\sqrt{1+x^2}}$$

$$\because \frac{e^{-x}}{x\sqrt{1+x^2}} < e^{-x},\ \forall x>1 \ \ 且 \ \int_1^\infty e^{-x}dx \ \ 收敛$$

藉由 Comparison Test 则 $\displaystyle\int_1^\infty \frac{e^{-x}}{x\sqrt{1+x^2}}\, dx$ 收敛

$$\therefore \int_1^\infty e^{-x}\operatorname{csch}^{-1}x\, dx \ \ 收敛 \ \Rightarrow \int_0^1 \frac{e^{-\frac{1}{u}}\operatorname{csch}^{-1}\frac{1}{u}}{u^2}\, du \ \ 收敛$$

Example 6.

$$\text{判断} \int_0^1 u^{p-2} \operatorname{csch}^{-1} \frac{1}{u} \, du \ \text{收敛或发散}, \ \forall p > 1$$

【解】

令 $p > 1$, $u^{-1} = x$ 则 $-u^{-2} du = dx \Rightarrow du = -x^{-2} dx$, 藉由变换代换法

$$\int_0^1 u^{p-2} \operatorname{csch}^{-1} \frac{1}{u} \, du = \int_\infty^1 x^{2-p} \operatorname{csch}^{-1} x \, (-x^{-2}) dx = \int_1^\infty x^{-p} \operatorname{csch}^{-1} x \, dx$$

令 $s = \operatorname{csch}^{-1} x$, $dt = \dfrac{dx}{x^p}$ 则 $ds = \dfrac{-dx}{x\sqrt{1+x^2}}$, $t = \dfrac{x^{1-p}}{1-p}$, 藉由分部积分法

$$\int_1^\infty x^{-p} \operatorname{csch}^{-1} x \, dx = \frac{x^{1-p} \operatorname{csch}^{-1} x}{1-p} \bigg|_1^\infty + \frac{1}{1-p} \int_1^\infty \frac{x^{-p}}{\sqrt{1+x^2}} \, dx$$

$$= \frac{x^{1-p} \ln\left(\frac{1+\sqrt{1+x^2}}{x}\right)}{1-p} \bigg|_1^\infty + \frac{1}{1-p} \int_1^\infty \frac{x^{-p} dx}{\sqrt{1+x^2}} = \frac{\ln(1+\sqrt{2})}{p-1} + \frac{1}{1-p} \int_1^\infty \frac{x^{-p} dx}{\sqrt{1+x^2}}$$

$\because \dfrac{x^{-p}}{\sqrt{1+x^2}} < x^{-p}$, $\forall x > 1$ 且 $\displaystyle\int_1^\infty x^{-p} dx$ 收敛, $\forall p > 1$

藉由 Comparison Test 则 $\displaystyle\int_1^\infty \frac{x^{-p}}{\sqrt{1+x^2}} \, dx$ 收敛

$\therefore \displaystyle\int_1^\infty x^{-p} \operatorname{csch}^{-1} x \, dx$ 收敛 $\Rightarrow \displaystyle\int_0^1 u^{p-2} \operatorname{csch}^{-1} \frac{1}{u} \, du$ 收敛

Example 7.

$$\text{判断} \int_0^1 \frac{e^{-\frac{1}{u}} \sinh^{-1} \frac{1}{u}}{u^2} \, du \ \text{收敛或发散}$$

【解】

令 $u^{-1} = x$ 则 $-u^{-2} du = dx$, 藉由变换代换法

$$\int_0^1 \frac{e^{-\frac{1}{u}} \sinh^{-1} \frac{1}{u}}{u^2} \, du = -\int_\infty^1 e^{-x} \sinh^{-1} x \, dx = \int_1^\infty e^{-x} \sinh^{-1} x \, dx$$

令 $s = \sinh^{-1} x$, $dt = \dfrac{dx}{e^x}$ 则 $ds = \dfrac{dx}{\sqrt{1+x^2}}$, $t = -e^{-x}$, 藉由分部积分法

$$\int_1^\infty e^{-x} \sinh^{-1} x \, dx = -\left. \frac{\sinh^{-1} x}{e^x} \right|_1^\infty + \int_1^\infty \frac{e^{-x} dx}{\sqrt{1+x^2}} = \frac{\sinh^{-1} 1}{e} + \int_1^\infty \frac{e^{-x} dx}{\sqrt{1+x^2}}$$

$$\because \frac{e^{-x}}{\sqrt{1+x^2}} < e^{-x}, \ \forall x > 1 \ \text{且} \int_1^\infty e^{-x} dx \ \text{收敛}$$

藉由 Comparison Test 则 $\displaystyle\int_1^\infty \frac{e^{-x}}{\sqrt{1+x^2}} dx$ 收敛

$$\therefore \int_1^\infty e^{-x} \sinh^{-1} x \, dx \ \text{收敛} \Rightarrow \int_0^1 \frac{e^{-\frac{1}{u}} \sinh^{-1} \frac{1}{u}}{u^2} \, du \ \text{收敛}$$

Example 8.

$$判断 \int_0^1 u^{p-2} \sinh^{-1} \frac{1}{u} \, du \ \text{收敛或发散}, \ \forall p > 1$$

【解】

令 $p > 1$, $u^{-1} = x$ 则 $-u^{-2} du = dx \Rightarrow du = -x^{-2} dx$, 藉由变换代换法

$$\int_0^1 u^{p-2} \sinh^{-1} \frac{1}{u} \, du = \int_\infty^1 x^{2-p} \sinh^{-1} x \, (-x^{-2}) du = \int_1^\infty x^{-p} \sinh^{-1} x \, du$$

令 $s = \sinh^{-1} x$, $dt = \dfrac{dx}{x^p}$ 则 $ds = \dfrac{dx}{\sqrt{1+x^2}}$, $t = \dfrac{x^{1-p}}{1-p}$, 藉由分部积分法

$$\int_1^\infty x^{-p} \sinh^{-1} x \, dx = \left. \frac{x^{1-p} \sinh^{-1} x}{1-p} \right|_1^\infty + \frac{1}{1-p} \int_1^\infty \frac{x^{1-p}}{\sqrt{1+x^2}} dx$$

$$= \frac{\sinh^{-1} 1}{p - 1} + \frac{1}{1 - p} \int_1^\infty \frac{x^{1-p}}{\sqrt{1 + x^2}} dx$$

$$\because \frac{x^{1-p}}{\sqrt{1 + x^2}} < x^{-p}, \ \forall x > 1 \ \ \text{且} \ \int_1^\infty x^{-p} dx \ \ \text{收敛}, \ \forall p > 1$$

藉由 Comparison Test 则 $\displaystyle\int_1^\infty \frac{x^{1-p}}{\sqrt{1 + x^2}} dx$ 收敛

$$\therefore \int_1^\infty x^{-p} \sinh^{-1} x \, dx \ \text{收敛} \ \Rightarrow \ \int_0^1 u^{p-2} \sinh^{-1} \frac{1}{u} du \ \text{收敛}$$

Example 9.

$$\text{判断} \int_0^{e^{-1}} \ln \ln(u^{-1}) \, du \ \text{收敛或发散}$$

【解】

令 $u = e^{-x}$ 则 $du = -e^{-x} dx$, 藉由变换代换法

$$\therefore \int_0^{e^{-1}} \ln \ln(u^{-1}) \, du = -\int_\infty^1 e^{-x} \ln x \, dx = \int_1^\infty e^{-x} \ln x \, dx$$

令 $u = \ln x$, $dv = e^{-x} dx$ 则 $du = x^{-1} dx$, $v = -e^{-x}$, 藉由 Integration by parts

$$\text{则} \int_1^\infty e^{-x} \ln x \, dx = -e^{-x} \ln x \big|_1^\infty + \int_1^\infty e^{-x} x^{-1} dx = \int_1^\infty e^{-x} x^{-1} dx$$

$$\because e^{-x} x^{-1} < e^{-x}, \ \forall x > 1 \ \ \text{且} \ \int_1^\infty e^{-x} dx \ \text{收敛}$$

藉由 Comparison Test 则 $\displaystyle\int_1^\infty e^{-x} x^{-1} dx$ 收敛 $\quad \therefore \int_0^{e^{-1}} \ln \ln(u^{-1}) \, du \ \text{收敛}$

Example 10.

$$判断 \int_0^{e^{-1}} \mathrm{csch}^{-1}(\ln u^{-1})\, du \ 收敛或发散$$

【解】

令 $u = e^{-x}$ 则 $du = -e^{-x} dx$，藉由变换代换法

$$\therefore \int_0^{e^{-1}} \mathrm{csch}^{-1}(\ln u^{-1})\, du = -\int_\infty^1 e^{-x} \mathrm{csch}^{-1} x\, dx = \int_1^\infty e^{-x} \mathrm{csch}^{-1} x\, dx$$

令 $s = \mathrm{csch}^{-1} x$, $dt = \dfrac{dx}{e^x}$ 则 $ds = \dfrac{-dx}{x\sqrt{1+x^2}}$, $t = -e^{-x}$, 藉由分部积分法

$$则 \int_1^\infty e^{-x} \mathrm{csch}^{-1} x\, dx = -e^{-x} \cdot \mathrm{csch}^{-1} x \Big|_1^\infty - \int_1^\infty \frac{e^{-x}}{x\sqrt{1+x^2}}\, dx$$

$$= -e^{-x} \cdot \ln\left(\frac{1+\sqrt{1+x^2}}{x}\right)\Bigg|_1^\infty - \int_1^\infty \frac{e^{-x} dx}{x\sqrt{1+x^2}} = \frac{\ln(1+\sqrt{2})}{e} - \int_1^\infty \frac{e^{-x} dx}{x\sqrt{1+x^2}}$$

$$\because \frac{e^{-x}}{x\sqrt{1+x^2}} < e^{-x}, \ \forall x > 1 \ 且 \int_1^\infty e^{-x} dx \ 收敛$$

$$藉由 \text{ Comparison Test } 则 \int_1^\infty \frac{e^{-x}}{x\sqrt{1+x^2}}\, dx \ 收敛 \quad \therefore \int_0^{e^{-1}} \mathrm{csch}^{-1}(\ln u^{-1})\, du \ 收敛$$

Example 11.

$$判断 \int_0^{e^{-1}} \sinh^{-1}(\ln u^{-1})\, du \ 收敛或发散$$

【解】

令 $u = e^{-x}$ 则 $du = -e^{-x} dx$，藉由变换代换法

$$\therefore \int_0^{e^{-1}} \sinh^{-1}(\ln u^{-1})\, du = -\int_\infty^1 e^{-x}\sinh^{-1} x\, dx = \int_1^\infty e^{-x}\sinh^{-1} x\, dx$$

令 $s = \sinh^{-1} x$, $dt = \dfrac{dx}{e^x}$ 则 $ds = \dfrac{dx}{\sqrt{1+x^2}}$, $t = -e^{-x}$, 藉由分部积分法

则 $\displaystyle\int_1^\infty e^{-x}\sinh^{-1} x\, dx = -e^{-x}\sinh^{-1} x\big|_1^\infty + \int_1^\infty \frac{e^{-x}dx}{\sqrt{1+x^2}} = \frac{\sinh^{-1} 1}{e} + \int_1^\infty \frac{e^{-x}dx}{\sqrt{1+x^2}}$

$$\because \frac{e^{-x}}{\sqrt{1+x^2}} < e^{-x}, \ \forall x > 1 \ \text{且} \ \int_1^\infty e^{-x}dx \ \text{收敛}$$

藉由 Comparison Test 则 $\displaystyle\int_1^\infty \frac{e^{-x}}{\sqrt{1+x^2}}dx$ 收敛 $\quad \therefore \int_0^{e^{-1}} \sinh^{-1}(\ln u^{-1})\, du$ 收敛

5.4.4.8 先作变数代换再用分部积分法+**Quotient Test**

考试类型:

Type 1.

判断第一类瑕积分 $\displaystyle\int_0^\infty f(g(x))g'(x)\, dx$ 收敛或发散, 其中 $f(x) \geq 0$, $g'(x) \geq 0$, $\forall x \geq 0$

解题流程:

Step1.

令 $u = g(x)$ 则 $du = g'(x)dx$, 藉由变换变数法则 $\displaystyle\int_a^b f(g(x))g'(x)\, dx = \int_{g(a)}^{g(b)} f(u)du$

Step2.

$\displaystyle\therefore \int_0^\infty f(g(x))g'(x)\, dx = \lim_{a\to 0, b\to\infty} \int_a^b f(g(x))g'(x)\, dx = \lim_{a\to 0, b\to\infty} \int_{g(a)}^{g(b)} f(u)du$

Step3.

假设 $\exists\, u(x), v(x)$ 使得 $\displaystyle \lim_{a\to 0, b\to\infty} \int_{g(a)}^{g(b)} f(u)du = \lim_{a\to 0, b\to\infty} \int_{g(a)}^{g(b)} u(x)v'(x)dx$

Step4.

藉由 Integration by parts,

$$\lim_{a\to 0,b\to\infty}\int_{g(a)}^{g(b)}u(x)v'(x)dx = \lim_{a\to 0,b\to\infty}\left(u(x)v(x)\Big|_{x=g(a)}^{x=g(b)} - \int_{g(a)}^{g(b)}u'(x)v(x)dx\right)$$

Step5.

令 $g(\infty) = \lim_{x\to\infty}g(x)$，假设 $u(x)v(x)\Big|_{x=g(0)}^{x=g(\infty)}$ 存在且 $u'(x)v(x)\geq 0$，$\forall x\in(g(0),g(\infty))$

Step6.

说明 $\lim_{a\to 0,b\to\infty}\int_{g(a)}^{g(b)}u(x)v'(x)dx$ 收敛发散时，找 $h(x)\geq 0$ s.t. $\lim_{x\to\infty}\dfrac{u'(x)v(x)}{h(x)} = L\in(0,\infty)$

藉由 Quotient Test

若 $\lim_{a\to 0,b\to\infty}\int_{g(a)}^{g(b)}h(x)dx$ 收敛则 $\lim_{a\to 0,b\to\infty}\int_{g(a)}^{g(b)}u'(x)v(x)dx$ 收敛

$\Rightarrow \displaystyle\int_0^\infty f(g(x))g'(x)\,dx$ 收敛

若 $\lim_{a\to 0,b\to\infty}\int_{g(a)}^{g(b)}h(x)dx$ 发散则 $\lim_{a\to 0,b\to\infty}\int_{g(a)}^{g(b)}u'(x)v(x)dx$ 发散

$\Rightarrow \displaystyle\int_0^\infty f(g(x))g'(x)\,dx$ 发散

Type 2.

判断第二类瑕积分 $\displaystyle\int_a^b f(g(x))g'(x)\,dx$ 收敛或发散，其中 $f(x)\geq 0$，$g'(x)\geq 0$，$\forall x\geq 0$ 且 $f(g(a))g'(a) = \infty$

解题流程：

Step1.

令 $u = g(x)$ 则 $du = g'(x)dx$，藉由变换变数法则 $\displaystyle\int_a^b f(g(x))g'(x)\,dx = \int_{g(a)}^{g(b)}f(u)du$

Step2.

假设 $\exists\, u(x), v(x)$ 使得 $\displaystyle\int_{g(a)}^{g(b)}f(u)du = \int_{g(a)}^{g(b)}u(x)v'(x)dx$ 其中 $u(g(a))v'(g(a)) = \infty$

Step3.

藉由 Integration by parts, $\displaystyle\int_{g(a)}^{g(b)}u(x)v'(x)dx = u(x)v(x)\Big|_{x=g(a)}^{x=g(b)} - \int_{g(a)}^{g(b)}u'(x)v(x)dx$

Step4.

假设 $u(x)v(x)\big|_{x=g(a)}^{x=g(b)}$ 存在且 $u'(x)v(x) \geq 0,\ \forall x \in (g(a), g(b))$

Step5.

找 $h(x) \geq 0$ 使得 $\displaystyle\lim_{x \to g(a)} \frac{u'(x)v(x)}{h(x)} = L \in (0, \infty)$

藉由 Quotient Test

若 $\displaystyle\int_{g(a)}^{g(b)} h(x)dx$ 收敛(发散) 则 $\displaystyle\int_{g(a)}^{g(b)} u'(x)v(x)dx$ 收敛(发散)

$\Rightarrow \displaystyle\int_{a}^{b} f(g(x))g'(x)\, dx$ 收敛(发散)

Example 1.

$\quad$ 判断 $\displaystyle\int_{0}^{\infty} \cos x^2\, dx$ 收敛或发散

【解】

令 $u = x^2$ 则 $du = 2xdx \Rightarrow \dfrac{du}{2\sqrt{u}} = dx$, 藉由变换代换法

$\because \displaystyle\int_{0}^{\infty} \cos x^2\, dx = \int_{0}^{\infty} \frac{\cos u}{2\sqrt{u}}\, du = \int_{0}^{1} \frac{\cos u}{2\sqrt{u}}\, du + \int_{1}^{\infty} \frac{\cos u}{2\sqrt{u}}\, du$

Claim: $\displaystyle\int_{0}^{1} \frac{\cos u}{\sqrt{u}}\, du$ 收敛

$\because \displaystyle\lim_{u \to 0} \frac{\dfrac{\cos u}{\sqrt{u}}}{\dfrac{1}{u^{\frac{2}{3}}}} = \lim_{u \to 0} u^{\frac{1}{6}}\cos u = 0$ and $\displaystyle\int_{0}^{1} u^{-\frac{2}{3}}du$ 收敛

藉由 Quotient Test 则 $\displaystyle\int_{0}^{1} \frac{\cos u}{2\sqrt{u}}\, du$ 收敛

Claim: $\displaystyle\int_{1}^{\infty} \frac{\cos u}{2\sqrt{u}}\, du$ 收敛

令 $s = u^{-\frac{1}{2}}$, $dt = \cos u\, du$ 则 $ds = -\frac{1}{2}u^{-\frac{3}{2}}du$, $t = \sin u$, 藉由分部积分法

则 $\displaystyle\int_{1}^{\infty} \frac{\cos u}{\sqrt{u}}\, du = u^{-\frac{1}{2}}\sin u\Big|_{1}^{\infty} + \int_{1}^{\infty} \frac{1}{2}u^{-\frac{3}{2}}\sin u\, du - \sin 1 + \int_{1}^{\infty} \frac{1}{2}u^{-\frac{3}{2}}\sin u\, du$

$\because \displaystyle\lim_{u\to\infty} \frac{u^{-\frac{3}{2}}\sin u}{u^{-\frac{5}{4}}} = \lim_{u\to\infty} u^{\frac{-1}{4}}\sin u = 0$ and $\displaystyle\int_{1}^{\infty} u^{-\frac{5}{4}}du$ 收敛

藉由 Quotient Test 则 $\displaystyle\int_{1}^{\infty} u^{-\frac{3}{2}}\sin u\, du$ 收敛 $\quad \therefore \displaystyle\int_{1}^{\infty} \frac{\cos u}{2\sqrt{u}}\, du$ 收敛

因此 $\displaystyle\int_{0}^{\infty} \frac{\cos u}{2\sqrt{u}}\, du$ 收敛 $\Rightarrow \displaystyle\int_{0}^{\infty} \cos x^2\, dx$ 收敛

Example 2.

判断 $\displaystyle\int_{0}^{1} \frac{\cos u^{-2}}{u^2}\, du$ 收敛或发散

【解】

令 $u^{-2} = x$ 则 $-2u^{-3}du = dx \Rightarrow du = -\frac{x^{-\frac{3}{2}}}{2}dx$, 藉由变换代换法

$\displaystyle\int_{0}^{1} \frac{\cos u^{-2}}{u^2}\, du = \int_{\infty}^{1} x\cos x \left(-\frac{x^{-\frac{3}{2}}}{2}\right) dx = \frac{1}{2}\int_{1}^{\infty} x^{-\frac{1}{2}}\cos x\, dx$

令 $s = \frac{1}{\sqrt{x}}$, $dt = \cos x\, dx$ 则 $ds = \frac{-x^{-\frac{3}{2}}}{2}dx$, $t = \sin x$, 藉由分部积分法

则 $\displaystyle\int_{1}^{\infty} \frac{\cos x}{\sqrt{x}}\, dx = \frac{\sin x}{\sqrt{x}}\Big|_{1}^{\infty} + \frac{1}{2}\int_{1}^{\infty} x^{-\frac{3}{2}}\sin x\, dx = -\sin 1 + \frac{1}{2}\int_{1}^{\infty} x^{-\frac{3}{2}}\sin x\, dx$

$$\because \lim_{x\to\infty} \frac{x^{-\frac{3}{2}}\sin x}{x^{-\frac{5}{4}}} = \lim_{x\to\infty} x^{-\frac{1}{4}}\sin x = 0 \quad \text{and} \quad \int_1^\infty x^{-\frac{5}{4}}dx \ \text{收敛}$$

藉由 Quotient Test 则 $\displaystyle\int_1^\infty x^{-\frac{3}{2}}\sin x\, dx$ 收敛 $\therefore \displaystyle\int_1^\infty \frac{\cos x}{\sqrt{x}}dx$ 收敛 $\Rightarrow \displaystyle\int_0^1 \frac{\cos u^{-2}}{u^2}du$ 收敛

Example 3.

$$判断 \int_0^1 \frac{\cos u^{-1}}{u}du \ \text{收敛或发散}$$

【解】

令 $u^{-1} = x$ 则 $-u^{-2}du = dx \Rightarrow du = -x^{-2}dx$, 藉由变换代换法

$$\int_0^1 \frac{\cos u^{-1}}{u}du = \int_\infty^1 x\cos x\,(-x^{-2})dx = \int_1^\infty x^{-1}\cos x\, dx$$

令 $s = x^{-1}$, $dt = \cos x\, dx$ 则 $ds = -\dfrac{dx}{x^2}$, $t = \sin x$, 藉由分部积分法

$$则 \int_1^\infty x^{-1}\cos x\, dx = \frac{\sin x}{x}\Big|_1^\infty + \int_1^\infty x^{-2}\sin x\, dx = -\sin 1 + \int_1^\infty x^{-2}\sin x\, dx$$

$$\because \lim_{x\to\infty} \frac{x^{-2}\sin x}{x^{-\frac{5}{4}}} = \lim_{x\to\infty} x^{-\frac{3}{4}}\sin x = 0 \quad \text{and} \quad \int_1^\infty x^{-\frac{5}{4}}dx \ \text{收敛}$$

藉由 Quotient Test 则 $\displaystyle\int_1^\infty x^{-2}\sin x\, dx$ 收敛 $\therefore \displaystyle\int_1^\infty x^{-1}\cos x\, dx$ 收敛 $\Rightarrow \displaystyle\int_0^1 \frac{\cos u^{-1}}{u}du$ 收敛

Example 4.

$$判断 \int_0^1 \frac{e^{-\frac{1}{u}}\operatorname{csch}^{-1}\frac{1}{u}}{u^2}du \ \text{收敛或发散}$$

【解】

令 $u^{-1} = x$ 则 $-u^{-2}du = dx$,　藉由变换代换法

$$\int_0^1 \frac{e^{-\frac{1}{u}} \operatorname{csch}^{-1} \frac{1}{u}}{u^2} du = -\int_\infty^1 e^{-x} \operatorname{csch}^{-1} x\, dx = \int_1^\infty e^{-x} \operatorname{csch}^{-1} x\, dx$$

令 $s = \operatorname{csch}^{-1} x$,　$dt = \dfrac{dx}{e^x}$　则 $ds = \dfrac{-dx}{x\sqrt{1+x^2}}$,　$t = -e^{-x}$,　藉由分部积分法

则 $\displaystyle\int_1^\infty e^{-x} \operatorname{csch}^{-1} x\, dx = -e^{-x} \cdot \operatorname{csch}^{-1} x\Big|_1^\infty - \int_1^\infty \frac{e^{-x}}{x\sqrt{1+x^2}} dx$

$$= -\frac{\ln\left(\dfrac{1+\sqrt{1+x^2}}{x}\right)}{e^x}\Bigg|_1^\infty - \int_1^\infty \frac{e^{-x}dx}{x\sqrt{1+x^2}} = \frac{(\ln 1 + \sqrt{2})}{e} - \int_1^\infty \frac{e^{-x}dx}{x\sqrt{1+x^2}}$$

$\because \displaystyle\lim_{x\to\infty} \frac{\dfrac{e^{-x}}{x\sqrt{1+x^2}}}{e^{-x}} = \lim_{x\to\infty} \frac{1}{x\sqrt{1+x^2}} = 0$　and　$\displaystyle\int_1^\infty e^{-x}dx$ 收敛

藉由 Quotient Test 则 $\displaystyle\int_1^\infty \frac{e^{-x}}{x\sqrt{1+x^2}} dx$　收敛

$\therefore \displaystyle\int_1^\infty e^{-x} \operatorname{csch}^{-1} x\, dx$ 收敛 $\Rightarrow \displaystyle\int_0^1 \frac{e^{-\frac{1}{u}} \operatorname{csch}^{-1} \frac{1}{u}}{u^2} du$ 收敛

Example 5.

$$判断 \int_0^1 u^{p-2} \operatorname{csch}^{-1} \frac{1}{u}\, du \text{ 收敛或发散}, \ \forall p > 1$$

【解】

令 $p > 1$,　$u^{-1} = x$ 则 $-u^{-2}du = dx \Rightarrow du = -x^{-2}dx$,　藉由变换代换法

$$\int_0^1 u^{p-2} \operatorname{csch}^{-1} \frac{1}{u}\, du = \int_\infty^1 x^{2-p} \operatorname{csch}^{-1} x\, (-x^{-2})du = \int_1^\infty x^{-p} \operatorname{csch}^{-1} x\, du$$

令 $s = \operatorname{csch}^{-1} x$,　$dt = \dfrac{dx}{x^p}$　则 $ds = \dfrac{-dx}{x\sqrt{1+x^2}}$,　$t = \dfrac{x^{1-p}}{1-p}$,　藉由分部积分法

$$\int_1^\infty x^{-p}\,\mathrm{csch}^{-1}x\,dx = \frac{x^{1-p}\,\mathrm{csch}^{-1}x}{1-p}\bigg|_1^\infty + \frac{1}{1-p}\int_1^\infty \frac{x^{-p}}{\sqrt{1+x^2}}\,dx$$

$$= \frac{x^{1-p}\ln\left(\dfrac{1+\sqrt{1+x^2}}{x}\right)}{1-p}\bigg|_1^\infty + \frac{1}{1-p}\int_1^\infty \frac{x^{-p}\,dx}{\sqrt{1+x^2}} = \frac{\ln(1+\sqrt{2})}{p-1} + \frac{1}{1-p}\int_1^\infty \frac{x^{-p}\,dx}{\sqrt{1+x^2}}$$

$$\because \lim_{x\to\infty}\frac{\dfrac{x^{-p}}{\sqrt{1+x^2}}}{x^{-p}} = \lim_{x\to\infty}\frac{1}{\sqrt{1+x^2}} = 0 \;\; \text{and} \;\; \int_1^\infty x^{-p}\,dx \;\; 收敛, \;\; \forall p > 1$$

藉由 Quotient Test 则 $\displaystyle\int_1^\infty \frac{x^{-p}}{\sqrt{1+x^2}}\,dx$ 收敛

$$\therefore \int_1^\infty x^{-p}\,\mathrm{csch}^{-1}x\,dx \;\; 收敛 \Rightarrow \int_0^1 u^{p-2}\,\mathrm{csch}^{-1}\frac{1}{u}\,du \;\; 收敛$$

Example 6.

$$判断 \int_0^1 \frac{e^{-\frac{1}{u}}\sinh^{-1}\dfrac{1}{u}}{u^2}\,du \;\; 收敛或发散$$

【解】

令 $u^{-1} = x$ 则 $-u^{-2}du = dx$, 藉由变换代换法

$$\int_0^1 \frac{e^{-\frac{1}{u}}\sinh^{-1}\dfrac{1}{u}}{u^2}\,du = -\int_\infty^1 e^{-x}\sinh^{-1}x\,dx = \int_1^\infty e^{-x}\sinh^{-1}x\,dx$$

令 $s = \sinh^{-1}x$, $dt = \dfrac{dx}{e^x}$ 则 $ds = \dfrac{dx}{\sqrt{1+x^2}}$, $t = -e^{-x}$, 藉由分部积分法

$$\int_1^\infty e^{-x}\sinh^{-1}x\,dx = -\frac{\sinh^{-1}x}{e^x}\bigg|_1^\infty + \int_1^\infty \frac{e^{-x}\,dx}{\sqrt{1+x^2}} = \frac{\sinh^{-1}1}{e} + \int_1^\infty \frac{e^{-x}\,dx}{\sqrt{1+x^2}}$$

$$\because \lim_{x\to\infty}\frac{\dfrac{e^{-x}}{\sqrt{1+x^2}}}{e^{-x}} = \lim_{x\to\infty}\frac{1}{\sqrt{1+x^2}} = 0 \;\; \text{and} \;\; \int_1^\infty e^{-x}\,dx \;\; 收敛$$

藉由 Quotient Test 则 $\displaystyle\int_{1}^{\infty} \dfrac{e^{-x}}{\sqrt{1+x^2}}dx$ 收敛

$$\therefore \int_{1}^{\infty} e^{-x} \sinh^{-1} x \, dx \text{ 收敛} \Rightarrow \int_{0}^{1} \dfrac{e^{-\frac{1}{u}} \sinh^{-1} \frac{1}{u}}{u^2} du \text{ 收敛}$$

Example 7.

$$\text{判断} \int_{0}^{1} u^{p-2} \sinh^{-1} \frac{1}{u} \, du \text{ 收敛或发散}, \ \forall p > 1$$

【解】

令 $p > 1$, $u^{-1} = x$ 则 $-u^{-2}du = dx \Rightarrow du = -x^{-2}dx$, 藉由变换代换法

$$\int_{0}^{1} u^{p-2} \sinh^{-1} \frac{1}{u} \, du = \int_{\infty}^{1} x^{2-p} \sinh^{-1} x \, (-x^{-2})dx = \int_{1}^{\infty} x^{-p} \sinh^{-1} x \, dx$$

令 $s = \sinh^{-1} x$, $dt = \dfrac{dx}{x^p}$ 则 $ds = \dfrac{dx}{\sqrt{1+x^2}}$, $t = \dfrac{x^{1-p}}{1-p}$, 藉由分部积分法

$$\int_{1}^{\infty} x^{-p} \sinh^{-1} x \, dx = \dfrac{x^{1-p} \sinh^{-1} x}{1-p}\Big|_{1}^{\infty} - \dfrac{1}{1-p}\int_{1}^{\infty} \dfrac{x^{1-p}}{\sqrt{1+x^2}} dx$$

$$= \dfrac{\sinh^{-1} 1}{p-1} - \dfrac{1}{1-p}\int_{1}^{\infty} \dfrac{x^{1-p}}{\sqrt{1+x^2}} dx$$

$$\because \lim_{x\to\infty} \dfrac{\frac{x^{1-p}}{\sqrt{1+x^2}}}{x^{-p}} = \lim_{x\to\infty} \dfrac{x}{\sqrt{1+x^2}} = 1 \ \text{ and } \ \int_{1}^{\infty} x^{-p}dx \text{ 收敛}, \ \forall p > 1$$

藉由 Quotient Test 则 $\displaystyle\int_{1}^{\infty} \dfrac{x^{1-p}}{\sqrt{1+x^2}}dx$ 收敛

$$\therefore \int_{1}^{\infty} x^{-p} \sinh^{-1} x \, dx \text{ 收敛} \Rightarrow \int_{0}^{1} u^{p-2} \sinh^{-1} \frac{1}{u} du \text{ 收敛}$$

Example 8.

$$判断 \int_0^{e^{-1}} \ln\ln(u^{-1})\, du \ \text{收敛或发散}$$

【解】

令 $u = e^{-x}$ 则 $du = -e^{-x}dx$, 藉由变换代换法

$$\therefore \int_0^{e^{-1}} \ln\ln(u^{-1})\, du = -\int_\infty^1 e^{-x}\ln x\, dx = \int_1^\infty e^{-x}\ln x\, dx$$

令 $u = \ln x$, $dv = e^{-x}dx$ 则 $du = x^{-1}dx$, $v = -e^{-x}$, 藉由 Integration by parts

$$则 \int_1^\infty e^{-x}\ln x\, dx = -e^{-x}\ln x\Big|_1^\infty + \int_1^\infty e^{-x}x^{-1}dx = \int_1^\infty e^{-x}x^{-1}dx$$

$$\because \lim_{x\to\infty} \frac{e^{-x}x^{-1}}{e^{-x}} = 0 \ \text{ and } \ \int_0^1 e^{-x}dx \ \text{收敛}$$

$$藉由 \text{ Quotient Test } 则 \int_1^\infty e^{-x}x^{-1}dx \ \text{收敛} \quad \therefore \int_0^{e^{-1}} \ln\ln(u^{-1})\, du \ \text{收敛}$$

Example 9.

$$判断 \int_0^{e^{-1}} \operatorname{csch}^{-1}(\ln u^{-1})\, du \ \text{收敛或发散}$$

【解】

令 $u = e^{-x}$ 则 $du = -e^{-x}dx$, 藉由变换代换法

$$\therefore \int_0^{e^{-1}} \operatorname{csch}^{-1}(\ln u^{-1})\, du = -\int_\infty^1 e^{-x}\operatorname{csch}^{-1} x\, dx = \int_1^\infty e^{-x}\operatorname{csch}^{-1} x\, dx$$

令 $s = \operatorname{csch}^{-1} x$, $dt = \dfrac{dx}{e^x}$ 则 $ds = \dfrac{-dx}{x\sqrt{1+x^2}}$, $t = -e^{-x}$, 藉由分部积分法

则 $\displaystyle\int_1^\infty e^{-x}\,\mathrm{csch}^{-1}x\,dx = -e^{-x}\cdot\mathrm{csch}^{-1}x\Big|_1^\infty - \int_1^\infty \frac{e^{-x}}{x\sqrt{1+x^2}}\,dx$

$$= -\frac{\ln\left(\dfrac{1+\sqrt{1+x^2}}{x}\right)}{e^x}\Bigg|_1^\infty - \int_1^\infty \frac{e^{-x}}{x\sqrt{1+x^2}}\,dx = \frac{\ln(1+\sqrt2)}{e} - \int_1^\infty \frac{e^{-x}}{x\sqrt{1+x^2}}\,dx$$

$\because \displaystyle\lim_{x\to\infty}\frac{\dfrac{e^{-x}}{x\sqrt{1+x^2}}}{e^{-x}} = \lim_{x\to\infty}\frac{1}{x\sqrt{1+x^2}} = 0$ and $\displaystyle\int_1^\infty e^{-x}dx$ 收敛

藉由 Quotient Test 则 $\displaystyle\int_1^\infty \frac{e^{-x}}{x\sqrt{1+x^2}}\,dx$ 收敛 $\therefore \displaystyle\int_0^{e^{-1}} \mathrm{csch}^{-1}(\ln u^{-1})\,du$ 收敛

Example 10.

$$\text{判断}\ \int_0^{e^{-1}} \sinh^{-1}(\ln u^{-1})\,du\ \text{收敛或发散}$$

【解】

令 $u = e^{-x}$ 则 $du = -e^{-x}dx$, 藉由变换代换法

$$\therefore \int_0^{e^{-1}} \sinh^{-1}(\ln u^{-1})\,du = -\int_\infty^1 e^{-x}\sinh^{-1}x\,dx = \int_1^\infty e^{-x}\sinh^{-1}x\,dx$$

令 $s = \sinh^{-1}x,\ dt = \dfrac{dx}{e^x}$ 则 $ds = \dfrac{dx}{\sqrt{1+x^2}},\ t = -e^{-x}$, 藉由分部积分法

$$\text{则}\ \int_1^\infty e^{-x}\sinh^{-1}x\,dx = -\frac{\sinh^{-1}x}{e^x}\Bigg|_1^\infty + \int_1^\infty \frac{e^{-x}}{\sqrt{1+x^2}}\,dx = \frac{\sinh^{-1}1}{e} + \int_1^\infty \frac{e^{-x}dx}{\sqrt{1+x^2}}$$

$\because \displaystyle\lim_{x\to\infty}\frac{\dfrac{e^{-x}}{\sqrt{1+x^2}}}{e^{-x}} = \lim_{x\to\infty}\frac{1}{\sqrt{1+x^2}} = 0$ and $\displaystyle\int_1^\infty e^{-x}dx$ 收敛

藉由 Quotient Test 则 $\displaystyle\int_1^\infty \frac{e^{-x}}{\sqrt{1+x^2}}\,dx$ 收敛 $\quad\therefore \displaystyle\int_0^{e^{-1}} \sinh^{-1}(\ln u^{-1})\,du$ 收敛

5.4.4.9 其它

Example 1.

$$判断 \int_1^5 \frac{1}{\sqrt{(5-x)(x-1)}}\,dx \ 收敛或发散$$

【解】

$$\because \frac{1}{\sqrt{(5-x)(x-1)}} = \frac{1}{\sqrt{-x^2+6x-5}} = \frac{1}{\sqrt{-(x-3)^2+4}} = \frac{1}{2\sqrt{-\left(\frac{x-3}{2}\right)^2+1}}$$

$$令 t = \frac{x-3}{2} \ 则 \int_1^5 \frac{dx}{\sqrt{(5-x)(x-1)}} = \int_{-1}^1 \frac{dx}{2\sqrt{-\left(\frac{x-3}{2}\right)^2+1}} = \int_{-1}^1 \frac{dt}{\sqrt{1-t^2}}$$

$$令 t = \sin\theta \ 则 \ dt = \cos\theta d\theta, \ \ 藉由变换代换法 \ \therefore \int_{-1}^1 \frac{dx}{\sqrt{1-t^2}} = \int_{-\frac{\pi}{2}}^{\frac{\pi}{2}} \frac{\cos\theta\,dx}{\cos\theta} = \pi$$

$$\therefore \int_1^5 \frac{1}{\sqrt{(5-x)(x-1)}}\,dx \ 收敛$$

Example 2.

假设 p 为实数　证明

$$(1)\ p > 0,\ \int_0^\infty x^{p-1}e^{-x}\,dx \ 收敛 \quad (2)\ p \le 0,\ \int_0^\infty x^{p-1}e^{-x}\,dx \ 发散$$

【解】

(1)

$$\because \int_0^\infty x^{p-1}e^{-x}\,dx = \int_0^1 x^{p-1}e^{-x}\,dx + \int_1^\infty x^{p-1}e^{-x}\,dx$$

Claim: $\displaystyle\int_1^\infty x^{p-1}e^{-x}dx$ 收斂, $\forall p > 0$

令 $p > 0$, $\because \displaystyle\lim_{x\to\infty}\frac{x^{p-1}e^{-x}}{x^{-2}} = \lim_{x\to\infty}\frac{x^{1+p}}{e^x} = 0$ 且 $\displaystyle\int_1^\infty x^{-2}dx$ 收斂

藉由 Comparison Test 則 $\displaystyle\int_1^\infty x^{p-1}e^{-x}dx$ 收斂

Claim: $\displaystyle\int_0^1 x^{p-1}e^{-x}dx$ 收斂, $\forall p > 0$

令 $p \geq 1$ 則 $\displaystyle\int_0^1 x^{p-1}e^{-x}dx \leq \int_0^1 e^{-x}dx < \infty$ $\quad\therefore \displaystyle\int_0^1 x^{p-1}e^{-x}dx$ 收斂, $\forall p \geq 1$

令 $0 < p < 1$ 則 $\displaystyle\lim_{x\to 0}\frac{x^{p-1}e^{-x}}{x^{p-1}} = 1$ 且 $\displaystyle\int_0^1 x^{p-1}dx < \infty$

藉由 comparison test 則 $\displaystyle\int_0^1 x^{p-1}e^{-x}dx$ 收斂, $\forall\, 0 < p < 1$

因此 $\displaystyle\int_0^1 x^{p-1}e^{-x}dx$ 收斂, $\forall p > 0$ $\quad\therefore \displaystyle\int_0^\infty x^{p-1}e^{-x}dx$ 收斂, $\forall p > 0$

(2)

$\because \displaystyle\int_0^\infty x^{p-1}e^{-x}dx = \int_0^1 x^{p-1}e^{-x}dx + \int_1^\infty x^{p-1}e^{-x}dx \geq \int_0^1 x^{p-1}e^{-x}dx$

Claim: $\displaystyle\int_0^\infty x^{p-1}e^{-x}dx$ 發散

$\because \displaystyle\int_a^1 x^{p-1}e^{-x}dx > \int_a^1 x^{p-1}dx = \begin{cases} \dfrac{1-a^p}{p}, & p < 0 \\[2mm] -\ln a, & p = 0 \end{cases}$

$\therefore \displaystyle\lim_{a\to 0^+}\int_a^1 x^{p-1}dx = \infty, \ \forall p \leq 0 \Rightarrow \int_0^\infty x^{p-1}e^{-x}dx$ 發散

Example 3.

Prove (1) $\displaystyle\int_0^\infty e^{-\alpha x}\cos\beta x\, dx = \frac{\alpha}{\alpha^2 + \beta^2}$ (2) $\displaystyle\int_0^\infty e^{-\alpha x}\sin\beta x\, dx = \frac{\beta}{\alpha^2 + \beta^2}$

where $\alpha > 0$ and β 为实数

【解】

(1)

令 $u = e^{-\alpha x}$, $dv = \cos\beta x\, dx$ 則 $du = -\alpha e^{-\alpha x} dx$, $v = \dfrac{1}{\beta}\sin\beta x$

藉由 Integration by parts,

則 $\displaystyle\int_0^a e^{-\alpha x}\cos\beta x\, dx = \dfrac{1}{\beta}e^{-\alpha x}\sin\beta x\Big|_0^a + \int_0^a \dfrac{\alpha}{\beta}e^{-\alpha x}\sin\beta x\, dx$

$= \dfrac{1}{\beta}e^{-\alpha a}\sin\beta a + \displaystyle\int_0^a \dfrac{\alpha}{\beta}e^{-\alpha x}\sin\beta x\, dx$

$\because \displaystyle\int_0^a e^{-\alpha x}\sin\beta x\, dx = \dfrac{-1}{\beta}e^{-\alpha x}\cos\beta x\Big|_0^a - \int_0^a \dfrac{\alpha}{\beta}e^{-\alpha x}\cos\beta x\, dx$

$= \dfrac{-1}{\beta}e^{-\alpha a}\cos\beta a + \dfrac{1}{\beta} - \displaystyle\int_0^a \dfrac{\alpha}{\beta}e^{-\alpha x}\cos\beta x\, dx$

令 $a \to \infty$ 則 $\displaystyle\int_0^\infty e^{-\alpha x}\cos\beta x\, dx = \dfrac{\alpha}{\beta}\left(\dfrac{1}{\beta} - \int_0^\infty \dfrac{\alpha}{\beta}e^{-\alpha x}\cos\beta x\, dx\right)$

$\therefore \displaystyle\int_0^\infty e^{-\alpha x}\cos\beta x\, dx = \dfrac{\alpha}{\alpha^2 + \beta^2}$

(2)

令 $u = e^{-\alpha x}$, $dv = \sin\beta x\, dx$ 則 $du = -\alpha e^{-\alpha x} dx$, $v = \dfrac{-1}{\beta}\cos\beta x$

藉由 Integration by parts,

則 $\displaystyle\int_0^a e^{-\alpha x}\sin\beta x\, dx = \dfrac{-1}{\beta}e^{-\alpha x}\cos\beta x\Big|_0^a - \int_0^a \dfrac{\alpha}{\beta}e^{-\alpha x}\cos\beta x\, dx$

$= \dfrac{-1}{\beta}e^{-\alpha a}\cos\beta a + \dfrac{1}{\beta} - \displaystyle\int_0^a \dfrac{\alpha}{\beta}e^{-\alpha x}\cos\beta x\, dx$

藉由 Integration by parts,

$$則 \int_0^a e^{-\alpha x} \cos \beta x\, dx = \frac{1}{\beta} e^{-\alpha x} \sin \beta x \big|_0^a + \int_0^a \frac{\alpha}{\beta} e^{-\alpha x} \sin \beta x\, dx$$

$$= \frac{1}{\beta} e^{-\alpha a} \sin \beta a + \int_0^a \frac{\alpha}{\beta} e^{-\alpha x} \sin \beta x\, dx$$

$$令\, a \to \infty \quad 則 \int_0^\infty e^{-\alpha x} \sin \beta x\, dx = \frac{1}{\beta} - \int_0^\infty \left(\frac{\alpha}{\beta}\right)^2 e^{-\alpha x} \sin \beta x\, dx$$

$$\Rightarrow \int_0^\infty e^{-\alpha x} \sin \beta x\, dx = \frac{\beta}{\alpha^2 + \beta^2}$$

Example 4.

$$判斷 \int_0^1 \frac{1}{x^2} \cos \frac{1}{x}\, dx \ \text{收斂或發散}$$

【解】

令 $u = x^{-1}$ 則 $du = -x^{-2} dx$ 且 $-u^{-2} du = dx$，藉由變換代換法

$$\because \int_a^1 \frac{1}{x^2} \cos \frac{1}{x}\, dx = \int_{\frac{1}{a}}^1 (-u^{-2}) u^2 \cos u\, du = \int_1^{\frac{1}{a}} \cos u\, du = \sin u \big|_1^{\frac{1}{a}} = \sin \frac{1}{a} - \sin 1$$

$$\therefore \int_0^1 \frac{1}{x^2} \cos \frac{1}{x}\, dx = \lim_{a \to 0^+} \int_a^1 \frac{1}{x^2} \cos \frac{1}{x}\, dx = \lim_{a \to 0^+} \sin \frac{1}{a} - 1 \ \text{不存在} \ \therefore \int_0^1 \frac{1}{x^2} \cos \frac{1}{x}\, dx \ \text{發散}$$

Example 5.

$$判斷 \int_1^\infty \frac{(\ln x)^3}{(x+2)^2}\, dx \ \text{收斂或發散}$$

【解】

令 $\ln x = y$ 則 $x = e^y$ 且 $dx = e^y dy$，藉由變換代換法

$$\int_1^\infty \frac{(\ln x)^3}{(x+2)^2}\,dx = \int_0^\infty \frac{y^3 e^y}{(e^y+2)^2}\,dy < \int_0^\infty \frac{y^3 e^y}{e^{2y}}\,dy = \int_0^\infty y^3 e^{-y}\,dy$$

Claim: $\displaystyle\int_0^\infty y^3 e^{-y}\,dy < \infty$

藉由 Integration by parts 则 $\displaystyle\int_0^\infty y^3 e^{-y}\,dy = -y^3 e^{-y}\big|_0^\infty + 3\int_0^\infty y^2 e^{-y}\,dy = 3\int_0^\infty y^2 e^{-y}\,dy,$

藉由 Integration by parts 则 $\displaystyle\int_0^\infty y^2 e^{-y}\,dy = -y^2 e^{-y}\big|_0^\infty + 2\int_0^\infty y e^{-y}\,dy = 2\int_0^\infty y e^{-y}\,dy$

藉由 Integration by parts 则 $\displaystyle\int_0^\infty y e^{-y}\,dy = -y e^{-y}\big|_0^\infty + \int_0^\infty e^{-y}\,dy = \int_0^\infty e^{-y}\,dy < \infty$

$\therefore \displaystyle\int_0^\infty y^3 e^{-y}\,dy$ 收敛, 藉由 Comparison Test 则 $\displaystyle\int_1^\infty \frac{(\ln x)^3}{(x+2)^2}\,dx$ 收敛

5.5 积分的几何应用

5.5.1　给函数求面积

5.5.1.1　给显函数求面积

考试类型:
Type 1.
给函数 $f(x)$, $g(x)$ 求两曲线所围区域的面积
解题流程:
Step1.
求 $f(x)$, $g(x)$ 两曲线交点, 假设为 (x_0, y_0)、(x_1, y_1)
Step2.

若 $f(x) \geq g(x)$, $\forall x \in (x_0, x_1)$ 则面积 $= \displaystyle\int_{x_0}^{x_1} f(x) - g(x)\,dx$

范例说明:

(I) 设 $f(x) = \sin\sqrt{x}\pi$, $0 \leq x \leq 9$, 求与 x 轴所围面积

面积 $= \displaystyle\int_0^1 \sin\sqrt{x}\pi\,dx - \int_1^4 \sin\sqrt{x}\pi\,dx + \int_4^9 \sin\sqrt{x}\pi\,dx$

(II) 求 $y = x^2 - 5x + 9$, $y = 3x - 6$ 所围的区域面积

面积 $= \displaystyle\int_3^5 3x - 6 - (x^2 - 5x + 9)\,dx$

(III) 求 $y = \sin x$, $y = \cos x$ 所围的区域面积, $0 \leq x \leq \dfrac{\pi}{2}$

面积 $= \displaystyle\int_0^{\frac{\pi}{4}} \cos x - \sin x\,dx + \int_{\frac{\pi}{4}}^{\frac{\pi}{2}} \sin x - \cos x\,dx$

Type 2.

给函数 $x = f(y)$, $x = g(y)$ 求两曲线所围区域的面积

解题流程:

Step1.

求 $x = f(y)$, $x = g(y)$ 两曲线交点, 假设为 (x_0, y_0)、(x_1, y_1)

Step2.

假设 $f(y) \geq g(y)$, $\forall y \in (y_0, y_1)$ 则面积 $= \displaystyle\int_{y_0}^{y_1} f(y) - g(y)\,dy$

范例说明:

(I) 求 $x = 3y - y^2 - 1$ 与 $2y = x + 3$ 所围区域的面积

面积 $= \displaystyle\int_{-1}^2 3y - y^2 - 1 - (2y - 3)\,dy$

(II) 求 $x + 2y = 0$ 与 $y^2 + 2y = x$ 所围区域的面积

$$\text{面积} = \int_{-4}^{0} -2y - (y^2 + 2y)dx$$

Example 1.

设 $f(x) = \sin\sqrt{x}\pi, \ \forall\, 0 \le x \le 9$, 求与 x 轴所围面积

【解】

$\because \sin\sqrt{x}\pi \ge 0, \ \forall\, x \in (0,1) \cup (4,9)$ 且 $\sin\sqrt{x}\pi \le 0, \ \forall\, 1 \le x \le 4$

$\therefore \text{面积} = \int_0^1 \sin\sqrt{x}\pi dx - \int_1^4 \sin\sqrt{x}\pi dx + \int_4^9 \sin\sqrt{x}\pi dx$

令 $u = \sqrt{x}$ 则 $du = \dfrac{1}{2}x^{-\frac{1}{2}}dx \Rightarrow 2udu = dx$, 藉由变换代换法

$\int_0^1 \sin\sqrt{x}\pi dx - \int_1^4 \sin\sqrt{x}\pi dx + \int_4^9 \sin\sqrt{x}\pi dx$

$= 2\left(\int_0^1 u\sin u\pi du - \int_1^2 u\sin u\pi du + \int_2^3 u\sin u\pi du \right)$

令 $s = u, \ dt = \sin u\pi du$ 则 $ds = du, \ t = -\dfrac{\cos u\pi}{\pi}$, 藉由 Integration by parts,

则 $\int_0^1 u\sin u\pi du = -\dfrac{u\cos u\pi}{\pi}\Big|_0^1 + \int_0^1 \dfrac{\cos u\pi}{\pi}du = \dfrac{1}{\pi}$

$\int_1^2 u\sin u\pi du = -\dfrac{u\cos u\pi}{\pi}\Big|_1^2 + \int_1^2 \dfrac{\cos u\pi}{\pi}du = -\dfrac{3}{\pi}$

且 $\int_2^3 u\sin u\pi du = -\dfrac{u\cos u\pi}{\pi}\Big|_2^3 + \int_2^3 \dfrac{\cos u\pi}{\pi}du = \dfrac{5}{\pi}$

$\therefore \int_0^1 \sin\sqrt{x}\pi dx - \int_1^4 \sin\sqrt{x}\pi dx + \int_4^9 \sin\sqrt{x}\pi dx$

$= 2\left(\int_0^1 u\sin u\pi du - \int_1^2 u\sin u\pi du + \int_2^3 u\sin u\pi du \right) = \dfrac{18}{\pi}$

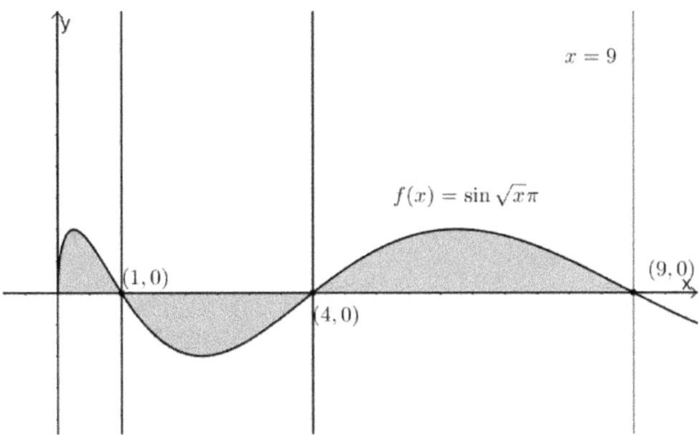

Example 2.

设抛物线 $y = ax^2 + bx + 4c$ 并且过 $(2,4)$、$(-2,4)$ 求与 x 轴所围的最小面积

【解】

$\because$ 抛物线 $y = ax^2 + bx + 4c$ 过 $(2,4),\ (-2,4)$

$\therefore 4 = 4a + 2b + 4c$ 且 $4 = 4a - 2b + 4c \Rightarrow b = 0$ 且 $a + c = 1$

$\because$ 抛物线与 x 轴交点为 $\left(2\sqrt{-\dfrac{c}{a}}, 0 \right), \left(-2\sqrt{-\dfrac{c}{a}}, 0 \right)$

$\therefore$ 抛物线 $y = ax^2 + 4c$ 与 x 轴所围面积

$$= \int_{-2\sqrt{-\frac{c}{a}}}^{2\sqrt{-\frac{c}{a}}} (ax^2 + 4c)\, dx = \left.\frac{ax^3}{3}\right|_{-2\sqrt{-\frac{c}{a}}}^{2\sqrt{-\frac{c}{a}}} + 4cx \Big|_{-2\sqrt{-\frac{c}{a}}}^{2\sqrt{-\frac{c}{a}}} = \frac{32c}{3}\sqrt{-\frac{c}{a}} = \frac{32}{3}\sqrt{-\frac{(1-a)^3}{a}}$$

令 $f(x) = -\dfrac{(1-x)^3}{x}$ 则 $f'(x) = -\dfrac{-3x(1-x)^2 - (1-x)^3}{x^2}$

$\because f'\left(-\dfrac{1}{2}\right) = 0$ and $f''\left(-\dfrac{1}{2}\right) > 0$

$\therefore f\left(-\dfrac{1}{2}\right) = \dfrac{27}{4}$ 为最小值 $\Rightarrow$ 面积最小值 $= \dfrac{32}{3}\sqrt{\dfrac{27}{4}} = 16\sqrt{3}$

Example 3.

设抛物线 $x = ay^2 + b$ 过 $(0,-1)$、$(0,1)$ 并且与 y 轴所围的区域面积为 2，求 a、$b =$?

【解】

$\because$ 抛物线过 $(0,-1), (0,1)$ $\quad \therefore 0 = a + b \Rightarrow a = -b$

$$\because \text{面积} = 2 \quad \therefore 2 = \left| \int_{-1}^{1} -b\,y^2 + b\,dy \right| = \left| \frac{4b}{3} \right| \Rightarrow b = \pm\frac{3}{2} \quad \therefore (a,b) = \left(-\frac{3}{2}, \frac{3}{2}\right), \left(\frac{3}{2}, -\frac{3}{2}\right)$$

Example 4.

求抛物线 $y = -x^2 + 4x - 3$, 与过 $(0,-3)$、$(4,-3)$ 的两切线所围区域的面积

【解】

切线斜率: $\left.\dfrac{dy}{dx}\right|_{x=0} = -2x + 4|_{x=0} = 4, \quad \left.\dfrac{dy}{dx}\right|_{x=4} = -2x + 4|_{x=4} = -4$

过 $(0,-3)$、$(4,-3)$ 的两切线: $y = 4x - 3, y = -4x + 13$

$\because 4x - 3 \geq -x^2 + 4x - 3, \ \forall 0 \leq x \leq 2, -4x + 13 \geq -x^2 + 4x - 3, \ \forall 2 \leq x \leq 4$

$$\text{面积} = \int_{0}^{2} 4x - 3 - (-x^2 + 4x - 3)\,dx + \int_{2}^{4} -4x + 13 - (-x^2 + 4x - 3)\,dx = \frac{16}{3}$$

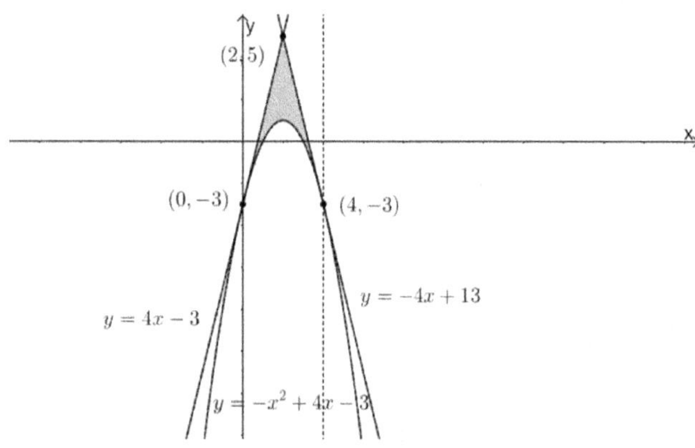

Example 5.

求 $y = x^4 + x^3 + 17x - 7, \ y = x^4 + 6x^2 + 9x - 7$ 所围的区域面积

【解】

令 $x^4 + x^3 + 17x - 7 = x^4 + 6x^2 + 9x - 7$ 则 $x^3 - 6x^2 + 8x = 0 \Rightarrow x = 0, 2, 4$

$\because x^4 + x^3 + 17x - 7 \geq x^4 + 6x^2 + 9x - 7, \ \forall\, 0 \leq x \leq 2$

且 $x^4 + x^3 + 17x - 7 \leq x^4 + 6x^2 + 9x - 7, \ \forall\, 2 \leq x \leq 4$

$$\text{面积} = \int_{0}^{2} x^3 - 6x^2 + 8x\,dx - \int_{2}^{4} x^3 - 6x^2 + 8x\,dx$$

$$= \left(\frac{x^4}{4} - 2x^3 + 4x^2 \right)\Big|_0^2 - \left(\frac{x^4}{4} - 2x^3 + 4x^2 \right)\Big|_2^4 = 8$$

Example 6.

$$求 y = \sin x, \quad y = \sin 2x, \quad \forall 0 \le x \le \frac{\pi}{2} \ 所围的区域面积$$

【解】

$$\because \sin 2x \ge \sin x, \quad \forall 0 \le x \le \frac{\pi}{3} \ 且 \ \sin 2x \le \sin x, \quad \forall \frac{\pi}{3} \le x \le \frac{\pi}{2}$$

$$面积 = \int_0^{\frac{\pi}{3}} \sin 2x - \sin x \, dx + \int_{\frac{\pi}{3}}^{\frac{\pi}{2}} \sin x - \sin 2x \, dx$$

$$= \left(-\frac{\cos 2x}{2} + \cos x \right)\Big|_0^{\frac{\pi}{3}} + \left(-\cos x + \frac{\cos 2x}{2} \right)\Big|_{\frac{\pi}{3}}^{\frac{\pi}{2}} = \frac{1}{4} + \frac{1}{2} + \frac{1}{2} - 1 - \frac{1}{2} + \frac{1}{2} + \frac{1}{4} = \frac{1}{2}$$

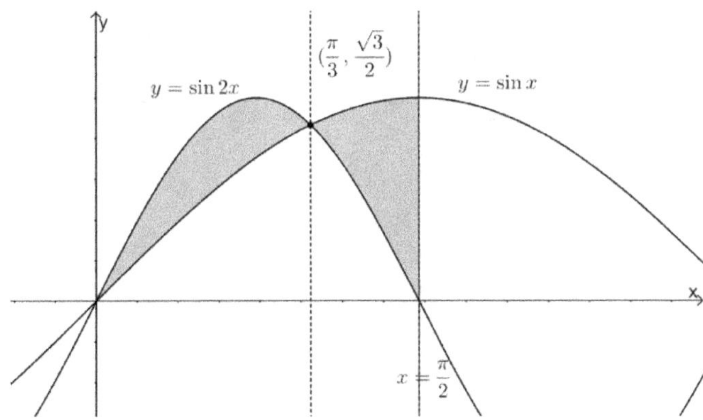

Example 7.

$$假设 y = ax^2 + bx + c \ 过点 (1,1) 、 (-1,1), a < 0 \ 求与 x 轴所围区域的最小面积$$

【解】

$$\because \ y = ax^2 + bx + c \ 过点 (1,1), \quad (-1,1)$$

$$\therefore 1 = a + b + c = a - b + c \Rightarrow b = 0, a + c = 1 \quad \therefore y = ax^2 + 1 - a$$

$$\text{令} \, ax^2 + 1 - a = 0 \, \text{则} \, x = \pm\sqrt{\frac{a-1}{a}}$$

$$\text{面积} = \int_{-\sqrt{\frac{a-1}{a}}}^{\sqrt{\frac{a-1}{a}}} ax^2 + 1 - a\, dx = \frac{ax^3}{3} + (1-a)x \Bigg|_{-\sqrt{\frac{a-1}{a}}}^{\sqrt{\frac{a-1}{a}}}$$

$$\text{令} \, s = \sqrt{\frac{a-1}{a}} \, \text{则} \, \frac{ax^3}{3} + (1-a)x \Bigg|_{-\sqrt{\frac{a-1}{a}}}^{\sqrt{\frac{a-1}{a}}} = \frac{ax^3}{3} + (1-a)x \Bigg|_{-s}^{s}$$

$$= \frac{2as^3}{3} + 2s(1-a) = \frac{2a}{3} \cdot \frac{a-1}{a} \cdot \sqrt{\frac{a-1}{a}} + 2(1-a)\sqrt{\frac{a-1}{a}}$$

$$= \frac{4(1-a)}{3}\sqrt{\frac{a-1}{a}} = \frac{4}{3}\sqrt{\frac{(a-1)^3}{a}}$$

$$\text{令} \, f(x) = \frac{(x-1)^3}{x}, \quad \forall x < 0$$

$$\text{则} \, f'(x) = \frac{3(x-1)^2 x - (x-1)^3}{x^2} = \frac{(x-1)^2(2x+1)}{x^2} = \frac{2\left((x-1)^{\frac{3}{2}} - (x-1)^{\frac{5}{2}}\right)}{x^{\frac{3}{2}}}$$

$$= \frac{2(x-1)^{\frac{3}{2}}(1-2-x)}{x^{\frac{3}{2}}}$$

$$\text{令} \, f'(x) = 0 \, \text{则} \, x = 1, -\frac{1}{2} \Rightarrow f\left(-\frac{1}{2}\right) = \frac{27}{4} \, \text{有最小值} \, \therefore \text{最小面积} = 2\sqrt{3}$$

Example 8.

    (1)设 R 为抛物线 $x = y^2$ 与 $x = 2$ 所围区域的面积，若直线 $x = c$ 将此区域分割成面积相等的两部分，求 $c = ?$

    (2)设 R 为抛物线 $y = x^2$ 与 $y = 9$ 所围区域的面积，若直线 $y = c$ 将此区域分割成面积相等的两部分，求 $c = ?$

【解】

(1)

$$\text{面积} = \int_{-\sqrt{2}}^{\sqrt{2}} 2 - y^2 \, dy = \frac{8\sqrt{2}}{3}$$

$$\text{令} \ \frac{4\sqrt{2}}{3} = \int_{-\sqrt{c}}^{\sqrt{c}} c - y^2 \, dy \quad \text{则} \quad \frac{4\sqrt{2}}{3} = 2c^{\frac{3}{2}} - \frac{2c^{\frac{3}{2}}}{3} = \frac{4c^{\frac{3}{2}}}{3} \Rightarrow c = 2^{\frac{1}{3}}$$

(2)

$$\text{面积} = \int_{-3}^{3} 9 - x^2 \, dx = 54 - \left.\frac{x^3}{3}\right|_{-3}^{3} = 36$$

$$\text{令} \ 18 = \int_{-\sqrt{c}}^{\sqrt{c}} c - x^2 \, dx \quad \text{则} \quad 18 = 2c^{\frac{3}{2}} - \frac{2c^{\frac{3}{2}}}{3} = \frac{4c^{\frac{3}{2}}}{3} \Rightarrow \frac{27}{2} = c^{\frac{3}{2}} \Rightarrow c = \frac{9}{2^{\frac{2}{3}}}$$

Example 9.

求两抛物线 $y^2 = 9x, \quad y^2 = x + 8$ 所围的区域面积

【解】

令 $9x = x + 8$ 则 $x = 1$ $\quad \therefore$ 两抛物线交点为 $(1,3), \ (1,-3)$

$$\therefore \text{面积} = \int_{-3}^{3} \frac{y^2}{9} - (y^2 - 8) \, dy = \left.\frac{-8y^3}{27}\right|_{-3}^{3} + 8y|_{-3}^{3} = \frac{-8}{27} \cdot 54 + 8 \cdot 6 = 32$$

Example 10.

求 $y = x^2 - 5x + 9, \ y = 3x - 6$ 所围的区域面积

【解】

令 $x^2 - 5x + 9 = 3x - 6$ 则 $x^2 - 8x + 15 = 0 \Rightarrow x = 3, \ 5$

$$\therefore \text{面积} = \int_{3}^{5} 3x - 6 - (x^2 - 5x + 9) \, dx = \int_{3}^{5} -x^2 + 8x - 15 \, dx = \left.\left(\frac{-x^3}{3} + 4x^2 - 15x\right)\right|_{3}^{5}$$

$$= \frac{4}{3}$$

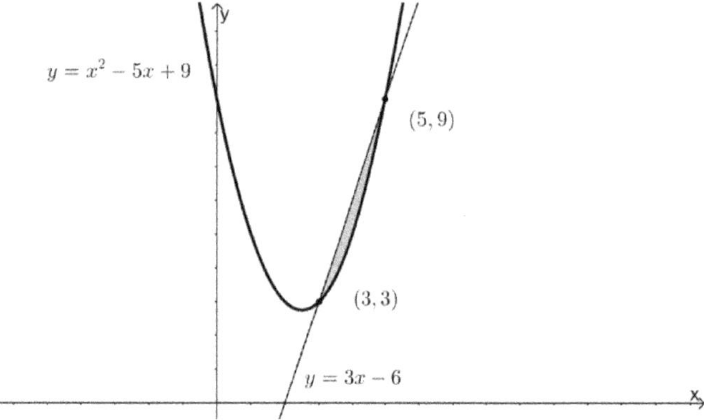

Example 11.

求 $y = \sin x$，$y = \cos x$ 所围的区域面积，$\forall 0 \le x \le \dfrac{\pi}{2}$

【解】

$\because \cos x \ge \sin x\,, 0 \le x \le \dfrac{\pi}{4}$　且 $\sin x \ge \cos x$，$\forall \dfrac{\pi}{4} \le x \le \dfrac{\pi}{2}$

$$\text{面积} = \int_{0}^{\frac{\pi}{4}} \cos x - \sin x\, dx + \int_{\frac{\pi}{4}}^{\frac{\pi}{2}} \sin x - \cos x\, dx = (\sin x + \cos x)\big|_{0}^{\frac{\pi}{4}} + (-\cos x - \sin x)\big|_{\frac{\pi}{4}}^{\frac{\pi}{2}}$$

$$= 2\sqrt{2} - 2$$

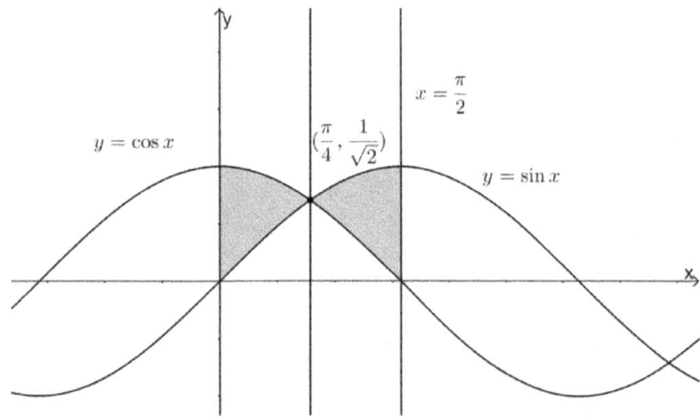

Example 12.

求 $y = \tanh x$，$y = 1$ 于第一象限所围区域的面积

【解】

$$\text{面积} = \int_0^\infty 1 - \tanh x \, dx = \int_0^\infty 1 - \frac{e^x - e^{-x}}{e^x + e^{-x}} \, dx = 2\int_0^\infty \frac{e^{-x} dx}{e^x + e^{-x}} = 2\int_0^\infty \frac{dx}{e^{2x} + 1}$$

$$\text{令} u = e^x \text{ 则 } 2\int_0^\infty \frac{1}{e^{2x} + 1} \, dx = 2\int_1^\infty \frac{1}{u(u^2 + 1)} \, du = \ln 2$$

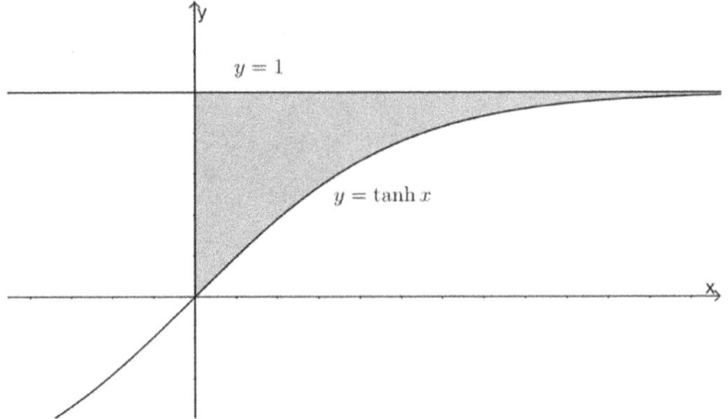

Example 13.

求 $y = x^2 + 1, y = x + 3$ 所围的区域面积

【解】

令 $x^2 + 1 = x + 3$ 则 $x^2 - x - 2 = 0 \Rightarrow x = -1, 2$

$$\text{面积} = \int_{-1}^2 x + 3 - x^2 - 1 \, dx = \int_{-1}^2 x + 2 - x^2 \, dx = \left(\frac{x^2}{2} + 2x - \frac{x^3}{3} \right) \Big|_{-1}^2$$

$$= 2 + 4 - \frac{8}{3} - \frac{1}{2} + 2 - \frac{1}{3} = \frac{9}{2}$$

Example 14.

(1) 假设 $f(x) = x^3 - 3x, \ g(x) = x^2 - x$ 求两曲线所围区域的面积

(2) 求 $x = 3y - y^2 - 1$ 与 $2y = x + 3$ 所围区域的面积

(3) 求 $x + 2y = 0$ 与 $y^2 + 2y = x$ 所围区域的面积

【解】

(1)

令 $x^3 - 3x = x^2 - x$ 则 $x = -1, 0, 2$

$\because f(x) \le g(x), \ \forall 0 \le x \le 2, \ f(x) \ge g(x), \ \forall -1 \le x \le 0$

$$\text{面积} = \int_{-1}^{0} x^3 - 3x - (x^2 - x)dx + \int_{0}^{2} x^2 - x - (x^3 - 3x)dx$$

$$= \int_{-1}^{0} x^3 - 2x - x^2 dx + \int_{0}^{2} x^2 - x^3 + 2x dx$$

$$= \frac{x^4}{4} - x^2 - \frac{x^3}{3}\Big|_{-1}^{0} + \frac{x^3}{3} - \frac{x^4}{4} + x^2\Big|_{0}^{2} = \frac{5}{12} + \frac{8}{3} = \frac{37}{12}$$

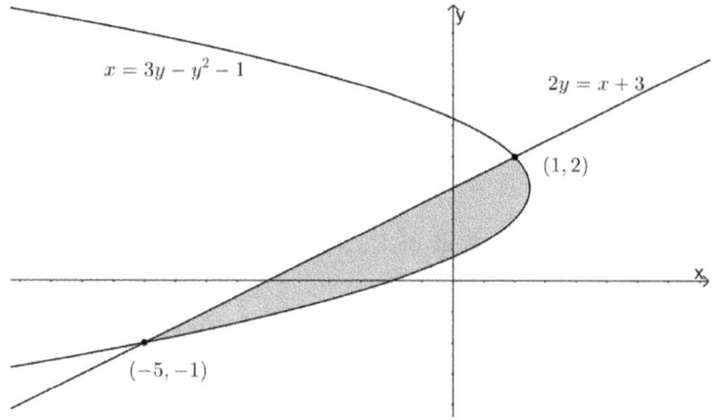

(2)

令 $3y - y^2 - 1 = 2y - 3$ 则 $y = -1,\ 2,\ \because 3y - y^2 - 1 \geq 2y - 3,\ \forall -1 \leq y \leq 2$

$$\text{面积} = \int_{-1}^{2} 3y - y^2 - 1 - (2y - 3)dy = \int_{-1}^{2} -y^2 + y + 2 dy = \frac{9}{2}$$

(3)

令 $y^2 + 2y = -2y$ 则 $y = -4, 0 \quad \because -2y \geq y^2 + 2y,\ \forall -4 \leq y \leq 0$

$$\text{面积} = \int_{-4}^{0} -2y - (y^2 + 2y)\,dx = \int_{-4}^{0} -y^2 - 4y\,dy = \frac{32}{3}$$

Example 15.

$$求\, y = \frac{1}{x^4 + 1} \ 与\,x\,轴\,所围区域的面积$$

【解】

$$\text{面积} = 2\int_{0}^{\infty} \frac{1}{x^4 + 1}\,dx$$

$$\because x^4 + 1 = (x^2 + 1)^2 - 2x^2 = (x^2 + 1)^2 - (\sqrt{2}x)^2 = (x^2 + 1 + \sqrt{2}x)(x^2 + 1 - \sqrt{2}x)$$

$$令\ \frac{1}{x^4 + 1} = \frac{ax + b}{(x^2 + 1 - \sqrt{2}x)} + \frac{cx + d}{(x^2 + 1 + \sqrt{2}x)}$$

$$则\ \frac{1}{x^4 + 1} = \frac{(ax + b)(x^2 + 1 + \sqrt{2}x) + (cx + d)(x^2 + 1 - \sqrt{2}x)}{(x^2 + 1 - \sqrt{2}x)(x^2 + 1 + \sqrt{2}x)}$$

$$\therefore 1 = (ax + b)(x^2 + 1 + \sqrt{2}x) + (cx + d)(x^2 + 1 - \sqrt{2}x)$$

$$令 x = 0 \ 则\ b + d = 1, \quad \because (a + c)x^3 = 0, \ \forall x \in R \quad \therefore a + c = 0$$

$$\because (\sqrt{2}a + b - \sqrt{2}c + d)x^2 = 0, \ \forall x \in R \quad \therefore \sqrt{2}a + b - \sqrt{2}c + d = 0$$

$$\because (a + \sqrt{2}b + c - \sqrt{2}d)x = 0, \ \forall x \in R \quad \therefore a + \sqrt{2}b + c - \sqrt{2}d = 0$$

$$\therefore b - d = 0 \Rightarrow b = d = \frac{1}{2}, a = \frac{-1}{2\sqrt{2}}, c = \frac{1}{2\sqrt{2}}$$

$$\therefore \frac{1}{x^4 + 1} = \frac{-x + \sqrt{2}}{2\sqrt{2}(x^2 + 1 - \sqrt{2}x)} + \frac{x + \sqrt{2}}{2\sqrt{2}(x^2 + 1 + \sqrt{2}x)}$$

$$\therefore \int \frac{1}{x^4+1}\,dx = \frac{1}{2\sqrt{2}}\left(\int -\frac{x-\sqrt{2}}{(x^2+1-\sqrt{2}x)} + \frac{x+\sqrt{2}}{(x^2+1+\sqrt{2}x)}\right)dx$$

$$= \frac{1}{2\sqrt{2}}\left(-\int \frac{\frac{1}{2}(2x-\sqrt{2})-\frac{\sqrt{2}}{2}}{(x^2+1-\sqrt{2}x)} + \frac{\frac{1}{2}(2x+\sqrt{2})+\frac{\sqrt{2}}{2}}{(x^2+1+\sqrt{2}x)}\right)dx$$

$$= \frac{1}{4\sqrt{2}}\left(-\ln\left|x^2+1-\sqrt{2}x\right| + \ln\left|x^2+1+\sqrt{2}x\right|\right)$$

$$+ \frac{1}{4}\int \frac{dx}{(x^2+1-\sqrt{2}x)} + \frac{1}{4}\int \frac{dx}{(x^2+1+\sqrt{2}x)}$$

$$\because \int \frac{dx}{(x^2+1-\sqrt{2}x)} + \frac{dx}{(x^2+1+\sqrt{2}x)}$$

$$= \int \frac{dx}{\left(x-\frac{1}{\sqrt{2}}\right)^2+\left(\frac{1}{\sqrt{2}}\right)^2} + \int \frac{dx}{\left(x+\frac{1}{\sqrt{2}}\right)^2+\left(\frac{1}{\sqrt{2}}\right)^2} = \sqrt{2}\left(\tan^{-1}(\sqrt{2}x-1) + \tan^{-1}(\sqrt{2}x+1)\right)$$

$$\therefore \int \frac{1}{x^4+1}\,dx = \frac{1}{4\sqrt{2}}\left(-\ln\left|x^2+1-\sqrt{2}x\right| + \ln\left|x^2+1+\sqrt{2}x\right|\right)$$

$$+ \frac{\sqrt{2}}{4}\left(\tan^{-1}(\sqrt{2}x+1) + \tan^{-1}(\sqrt{2}x-1)\right) + c$$

$$\therefore \int_{0}^{\infty} \frac{1}{x^4+1}\,dx = \frac{1}{4\sqrt{2}}\left(-\ln\left|x^2+1-\sqrt{2}x\right| + \ln\left|x^2+1+\sqrt{2}x\right|\right)\Big|_{0}^{\infty}$$

$$+ \frac{\sqrt{2}}{4}\left(\tan^{-1}(\sqrt{2}x+1) + \tan^{-1}(\sqrt{2}x-1)\right)\Big|_{0}^{\infty} = \frac{\sqrt{2}\pi}{4}$$

$$\Rightarrow 所围区域的面积 = \frac{\pi}{\sqrt{2}}$$

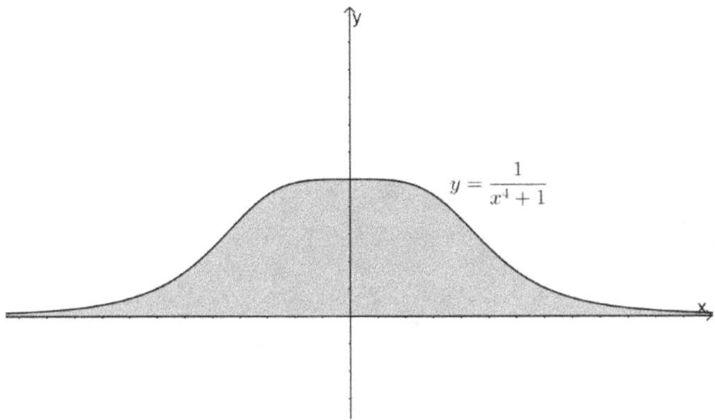

5.5.1.2　给隐函数求面积

考试类型:

Type 1.

给函数 $f(x,y) = 0$ 求曲线所围区域的面积

解题流程:

Step1.

找 $y = g(x)$ 使得 $f(x,y) = 0$ 或找 $x = g(y)$ 使得 $f(x,y) = 0$

Step2.

若 $y = g(x)$ 则找 (x_0, x_1) 使得 $g(x) \geq 0, \quad \forall x \in (x_0, x_1)$

若 $x = g(y)$ 则找 (y_0, y_1) 使得 $g(y) \geq 0, \quad \forall y \in (y_0, y_1)$

Step3.

若 $y = g(x)$ 则求 $\displaystyle\int_{x_0}^{x_1} g(x)dx$

若 $x = g(y)$ 则求 $\displaystyle\int_{y_0}^{y_1} g(y)dy$

<u>范例说明</u>:

(I)求曲线 $2\sqrt{x} + \sqrt{y} = \sqrt{a}$ 与坐标轴所围的区域面积

$\because 2\sqrt{x} + \sqrt{y} = \sqrt{a} \quad \therefore y = a + 4x - 4\sqrt{ax} \quad \therefore 面积 = \displaystyle\int_{0}^{\frac{a}{4}} a + 4x - 4\sqrt{ax}\, dx$

(II) 求曲线 $x^2 + xy + y^2 = 1$ 所围的区域面积

$\because x^2 + xy + y^2 = 1 \quad \therefore y = \dfrac{-x \pm \sqrt{4 - 3x^2}}{2}$

$$面积 = \int_{-\frac{2}{\sqrt{3}}}^{\frac{2}{\sqrt{3}}} \frac{-x + \sqrt{4 - 3x^2}}{2} - \frac{-x - \sqrt{4 - 3x^2}}{2} \, dx$$

Example 1.

$\quad$ 求椭圆 $\dfrac{x^2}{a^2} + \dfrac{y^2}{b^2} = 1 \ (a > 0, b > 0)$ 与 x 轴所围的区域面积

【解】

$\because \dfrac{x^2}{a^2} + \dfrac{y^2}{b^2} = 1 \quad \therefore y = b\sqrt{1 - \dfrac{x^2}{a^2}}$

$\because$ 面积 $= 4$ 倍 $\times$ 第一象限与坐标轴所围面积

$\therefore$ 面积 $= 4b \displaystyle\int_0^a \sqrt{1 - \frac{x^2}{a^2}} \, dx = \frac{4b}{a} \int_0^a \sqrt{a^2 - x^2} \, dx$

令 $x = a \sin\theta$ 则 $dx = a\cos\theta \, d\theta$，藉由变换代换法

$\therefore$ 面积 $= \dfrac{4b}{a} \displaystyle\int_0^a \sqrt{a^2 - x^2} \, dx = \frac{4b}{a} \int_0^{\frac{\pi}{2}} \sqrt{a^2 - (a\sin\theta)^2} \cdot a\cos\theta \, d\theta$

$= 4ab \displaystyle\int_0^{\frac{\pi}{2}} \cos^2\theta \, d\theta = 4ab \int_0^{\frac{\pi}{2}} \frac{1 + \cos 2\theta \, d\theta}{2} = 4ab \cdot \frac{\pi}{4} = \pi ab$

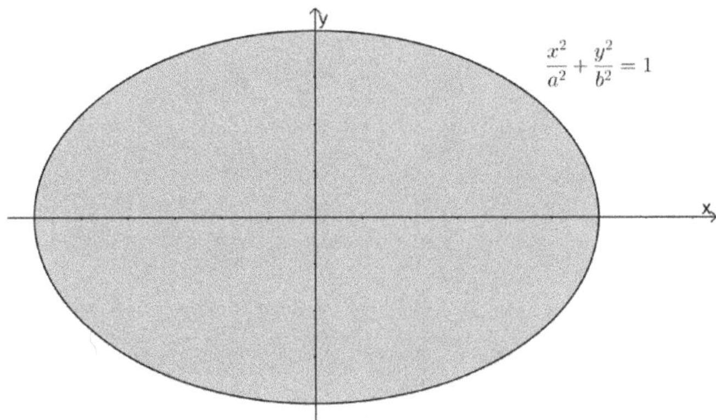

Example 2.

求曲线 $y = a^x$, $y = a^{-x}(a > 1)$ 与 x 轴所围的区域面积

【解】

$$面积 = 2\int_0^{\infty} a^{-x}\, dx = -\frac{2a^{-x}}{\ln a}\bigg|_0^{\infty} = \frac{2}{\ln a}$$

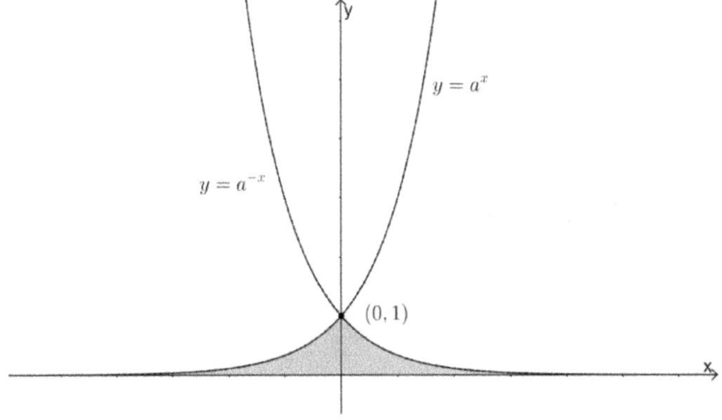

Example 3.

求曲线 $2\sqrt{x} + \sqrt{y} = \sqrt{a}$ 与坐标轴所围的区域面积

【解】

$\because 2\sqrt{x} + \sqrt{y} = \sqrt{a} \quad \therefore y = a + 4x - 4\sqrt{ax}$

$$\therefore 面积 = \int_0^{\frac{a}{4}} a + 4x - 4\sqrt{ax}\, dx = ax + 2x^2 - \frac{8\sqrt{a}x^{\frac{3}{2}}}{3}\bigg|_0^{\frac{a}{4}}$$

$$= \frac{a^2}{4} + \frac{a^2}{8} - \frac{8\sqrt{a}\left(\frac{a}{4}\right)^{\frac{3}{2}}}{3} = \frac{a^2}{4} + \frac{a^2}{8} - \frac{a^2}{3} = a^2\left(\frac{6+3-8}{24}\right) = \frac{a^2}{24}$$

Example 4.

求由曲线 $y^2 = x^4(3x + 1)$ 所围的区域面积

【解】

$$\because y^2 = x^4(3x + 1) \quad \therefore y = \pm x^2\sqrt{3x + 1} \quad \therefore 面积 = 2\int_{-\frac{1}{3}}^{0} x^2\sqrt{3x + 1}\, dx$$

令 $u = 3x + 1$ 则 $x = \dfrac{u - 1}{3}$, $du = 3dx$, 藉由变换代换法

$$\therefore 2\int_{-\frac{1}{3}}^{0} x^2\sqrt{3x + 1}\, dx = \frac{2}{3}\int_{0}^{1}\left(\frac{u-1}{3}\right)^2\sqrt{u}\, du = \frac{2}{27}\int_{0}^{1} u^{\frac{5}{2}} - 2u^{\frac{3}{2}} + u^{\frac{1}{2}}\, du$$

$$= \frac{2}{27}\left(\frac{2u^{\frac{7}{2}}}{7} - \frac{4u^{\frac{5}{2}}}{5} + \frac{2u^{\frac{3}{2}}}{3}\right)\Bigg|_{0}^{1} = \frac{2}{27} \cdot \frac{16}{105} = \frac{32}{2835}$$

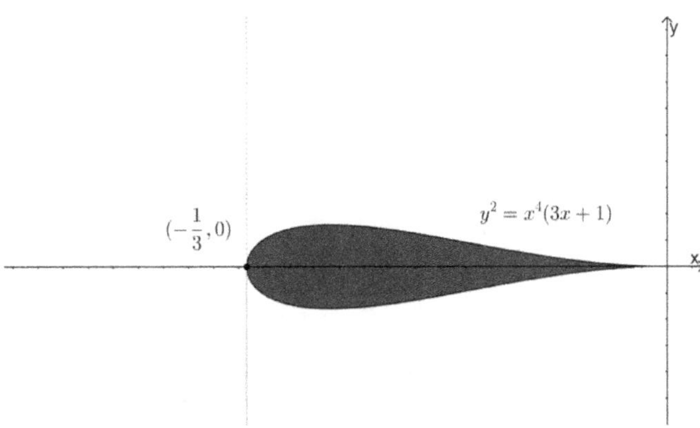

Example 5.

设两曲线为 $C_1: y = \ln x$，$C_2: y = ax$，a 为实数，并且两曲线相切，求两曲线与 x 轴所围面积

【解】

$\because$ 两曲线于切点的斜率相同　$\therefore \dfrac{dy}{dx} = \dfrac{1}{x} = a \Rightarrow x = \dfrac{1}{a}$

$\because$ 两曲线相切　$\therefore \ln x = ax = 1 \Rightarrow x = e$　$\therefore$ 切点 $= (e, 1) \Rightarrow x = e = \dfrac{1}{a}$

$\because C_2$ 为过 $(0,0)$ 的直线　$\therefore$ 与 x 轴、$x = e$ 所围面积 $= \dfrac{e}{2}$

$\therefore$ 面积 $= \dfrac{e}{2} - \displaystyle\int_1^e \ln x \; dx = \dfrac{e}{2} - \left(x \ln x \big|_1^e - \int_1^e 1 \, dx\right) = \dfrac{e}{2} - 1$

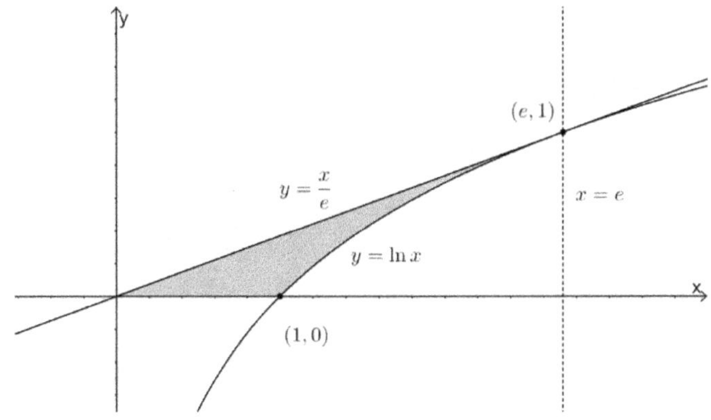

Example 6.

求曲线 $xy = 1$，$xy = 9$，$x = 1$，$x = 9$ 所围的区域面积

【解】

$$\text{面积} = \int_1^9 \frac{9}{x} - \frac{1}{x}\,dx = \int_1^9 \frac{8}{x}\,dx = 8\ln x\big|_1^9 = 16\ln 3$$

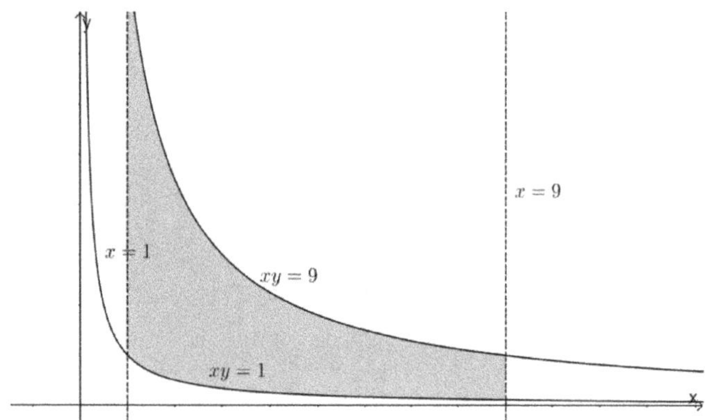

Example 7.

假设抛物线 $y = -x^2 + 4x - 4$, 求抛物线与过两切点 $(0, -4)$、$(4, -4)$ 的切线所围的面积

【解】

$\because$ 过 $(0, -4)$ 的切线斜率 $= \dfrac{dy}{dx} = -2x + 4\big|_{x=0} = 4$　$\therefore$ 切线: $y = 4x - 4$

$\because$ 过 $(4, -4)$ 的切线斜率 $= \dfrac{dy}{dx} = -2x + 4\big|_{x=4} = -4$　$\therefore$ 切线: $y = -4x + 12$

$$\therefore \text{面积} = 2\int_0^2 4x - 4 - (-x^2 + 4x - 4)\,dx = \frac{2x^3}{3}\bigg|_0^2 = \frac{16}{3}$$

Example 8.

求曲线 $x^2 + xy + y^2 = 1$ 所围的区域面积

【解】

$\because x^2 + xy + y^2 = 1$　　$\therefore y^2 + xy + x^2 - 1 = 0$

$\therefore y = \dfrac{-x \pm \sqrt{x^2 - 4(x^2 - 1)}}{2} = \dfrac{-x \pm \sqrt{4 - 3x^2}}{2} \Rightarrow 4 - 3x^2 \geq 0$　$\therefore -\dfrac{2}{\sqrt{3}} \leq x \leq \dfrac{2}{\sqrt{3}}$

$$\text{面积} = \int_{-\frac{2}{\sqrt{3}}}^{\frac{2}{\sqrt{3}}} \frac{-x + \sqrt{4 - 3x^2}}{2} - \frac{-x - \sqrt{4 - 3x^2}}{2}\, dx = \int_{-\frac{2}{\sqrt{3}}}^{\frac{2}{\sqrt{3}}} \sqrt{4 - 3x^2}\, dx$$

令 $x = \dfrac{2}{\sqrt{3}} \sin\theta$　则　$dx = \dfrac{2}{\sqrt{3}} \cos\theta\, d\theta$，藉由变换代换法

$$\int_{-\frac{2}{\sqrt{3}}}^{\frac{2}{\sqrt{3}}} \sqrt{4 - 3x^2}\, dx = \frac{4}{\sqrt{3}} \int_{-\frac{\pi}{2}}^{\frac{\pi}{2}} \cos\theta \sqrt{1 - \sin^2\theta}\, d\theta = \frac{4}{\sqrt{3}} \int_{-\frac{\pi}{2}}^{\frac{\pi}{2}} \frac{1 + \cos 2\theta}{2}\, d\theta = \frac{2\pi}{\sqrt{3}}$$

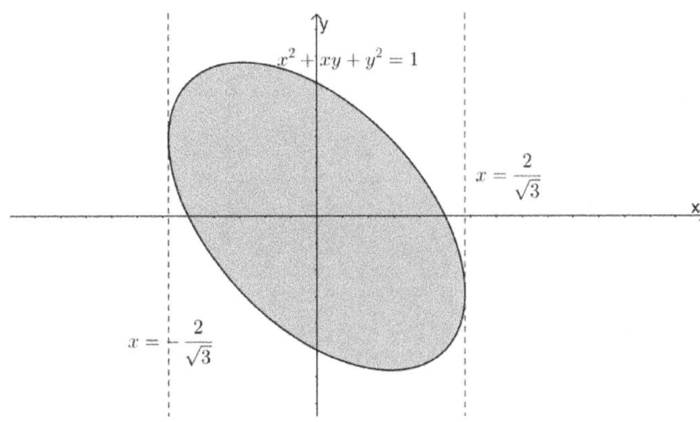

Example 9.

　　求 $x^2 + y^2 = a^2, x^2 + (y - a)^2 = a^2$ 的交集面积

【解】

$$\text{面积} = 4 \int_{\frac{a}{2}}^{a} \sqrt{a^2 - y^2}\, dy, \quad 令 y = a\sin\theta \quad 则 dy = a\cos\theta\, d\theta, \ 藉由变换代换法$$

$$4 \int_{\frac{a}{2}}^{a} \sqrt{a^2 - y^2}\, dy = 4a^2 \int_{\frac{\pi}{6}}^{\frac{\pi}{2}} \cos\theta \sqrt{1 - \sin^2\theta}\, d\theta = 4a^2 \int_{\frac{\pi}{6}}^{\frac{\pi}{2}} \frac{1 + \cos 2\theta}{2}\, d\theta = 4a^2 \left(\frac{\pi}{6} - \frac{\sqrt{3}}{8} \right)$$

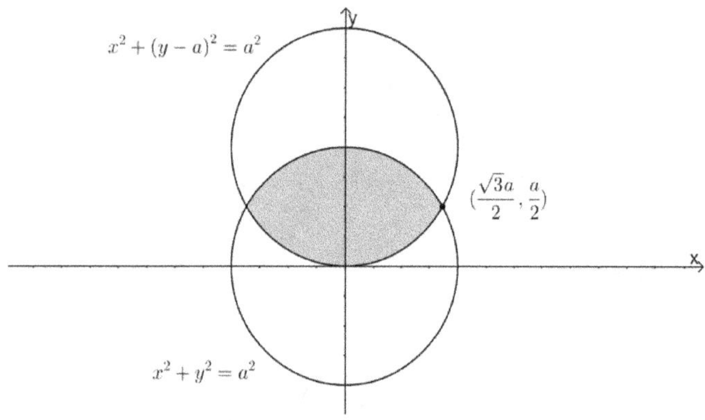

5.5.1.3　给参数式求面积

考试类型：

Type 1.

給函数 $x^2 + y^2 = f(x, y)$ 求曲线所围区域的面积

解题流程：

Step1.

令 $x = r\cos\theta, \ y = r\sin\theta$ 则 $r^2 = f(r\cos\theta, r\sin\theta)$

Step2.

$$面积 = \frac{1}{2}\int r^2 d\theta = \frac{1}{2}\int f(r\cos\theta, r\sin\theta)d\theta$$

<u>范例说明：</u>

(I) 求双扭线 $(x^2 + y^2)^2 = a(x^2 - y^2)$ 所围的封闭区域面积，$a > 0$

$$\because r^2 = a\cos 2\theta \quad \therefore 面积 = \frac{1}{2}\cdot 4\int_0^{\frac{\pi}{4}} a\cos 2\theta \ d\theta$$

(II) 求曲线 $(x^2 + y^2)^2 = 4a^2xy$ 所围的区域面积

$$\because r^2 = 2a^2\sin 2\theta \quad \therefore 面积 = \int_0^{\frac{\pi}{2}} a^2\sin 2\theta \ d\theta + \int_{\pi}^{\frac{3\pi}{2}} a^2\sin 2\theta \ d\theta$$

(III) 求曲线 $x^4 + y^4 = 2(x^2 + y^2)$ 所围的区域面积

$$\because \cos^4\theta + \sin^4\theta = \frac{2}{r^2} = \frac{3}{4} + \frac{\cos 4\theta}{4} \quad \therefore 面积 = 8\cdot\frac{1}{2}\int_0^{\frac{\pi}{4}} \frac{8}{3 + \cos 4\theta}d\theta$$

Example 1.

求双扭线 $(x^2 + y^2)^2 = a(x^2 - y^2)$ 所围的封闭区域面积, $a > 0$

【解】

令 $a > 0$, 令 $x = r\cos\theta$, $y = r\sin\theta$ 则 $r^4 = a(r^2\cos^2\theta - r^2\sin^2\theta)$

$$\Rightarrow r^2 = a\left(\frac{1 + \cos 2\theta}{2} - \frac{1 - \cos 2\theta}{2}\right) = a\cos 2\theta$$

$$面积 = \frac{1}{2}\int r^2 d\theta = \frac{1}{2} \cdot 4 \int_0^{\frac{\pi}{4}} a\cos 2\theta \ d\theta = a\left(\sin 2\theta\right)\Big|_0^{\frac{\pi}{4}} = a$$

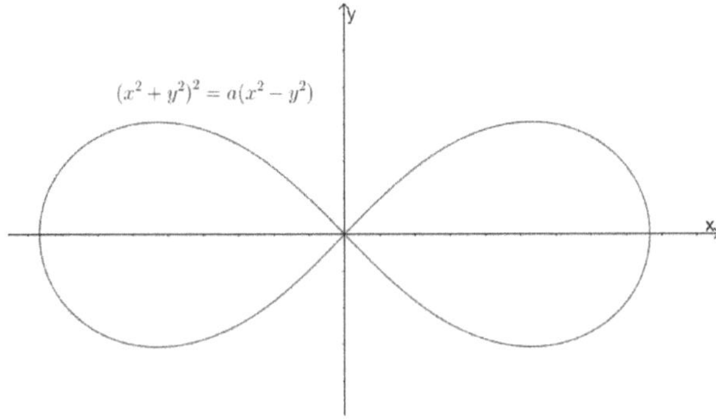

Example 2.

求曲线 $(x^2 + y^2)^2 = 4a^2 xy$ 所围的区域面积

【解】

令 $x = r\cos\theta$, $y = r\sin\theta$, $\forall\ 0 \leq 2\theta \leq 4\pi$

则 $(r^2\cos^2\theta + r^2\sin^2\theta)^2 = 4a^2 r^2\cos\theta\sin\theta \Rightarrow r^2 = 2a^2\sin 2\theta$

$\because r^2 \geq 0 \quad \therefore \sin 2\theta \geq 0 \Rightarrow 2n\pi \leq 2\theta \leq 2n\pi + \pi, n \in N \cup \{0\}$

$\therefore \theta \in \{\theta: 0 \leq 2\theta \leq 4\pi\} \cap \{\theta: 2n\pi \leq 2\theta \leq 2n\pi + \pi, n \in N \cup \{0\}\}$

$$\Rightarrow 0 \leq \theta \leq \frac{\pi}{2} \quad \text{or} \quad \pi \leq \theta \leq \frac{\pi}{2} + \pi$$

$$\therefore 面积 = \int_0^{\frac{\pi}{2}} a^2\sin 2\theta\ d\theta + \int_\pi^{\frac{3\pi}{2}} a^2\sin 2\theta\ d\theta = a^2\left(\frac{-\cos 2\theta}{2}\Big|_0^{\frac{\pi}{2}} + \frac{-\cos 2\theta}{2}\Big|_\pi^{\frac{3\pi}{2}}\right) = 2a^2$$

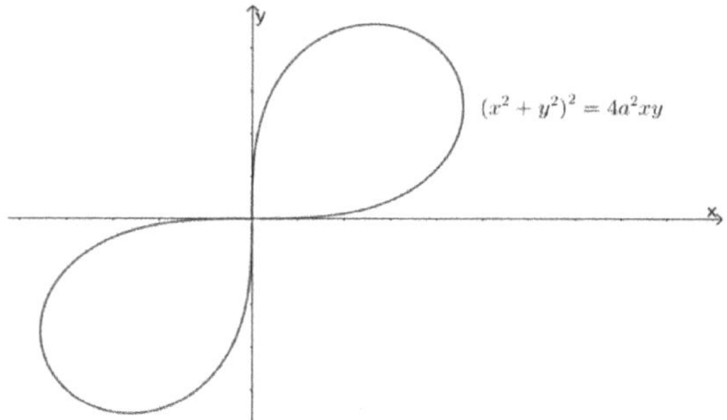

Example 3.

$$求 \begin{cases} x = a\cos^3 t \\ y = a\sin^3 t \end{cases}, \ a > 0 \ 所围的区域面积$$

【解】

$$面积 = 4\int_0^a y(x)dx = 4\int_{\frac{\pi}{2}}^0 y(t)x'(t)dt = 4\int_{\frac{\pi}{2}}^0 a\sin^3 t\,(-3a\cos^2 t \sin t)dt$$

$$= 12a^2 \int_0^{\frac{\pi}{2}} \sin^4 t \cos^2 t\, dt = 12a^2 \int_0^{\frac{\pi}{2}} \sin^4 t\,(1 - \sin^2 t)dt = \frac{3\pi a^2}{8}$$

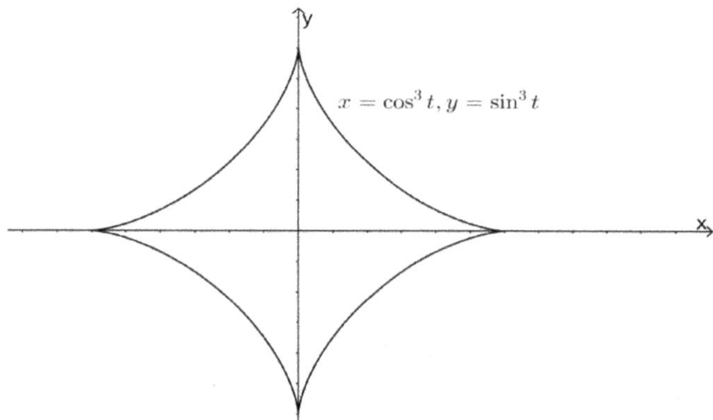

Example 4.

$$求 \begin{cases} x = t^3 + t^2 \\ y = t^2 + t \end{cases}, \ 0 \le t \le 1, \ y = x \ 所围的区域面积$$

【解】

$$面积 = \int_0^2 y(x) - xdx = \int_0^1 y(t)x'(t)dt - \int_0^2 xdx = \int_0^1 (t^2 + t)(3t^2 + 2t)dt - \int_0^2 xdx$$

$$= \int_0^1 3t^4 + 5t^3 + 2t^2 dt - \int_0^2 x dx = \frac{3t^5}{5} + \frac{5t^4}{4} + \frac{2t^3}{3}\Big|_0^1 - \frac{x^2}{2}\Big|_0^2 = \frac{31}{60}$$

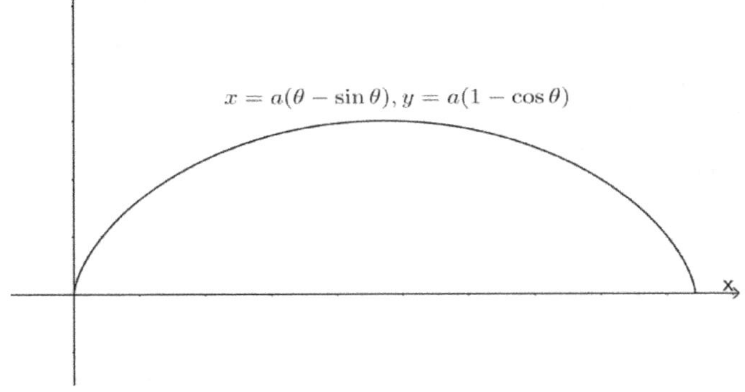

Example 5.

$$求 \begin{cases} x = a(\theta - \sin\theta) \\ y = a(1 - \cos\theta) \end{cases}, \quad a > 0 \ 与 \ x轴所围的区域面积$$

【解】

$$面积 = \int_0^a y(x)dx = \int_0^{2\pi} a(1 - \cos\theta)a(1 - \cos\theta)d\theta$$

$$= a^2 \int_0^{2\pi} (1 - \cos\theta)^2 d\theta = a^2 \int_0^{2\pi} 1 - 2\cos\theta + \cos^2\theta \, d\theta$$

$$= a^2 \int_0^{2\pi} \frac{3}{2} - 2\cos\theta + \frac{\cos 2\theta}{2} d\theta = a^2 \left(\frac{3\theta}{2} - 2\sin\theta + \frac{\sin 2\theta}{4}\right)\Big|_0^{2\pi} = 3\pi a^2$$

Example 6.

$$求曲线 x^4 + y^4 = 2(x^2 + y^2) \ 所围的区域面积$$

【解】

令 $x = r\cos\theta,\ y = r\sin\theta,\ \forall\, 0 \le \theta \le 2\pi$

则 $r^4\cos^4\theta + r^4\sin^4\theta = 2r^2\cos^2\theta + 2r^2\sin^2\theta = 2r^2$

$\because \cos^4\theta + \sin^4\theta = (\cos^2\theta + \sin^2\theta)^2 - 2\sin^2\theta\cos^2\theta$

$$= 1 - 2\left(\frac{1-\cos 2\theta}{2}\right)\left(\frac{1+\cos 2\theta}{2}\right) = 1 - \frac{1-\cos^2 2\theta}{2} = \frac{1}{2} + \frac{\dfrac{1+\cos 4\theta}{2}}{2} = \frac{3}{4} + \frac{\cos 4\theta}{4}$$

$\therefore r^2 = \dfrac{8}{3 + \cos 4\theta}$　　$\therefore$ 面积 $= 8 \cdot \dfrac{1}{2}\displaystyle\int_0^{\frac{\pi}{4}} \dfrac{8}{3 + \cos 4\theta}\, d\theta = 8\displaystyle\int_0^{\pi} \dfrac{1}{3 + \cos t}\, dt$

令 $u = \tan\dfrac{t}{2}$ 则 $du = \dfrac{1}{2}\sec^2\dfrac{t}{2}\, dt$, 藉由变换代换法

$\Rightarrow dt = \dfrac{2}{(1+u^2)}\, du$ 且 $\cos t = \dfrac{1-u^2}{1+u^2}$

$$\therefore \int_0^{\pi} \frac{1}{3 + \cos t}\, dt = \int_0^{\infty} \frac{1}{3 + \dfrac{1-u^2}{1+u^2}} \cdot \frac{2du}{(1+u^2)} = \int_0^{\infty} \frac{du}{2 + u^2} = \left.\frac{\tan^{-1}\left(\dfrac{u}{\sqrt{2}}\right)}{\sqrt{2}}\right|_0^{\infty} = \frac{\pi}{2\sqrt{2}}$$

$$\therefore 面积 = 8\int_0^{\pi} \frac{1}{3 + \cos t}\, dt = 8\left(\frac{\pi}{2\sqrt{2}}\right) = 2\sqrt{2}\,\pi$$

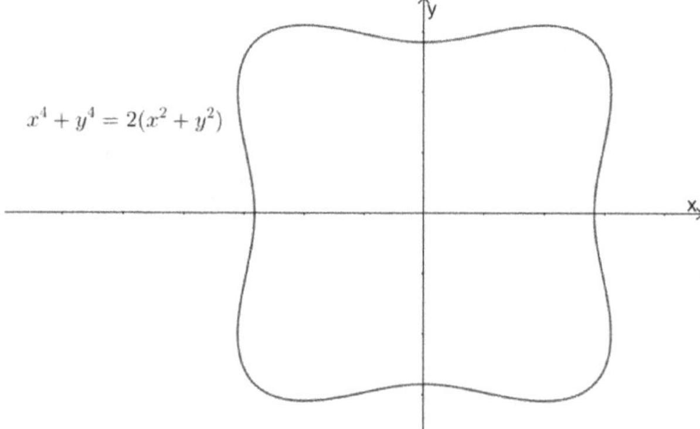

Example 7.

$$求两椭圆\ \frac{x^2}{a^2} + \frac{y^2}{b^2} \le 1,\quad \frac{x^2}{b^2} + \frac{y^2}{a^2} \le 1\ 的交集面积(a > b > 0)$$

【解】

令 $x = r\cos\theta,\ y = r\sin\theta,\quad \because \dfrac{x^2}{b^2} + \dfrac{y^2}{a^2} = 1 \quad \therefore r^2 = \dfrac{a^2b^2}{a^2\cos^2\theta + b^2\sin^2\theta}$

$\therefore$ 面积 $= 8\displaystyle\int_0^{\frac{\pi}{4}} \frac{1}{2}\cdot \frac{a^2b^2}{a^2\cos^2\theta + b^2\sin^2\theta}\,d\theta = 4\int_0^{\frac{\pi}{4}} \frac{a^2b^2}{\cos^2\theta\left(a^2 + \dfrac{b^2\sin^2\theta}{\cos^2\theta}\right)}\,d\theta$

$= 4\displaystyle\int_0^{\frac{\pi}{4}} \frac{a^2b^2\sec^2\theta}{(a^2 + b^2\tan^2\theta)}\,d\theta = 4\int_0^{\frac{\pi}{4}} \frac{b^2\sec^2\theta}{1 + \dfrac{b^2\tan^2\theta}{a^2}}\,d\theta$

令 $u = \tan\theta$ 则 $du = \sec^2\theta\,d\theta$，藉由变换代换法

$\therefore 4\displaystyle\int_0^{\frac{\pi}{4}} \frac{b^2\sec^2\theta}{1 + \dfrac{b^2\tan^2\theta}{a^2}}\,d\theta = 4\int_0^1 \frac{b^2\,du}{1 + \dfrac{b^2u^2}{a^2}} = 4b^2\frac{a}{b}\cdot \tan^{-1}\left(\frac{b}{a}\cdot u\right)\Big|_0^1 = 4ab\tan^{-1}\frac{b}{a}$

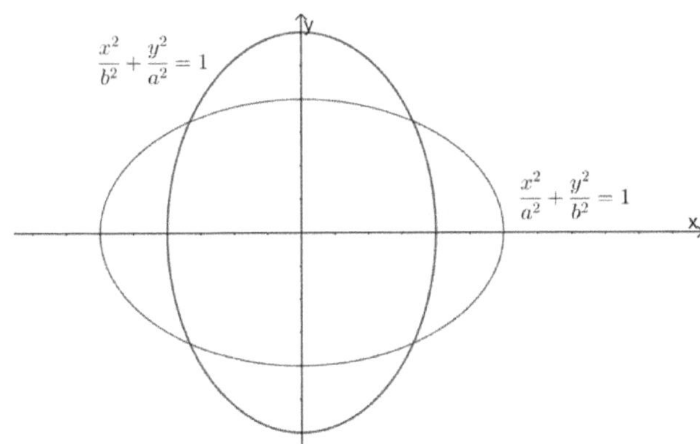

Example 8.

$\quad$ 求 $x^{\frac{2}{3}} + y^{\frac{2}{3}} = a^{\frac{2}{3}}$ 所围的区域面积

【解】

令 $x = a\cos^3\theta,\ y = a\sin^3\theta$

面积 $= 4\displaystyle\int_0^a y(x)\,dx = 4\int_{\frac{\pi}{2}}^0 y(\theta)x'(\theta)\,d\theta = 4\int_{\frac{\pi}{2}}^0 a\sin^3\theta\,(-3a\cos^2\theta\sin\theta)\,d\theta$

$= 12a^2\displaystyle\int_0^{\frac{\pi}{2}} \sin^4\theta\cos^2\theta\,d\theta = 12a^2\int_0^{\frac{\pi}{2}} \sin^4\theta\,(1 - \sin^2\theta)\,d\theta = \frac{3\pi a^2}{8}$

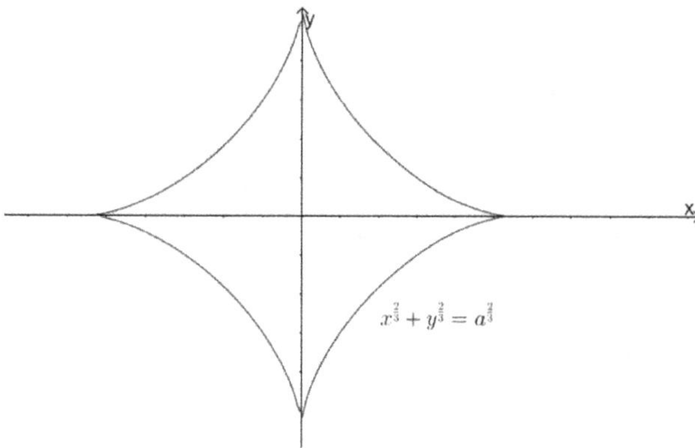

5.5.1.4　给极坐标求面积

考试类型:

Type 1.

給定 $r = f(\theta)$, $\theta \in [0,2\pi]$ 求曲线所围区域的面积

解题流程:

Step1.

找 n、$\theta_1 < \theta_2$ 使得所围面积 $= n \int_{\theta_1}^{\theta_2} \frac{f^2(\theta)}{2} d\theta$, 求 $n\left(\int_{\theta_1}^{\theta_2} \frac{f^2(\theta)}{2} d\theta\right) = ?$

范例说明:

(I)若 $f(\theta) = a(1 \pm \sin\theta)$ 则 求 $2\left(\int_{\frac{\pi}{2}}^{\frac{3\pi}{2}} \frac{a^2(1 \pm \sin\theta)^2}{2} d\theta\right) = ?$

(II)若 $f(\theta) = a(1 \pm \cos\theta)$ 则 求 $2\left(\int_{0}^{\pi} \frac{a^2(1 \pm \cos\theta)^2}{2} d\theta\right) = ?$

(III)若 $f(\theta) = a \pm b\sin\theta$ 则 求 $2\left(\int_{\frac{\pi}{2}}^{\frac{3\pi}{2}} \frac{(a \pm b\sin\theta)^2}{2} d\theta\right) = ?$

(IV)若 $f(\theta) = a \pm b\cos\theta$ 则 求 $2\left(\int_{0}^{\pi} \frac{(a \pm b\cos\theta)^2}{2} d\theta\right) = ?$

(V)若 $f(\theta) = a\sin n\theta$ (n 为偶数) 则求 $4n \int_{0}^{\frac{\pi}{2n}} \frac{(a\sin n\theta)^2}{2} d\theta = ?$

(VI)若 $f(\theta) = a\sin n\theta$ (n 为奇数) 则求 $2n \int_{0}^{\frac{\pi}{2n}} \frac{(a\sin n\theta)^2}{2} d\theta = ?$

(VII)若 $f(\theta) = a\cos n\theta (n$ 为偶数$)$ 则求 $4n\displaystyle\int_0^{\frac{\pi}{2n}} \frac{(a\cos n\theta)^2}{2} d\theta = ?$

(VIII)若 $f(\theta) = a\cos n\theta (n$ 为奇数$)$ 则求 $2n\displaystyle\int_0^{\frac{\pi}{2n}} \frac{(a\cos n\theta)^2}{2} d\theta = ?$

Type 2.

求曲线 $r = f(\theta)$ 的外部与曲线 $r = g(\theta)$ 内部的交集面积

解题流程:

Step1.

令 $f(\theta) = g(\theta)$ 找 $\theta_1 < \theta_2$ 使得 $f(\theta_1) = g(\theta_1)$、$f(\theta_2) = g(\theta_2)$

则交集面积 $= \dfrac{1}{2}\displaystyle\int_{\theta_1}^{\theta_2} g^2(\theta) - f^2(\theta) d\theta$

Step2.

求 $\dfrac{1}{2}\displaystyle\int_{\theta_1}^{\theta_2} g^2(\theta) - f^2(\theta) d\theta = ?$

范例说明:

(I)求心脏线 $r = \sqrt{3} + \cos\theta$ 的外部与圆 $r = \sqrt{3}\sin\theta$ 内部的交集面积

面积 $= \dfrac{1}{2}\displaystyle\int_{\frac{\pi}{2}}^{\frac{5\pi}{6}} (\sqrt{3}\sin\theta)^2 - (\sqrt{3} + \cos\theta)^2 d\theta$

(II)求心脏线 $r = 1 + \cos\theta$ 的外部与圆 $r = \sqrt{3}\sin\theta$ 内部的交集面积

面积 $= \dfrac{1}{2}\displaystyle\int_{\frac{\pi}{3}}^{\pi} (\sqrt{3}\sin\theta)^2 - (1 + \cos\theta)^2 d\theta$

Example 1.

求两曲线 $y = \sin x$ 与 $y = \sin 2x$, $\forall\, 0 \leq x \leq \dfrac{\pi}{2}$ 所围面积

【解】

令 $y = \sin x = \sin 2x$, $\quad \because \sin 2x = 2\sin x \cos x$

$\therefore 2\sin x \cos x = \sin x \Rightarrow \sin x = 0 \text{ or } \cos x = \dfrac{1}{2}$ $\quad \therefore$ 两曲线于 $\left(\dfrac{\pi}{3}, \dfrac{\sqrt{3}}{2}\right)$ 相交

$\therefore$ 面积 $= \displaystyle\int_0^{\frac{\pi}{3}} (\sin 2x - \sin x)\,dx + \int_{\frac{\pi}{3}}^{\frac{\pi}{2}} (\sin x - \sin 2x)\,dx$

$= -\dfrac{\cos 2x}{2}\Big|_0^{\frac{\pi}{3}} + \cos x\Big|_0^{\frac{\pi}{3}} - \cos x\Big|_{\frac{\pi}{3}}^{\frac{\pi}{2}} + \dfrac{\cos 2x}{2}\Big|_{\frac{\pi}{3}}^{\frac{\pi}{2}}$

$= \dfrac{-1}{2}\left(\cos \dfrac{2\pi}{3} - 1\right) + \left(\cos \dfrac{\pi}{3} - 1\right) - \left(0 - \cos \dfrac{\pi}{3}\right) + \dfrac{1}{2}\left(-1 - \cos \dfrac{2\pi}{3}\right) = \dfrac{1}{2}$

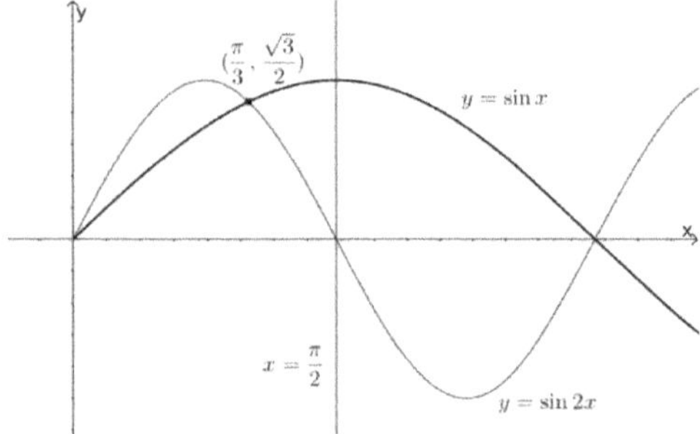

Example 2.

    (1)求心脏线 $r = \sqrt{3} + \cos\theta$ 的外部与圆 $r = \sqrt{3}\sin\theta$ 内部的交集面积

    (2)求心脏线 $r = 1 + \cos\theta$ 的外部与圆 $r = \sqrt{3}\sin\theta$ 內部的交集面积

【解】

(1)

令 $\sqrt{3} + \cos\theta = \sqrt{3}\sin\theta$ 则 $\dfrac{\sqrt{3}}{2}\sin\theta - \dfrac{1}{2}\cos\theta = \sin\left(\theta - \dfrac{\pi}{6}\right) = \dfrac{\sqrt{3}}{2}$

$\therefore \theta - \dfrac{\pi}{6} = \dfrac{\pi}{3} \text{ or } \dfrac{2\pi}{3} \Rightarrow \theta = \dfrac{\pi}{2} \text{ or } \dfrac{5\pi}{6}$ $\quad \therefore$ 两线交点为 $\left(\dfrac{\pi}{2}, \sqrt{3}\right), \left(\dfrac{5\pi}{6}, \dfrac{\sqrt{3}}{2}\right)$

$\therefore$ 面积 $= \dfrac{1}{2}\displaystyle\int_{\frac{\pi}{2}}^{\frac{5\pi}{6}} (\sqrt{3}\sin\theta)^2 - (\sqrt{3} + \cos\theta)^2\,d\theta = \dfrac{1}{2}\int_{\frac{\pi}{2}}^{\frac{5\pi}{6}} 3\sin^2\theta - (3 + 2\sqrt{3}\cos\theta + \cos^2\theta)\,d\theta$

$$= \frac{1}{2} \int_{\frac{\pi}{2}}^{\frac{5\pi}{6}} \frac{3(1-\cos 2\theta)}{2} - \left(3 + 2\sqrt{3}\cos\theta + \frac{1+\cos 2\theta}{2}\right) d\theta$$

$$= \frac{1}{2} \int_{\frac{\pi}{2}}^{\frac{5\pi}{6}} -2 - \cos 2\theta - 2\sqrt{3}\cos\theta \, d\theta = \frac{1}{2}\left(-2\cdot\theta - \frac{\sin 2\theta}{2} - 2\sqrt{3}\sin\theta\right)\Big|_{\frac{\pi}{2}}^{\frac{5\pi}{6}}$$

$$= \frac{1}{2}\left(-2\cdot\frac{2\pi}{6} - \frac{\sin\frac{5\pi}{3} - \sin\pi}{2} - 2\sqrt{3}\left(\sin\frac{5\pi}{6} - \sin\frac{\pi}{2}\right)\right)$$

$$= \frac{1}{2}\left(-\frac{2\pi}{3} + \frac{\sqrt{3}}{4} - 2\sqrt{3}(\frac{-1}{2})\right) = \frac{1}{2}\left(\frac{\sqrt{3}}{4} + \sqrt{3} - \frac{2\pi}{3}\right)$$

(2)

$$\text{令 } 1 + \cos\theta = \sqrt{3}\sin\theta \text{ 则 } \quad \frac{\sqrt{3}}{2}\sin\theta - \frac{1}{2}\cos\theta = \sin(\theta - \frac{\pi}{6}) = \frac{1}{2}$$

$$\therefore \theta - \frac{\pi}{6} = \frac{\pi}{6} \text{ or } \frac{5\pi}{6} \Rightarrow \theta = \frac{\pi}{3} \text{ or } \pi \quad \therefore \text{ 两线交点为 } \left(\frac{\pi}{3}, \frac{3}{2}\right), (\pi, 0)$$

$$\therefore \text{面积} = \frac{1}{2}\int_{\frac{\pi}{3}}^{\pi} (\sqrt{3}\sin\theta)^2 - (1+\cos\theta)^2 d\theta$$

$$= \frac{1}{2}\int_{\frac{\pi}{3}}^{\pi} 3\sin^2\theta - (1 + 2\cos\theta + \cos^2\theta) d\theta$$

$$= \frac{1}{2} \int_{\frac{\pi}{3}}^{\pi} \frac{3(1 - \cos 2\theta)}{2} - \left(1 + 2\cos\theta + \frac{1 + \cos 2\theta}{2}\right) d\theta$$

$$= \frac{1}{2} \int_{\frac{\pi}{3}}^{\pi} -2\cos 2\theta - 2\cos\theta \, d\theta = \frac{1}{2}(-\sin 2\theta - 2\sin\theta)\Big|_{\frac{\pi}{3}}^{\pi} = \frac{3\sqrt{3}}{4}$$

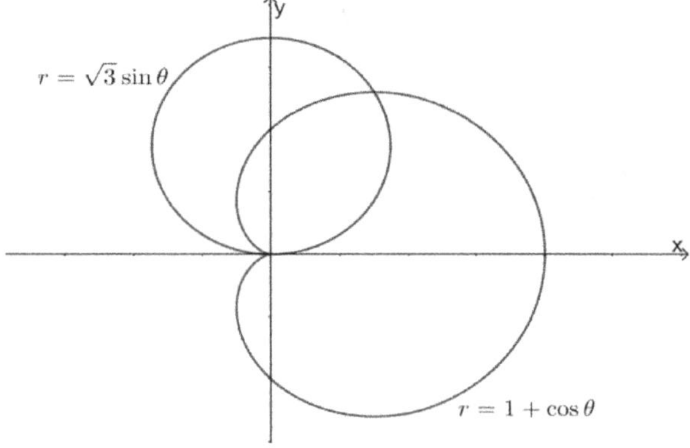

Example 3.

    (1)求心脏线 $r = 3 - 3\cos\theta$ 的外部与圆 $r = 3\cos\theta$ 内部的交集面积

    (2)求心脏线 $r = 3 + 3\cos\theta$ 的外部与圆 $r = 9\cos\theta$ 内部的交集面积

【解】

(1)

令 $3 - 3\cos\theta = 3\cos\theta$ 则 $\cos\theta = \frac{1}{2} \Rightarrow \theta = \frac{\pi}{3}, -\frac{\pi}{3}$ $\therefore$ 两线交点为 $\left(\frac{\pi}{3}, \frac{3}{2}\right), \left(-\frac{\pi}{3}, \frac{3}{2}\right)$

$$\therefore 面积 = \frac{1}{2} \int_{-\frac{\pi}{3}}^{\frac{\pi}{3}} (3\cos\theta)^2 - (3 - 3\cos\theta)^2 d\theta = \frac{1}{2} \int_{-\frac{\pi}{3}}^{\frac{\pi}{3}} -9 + 18\cos\theta \, d\theta = 9\sqrt{3} - 3\pi$$

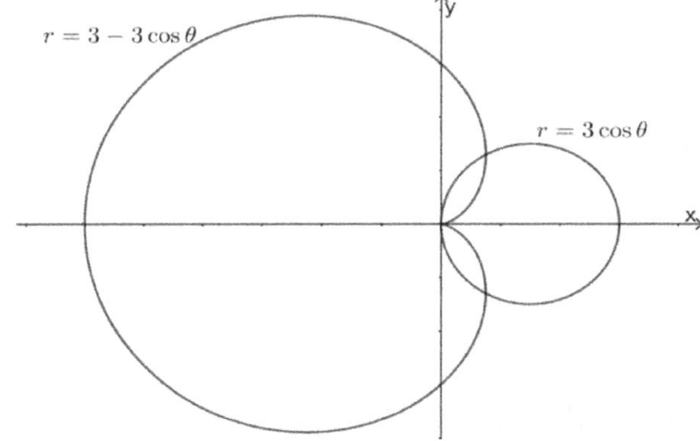

(2)

令 $3 + 3\cos\theta = 9\cos\theta$ 则 $\cos\theta = \dfrac{1}{2} \Rightarrow \theta = \dfrac{\pi}{3}, -\dfrac{\pi}{3}$ ∴ 两线交点为 $\left(\dfrac{\pi}{3}, \dfrac{9}{2}\right), \left(-\dfrac{\pi}{3}, \dfrac{9}{2}\right)$

$$\therefore \text{面积} = \frac{1}{2}\int_{-\frac{\pi}{3}}^{\frac{\pi}{3}} (9\cos\theta)^2 - (3 + 3\cos\theta)^2\, d\theta = \frac{1}{2}\int_{-\frac{\pi}{3}}^{\frac{\pi}{3}} 72\cos^2\theta - 18\cos\theta - 9\, d\theta$$

$$= \frac{1}{2}\int_{-\frac{\pi}{3}}^{\frac{\pi}{3}} 72\left(\frac{1 + \cos 2\theta}{2}\right) - 18\cos\theta - 9\, d\theta = 9\pi + 9\sin 2\theta\Big|_{-\frac{\pi}{3}}^{\frac{\pi}{3}} - 9\sin\theta\Big|_{-\frac{\pi}{3}}^{\frac{\pi}{3}} = 9\pi$$

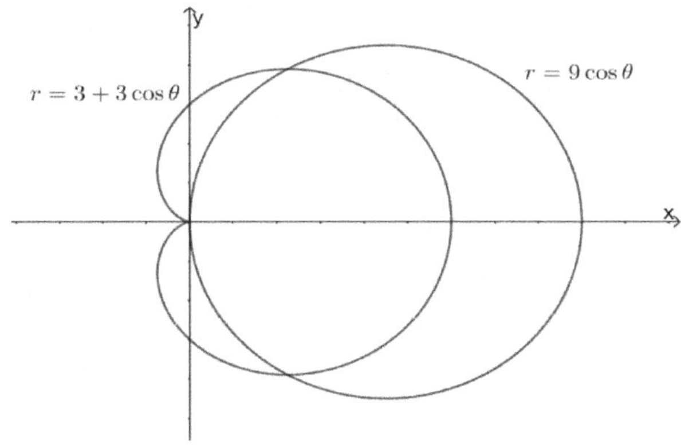

Example 4.

　　求 $r = a$ 的外部与 $r^2 = 2a^2\cos 2\theta$ 内部的交集面积

【解】

令 $2a^2\cos 2\theta = a^2$ 则 $\cos 2\theta = \dfrac{1}{2} \Rightarrow \theta = \dfrac{\pi}{6}$

$$\therefore \text{面积} = 4 \cdot \frac{1}{2} \int_0^{\frac{\pi}{6}} 2a^2 \cos 2\theta - a^2 d\theta = 2a^2 \int_0^{\frac{\pi}{6}} 2\cos 2\theta - 1 d\theta$$

$$= 2a^2 (\sin 2\theta - \theta)\big|_0^{\frac{\pi}{6}} = a^2 \left(\sqrt{3} - \frac{\pi}{3}\right)$$

Example 5.

(1)求心脏线 $r = \sqrt{3} + \sin\theta$ 的外部与圆 $r = 3\sin\theta$ 內部的交集面积

(2)求心脏线 $r = 1 + \sin\theta$ 的外部与圆 $r = 3\sin\theta$ 內部的交集面积

【解】

(1)

$$\text{令}\ \sqrt{3} + \sin\theta = 3\sin\theta\ \text{则}\ 2\sin\theta = \sqrt{3} \quad \therefore \theta = \frac{\pi}{3}\ \text{or}\ \frac{2\pi}{3}$$

$$\therefore \text{两线交点为} \left(\frac{\pi}{3}, \frac{3\sqrt{3}}{2}\right), \left(\frac{2\pi}{3}, \frac{3\sqrt{3}}{2}\right)$$

$$\therefore \text{面积} = \frac{1}{2}\int_{\frac{\pi}{3}}^{\frac{2\pi}{3}} (3\sin\theta)^2 - (\sqrt{3} + \sin\theta)^2 d\theta = \int_{\frac{\pi}{3}}^{\frac{2\pi}{3}} \frac{9\sin^2\theta - (3 + 2\sqrt{3}\sin\theta + \sin^2\theta)}{2} d\theta$$

$$= \int_{\frac{\pi}{3}}^{\frac{2\pi}{3}} \frac{4(1 - \cos 2\theta) - 3 - 2\sqrt{3}\sin\theta}{2} d\theta = \int_{\frac{\pi}{3}}^{\frac{2\pi}{3}} \frac{1 - 4\cos 2\theta - 2\sqrt{3}\sin\theta}{2} d\theta$$

$$= \frac{\theta - 2\sin 2\theta + 2\sqrt{3}\cos\theta}{2}\bigg|_{\frac{\pi}{3}}^{\frac{2\pi}{3}} = \frac{\frac{\pi}{3} + 2\sqrt{3} - 2\sqrt{3}}{2} = \frac{\pi}{6}$$

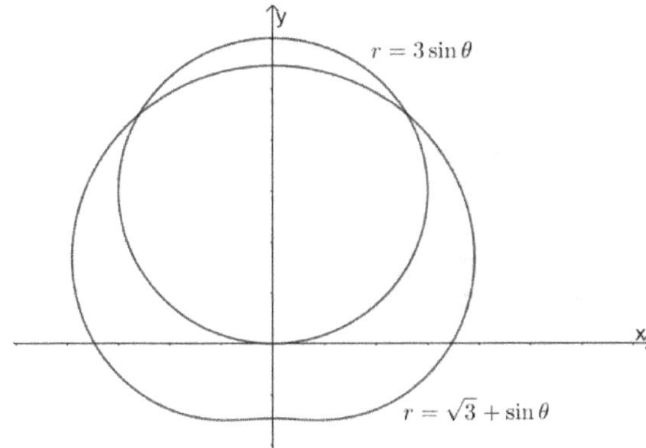

(2)

令 $1 + \sin\theta = 3\sin\theta$ 则 $2\sin\theta = 1$ $\quad \therefore \theta = \dfrac{\pi}{6}$ or $\dfrac{5\pi}{6}$ $\quad \therefore$ 两线交点为 $\left(\dfrac{\pi}{6}, \dfrac{3}{2}\right), \left(\dfrac{5\pi}{6}, \dfrac{3}{2}\right)$

$$\therefore 面积 = \frac{1}{2}\int_{\frac{\pi}{6}}^{\frac{5\pi}{6}} (3\sin\theta)^2 - (1+\sin\theta)^2 \, d\theta$$

$$= \int_{\frac{\pi}{6}}^{\frac{5\pi}{6}} \frac{9\sin^2\theta - (1 + 2\sin\theta + \sin^2\theta)}{2}\, d\theta = \int_{\frac{\pi}{6}}^{\frac{5\pi}{6}} \frac{4(1-\cos 2\theta) - (1 + 2\sin\theta)}{2}\, d\theta$$

$$= \frac{1}{2}\int_{\frac{\pi}{6}}^{\frac{5\pi}{6}} 3 - 4\cos 2\theta - 2\sin\theta \, d\theta = \frac{1}{2}(3\theta - 2\sin 2\theta + 2\cos\theta)\Big|_{\frac{\pi}{6}}^{\frac{5\pi}{6}} = \pi$$

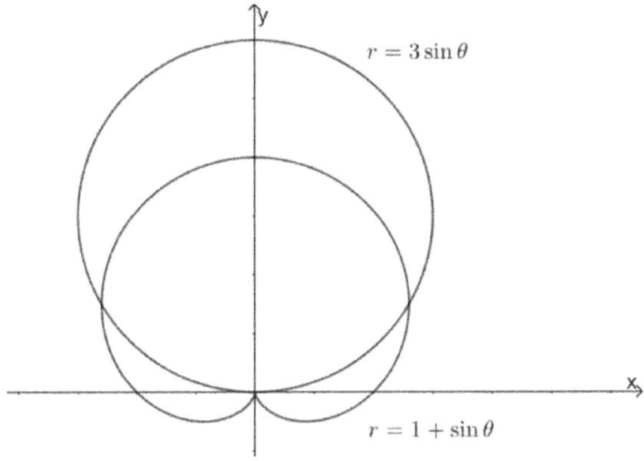

Example 6.

$$求曲线 r = 2(1 + \cos\theta) \text{ 的内部与曲线 } r = \frac{2}{1 + \cos\theta} \text{ 的交集面积}$$

【解】

$$令\ 2(1 + \cos\theta) = \frac{2}{1 + \cos\theta}\ \text{则}\ (\cos\theta + 1)^2 = 1 \Rightarrow \theta = \frac{\pi}{2}, \frac{3\pi}{2}$$

$$\therefore 两曲线交点为 \left(\frac{\pi}{2}, 2\right), \left(\frac{3\pi}{2}, 2\right)$$

$$\therefore 面积 = 2 \cdot \frac{1}{2} \int_0^{\frac{\pi}{2}} \left(4(1 + \cos\theta)^2 - \frac{4}{(1 + \cos\theta)^2} \right) d\theta$$

$$= \int_0^{\frac{\pi}{2}} 4(1 + 2\cos\theta + \cos^2\theta) - \frac{4}{\left(2\cos^2\frac{\theta}{2}\right)^2} d\theta = \int_0^{\frac{\pi}{2}} 4 + 8\cos\theta + 2 + 2\cos 2\theta - \sec^4\frac{\theta}{2} d\theta$$

$$令\ u = \tan\frac{\theta}{2}\ \text{则}\ du = \frac{1}{2}\sec^2\frac{\theta}{2} d\theta,\ \text{藉由变换代换法}$$

$$\therefore \int_0^{\frac{\pi}{2}} \sec^4\frac{\theta}{2} d\theta = \int_0^{\frac{\pi}{2}} \left(1 + \tan^2\frac{\theta}{2}\right) \cdot \sec^2\frac{\theta}{2} d\theta = 2\int_0^1 1 + u^2 du = \frac{8}{3}$$

$$\therefore \int_0^{\frac{\pi}{2}} 4 + 8\cos\theta + 2 + 2\cos 2\theta - \sec^4\frac{\theta}{2} d\theta = (6\theta + 8\sin\theta + \sin 2\theta)\Big|_0^{\frac{\pi}{2}} - \frac{8}{3} = 3\pi + \frac{16}{3}$$

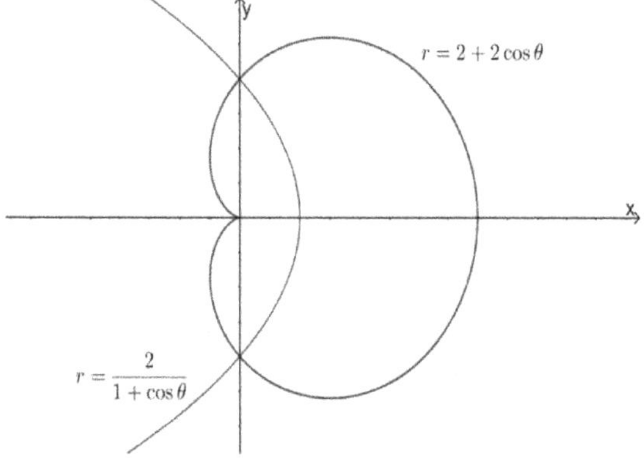

Example 7.

(1)求$r = 2a\cos\theta$ 所围的区域面积$(a > 0)$

(2)求$r = 2a\sin\theta$ 所围的区域面积$(a > 0)$

【解】

(1)

$\because r = 2a\cos\theta \quad \therefore r^2 = 2ar\cos\theta \Rightarrow x^2 + y^2 = 2ax$

$\therefore (x - a)^2 + y^2 = a^2 \Rightarrow$ 区域面积 $= \pi a^2$

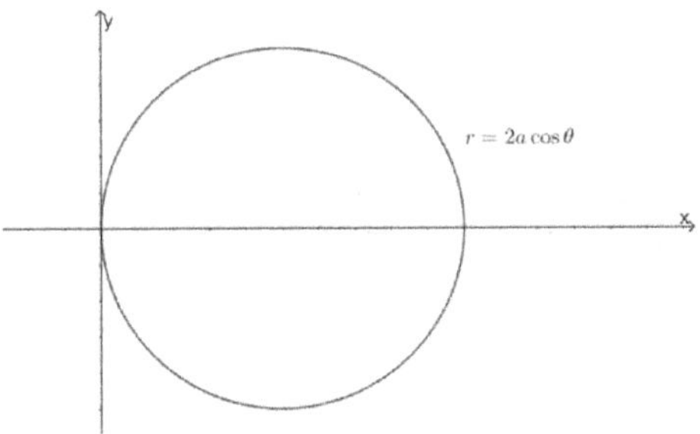

(2)

$\because r = 2a\sin\theta \quad \therefore r^2 = 2ar\sin\theta \Rightarrow x^2 + y^2 = 2ay$

$\therefore x^2 + (y - a)^2 = a^2 \Rightarrow$ 区域面积 $= \pi a^2$

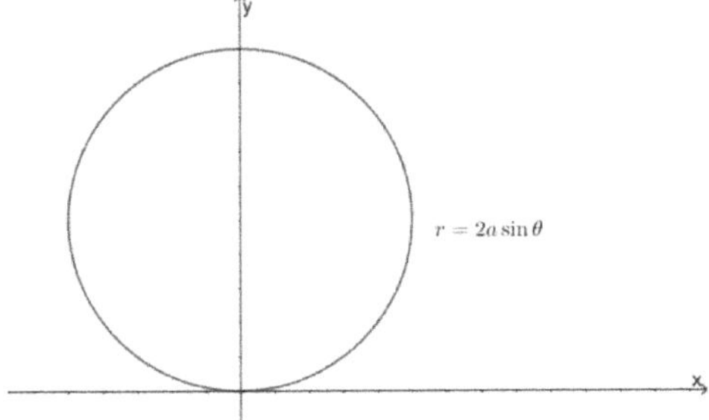

Example 8.

(1)求$r = a\sin 2\theta$ 所围的区域面积$(a > 0)$

(2)求$r = a\sin 5\theta$ 所围的区域面积$(a > 0)$

【解】

(1)

$$面积 = 8\int_0^{\frac{\pi}{4}} \frac{(a\sin 2\theta)^2}{2}\, d\theta = 4a^2 \int_0^{\frac{\pi}{4}} \sin^2 2\theta\, d\theta = 4a^2 \int_0^{\frac{\pi}{4}} \frac{1 - \cos 4\theta}{2}\, d\theta = \frac{\pi a^2}{2}$$

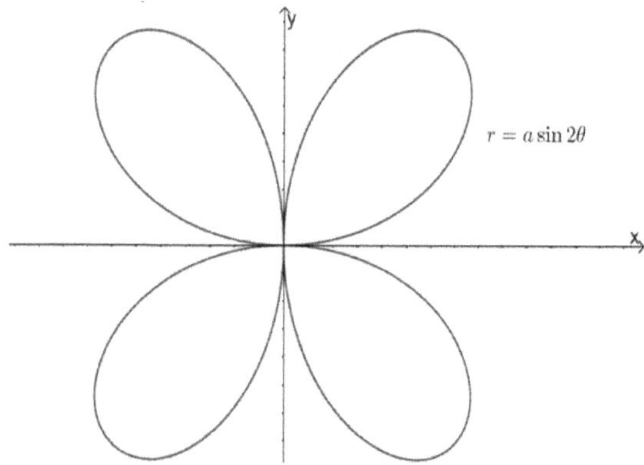

(2)

$$面积 = 10 \int_0^{\frac{\pi}{10}} \frac{(a\sin 5\theta)^2}{2} \, d\theta = 5a^2 \int_0^{\frac{\pi}{10}} \sin^2 5\theta \, d\theta = 5a^2 \int_0^{\frac{\pi}{10}} \frac{1 - \cos 10\theta}{2} \, d\theta = \frac{\pi a^2}{4}$$

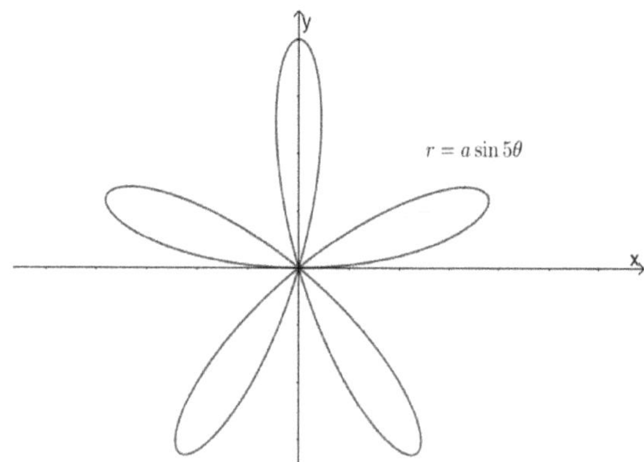

Example 9.

    (1) 求 $r = a\cos 3\theta, (a > 0)$ 所围的区域面积

    (2) 求 $r = a\cos 4\theta, (a > 0)$ 所围的区域面积

【解】

(1)

$$面积 = 6 \int_0^{\frac{\pi}{6}} \frac{(a\cos 3\theta)^2}{2} \, d\theta = 3a^2 \int_0^{\frac{\pi}{6}} \cos^2 3\theta \, d\theta = 3a^2 \int_0^{\frac{\pi}{6}} \frac{1 + \cos 6\theta}{2} \, d\theta = \frac{\pi a^2}{4}$$

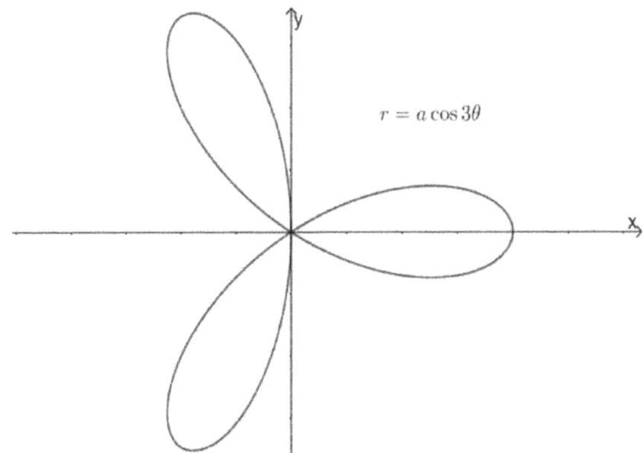

(2)

$$\text{面积} = 16\int_{0}^{\frac{\pi}{8}} \frac{(a\cos 4\theta)^2}{2}\, d\theta = 8a^2 \int_{0}^{\frac{\pi}{8}} \cos^2 4\theta\, d\theta = 8a^2 \int_{0}^{\frac{\pi}{8}} \frac{1+\cos 8\theta}{2}\, d\theta = \frac{\pi a^2}{2}$$

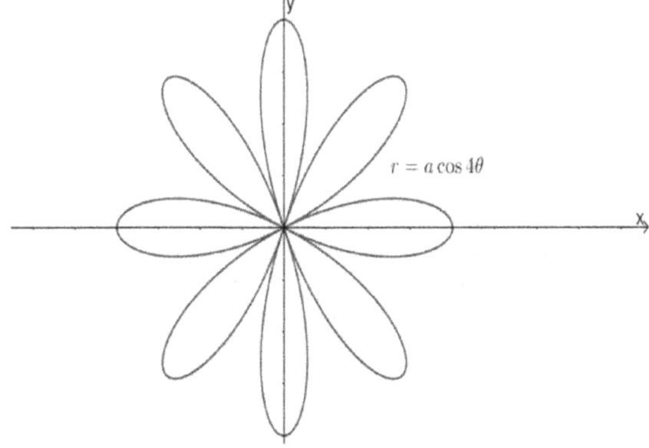

Example 10.

求 $r = 1 + 2\sin\theta$ 所围的内循环面积, $\theta \in [0, 2\pi]$

【解】

$$\text{面积} = 2\left(\int_{\frac{7\pi}{6}}^{\frac{3\pi}{2}} \frac{(1+2\sin\theta)^2}{2}\, d\theta\right) = \int_{\frac{7\pi}{6}}^{\frac{3\pi}{2}} 1 + 4\sin\theta + 4\sin^2\theta\, d\theta$$

$$= \int_{\frac{7\pi}{6}}^{\frac{3\pi}{2}} 3 + 4\sin\theta - 2\cos 2\theta\, d\theta = (3\theta - 4\cos\theta - \sin 2\theta)\Big|_{\frac{7\pi}{6}}^{\frac{3\pi}{2}} = \pi - \frac{3\sqrt{3}}{2}$$

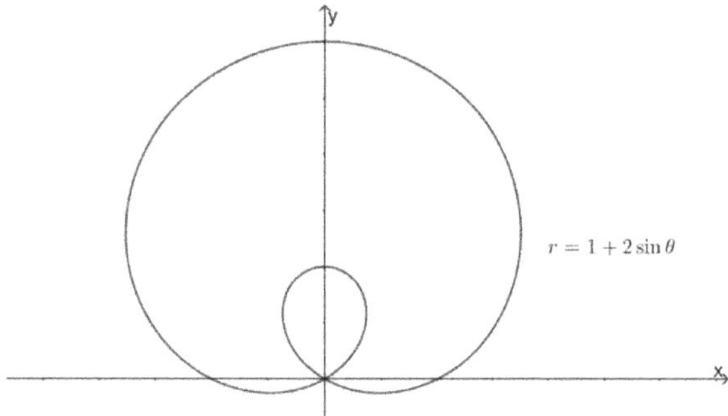

Example 11.

求 $r = 2 - 4\cos\theta$ 所围的內循环面积, $\theta \in [0,2\pi]$

【解】

$$面积 = 2\left(\int_{\frac{5\pi}{3}}^{2\pi} \frac{(2-4\cos\theta)^2}{2}\,d\theta\right) = 4\int_{\frac{5\pi}{3}}^{2\pi} 1 - 4\cos\theta + 4\cos^2\theta\,d\theta$$

$$= 4\int_{\frac{5\pi}{3}}^{2\pi} 3 - 4\cos\theta + 2\cos 2\theta\,d\theta = 4(3\theta - 4\sin\theta + \sin 2\theta)|_{\frac{5\pi}{3}}^{2\pi} = 4\left(\pi - \frac{3\sqrt{3}}{2}\right)$$

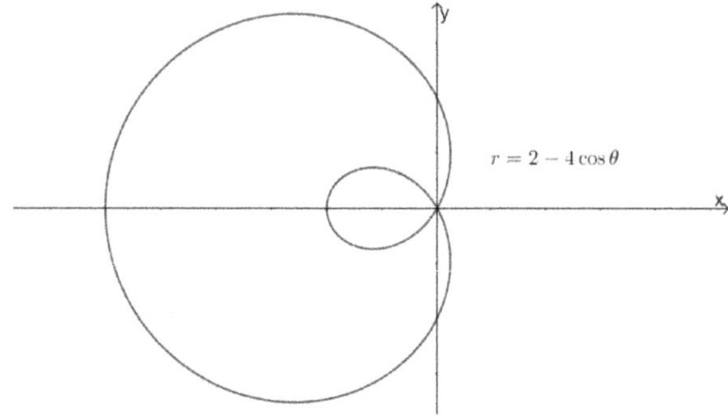

Example 12.

求 $r = 2 + 4\cos\theta$ 所围的內循环面积, $\theta \in [0,2\pi]$

【解】

$$面积 = 2\left(\int_{\frac{2\pi}{3}}^{\pi} \frac{(2+4\cos\theta)^2}{2}\,d\theta\right) = 4\int_{\frac{2\pi}{3}}^{\pi} 1 + 4\cos\theta + 4\cos^2\theta\,d\theta$$

$$= 4\int_{\frac{2\pi}{3}}^{\pi} 3 + 4\cos\theta + 2\cos 2\theta\,d\theta = 4(3\theta + 4\sin\theta + \sin 2\theta)|_{\frac{2\pi}{3}}^{\pi} = 4\left(\pi - \frac{3\sqrt{3}}{2}\right)$$

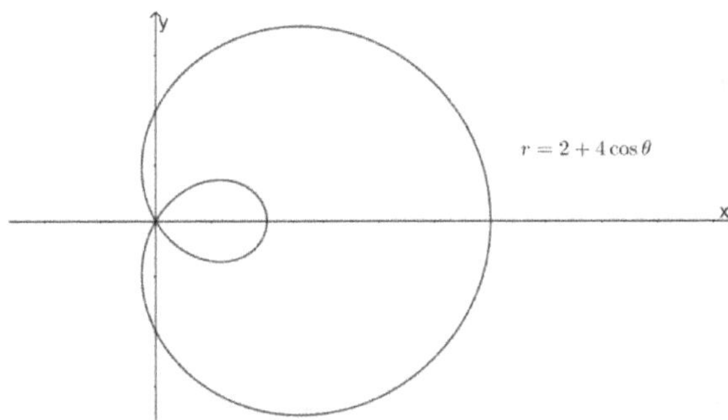

Example 13.

求 $r = 2 - 4\sin\theta$ 所围的内外循环面积, $\theta \in [0, 2\pi]$

【解】

$$内循环面积 = 2\left(\int_{\frac{\pi}{6}}^{\frac{3\pi}{6}} \frac{(2 - 4\sin\theta)^2}{2}\, d\theta\right) = \int_{\frac{\pi}{6}}^{\frac{3\pi}{6}} 4 - 16\sin\theta + 16\sin^2\theta\, d\theta$$

$$= \int_{\frac{\pi}{6}}^{\frac{3\pi}{6}} 12 - 16\sin\theta - 8\cos 2\theta\, d\theta = (12\theta + 16\cos\theta - 4\sin 2\theta)\Big|_{\frac{\pi}{6}}^{\frac{3\pi}{6}} = 4\pi - 6\sqrt{3}$$

$$外循环面积 = 2\left(\int_{\frac{5\pi}{6}}^{\frac{3\pi}{2}} \frac{(2 - 4\sin\theta)^2}{2}\, d\theta\right) = \int_{\frac{5\pi}{6}}^{\frac{3\pi}{2}} 4 - 16\sin\theta + 16\sin^2\theta\, d\theta$$

$$= \int_{\frac{5\pi}{6}}^{\frac{3\pi}{2}} 12 - 16\sin\theta - 8\cos 2\theta\, d\theta = (12\theta + 16\cos\theta - 4\sin 2\theta)\Big|_{\frac{5\pi}{6}}^{\frac{3\pi}{2}} = 8\pi + 6\sqrt{3}$$

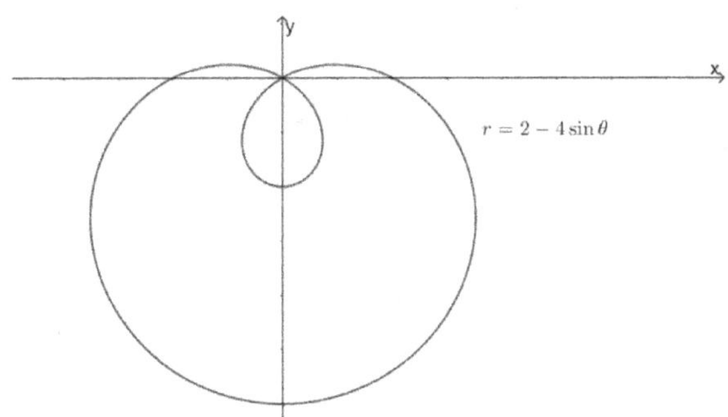

Example 14.

$\quad$ (1) 求 $r = a(1 + \sin\theta)$ 所围的区域面积, $\theta \in [0, 2\pi]$

$\quad$ (2) 求 $r = a(1 - \sin\theta)$ 所围的区域面积, $\theta \in [0, 2\pi]$

【解】

(1)

$$\text{面积} = 2\left(\int_{\frac{\pi}{2}}^{\frac{3\pi}{2}} \frac{a^2(1 + \sin\theta)^2}{2}\, d\theta\right) = \int_{\frac{\pi}{2}}^{\frac{3\pi}{2}} a^2(1 + \sin\theta)^2\, d\theta = a^2 \int_{\frac{\pi}{2}}^{\frac{3\pi}{2}} 1 + 2\sin\theta + \sin^2\theta\, d\theta$$

$$= a^2 \int_{\frac{\pi}{2}}^{\frac{3\pi}{2}} \frac{3}{2} + 2\sin\theta - \frac{\cos 2\theta}{2}\, d\theta = a^2 \left(\frac{3\theta}{2} - 2\cos\theta - \frac{\sin 2\theta}{4}\right)\Bigg|_{\frac{\pi}{2}}^{\frac{3\pi}{2}} = \frac{3\pi a^2}{2}$$

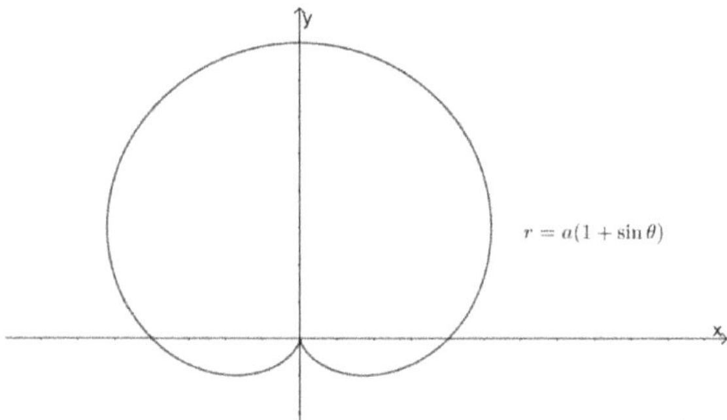

(2)

$$\text{面积} = 2\left(\int_{\frac{\pi}{2}}^{\frac{3\pi}{2}} \frac{a^2(1 - \sin\theta)^2}{2}\, d\theta\right) = \int_{\frac{\pi}{2}}^{\frac{3\pi}{2}} a^2(1 - \sin\theta)^2\, d\theta = a^2 \int_{\frac{\pi}{2}}^{\frac{3\pi}{2}} 1 - 2\sin\theta + \sin^2\theta\, d\theta$$

$$= a^2 \int_{\frac{\pi}{2}}^{\frac{3\pi}{2}} \frac{3}{2} - 2\sin\theta - \frac{\cos 2\theta}{2}\, d\theta = a^2 \left(\frac{3\theta}{2} + 2\cos\theta - \frac{\sin 2\theta}{4}\right)\Bigg|_{\frac{\pi}{2}}^{\frac{3\pi}{2}} = \frac{3\pi a^2}{2}$$

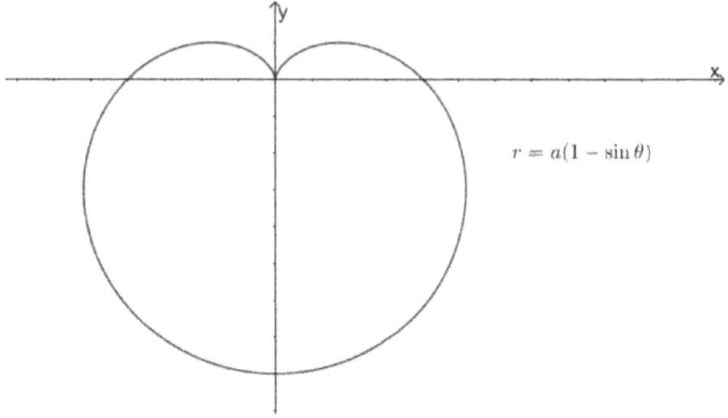

Example 15.

(1)求 $r = a(1 + \cos\theta)$ 所围的区域面积,$\theta \in [0, 2\pi]$

(2)求 $r = a(1 - \cos\theta)$ 所围的区域面积,$\theta \in [0, 2\pi]$

【解】

(1)

$$面积 = 2\left(\int_0^\pi \frac{a^2(1+\cos\theta)^2}{2}\,d\theta\right) = a^2\int_0^\pi (1+\cos\theta)^2\,d\theta = a^2\int_0^\pi 1 + 2\cos\theta + \cos^2\theta\,d\theta$$

$$= a^2\int_0^\pi \frac{3}{2} + 2\cos\theta + \frac{\cos 2\theta}{2}\,d\theta = a^2\left(\frac{3\theta}{2} + 2\sin\theta + \frac{\sin 2\theta}{4}\right)\Big|_0^\pi = \frac{3\pi a^2}{2}$$

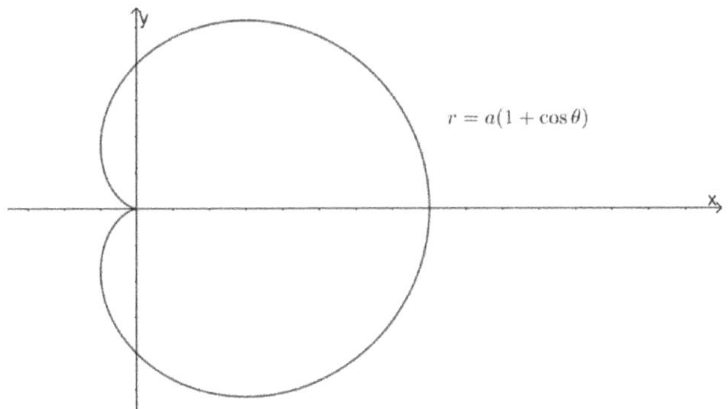

(2)

$$面积 = 2\left(\int_0^\pi \frac{a^2(1-\cos\theta)^2}{2}\,d\theta\right) = a^2\int_0^\pi (1-\cos\theta)^2\,d\theta = a^2\int_0^\pi 1 - 2\cos\theta + \cos^2\theta\,d\theta$$

$$= a^2\int_0^\pi \frac{3}{2} - 2\cos\theta + \frac{\cos 2\theta}{2}\,d\theta = a^2\left(\frac{3\theta}{2} - 2\sin\theta + \frac{\sin 2\theta}{4}\right)\Big|_0^\pi = \frac{3\pi a^2}{2}$$

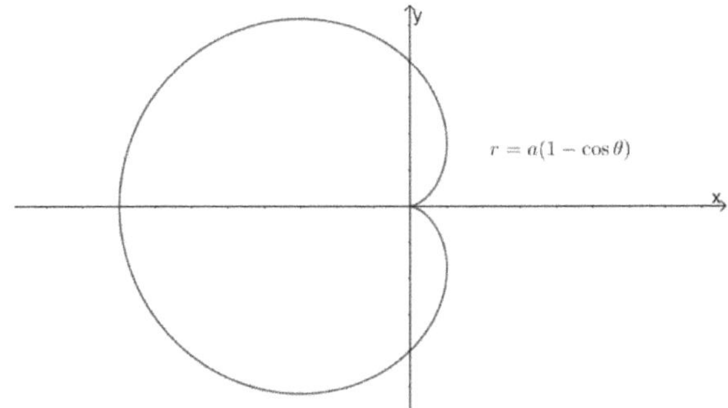

Example 16.

(1)求 $r = a + b\sin\theta$ 所围的区域面积,$a > b > 0, \theta \in [0, 2\pi]$

(2)求 $r = a - b\sin\theta$ 所围的区域面积,$a > b > 0, \theta \in [0, 2\pi]$

【解】

(1)

$$面积 = 2\left(\int_{\frac{\pi}{2}}^{\frac{3\pi}{2}} \frac{(a+b\sin\theta)^2}{2}\, d\theta\right) = \int_{\frac{\pi}{2}}^{\frac{3\pi}{2}} (a+b\sin\theta)^2\, d\theta$$

$$= \int_{\frac{\pi}{2}}^{\frac{3\pi}{2}} a^2 + 2ab\sin\theta + b^2\sin^2\theta\, d\theta = \int_{\frac{\pi}{2}}^{\frac{3\pi}{2}} a^2 + \frac{b^2}{2} + 2ab\sin\theta - \frac{b^2\cos 2\theta}{2}\, d\theta$$

$$= \left(a^2 + \frac{b^2}{2}\right)\theta - 2ab\cos\theta - \frac{b^2\sin 2\theta}{4}\Bigg|_{\frac{\pi}{2}}^{\frac{3\pi}{2}} = \left(a^2 + \frac{b^2}{2}\right)\pi$$

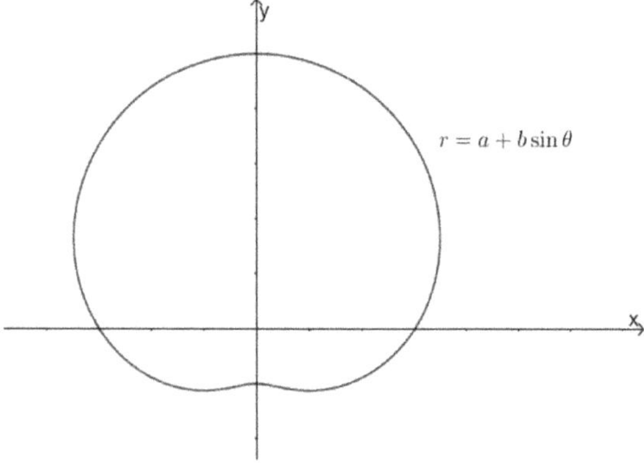

(2)

$$面积 = 2\left(\int_{\frac{\pi}{2}}^{\frac{3\pi}{2}} \frac{(a-b\sin\theta)^2}{2}\, d\theta\right) = \int_{\frac{\pi}{2}}^{\frac{3\pi}{2}} (a-b\sin\theta)^2\, d\theta$$

$$= \int_{\frac{\pi}{2}}^{\frac{3\pi}{2}} a^2 - 2ab\sin\theta + b^2\sin^2\theta\, d\theta = \int_{\frac{\pi}{2}}^{\frac{3\pi}{2}} a^2 + \frac{b^2}{2} - 2ab\sin\theta - \frac{b^2\cos 2\theta}{2}\, d\theta$$

$$= \left(a^2 + \frac{b^2}{2}\right)\theta + 2ab\cos\theta - \frac{b^2\sin 2\theta}{4}\Bigg|_{\frac{\pi}{2}}^{\frac{3\pi}{2}} = \left(a^2 + \frac{b^2}{2}\right)\pi$$

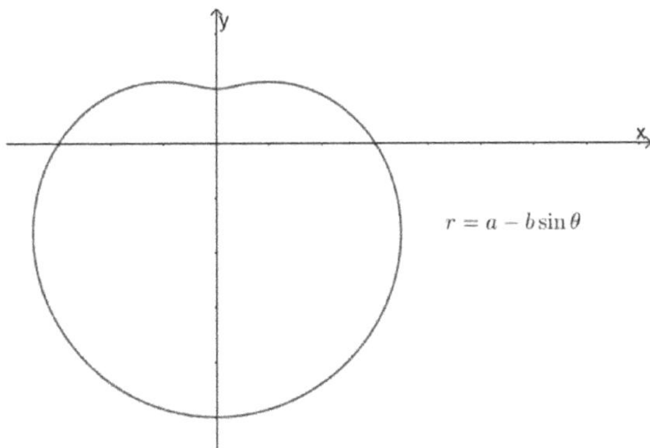

Example 17.

(1) 求 $r = a + b\cos\theta$ 所围的区域面积, $a > b > 0, \theta \in [0,2\pi]$

(2) 求 $r = a - b\cos\theta$ 所围的区域面积, $a > b > 0, \theta \in [0,2\pi]$

【解】

(1)

$$\text{面积} = 2\left(\int_0^\pi \frac{(a + b\cos\theta)^2}{2}\, d\theta\right) = \int_0^\pi (a + b\cos\theta)^2\, d\theta$$

$$= \int_0^\pi a^2 + 2ab\cos\theta + b^2\cos^2\theta\, d\theta = \int_0^\pi a^2 + \frac{b^2}{2} + 2ab\cos\theta + \frac{b^2\cos 2\theta}{2}\, d\theta$$

$$= \left(\left(a^2 + \frac{b^2}{2}\right)\theta + 2ab\sin\theta + \frac{b^2\sin 2\theta}{4}\right)\Bigg|_0^\pi = \left(a^2 + \frac{b^2}{2}\right)\pi$$

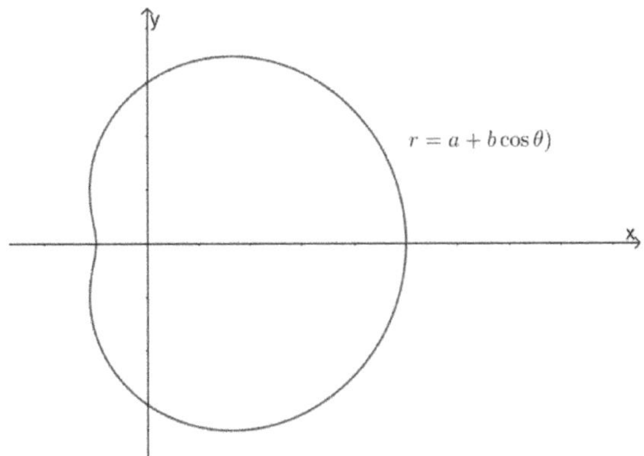

(2)

$$\text{面积} = 2\left(\int_0^\pi \frac{(a - b\cos\theta)^2}{2}\, d\theta\right) = \int_0^\pi (a - b\cos\theta)^2\, d\theta$$

$$= \int_0^\pi a^2 - 2ab\cos\theta + b^2\cos^2\theta\, d\theta = \int_0^\pi a^2 + \frac{b^2}{2} - 2ab\cos\theta + \frac{b^2\cos 2\theta}{2}\, d\theta$$

$$= \left(\left(a^2 + \frac{b^2}{2} \right) \theta - 2ab\sin\theta + \frac{b^2\sin 2\theta}{4} \right) \Bigg|_0^{\pi} = \left(a^2 + \frac{b^2}{2} \right) \pi$$

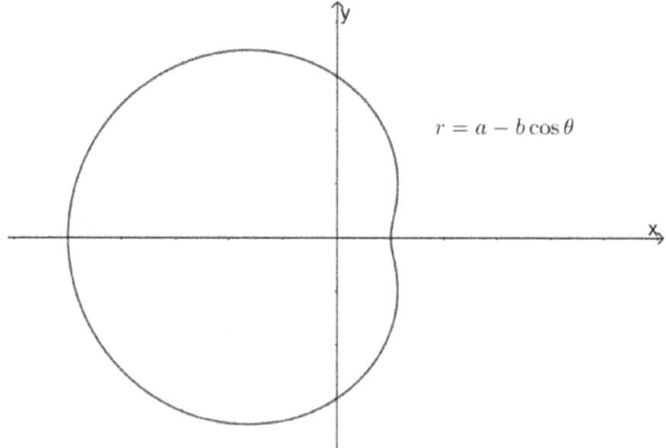

Example 18.

    (1)求$r^2 = a^2 \cos 2\theta$ 所围的区域面积

    (2)求$r^2 = a^2 \sin 2\theta$ 所围的区域面积

【解】

(1)

$$面积 = 4 \left(\int_0^{\frac{\pi}{4}} \frac{a^2 \cos 2\theta}{2} \, d\theta \right) = 2a^2 \int_0^{\frac{\pi}{4}} \cos 2\theta \, d\theta = a^2 \sin 2\theta \big|_0^{\frac{\pi}{4}} = a^2$$

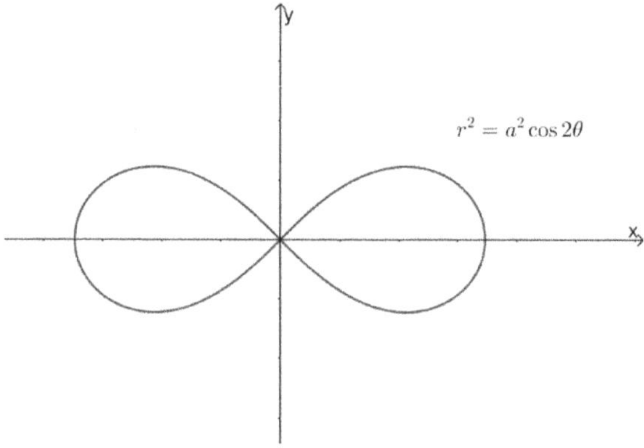

(2)

$$面积 = 4 \left(\int_0^{\frac{\pi}{4}} \frac{a^2 \sin 2\theta}{2} \, d\theta \right) = 2a^2 \int_0^{\frac{\pi}{4}} \sin 2\theta \, d\theta = -a^2 \cos 2\theta \big|_0^{\frac{\pi}{4}} = a^2$$

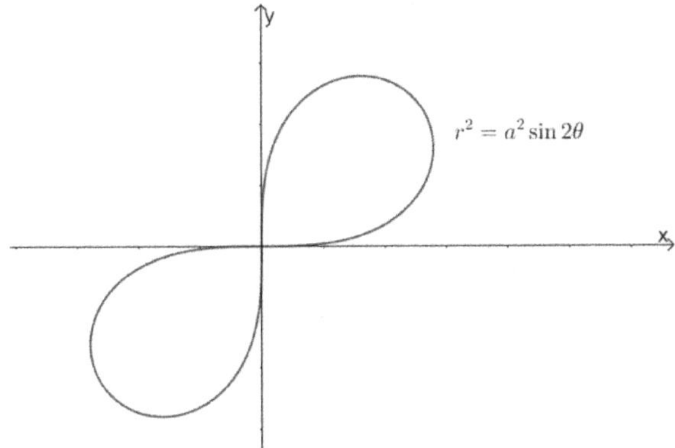

Example 19.

$\quad$ (1) 求 $r^2 = a^2 \cos\theta$ 所围的区域面积

$\quad$ (2) 求 $r^2 = a^2 \sin\theta$ 所围的区域面积

【解】

(1)

$$面积 = 4\left(\int_0^{\frac{\pi}{2}} \frac{a^2\cos\theta}{2}\, d\theta\right) = 2a^2 \int_0^{\frac{\pi}{2}} \cos\theta\, d\theta = 2a^2 \sin\theta\Big|_0^{\frac{\pi}{2}} = 2a^2$$

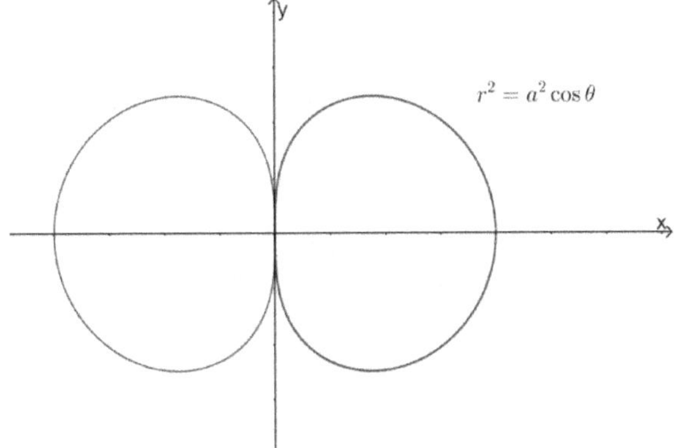

(2)

$$面积 = 4\left(\int_0^{\frac{\pi}{2}} \frac{a^2\sin\theta}{2}\, d\theta\right) = 2a^2 \int_0^{\frac{\pi}{2}} \sin\theta\, d\theta = -2a^2 \cos\theta\Big|_0^{\frac{\pi}{2}} = 2a^2$$

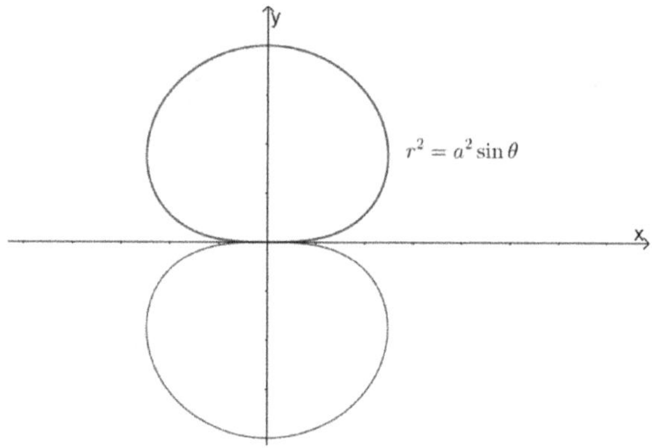

5.5.2　给函数求体积

假设曲线为 $y = f(x)$，绕 x 轴 $(y = 0)$ 旋转后所得的体积 V 等于将体积切成无穷多个垂直 x 轴的薄片之后，再将其薄片截面积积分，假设 $a \leq x \leq b$，因为截面积 $V'(x) = \pi f^2(x)$，所以

$$\text{体积} = V = \int_a^b V'(x)dx = \int_a^b \pi f^2(x)dx$$

考试类型：
Type 1.

假设曲线为 $y = f(x)$，绕 $y = c$ 旋转且 $a \leq x \leq b$ 则 体积 $= V = \int_a^b \pi(f(x) - c)^2 dx$

范例说明：

$y = mx\,(0 \leq x \leq b)$ 与 x 轴所围的区域绕 x 轴旋转所形成的体积 $= \pi \int_0^b (mx)^2 dx$

Type 2.
求曲线 $f(x)$、$g(x)$ 所围的区域，绕 x 轴旋转所形成的体积

假设 $a \leq x \leq b$ 则体积 $= V = \int_a^b \pi(f^2(x) - g^2(x))dx$

范例说明：
$y = 3x^2$ 与 $y = |x| + 2$ 所围的区域绕 x 轴旋转所形成的体积

$= \pi \int_0^1 (x + 2)^2 - (3x^2)^2 dx + \pi \int_{-1}^0 (-x + 2)^2 - (3x^2)^2 dx$

Type 3.

假设曲线为 $x = f(y)$，绕 $x = c$ 旋转且 $a \leq y \leq b$ 则体积 $= V = \int_a^b \pi(f(y) - c)^2 dy$

范例说明：

$y = x$、$y = \sqrt{x}$ 所围的区域绕 $x = 3$ 旋转围成的体积

$= \pi \int_0^1 (3 - y^2)^2 - (3 - y)^2 \, dy$

Type 4.

求曲线 $f(y)$、$g(y)$ 所围的区域，绕 y 轴旋转所形成的体积

假设 $a \leq y \leq b$ 则体积 $= V = \int_a^b \pi(f^2(y) - g^2(y))dy$

范例说明：

$y = x^3$、y 轴与 $y = 8$ 所围的区域绕 y 轴旋转围成的体积 $= \pi \int_0^8 (y^{\frac{1}{3}})^2 dy$

Type 5.

假设曲线为 $x = f(t)$、$y = g(t)$，绕 x 轴旋转且 $a \leq t \leq b$

则体积 $= V = \int \pi y^2 dx = \int_a^b \pi g^2(t)f'(t)dt$

范例说明：

假设 $x = a(t - \sin t)$，$y = a(1 - \cos t)$，$0 \leq t \leq 2\pi$，求绕 x 轴旋转的体积

体积 $= \int_0^{2\pi} \pi y^2(t)x'(t)dt = \int_0^{2\pi} \pi a^2(1 - \cos t)^2 a(t - \sin t)' dt$

Example 1.

求 $y = 2 - x^2$、$y = x^2$、$x = 0$ 所围的区域绕 y 轴旋转围成的体积

【解】

体积 $= 2\pi \int_0^1 x((2 - x^2) - x^2)dx = 2\pi \int_0^1 2x - 2x^3 dx = 2\pi \left(x^2 - \frac{x^4}{2} \right)\Big|_0^1 = \pi$

Example 2.

求 $y = mx$ $(0 \leq x \leq b)$ 与 x 轴所围的区域绕x轴旋转所形成的体积

【解】

$$体积 = \pi \int_0^b (mx)^2 dx = \frac{\pi m^2 x^3}{3}\Big|_0^b = \frac{\pi m^2 b^3}{3}$$

Example 3.

求 $y = \sin x$ $(0 \leq x \leq \pi)$ 、 y 轴与 $y = 1$ 所围的区域绕 $y = 1$ 旋转围成的体积

【解】

$$体积 = \pi \int_0^\pi (1 - \sin x)^2 \, dx = \pi \int_0^\pi 1 - 2\sin x + \sin^2 x \, dx$$

$$= \pi \int_0^\pi 1 - 2\sin x + \left(\frac{1 - \cos 2x}{2}\right) dx = \pi \int_0^\pi \frac{3}{2} - 2\sin x - \frac{\cos 2x}{2} \, dx$$

$$= \pi \left(\frac{3\pi}{2} + 2\cos x\Big|_0^\pi - \frac{\sin 2x}{4}\Big|_0^\pi\right) = \pi \left(\frac{3\pi}{2} - 4\right)$$

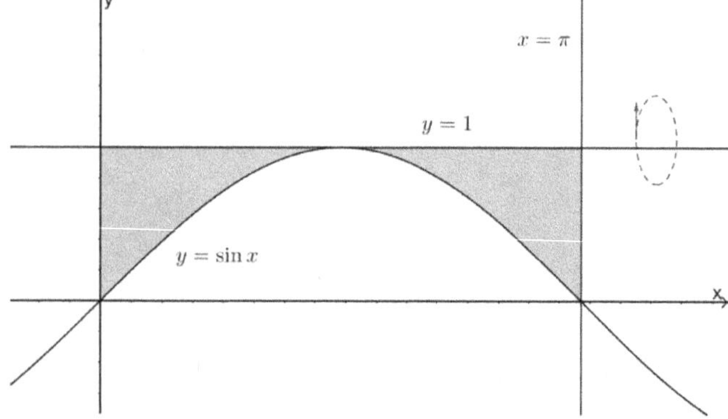

Example 4.

(1)求 $y^2 = x^3$ 、 y 轴与 $y = 8$ 所围的区域绕 $y = 8$ 旋转围成的体积

(2)求 $y^2 = x^3$ 、 x 轴与 $x = 4$ 所围的区域绕 $y = 8$ 旋转围成的体积

【解】

(1)

令 $y^2 = x^3$ 且 $y = 8$ 则两线交点为 $(4,8)$

令 $y^2 = x^3$ 且 $x = 0$ 则两线交点为 $(0,0)$

$$\therefore 体积 = \pi \int_0^4 \left(x^{\frac{3}{2}} - 8\right)^2 dx = \pi \int_0^4 x^3 - 16x^{\frac{3}{2}} + 64 \, dx = \pi \left(\frac{x^4}{4}\bigg|_0^4 - \frac{32x^{\frac{5}{2}}}{5}\bigg|_0^4 + 64x\big|_0^4 \right)$$

$$= \frac{576\pi}{5}$$

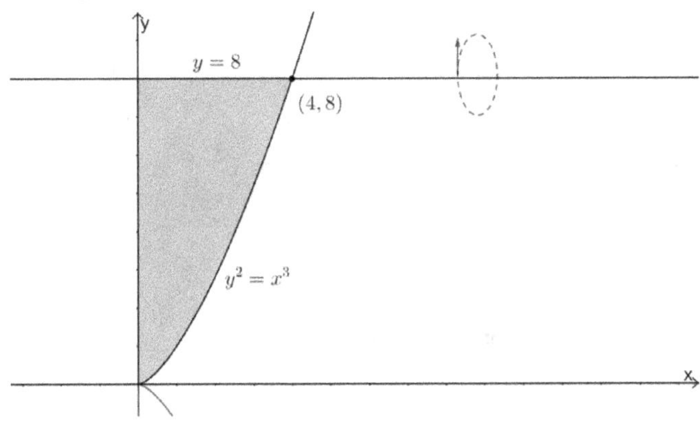

(2)

$\because$ 两线交点为 $(0,0)$、$(4,8)$

$$\therefore 体积 = \pi \int_0^4 8^2 - \left(8 - x^{\frac{3}{2}}\right)^2 dx = \pi \int_0^4 16x^{\frac{3}{2}} - x^3 dx = \pi \left(\frac{32x^{\frac{5}{2}}}{5} - \frac{x^4}{4} \right)\bigg|_0^4 = \frac{704\pi}{5}$$

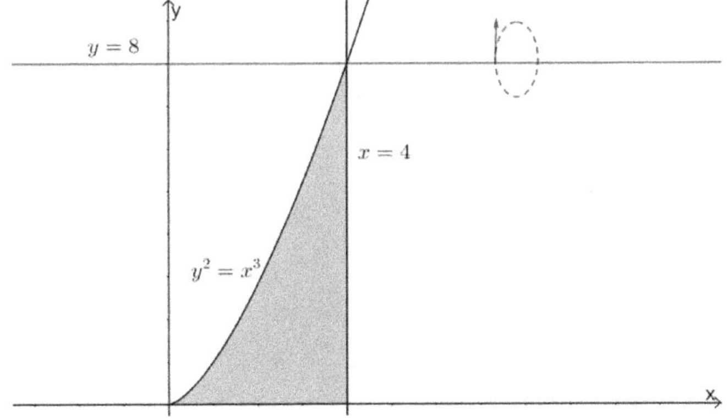

Example 5.

　　求 $(1,1)$、$(4,1)$、$(3,2)$ 三点所围的三角形区域绕 x 轴旋转围成的体积

【解】

$$体积 = \pi \int_1^3 \left(\frac{x+1}{2}\right)^2 dx + \pi \int_3^4 (5-x)^2 dx - \pi \int_1^4 1 \, dx = \frac{\pi(x+1)^3}{12}\bigg|_1^3 - \frac{\pi(5-x)^3}{3} - 3\pi$$

$$= 4\pi$$

Example 6.

求 $x = \theta - \sin\theta$、$y = 1 - \cos\theta$、$y = 0\ (0 \le \theta \le 2\pi)$所围的区域绕 y 轴旋转围成的体积

【解】

$$\text{体积} = 2\pi \int xy\,dx = 2\pi \int_0^{2\pi} (\theta - \sin\theta)(1 - \cos\theta)(1 - \cos\theta)\,d\theta$$

$$= 2\pi \int_0^{2\pi} \left(\frac{3\theta}{2} - 2\theta\cos\theta + \frac{\theta\cos 2\theta}{2} - \sin\theta + \sin 2\theta - \cos^2\theta\sin\theta \right) d\theta = 6\pi^3$$

Example 7.

求 $y = 3x^2$ 与 $y = |x| + 2$ 所围的区域绕 x 轴旋转所形成的体积

【解】

$\because$ 两线交点为 $(1,3)$、$(-1,3)$

$\therefore \text{体积} = \pi \int_0^1 (x+2)^2 - (3x^2)^2\,dx + \pi \int_{-1}^0 (-x+2)^2 - (3x^2)^2\,dx$

$$= 2\pi \int_0^1 (x+2)^2 - (3x^2)^2\,dx = 2\pi \int_0^1 x^2 + 4x + 4 - 9x^4\,dx = 2\pi \left(\frac{x^3}{3} + 2x^2 + 4x - \frac{9x^5}{5} \right)\Big|_0^1$$

$$= \frac{136\pi}{15}$$

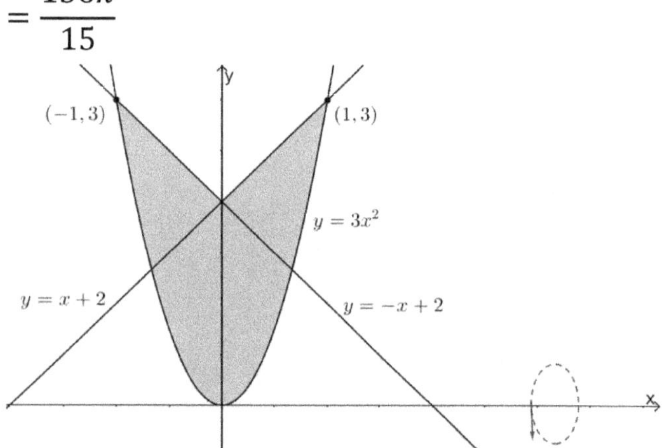

Example 8.

求曲线 $x^{\frac{2}{3}} + y^{\frac{2}{3}} = a^{\frac{2}{3}}$ 所围的区域绕 x 轴旋转形成的体积

【解】

令 $x = a\cos^3\theta$，$y = a\sin^3\theta$，则 $dx = -3a\cos^2\theta\sin\theta\,d\theta$

$\therefore$ 体积 $= 2\pi\int_{\frac{\pi}{2}}^{0} a^2\sin^6\theta\,(-3a\cos^2\theta\sin\theta)\,d\theta$

$= 6\pi a^3\int_{0}^{\frac{\pi}{2}}\sin^7\theta\cos^2\theta\,d\theta = 6\pi a^3\int_{0}^{\frac{\pi}{2}}\sin\theta\sin^6\theta\,\cos^2\theta\,d\theta$

$= 6\pi a^3\int_{0}^{\frac{\pi}{2}}\sin\theta\,(\sin^2\theta)^3\cos^2\theta\,d\theta = 6\pi a^3\int_{0}^{\frac{\pi}{2}}\sin\theta\,(1-\cos^2\theta)^3\,\cos^2\theta\,d\theta$

$= 6\pi a^3\int_{0}^{\frac{\pi}{2}}\sin\theta\,(1-3\cos^2\theta+3\cos^4\theta-\cos^6\theta)\cos^2\theta\,d\theta$

$= 6\pi a^3\int_{0}^{\frac{\pi}{2}}\sin\theta\,(\cos^2\theta-3\cos^4\theta+3\cos^6\theta-\cos^8\theta)\,d\theta$

令 $t = \cos\theta$ 则 $dt = -\sin\theta\,d\theta$，藉由变数代换法

$$\text{体积} = -6\pi a^3\int_{1}^{0} t^2-3t^4+3t^6-t^8\,dt = -6\pi a^3\left(\frac{t^3}{3}-\frac{3t^5}{5}+\frac{3t^7}{7}-\frac{t^9}{9}\right)\Big|_{1}^{0} = \frac{32\pi a^3}{105}$$

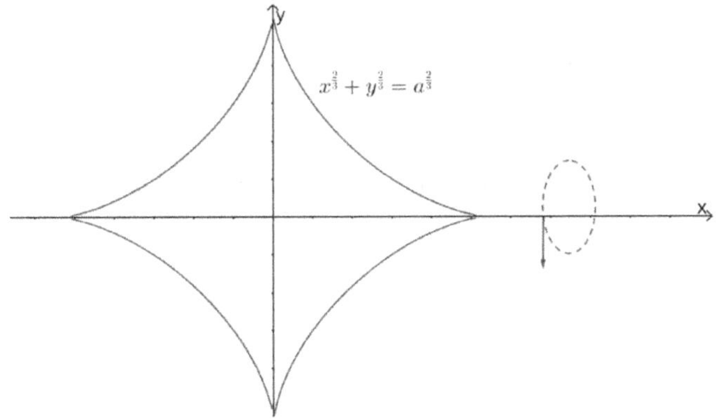

Example 9.

 (1)求半径为 a 的球体体积

 (2)从半径为 a 的球体，沿某直径打一圆孔，孔的半径为 b，求球体剩余体积

【解】

(1)

$\because x^2 + y^2 = a^2$ $\therefore$ 体积 $= 2\pi\int_{0}^{a}(a^2-x^2)\,dx = 2\pi\left(a^3 - \frac{a^3}{3}\right) = \frac{4\pi a^3}{3}$

(2)

$$\text{体积} = \pi \int_{-\sqrt{a^2-b^2}}^{\sqrt{a^2-b^2}} \left(\sqrt{a^2-x^2}\right)^2 - b^2 \, dx = \pi \int_{-\sqrt{a^2-b^2}}^{\sqrt{a^2-b^2}} a^2 - x^2 - b^2 \, dx$$

$$= \pi \left(2(a^2-b^2)\sqrt{a^2-b^2} - \frac{x^3}{3} \Big|_{-\sqrt{a^2-b^2}}^{\sqrt{a^2-b^2}} \right) = \pi \left(2(a^2-b^2)^{\frac{3}{2}} - \frac{2(a^2-b^2)^{\frac{3}{2}}}{3} \right)$$

$$= \frac{4\pi(a^2-b^2)^{\frac{3}{2}}}{3}$$

Example 10.

$$\text{求 } y = x - \frac{x^2}{2} \text{、} y = \sqrt{1-(x-1)^2} \text{ 所围的区域绕} x \text{轴旋转围成的体积}$$

【解】

$$\text{体积} = \pi \int_0^2 \left(\sqrt{1-(x-1)^2}\right)^2 - \left(x - \frac{x^2}{2}\right)^2 dx = \pi \int_0^2 2x - 2x^2 + x^3 - \frac{x^4}{4} dx$$

$$= \pi \left(x^2 - \frac{2x^3}{3} + \frac{x^4}{4} - \frac{x^5}{20} \right)\Big|_0^2 = \frac{16\pi}{15}$$

Example 11.

假设曲线 $y = f(x)$ 与x轴、y轴、直线$x = a$ 所围区域绕 x 轴体积为 $a^2 + a$，
求$f(x) =$?

【解】

$$\because V = \pi \int_0^a f^2(x) \, dx = a^2 + a$$

藉由 Leibniz 微分公式则 $\dfrac{dV}{da} = \pi f^2(a) = 2a + 1$ $\therefore f(x) = \pm\sqrt{\dfrac{2x+1}{\pi}}$

Example 12.

$$\text{求 } \sqrt{x} + \sqrt{y} = 1 \text{、} x + y = 1 \text{ 所围的区域绕} x \text{轴旋转围成的体积}$$
【解】

$$\text{体积} = \pi \int_0^1 (1-x)^2 - \left(1-\sqrt{x}\right)^4 dx = \pi \int_0^1 -8x + 4x^{\frac{1}{2}} + 4x^{\frac{3}{2}} dx = \frac{4\pi}{15}$$

Example 13.

假设 $y = a^2 - x^2$、$ax + y = a^2$ 所围的区域为 R, $(a > 0)$

(1)求 R 绕 x 轴旋转围成的体积 =？ (2)求 R 绕 y 轴旋转围成的体积 =？

(3)假设(1)、(2)的体积相同则 a =？

【解】

(1)

$$体积 = \pi \int_0^a (a^2 - x^2)^2 - (a^2 - ax)^2 \, dx = \pi \int_0^a 2a^3 x - 3a^2 x^2 + x^4 \, dx = \frac{\pi a^5}{5}$$

(2)

$$体积 = \pi \int_0^{a^2} (a^2 - y) - \left(a - \frac{y}{a}\right)^2 \, dy = \pi \int_0^{a^2} y - \frac{y^2}{a^2} \, dy = \frac{\pi a^4}{6}$$

(3)

$$令 \frac{\pi a^5}{5} = \frac{\pi a^4}{6} \ 则 \ a = \frac{5}{6}$$

Example 14.

求圆 $x^2 + (y - 3)^2 = 1$ 绕 x 轴旋转所形成的体积

【解】

$$\because x^2 + (y - 3)^2 = 1 \qquad \therefore y = 3 \pm \sqrt{1 - x^2}$$

$$\therefore 体积 = \pi \int_{-1}^{1} (3 + \sqrt{1 - x^2})^2 - (3 - \sqrt{1 - x^2})^2 \, dx = \pi \int_{-1}^{1} 12\sqrt{1 - x^2} \, dx$$

令 $x = \sin\theta$ 则 $dx = \cos\theta \, d\theta$，藉由变数代换法

$$体积 = 12\pi \int_{-1}^{1} \sqrt{1 - x^2} \, dx = 12\pi \int_{-\frac{\pi}{2}}^{\frac{\pi}{2}} \cos^2\theta \, d\theta = 12\pi \int_{-\frac{\pi}{2}}^{\frac{\pi}{2}} \frac{1 + \cos 2\theta}{2} \, d\theta = 6\pi^2$$

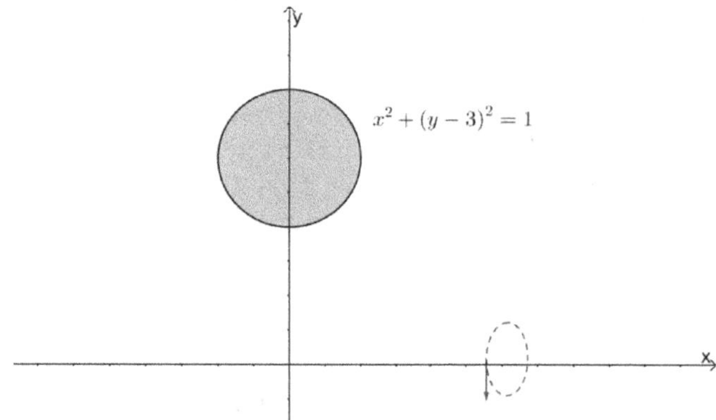

Example 15.

求圆 $x^2 + (y - a)^2 = 1, (a > 1)$ 绕 x 轴旋转所形成的体积

【解】

$\because x^2 + (y - a)^2 = 1 \quad \therefore y = a \pm \sqrt{1 - x^2}$

$\therefore 体积 = \pi \int_{-1}^{1} (a + \sqrt{1 - x^2})^2 - (a - \sqrt{1 - x^2})^2 \, dx = 4a\pi \int_{-1}^{1} \sqrt{1 - x^2} \, dx$

令 $x = \sin\theta$ 则 $dx = \cos\theta \, d\theta$，藉由变数代换法

$$体积 = 4a\pi \int_{-1}^{1} \sqrt{1 - x^2} \, dx = 4a\pi \int_{-\frac{\pi}{2}}^{\frac{\pi}{2}} \cos^2\theta \, d\theta = 4a\pi \int_{-\frac{\pi}{2}}^{\frac{\pi}{2}} \frac{1 + \cos 2\theta}{2} \, d\theta = 2a\pi^2$$

Example 16.

求 $\sqrt{x} + \sqrt{y} = 2$ 对 x 轴旋转围成的体积

【解】

$\because \sqrt{x} + \sqrt{y} = 2 \quad \therefore y = (2 - \sqrt{x})^2$

$\therefore 体积 = \pi \int_0^4 (2 - \sqrt{x})^4 \, dx = \pi \int_0^4 (4 + x - 4\sqrt{x})^2 \, dx$

$$= \pi \int_0^4 (4 + x)^2 - 8\sqrt{x}(4 + x) + 16x \, dx = \pi \left(\frac{(4 + x)^3}{3} - \frac{64x^{\frac{3}{2}}}{3} - \frac{16x^{\frac{5}{2}}}{5} + 8x^2 \right) \Bigg|_0^4 = \frac{128\pi}{5}$$

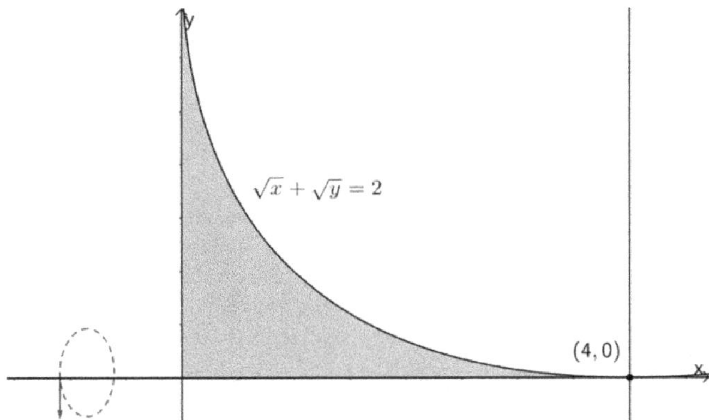

Example 17.

求 $\sqrt{x} + \sqrt{y} = a, (a > 0)$ 对 x 轴旋转围成的体积

【解】

$\because \sqrt{x} + \sqrt{y} = a \qquad \therefore y = (a - \sqrt{x})^2$

$\therefore 体积 = \pi \int_0^{a^2} (a - \sqrt{x})^4 \, dx = \pi \int_0^{a^2} (a^2 + x - 2a\sqrt{x})^2 \, dx$

$= \pi \int_0^{a^2} (a^2 + x)^2 - 4a\sqrt{x}(4 + x) + 4a^2 x \, dx$

$= \pi \left(\dfrac{(a^2 + x)^3}{3} - \dfrac{32ax^{\frac{3}{2}}}{3} - \dfrac{8ax^{\frac{5}{2}}}{5} + 2a^2 x^2 \right)\Bigg|_0^{a^2} = \pi \left(\dfrac{46a^6}{15} - \dfrac{32a^4}{3} \right)$

Example 18.

求椭圆 $\dfrac{x^2}{a^2} + \dfrac{y^2}{b^2} = 1$ 对 x 轴旋转围成的体积 $(a > b > 0)$

【解】

$\because \dfrac{x^2}{a^2} + \dfrac{y^2}{b^2} = 1 \qquad \therefore y^2 = b^2 \left(1 - \dfrac{x^2}{a^2}\right)$

$\therefore 体积 = \pi \int_{-a}^{a} y^2 \, dx = \pi \int_{-a}^{a} b^2 \left(1 - \dfrac{x^2}{a^2}\right) dx = \pi b^2 \left(2a - \dfrac{2a^3}{3a^2}\right) = \dfrac{4ab^2\pi}{3}$

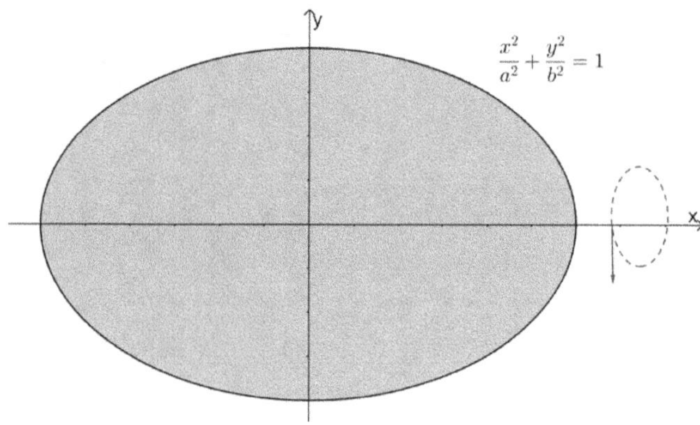

Example 19.

假设 $x = a(t - \sin t),\ y = a(1 - \cos t), 0 \le t \le 2\pi$，求绕 x 轴旋转的体积

【解】

$$体积 = \int_0^{2\pi} \pi y^2(t) x'(t) dt = \int_0^{2\pi} \pi a^2 (1 - \cos t)^2 a(t - \sin t)' dt$$

$$= \int_0^{2\pi} \pi a^2 (1 - \cos t)^2 a(1 - \cos t) dt = \pi a^3 \int_0^{2\pi} 1 - 3\cos t + 3\cos^2 t - \cos^3 t\, dt$$

$$= \pi a^3 \int_0^{2\pi} 1 - 3\cos t + 3 \cdot \frac{1 + \cos 2t}{2} - \cos t\,(1 - \sin^2 t) dt = \pi a^3 \left(2\pi + 3\pi + \left.\frac{\sin^3 t}{3}\right|_0^{2\pi} \right)$$

$$= 5a^3 \pi^2$$

Example 20.

求 $y = x^3$、y 轴与 $y = 8$ 所围的区域绕 y 轴旋转围成的体积

【解】

$$体积 = \pi \int_0^8 (y^{\frac{1}{3}})^2 dy = \pi \cdot \left.\frac{3y^{\frac{5}{3}}}{5}\right|_0^8 = \frac{96\pi}{5}$$

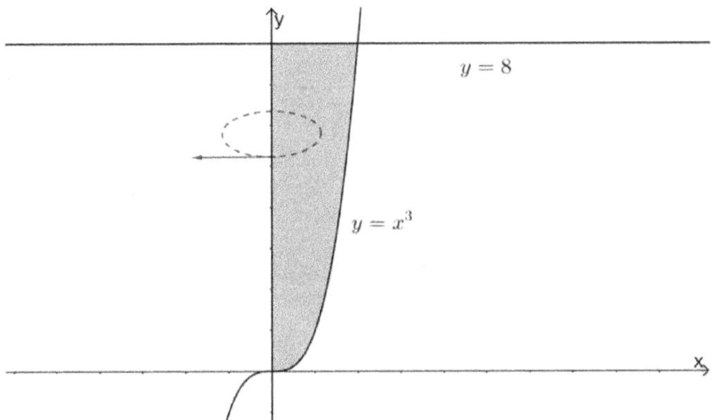

Example 21.

求 $y = x^3$、y 轴与 $y = k^3 (k \in N)$ 所围的区域绕 y 轴旋转围成的体积

【解】

$$\text{体积} = \pi \int_0^{k^3} (y^{\frac{1}{3}})^2 dy = \pi \cdot \frac{3y^{\frac{5}{3}}}{5}\Bigg|_0^{k^3} = \frac{3k^5\pi}{5}$$

Example 22.

求 $y^2 = 27x$、$y = x^2$ 所围的区域绕 x 轴旋转围成的体积

【解】

$$\text{体积} = \pi \int_0^3 27x - (x^2)^2 dx = \pi\left(\frac{27}{2}x^2 - \frac{x^5}{5}\Bigg|_0^3\right) = \pi\left(\frac{243}{2} - \frac{243}{5}\right)$$

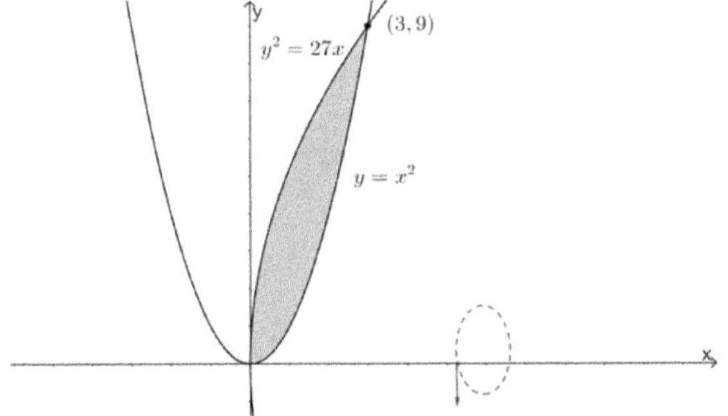

Example 23.

求圆 $x^2 + (y - 4)^2 = 9$ 绕 x 轴旋转所形成的体积

【解】

$\because x^2 + (y-4)^2 = 9 \qquad \therefore y = 4 \pm \sqrt{9 - x^2}$

$\therefore 体积 = \pi \int_{-3}^{3} (4 + \sqrt{9 - x^2})^2 - (4 - \sqrt{9 - x^2})^2 \, dx = \pi \int_{-3}^{3} 16\sqrt{9 - x^2} \, dx$

令 $x = 3\sin\theta$ 则 $dx = 3\cos\theta \, d\theta$，藉由变数代换法

$\therefore 体积 = \pi \int_{-3}^{3} 16\sqrt{9 - x^2} \, dx = 144\pi \int_{-\frac{\pi}{2}}^{\frac{\pi}{2}} \cos^2\theta \, d\theta = 144\pi \int_{-\frac{\pi}{2}}^{\frac{\pi}{2}} \frac{1 + \cos 2\theta}{2} \, d\theta = 72\pi^2$

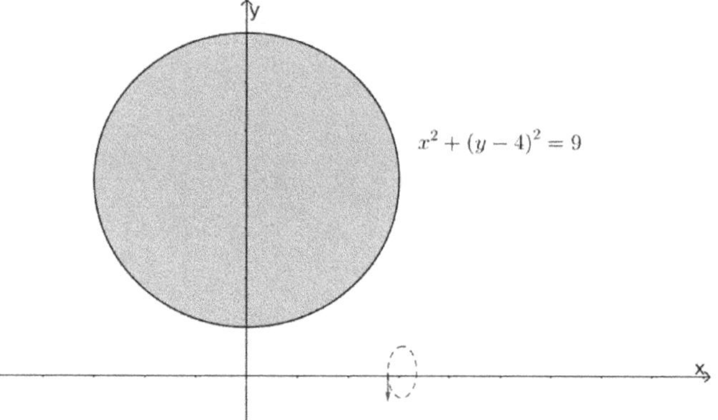

Example 24.

求圆 $x^2 + (y-a)^2 = r^2, (a > 0, r > 0)$ 绕 x 轴旋转所形成的体积

【解】

$\because x^2 + (y-a)^2 = r^2 \qquad \therefore y = a \pm \sqrt{r^2 - x^2}$

$\therefore 体积 = \pi \int_{-3}^{3} (a + \sqrt{r^2 - x^2})^2 - (a - \sqrt{r^2 - x^2})^2 \, dx = 4a\pi \int_{-3}^{3} \sqrt{r^2 - x^2} \, dx$

令 $x = r\sin\theta$ 则 $dx = r\cos\theta \, d\theta$，藉由变数代换法

$\therefore 体积 = 4a\pi \int_{-3}^{3} \sqrt{r^2 - x^2} \, dx = 4ar^2\pi \int_{-\frac{\pi}{2}}^{\frac{\pi}{2}} \cos^2\theta \, d\theta = 4ar^2\pi \int_{-\frac{\pi}{2}}^{\frac{\pi}{2}} \frac{(1 + \cos 2\theta)}{2} \, d\theta$

$= 2ar^2\pi^2$

Example 25.

(1) 求 $y = x$、$y = \sqrt{x}$ 所围的区域绕 $y = 2$ 旋转围成的体积

(2) 求 $y = x$、$y = \sqrt{x}$ 所围的区域绕 $x = 3$ 旋转围成的体积

【解】

(1)

$$\text{体积} = \pi \int_0^1 (2-x)^2 - (2-\sqrt{x})^2 \, dx = \pi \int_0^1 -4x + x^2 + 4\sqrt{x} - x \, dx$$

$$= \pi \int_0^1 x^2 - 5x + 4\sqrt{x} \, dx = \pi \left(\frac{x^3}{3} - \frac{5x^2}{2} + \frac{8x^{\frac{3}{2}}}{3} \Bigg|_0^1 \right) = \frac{\pi}{2}$$

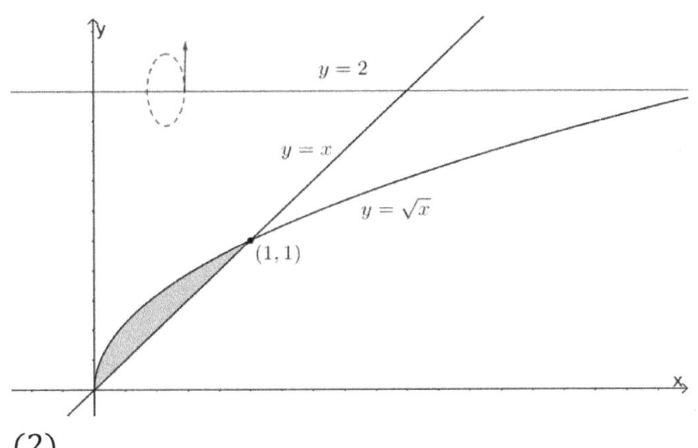

(2)

$$\text{体积} = \pi \int_0^1 (3-y^2)^2 - (3-y)^2 \, dy = \pi \int_0^1 -6y^2 + y^4 + 6y - y^2 \, dy$$

$$= \pi \int_0^1 y^4 - 7y^2 + 6y \, dy = \pi \left(\frac{y^5}{5} - \frac{7y^3}{3} + 3y^2 \Bigg|_0^1 \right) = \frac{13\pi}{15}$$

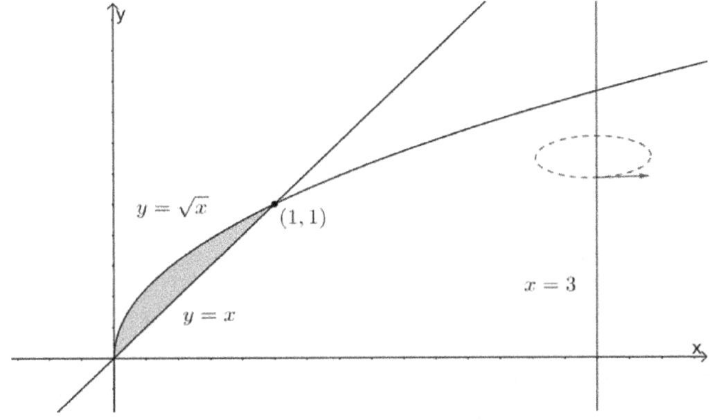

Example 26.

  (1)求 $y = \sin x$ 在$,0 \le x \le \pi$ 所围区域绕$y = 2$ 旋转的体积

  (2)求 $y = \sin x$ 在$,0 \le x \le \pi$ 所围区域绕$y = -1$ 旋转的体积

【解】

(1)

$$\text{体积} = \pi \int_0^\pi (2-0)^2 - (2-\sin x)^2 \, dx = \pi \int_0^\pi 4\sin x - \sin^2 x \, dx$$

$$= \pi \int_0^\pi 4\sin x - \left(\frac{1-\cos 2x}{2}\right) dx = \pi \left(-4\cos x - \frac{x}{2} + \frac{\sin 2x}{4}\right)\Big|_0^\pi = \pi\left(8 - \frac{\pi}{2}\right)$$

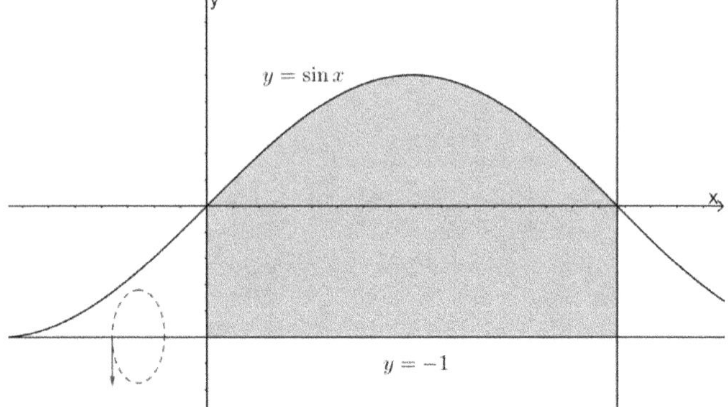

(2)

$$\text{体积} = \pi \int_0^\pi (\sin x - (-1))^2 \, dx = \pi \int_0^\pi 1 + 2\sin x + \sin^2 x \, dx$$

$$= \pi \int_0^\pi 1 + 2\sin x + \left(\frac{1-\cos 2x}{2}\right) dx = \pi\left(x - 2\cos x + \frac{x}{2} - \frac{\sin 2x}{4}\right)\Big|_0^\pi = \pi\left(4 + \frac{3\pi}{2}\right)$$

Example 27.

$$求 y = x^{\frac{1}{5}} 、 y = 0 、 x = 32 \text{ 所围的区域绕 } x = 48 \text{ 旋转围成的体积}$$

【解】

$$\text{体积} = 2\pi \int_0^{32} (48-x) x^{\frac{1}{5}} dx = 2\pi \int_0^{32} 48 x^{\frac{1}{5}} - x^{\frac{6}{5}} dx = 2\pi \left(48 \cdot \frac{5x^{\frac{6}{5}}}{6}\Big|_0^{32} - \frac{5x^{\frac{11}{5}}}{11}\Big|_0^{32}\right)$$

$$= 2\pi \left(40 \cdot 2^6 - \frac{5}{11} \cdot 2^{11}\right) = 3258\pi + \frac{2\pi}{11}$$

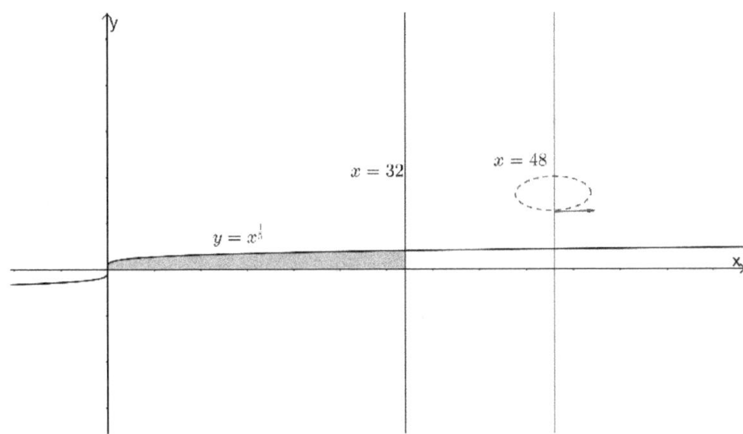

Example 28.

求 $y = x - x^2$、$y = 0$ 所围的区域绕 $x = 3$ 旋转围成的体积

【解】

$$\text{体积} = \pi \int_0^{\frac{1}{4}} \left(-\sqrt{\frac{1}{4} - y} + \frac{1}{2} - 3 \right)^2 - \left(\sqrt{\frac{1}{4} - y} + \frac{1}{2} - 3 \right)^2 dy$$

$$= \pi \int_0^{\frac{1}{4}} \left(-\sqrt{\frac{1}{4} - y} - \frac{5}{2} \right)^2 - \left(\sqrt{\frac{1}{4} - y} - \frac{5}{2} \right)^2 dy$$

$$= \pi \int_0^{\frac{1}{4}} \left(\sqrt{\frac{1}{4} - y} + \frac{5}{2} \right)^2 - \left(\sqrt{\frac{1}{4} - y} - \frac{5}{2} \right)^2 dy = 10\pi \int_0^{\frac{1}{4}} \sqrt{\frac{1}{4} - y}\, dy$$

$$= -\frac{2}{3} \left(\frac{1}{4} - y \right)^{\frac{3}{2}} \Bigg|_0^{\frac{1}{4}} \cdot 10\pi = \frac{20\pi}{3} \cdot 2^{-3} = \frac{5\pi}{6}$$

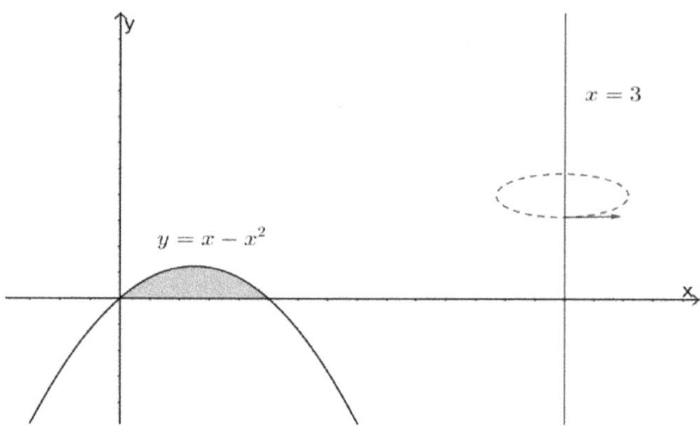

Example 29.

    (1) 求 $y = x^2$、$y = 3x$ 所围的区域绕 x 轴旋转围成的体积

    (2) 求 $y = e^{-x}$、$x = 2$、$y = 1$ 所围的区域绕 $y = 3$ 旋转围成的体积

【解】

(1)

$$体积 = \pi \int_0^3 9x^2 - x^4 \, dx = \frac{162\pi}{5}$$

(2)

$$体积 = \pi \int_0^2 (3 - e^{-x})^2 - (3 - 1)^2 \, dx = \pi \int_0^2 5 - 6e^{-x} + e^{-2x} \, dx$$

$$= \pi \left(5x + 6e^{-x} - \frac{e^{-2x}}{2} \right) \Bigg|_0^2 = \frac{9}{2} + 6e^{-2} - \frac{e^{-4}}{2}$$

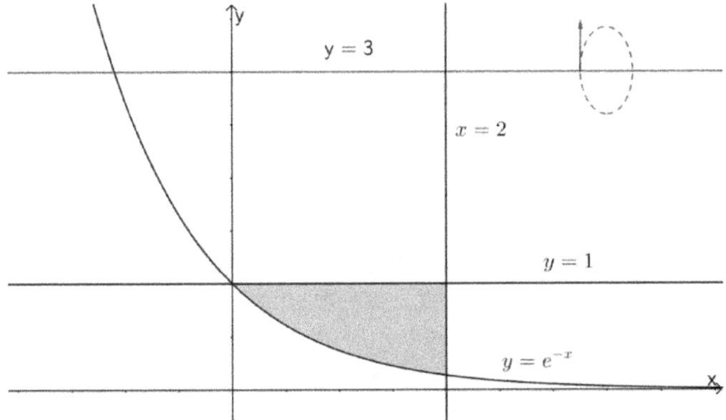

Example 30.

$$求\ 0 \le y \le \frac{1}{x} \ \text{、} \ 1 \le x \le 3 \ 所围的区域绕\ y = -1\ 旋转围成的体积$$

【解】

$$体积 = \pi \int_1^3 (\frac{1}{x} - (-1))^2 - (1)^2 dx = 2\pi\left(\frac{1}{3} + \ln 3\right)$$

Example 31.

$$求\ y = 0 \ \text{、} \ y = x^5 \ \text{、} \ x = 1 \ 所围的区域$$

(1) 绕 x 轴旋转围成的体积

(2) 绕 y 轴旋转围成的体积

(3) 绕 $x = 1$ 旋转围成的体积

(4) 绕 $y = 1$ 旋转围成的体积

【解】

(1)

$$体积 = \pi \int_0^1 x^{10} dx = \frac{\pi}{11}$$

(2)

$$\text{体积} = \pi \int_0^1 1^2 - y^{\frac{2}{5}}\,dy = \frac{2\pi}{7}$$

(3)

$$\text{体积} = \pi \int_0^1 \left(1 - y^{\frac{1}{5}}\right)^2 dy = \pi\left(\int_0^1 1 - 2y^{\frac{1}{5}} + y^{\frac{2}{5}}\,dy\right) = \pi\left(y - \frac{5y^{\frac{6}{5}}}{3} + \frac{5y^{\frac{7}{5}}}{7}\right)\Bigg|_0^1$$

$$= \frac{\pi}{21}$$

(4)

$$\text{体积} = \pi \int_0^1 1^2 - (1 - x^5)^2\,dx = \pi \int_0^1 2x^5 - x^{10}\,dx = \pi\left(\frac{x^6}{3} - \frac{x^{11}}{11}\right)\Bigg|_0^1 = \frac{8\pi}{33}$$

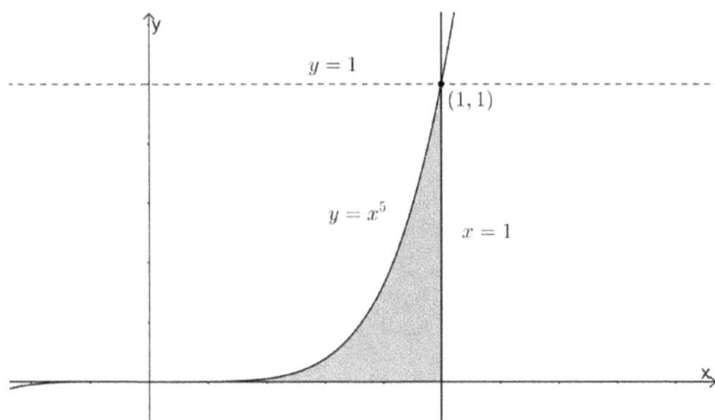

Example 32.

求 $y = 1$、$y = \sqrt{x}$、$x = 0$ 所围的区域

(1) 绕 x 轴旋转围成的体积

(2) 绕 y 轴旋转围成的体积

(3) 绕 $x = 1$ 旋转围成的体积

(4) 绕 $y = 1$ 旋转围成的体积

【解】

(1)

$$\text{体积} = \pi \int_0^1 1^2 - \left(\sqrt{x}\right)^2 dx = \frac{\pi}{2}$$

(2)

$$\text{体积} = \pi \int_0^1 y^4\, dy = \frac{\pi}{5}$$

(3)

$$\text{体积} = \pi \int_0^1 1^2 - (1-y^2)^2\, dy = \frac{7\pi}{15}$$

(4)

$$\text{体积} = \pi \int_0^1 \left(1 - \sqrt{x}\right)^2 dx = \frac{\pi}{6}$$

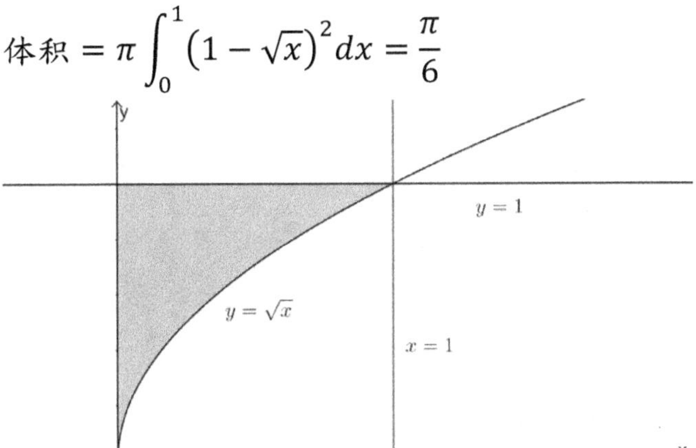

Example 33.

求 $y = \sqrt{x}$、$y = x^3$ 所围的区域

(1) 绕 x 轴旋转围成的体积

(2) 绕 y 轴旋转围成的体积

(3) 绕 $x = 1$ 旋转围成的体积

(4) 绕 $y = 1$ 旋转围成的体积

【解】

(1)

$$\text{体积} = \pi \int_0^1 \left(\sqrt{x}\right)^2 - (x^3)^2\, dx = \frac{5\pi}{14}$$

(2)

$$\text{体积} = \pi \int_0^1 (\sqrt[3]{y})^2 - (y^2)^2\, dy = \frac{2\pi}{5}$$

(3)

$$\text{体积} = \pi \int_0^1 (1-y^2)^2 - \left(1 - \sqrt[3]{y}\right)^2 dy = \frac{13\pi}{30}$$

(4)

$$\text{体积} = \pi \int_0^1 (1-x^3)^2 - \left(1-\sqrt{x}\right)^2 dx = \frac{10\pi}{21}$$

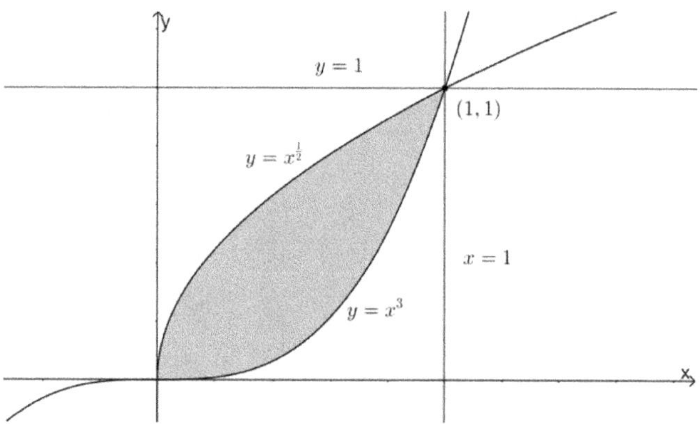

Example 34.

$$\text{求} y = x^{\frac{3}{2}} \text{、} 0 \leq x \leq 4 \text{ 所围的区域绕 } x \text{轴旋转围成的体积}$$

【解】

$$\text{体积} = \pi \int_0^4 x^3 dx = 64\pi$$

5.5.3　　给函数求弧长

假设曲线为 $y = f(x)$，介于 (x_0, y_0)、(x_1, y_1) 的弧长，等于将弧长切成任意无穷小的片段再积分，假设切成 m 个小段，且这小段的左、右端点坐标为 (x, y)、$(x + dx, y + dy)$ 则

$$d_s = \sqrt{(x-(x+dx))^2 + (y-(y+dy))^2} = \sqrt{(dx)^2 + (dy)^2}$$

$$= \sqrt{1 + (\frac{dy}{dx})^2}\, dx = \sqrt{1 + (\frac{df}{dx})^2}\, dx$$

$$\Rightarrow 弧长 = s = \int d_s = \int_{x_0}^{x_1} \sqrt{1 + (\frac{df}{dx})^2}\, dx$$

考试类型:

Type 1.

$$假设曲线为\ x = f(t),\ y = g(t) 则弧长 = \int d_s = \int \sqrt{(dx)^2 + (dy)^2} = \int \sqrt{(\frac{dx}{dt})^2 + (\frac{dy}{dt})^2}\, dt$$

范例说明:

$$求\ x = a(t - \sin t),\ y = a(1 - \cos t),\ 0 \le t \le \frac{\pi}{2}\ 的弧长$$

$$\therefore 弧长 = \int_0^{\frac{\pi}{2}} \sqrt{\left(\frac{dx}{dt}\right)^2 + \left(\frac{dy}{dt}\right)^2}\, dt = \int_0^{\frac{\pi}{2}} \sqrt{(a(1-\cos t))^2 + (a\sin t)^2}\, dt$$

Type 2.

$$假设曲线为\ r = r(\theta)\ 则弧长 = \int d_s = \int \sqrt{(r d\theta)^2 + (dr)^2} = \int \sqrt{r^2 + (\frac{dr}{d\theta})^2}\, d\theta$$

范例说明:

$$求\ r = a(1 - \cos\theta),\ a > 0\ 之弧长$$

$$弧长 = 2\int_0^{\pi} \sqrt{r^2 + \left(\frac{dr}{d\theta}\right)^2}\, d\theta = 2\int_0^{\pi} \sqrt{(a - a\cos\theta)^2 + (a\sin\theta)^2}\, d\theta$$

$$求\ r = a(1 - \sin\theta),\ a > 0\ 之弧长$$

$$弧长 = 2\int_{-\frac{\pi}{2}}^{\frac{\pi}{2}} \sqrt{r^2 + \left(\frac{dr}{d\theta}\right)^2}\, d\theta = 2\int_0^{\pi} \sqrt{(a - a\sin\theta)^2 + (a\cos\theta)^2}\, d\theta$$

Example 1.

$$求曲线 \; y = \ln\cos x, \; 0 \le x \le \frac{\pi}{3} \; 的弧长$$

【解】

$$\because y'(x) = -\frac{\sin x}{\cos x} = -\tan x$$

$$\therefore 弧长 = \int_0^{\frac{\pi}{3}} \sqrt{1 + (y'(x))^2} \, dx = \int_0^{\frac{\pi}{3}} \sqrt{1 + \tan^2 x} \, dx = \int_0^{\frac{\pi}{3}} \sec x \, dx$$

$$= \ln(\sec x + \tan x)\Big|_0^{\frac{\pi}{3}} = \ln(2 + \sqrt{3})$$

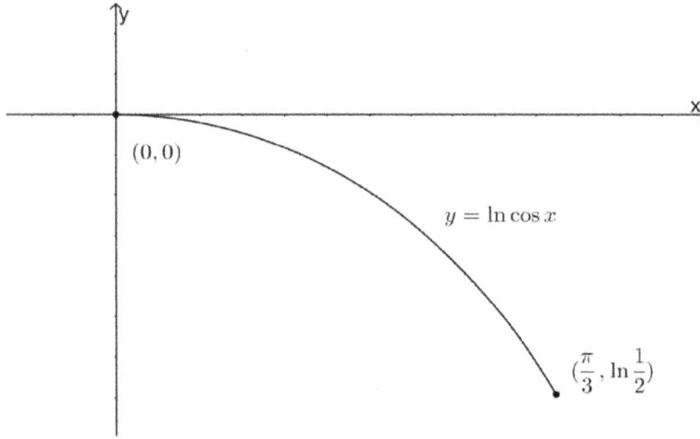

Example 2.

$$假设曲线为 \; 9y^2 = 4x^3, \; 计算曲线從两端点 \left(4, -\frac{16}{3}\right) \text{、} \left(4, \frac{16}{3}\right) \; 所形成的弧长$$

【解】

$$\because 9y^2 = 4x^3 \qquad \therefore y = \frac{2}{3}x^{\frac{3}{2}} \Rightarrow y' = x^{\frac{1}{2}}$$

$$\therefore 弧长 = 2\int_0^4 \sqrt{1 + (y'(x))^2} \, dx = 2\int_0^4 \sqrt{1 + (x^{\frac{1}{2}})^2} \, dx = \frac{4(1+x)^{\frac{3}{2}}}{3}\Bigg|_0^4 = \frac{4(5\sqrt{5} - 1)}{3}$$

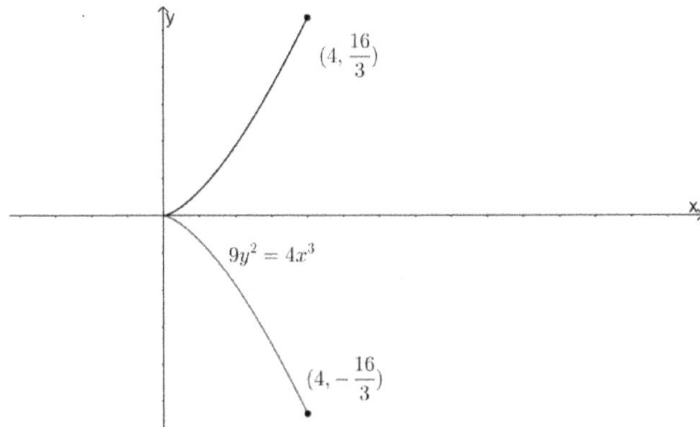

Example 3.

$$\text{求曲线 } y = \int_{\frac{\pi}{6}}^{x} \sqrt{64\sin^2 t \cos^4 t - 1}\, dt, \quad \frac{\pi}{6} \leq x \leq \frac{\pi}{3} \text{ 之弧长}$$

【解】

$$\text{弧长} = \int_{\frac{\pi}{6}}^{\frac{\pi}{3}} \sqrt{1 + (y'(x))^2}\, dx = 8\int_{\frac{\pi}{6}}^{\frac{\pi}{3}} \sin x \cos^2 x\, dx = -\left.\frac{8\cos^3 x}{3}\right|_{\frac{\pi}{6}}^{\frac{\pi}{3}} = \sqrt{3} - \frac{1}{3}$$

Example 4.

$$\text{假设曲线 } y = f(x), \ x = 0 \text{ 至 } x = a \text{ 的弧长为 } \frac{2}{3}\left((1+a)^{\frac{3}{2}} - 1\right), \text{求 } f(x) = ?$$

【解】

$$\because \text{弧长} = \int_{0}^{a} \sqrt{1 + (f'(x))^2}\, dx = \frac{2}{3}\left((1+a)^{\frac{3}{2}} - 1\right)$$

藉由 Leibniz 微分公式则 $\sqrt{1 + (f'(a))^2} = (1+a)^{\frac{1}{2}} \quad \therefore f'(x) = x^{\frac{1}{2}} \quad \therefore f(x) = \frac{2x^{\frac{3}{2}}}{3} + c$

Example 5.

$$\text{求曲线 } 9ay^2 = x(x - 3a)^2 \text{ 所围之弧长}$$

【解】

$$\because 9ay^2 = x(x - 3a)^2 \quad \therefore y'(x) = \frac{a - x}{2\sqrt{ax}}$$

$$\text{弧长} = 2\int_{0}^{3a} \sqrt{1 + (y'(x))^2}\, dx = 2\int_{0}^{3a} \sqrt{1 + \left(\frac{a - x}{2\sqrt{ax}}\right)^2}\, dx$$

$$= 2 \int_0^{3a} \sqrt{a}\, x^{-\frac{1}{2}} + a^{-\frac{1}{2}} x^{\frac{1}{2}}\, dx = 4\sqrt{3}\, a$$

Example 6.

求曲线 $x^{\frac{2}{3}} + y^{\frac{2}{3}} = a^{\frac{2}{3}}$, 试求從 $x = -a$ 至 $x = -\dfrac{a}{8}$ 的弧长 $=?\,(a > 0)$

【解】

$$\because x^{\frac{2}{3}} + y^{\frac{2}{3}} = a^{\frac{2}{3}} \qquad \therefore y'(x) = -x^{-\frac{1}{3}} y^{\frac{1}{3}}$$

$$\text{弧长} = \int_{-a}^{-\frac{a}{8}} \sqrt{1 + (y'(x))^2}\, dx = \int_{-a}^{-\frac{a}{8}} \sqrt{1 + \left(-x^{-\frac{1}{3}} y^{\frac{1}{3}}\right)^2}\, dx = \int_{-a}^{-\frac{a}{8}} \sqrt{\frac{x^{\frac{2}{3}} + y^{\frac{2}{3}}}{x^{\frac{2}{3}}}}\, dx$$

$$= \int_{-a}^{-\frac{a}{8}} \sqrt{\frac{a^{\frac{2}{3}}}{x^{\frac{2}{3}}}}\, dx = \left. \frac{3 a^{\frac{1}{3}} x^{\frac{2}{3}}}{2} \right|_{-a}^{-\frac{a}{8}} = \frac{9a}{8}$$

Example 7.

求曲线 $9y^2 = 4x^3$, 试求從 $(3, -2\sqrt{3})$ 至 $(3, 2\sqrt{3})$ 的弧长 $=?$

【解】

$$\because 9y^2 = 4x^3, \quad y = \pm \frac{2}{3} x^{\frac{3}{2}} \quad \therefore y'(x) = \frac{2x^2}{3y} = \pm x^{\frac{1}{2}}$$

$$\text{弧长} = 2 \int_0^3 \sqrt{1 + (y'(x))^2}\, dx = 2 \int_0^3 \sqrt{1 + \left(x^{\frac{1}{2}}\right)^2}\, dx = \left. \frac{4}{3}(1+x)^{\frac{3}{2}} \right|_0^3 = \frac{28}{3}$$

Example 8.

求 $y = a\cosh \dfrac{x}{a}$, $a > 0$ 在 $-a \leq x \leq a$ 之弧长

【解】

$$\because y = a \cosh \frac{x}{a} \qquad \therefore y' = \sinh \frac{x}{a}$$

$$\therefore \text{弧长} = 2\int_0^a \sqrt{1 + (y'(x))^2}\, dx = 2\int_0^a \sqrt{1 + \left(\sinh \frac{x}{a}\right)^2}\, dx = 2\int_0^a \sqrt{\left(\cosh \frac{x}{a}\right)^2}\, dx$$

$$= 2a \sinh \frac{x}{a}\Big|_0^a = 2a \sinh 1$$

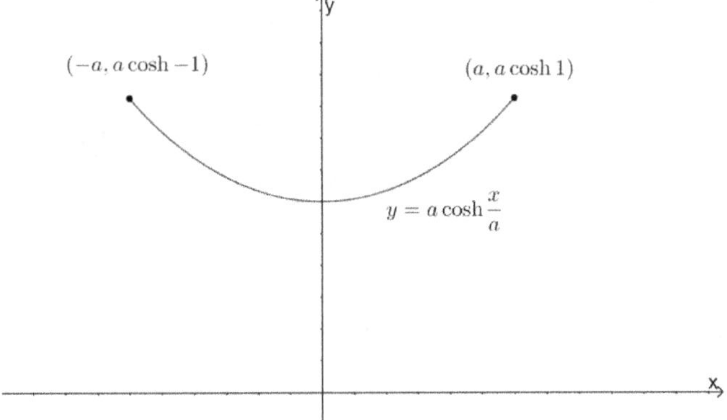

Example 9.

求曲线 $f(x) = x^{\frac{3}{2}}$, $0 \le x \le 4$ 之弧长

【解】

$$\text{弧长} = \int_0^4 \sqrt{1 + (y'(x))^2}\, dx = \int_0^4 \sqrt{1 + \left(\frac{3x^{\frac{1}{2}}}{2}\right)^2}\, dx = \int_0^4 \sqrt{1 + \frac{9x}{4}}\, dx = \frac{8\left(1 + \frac{9x}{4}\right)^{\frac{3}{2}}}{27}\Bigg|_0^4$$

$$= \frac{8}{27}\left(10\sqrt{10} - 1\right)$$

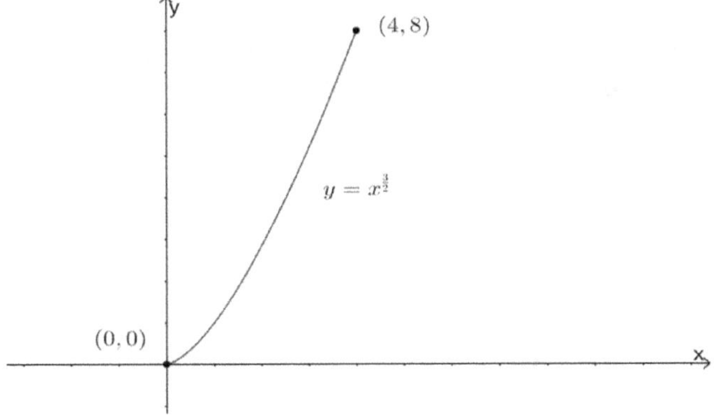

Example 10.

$$求曲线\ x = \frac{\sqrt{y}(y - 3)}{3}, \quad 1 \le y \le 9\ 之弧长$$

【解】

$$弧长 = \int_1^9 \sqrt{1 + (x'(y))^2}\, dy, \quad \because x = \frac{\sqrt{y}(y - 3)}{3} \quad \therefore \frac{dx}{dy} = \frac{1}{2}\left(y^{\frac{1}{2}} - y^{-\frac{1}{2}}\right)$$

$$\therefore 弧长 = \int_1^9 \sqrt{1 + (x'(y))^2}\, dy = \int_1^9 \sqrt{1 + \frac{1}{4}\left(y^{\frac{1}{2}} - y^{-\frac{1}{2}}\right)^2}\, dy = \frac{1}{2}\int_1^9 \sqrt{\left(y^{\frac{1}{2}} + y^{-\frac{1}{2}}\right)^2}\, dy$$

$$= \frac{1}{2}\left(\frac{2}{3}y^{\frac{3}{2}} + 2y^{\frac{1}{2}}\right)\Big|_1^9 = \frac{32}{3}$$

Example 11.

$$求曲线\ y = 4x^{\frac{3}{2}}, \quad 從\ (0,0)\ 至\ (1,4)\ 之弧长$$

【解】

$$弧长 = \int_0^1 \sqrt{1 + (y'(x))^2}\, dx = \int_0^1 \sqrt{1 + \left(6x^{\frac{1}{2}}\right)^2}\, dx = \int_0^1 \sqrt{1 + 36x}\, dx$$

$$= \frac{(1 + 36x)^{\frac{3}{2}}}{54}\Bigg|_0^1 = \frac{1}{54}\left(37\sqrt{37} - 1\right)$$

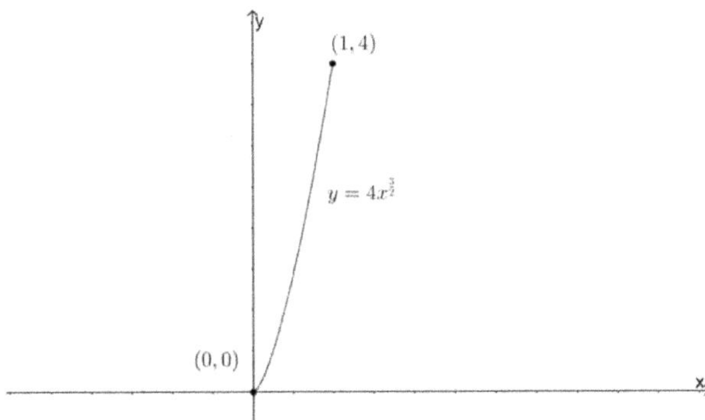

Example 12.

$$求 \ y = \sqrt{x - x^2} + \sin^{-1}\sqrt{x}, \ \ 0 \le x \le \frac{1}{2} \ \ 之弧长$$

【解】

$$\because y = \sqrt{x - x^2} + \sin^{-1}\sqrt{x}$$

$$\therefore y' = \frac{1 - 2x}{2\sqrt{x - x^2}} + \frac{1}{\sqrt{1 - x}}\left(\frac{x^{-\frac{1}{2}}}{2}\right) = \frac{1 - x}{\sqrt{x}\sqrt{1 - x}} = \sqrt{\frac{1 - x}{x}}$$

$$弧长 = \int_0^{\frac{1}{2}} \sqrt{1 + (y'(x))^2}\,dx = \int_0^{\frac{1}{2}} \sqrt{1 + \frac{1 - x}{x}}\,dx = \int_0^{\frac{1}{2}} \sqrt{\frac{1}{x}}\,dx = 2\sqrt{x}\Big|_0^{\frac{1}{2}} = \sqrt{2}$$

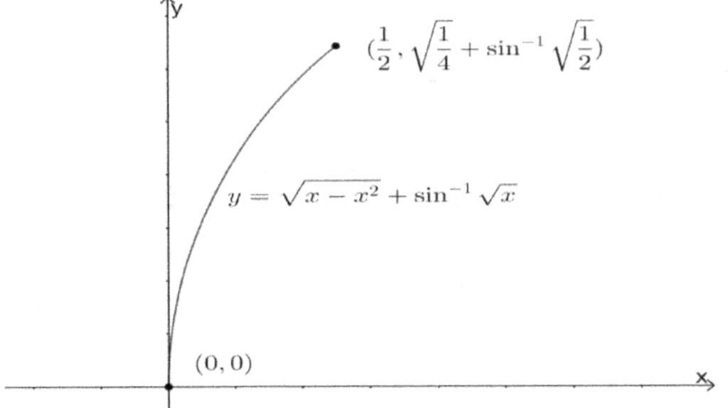

Example 13.

$$(1)求 \ x^{\frac{2}{3}} + y^{\frac{2}{3}} = a^{\frac{2}{3}} \ \ 之周长$$

$$(2)求 \ \left(\frac{x}{a}\right)^{\frac{2}{3}} + \left(\frac{y}{b}\right)^{\frac{2}{3}} = 1, \ (a > b > 0) \ \ 之周长$$

【解】

(1)

令 $x = a\cos^3\theta,\ \ y = a\sin^3\theta$ 则 $dx = -3a\cos^2\theta\sin\theta d\theta,\ dy = 3a\sin^2\theta\cos\theta d\theta$

$\therefore$ 弧长 $= 4\int_0^{\frac{\pi}{2}}\sqrt{\left(\dfrac{dx}{d\theta}\right)^2 + \left(\dfrac{dy}{d\theta}\right)^2}\,d\theta = 4\int_0^{\frac{\pi}{2}}\sqrt{(3a\cos^2\theta\sin\theta\,)^2 + (3a\sin^2\theta\cos\theta\,)^2}\,d\theta$

$= 4\int_0^{\frac{\pi}{2}}\sqrt{9a^2\cos^4\theta\sin^2\theta + 9a^2\sin^4\theta\cos^2\theta}\,d\theta$

$= 12a\int_0^{\frac{\pi}{2}}\sqrt{\cos^2\theta\sin^2\theta(\sin^2\theta + \cos^2\theta)}\,d\theta = 12a\int_0^{\frac{\pi}{2}}\sin\theta\cos\theta\,d\theta$

$= 6a\int_0^{\frac{\pi}{2}}\sin 2\theta\,d\theta = -3a\cos 2\theta\Big|_0^{\frac{\pi}{2}} = 6a$

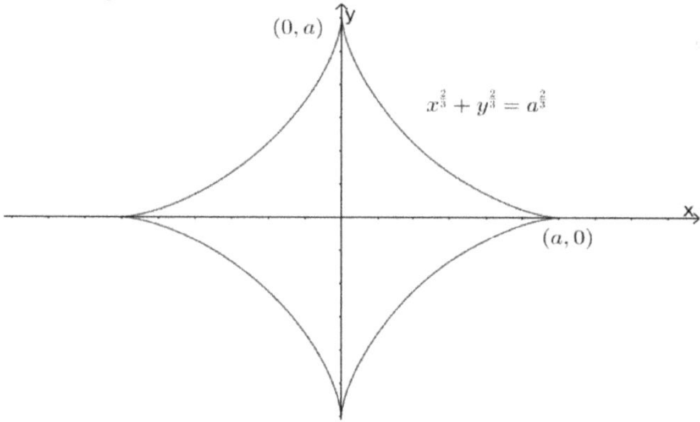

(2)

令 $x = a\cos^3\theta,\ y = b\sin^3\theta$ 则 $dx = -3a\cos^2\theta\sin\theta d\theta, dy = 3b\sin^2\theta\cos\theta d\theta$

弧长 $= 4\int_0^{\frac{\pi}{2}}\sqrt{\left(\dfrac{dx}{d\theta}\right)^2 + \left(\dfrac{dy}{d\theta}\right)^2}\,d\theta = 4\int_0^{\frac{\pi}{2}}\sqrt{(3a\cos^2\theta\sin\theta\,)^2 + (3b\sin^2\theta\cos\theta\,)^2}\,d\theta$

$= 12\int_0^{\frac{\pi}{2}}\sqrt{(\sin\theta\cos\theta)^2(a^2\cos^2\theta + b^2\sin^2\theta)}\,d\theta$

$= 12\int_0^{\frac{\pi}{2}}\sin\theta\cos\theta\sqrt{\dfrac{a^2(1 + \cos 2\theta)}{2} + \dfrac{b^2(1 - \cos 2\theta)}{2}}\,d\theta$

$= 6\sqrt{2}\int_0^{\frac{\pi}{2}}\dfrac{\sin 2\theta}{2}\sqrt{a^2(1 + \cos 2\theta) + b^2(1 - \cos 2\theta)}\,d\theta$

令 $t = \cos 2\theta$ 则 $dt = -2\sin 2\theta\,d\theta \Rightarrow \dfrac{\sin 2\theta d\theta}{2} = \dfrac{-dt}{4}$

$$\text{弧长} = 6\sqrt{2} \int_{1}^{-1} \frac{(-1)\sqrt{a^2(1+t) + b^2(1-t)}}{4} \, dt$$

$$= \frac{3\sqrt{2}}{2} \int_{-1}^{1} \sqrt{a^2 + b^2 + (a^2 - b^2)t} \, dt = \frac{3\sqrt{2}}{2} \cdot \left. \frac{2(a^2 + b^2 + (a^2 - b^2)t)^{\frac{3}{2}}}{3(a^2 - b^2)} \right|_{-1}^{1}$$

$$= \sqrt{2} \left(\frac{(2a^2)^{\frac{3}{2}} - (2b^2)^{\frac{3}{2}}}{a^2 - b^2} \right) = \frac{4(a^2 + ab + b^2)}{a + b}$$

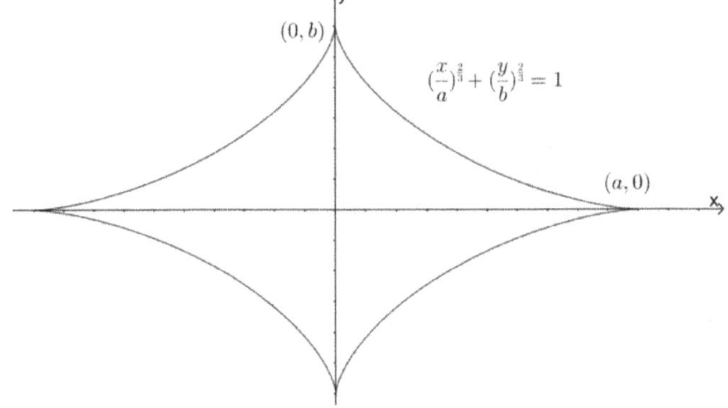

Example 14.

$$\text{求} x = a(t - \sin t), \quad y = a(1 - \cos t), \quad 0 \le t \le \frac{\pi}{2} \quad \text{的弧长}$$

【解】

$$\because dx = a(1 - \cos t)dt, \quad dy = a\sin t \, dt$$

$$\therefore \text{弧长} = \int_{0}^{\frac{\pi}{2}} \sqrt{\left(\frac{dx}{dt}\right)^2 + \left(\frac{dy}{dt}\right)^2} \, dt = \int_{0}^{\frac{\pi}{2}} \sqrt{(a(1 - \cos t))^2 + (a\sin t)^2} \, dt$$

$$= a \int_{0}^{\pi} \sqrt{(\cos t)^2 + (\sin t)^2 + 1 - 2\cos t} \, dt = a \int_{0}^{\frac{\pi}{2}} \sqrt{2 - 2\cos t} \, dt = 2a \int_{0}^{\frac{\pi}{2}} \sqrt{\frac{1 - \cos t}{2}} \, dt$$

$$= 2a \int_{0}^{\frac{\pi}{2}} \sqrt{\sin^2 \frac{t}{2}} \, dt = -4a\cos \frac{t}{2} \Big|_{0}^{\frac{\pi}{2}} = 4a\left(1 - \frac{1}{\sqrt{2}}\right)$$

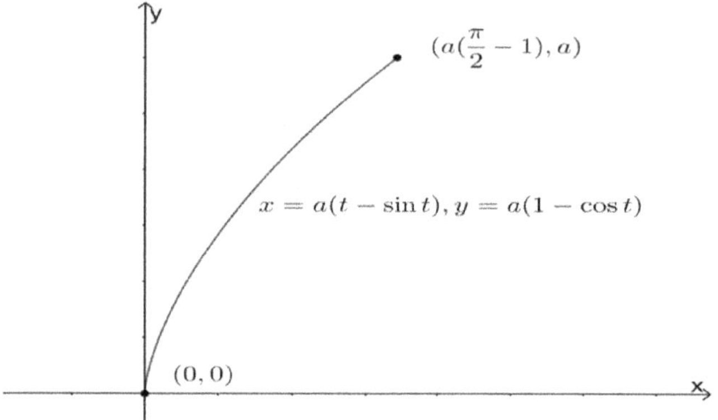

Example 15.

$$求 x = \tan^{-1} t, \quad y = \frac{1}{2}\ln(t^2 + 1), \quad 0 \le t \le 2 \ \text{的弧长}$$

【解】

$$\because \text{弧长} = \int_0^2 \sqrt{\left(\frac{dx}{dt}\right)^2 + \left(\frac{dy}{dt}\right)^2}\, dt, \quad \frac{dx}{dt} = \frac{1}{1 + t^2} \ \text{且} \ \frac{dy}{dt} = \frac{t}{1 + t^2}$$

$$\therefore \text{弧长} = \int_0^2 \sqrt{\left(\frac{1}{1 + t^2}\right)^2 + \left(\frac{t}{1 + t^2}\right)^2}\, dt = \int_0^2 \sqrt{\frac{1 + t^2}{(1 + t^2)^2}}\, dt$$

$$= \int_0^2 \frac{1}{\sqrt{1 + t^2}}\, dt = \ln\left|t + \sqrt{1 + t^2}\right|\Big|_0^2 = \ln(2 + \sqrt{5})$$

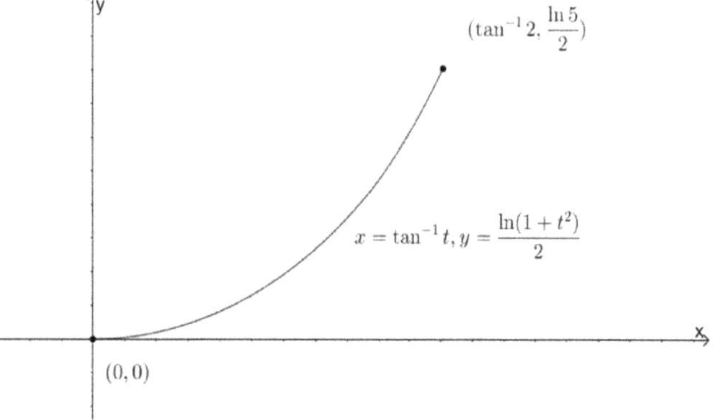

Example 16.

$$求 x = \sin^{-1} t, \quad y = \frac{1}{2}\ln(1 - t^2), \quad 0 \le t \le \frac{1}{2} \ \text{的弧长}$$

【解】

$$\because 弧长 = \int_0^{\frac{1}{2}} \sqrt{\left(\frac{dx}{dt}\right)^2 + \left(\frac{dy}{dt}\right)^2} \, dt, \quad \frac{dx}{dt} = \frac{1}{\sqrt{1-t^2}} \quad 且 \quad \frac{dy}{dt} = \frac{-t}{1-t^2}$$

$$\therefore 弧长 = \int_0^{\frac{1}{2}} \sqrt{\left(\frac{1}{\sqrt{1-t^2}}\right)^2 + \left(\frac{t}{1-t^2}\right)^2} \, dt = \int_0^{\frac{1}{2}} \sqrt{\frac{1}{(1-t^2)^2}} \, dt = \int_0^{\frac{1}{2}} \frac{1}{1-t^2} \, dt$$

$$= \frac{1}{2} \int_0^{\frac{1}{2}} \frac{1}{1-t} + \frac{1}{1+t} \, dt = \frac{-1}{2} \ln(1-t)\Big|_0^{\frac{1}{2}} + \frac{1}{2} \ln(1+t)\Big|_0^{\frac{1}{2}} = \frac{-1}{2} \ln\frac{1}{2} + \frac{1}{2} \ln\frac{3}{2} = \frac{1}{2} \ln 3$$

Example 17.

(1) 求 $r = a(1 - \cos\theta)$, $a > 0$ 之弧长

(2) 求 $r = a(1 - \sin\theta)$, $a > 0$ 之弧长

【解】

(1)

$$弧长 = 2\int_0^{\pi} \sqrt{r^2 + \left(\frac{dr}{d\theta}\right)^2} \, d\theta = 2\int_0^{\pi} \sqrt{(a - a\cos\theta)^2 + (a\sin\theta)^2} \, d\theta$$

$$= 2a\int_0^{\pi} \sqrt{\cos^2\theta + \sin^2\theta + 1 - 2\cos\theta} \, d\theta = 2a\int_0^{\pi} \sqrt{2 - 2\cos\theta} \, dt$$

$$= 4a\int_0^{\pi} \sqrt{\frac{1-\cos\theta}{2}} \, d\theta = 4a\int_0^{\pi} \sqrt{\sin^2\frac{\theta}{2}} \, d\theta = 4a\int_0^{\pi} \sin\frac{\theta}{2} \, d\theta = -8a\cos\frac{\theta}{2}\Big|_0^{\pi} = 8a$$

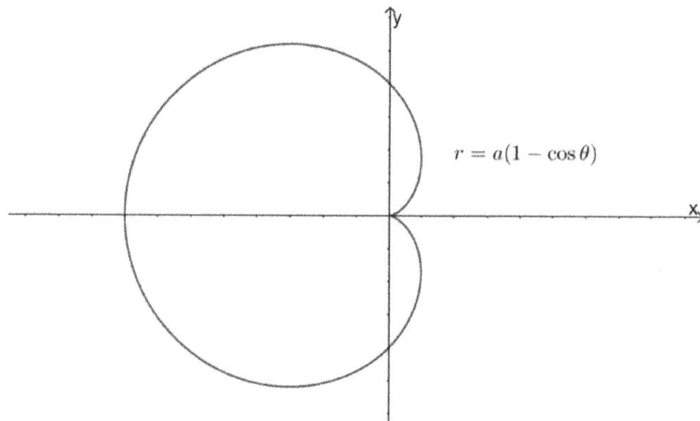

(2)

$$弧长 = 2\int_{-\frac{\pi}{2}}^{\frac{\pi}{2}} \sqrt{r^2 + \left(\frac{dr}{d\theta}\right)^2}\, d\theta = 2\int_{-\frac{\pi}{2}}^{\frac{\pi}{2}} \sqrt{(a - a\sin\theta)^2 + (a\cos\theta)^2}\, d\theta$$

$$= 2a\int_{-\frac{\pi}{2}}^{\frac{\pi}{2}} \sqrt{\cos^2\theta + \sin^2\theta + 1 - 2\sin\theta}\, d\theta = 2a\int_{-\frac{\pi}{2}}^{\frac{\pi}{2}} \sqrt{2 - 2\sin\theta}\, d\theta$$

$$= 2\sqrt{2}a\int_{-\frac{\pi}{2}}^{\frac{\pi}{2}} \sqrt{1 - \sin\theta}\, d\theta = 2\sqrt{2}a\int_{-\frac{\pi}{2}}^{\frac{\pi}{2}} \sqrt{\sin^2\frac{\theta}{2} + \cos^2\frac{\theta}{2} - 2\sin\frac{\theta}{2}\cos\frac{\theta}{2}}\, d\theta$$

$$= 2\sqrt{2}a\int_{-\frac{\pi}{2}}^{\frac{\pi}{2}} \cos\frac{\theta}{2} - \sin\frac{\theta}{2}\, d\theta = 4\sqrt{2}a\left(\sin\frac{\theta}{2} + \cos\frac{\theta}{2}\right)\Big|_{-\frac{\pi}{2}}^{\frac{\pi}{2}} = 4\sqrt{2}a(\sqrt{2}) = 8a$$

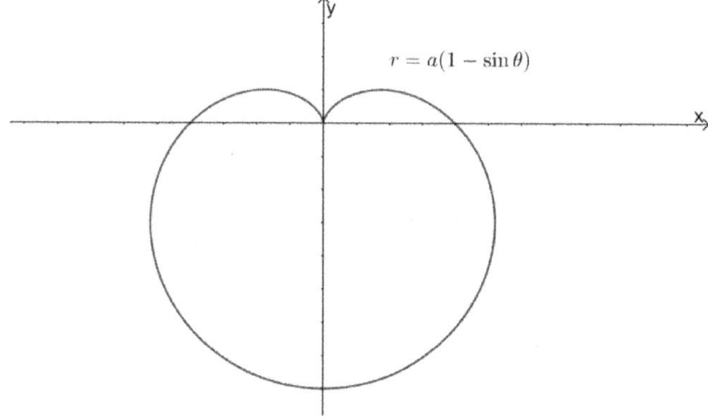

Example 18.

设 $C = \{(x,y): 1 \le x \le e^2, 0 \le y \le \ln x\}$ 求 C 的周长

【解】

$$\because \text{弧长} = \int_1^{e^2} \sqrt{1 + (y')^2}\, dx = \int_1^{e^2} \sqrt{1 + \frac{1}{x^2}}\, dx = \int_1^{e^2} \sqrt{\frac{x^2+1}{x^2}}\, dx$$

$$\text{令} x = \tan\theta \text{ 则 } dx = \sec^2\theta\, d\theta \quad \therefore \int \sqrt{\frac{x^2+1}{x^2}}\, dx = \int \sqrt{\frac{\sec^2\theta}{\tan^2\theta}} \sec^2\theta\, d\theta = \int \csc\theta \sec^2\theta\, d\theta$$

$$\text{令} u = \csc\theta,\ dv = \sec^2\theta\, d\theta \text{ 则 } du = -\csc\theta\cot\theta\, d\theta,\ v = \tan\theta$$

藉由分部积分法，

$$\text{则} \int \csc\theta \sec^2\theta\, d\theta = \csc\theta\tan\theta + \int \csc\theta\, d\theta$$

$$= \csc\theta\tan\theta + \ln|\csc\theta - \cot\theta| = \sqrt{x^2+1} + \ln\left|\frac{\sqrt{x^2+1}-1}{x}\right|$$

$$\therefore \text{弧长} = \int_1^{e^2} \sqrt{\frac{x^2+1}{x^2}}\, dx = \sqrt{x^2+1} + \ln\left|\frac{\sqrt{x^2+1}-1}{x}\right|\Bigg|_1^{e^2}$$

$$= \sqrt{1+e^4} - \sqrt{2} + \ln\frac{\sqrt{1+e^4}-1}{e^2(\sqrt{2}-1)}$$

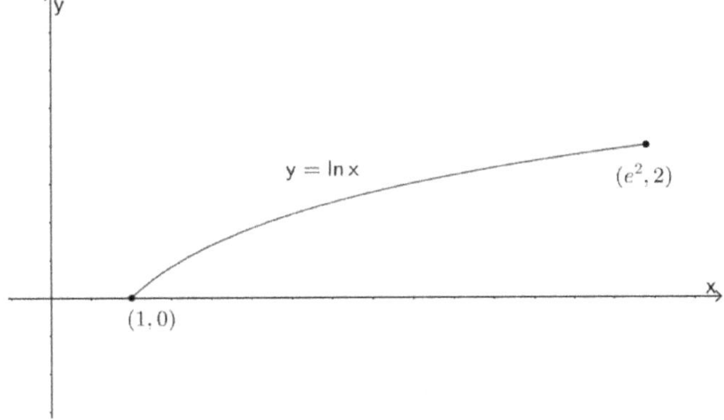

Example 19.

求曲线 $\sqrt{x} + \sqrt{y} = \sqrt{a}$ 之弧长

【解】

$$\because \text{弧长} = \int_0^{\frac{\pi}{2}} \sqrt{\left(\frac{dx}{d\theta}\right)^2 + \left(\frac{dy}{d\theta}\right)^2}\, d\theta, \quad \text{令} x = a\cos^4\theta,\ y = a\sin^4\theta$$

$$\text{则} dx = -4a\cos^3\theta\sin\theta\, d\theta,\ dy = 4a\sin^3\theta\cos\theta\, d\theta$$

$$\because \sqrt{\left(\frac{dx}{d\theta}\right)^2 + \left(\frac{dy}{d\theta}\right)^2} = \sqrt{(-4a\cos^3\theta\sin\theta)^2 + (4a\sin^3\theta\cos\theta)^2}$$

$$= 4a\sin\theta\cos\theta\sqrt{\cos^4\theta + \sin^4\theta} = 2a\sin2\theta\sqrt{(\cos^2\theta + \sin^2\theta)^2 - 2\cos^2\theta\sin^2\theta}$$

$$= 2a\sin2\theta\sqrt{1 - 2\left(\frac{\sin2\theta}{2}\right)^2} = 2a\sin2\theta\sqrt{\frac{1}{2} + \frac{\cos^2 2\theta}{2}}$$

令 $u = \cos2\theta$ 则 $du = -2\sin2\theta\, d\theta$

$$\therefore \text{弧长} = \int_0^{\frac{\pi}{2}} \sqrt{\left(\frac{dx}{d\theta}\right)^2 + \left(\frac{dy}{d\theta}\right)^2}\, d\theta = \int_0^{\frac{\pi}{2}} 2a\sin2\theta\sqrt{\frac{1}{2} + \frac{\cos^2 2\theta}{2}}\, d\theta$$

$$= (-1)\int_1^{-1} a\sqrt{\frac{1}{2} + \frac{u^2}{2}}\, du = \int_{-1}^1 a\sqrt{\frac{1}{2} + \frac{u^2}{2}}\, du$$

令 $u = \tan\theta$ 则 $du = \sec^2\theta\, d\theta$

$$\therefore \int_{-1}^1 \sqrt{1 + u^2}\, du = \int_{-\frac{\pi}{4}}^{\frac{\pi}{4}} \sec^3\theta\, d\theta = \frac{1}{2}\sec\theta\tan\theta + \frac{1}{2}\ln|\sec\theta + \tan\theta|\Big|_{-\frac{\pi}{4}}^{\frac{\pi}{4}} = \sqrt{2} + \frac{1}{2}\ln\frac{\sqrt{2} + 1}{\sqrt{2} - 1}$$

$$\therefore \text{弧长} = \int_{-1}^1 a\sqrt{\frac{1}{2} + \frac{u^2}{2}}\, du = \frac{a}{\sqrt{2}}\left(\sqrt{2} + \frac{1}{2}\ln\frac{\sqrt{2} + 1}{\sqrt{2} - 1}\right)$$

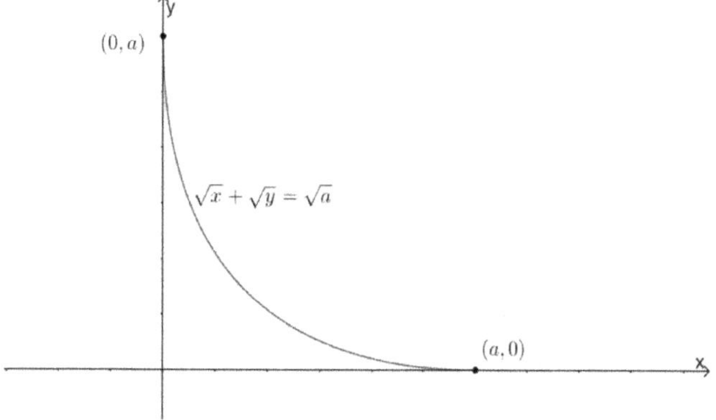

Example 20.

$$\text{求曲线} r = a\sin^3\frac{\theta}{3}, \quad a > 0 \ \text{之全长}$$

【解】

$$\text{弧长} = \int_0^{3\pi} \sqrt{r^2 + \left(\frac{dr}{d\theta}\right)^2}\, d\theta, \qquad \because \frac{dr}{d\theta} = a\sin^2\frac{\theta}{3}\cos\frac{\theta}{3}$$

$$\therefore \sqrt{r^2 + \left(\frac{dr}{d\theta}\right)^2} = \sqrt{\left(a\sin^3\frac{\theta}{3}\right)^2 + \left(a\sin^2\frac{\theta}{3}\cos\frac{\theta}{3}\right)^2} = a\sin^2\frac{\theta}{3}\sqrt{\sin^2\frac{\theta}{3} + \cos^2\frac{\theta}{3}}$$

$$= a\sin^2\frac{\theta}{3}, \quad \forall 0 \le \theta \le 3\pi$$

$$\text{弧长} = \int_0^{3\pi} \sqrt{r^2 + \left(\frac{dr}{d\theta}\right)^2}\, d\theta = \int_0^{3\pi} a\sin^2\frac{\theta}{3}\, d\theta = a\int_0^{3\pi} \frac{1 - \cos\frac{2\theta}{3}}{2}\, d\theta = \frac{3\pi a}{2}$$

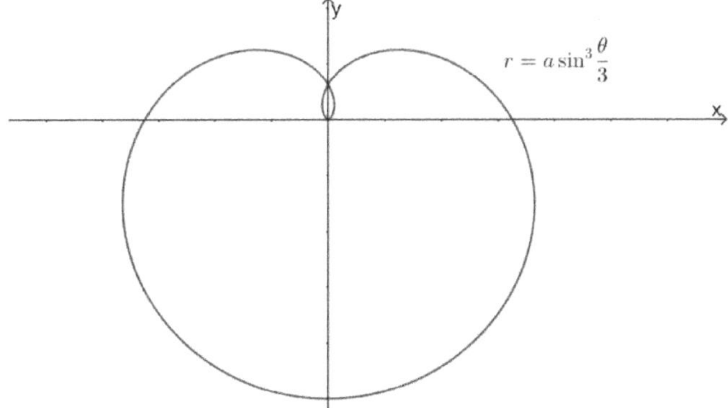

Example 21.

$$\text{求曲线 } r = \frac{a}{1 + \cos\theta}, \quad a > 0, \quad -\frac{\pi}{2} \le \theta \le \frac{\pi}{2} \ \text{ 之弧长}$$

【解】

$$\text{弧长} = \int_{-\frac{\pi}{2}}^{\frac{\pi}{2}} \sqrt{r^2 + \left(\frac{dr}{d\theta}\right)^2}\, d\theta, \qquad \because \frac{dr}{d\theta} = \frac{a\sin\theta}{(1 + \cos\theta)^2}$$

$$\therefore \sqrt{r^2 + \left(\frac{dr}{d\theta}\right)^2} = \sqrt{\left(\frac{a}{1 + \cos\theta}\right)^2 + \left(\frac{a\sin\theta}{(1 + \cos\theta)^2}\right)^2}$$

$$= \frac{a}{1 + \cos\theta}\sqrt{1 + \frac{\sin^2\theta}{(1 + \cos\theta)^2}} = \frac{a}{1 + \cos\theta}\sqrt{\frac{2 + 2\cos\theta}{(1 + \cos\theta)^2}} = \frac{\sqrt{2}a}{(1 + \cos\theta)^{\frac{3}{2}}}$$

$$= \frac{\sqrt{2}a}{2\sqrt{2}\left(\frac{1+\cos\theta}{2}\right)^{\frac{3}{2}}} = \frac{\sqrt{2}a}{2\sqrt{2}\left(\cos^2\frac{\theta}{2}\right)^{\frac{3}{2}}} = \frac{a}{2}\csc^3\frac{\theta}{2}, \quad \forall -\frac{\pi}{2}\le\theta\le\frac{\pi}{2}$$

$$\therefore 弧长 = \int_{-\frac{\pi}{2}}^{\frac{\pi}{2}}\sqrt{r^2+\left(\frac{dr}{d\theta}\right)^2}\,d\theta = \frac{a}{2}\int_{-\frac{\pi}{2}}^{\frac{\pi}{2}}\csc^3\frac{\theta}{2}\,d\theta$$

$$令 u = \frac{\theta}{2} \text{ 则 } d\theta = 2du$$

$$\therefore 弧长 = \frac{a}{2}\int_{-\frac{\pi}{2}}^{\frac{\pi}{2}}\csc^3\frac{\theta}{2}\,d\theta = a\int_{-\frac{\pi}{4}}^{\frac{\pi}{4}}\csc^3 u\,du$$

$$= a\left(-\frac{1}{2}\csc x\cot x + \frac{1}{2}\ln|\csc x - \cot x|\right)\Bigg|_{-\frac{\pi}{4}}^{\frac{\pi}{4}} = a(\sqrt{2}+\ln(1+\sqrt{2}))$$

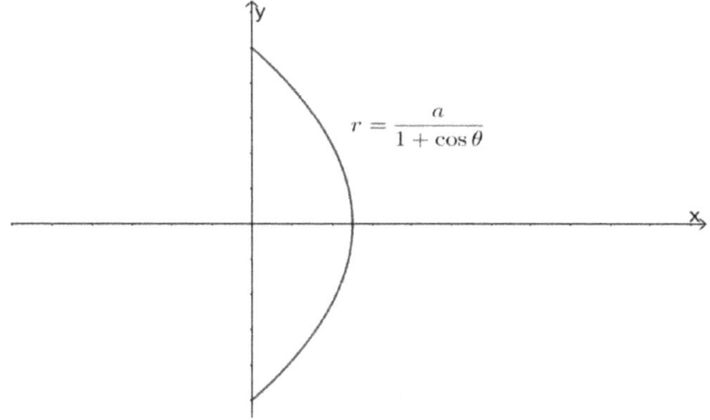

Example 22.

$$求曲线\ y = \int_0^x \tan t\,dt,\ \ 0\le x\le 1\ 之弧长$$

【解】

$$弧长 = \int_0^1\sqrt{1+(y'(x))^2}\,dx = \int_0^1\sqrt{1+\tan^2 x}\,dx = \int_0^1\sec x\,dx$$

$\because (\sec x)' = \tan x\sec x$ 且 $(\tan x)' = \sec^2 x$ $\therefore (\tan x + \sec x)' = (\tan x + \sec x)\sec x$

$令 u = \tan x + \sec x$ 则 $du = (\tan x + \sec x)\sec x\,dx,$ 藉由变数代换法

$$\therefore \int\sec x\,dx = \int\frac{(\tan x + \sec x)\sec x}{\tan x + \sec x}\,dx = \int\frac{du}{u} = \ln|u| = \ln|\tan x + \sec x| + c$$

$$\therefore \int_0^1 \sec x \, dx = \ln \frac{\tan 1 + \sec 1}{\tan 0 + \sec 0} = \ln \tan 1 + \sec 1$$

Example 23.

$$求曲线 \ y = \int_0^x \sin 2t \, dt, \ \ 0 \le x \le 1 \ 之弧长$$

【解】

$$弧长 = \int_0^1 \sqrt{1 + (y'(x))^2} \, dx = \int_0^1 \sqrt{1 + \sin 2x} \, dx = \int_0^1 \sin x + \cos x \, dx$$

$$= -\cos x + \sin x \big|_0^1 = -\cos 1 + \sin 1 - (-1) = 1 - \cos 1 + \sin 1$$

Example 24.

$$求曲线 \ y = \int_1^x \sqrt{t^3 - 1} \, dt, \ \ 1 \le x \le 9 \ 之弧长$$

【解】

$$弧长 = \int_1^9 \sqrt{1 + (y'(x))^2} \, dx = \int_1^9 \sqrt{1 + \left(\sqrt{x^3 - 1}\right)^2} \, dx = \int_1^9 x^{\frac{3}{2}} \, dx = \frac{2x^{\frac{5}{2}}}{5} \bigg|_1^9$$

$$= \frac{2}{5}(243 - 1) = \frac{484}{5}$$

Example 25.

$$求曲线 \ y = \int_{\frac{\pi}{4}}^x \sqrt{\tan^2 t - 1} \, dt, \ \ \frac{\pi}{4} \le x \le \frac{\pi}{3} \ 之弧长$$

【解】

$$弧长 = \int_{\frac{\pi}{4}}^{\frac{\pi}{3}} \sqrt{1 + (y'(x))^2} \, dx = \int_{\frac{\pi}{4}}^{\frac{\pi}{3}} \sqrt{1 + \left(\sqrt{\tan^2 x - 1}\right)^2} \, dx = \int_{\frac{\pi}{4}}^{\frac{\pi}{3}} \tan x \, dx$$

$$\because \int \tan x \, dx = \int \frac{\sin x}{\cos x} \, dx = \int \frac{\sin x}{\cos x} \, dx = -\ln|\cos x| + c$$

$$\therefore \int_{\frac{\pi}{4}}^{\frac{\pi}{3}} \tan x \, dx = -\ln \frac{\cos \frac{\pi}{3}}{\cos \frac{\pi}{4}} = -\ln \frac{\frac{1}{2}}{\frac{1}{\sqrt{2}}} = \ln \sqrt{2}$$

Example 26.

$$求曲线 \ y = \int_0^x \sqrt{\cot^2 t - 1}\,dt, \ \ \frac{\pi}{6} \le x \le \frac{\pi}{4} \ 之弧长$$

【解】

$$弧长 = \int_{\frac{\pi}{6}}^{\frac{\pi}{4}} \sqrt{1 + (y'(x))^2}\,dx = \int_{\frac{\pi}{6}}^{\frac{\pi}{4}} \sqrt{1 + \left(\sqrt{\cot^2 x - 1}\right)^2}\,dx = \int_{\frac{\pi}{6}}^{\frac{\pi}{4}} \cot x \, dx$$

$$\because \int \cot x \, dx = \int \frac{\cos x}{\sin x}\,dx = \ln|\sin x| + c$$

$$令 \ 0 < a, b < \pi \ 则 \int_a^b \cot x \, dx = \ln\frac{\sin b}{\sin a} \quad \therefore \int_{\frac{\pi}{6}}^{\frac{\pi}{4}} \cot x \, dx = \ln\frac{\sin\frac{\pi}{4}}{\sin\frac{\pi}{6}} = \ln\frac{\frac{1}{\sqrt{2}}}{\frac{1}{2}} = \ln\sqrt{2}$$

Example 27.

$$求曲线 \ y = \int_{\frac{\pi}{4}}^x \sqrt{\tan^6 t - 1}\,dt, \ \ \frac{\pi}{4} \le x \le \frac{\pi}{3} \ 之弧长$$

【解】

$$弧长 = \int_{\frac{\pi}{4}}^{\frac{\pi}{3}} \sqrt{1 + (y'(x))^2}\,dx = \int_{\frac{\pi}{4}}^{\frac{\pi}{3}} \sqrt{1 + \left(\sqrt{\tan^6 x - 1}\right)^2}\,dx = \int_{\frac{\pi}{4}}^{\frac{\pi}{3}} \tan^3 x \, dx$$

$$\int \tan^3 x \, dx = \int \frac{\tan^2 x \tan x \sec x}{\sec x}\,dx = \int \frac{(\sec^2 x - 1)\tan x \sec x}{\sec x}\,dx$$

$$令 u = \sec x \ 则 du = \tan x \sec x \, dx, \ 藉由变数代换法$$

$$\int \tan^3 x \, dx = \int \frac{(\sec^2 x - 1)\tan x \sec x}{\sec x}\,dx = \int u - \frac{1}{u}\,du = \frac{u^2}{2} - \ln|u| + c$$

$$= \frac{\sec^2 x}{2} - \ln|\sec x| + c$$

$$\therefore \int_{\frac{\pi}{4}}^{\frac{\pi}{3}} \tan^3 x \, dx = \frac{\sec^2\frac{\pi}{3}}{2} - \ln\sec\frac{\pi}{3} - \left(\frac{\sec^2\frac{\pi}{4}}{2} - \ln\sec\frac{\pi}{4}\right) = \frac{4}{2} - \ln 2 - \left(\frac{2}{2} - \ln\sqrt{2}\right)$$

$$= 1 - \frac{\ln 2}{2}$$

Example 28.

$$求曲线\ y = \int_0^x \sqrt{\sec^2 t - 1}\,dt,\ 0 \le x \le \frac{\pi}{4}\ 之弧长$$

【解】

$$弧长 = \int_0^{\frac{\pi}{4}} \sqrt{1 + (y'(x))^2}\,dx = \int_0^{\frac{\pi}{4}} \sqrt{1 + \left(\sqrt{\sec^2 x - 1}\right)^2}\,dx = \int_0^{\frac{\pi}{4}} \sec x\,dx$$

令 $u = \tan x + \sec x$ 则 $du = (\tan x + \sec x)\sec x\,dx$, 藉由变数代换法

$$\therefore \int \sec x\,dx = \int \frac{(\tan x + \sec x)\sec x}{\tan x + \sec x}\,dx = \int \frac{du}{u} = \ln|u| = \ln|\tan x + \sec x| + c$$

$$\therefore \int_0^{\frac{\pi}{4}} \sec x\,dx = \ln \frac{\tan \frac{\pi}{4} + \sec \frac{\pi}{4}}{\tan 0 + \sec 0} = \ln\left(1 + \sqrt{2}\right)$$

Example 29.

$$求曲线\ y = \int_0^x \sqrt{\sec^4 t - 1}\,dt,\ 0 \le x \le \frac{\pi}{4}\ 之弧长$$

【解】

$$弧长 = \int_0^{\frac{\pi}{4}} \sqrt{1 + (y'(x))^2}\,dx = \int_0^{\frac{\pi}{4}} \sqrt{1 + \left(\sqrt{\sec^4 x - 1}\right)^2}\,dx = \int_0^{\frac{\pi}{4}} \sec^2 x\,dx = \tan x \big|_0^{\frac{\pi}{4}} = 1$$

Example 30.

$$求曲线\ y = \int_{\frac{\pi}{4}}^x \sqrt{\sec^2 t \tan^2 t - 1}\,dt,\ \frac{\pi}{4} \le x \le \frac{\pi}{3}\ 之弧长$$

【解】

$$弧长 = \int_{\frac{\pi}{4}}^{\frac{\pi}{3}} \sqrt{1 + (y'(x))^2}\,dx = \int_{\frac{\pi}{4}}^{\frac{\pi}{3}} \sqrt{1 + \left(\sqrt{\sec^2 x \tan^2 x - 1}\right)^2}\,dx$$

$$= \int_{\frac{\pi}{4}}^{\frac{\pi}{3}} \sec x \tan x\,dx = \sec x \big|_{\frac{\pi}{4}}^{\frac{\pi}{3}} = 2 - \sqrt{2}$$

Example 31.

$$\text{求曲线 } y = \int_e^x \sqrt{\ln^4 t - 1}\, dt, \ e \leq x \leq e^2 \text{之弧长}$$

【解】

$$\text{弧长} = \int_e^{e^2} \sqrt{1 + (y'(x))^2}\, dx = \int_e^{e^2} \sqrt{1 + \left(\sqrt{\ln^4 x - 1}\right)^2}\, dx = \int_e^{e^2} \ln^2 x\, dx$$

$$\text{令 } u = \ln x \text{ 则 } du = \frac{dx}{x} \Rightarrow dx = e^u du, \ \text{藉由分部积分法}$$

$$\text{则} \int (\ln x)^2 dx = \int u^2 e^u du = u^2 e^u - 2\int u e^u du = u^2 e^u - 2\left(u e^u - \int e^u du\right)$$

$$= u^2 e^u - 2(u e^u - e^u) = (\ln x)^2 x - 2(x \ln x - x) + c$$

$$\text{令} a, b > 0 \text{ 则} \int_a^b (\ln x)^2 dx = (\ln b)^2 b - 2(b \ln b - b) - (\ln a)^2 a + 2(a \ln a - a)$$

$$\therefore \int_e^{e^2} \ln^2 x\, dx = (\ln e^2)^2 e^2 - 2(e^2 \ln e^2 - e^2) - (\ln e)^2 e + 2(e \ln e - e)$$

$$= 4e^2 - 2e^2 - e = 2e^2 - e$$

Example 32.

$$\text{求曲线 } y = \int_1^x \sqrt{\ln^2(t^3 e^t) - 1}\, dt, \ 1 \leq x \leq e \text{之弧长}$$

【解】

$$\text{弧长} = \int_1^e \sqrt{1 + (y'(x))^2}\, dx = \int_1^e \sqrt{1 + \left(\sqrt{\ln^2(x^3 e^x) - 1}\right)^2}\, dx = \int_1^e \ln x^3 e^x\, dx$$

$$\because \int \ln(x^3 e^x)\, dx = \int x + 3\ln x\, dx = \frac{x^2}{2} + 3\int \ln x\, dx$$

$$\text{令 } u = \ln x, \ dv = dx \text{ 则 } du = \frac{1}{x} dx, \ v = x, \ \text{藉由分部积分法}$$

$$\text{则} \int \ln x\, dx = x \ln x - \int dx = x \ln x - x$$

$$\therefore \int \ln(x^3 e^x)\, dx = \frac{x^2}{2} + 3(x \ln x - x) + c$$

$$\text{令} a, b > 0 \text{ 则} \int_a^b \ln(x^3 e^x)\, dx = \frac{b^2}{2} + 3(b \ln b - b) - \frac{a^2}{2} - 3(a \ln a - a)$$

$$\therefore \int_1^e \ln x^3 e^x \, dx = \frac{e^2}{2} + 3(e \ln e - e) - \frac{1}{2} - 3(\ln 1 - 1) = \frac{e^2}{2} + \frac{5}{2}$$

Example 33.

假设曲线为 $y^3 = x^2$ 且其某切线与 x 轴夹角为 $\dfrac{\pi}{4}$，求切点与 $(0,0)$ 间的弧长

【解】

$$\because y^3 = x^2 \quad \therefore y = x^{\frac{2}{3}} \Rightarrow y'(x) = \frac{2}{3}x^{-\frac{1}{3}}$$

$$\because 切线与 x 轴夹角为 \frac{\pi}{4} \quad \therefore \tan\frac{\pi}{4} = y'(x) = \frac{2}{3}x^{-\frac{1}{3}} \Rightarrow x = \frac{8}{27}, \ y = \frac{4}{9}$$

$$弧长 = \int_0^{\frac{4}{9}} \sqrt{1 + (x'(y))^2} \, dy = \int_0^{\frac{4}{9}} \sqrt{1 + \left(\frac{3y^{\frac{1}{2}}}{2}\right)^2} \, dy = \int_0^{\frac{4}{9}} \sqrt{1 + \frac{9y}{4}} \, dy = \frac{8}{27}(2\sqrt{2} - 1)$$

5.5.4 给函数求表面积

假设某圆锥体斜面长为 s，底的半径为 r，圆锥体的表面积等于将其剪开成为扇形的面积，

假设剪开后的扇形角度为 θ，则 表面积 $= \dfrac{s^2\theta}{2}$

$\because$ 锥体底部的周长 $=$ 剪开后的扇形弧长

$$\therefore 2\pi r = s\theta \Rightarrow 表面积 = S = \frac{s^2\theta}{2} = \frac{s^2}{2} \cdot \frac{2\pi r}{s} = \pi s r$$

当圆锥体体积有微幅增加，假设斜面长增加为 $s + ds$，底的半径为 $r + dr$，则增加的表面积

$$= d_{表面积} = \pi(s + ds)(r + dr) - \pi s r = \pi s \, dr + \pi r \, ds$$

$$\because \frac{s}{r} = \frac{s + ds}{r + dr} \quad \therefore s \, dr = r \, ds \Rightarrow d_{表面积} = 2\pi r \, d_s \Rightarrow 表面积 = \int 2\pi r \, d_s$$

$$\because ds = \sqrt{1 + (y')^2} \, dx$$

$$\therefore 曲线为 \ y = f(x) \ 绕 \ x \ 轴旋转，介于 \ x = a 至 \ x = b 的表面积 = \int_a^b 2\pi y \sqrt{1 + (y')^2} \, dx$$

考试类型:

Type 1.

若曲线为 $y = f(x)$ 绕 $y = d$ 旋转且 $a \leq x \leq b$ 则表面积 $= \int_a^b 2\pi |y - d| \sqrt{1 + (y')^2}\, dx$

范例说明:

求曲线 $y = \sqrt{x}$ 介于 y 轴与 $x = 1$ 之间绕 x 轴旋转所得表面积

$$\text{表面积} = 2\pi \int_0^1 y \sqrt{1 + (\frac{dy}{dx})^2}\, dx = 2\pi \int_0^1 \sqrt{x} \sqrt{1 + (\frac{1}{2\sqrt{x}})^2}\, dx$$

Type 2.

若曲线为 $y = f(x)$ 绕 $x = d$ 旋转且 $a \leq x \leq b$ 则表面积 $= \int_a^b 2\pi |x - d| \sqrt{1 + (y')^2}\, dx$

范例说明:

曲线 $y = \ln x$ 介于 $x = 1$ 与 $x = 2$ 之间绕 y 轴旋转所得表面积

$$\text{表面积} = 2\pi \int_1^2 x \sqrt{1 + \left(\frac{dy}{dx}\right)^2}\, dx = 2\pi \int_1^2 x \sqrt{1 + x^{-2}}\, dx$$

Type 3.

若曲线为 $x = f(t)$、$y = g(t)$ 绕 x 轴旋转则表面积 $= \int 2\pi g(t) \sqrt{(f'(t))^2 + (g'(t))^2}\, dt$

范例说明:

求 $x = a\cos^3 t$, $y = a\sin^3 t$ 绕 x 轴旋转所得表面积

$$\text{表面积} = 2 \cdot 2\pi \int_0^{\frac{\pi}{2}} y(t) \sqrt{x'(t)^2 + y'(t)^2}\, dt$$

$$= 4\pi \int_0^{\frac{\pi}{2}} a\sin^3 t \sqrt{(-3a\cos^2 t \sin t)^2 + (3a\sin^2 t \cos t)^2}\, dt$$

Type 4.

若曲线为 $x = f(t)$、$y = g(t)$ 绕 y 轴旋转则表面积 $= \int 2\pi f(t) \sqrt{(f'(t))^2 + (g'(t))^2}\, dt$

Type 5.

若曲线为 $r = f(\theta)$ 绕 $\theta = 0$ 旋转则表面积 $= \int 2\pi r \sin\theta \sqrt{r^2 + (\frac{dr}{d\theta})^2}\, d\theta$

<u>范例说明</u>：

求曲线 $r = a(1 - \cos\theta)$ 绕 $\theta = 0$ 旋转所得表面积

表面积 $= 2\pi \int_0^\pi r \sin\theta \sqrt{r^2 + (r')^2}\, d\theta$

$= 2\pi \int_0^\pi a(1 - \cos\theta)\sin\theta \sqrt{(a - a\cos\theta)^2 + (a\sin\theta)^2}\, d\theta$

Type 6.

若曲线为 $r = f(\theta)$ 绕 $\theta = \dfrac{\pi}{2}$ 旋转则表面积 $= \int 2\pi r \cos\theta \sqrt{r^2 + (\frac{dr}{d\theta})^2}\, d\theta$

<u>范例说明</u>：

求曲线 $r = a(1 - \sin\theta)$ 绕 $\theta = \dfrac{\pi}{2}$ 旋转所得表面积

表面积 $= 2\pi \int_{-\frac{\pi}{2}}^{\frac{\pi}{2}} r \cos\theta \sqrt{r^2 + (r')^2}\, d\theta$

$= 2\pi \int_{-\frac{\pi}{2}}^{\frac{\pi}{2}} a(1 - \sin\theta)\cos\theta \sqrt{(a - a\sin\theta)^2 + (a\cos\theta)^2}\, d\theta$

Example 1.

试求曲线 $y = \dfrac{x^3}{3}$, $x \in \left[1, \sqrt{7}\right]$ 绕 x 轴旋转所得表面积

【解】

表面积 $= 2\pi \int_1^{\sqrt{7}} y \sqrt{1 + (\frac{dy}{dx})^2}\, dx$, $\quad \because \dfrac{dy}{dx} = x^2$

$$\therefore \text{表面积} = 2\pi \int_1^{\sqrt{7}} \frac{x^3}{3} \sqrt{1+(x^2)^2}\, dx = 2\pi \cdot \left. \frac{(1+x^4)^{\frac{3}{2}}}{18} \right|_1^{\sqrt{7}} = \frac{248\sqrt{2}\,\pi}{9}$$

Example 2.

  求曲线 $y = \sqrt{x}$ 介于 y 轴与 $x = 1$ 之间绕 x 轴旋转所得表面积

【解】

$$\text{表面积} = 2\pi \int_0^1 y \sqrt{1+\left(\frac{dy}{dx}\right)^2}\, dx, \qquad \because \frac{dy}{dx} = \frac{1}{2}x^{-\frac{1}{2}}$$

$$\therefore \text{表面积} = 2\pi \int_0^1 \sqrt{x} \sqrt{1+\left(\frac{1}{2}x^{-\frac{1}{2}}\right)^2}\, dx = 2\pi \int_0^1 \sqrt{x} \sqrt{1+\frac{1}{4}x^{-1}}\, dx$$

$$= 2\pi \int_0^1 \sqrt{x+\frac{1}{4}}\, dx = \frac{4\pi}{3}\left(x+\frac{1}{4}\right)^{\frac{3}{2}} \Big|_0^1 = \frac{4\pi}{3}\left(\frac{5\sqrt{5}}{8}-\frac{1}{8}\right) = \pi\left(\frac{5\sqrt{5}-1}{6}\right)$$

Example 3.

  求曲线 $6xy = x^4 + 3$ 介于 $x = 1$ 与 $x = 2$ 之间绕 x 轴旋转所得表面积

【解】

$$\text{表面积} = 2\pi \int_1^2 y \sqrt{1+\left(\frac{dy}{dx}\right)^2}\, dx, \qquad \because \frac{dy}{dx} = \frac{1}{2}x^2 - \frac{1}{2}x^{-2}$$

$$\therefore \text{表面积} = 2\pi \int_1^2 \left(\frac{x^3}{6}+\frac{1}{2x}\right) \sqrt{1+\left(\frac{1}{2}x^2-\frac{1}{2}x^{-2}\right)^2}\, dx$$

$$= 2\pi \int_1^2 \left(\frac{x^3}{6} + \frac{1}{2x}\right) \sqrt{\frac{1}{2} + \frac{1}{4}x^4 + \frac{1}{4}x^{-4}}\, dx = 2\pi \int_1^2 \left(\frac{x^3}{6} + \frac{1}{2x}\right)\left(\frac{1}{2}x^2 + \frac{1}{2}x^{-2}\right) dx$$

$$= 2\pi \int_1^2 \frac{x^5}{12} + \frac{x}{12} + \frac{x}{4} + \frac{1}{4x^3}\, dx = \pi \left(\frac{x^6}{36} + \frac{x^2}{3} - \frac{x^{-2}}{4}\right)\Big|_1^2 = \frac{47\pi}{16}$$

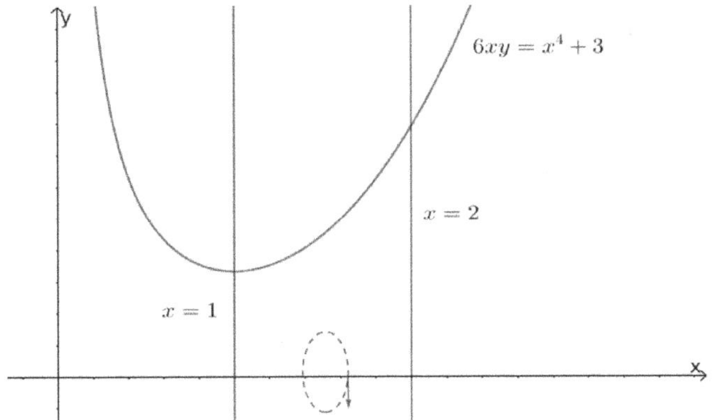

Example 4.

$$\text{求曲线 } y = \frac{ax^3}{6} + \frac{1}{2ax} \, (a > 0) \text{ 介于 } x = 1 \text{ 与 } x = 2 \text{ 之间绕 } x \text{ 轴旋转所得表面积}$$

【解】

$$\text{表面积} = 2\pi \int_1^2 y \sqrt{1 + \left(\frac{dy}{dx}\right)^2}\, dx, \quad \because \frac{dy}{dx} = \frac{a}{2}x^2 - \frac{1}{2a}x^{-2}$$

$$\therefore \text{表面积} = 2\pi \int_1^2 \left(\frac{x^3}{6} + \frac{1}{2x}\right) \sqrt{1 + \left(\frac{a}{2}x^2 - \frac{1}{2a}x^{-2}\right)^2}\, dx$$

$$= 2\pi \int_1^2 \left(\frac{x^3}{6} + \frac{1}{2x}\right) \sqrt{\frac{1}{2} + \frac{a^2 x^4}{4} + \frac{1}{4a^2}x^{-4}}\, dx$$

$$= 2\pi \int_1^2 \left(\frac{x^3}{6} + \frac{1}{2x}\right) \sqrt{\left(\frac{ax^2}{2} + \frac{1}{2ax^2}\right)^2}\, dx = 2\pi \int_1^2 \left(\frac{x^3}{6} + \frac{1}{2x}\right)\left(\frac{ax^2}{2} + \frac{1}{2ax^2}\right) dx$$

$$= 2\pi \int_1^2 \frac{ax^5}{12} + \frac{x}{12a} + \frac{ax}{4} + \frac{1}{4ax^3}\, dx = \pi \left(\frac{ax^6}{36} + \frac{(1+3a^2)x^2}{12} - \frac{x^{-2}}{4a} \right)\Big|_1^2$$

$$= \pi \left(\frac{63a}{36} + \frac{3(1+3a^2)}{12} + \frac{3}{16a} \right) = \pi \left(\frac{7a}{4} + \frac{1+3a^2}{4} + \frac{3}{16a} \right)$$

Example 5.

试求曲线 $y = e^x$, $x \in \left[0, \ln\sqrt{3}\right]$ 绕 x 轴旋转所得表面积

【解】

$$表面积 = 2\pi \int_0^{\ln\sqrt{3}} y \sqrt{1 + \left(\frac{dy}{dx}\right)^2}\, dx = 2\pi \int_0^{\ln\sqrt{3}} e^x \sqrt{1 + e^{2x}}\, dx$$

令 $t = e^x$ 则 $dt = e^x dx$, 藉由变数代换法

$$= 2\pi \int_0^{\ln\sqrt{3}} e^x \sqrt{1 + e^{2x}}\, dx = 2\pi \int_1^{\sqrt{3}} \frac{t\sqrt{1+t^2}}{t}\, dt = 2\pi \int_1^{\sqrt{3}} \sqrt{1+t^2}\, dt$$

令 $t = \tan\theta$ 则 $dt = \sec^2\theta\, d\theta$

$$2\pi \int_1^{\sqrt{3}} \sqrt{1+t^2}\, dt = 2\pi \int_{\frac{\pi}{4}}^{\frac{\pi}{3}} \sqrt{1+\tan^2\theta}\, \sec^2\theta\, d\theta = 2\pi \int_{\frac{\pi}{4}}^{\frac{\pi}{3}} \sec^3\theta\, d\theta$$

$$= \pi(\sec\theta\tan\theta + \ln(\sec\theta + \tan\theta))\Big|_{\frac{\pi}{4}}^{\frac{\pi}{3}} = \pi\left(2\sqrt{3} - \sqrt{2} + \ln\frac{2+\sqrt{3}}{1+\sqrt{2}} \right)$$

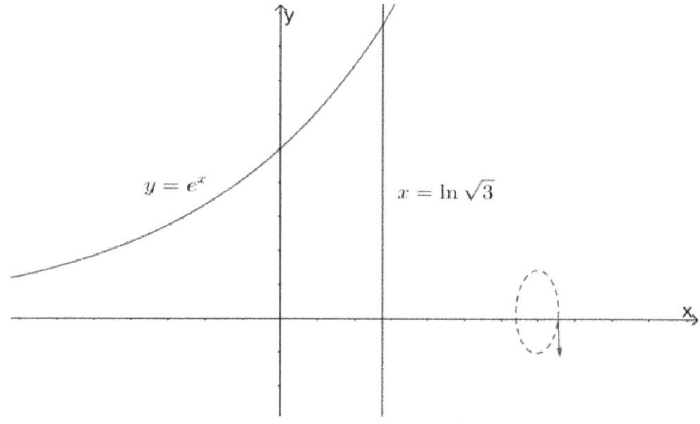

Example 6.

试求曲线 $y = x^2, x \in [1,2]$ 绕 y 轴旋转所得表面积

【解】

$$\text{表面积} = 2\pi \int_1^2 x\sqrt{1+\left(\frac{dy}{dx}\right)^2}\, dx = 2\pi \int_1^2 x\sqrt{1+(2x)^2}\, dx$$

$$= 2\pi \int_1^2 x\sqrt{1+4x^2}\, dx = 2\pi \cdot \frac{1}{12} \cdot (1+4x^2)^{\frac{3}{2}}\Big|_1^2 = \frac{\pi}{6}\left(17\sqrt{17}-5\sqrt{5}\right)$$

Example 7.

$\quad$ 求曲线 $y = \ln x$ 介于 $x = 1$ 与 $x = 2$ 之间绕 y 轴旋转所得表面积

【解】

$$\text{表面积} = 2\pi \int_1^2 x\sqrt{1+\left(\frac{dy}{dx}\right)^2}\, dx, \quad \because \frac{dy}{dx} = x^{-1}$$

$$\therefore \text{表面积} = 2\pi \int_1^2 x\sqrt{1+x^{-2}}\, dx = 2\pi \int_1^2 \sqrt{1+x^2}\, dx$$

令 $x = \tan\theta$ 则 $dx = \sec^2\theta\, d\theta$，藉由变数代换法

$$\therefore \int \sqrt{1+x^2}\, dx = \int \sqrt{1+\tan^2\theta}\,\sec^2\theta\, d\theta = \int \sec^3\theta\, d\theta$$

$$= \frac{1}{2}\sec\theta\tan\theta + \frac{1}{2}\ln|\sec\theta+\tan\theta| = \frac{1}{2}x\sqrt{1+x^2} + \frac{1}{2}\ln\left|\sqrt{1+x^2}+x\right|$$

$$\therefore \text{表面积} = 2\pi\left(\frac{1}{2}x\sqrt{1+x^2} + \frac{1}{2}\ln\left|\sqrt{1+x^2}+x\right|\right)\Big|_1^2 = \pi\left(2\sqrt{5}-\sqrt{2}+\ln\frac{\sqrt{5}+2}{\sqrt{2}+1}\right)$$

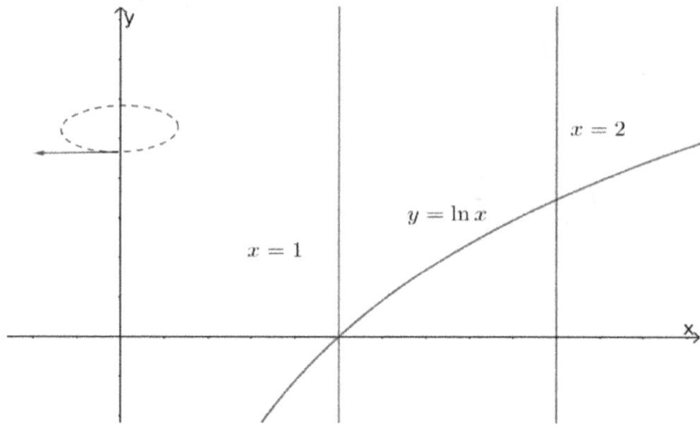

Example 8.

求曲线 $y = \dfrac{1}{4}(x^2 - 2\ln x)$ 介于 $x = 1$ 与 $x = 3$ 之间绕 y 轴旋转所得表面积

【解】

$$表面积 = 2\pi \int_1^3 x \sqrt{1 + \left(\dfrac{dy}{dx}\right)^2}\, dx, \quad \because \dfrac{dy}{dx} = \dfrac{x}{2} - \dfrac{1}{2x}$$

$$\therefore 表面积 = 2\pi \int_1^3 x \sqrt{1 + \left(\dfrac{x}{2} - \dfrac{1}{2x}\right)^2}\, dx = 2\pi \int_1^3 x \sqrt{\dfrac{1}{2} + \dfrac{x^2}{4} + \dfrac{1}{4x^2}}\, dx$$

$$= \pi \int_1^3 x \sqrt{\left(x + \dfrac{1}{x}\right)^2}\, dx = \pi \int_1^3 x^2 + 1\, dx = \pi\left(\dfrac{x^3}{3} + x\right)\Big|_1^3 = \dfrac{32\pi}{3}$$

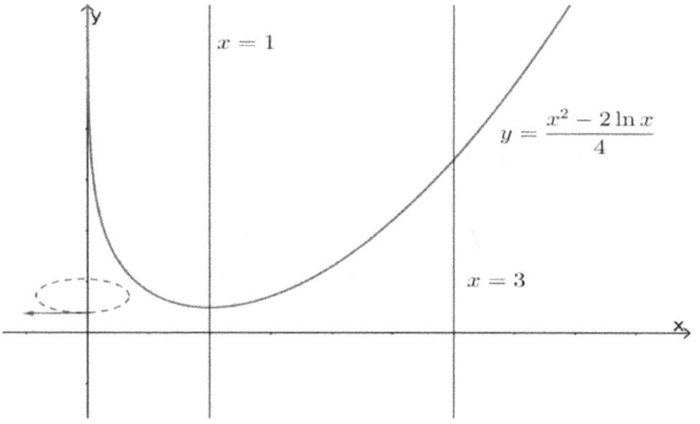

Example 9.

试求曲线 $(x^2 + y^2)^2 = a^2(x^2 - y^2)$，绕 x 轴旋转所得表面积

【解】

令 $x = r\cos\theta$,$y = r\sin\theta$ 则 $r^2 = a^2\cos 2\theta$ $\therefore \dfrac{dr}{d\theta} = -\dfrac{a^2\sin 2\theta}{r} = -\dfrac{a^2\sin 2\theta}{\sqrt{a^2\cos 2\theta}}$

$$\therefore 表面积 = 2\int_0^{\frac{\pi}{4}} 2\pi r\sin\theta\sqrt{r^2 + \left(\frac{dr}{d\theta}\right)^2}\,d\theta$$

$$= 2\int_0^{\frac{\pi}{4}} 2\pi\sqrt{a^2\cos 2\theta}\,\sin\theta\sqrt{a^2\cos 2\theta + \left(\frac{a^2\sin 2\theta}{\sqrt{a^2\cos 2\theta}}\right)^2}\,d\theta$$

$$= 4\pi\int_0^{\frac{\pi}{4}}\sqrt{a^2\cos 2\theta}\,\sin\theta\,\frac{a^2}{\sqrt{a^2\cos 2\theta}}\,d\theta = 4a^2\pi\int_0^{\frac{\pi}{4}}\sin\theta\,d\theta = 2a^2\pi(2-\sqrt{2})$$

Example 10.

半径为 a 的球体, 若自北极至南极穿一半径为 b 的小孔, 求剩余部分的表面积

【解】

$$表面积 = 4\pi\int_b^a x\sqrt{1+\left(\frac{dy}{dx}\right)^2}\,dx = 4\pi\int_b^a x\sqrt{1+\left(\frac{-x}{\sqrt{a^2-x^2}}\right)^2}\,dx$$

$$= 4\pi a\int_b^a \frac{x}{\sqrt{a^2-x^2}}\,dx = -4\pi a(a^2-x^2)^{\frac{1}{2}}\Big|_b^a = 4\pi a(a^2-b^2)^{\frac{1}{2}}$$

Example 11.

试求曲线 $(x-2)^2 + y^2 = 1$ 绕 y 轴旋转所得表面积

【解】

$$表面积 = 2\cdot 2\pi\int_1^3 x\sqrt{1+\left(\frac{dy}{dx}\right)^2}\,dx$$

$\because (x-2)^2 + y^2 = 1$ $\therefore y = \pm\sqrt{-x^2+4x-3} \Rightarrow \dfrac{dy}{dx} = \pm\dfrac{2-x}{\sqrt{-x^2+4x-3}}$

$$\therefore 表面积 = 4\pi\int_1^3 x\sqrt{1+\left(\frac{2-x}{\sqrt{-x^2+4x-3}}\right)^2}\,dx = 4\pi\int_1^3 x\sqrt{\frac{1}{1-(x-2)^2}}\,dx$$

令 $t = x - 2$ 则 $4\pi \int_1^3 x \sqrt{\dfrac{1}{1-(x-2)^2}}\, dx = 4\pi \int_{-1}^1 (t+2) \sqrt{\dfrac{1}{1-t^2}}\, dt$

令 $g(t) = t \sqrt{\dfrac{1}{1-t^2}}$　　$\because g(t)$是奇函数　　$\therefore \int_{-1}^1 g(t)dt = 0$

$\therefore$ 表面积 $= 4\pi \int_{-1}^1 (t+2) \sqrt{\dfrac{1}{1-t^2}}\, dt = 4\pi \int_{-1}^1 2 \sqrt{\dfrac{1}{1-t^2}}\, dt = 8\pi\sin^{-1} t|_{-1}^1 = 8\pi^2$

Example 12.

试求曲线 $x = a\cos t,\ y = a\sin t$ 绕 $x = b\,(0 < a < b)$旋转所得表面积

【解】

$\because x'(t) = -a\sin t,\ y'(t) = a\cos t$

表面积 $= 2\pi \int_0^{2\pi} (b - a\cos t)\sqrt{(-a\sin t)^2 + (a\cos t)^2}\, dt$

$= 2\pi \int_0^{2\pi} (b - a\cos t) a\, dt = 4\pi^2 ab$

Example 13.

求曲线 $y = \dfrac{ax^2}{4} - \dfrac{\ln x}{2a}\,(a > 0)$介于 $x = 1$ 与 $x = 3$ 之间绕 y 轴旋转所得表面积

【解】

表面积 $= 2\pi \int_1^3 x \sqrt{1 + \left(\dfrac{dy}{dx}\right)^2}\, dx,\quad \because \dfrac{dy}{dx} = \dfrac{ax}{2} - \dfrac{1}{2ax}$

$\therefore$ 表面积 $= 2\pi \int_1^3 x \sqrt{1 + \left(\dfrac{ax}{2} - \dfrac{1}{2ax}\right)^2}\, dx = 2\pi \int_1^3 x \sqrt{\dfrac{1}{2} + \dfrac{a^2 x^2}{4} + \dfrac{1}{4a^2 x^2}}\, dx$

$= \pi \int_1^3 x \sqrt{\left(ax + \dfrac{1}{ax}\right)^2}\, dx = \pi \int_1^3 ax^2 + \dfrac{1}{a}\, dx = \pi \left(\dfrac{ax^3}{3} + \dfrac{x}{a}\right)\bigg|_1^3 = \pi \left(\dfrac{26a}{3} + \dfrac{2}{a}\right)$

Example 14.

求半径为 a 的球体表面积

【解】

$$\text{表面积} = 2 \cdot 2\pi \int_0^a y \sqrt{1 + \left(\frac{dy}{dx}\right)^2}\, dx$$

$$\because y = \sqrt{a^2 - x^2} \qquad \therefore y' = \frac{1}{2}(a^2 - x^2)^{-\frac{1}{2}}(-2x) = -x(a^2 - x^2)^{-\frac{1}{2}}$$

$$\therefore \text{表面积} = 4\pi \int_0^a y \sqrt{1 + \left(-x(a^2 - x^2)^{-\frac{1}{2}}\right)^2}\, dx = 4\pi \int_0^a \sqrt{a^2 - x^2} \sqrt{1 + \frac{x^2}{a^2 - x^2}}\, dx$$

$$= 4\pi \int_0^a \sqrt{a^2 - x^2 + x^2}\, dx = 4\pi \int_0^a a\, dx = 4\pi a^2$$

Example 15.

求椭圆 $\dfrac{x^2}{a^2} + \dfrac{y^2}{b^2} = 1 \ (a < b)$ 绕 x 轴旋转所得表面积

【解】

$$\because \frac{x^2}{a^2} + \frac{y^2}{b^2} = 1 \qquad \therefore y = b\sqrt{1 - \frac{x^2}{a^2}}$$

$$\Rightarrow y' = -\frac{b}{2}\left(1 - \frac{x^2}{a^2}\right)^{-\frac{1}{2}}\left(-\frac{2x}{a^2}\right) = -\frac{bx}{a\sqrt{a^2 - x^2}}$$

$$\therefore \text{表面积} = 2 \cdot 2\pi \int_0^a y \sqrt{1 + \left(\frac{dy}{dx}\right)^2}\, dx = 2 \cdot 2\pi \int_0^a b\sqrt{1 - \frac{x^2}{a^2}} \sqrt{1 + \left(-\frac{bx}{a\sqrt{a^2 - x^2}}\right)^2}\, dx$$

$$= 4\pi \int_0^a b\sqrt{1 - \frac{x^2}{a^2}} \sqrt{1 + \frac{b^2 x^2}{a^2(a^2 - x^2)}}\, dx = 4\pi \int_0^a \frac{b}{a}\sqrt{a^2 - x^2} \sqrt{1 + \frac{b^2 x^2}{a^2(a^2 - x^2)}}\, dx$$

$$= \frac{4\pi b}{a} \int_0^a \sqrt{a^2 - x^2 + \frac{b^2 x^2}{a^2}}\, dx = \frac{4\pi b}{a} \int_0^a \sqrt{a^2 + \left(\frac{b^2 - a^2}{a^2}\right) x^2}\, dx$$

$$= 4\pi b \int_0^a \sqrt{1 + \left(\sqrt{\frac{b^2 - a^2}{a^4}}\, x\right)^2}\, dx$$

令 $t = \sqrt{\dfrac{b^2 - a^2}{a^4}}\, x$ 则 $\dfrac{1}{\sqrt{\frac{b^2 - a^2}{a^4}}}\, dt = dx$ $\therefore$ 表面积 $= \dfrac{4\pi b a^2}{\sqrt{b^2 - a^2}} \int_0^{\frac{\sqrt{b^2 - a^2}}{a}} \sqrt{1 + t^2}\, dt$

$$\because \int \sqrt{1 + t^2}\, dt = \frac{1}{2} t \sqrt{1 + t^2} + \frac{1}{2} \ln\left|\sqrt{1 + t^2} + t\right|$$

$$\therefore \text{表面积} = \frac{4\pi b a^2}{\sqrt{b^2 - a^2}} \left(\frac{1}{2} t \sqrt{1 + t^2} + \frac{1}{2} \ln\left|\sqrt{1 + t^2} + t\right|\right)\Bigg|_0^{\frac{\sqrt{b^2 - a^2}}{a}}$$

$$= 2\pi b \left(b + \frac{a^2}{\sqrt{b^2 - a^2}} \ln \frac{b + \sqrt{b^2 - a^2}}{a}\right)$$

Example 16.

(1) 求 $r = a(1 - \sin\theta)$ 绕 $\theta = \dfrac{\pi}{2}$ 旋转所得表面积

(2) 求 $r = a(1 - \cos\theta)$ 绕 $\theta = 0$ 旋转所得表面积

(3) 求 $r^2 = a^2 \cos 2\theta$ 绕 $\theta = 0$ 旋转所得表面积

【解】

(1)

$$\text{表面积} = 2\pi \int_{-\frac{\pi}{2}}^{\frac{\pi}{2}} r \cos\theta \sqrt{r^2 + (r')^2}\, d\theta$$

$$= 2\pi \int_{-\frac{\pi}{2}}^{\frac{\pi}{2}} a(1 - \sin\theta) \cos\theta \sqrt{(a - a\sin\theta)^2 + (a\cos\theta)^2}\, d\theta$$

$$= 2\pi \int_{-\frac{\pi}{2}}^{\frac{\pi}{2}} a^2 (1 - \sin\theta) \cos\theta \sqrt{(1 - \sin\theta)^2 + (\cos\theta)^2}\, d\theta$$

$$= 2\pi \int_{-\frac{\pi}{2}}^{\frac{\pi}{2}} a^2 (1 - \sin\theta) \cos\theta \sqrt{2 - 2\sin\theta}\, d\theta$$

$$= 2\sqrt{2}\pi a^2 \int_{-\frac{\pi}{2}}^{\frac{\pi}{2}} \cos\theta\, (1 - \sin\theta)^{\frac{3}{2}}\, d\theta = -2\sqrt{2}\pi a^2 \cdot \left. \frac{2(1 - \sin\theta)^{\frac{5}{2}}}{5} \right|_{-\frac{\pi}{2}}^{\frac{\pi}{2}} = \frac{32\pi a^2}{5}$$

(2)

$$\text{表面积} = 2\pi \int_{0}^{\pi} r \sin\theta \sqrt{r^2 + (r')^2}\, d\theta$$

$$= 2\pi \int_{0}^{\pi} a(1 - \cos\theta) \sin\theta \sqrt{(a - a\cos\theta)^2 + (a\sin\theta)^2}\, d\theta$$

$$= 2\pi \int_{0}^{\pi} a^2 (1 - \cos\theta) \sin\theta \sqrt{(1 - \cos\theta)^2 + (\sin\theta)^2}\, d\theta$$

$$= 2\pi \int_{0}^{\pi} a^2 (1 - \cos\theta) \sin\theta \sqrt{2 - 2\cos\theta}\, d\theta$$

$$= 2\sqrt{2} a^2 \pi \int_{0}^{\pi} (1 - \cos\theta)^{\frac{3}{2}} \sin\theta\, d\theta = 2\sqrt{2} a^2 \pi \cdot \left. \frac{2(1 - \cos\theta)^{\frac{5}{2}}}{5} \right|_{0}^{\pi} = \frac{32 a^2 \pi}{5}$$

(3)

$$\text{表面积} = 2 \cdot 2\pi \int_{0}^{\frac{\pi}{4}} r \sin\theta \sqrt{r^2 + (r')^2}\, d\theta$$

$$\because r^2 = a^2 \cos 2\theta \qquad \therefore r = a\sqrt{\cos 2\theta} \Rightarrow r' = \frac{-a\sin 2\theta}{\sqrt{\cos 2\theta}}$$

$$\therefore \text{表面积} = 2 \cdot 2\pi \int_{0}^{\frac{\pi}{4}} a\sqrt{\cos 2\theta} \sin\theta \sqrt{a^2 \cos 2\theta + \left(\frac{-a\sin 2\theta}{\sqrt{\cos 2\theta}} \right)^2}\, d\theta$$

$$= 4\pi a^2 \int_{0}^{\frac{\pi}{4}} \sqrt{\cos 2\theta} \sin\theta \sqrt{\cos 2\theta + \frac{\sin^2 2\theta}{\cos 2\theta}}\, d\theta$$

$$= 4\pi a^2 \int_{0}^{\frac{\pi}{4}} \sin\theta \sqrt{\cos^2 2\theta + \sin^2 2\theta}\, d\theta = 4\pi a^2 \int_{0}^{\frac{\pi}{4}} \sin\theta\, d\theta = (4 - 2\sqrt{2})\pi a^2$$

Example 17.

  (1)求 $x = a\cos^3 t\,, y = a\sin^3 t$ 绕 x 轴旋转所得表面积

  (2)求 $x = a(t - \sin t), y = a(1 - \cos t), 0 \le t \le \pi$ 绕 x 轴旋转的表面积

【解】

(1)

$$\text{表面积} = 2 \cdot 2\pi \int_0^{\frac{\pi}{2}} y(t)\sqrt{x'(t)^2 + y'(t)^2}\, dt$$

$$\because x'(t) = -3a\cos^2 t \sin t, \quad y'(t) = 3a\sin^2 t \cos t$$

$$\therefore \text{表面积} = 4\pi \int_0^{\frac{\pi}{2}} a\sin^3 t \sqrt{(-3a\cos^2 t \sin t)^2 + (3a\sin^2 t \cos t)^2}\, dt$$

$$= 4\pi \int_0^{\frac{\pi}{2}} 3a^2\sin^3 t \sqrt{(\cos^2 t \sin t)^2 + (\sin^2 t \cos t)^2}\, dt$$

$$= 12\pi a^2 \int_0^{\frac{\pi}{2}} \sin^4 t \cos t \sqrt{\cos^2 t + \sin^2 t}\, dt$$

$$= 12\pi a^2 \int_0^{\frac{\pi}{2}} \sin^4 t \cos t\, dt = 12\pi a^2 \left(\frac{\sin^5 t}{5}\right)\Big|_0^{\frac{\pi}{2}} = \frac{12\pi a^2}{5}$$

(2)

$$\text{表面积} = 2\pi \int_0^{\pi} y(t)\sqrt{x'(t)^2 + y'(t)^2}\, dt$$

$$\because x'(t) = a - a\cos t, \quad y'(t) = a\sin t$$

$$\therefore \text{表面积} = 2\pi \int_0^{\pi} a(1 - \cos t)\sqrt{(a - a\cos t)^2 + (a\sin t)^2}\, dt$$

$$= 2\pi a^2 \int_0^{\pi} (1 - \cos t)\sqrt{(1 - \cos t)^2 + (\sin t)^2}\, dt$$

$$= 2\pi a^2 \int_0^{\pi} (1 - \cos t)\sqrt{2 - 2\cos t}\, dt = 2\sqrt{2}\pi a^2 \int_0^{\pi} (1 - \cos t)^{\frac{3}{2}}\, dt$$

$$= 2\sqrt{2}\pi a^2 \int_0^{\pi} 2\sqrt{2}\left(\sin^2 \frac{t}{2}\right)^{\frac{3}{2}}\, dt = 8\pi a^2 \int_0^{\pi} \sin^3 \frac{t}{2}\, dt = 8\pi a^2 \int_0^{\pi} \left(1 - \cos^2 \frac{t}{2}\right)\sin \frac{t}{2}\, dt$$

$$\text{令} u = \cos \frac{t}{2}\ \text{则} -2du = \sin \frac{t}{2}\, dt$$

$$\therefore \text{表面积} = -16\pi a^2 \int_1^0 (1 - u^2)\, du = 16\pi a^2 \int_0^1 (1 - u^2)\, du = 16\pi a^2 \left(u - \frac{u^3}{3}\right)\Big|_0^1 = \frac{32\pi a^2}{3}$$

Example 18.

求圆 $x^2 + y^2 = 9$ 绕 $x = 4$ 旋转所得表面积

【解】

$$\text{表面积} = 2 \cdot 2\pi \int_{-3}^3 |x - 4| \sqrt{1 + \left(\frac{dy}{dx}\right)^2}\, dx$$

$$\because x^2 + y^2 = 9 \qquad \therefore y = \sqrt{9 - x^2} \Rightarrow \frac{dy}{dx} = (-x)(9 - x^2)^{-\frac{1}{2}}$$

$$\therefore \text{表面积} = 4\pi \int_{-3}^3 (4 - x) \sqrt{1 + \left((-x)(9 - x^2)^{-\frac{1}{2}}\right)^2}\, dx$$

$$= 4\pi \int_{-3}^3 (4 - x) \sqrt{1 + \frac{x^2}{9 - x^2}}\, dx = 4\pi \int_{-3}^3 (4 - x) \sqrt{\frac{9}{9 - x^2}}\, dx = 12\pi \int_{-3}^3 (4 - x) \sqrt{\frac{1}{9 - x^2}}\, dx$$

$$\text{令 } g(x) = x \sqrt{\frac{1}{9 - x^2}} \qquad \because g(x) \text{是奇函数} \qquad \therefore \int_{-3}^3 g(x)\, dx = 0$$

$$\therefore \text{表面积} = 48\pi \int_{-3}^3 \sqrt{\frac{1}{9 - x^2}}\, dx = 16\pi \int_{-3}^3 \sqrt{\frac{1}{1 - \left(\frac{x}{3}\right)^2}}\, dx = 48\pi \int_{-1}^1 \sqrt{\frac{1}{1 - t^2}}\, dt$$

$$= 48\pi \cdot \sin^{-1} t\Big|_{-1}^1 = 48\pi^2$$

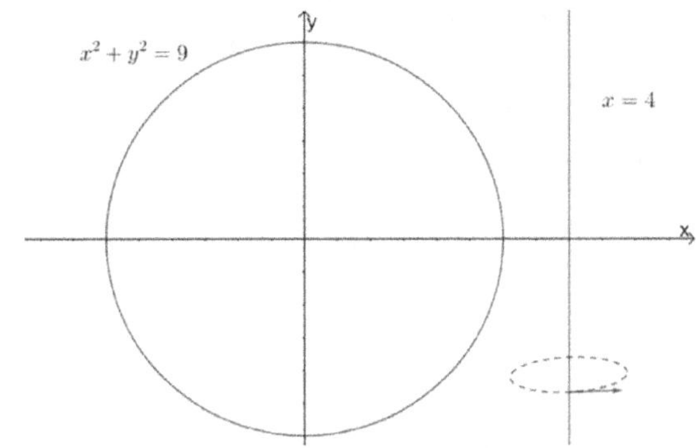

Example 19.

$\quad$ 求圆 $x^2 + y^2 = r^2$ 绕 $x = r + 1$ 旋转所得表面积

【解】

$$表面积 = 2 \cdot 2\pi \int_{-r}^{r} |x - (r+1)| \sqrt{1 + \left(\frac{dy}{dx}\right)^2}\, dx$$

$$\because x^2 + y^2 = r^2 \quad \therefore y = \sqrt{r^2 - x^2} \Rightarrow \frac{dy}{dx} = (-x)(r^2 - x^2)^{-\frac{1}{2}}$$

$$\therefore 表面积 = 4\pi \int_{-r}^{r} (r+1-x) \sqrt{1 + \left((-x)(r^2-x^2)^{-\frac{1}{2}}\right)^2}\, dx$$

$$= 4\pi \int_{-r}^{r} (r+1-x) \sqrt{1 + \frac{x^2}{r^2-x^2}}\, dx = 4\pi \int_{-r}^{r} (r+1-x) \sqrt{\frac{r^2}{r^2-x^2}}\, dx$$

$$= 4r\pi \int_{-r}^{r} (r+1-x) \sqrt{\frac{1}{r^2-x^2}}\, dx$$

$$令 g(x) = x \sqrt{\frac{1}{r^2-x^2}} \quad \because g(x) 是奇函数 \quad \therefore \int_{-r}^{r} g(x)dx = 0$$

$$\therefore 表面积 = 4r(r+1)\pi \int_{-r}^{r} \sqrt{\frac{1}{r^2-x^2}}\, dx = 4(r+1)\pi \int_{-r}^{r} \sqrt{\frac{1}{1-\left(\frac{x}{r}\right)^2}}\, dx$$

$$= 4r(r+1)\pi \int_{-1}^{1} \sqrt{\frac{1}{1-t^2}}\, dt = 4r(r+1)\pi \cdot \sin^{-1} t \big|_{-1}^{1} = 4r(r+1)\pi^2$$

Example 20.

$\quad$ 试求曲线 $y = \dfrac{2x^{\frac{3}{2}}}{3}, x \in [0,3]$ 绕 y 轴旋转所得表面积

【解】

$$\text{表面积} = 2\pi \int_0^3 x \sqrt{1 + \left(\frac{dy}{dx}\right)^2}\, dx = 2\pi \int_0^3 x \sqrt{1 + \left(x^{\frac{1}{2}}\right)^2}\, dx = 2\pi \int_0^3 x\sqrt{1+x}\, dx$$

$$\text{令 } 1+x = t \text{ 则 } 2\pi \int_0^3 x\sqrt{1+x}\, dx = 2\pi \int_1^4 (t-1)\sqrt{t}\, dt = 2\pi \left(\frac{2}{5}t^{\frac{5}{2}} - \frac{2}{3}t^{\frac{3}{2}}\right)\Big|_1^4 = \frac{232\pi}{15}$$

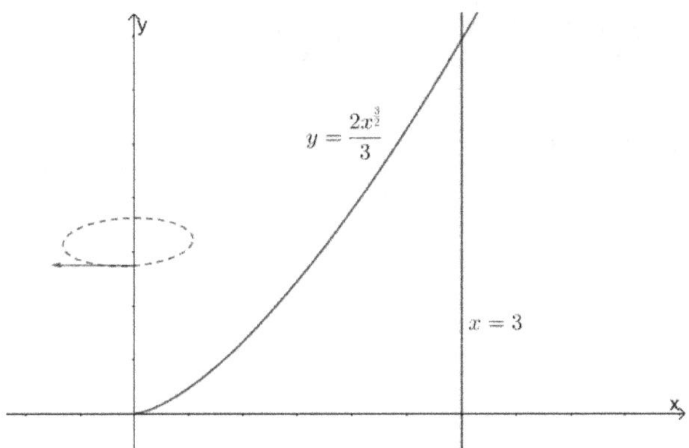

Example 21.

$$\text{试求曲线 } y = \int_e^x \sqrt{\ln^2 t - 1}\, dt, \quad x \in [e, e^2] \text{ 绕 } y \text{ 轴旋转所得表面积}$$

【解】

$$\text{表面积} = 2\pi \int_e^{e^2} x \sqrt{1 + \left(\frac{dy}{dx}\right)^2}\, dx = 2\pi \int_e^{e^2} x \sqrt{1 + \left(\sqrt{\ln^2 x - 1}\right)^2}\, dx = 2\pi \int_e^{e^2} x \ln x\, dx$$

$$\text{令 } u = \ln x, \ dv = x\, dx \text{ 则 } du = \frac{dx}{x}, \ v = \frac{x^2}{2}, \ \text{藉由分部积分法}$$

$$\text{则 } \int x \ln x\, dx = \frac{x^2}{2}(\ln x) - \int \frac{x}{2}\, dx = \frac{x^2}{2}(\ln x) - \frac{x^2}{4} + c$$

$$\text{令 } a, b > 0 \text{ 则 } \int_a^b x \ln x\, dx = \frac{b^2}{2}(\ln b) - \frac{b^2}{4} - \left(\frac{a^2}{2}(\ln a) - \frac{a^2}{4}\right)$$

$$\therefore \text{表面积} = 2\pi \int_e^{e^2} x \ln x\, dx = 2\pi \left(\frac{e^4}{2}(\ln e^2) - \frac{e^4}{4} - \left(\frac{e^2}{2}(\ln e) - \frac{e^2}{4}\right)\right)$$

$$= 2\pi \left(e^4 - \frac{e^4}{4} - \left(\frac{e^2}{2} - \frac{e^2}{4}\right)\right) = 2\pi \left(\frac{3e^4}{4} - \frac{e^2}{4}\right)$$

Example 22.

$$试求曲线 \ y = \int_0^x \sqrt{e^{2t} - 1}\,dt, \quad x \in [0,1]\ 绕\ y\ 轴旋转所得表面积$$

【解】

$$表面积 = 2\pi \int_0^1 x\sqrt{1 + \left(\frac{dy}{dx}\right)^2}\,dx = 2\pi \int_0^1 x\sqrt{1 + \left(\sqrt{e^{2x} - 1}\right)^2}\,dx = 2\pi \int_0^1 xe^x\,dx$$

$$令\ u = x, \ dv = e^x dx \ 则\ du = dx, \ v = e^x, \ 藉由分部积分法$$

$$则 \int xe^x dx = xe^x - \int e^x dx = xe^x - e^x + c$$

$$令\, a, b \in R 则 \int_a^b xe^x dx = be^b - e^b - (ae^a - e^a)$$

$$\therefore 表面积 = 2\pi \int_0^1 xe^x\,dx = 2\pi(e - e + 1) = 2\pi$$

Example 23.

$$试求曲线 \ y = \int_0^x \sqrt{2^{2t} - 1}\,dt, \quad x \in [0,1]\ 绕\ y\ 轴旋转所得表面积$$

【解】

$$表面积 = 2\pi \int_0^1 x\sqrt{1 + \left(\frac{dy}{dx}\right)^2}\,dx = 2\pi \int_0^1 x\sqrt{1 + \left(\sqrt{2^{2x} - 1}\right)^2}\,dx = 2\pi \int_0^1 x2^x\,dx$$

$$令\ u = x, \ dv = 2^x dx \ 则\ du = dx, \ v = 2^x \cdot \frac{1}{\ln 2}$$

$$藉由分部积分法则 \int x2^x dx = \frac{x2^x}{\ln 2} - \int \frac{2^x dx}{\ln 2} = \frac{x2^x}{\ln 2} - \frac{2^x}{(\ln 2)^2} + c$$

$$令\, a, b \in R 则 \int_a^b x2^x dx = \frac{b2^b}{\ln 2} - \frac{2^b}{(\ln 2)^2} - \left(\frac{a2^a}{\ln 2} - \frac{2^a}{(\ln 2)^2}\right)$$

$$表面积 = 2\pi \int_0^1 x2^x\,dx = 2\pi\left(\frac{2}{\ln 2} - \frac{2}{(\ln 2)^2} + \frac{1}{(\ln 2)^2}\right) = 2\pi\left(\frac{2}{\ln 2} - \frac{1}{(\ln 2)^2}\right)$$

Example 24.

$$試求曲线 \, y = \int_e^x \sqrt{t^4 \ln^4 t - 1}\,dt, \quad x \in [e, e^2] \, 绕 \, y \, 轴旋转所得表面积$$

【解】

$$表面积 = 2\pi \int_e^{e^2} x \sqrt{1 + \left(\frac{dy}{dx}\right)^2}\,dx = 2\pi \int_e^{e^2} x \sqrt{1 + \left(\sqrt{x^4 \ln^4 x - 1}\right)^2}\,dx$$

$$= 2\pi \int_e^{e^2} x^3 \ln^2 x \, dx$$

$$令 \, u = \ln^2 x, \quad dv = x^3 dx \, 则 \, du = \frac{2}{x}\ln x \, dx, \quad v = \frac{x^4}{4}, \quad 藉由分部积分法$$

$$则 \int x^3 \ln^2 x \, dx = \frac{x^4}{4}\ln^2 x - \frac{1}{2}\int x^3 \ln x \, dx$$

$$令 \, s = \ln x, \quad dt = x^3 dx \, 则 \, ds = \frac{1}{x}dx, \quad t = \frac{x^4}{4}, \quad 藉由分部积分法$$

$$则 \int x^3 \ln x \, dx = \frac{x^4 \ln x}{4} - \frac{1}{4}\int x^3 dx = \frac{x^4 \ln x}{4} - \frac{x^4}{16}$$

$$\therefore \int x^3 \ln^2 x \, dx = \frac{x^4}{4}\ln^2 x - \frac{1}{2}\int x^3 \ln x \, dx = \frac{x^4}{4}\ln^2 x - \frac{1}{2}\left(\frac{x^4 \ln x}{4} - \frac{x^4}{16}\right) + c$$

$$令 \, a, b > 0 \, 则 \int_a^b x^3 \ln^2 x \, dx$$

$$= \frac{b^4}{4}\ln^2 b - \frac{1}{2}\left(\frac{b^4 \ln b}{4} - \frac{b^4}{16}\right) - \left(\frac{a^4}{4}\ln^2 a - \frac{1}{2}\left(\frac{a^4 \ln a}{4} - \frac{a^4}{16}\right)\right)$$

$$表面积 = 2\pi \int_e^{e^2} x^3 \ln^2 x \, dx$$

$$= 2\pi \left(\frac{e^8}{4}\ln^2 e^2 - \frac{1}{2}\left(\frac{e^8 \ln e^2}{4} - \frac{e^8}{16}\right) - \left(\frac{e^4}{4}\ln^2 e - \frac{1}{2}\left(\frac{e^4 \ln e}{4} - \frac{e^4}{16}\right)\right)\right)$$

$$= 2\pi \left(e^8 - \frac{1}{2}\left(\frac{e^8}{2} - \frac{e^8}{16}\right) - \left(\frac{e^4}{4} - \frac{1}{2}\left(\frac{e^4}{4} - \frac{e^4}{16}\right)\right)\right) = \frac{(25e^8 - 5e^4)\pi}{16}$$

Example 25.

试求曲线 $y = \int_e^x \sqrt{\ln^4 t - 1}\, dt$，$x \in [e, e^2]$ 绕 y 轴旋转所得表面积

【解】

$$\text{表面积} = 2\pi \int_e^{e^2} x \sqrt{1 + \left(\frac{dy}{dx}\right)^2}\, dx = 2\pi \int_e^{e^2} x \sqrt{1 + \left(\sqrt{\ln^4 x - 1}\right)^2}\, dx = 2\pi \int_e^{e^2} x \ln^2 x\, dx$$

令 $u = \ln^2 x$，$dv = x\, dx$ 则 $du = \dfrac{2}{x} \ln x\, dx$，$v = \dfrac{x^2}{2}$，藉由分部积分法

则 $\displaystyle\int x \ln^2 x\, dx = \frac{x^2}{2} \ln^2 x - \int x \ln x\, dx$

令 $s = \ln x$，$dt = x\, dx$ 则 $ds = \dfrac{1}{x} dx$，$t = \dfrac{x^2}{2}$，藉由分部积分法

则 $\displaystyle\int x \ln x\, dx = \frac{x^2}{2} \ln x - \frac{1}{2} \int x\, dx = \frac{x^2}{2} \ln x - \frac{x^2}{4}$

$\therefore \displaystyle\int x \ln^2 x\, dx = \frac{x^2}{2} \ln^2 x - \int x \ln x\, dx = \frac{x^2}{2} \ln^2 x - \left(\frac{x^2}{2} \ln x - \frac{x^2}{4}\right) + c$

令 $a, b > 0$

则 $\displaystyle\int_a^b x \ln^2 x\, dx = \frac{b^2}{2} \ln^2 b - \left(\frac{b^2}{2} \ln b - \frac{b^2}{4}\right) - \left(\frac{a^2}{2} \ln^2 a - \left(\frac{a^2}{2} \ln a - \frac{a^2}{4}\right)\right)$

$$\text{表面积} = 2\pi \int_e^{e^2} x \ln^2 x\, dx$$

$$= 2\pi \left(\frac{e^4}{2} \ln^2 e^2 - \left(\frac{e^4}{2} \ln e^2 - \frac{e^4}{4}\right) - \left(\frac{e^2}{2} \ln^2 e - \left(\frac{e^2}{2} \ln e - \frac{e^2}{4}\right)\right)\right)$$

$$= 2\pi \left(2e^4 - \left(e^4 - \frac{e^4}{4}\right) - \left(\frac{e^2}{2} - \left(\frac{e^2}{2} - \frac{e^2}{4}\right)\right)\right) = 2\pi \left(\frac{5e^4}{4} - \frac{e^2}{4}\right)$$

Example 26.

试求曲线 $y = \int_e^x \sqrt{\ln^6 t - 1}\, dt$，$x \in [e, e^2]$ 绕 y 轴旋转所得表面积

【解】

$$表面积 = 2\pi \int_{e}^{e^2} x \sqrt{1 + \left(\frac{dy}{dx}\right)^2}\, dx = 2\pi \int_{e}^{e^2} x \sqrt{1 + \left(\sqrt{\ln^6 x - 1}\right)^2}\, dx$$

$$= 2\pi \int_{e}^{e^2} x \ln^3 x\, dx$$

令 $u = \ln x$ 则 $du = \dfrac{dx}{x} \Rightarrow dx = e^u du$ $\quad \therefore \int x(\ln x)^3 dx = \int u^3 e^{2u} du$

藉由分部积分法

$$则 \int u^3 e^{2u} du = \frac{u^3 e^{2u}}{2} - \frac{3}{2} \int u^2 e^{2u} du = \frac{u^3 e^{2u}}{2} - \frac{3}{2}\left(\frac{u^2 e^{2u}}{2} - \int u e^{2u} du\right)$$

$$= \frac{u^3 e^{2u}}{2} - \frac{3u^2 e^{2u}}{4} + \frac{3}{2}\left(\frac{u e^{2u}}{2} - \frac{e^{2u}}{4}\right) + c$$

$$= \frac{x^2 (\ln x)^3}{2} - \frac{3x^2 (\ln x)^2}{4} + \frac{3}{2}\left(\frac{x^2 \ln x}{2} - \frac{x^2}{4}\right) + c$$

令 $a, b > 0$ 则 $\int_{a}^{b} x(\ln x)^3 dx$

$$= \frac{b^2 (\ln b)^3}{2} - \frac{3b^2 (\ln b)^2}{4} + \frac{3}{2}\left(\frac{b^2 \ln b}{2} - \frac{b^2}{4}\right) - \left(\frac{a^2 (\ln a)^3}{2} - \frac{3a^2 (\ln a)^2}{4} + \frac{3}{2}\left(\frac{a^2 \ln a}{2} - \frac{a^2}{4}\right)\right)$$

$$表面积 = 2\pi \int_{e}^{e^2} x \ln^3 x\, dx$$

$$= 2\pi \left(\frac{e^4 (\ln e^2)^3}{2} - \frac{3e^4 (\ln e^2)^2}{4} + \frac{3}{2}\left(\frac{e^4 \ln e^2}{2} - \frac{e^4}{4}\right)\right.$$

$$\left. - \left(\frac{e^2 (\ln e)^3}{2} - \frac{3e^2 (\ln e)^2}{4} + \frac{3}{2}\left(\frac{e^2 \ln e}{2} - \frac{e^2}{4}\right)\right)\right)$$

$$= 2\pi \left(4e^4 - 3e^4 + \frac{3}{2}\left(e^4 - \frac{e^4}{4}\right) - \left(\frac{e^2}{2} - \frac{3e^2}{4} + \frac{3}{2}\left(\frac{e^2}{2} - \frac{e^2}{4}\right)\right)\right) = 2\pi \left(\frac{17e^4}{8} - \frac{e^2}{8}\right)$$

Example 27.

试求曲线 $y = \int_{\sqrt{\frac{\pi}{4}}}^{x} \sqrt{\sec^2 t^2 \tan^2 t^2 - 1}\,dt$, $x \in \left[\sqrt{\frac{\pi}{4}}, \sqrt{\frac{\pi}{3}}\right]$ 绕 y 轴旋转所得表面积

【解】

$$\text{表面积} = 2\pi \int_{\sqrt{\frac{\pi}{4}}}^{\sqrt{\frac{\pi}{3}}} x \sqrt{1 + \left(\frac{dy}{dx}\right)^2}\,dx = 2\pi \int_{\sqrt{\frac{\pi}{4}}}^{\sqrt{\frac{\pi}{3}}} x \sqrt{1 + \left(\sqrt{\sec^2 x^2 \tan^2 x^2 - 1}\right)^2}\,dx$$

$$= 2\pi \int_{\sqrt{\frac{\pi}{4}}}^{\sqrt{\frac{\pi}{3}}} x \tan x^2 \sec x^2\,dx = \pi \sec x^2 \Big|_{\sqrt{\frac{\pi}{4}}}^{\sqrt{\frac{\pi}{3}}} = \pi(2 - \sqrt{2})$$

Example 28.

试求曲线 $y = \int_{0}^{x} \sqrt{\sec^4 t^2 - 1}\,dt$, $x \in \left[0, \sqrt{\frac{\pi}{4}}\right]$ 绕 y 轴旋转所得表面积

【解】

$$\text{表面积} = 2\pi \int_{0}^{\sqrt{\frac{\pi}{4}}} x \sqrt{1 + \left(\frac{dy}{dx}\right)^2}\,dx = 2\pi \int_{0}^{\sqrt{\frac{\pi}{4}}} x \sqrt{1 + \left(\sqrt{\sec^4 x^2 - 1}\right)^2}\,dx$$

$$= 2\pi \int_{0}^{\sqrt{\frac{\pi}{4}}} x \sec^2 x^2\,dx = \pi \tan x^2 \Big|_{0}^{\sqrt{\frac{\pi}{4}}} = \pi$$

Example 29.

试求曲线 $y = \int_{\frac{\pi}{4}}^{x} \sqrt{\tan^4 t^2 - 1}\,dt$, $x \in \left[\sqrt{\frac{\pi}{4}}, \sqrt{\frac{\pi}{3}}\right]$ 绕 y 轴旋转所得表面积

【解】

$$\text{表面积} = 2\pi \int_{\sqrt{\frac{\pi}{4}}}^{\sqrt{\frac{\pi}{3}}} x \sqrt{1 + \left(\frac{dy}{dx}\right)^2}\,dx = 2\pi \int_{\sqrt{\frac{\pi}{4}}}^{\sqrt{\frac{\pi}{3}}} x \sqrt{1 + \left(\sqrt{\tan^4 x^2 - 1}\right)^2}\,dx$$

$$= 2\pi \int_{\sqrt{\frac{\pi}{4}}}^{\sqrt{\frac{\pi}{3}}} x \sqrt{1 + \left(\sqrt{\tan^4 x^2 - 1}\right)^2}\,dx = 2\pi \int_{\sqrt{\frac{\pi}{4}}}^{\sqrt{\frac{\pi}{3}}} x \tan^2 x^2\,dx = 2\pi \int_{\sqrt{\frac{\pi}{4}}}^{\sqrt{\frac{\pi}{3}}} x (\sec^2 x^2 - 1)\,dx$$

$$= 2\pi \left(\frac{\tan x^2}{2} - \frac{x^2}{2} \right) \Bigg|_{\sqrt{\frac{\pi}{4}}}^{\sqrt{\frac{\pi}{3}}} = 2\pi \left(\frac{\sqrt{3}}{2} - \frac{\pi}{6} - \frac{1}{2} + \frac{\pi}{8} \right) = \pi \left(\sqrt{3} - 1 - \frac{\pi}{12} \right)$$

Example 30.

$$试求曲线 \; y = \int_0^x \sqrt{\cot^4 t^2 - 1}\, dt, \quad x \in \left[\sqrt{\frac{\pi}{6}}, \sqrt{\frac{\pi}{4}} \right] 绕 \; y \; 轴旋转所得表面积$$

【解】

$$表面积 = 2\pi \int_{\frac{\pi}{6}}^{\sqrt{\frac{\pi}{4}}} x \sqrt{1 + \left(\frac{dy}{dx} \right)^2}\, dx = 2\pi \int_{\frac{\pi}{6}}^{\sqrt{\frac{\pi}{4}}} x \sqrt{1 + \left(\sqrt{\cot^4 x^2 - 1} \right)^2}\, dx$$

$$= 2\pi \int_{\sqrt{\frac{\pi}{6}}}^{\sqrt{\frac{\pi}{4}}} x \cot^2 x^2\, dx = 2\pi \int_{\sqrt{\frac{\pi}{6}}}^{\sqrt{\frac{\pi}{4}}} x(\csc^2 x^2 - 1)\, dx = -2\pi \left(\frac{\cot x^2}{2} + \frac{x^2}{2} \right) \Bigg|_{\sqrt{\frac{\pi}{6}}}^{\sqrt{\frac{\pi}{4}}}$$

$$= -2\pi \left(\frac{1}{2} + \frac{\pi}{8} - \frac{\sqrt{3}}{2} - \frac{\pi}{12} \right) = \pi \left(\sqrt{3} - 1 - \frac{\pi}{12} \right)$$

Example 31.

$$试求曲线 \; y = 2\sqrt{x}, \quad x \in [1,2] 绕 \; x \; 轴旋转所得表面积$$

【解】

$$表面积 = 2\pi \int_1^2 y \sqrt{1 + \left(\frac{dy}{dx} \right)^2}\, dx, \quad \because \frac{dy}{dx} = x^{-\frac{1}{2}}$$

$$\therefore 表面积 = 2\pi \int_1^2 2\sqrt{x} \sqrt{1 + \left(x^{-\frac{1}{2}} \right)^2}\, dx = 4\pi \int_1^2 \sqrt{x} \sqrt{1 + x^{-1}}\, dx$$

$$= 4\pi \int_1^2 \sqrt{x + 1}\, dx = \frac{8\pi}{3} (x + 1)^{\frac{3}{2}} \Bigg|_1^2 = \frac{8\pi}{3} \left(3\sqrt{3} - 2\sqrt{3} \right)$$

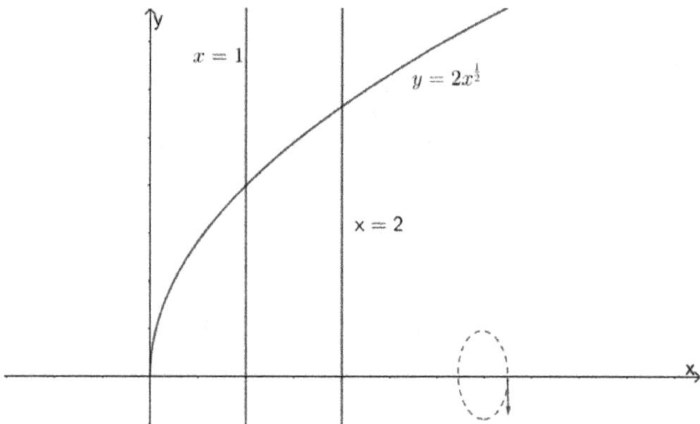
y
x = 1
y = 2x^{\frac{1}{2}}
x = 2
x

第六章　　数列与级数

　　求数列的极限值与无穷级数和，两者皆用到了极限的概念，判断正项级数是否收敛或判断交错级数是否为绝对收敛，所使用的积分检验法(Integral Test)、比较法(Comparison Test)与极限比较法(Limit Comparison Test)相当于将问题转为判断瑕积分是否收敛的问题，此外，泰勒级数能用来帮助求函数的极限、求高阶导数的值、求无穷级数的和、求瑕积分的值或判断瑕积分的收敛与发散

　　底下先说明数列收敛的定义与Cauchy数列的定义，并且证明在欧基里德空间之下，这两者的收敛性为等价；为了证明单调数列的收敛定理，须先介绍有界数列的定义，单调数列的收敛定理(Monotone Convergence Theorem)相当重要，因为之后用来判断级数收敛或发散的积分检验法(Integral Test)、比较法(Comparison Test)、极限比较法(Limit Comparison Test)、比值法(Ratio Test)、根值法(Root Test)，在证明的过程当中皆使用了单调数列的收敛定理(Monotone Convergence Theorem)，如果无法掌握单调收敛定理的证明，也须明白此定理为判断级数收敛发散打下最重要的基础

　　接着讨论如何求无穷数列与无穷级数的收敛值，在求无穷数列收敛值的时候，最常使用的也是单调数列的收敛定理(Monotone Convergence Theorem)，此外，计算无穷级数收敛值的时候，常运用加一项减一项的手法，加减后只剩下首项与末项，最后再对末项取极限值的概念；如之前谈到，积分检验法(Integral Test)、比较法(Comparison Test)、极限比较法(Limit Comparison Test)、比值法(Ratio Test)与根值法(Root Test)通常用来判断正项级数是否收敛以及判断交错级数是否为绝对收敛，更重要的是，这些检验法的使用时机不尽相同，当正项级数里的a_n形式较为干净并且满足$f(n) = a_n$的函数$f(x)$能够较简易判断它的瑕积分$\int_1^\infty f(x)\,dx$收敛或发散时，则尝试使用积分检验法；当正项级数里的a_n形式较为复杂且能够轻易找到b_n使得$a_n \le b_n$或$b_n \le a_n$时，则尝试用比较法；当a_n出现阶乘或次方项时，尝试使用比值法或根值法；判断交错级数是否绝对收敛等同于判断正项级数是否收敛的问题，如果不是绝对收敛时，则利用 Leibnitz Test 判断交错级数是否为条件收敛

　　幂级数是函数数列的总和，其在某点取值后收敛发散的问题等同于讨论无穷级数收敛发散的问题；除了需明白幂级数与其收敛发散的定义，以及何谓幂级数的收敛半径与收敛区间之外，也需理解当任意给定一个幂级数，此幂级数何时能用一个连续函数来表示；泰

勒级数（或泰勒展开式）相当于反了过来，即任意一个连续函数满足哪些条件时，可以用幂级数来表示，此外，求泰勒级数的方法包含： 使用无穷等比级数求泰勒级數，当函数为分式型态且分母可作因式分解,则先化为分式和再求泰勒级數，当函数为分式型态且分母无法因式分解则使用长除法求泰勒级數，当原函数的微分式较容易求得泰勒级数时，则先求微分后的泰勒级數式，再积分回来其便为原函數的泰勒展开式，当函數有分数的次方项求泰勒展开式时，则尝试用二项式展开式

　　最后介绍泰勒级数的应用，除了熟悉各种泰勒级数的考试类型之外，也应了解泰勒级数如何能用来帮助求函数的极限、求高阶导数的值、求无穷级数的和以及求瑕积分的值或判断瑕积分的收敛与发散；更重要的是，读者需很清楚何时是使用泰勒级数帮助求解的时机；使用泰勒级数求函数的极限时，有可能会搭配罗比达法则或 Leibnitz 微分公式一并使用，相较于第二章使用数学归纳法求高阶导数值，使用泰勒级数有时较为简易方便，求无穷级数和时，如果无法拆成加一项减一项时，也可尝试使用泰勒级数求解；使用泰勒级数求瑕积分时，相当于藉由泰勒级数将瑕积分收敛或发散的问题转成无穷级数和收敛发散的问题

6.1 数列

此节介绍数列收敛的定义与单调数列的收敛定理，其中单调数列的收敛定理相当重要，如之前谈到，此章的积分检验法(Integral Test)、Comparison Test、Limit Comparison Test、比值法(Ratio Test)、根植法(Root Test)，在证明的过程当中皆使用了单调数列的收敛定理

【定义】数列收敛的定义

$$\lim_{n \to \infty} a_n = a \iff \forall \varepsilon > 0,\ \exists M \in N \text{ such that } n \geq M \Rightarrow |a_n - a| < \varepsilon$$

【定义】Cauchy 数列的定义

$\{a_n\}_{n=1}^{\infty}$ 为 Cauchy 数列 $\iff \forall \varepsilon > 0, \exists M \in N \text{ s.t. } n, m \geq M \Rightarrow |a_n - a_m| < \varepsilon$

【定理】收敛数列与Cauchy数列的关联

假设 $a_n \in R, \forall n \in N$ 则 $\{a_n\}_{n=1}^{\infty}$ 为 Cauchy 数列 $\iff \{a_n : n \in N\}$ 收敛

<u>Proof:</u>

(i) Claim: $\{a_n : n \in N\}$ 收敛 $\Rightarrow \{a_n\}_{n=1}^{\infty}$ 为 Cauchy 数列

Let $\{a_n : n \in N\}$ 收敛 and $\lim\limits_{n \to \infty} a_n = a$

Let $\varepsilon > 0$, choose $\exists M \in N$ such that $n \geq M \Rightarrow |a_n - a| < \dfrac{\varepsilon}{2}$

Then $n, m \geq M \Rightarrow |a_n - a_m| \leq |a_n - a| + |a_m - a| < \dfrac{\varepsilon}{2} + \dfrac{\varepsilon}{2} = \varepsilon$

(ii) Claim: $\{a_n\}_{n=1}^{\infty}$ 为 Cauchy 数列 $\Rightarrow \{a_n : n \in N\}$ 收敛

Let $\{a_n\}_{n=1}^{\infty}$ 为 Cauchy 数列 and $\varepsilon = 1$

Choose $\exists M \in N$ such that $n \geq M \Rightarrow |a_n - a_M| < 1 \Rightarrow \{a_n\}_{n=1}^{\infty}$ is bounded

$\because \{a_n\}_{n=1}^{\infty}$ is bounded $\Rightarrow \exists$ subsequence $\left\{a_{n_k}\right\}_{k=1}^{\infty}$ of $\{a_n\}_{n=1}^{\infty}$ s.t. $\lim\limits_{k \to \infty} a_{n_k} = a$

Claim: $\lim\limits_{n \to \infty} a_n = a$

Let $\varepsilon > 0$, choose $\exists M_1 \in N$ such that $k, n \geq M_1 \Rightarrow \left|a_n - a_{n_k}\right| < \dfrac{\varepsilon}{2}$

Choose $\exists M_2 \in N$ such that $k \geq M_2 \Rightarrow \left|a - a_{n_k}\right| < \dfrac{\varepsilon}{2}$

Choose $M = \max\{M_1, M_2\}$ then $n > M \Rightarrow |a_n - a| < \left|a_n - a_{n_k}\right| + \left|a_{n_k} - a\right| < \dfrac{\varepsilon}{2} + \dfrac{\varepsilon}{2} = \varepsilon$

【定义】数列有上界的定义

数列$\{a_n : n \in N\}$有上界 $\Leftrightarrow \exists M \in R$ such that $a_n \leq M, \ \forall n \in N$

【定义】数列有下界的定义

数列$\{a_n : n \in N\}$有下界 $\Leftrightarrow \exists M \in R$ such that $a_n \geq M, \ \forall n \in N$

【定义】数列有界的定义

数列$\{a_n : n \in N\}$有界 $\Leftrightarrow \exists M \in R$ such that $|a_n| \leq M, \ \forall n \in N$

底下介绍单调数列的收敛定理(Monotone Convergence Theorem)

【定理】递增数列的收敛定理

$\{a_n : n \in N\}$为递增数列且有上界 $\Rightarrow \{a_n : n \in N\}$ 收敛

<u>Proof:</u>

Let a be the least upper bound of $\{a_n : n \in N\}$

Let $\varepsilon > 0$, choose $N_1 \in N$ s.t. $a - \varepsilon < a_{N_1}$

$\because \{a_n : n \in N\}$为递增数列 $\quad \therefore a - \varepsilon < a_n, \forall n \geq N_1$

$\because a$ is the least upper bound of $\{a_n : n \in N\}$ $\quad \therefore a_n < a + \varepsilon, \ \forall n \in N$

$\therefore a - \varepsilon < a_n < a + \varepsilon, \ \forall n \geq N_1 \Rightarrow \{a_n : n \in N\}$ 收敛

【**定理**】递减数列的收敛定理

$\{a_n : n \in N\}$为递减数列且有下界 $\Rightarrow \{a_n : n \in N\}$ 收敛

<u>Proof:</u>

Let a be the greatest lower bound of $\{a_n : n \in N\}$

Let $\varepsilon > 0$, choose $N_1 \in N$ s.t. $a_{N_1} < a + \varepsilon$

$\because \{a_n : n \in N\}$为递减数列 $\quad \therefore a_n < a + \varepsilon, \forall n \geq N_1$

$\because a$ is the greatest lower bound of $\{a_n : n \in N\}$ $\quad \therefore a - \varepsilon < a_n, \ \forall n \in N$

$\therefore a - \varepsilon < a_n < a + \varepsilon, \ \forall n \geq N_1 \Rightarrow \{a_n : n \in N\}$ 收敛

考试类型:

Type 1.

假设 $a_{n+1} = \sqrt{\alpha + a_n}, \ \forall \alpha > 0, \ n \in N$ 且 $a_1 \leq \dfrac{1 + \sqrt{1 + 4\alpha}}{2}$

证明 $\lim\limits_{n \to \infty} a_n = \dfrac{1 + \sqrt{1 + 4\alpha}}{2}$

解题流程:

Step1.

Claim: $a_n \leq \dfrac{1 + \sqrt{1 + 4\alpha}}{2}, \ \forall n \in N$

令 $n \in N$. As $n = 1$, $a_1 \leq \dfrac{1 + \sqrt{1 + 4\alpha}}{2}$ $\qquad \therefore$ 不等式成立

假设 $a_n \leq \dfrac{1 + \sqrt{1 + 4\alpha}}{2}$ 则 $a_{n+1} = \sqrt{\alpha + a_n} \leq \sqrt{\alpha + \dfrac{1 + \sqrt{1 + 4\alpha}}{2}} = \sqrt{\dfrac{2\alpha + 1 + \sqrt{1 + 4\alpha}}{2}}$

$\therefore a_{n+1}^2 \leq \dfrac{2\alpha + 1 + \sqrt{1 + 4\alpha}}{2} = \left(\dfrac{1 + \sqrt{1 + 4\alpha}}{2}\right)^2 \Rightarrow a_{n+1} \leq \dfrac{1 + \sqrt{1 + 4\alpha}}{2}, \ \forall n \in N$

Step2.

Claim: $a_{n+1}^2 - a_n^2, \geq 0, \quad \forall n \in N$

$\because a_{n+1}^2 - a_n^2 = \alpha + a_n - a_n^2 = -\left(a_n - \dfrac{1}{2}\right)^2 + \left(\alpha + \dfrac{1}{4}\right)$

$\geq -\left(\dfrac{1 + \sqrt{1 + 4\alpha}}{2} - \dfrac{1}{2}\right)^2 + \left(\alpha + \dfrac{1}{4}\right) = 0 \quad \therefore a_n \leq a_{n+1}$

Step3.

Claim: $\displaystyle\lim_{n \to \infty} a_n = \dfrac{1 + \sqrt{1 + 4\alpha}}{2}$

$\because \{a_n\}_{n=1}^\infty$ 有上界且 $a_n \leq a_{n+1}, \quad \forall n \in N$

令 $a = \displaystyle\lim_{n \to \infty} a_n, \quad a_{n+1} = \sqrt{\alpha + a_n} \quad \therefore \displaystyle\lim_{n \to \infty} a_{n+1} = \lim_{n \to \infty} \sqrt{\alpha + a_n} \Rightarrow a = \sqrt{\alpha + a}$

$\therefore a^2 - a - \alpha = 0 \Rightarrow a = \dfrac{1 + \sqrt{1 + 4\alpha}}{2} \quad \left(\dfrac{1 - \sqrt{1 + 4\alpha}}{2} \text{不合}\right)$

Type 2.

假设 $a_{n+1} = \sqrt{\alpha a_n}, \quad \forall n \in N$ 且 $\alpha > a_1$, 证明 $\displaystyle\lim_{n \to \infty} a_n = \alpha$

解题流程:

Step1.

Claim: $\{a_n\}_{n=1}^\infty$ 有上界且 $a_n \leq \alpha, \quad \forall n \in N$

As $n = 1, a_1 \leq \alpha \quad \therefore$ 不等式成立

假设 $a_n \leq \alpha$ 则 $a_{n+1} = \sqrt{\alpha a_n} \leq \alpha$, 藉由数學归纳法则 $a_n \leq \alpha, \quad \forall n \in N$

Step2.

Claim: $\{a_n\}_{n=1}^\infty$ 为递增数列

$\because a_{n+1}^2 - a_n^2 = \alpha a_n - a_n^2 = a_n(\alpha - a_n) \geq 0, \quad \forall n \in N \quad \therefore \{a_n\}_{n=1}^\infty$ 为递增数列

Step3.

Claim: $\displaystyle\lim_{n \to \infty} a_n = \alpha$

$\because \{a_n\}_{n=1}^\infty$ 有上界且为递增数列 $\quad \therefore \displaystyle\lim_{n \to \infty} a_n$ 存在

令 $\displaystyle\lim_{n \to \infty} a_n = a \because a_{n+1} = \sqrt{\alpha a_n} \quad \therefore a = \sqrt{\alpha a} \Rightarrow a = \alpha \ (0 \text{ 不合})$

Type 3.

假设 $a_1 = \alpha^2$, $a_{n+1} = \dfrac{1}{2}\left(a_n + \dfrac{\alpha^2}{a_n}\right)$, $\forall n \in N$ 且 $\alpha > 1$, 证明 $\lim\limits_{n \to \infty} a_n = \alpha$

解题流程:

Step1.

Claim: $\{a_n\}_{n=1}^{\infty}$ 有下界且 $a_n \geq \alpha, \forall n \in N$

$\because$ 算术平均大于幾何平均 $\quad \therefore a_{n+1} = \dfrac{1}{2}\left(a_n + \dfrac{\alpha^2}{a_n}\right) \geq \sqrt{\alpha^2} = \alpha$, $\forall n \in N$

Step2.

Claim: 为递减数列

$\because a_{n+1} - a_n = \dfrac{1}{2}\left(a_n + \dfrac{\alpha^2}{a_n}\right) - a_n = \dfrac{1}{2}\left(\dfrac{-a_n^2 + \alpha^2}{a_n}\right)$ and $a_n \geq \alpha$, $\forall n \in N$

$\therefore a_{n+1} - a_n = \dfrac{1}{2}\left(\dfrac{-a_n^2 + \alpha^2}{a_n}\right) \leq 0 \Rightarrow a_n \geq a_{n+1}$, $\forall n \in N$

Step3.

Claim: $\lim\limits_{n \to \infty} a_n = \alpha$

$\because \{a_n\}_{n=1}^{\infty}$ 有下界且为递减数列 $\quad \therefore \lim\limits_{n \to \infty} a_n$ 存在

令 $a = \lim\limits_{n \to \infty} a_n$

$\because a_{n+1} = \dfrac{1}{2}\left(a_n + \dfrac{\alpha^2}{a_n}\right) \quad \therefore \lim\limits_{n \to \infty} a_{n+1} = \lim\limits_{n \to \infty} \dfrac{1}{2}\left(a_n + \dfrac{\alpha^2}{a_n}\right) \Rightarrow a = \dfrac{1}{2}\left(a + \dfrac{\alpha^2}{a}\right)$

$\therefore a = \alpha \ (-\alpha\text{不合}) \Rightarrow \lim\limits_{n \to \infty} a_n = \alpha$

Type 4.

证明 $\lim\limits_{n \to \infty} a_n = \dfrac{\alpha + \sqrt{\alpha^2 - 4\beta}}{2}$, 其中 $a_{n+1} = \alpha - \dfrac{\beta}{a_n}$, $\forall n \in N$, $\alpha^2 - 4\beta > 0$

且 $\dfrac{\alpha - \sqrt{\alpha^2 - 4\beta}}{2} < a_1 < \dfrac{\alpha + \sqrt{\alpha^2 - 4\beta}}{2}$

解题流程:

Step1.

Claim: $\{a_n\}_{n=1}^{\infty}$ 有上界且 $a_n \leq \dfrac{\alpha + \sqrt{\alpha^2 - 4\beta}}{2}$, $\quad \forall n \in \mathbb{N}$

As $n \geq 1$, $\quad a_1 \leq \dfrac{\alpha + \sqrt{\alpha^2 - 4\beta}}{2}$ 不等式成立

假设 $a_n \leq \dfrac{\alpha + \sqrt{\alpha^2 - 4\beta}}{2}$ 则 $\dfrac{1}{a_n} \geq \dfrac{2}{\alpha + \sqrt{\alpha^2 - 4\beta}} \Rightarrow \dfrac{-1}{a_n} \leq \dfrac{-2}{\alpha + \sqrt{\alpha^2 - 4\beta}}$

$$\therefore a_{n+1} = \alpha - \frac{\beta}{a_n} \leq \alpha - \frac{2\beta}{\alpha + \sqrt{\alpha^2 - 4\beta}} = \frac{\alpha + \sqrt{\alpha^2 - 4\beta}}{2}$$

藉由数学归纳法则 $a_n \leq \dfrac{\alpha + \sqrt{\alpha^2 - 4\beta}}{2}$, $\quad \forall n \in \mathbb{N}$

Step2.

Claim: $\{a_n\}_{n=1}^{\infty}$ 有下界且 $a_n \geq \dfrac{\alpha - \sqrt{\alpha^2 - 4\beta}}{2}$, $\quad \forall n \in \mathbb{N}$

As $n \geq 1$, $\quad a_1 \geq \dfrac{\alpha - \sqrt{\alpha^2 - 4\beta}}{2}$ 不等式成立

假设 $a_n \geq \dfrac{\alpha - \sqrt{\alpha^2 - 4\beta}}{2}$ 则 $\dfrac{1}{a_n} \leq \dfrac{2}{\alpha - \sqrt{\alpha^2 - 4\beta}} \Rightarrow \dfrac{-1}{a_n} \geq \dfrac{-2}{\alpha - \sqrt{\alpha^2 - 4\beta}}$

$$\therefore a_{n+1} = \alpha - \frac{\beta}{a_n} \geq \alpha - \frac{2\beta}{\alpha - \sqrt{\alpha^2 - 4\beta}} = \frac{\alpha - \sqrt{\alpha^2 - 4\beta}}{2}$$

数学归纳法 则 $a_n \geq \dfrac{\alpha - \sqrt{\alpha^2 - 4\beta}}{2}$, $\quad \forall n \in \mathbb{N}$

Step3.

Claim: $\{a_n\}_{n=1}^{\infty}$ 为递增数列

$$\therefore a_{n+1} - a_n = -\frac{a_n^2 - \alpha a_n + \beta}{a_n} = -\frac{\left(a_n - \dfrac{\alpha - \sqrt{\alpha^2 - 4\beta}}{2}\right)\left(a_n - \dfrac{\alpha + \sqrt{\alpha^2 - 4\beta}}{2}\right)}{a_n}$$

$\therefore \dfrac{\alpha - \sqrt{\alpha^2 - 4\beta}}{2} \leq a_n \leq \dfrac{\alpha + \sqrt{\alpha^2 - 4\beta}}{2}$, $\quad \forall n \in \mathbb{N}$ $\quad \therefore a_{n+1} - a_n \geq 0$, $\quad \forall n \in \mathbb{N}$

$\therefore \{a_n\}_{n=1}^{\infty}$ 为递增数列

Step4.

Claim: $\lim\limits_{n\to\infty} a_n = \dfrac{\alpha + \sqrt{\alpha^2 - 4\beta}}{2}$

$\because \{a_n\}_{n=1}^{\infty}$ 有上界且为递增数列　$\therefore \{a_n\}_{n=1}^{\infty}$ 收敛 and 令 $\lim\limits_{n\to\infty} a_n = a$

$\because a_{n+1} = \alpha - \dfrac{\beta}{a_n},\ \ \forall n \in \mathrm{N}$　$\therefore \lim\limits_{n\to\infty} a_{n+1} = \lim\limits_{n\to\infty} \alpha - \dfrac{\beta}{a_n} \Rightarrow a = \alpha - \dfrac{\beta}{a}$

$\therefore a^2 - \alpha a + \beta = 0 \Rightarrow a = \dfrac{\alpha + \sqrt{\alpha^2 - 4\beta}}{2} \left(\dfrac{\alpha - \sqrt{\alpha^2 - 4\beta}}{2}\ 不合 \right)$

Type 5.

$$求\ \sqrt{\alpha + \sqrt{\alpha + \sqrt{\alpha + \sqrt{\cdots}}}} = ?$$

解题流程:

Step1.

$$令 a = \sqrt{\alpha + \sqrt{\alpha + \sqrt{\alpha + \sqrt{\cdots}}}}\ \ 则\ a = \sqrt{\alpha + a}$$

Step2.

$\therefore a^2 - a - \alpha = 0 \Rightarrow a = \dfrac{1 + \sqrt{1 + 4\alpha}}{2}$

Type 6.

给定 $\{a_n\}_{n=1}^{\infty}$

(1) 证明 $\{a_n\}_{n=1}^{\infty}$ 为递增数列(递减数列)

(2) 求 $\{a_n\}_{n=1}^{\infty}$ 的最大下界与最小上界

解题流程:

Step1.

证明 $\{a_n\}_{n=1}^{\infty}$ 为递增数列则 Claim: $a_{n+1} - a_n \geq 0,\ \ \forall n \in N$

证明 $\{a_n\}_{n=1}^{\infty}$ 为递减数列则 Claim: $a_{n+1} - a_n \leq 0,\ \ \forall n \in N$

Step2.

若 $\{a_n\}_{n=1}^{\infty}$ 为递增数列

则 a_1 为 $\{a_n\}_{n=1}^{\infty}$ 的最大下界且 $\lim\limits_{n\to\infty} a_n$ 为 $\{a_n\}_{n=1}^{\infty}$ 的最小上界

若 $\{a_n\}_{n=1}^{\infty}$ 为递减数列

则 a_1 为 $\{a_n\}_{n=1}^{\infty}$ 的最小上界且 $\lim\limits_{n\to\infty} a_n$ 为 $\{a_n\}_{n=1}^{\infty}$ 的最大下界

补充说明:

如果无法直接说明 $a_{n+1} - a_n \geq 0$ 或 $a_{n+1} - a_n \leq 0$

令 $f(n) = a_n$ 且 claim: $f'(x) > 0$ 或 $f'(x) < 0,\ \forall x \in R$

范例说明:

(I)假设 $a_n = \left(1 + \dfrac{1}{n}\right)^n,\ \forall n \in N,$ 证明 $\{a_n\}_{n=1}^{\infty}$ 为递增数列

令 $f(x) = \left(1 + \dfrac{1}{x}\right)^x,\quad \because f(x) = \left(1 + \dfrac{1}{x}\right)^x = \exp\left(x \ln\left(1 + \dfrac{1}{x}\right)\right)$

令 $g(x) = x \ln\left(1 + \dfrac{1}{x}\right),$ 若 $g(x)$ 为递增函数则 $\{a_n\}_{n=1}^{\infty}$ 为递增数列

Claim: $g(x)$ 为递增函数

$\because g'(x) = \ln\left(1 + \dfrac{1}{x}\right) - \dfrac{1}{x+1} \therefore g''(x) = \dfrac{-1}{x(x+1)} + \dfrac{1}{(x+1)^2} < 0 \therefore g'(x) > \lim\limits_{x\to\infty} g'(x) = 0$

Example 1.

假设 $a_1 = 1,\ a_{n+1} = 5 - \dfrac{1}{a_n},\ \forall n \in \mathrm{N},\ $ 求 $\lim\limits_{n\to\infty} a_n = ?$

【解】

Claim: $\{a_n\}_{n=1}^{\infty}$ 有上界 且 $a_n \leq \dfrac{5 + \sqrt{21}}{2},\ \forall n \in \mathrm{N}$

As $n \geq 1,\ a_1 = 1 \leq \dfrac{5 + \sqrt{21}}{2}$ 不等式成立

假设 $a_n \leq \dfrac{5 + \sqrt{21}}{2}$ 则 $\dfrac{1}{a_n} \geq \dfrac{2}{5 + \sqrt{21}} \Rightarrow \dfrac{-1}{a_n} \leq \dfrac{-2}{5 + \sqrt{21}}$

$\therefore a_{n+1} = 5 - \dfrac{1}{a_n} \leq 5 - \dfrac{2}{5 + \sqrt{21}} = 5 - \dfrac{5 - \sqrt{21}}{2} = \dfrac{5 + \sqrt{21}}{2}$

藉由数学归纳法则 $a_n \leq \dfrac{5+\sqrt{21}}{2}, \quad \forall n \in \mathbb{N}$

Claim: $\{a_n\}_{n=1}^{\infty}$ 有下界且 $a_n \geq \dfrac{5-\sqrt{21}}{2}, \quad \forall n \in \mathbb{N}$

As $n \geq 1, \quad a_1 = 1 \geq \dfrac{5-\sqrt{21}}{2}$ 不等式成立

假设 $a_n \geq \dfrac{5-\sqrt{21}}{2}$ 则 $\dfrac{1}{a_n} \leq \dfrac{2}{5-\sqrt{21}} \Rightarrow \dfrac{-1}{a_n} \geq \dfrac{-2}{5-\sqrt{21}}$

$\therefore a_{n+1} = 5 - \dfrac{1}{a_n} \geq 5 - \dfrac{2}{5-\sqrt{21}} = 5 - \dfrac{5+\sqrt{21}}{2} = \dfrac{5-\sqrt{21}}{2}$

藉由数学归纳法则 $a_n \geq \dfrac{5-\sqrt{21}}{2}, \quad \forall n \in \mathbb{N}$

Claim: $\{a_n\}_{n=1}^{\infty}$ 为递增数列

$\because a_{n+1} - a_n = -\dfrac{a_n^2 - 5a_n + 1}{a_n} = -\dfrac{\left(a_n - \dfrac{5+\sqrt{21}}{2}\right)\left(a_n - \dfrac{5-\sqrt{21}}{2}\right)}{a_n}$

$\because \dfrac{5-\sqrt{21}}{2} \leq a_n \leq \dfrac{5+\sqrt{21}}{2}, \quad \forall n \in N \quad \therefore a_{n+1} - a_n \geq 0, \quad \forall n \in N$

$\therefore \{a_n\}_{n=1}^{\infty}$ 为递增数列

$\because \{a_n\}_{n=1}^{\infty}$ 有上界且为递增数列 $\quad \therefore \{a_n\}_{n=1}^{\infty}$ 收敛

令 $\displaystyle\lim_{n\to\infty} a_n = a \quad \because a_{n+1} = 5 - \dfrac{1}{a_n}, \forall n \in N \quad \therefore \lim_{n\to\infty} a_{n+1} = \lim_{n\to\infty} 5 - \dfrac{1}{a_n} \Rightarrow a = 5 - \dfrac{1}{a}$

$\therefore a^2 - 5a + 1 = 0 \Rightarrow a = \dfrac{5+\sqrt{21}}{2} \quad \left(\dfrac{5-\sqrt{21}}{2} < 1 \text{ 不合}\right)$

Example 2.

$求 \dfrac{1}{\sqrt{20 + \sqrt{20 + \sqrt{20 + \sqrt{\cdots}}}}} = ?$

【解】

令 $a = \sqrt{20 + \sqrt{20 + \sqrt{20 + \sqrt{\cdots}}}}$ 则 $\dfrac{1}{a} = \dfrac{1}{\sqrt{20+a}}$

$\therefore a^2 - a - 20 = 0 \Rightarrow a = \dfrac{1 \pm \sqrt{81}}{2} = 5 \,(-4 \text{ 不合})$ $\therefore \dfrac{1}{\sqrt{20 + \sqrt{20 + \sqrt{20 + \sqrt{\cdots}}}}} = \dfrac{1}{5}$

Example 3.

$$\text{求} \ \sqrt{12 + \sqrt{12 + \sqrt{12 + \sqrt{\cdots}}}} =?$$

【解】

令 $a = \sqrt{12 + \sqrt{12 + \sqrt{12 + \sqrt{\cdots}}}}$ 则 $a = \sqrt{12 + a}$

$\therefore a^2 - a - 12 = 0 \Rightarrow a = 4(-3 \text{ 不合}) \Rightarrow \sqrt{12 + \sqrt{12 + \sqrt{12 + \sqrt{\cdots}}}} = 4$

Example 4.

假设 $a_n = \dfrac{n}{n+2}, \ \ \forall n \in N$

(1) 证明 $\{a_n\}_{n=1}^{\infty}$ 为递增数列   (2) 求 $\{a_n\}_{n=1}^{\infty}$ 的最大下界 (3) 求 $\{a_n\}_{n=1}^{\infty}$ 的最小上界

【解】

(1)

Claim: $a_{n+1} - a_n \geq 0, \ \ \forall n \in N$

$\because a_{n+1} - a_n = \dfrac{n+1}{n+3} - \dfrac{n}{n+2} = \dfrac{(n+1)(n+2) - n(n+3)}{(n+3)(n+2)} = \dfrac{2}{(n+2)(n+3)} \geq 0, \ \ \forall n \in N$

$\therefore \{a_n\}_{n=1}^{\infty}$ 为递增数列

(2)

$\because \{a_n\}_{n=1}^{\infty}$ 为递增数列 $\quad \therefore a_1 = \dfrac{1}{3}$ 为 $\{a_n\}_{n=1}^{\infty}$ 的最大下界

(3)

$\because |a_n| \leq 1, \forall n \in N \quad \therefore \{a_n\}_{n=1}^{\infty}$ 为有界数列

$\because \{a_n\}_{n=1}^{\infty}$ 为递增数列 $\quad \therefore \lim\limits_{n \to \infty} a_n$ 存在 且 $\lim\limits_{n \to \infty} a_n$ 为 $\{a_n\}_{n=1}^{\infty}$ 的最小上界

$\because \lim\limits_{n \to \infty} a_n = \lim\limits_{n \to \infty} \dfrac{n}{n+2} = 1 \quad \therefore 1$ 为 $\{a_n\}_{n=1}^{\infty}$ 的最小上界

Example 5.

$$假设 \ a_n = \frac{3n+2}{4n+3}, \quad \forall n \in N$$

(1) 证明 $\{a_n\}_{n=1}^{\infty}$ 为递增数列 (2) 求 $\{a_n\}_{n=1}^{\infty}$ 的最大下界 (3) 求 $\{a_n\}_{n=1}^{\infty}$ 的最小上界

【解】

(1)

Claim: $a_{n+1} - a_n \geq 0, \ \forall n \in N$

$\because a_{n+1} - a_n = \dfrac{3n+5}{4n+7} - \dfrac{3n+2}{4n+3} = \dfrac{(4n+3)(3n+5) - (3n+2)(4n+7)}{(4n+7)(4n+3)}$

$= \dfrac{29n+15 - (29n+14)}{(4n+7)(4n+3)} = \dfrac{1}{(4n+7)(4n+3)} \geq 0, \ \forall n \in N$

$\therefore \{a_n\}_{n=1}^{\infty}$ 为递增数列

(2)

$\because \{a_n\}_{n=1}^{\infty}$ 为递增数列 $\quad \therefore a_1 = \dfrac{5}{7}$ 为 $\{a_n\}_{n=1}^{\infty}$ 的最大下界

(3)

$\because |a_n| \leq 1, \forall n \in N \quad \therefore \{a_n\}_{n=1}^{\infty}$ 为有界数列

$\because \{a_n\}_{n=1}^{\infty}$ 为递增数列 $\quad \therefore \lim\limits_{n \to \infty} a_n$ 存在 且 $\lim\limits_{n \to \infty} a_n$ 为 $\{a_n\}_{n=1}^{\infty}$ 的最小上界

$\because \lim\limits_{n \to \infty} a_n = \lim\limits_{n \to \infty} \dfrac{3n+2}{4n+3} = \dfrac{3}{4} \quad \therefore \dfrac{3}{4}$ 为 $\{a_n\}_{n=1}^{\infty}$ 的最小上界

Example 6.

$$\text{假设 } a_n = \left(1 + \frac{1}{n}\right)^n, \quad \forall n \in N$$

(1) 证明 $\{a_n\}_{n=1}^{\infty}$ 为递增数列   (2) 证明 $\{a_n\}_{n=1}^{\infty}$ 为有界数列

【解】

(1)

$$\text{令 } f(x) = \left(1 + \frac{1}{x}\right)^x, \quad \because f(x) = \left(1 + \frac{1}{x}\right)^x = \exp\left(x \ln\left(1 + \frac{1}{x}\right)\right)$$

$$\text{令 } g(x) = x \ln\left(1 + \frac{1}{x}\right), \text{ 若 } g(x) \text{ 为递增函数则 } \{a_n\}_{n=1}^{\infty} \text{ 为递增数列}$$

Claim: $g(x)$ 为递增函数

$$\because g'(x) = \ln\left(1 + \frac{1}{x}\right) - \frac{1}{x+1} \qquad \therefore g''(x) = \frac{-1}{x(x+1)} + \frac{1}{(x+1)^2} < 0$$

$$\therefore g'(x) > \lim_{x \to \infty} g'(x) = \lim_{x \to \infty} \ln\left(1 + \frac{1}{x}\right) - \frac{1}{x+1} = 0 \Rightarrow \{a_n\}_{n=1}^{\infty} \text{ 为递增数列}$$

(2)

$$\because \{a_n\}_{n=1}^{\infty} \text{ 为递增数列且 } \lim_{n \to \infty} \left(1 + \frac{1}{n}\right)^n = e \qquad \therefore 2 \le a_n \le e, \ \forall n \in N$$

Example 7.

$$\text{判断数列的收敛性 (1) } a_n = \frac{n}{\ln(n+1)}, \quad \forall n \in N \ (2) \ a_n = \sqrt[n]{n}, \quad \forall n \in N$$

【解】

(1)

藉由罗比达法则

$$\text{则 } \lim_{n \to \infty} a_n = \lim_{n \to \infty} \frac{n}{\ln(n+1)} = \lim_{x \to \infty} \frac{x}{\ln(x+1)} = \lim_{x \to \infty} x + 1 = \infty \quad \therefore \{a_n\}_{n=1}^{\infty} \text{ 发散}$$

(2)

$$\because a_n = \sqrt[n]{n} = \exp\left(\frac{\ln n}{n}\right) \quad \therefore \lim_{n \to \infty} a_n = \lim_{n \to \infty} \exp\left(\frac{\ln n}{n}\right) = \exp\left(\lim_{n \to \infty} \frac{\ln n}{n}\right)$$

$$\text{藉由罗比达法则 } \lim_{n \to \infty} \frac{\ln n}{n} = \lim_{x \to \infty} \frac{\ln x}{x} = \lim_{x \to \infty} \frac{1}{x} = 0 \quad \therefore \lim_{n \to \infty} a_n = \exp(0) = 1$$

$$\therefore \{a_n\}_{n=1}^{\infty} \text{ 收敛}$$

Example 8.

$$\text{假设 } a_1 = 1, \ a_2 = 2, \ a_n = \frac{a_{n-1} + a_{n-2}}{2}, \ n \geq 3, \ \text{求} \lim_{n \to \infty} a_n = ?$$

【解】

Claim: $2a_n + a_{n-1} = 2a_2 + a_1, \ \forall n \geq 3$

As $n \geq 3$, $\because a_3 = \dfrac{a_2 + a_1}{2}$ $\therefore 2a_3 + a_2 = 2a_2 + a_1$ 等式成立

假设 $2a_{n-1} + a_{n-2} = 2a_2 + a_1$

则 $2a_n + a_{n-1} = a_{n-1} + a_{n-2} + a_{n-1} = 2a_{n-1} + a_{n-2} = 2a_2 + a_1,$

藉由數學归纳法则 $2a_n + a_{n-1} = 2a_2 + a_1, \ \forall n \geq 3$

Claim: $\{a_n\}_{n=1}^{\infty}$ 为 Cauchy 数列

假设 $n > m$

则 $|a_n - a_m| = |a_n - a_{n-1} + a_{n-1} - a_{n-2} + \cdots + a_{m+1} - a_m|$

$\leq |a_n - a_{n-1}| + |a_{n-1} - a_{n-2}| + \cdots + |a_{m+1} - a_m|$

$\because |a_n - a_{n-1}| = \left| \dfrac{a_{n-1} + a_{n-2}}{2} - a_{n-1} \right| = \dfrac{|a_{n-1} - a_{n-2}|}{2}$

$\therefore |a_n - a_{n-1}| + |a_{n-1} - a_{n-2}| + \cdots + |a_{m+1} - a_m|$

$$= \left(\left(\frac{1}{2}\right)^{n-m-1} + \left(\frac{1}{2}\right)^{n-m-2} + \cdots + 1 \right) |a_{m+1} - a_m| = \sum_{k=m-1}^{n-2} \left(\frac{1}{2}\right)^k$$

$$\because \sum_{k=m-1}^{n-2} \left(\frac{1}{2}\right)^k \leq \sum_{k=m-1}^{\infty} \left(\frac{1}{2}\right)^k = \frac{\left(\frac{1}{2}\right)^{m-1}}{1 - \frac{1}{2}} = \left(\frac{1}{2}\right)^{m-2}$$

$\therefore$ 令 $\varepsilon > 0$, 取 $M \in N$ 使得 $\left(\dfrac{1}{2}\right)^{M-2} < \varepsilon$

则 $n > m > M \Rightarrow |a_n - a_m| \leq \left(\dfrac{1}{2}\right)^{m-2} \leq \left(\dfrac{1}{2}\right)^{M-2} < \varepsilon$

$\therefore \{a_n\}_{n=1}^{\infty}$ 为 Cauchy 数列 $\quad \therefore \{a_n\}_{n=1}^{\infty}$ 为收敛数列

令 $\lim_{n \to \infty} a_n = a$

$\because 2a_n + a_{n-1} = 2a_2 + a_1$ $\therefore \lim_{n \to \infty} 2a_n + a_{n-1} = 3a = 2a_2 + a_1 = 5$ $\therefore a = \dfrac{5}{3}$

Example 9.

$\quad$ 假设 $a_1 = 1$, $a_{n+1} = \sqrt{5a_n}$, $\forall n \in N$ $\quad$ (1) 证明 $\lim\limits_{n\to\infty} a_n$ 存在 $\quad$ (2) 求 $\lim\limits_{n\to\infty} a_n = ?$

【解】

(1)

Claim: $\{a_n\}_{n=1}^{\infty}$ 有上界且 $a_n \le 5$, $\forall n \in N$

As $n = 1$, $a_1 = 1 \le 5$ $\quad \therefore$ 不等式成立

假设 $a_n \le 5$ 则 $a_{n+1} = \sqrt{5a_n} \le 5$, 藉由数学归纳法则 $a_n \le 5$, $\forall n \in N$

Claim: $\{a_n\}_{n=1}^{\infty}$ 为递增数列

$\because a_{n+1}^2 - a_n^2 = 5a_n - a_n^2 = a_n(5 - a_n) \ge 0$, $\forall n \in N$ $\quad \therefore \{a_n\}_{n=1}^{\infty}$ 为递增数列

$\because \{a_n\}_{n=1}^{\infty}$ 有上界且为递增数列 $\quad \therefore \lim\limits_{n\to\infty} a_n$ 存在

(2)

令 $\lim\limits_{n\to\infty} a_n = a$, $\because a_{n+1} = \sqrt{5a_n}$ $\quad \therefore a = \sqrt{5a} \Rightarrow a = 5 \ (0 \text{ 不合})$

Example 10.

$\quad$ 假设 $a_1 = 1$, $a_{n+1} = \sqrt{3 + a_n}$, $\forall n \in N$

$\quad$ (1) 证明 $a_n \le \dfrac{1 + \sqrt{13}}{2}$ $\quad$ (2) $a_n \le a_{n+1}$ $\quad$ (3) $\lim\limits_{n\to\infty} a_n = \dfrac{1 + \sqrt{13}}{2}$

【解】

(1)

Claim: $\{a_n\}_{n=1}^{\infty}$ 有上界且 $a_n \le \dfrac{1 + \sqrt{13}}{2}$, $\forall n \in N$

As $n = 1$, $a_1 = 1 \le \dfrac{1 + \sqrt{13}}{2}$ $\quad \therefore$ 不等式成立

假设 $a_n \le \dfrac{1 + \sqrt{13}}{2}$ 则 $a_{n+1} = \sqrt{3 + a_n} \le \sqrt{3 + \dfrac{1 + \sqrt{13}}{2}} = \sqrt{\dfrac{7 + \sqrt{13}}{2}}$

$\therefore a_{n+1}^2 \le \dfrac{7 + \sqrt{13}}{2} = \left(\dfrac{1 + \sqrt{13}}{2}\right)^2 \Rightarrow a_{n+1} \le \dfrac{1 + \sqrt{13}}{2}$, $\forall n \in N$

(2)

Claim: $a_{n+1}^2 - a_n^2 \geq 0, \ \forall n \in N$

$$\because a_{n+1}^2 - a_n^2 = 3 + a_n - a_n^2 = -\left(a_n - \frac{1}{2}\right)^2 + \frac{13}{4} \geq -\left(\frac{1+\sqrt{13}}{2} - \frac{1}{2}\right)^2 + \frac{13}{4} = 0$$

$\therefore a_n \leq a_{n+1}, \ \forall n \in N$

(3)

$\because \{a_n\}_{n=1}^{\infty}$ 有上界且 $a_n \leq a_{n+1}, \ \forall n \in N$

$$令 \ a = \lim_{n \to \infty} a_n, \ \because a_{n+1} = \sqrt{3 + a_n} \ \therefore \lim_{n \to \infty} a_{n+1} = \lim_{n \to \infty} \sqrt{3 + a_n} \Rightarrow a = \sqrt{3 + a}$$

$$\therefore a^2 - a - 3 = 0 \Rightarrow a = \frac{1 + \sqrt{13}}{2} \ \left(\frac{1 - \sqrt{13}}{2} 不合\right)$$

Example 11.

假设 $a_1 = 1, \ a_{n+1} = \sqrt{12 + a_n}, \ \forall n \in N$ (1) 证明 $\lim_{n \to \infty} a_n$ 存在 (2) 求 $\lim_{n \to \infty} a_n = ?$

【解】

(1)

Claim: $\{a_n\}_{n=1}^{\infty}$ 有上界且 $a_n \leq 4, \ \forall n \in N$

As $n = 1, a_1 = 1 \leq 4$ $\therefore$ 不等式成立

假设 $a_n \leq 4$ 则 $a_{n+1} = \sqrt{12 + a_n} \leq \sqrt{12 + 4} = 4,$

藉由数學归纳法 $\therefore a_n \leq 4, \ \forall n \in N$

Claim: $a_{n+1}^2 - a_n^2 \geq 0, \ \forall n \in N$

$$\because a_{n+1}^2 - a_n^2 = 12 + a_n - a_n^2 = -\left(a_n - \frac{1}{2}\right)^2 + \frac{49}{4} \geq -\left(4 - \frac{1}{2}\right)^2 + \frac{49}{4} = 0 \ \therefore a_n \leq a_{n+1}$$

$\because \{a_n\}_{n=1}^{\infty}$ 有上界且为递增数列 $\therefore \lim_{n \to \infty} a_n$ 存在

(2)

$$令 \ a = \lim_{n \to \infty} a_n$$

$$\because a_{n+1} = \sqrt{12 + a_n} \ \therefore \lim_{n \to \infty} a_{n+1} = \lim_{n \to \infty} \sqrt{12 + a_n} \Rightarrow a = \sqrt{12 + a}$$

$$\therefore a^2 - a - 12 = 0 \Rightarrow a = 4(-3 不合) \Rightarrow \lim_{n \to \infty} a_n = 4$$

Example 12.

$$假设 a_1 = \sqrt{5}, \quad a_{n+1} = \sqrt{20 + a_n}, \quad \forall n \in N$$

(1)$\{a_n\}_{n=1}^{\infty}$ 有上界　(2) $a_n \leq a_{n+1}$　(3) 求 $\displaystyle\lim_{n\to\infty} a_n =?$

【解】

(1)

Calim: $\{a_n\}_{n=1}^{\infty}$ 有上界且 $a_n \leq 5, \ \forall n \in N$

As $n = 1, \ a_1 = \sqrt{5} \leq 5 \quad \therefore$ 不等式成立

假设 $a_n \leq 5$ 则 $a_{n+1} = \sqrt{20 + a_n} \leq \sqrt{20 + 5} = 5$

藉由数学归纳法 $\quad \therefore a_n \leq 5, \ \forall n \in N$

(2)

Calim: $a_{n+1}^2 - a_n^2 \geq 0, \ \forall n \in N$

$$\because a_{n+1}^2 - a_n^2 = 20 + a_n - a_n^2 = -\left(a_n - \frac{1}{2}\right)^2 + \frac{81}{4} \geq -\left(5 - \frac{1}{2}\right)^2 + \frac{81}{4} = 0$$

$$\therefore a_n \leq a_{n+1}, \ \forall n \in N$$

(3)

$$\because \{a_n\}_{n=1}^{\infty} \text{ 有上界且 } a_n \leq a_{n+1}, \ \forall n \in N \quad \therefore \lim_{n\to\infty} a_n \text{ 存在}$$

$$令 a = \lim_{n\to\infty} a_n, \ \because a_{n+1} = \sqrt{20 + a_n} \quad \therefore \lim_{n\to\infty} a_{n+1} = \lim_{n\to\infty} \sqrt{20 + a_n} \Rightarrow a = \sqrt{20 + a}$$

$$\therefore a^2 - a - 20 = 0 \Rightarrow a = 5 \ (-4 \text{ 不合}) \Rightarrow \lim_{n\to\infty} a_n = 5$$

Example 13.

$$假设 a_1 = 9, \quad a_{n+1} = \frac{1}{2}\left(a_n + \frac{9}{a_n}\right), \quad \forall n \in N \quad (1) \text{ 证明 } \lim_{n\to\infty} a_n \text{ 存在} \quad (2) \text{ 求 } \lim_{n\to\infty} a_n =?$$

【解】

(1)

Claim: $\{a_n\}_{n=1}^{\infty}$ 有下界且 $a_n \geq 3, \ \forall n \in N$

$$\because 算术平均大于幾何平均 \quad \therefore a_{n+1} = \frac{1}{2}\left(a_n + \frac{9}{a_n}\right) \geq \sqrt{9} = 3, \ \forall n \in N$$

Claim: $a_{n+1} - a_n \leq 0, \ \forall n \in N$

$$\because a_{n+1} - a_n = \frac{1}{2}\left(a_n + \frac{9}{a_n}\right) - a_n = \frac{1}{2}\left(\frac{-a_n^2 + 9}{a_n}\right), \quad \forall n \in N$$

$$\because a_n \geq 3, \ \forall n \in N \ \therefore a_{n+1} - a_n = \frac{1}{2}\left(\frac{-a_n^2 + 9}{a_n}\right) \leq 0 \quad \therefore a_n \geq a_{n+1}, \ \forall n \in N$$

$$\because \{a_n\}_{n=1}^{\infty} \text{ 有下界且为递减数列} \quad \therefore \lim_{n \to \infty} a_n \text{ 存在}$$

(2)

$$\text{令 } a = \lim_{n \to \infty} a_n$$

$$\because a_{n+1} = \frac{1}{2}\left(a_n + \frac{9}{a_n}\right) \quad \therefore \lim_{n \to \infty} a_{n+1} = \lim_{n \to \infty} \frac{1}{2}\left(a_n + \frac{9}{a_n}\right) \Rightarrow a = \frac{1}{2}\left(a + \frac{9}{a}\right)$$

$$\therefore a = 3 \ (-3 \text{ 不合}) \Rightarrow \lim_{n \to \infty} a_n = 3$$

6.2 无穷级数

说明无穷级数收敛的定义, 接着说明如何求无穷级数的和

【定义】无穷级数收敛的定义

$$\sum_{n=1}^{\infty} a_n \text{ 收敛(发散)} \Leftrightarrow \lim_{M \to \infty} \sum_{n=1}^{M} a_n \text{ 存在(不存在)}$$

给定 $\{a_n : n \in N\}$, 求 $\sum_{n=1}^{\infty} a_n = ?$, 一般的作法, 尝试找 $\{b_n : n \in N\}$ 使得 $a_n = b_n - b_{n+1}$, 则 $\sum_{n=1}^{M} a_n = b_1 - b_M$, 因此 $\sum_{n=1}^{\infty} a_n = b_1 - \lim_{M \to \infty} b_M$:

$$\text{若 } \lim_{M \to \infty} b_M = L < \infty \text{ 则 } \sum_{n=1}^{\infty} a_n = b_1 - L \text{ 且 } \sum_{n=1}^{\infty} a_n \text{ 收敛}$$

$$\text{若 } \lim_{M \to \infty} b_M \text{ 不存在 则 } \sum_{n=1}^{\infty} a_n \text{ 发散}$$

关键步骤是找 $\{b_n : n \in N\}$ 使得 $a_n = b_n - b_{n+1}$，无法直接观察出时，可令 a_n 为某两分式的和，接着再透过比较系数求得 $\{b_n : n \in N\}$；此外，加一项减一项的间距可能大于 1，也就是找 $\{b_n : n \in N\}$ 使得 $a_n = b_n - b_{n+p}$，$p > 1$；当分母出现 α^n，则令所求无穷级数

和为 S，接着观察 $S - \dfrac{S}{\alpha}$ 是否能改写为无穷等比级数和

考试类型：

Type 1.

給 $\{a_n : n \in N\}$，求 $\displaystyle\sum_{n=1}^{\infty} a_n = ?$ where $\exists \{b_n : n \in N\}$ 使得 $a_n = b_n - b_{n+1}$

解题流程：

Step1.

找 $\{b_n : n \in N\}$ 使得 $a_n = b_n - b_{n+1}$

Step2.

判断 $\displaystyle\lim_{M \to \infty} b_M = L < \infty$ 或 $\displaystyle\lim_{M \to \infty} b_M$ 不存在

$\because a_n = b_n - b_{n+1}$　$\therefore \displaystyle\sum_{n=1}^{\infty} a_n = b_1 - \lim_{M \to \infty} b_M$

若 $\displaystyle\lim_{M \to \infty} b_M = L < \infty$，则 $\displaystyle\sum_{n=1}^{\infty} a_n = b_1 - L$ 且 $\displaystyle\sum_{n=1}^{\infty} a_n$ 收敛

若 $\displaystyle\lim_{M \to \infty} b_M$ 不存在 则 $\displaystyle\sum_{n=1}^{\infty} a_n$ 发散

范例说明：

(I) 求 $\displaystyle\sum_{n=1}^{\infty} \frac{\sqrt{n+1} - \sqrt{n}}{\sqrt{n^2 + n}} = ?$

$\because \dfrac{\sqrt{n+1} - \sqrt{n}}{\sqrt{n^2 + n}} = \dfrac{\sqrt{n+1} - \sqrt{n}}{\sqrt{n}\sqrt{n+1}} = \dfrac{1}{\sqrt{n}} - \dfrac{1}{\sqrt{n+1}}$　$\therefore \displaystyle\sum_{n=1}^{M} \frac{\sqrt{n+1} - \sqrt{n}}{\sqrt{n^2 + n}} = 1 - \dfrac{1}{\sqrt{M+1}}$

$$\Rightarrow \sum_{n=1}^{\infty} \frac{\sqrt{n+1}-\sqrt{n}}{\sqrt{n^2+n}} = \lim_{M \to \infty} 1 - \frac{1}{\sqrt{M+1}} = 1$$

Type 2.

$$\text{給 } \{a_n\}_{n=1}^{\infty}, \quad \text{求} \sum_{n=1}^{\infty} a_n = ? \text{ where } \exists \{b_n\}_{n=1}^{\infty} \text{且 } p > 1 \text{ 使得 } a_n = b_n - b_{n+p}$$

解题流程:

Step1.

找 $\{b_n : n \in N\}$ 且 $p > 1$ 使得 $a_n = b_n - b_{n+p}$, for some $p \in N$

Step2.

判断 $\lim\limits_{M \to \infty} b_M = L < \infty$ 或 $\lim\limits_{M \to \infty} b_M$ 不存在

$$\because a_n = b_n - b_{n+p} \quad \therefore \sum_{n=1}^{\infty} a_n = \sum_{n=1}^{p} b_n - p \cdot \lim_{M \to \infty} b_M$$

$$\text{若 } \lim_{M \to \infty} b_M = L < \infty \text{ 则 } \sum_{n=1}^{\infty} a_n = \sum_{n=1}^{p} b_n - p \cdot L \text{ 且 } \sum_{n=1}^{\infty} a_n \text{ 收敛}$$

$$\text{若 } \lim_{M \to \infty} b_M \text{ 不存在 则 } \sum_{n=1}^{\infty} a_n \text{ 发散}$$

<u>范例说明</u>:

$$(\text{I}) \text{求} \sum_{n=1}^{\infty} \frac{1}{n(n+3)} = ?$$

$$\because \frac{1}{n(n+3)} = \frac{1}{3}\left(\frac{1}{n} - \frac{1}{n+3}\right)$$

$$\therefore \sum_{n=1}^{M} \frac{1}{n(n+3)} = \frac{1}{3}\sum_{n=1}^{M} \frac{1}{n} - \frac{1}{n+3} = \frac{1}{3}\left(1 + \frac{1}{2} + \frac{1}{3} - \frac{1}{M+1} - \frac{1}{M+2} - \frac{1}{M+3}\right), \quad \forall M \geq 4$$

Type 3.

$$給\ \{a_n : n \in N\},\quad 求\ \sum_{n=1}^{\infty} a_n = ?$$

where $\exists\ \alpha, \beta, \left\{a_n^{(1)} : n \in N\right\}, \left\{a_n^{(2)} : n \in N\right\}$ s.t. $a_n = \alpha a_n^{(1)} + \beta a_n^{(2)}$

and $\exists\ \left\{b_n^{(1)} : n \in N\right\}, \left\{b_n^{(2)} : n \in N\right\}$ s.t. $a_n^{(1)} = b_n^{(1)} - b_{n+1}^{(1)}$ and $a_n^{(2)} = b_n^{(2)} - b_{n+1}^{(2)}$

解题流程:

Step1.

$$找\ \alpha, \beta, \left\{a_n^{(1)} : n \in N\right\}, \left\{a_n^{(2)} : n \in N\right\}\ 使得\ a_n = \alpha a_n^{(1)} + \beta a_n^{(2)}$$

先可观察出 $\left\{a_n^{(1)} : n \in N\right\} = ?,\quad \left\{a_n^{(2)} : n \in N\right\} = ?$

再使用比较系数法求 α, β

Step2.

$$找\left\{b_n^{(1)} : n \in N\right\},\ \left\{b_n^{(2)} : n \in N\right\}\ 使得\ a_n^{(1)} = b_n^{(1)} - b_{n+1}^{(1)}\ 且\ a_n^{(2)} = b_n^{(2)} - b_{n+1}^{(2)}$$

Step3.

判断 $\lim\limits_{M \to \infty} b_M^{(1)} = L^{(1)} < \infty$ 或 $\lim\limits_{M \to \infty} b_M^{(1)}$ 不存在

判断 $\lim\limits_{M \to \infty} b_M^{(2)} = L^{(2)} < \infty$ 或 $\lim\limits_{M \to \infty} b_M^{(2)}$ 不存在

$$\because a_n = \alpha a_n^{(1)} + \beta a_n^{(2)} = \alpha\left(b_n^{(1)} - b_{n+1}^{(1)}\right) + \beta\left(b_n^{(2)} - b_{n+1}^{(2)}\right)$$

$$\therefore \sum_{n=1}^{\infty} a_n = \alpha \sum_{n=1}^{\infty} a_n^{(1)} + \beta \sum_{n=1}^{\infty} a_n^{(2)} = \alpha \sum_{n=1}^{\infty}\left(b_n^{(1)} - b_{n+1}^{(1)}\right) + \beta \sum_{n=1}^{\infty}\left(b_n^{(2)} - b_{n+1}^{(2)}\right)$$

$$= \alpha\left(b_1^{(1)} - \lim_{M \to \infty} b_M^{(1)}\right) + \beta\left(b_1^{(2)} - \lim_{M \to \infty} b_M^{(2)}\right)$$

Step4.

若 $\lim\limits_{M \to \infty} b_M^{(1)} = L^{(1)} < \infty$ 且 $\lim\limits_{M \to \infty} b_M^{(2)} = L^{(2)} < \infty$

$$\text{则} \sum_{n=1}^{\infty} a_n = \alpha\left(b_1^{(1)} - L^{(1)}\right) + \beta\left(b_1^{(2)} - L^{(2)}\right) \text{且} \sum_{n=1}^{\infty} a_n \text{ 收敛}$$

$$\text{若} \lim_{M \to \infty} b_M^{(1)} = L^{(1)} < \infty \quad \text{且} \lim_{M \to \infty} b_M^{(2)} \text{ 不存在} \quad \text{则} \sum_{n=1}^{\infty} a_n \text{ 发散}$$

$$\text{若} \lim_{M \to \infty} b_M^{(1)} \text{ 不存在} \quad \text{且} \lim_{M \to \infty} b_M^{(2)} = L^{(2)} < \infty \quad \text{则} \sum_{n=1}^{\infty} a_n \text{ 发散}$$

$$\text{若} \lim_{M \to \infty} b_M^{(1)} \text{ 不存在} \quad \text{且} \lim_{M \to \infty} b_M^{(2)} \text{ 不存在} \quad \text{则} \sum_{n=1}^{\infty} a_n \text{ 不确定收敛发散}$$

范例说明：

(I) 求 $\displaystyle\sum_{n=1}^{\infty} \frac{n}{(n+2)(n+3)(n+4)} = ?$

$$\sum_{n=1}^{M} \frac{n}{(n+2)(n+3)(n+4)} = -\sum_{n=1}^{M}\left(\frac{1}{n+2} - \frac{1}{n+3}\right) + 2\sum_{n=1}^{M}\left(\frac{1}{n+3} - \frac{1}{n+4}\right)$$

$$= -\left(\frac{1}{3} - \frac{1}{M+3}\right) + 2\left(\frac{1}{4} - \frac{1}{M+4}\right) = \frac{1}{6} + \frac{1}{(M+3)} - \frac{2}{(M+4)}$$

$$\therefore \sum_{n=1}^{\infty} \frac{n}{(n+2)(n+3)(n+4)} = \frac{1}{6} + \lim_{M \to \infty} \frac{1}{(M+3)} - \frac{2}{(M+4)} = \frac{1}{6}$$

Type 4.

Prove $\displaystyle\sum_{n=1}^{\infty} \frac{n}{\gamma^n} = \frac{\gamma}{(\gamma-1)^2}, \quad \forall \gamma > 1$

解题流程：

Step1.

令 $S = \displaystyle\sum_{n=1}^{\infty} \frac{n}{\gamma^n}$ 则 $\dfrac{S}{\gamma} = \displaystyle\sum_{n=1}^{\infty} \frac{n}{\gamma^{n+1}}$

Step2.

$$\because S - \frac{S}{\gamma} = \sum_{n=1}^{\infty} \frac{n}{\gamma^n} - \sum_{n=1}^{\infty} \frac{n}{\gamma^{n+1}} = \frac{1}{\gamma} + \sum_{n=1}^{\infty} \left(\frac{n+1}{\gamma^{n+1}} - \frac{n}{\gamma^{n+1}} \right) = \frac{1}{\gamma} + \sum_{n=1}^{\infty} \frac{1}{\gamma^{n+1}} = \frac{\frac{1}{\gamma}}{1 - \frac{1}{\gamma}} = \frac{1}{\gamma - 1}$$

Step3.

$$\therefore S - \frac{S}{\gamma} = \frac{(\gamma - 1)S}{\gamma} = \frac{1}{\gamma - 1} \qquad \therefore S = \frac{\gamma}{(\gamma - 1)^2}$$

Type 5.

Prove $\displaystyle \sum_{n=1}^{\infty} \frac{n^2}{\gamma^n} = \frac{\gamma(\gamma + 1)}{(\gamma - 1)^3}, \quad \forall \gamma > 1$

解题流程:

Step1.

$$令\ S = \sum_{n=1}^{\infty} \frac{n^2}{\gamma^n} \quad 则 \quad \frac{S}{\gamma} = \sum_{n=1}^{\infty} \frac{n^2}{\gamma^{n+1}}$$

Step2.

$$\because S - \frac{S}{\gamma} = \sum_{n=1}^{\infty} \frac{n^2}{\gamma^n} - \sum_{n=1}^{\infty} \frac{n^2}{\gamma^{n+1}} = \frac{1}{\gamma} + \sum_{n=1}^{\infty} \left(\frac{(n+1)^2}{\gamma^{n+1}} - \frac{n^2}{\gamma^{n+1}} \right)$$

$$= \frac{1}{\gamma} + \sum_{n=1}^{\infty} \frac{2n+1}{\gamma^{n+1}} = \sum_{n=1}^{\infty} \frac{2n-1}{\gamma^n} \qquad \therefore \frac{(\gamma - 1)S}{\gamma} = \sum_{n=1}^{\infty} \frac{2n-1}{\gamma^n} \quad \therefore \frac{(\gamma - 1)S}{\gamma^2} = \sum_{n=1}^{\infty} \frac{2n-1}{\gamma^{n+1}}$$

Step3.

$$\therefore \frac{(\gamma - 1)S}{\gamma} - \frac{(\gamma - 1)S}{\gamma^2} = \frac{1}{\gamma} + \sum_{n=1}^{\infty} \frac{2n+1}{\gamma^{n+1}} - \sum_{n=1}^{\infty} \frac{2n-1}{\gamma^{n+1}} = \frac{1}{\gamma} + \sum_{n=1}^{\infty} \frac{2}{\gamma^{n+1}}$$

$$= \frac{1}{\gamma} + 2 \cdot \frac{\frac{1}{\gamma^2}}{1 - \frac{1}{\gamma}} = \frac{\gamma + 1}{\gamma(\gamma - 1)}$$

$$\therefore \frac{(\gamma - 1)S}{\gamma} - \frac{(\gamma - 1)S}{\gamma^2} = \frac{(\gamma - 1)^2 S}{\gamma} = \frac{\gamma + 1}{\gamma(\gamma - 1)} \Rightarrow S = \frac{\gamma(\gamma + 1)}{(\gamma - 1)^3}$$

Example 1.

$$\text{求} \quad \sum_{n=1}^{\infty} \frac{\sqrt{n+2}-\sqrt{n}}{\sqrt{n^2+2n}} = ?$$

【解】

$$\because \frac{\sqrt{n+2}-\sqrt{n}}{\sqrt{n^2+2n}} = \frac{\sqrt{n+2}-\sqrt{n}}{\sqrt{n}\sqrt{n+2}} = \frac{1}{\sqrt{n}} - \frac{1}{\sqrt{n+2}}$$

$$\therefore \sum_{n=1}^{M} \frac{\sqrt{n+2}-\sqrt{n}}{\sqrt{n^2+2n}} = 1 + \frac{1}{\sqrt{2}} - \frac{1}{\sqrt{M+1}} - \frac{1}{\sqrt{M+2}}$$

$$\Rightarrow \sum_{n=1}^{\infty} \frac{\sqrt{n+2}-\sqrt{n}}{\sqrt{n^2+2n}} = \lim_{M\to\infty} 1 + \frac{1}{\sqrt{2}} - \frac{1}{\sqrt{M+1}} - \frac{1}{\sqrt{M+2}} = 1 + \frac{1}{\sqrt{2}}$$

Example 2.

$$\text{求} \quad \sum_{n=1}^{\infty} \frac{n+1}{(n+2)!} = ?$$

【解】

$$\because \frac{n+1}{(n+2)!} = \frac{n+2-1}{(n+2)!} = \frac{1}{(n+1)!} - \frac{1}{(n+2)!}$$

$$\therefore \sum_{n=1}^{M} \frac{n+1}{(n+2)!} = \sum_{n=1}^{M} \frac{1}{(n+1)!} - \frac{1}{(n+2)!} = \frac{1}{2} - \frac{1}{(M+2)!}$$

$$\Rightarrow \sum_{n=1}^{\infty} \frac{n+1}{(n+2)!} = \lim_{M\to\infty} \frac{1}{2} - \frac{1}{(M+2)!} = \frac{1}{2}$$

Example 3.

$$\text{求} \quad \sum_{n=1}^{\infty} \frac{1}{n(n+2)} = ?$$

【解】

$$\because \frac{1}{n(n+2)} = \frac{1}{2}\left(\frac{1}{n} - \frac{1}{n+2}\right)$$

$$\therefore \sum_{n=1}^{M} \frac{1}{n(n+2)} = \frac{1}{2}\sum_{n=1}^{M}\left(\frac{1}{n} - \frac{1}{n+2}\right) = \frac{1}{2}\left(1 + \frac{1}{2} - \frac{1}{M+1} - \frac{1}{M+2}\right)$$

$$\Rightarrow \sum_{n=1}^{\infty} \frac{1}{n(n+2)} = \lim_{M \to \infty} \frac{1}{2}\left(1 + \frac{1}{2} - \frac{1}{M+1} - \frac{1}{M+2}\right) = \frac{3}{4}$$

Example 4.

$$求 \quad \sum_{n=1}^{\infty} \frac{1}{\sqrt{n+2} + \sqrt{n}} = ?$$

【解】

$$\because \frac{1}{\sqrt{n+2} + \sqrt{n}} = \frac{\sqrt{n+2} - \sqrt{n}}{(\sqrt{n+2} + \sqrt{n})(\sqrt{n+2} - \sqrt{n})} = \frac{\sqrt{n+2} - \sqrt{n}}{2}$$

$$\therefore \sum_{n=1}^{M} \frac{1}{\sqrt{n+2} + \sqrt{n}} = \frac{\sqrt{M+2} + \sqrt{M+1} - \sqrt{2} - 1}{2}$$

$$\Rightarrow \sum_{n=1}^{\infty} \frac{1}{\sqrt{n+1} + \sqrt{n}} = \lim_{M \to \infty} \frac{\sqrt{M+2} + \sqrt{M+1} - \sqrt{2} - 1}{2} = \infty$$

Example 5.

$$求 \quad \sum_{n=1}^{\infty} \frac{2^n + 3^n}{5^n} = ?$$

【解】

$$\sum_{n=1}^{\infty} \frac{2^n + 3^n}{5^n} = \sum_{n=1}^{\infty} \frac{2^n}{5^n} + \sum_{n=1}^{\infty} \frac{3^n}{5^n} = \frac{\frac{2}{5}}{1 - \frac{2}{5}} + \frac{\frac{3}{5}}{1 - \frac{3}{5}} = \frac{2}{3} + \frac{3}{2} = \frac{13}{6}$$

Example 6.

$$求 \quad \sum_{n=1}^{\infty} \frac{3^n + 4^n}{7^n} = ?$$

【解】

$$\sum_{n=1}^{\infty} \frac{3^n + 4^n}{7^n} = \sum_{n=1}^{\infty} \frac{3^n}{7^n} + \sum_{n=1}^{\infty} \frac{4^n}{7^n} = \frac{\frac{3}{7}}{1 - \frac{3}{7}} + \frac{\frac{4}{7}}{1 - \frac{4}{7}} = \frac{3}{4} + \frac{4}{3} = \frac{25}{12}$$

Example 7.

$$求 \quad \sum_{n=1}^{\infty} \frac{1}{n(n + 3)} = ?$$

【解】

$$\because \frac{1}{n(n + 3)} = \frac{1}{3}\left(\frac{1}{n} - \frac{1}{n + 3}\right)$$

$$\therefore \sum_{n=1}^{M} \frac{1}{n(n + 3)} = \frac{1}{3} \sum_{n=1}^{M} \frac{1}{n} - \frac{1}{n + 3}$$

$$= \frac{1}{3}\left(1 + \frac{1}{2} + \frac{1}{3} - \frac{1}{M + 1} - \frac{1}{M + 2} - \frac{1}{M + 3}\right), \quad \forall M \geq 4$$

$$\Rightarrow \sum_{n=1}^{\infty} \frac{3}{n(n + 1)} = \frac{1}{3} \lim_{M \to \infty} \left(1 + \frac{1}{2} + \frac{1}{3} - \frac{1}{M + 1} - \frac{1}{M + 2} - \frac{1}{M + 3}\right) = \frac{11}{18}$$

Example 8.

$$求 \quad \sum_{n=1}^{\infty} \frac{1}{(n + 1)(n + 2)(n + 3)} = ?$$

【解】

$$\because \frac{1}{(n + 1)(n + 2)(n + 3)} = \frac{1}{2}\left(\frac{1}{(n + 1)(n + 2)} - \frac{1}{(n + 2)(n + 3)}\right)$$

$$\therefore \sum_{n=1}^{M} \frac{1}{(n+1)(n+2)(n+3)} = \frac{1}{2}\left(\frac{1}{6} - \frac{1}{(M+2)(M+3)}\right)$$

$$\Rightarrow \sum_{n=1}^{\infty} \frac{1}{(n+1)(n+2)(n+3)} = \lim_{M\to\infty} \frac{1}{2}\left(\frac{1}{6} - \frac{1}{(M+2)(M+3)}\right) = \frac{1}{12}$$

Example 9.

$$\text{求} \quad \sum_{n=1}^{\infty} \frac{1}{n(n+1)(n+2)(n+3)} = ?$$

【解】

令 $\dfrac{1}{n(n+1)(n+2)(n+3)} = \dfrac{a}{n(n+1)(n+2)} + \dfrac{b}{(n+1)(n+2)(n+3)}$

则 $\dfrac{a}{n(n+1)(n+2)} + \dfrac{b}{(n+1)(n+2)(n+3)} = \dfrac{a(n+3) + bn}{n(n+1)(n+2)(n+3)}$

$\therefore a + b = 0, \ 3a = 1 \Rightarrow a = \dfrac{1}{3}, \ b = -\dfrac{1}{3}$

$$\therefore \sum_{n=1}^{M} \frac{1}{n(n+1)(n+2)(n+3)}$$

$$= \frac{1}{3}\left(\sum_{n=1}^{M} \frac{1}{n(n+1)(n+2)} - \sum_{n=1}^{M} \frac{1}{(n+1)(n+2)(n+3)}\right)$$

$$= \frac{1}{3} \cdot \left(\frac{1}{6} - \frac{1}{(M+1)(M+2)(M+3)}\right)$$

$$\therefore \sum_{n=1}^{\infty} \frac{1}{n(n+1)(n+2)(n+3)} = \frac{1}{18} - \lim_{M\to\infty} \frac{1}{3(n+1)(n+2)(n+3)} = \frac{1}{18}$$

Example 10.

$$\text{求} \quad \sum_{n=1}^{\infty} \ln\left(1 + \frac{2}{n}\right) = ?$$

【解】

$$\because \ln\left(1 + \frac{2}{n}\right) = \ln\left(\frac{n+2}{n}\right) = \ln(n+2) - \ln n$$

$$\therefore \sum_{n=1}^{M} \ln(n+2) - \ln n = \ln(M+2) + \ln(M+1) - \ln 2 - \ln 1$$

$$\Rightarrow \sum_{n=1}^{\infty} \ln(n+2) - \ln n = \lim_{M \to \infty}\left(\ln(M+2) + \ln(M+1) - \ln 2 - \ln 1\right) = \infty$$

Example 11.

$$求 \quad \sum_{n=3}^{\infty} \ln\left(1 - \frac{4}{n^2}\right) = ?$$

【解】

$$\because \ln\left(1 - \frac{4}{n^2}\right) = \ln\left(\frac{n^2 - 4}{n^2}\right) = \ln\frac{(n+2)(n-2)}{n^2} = \ln\frac{n+2}{n} - \ln\frac{n}{n-2}$$

$$\therefore \sum_{n=3}^{M} \ln\left(1 - \frac{4}{n^2}\right) = \ln\frac{M+2}{M} + \ln\frac{M+1}{M-1} - \ln 2 - \ln 3 \Rightarrow \sum_{n=2}^{\infty} \ln\left(1 - \frac{4}{n^2}\right) = -\ln 6$$

Example 12.

$$求 \quad \sum_{n=1}^{\infty} \frac{5}{n(n+5)} = ?$$

【解】

$$\because \frac{5}{n(n+5)} = \frac{1}{n} - \frac{1}{n+5}$$

$$\therefore \sum_{n=1}^{M} \frac{5}{n(n+5)} = \sum_{n=1}^{M} \frac{1}{n} - \frac{1}{n+5}$$

$$= 1 + \frac{1}{2} + \frac{1}{3} + \frac{1}{4} + \frac{1}{5} + -\frac{1}{M+1} - \frac{1}{M+2} - \frac{1}{M+3} - \frac{1}{M+4} - \frac{1}{M+5}, \quad \forall M \geq 6$$

$$\Rightarrow \sum_{n=1}^{\infty} \frac{5}{n(n+5)} = \lim_{M \to \infty} \left(1 + \frac{1}{2} + \frac{1}{3} + \frac{1}{4} + \frac{1}{5} + - \frac{1}{M+1} - \frac{1}{M+2} - \frac{1}{M+3} - \frac{1}{M+4} - \frac{1}{M+5}\right)$$

$$= \frac{137}{60}$$

Example 13.

$$求 \quad \sum_{n=1}^{\infty} \frac{n}{(n+2)(n+3)(n+4)} = ?$$

【解】

$$令 \quad \frac{n}{(n+2)(n+3)(n+4)} = \frac{a}{(n+2)(n+3)} + \frac{b}{(n+3)(n+4)}$$

$$\because \frac{a}{(n+2)(n+3)} + \frac{b}{(n+3)(n+4)} = \frac{a(n+4) + b(n+2)}{(n+2)(n+3)(n+4)}$$

$$\therefore n = a(n+4) + b(n+2) \Rightarrow a + b = 1, 4a + 2b = 0 \Rightarrow a = -1, b = 2$$

$$\sum_{n=1}^{M} \frac{n}{(n+2)(n+3)(n+4)} = -\sum_{n=1}^{M} \left(\frac{1}{n+2} - \frac{1}{n+3}\right) + 2\sum_{n=1}^{M} \left(\frac{1}{n+3} - \frac{1}{n+4}\right)$$

$$= -\left(\frac{1}{3} - \frac{1}{M+3}\right) + 2\left(\frac{1}{4} - \frac{1}{M+4}\right) = \frac{1}{6} + \frac{1}{(M+3)} - \frac{2}{(M+4)}$$

$$\therefore \sum_{n=1}^{\infty} \frac{n}{(n+2)(n+3)(n+4)} = \frac{1}{6} + \lim_{M \to \infty} \frac{1}{(M+3)} - \frac{2}{(M+4)} = \frac{1}{6}$$

Example 14.

$$求 \quad \sum_{n=1}^{\infty} \frac{n}{(2n-1)(2n+1)(2n+3)} = ?$$

【解】

$$令 \frac{n}{(2n-1)(2n+1)(2n+3)} = \frac{a}{(2n-1)(2n+1)} + \frac{b}{(2n+1)(2n+3)}$$

$$\because \frac{a}{(2n-1)(2n+1)} + \frac{b}{(2n+1)(2n+3)} = \frac{a(2n+3) + b(2n-1)}{(2n-1)(2n+1)(2n+3)}$$

$$\because 2a + 2b = 1, \ 3a - b = 0 \Rightarrow a = \frac{1}{8}, \ b = \frac{3}{8}$$

$$\therefore \sum_{n=1}^{\infty} \frac{n}{(2n-1)(2n+1)(2n+3)} = \sum_{n=1}^{\infty} \frac{\frac{1}{8}}{(2n-1)(2n+1)} + \frac{\frac{3}{8}}{(2n+1)(2n+3)}$$

$$= \frac{1}{16} \sum_{n=1}^{\infty} \frac{1}{2n-1} - \frac{1}{2n+1} + \frac{3}{16} \sum_{n=1}^{\infty} \frac{1}{2n+1} - \frac{1}{2n+3} = \frac{1}{16} + \frac{3}{16} \cdot \frac{1}{3} = \frac{1}{8}$$

Example 15.

$$求 \quad \sum_{n=1}^{\infty} \frac{n}{3^n} = ?$$

【解】

$$令 S = \sum_{n=1}^{\infty} \frac{n}{3^n} \quad 则 \quad \frac{S}{3} = \sum_{n=1}^{\infty} \frac{n}{3^{n+1}}$$

$$\therefore S - \frac{S}{3} = \sum_{n=1}^{\infty} \frac{n}{3^n} - \sum_{n=1}^{\infty} \frac{n}{3^{n+1}} = \frac{1}{3} + \sum_{n=1}^{\infty} \frac{n+1}{3^{n+1}} - \frac{n}{3^{n+1}} = \sum_{n=1}^{\infty} \frac{1}{3^n} = \frac{\frac{1}{3}}{1 - \frac{1}{3}} = \frac{1}{2}$$

$$\therefore \frac{2S}{3} = \frac{1}{2} \Rightarrow S = \frac{3}{4}$$

Example 16.

$$求 \quad \sum_{n=1}^{\infty} \frac{n^2}{2^n} = ?$$

【解】

$$令 S = \sum_{n=1}^{\infty} \frac{n^2}{2^n} \quad 则 \quad \frac{S}{2} = \sum_{n=1}^{\infty} \frac{n^2}{2^{n+1}}$$

$$\therefore S - \frac{S}{2} = \sum_{n=1}^{\infty} \frac{n^2}{2^n} - \sum_{n=1}^{\infty} \frac{n^2}{2^{n+1}} = \frac{1}{2} + \sum_{n=1}^{\infty} \frac{(n+1)^2}{2^{n+1}} - \frac{n^2}{2^{n+1}} = \sum_{n=0}^{\infty} \frac{2n+1}{2^{n+1}} = \sum_{n=1}^{\infty} \frac{2n-1}{2^n}$$

$$\Rightarrow \frac{S}{2} - \frac{S}{4} = \sum_{n=1}^{\infty} \frac{2n-1}{2^n} - \sum_{n=1}^{\infty} \frac{2n-1}{2^{n+1}} = \frac{1}{2} + \sum_{n=1}^{\infty} \frac{2n+1}{2^{n+1}} - \sum_{n=1}^{\infty} \frac{2n-1}{2^{n+1}} = \frac{3}{2}$$

$$\therefore \frac{S}{4} = \frac{3}{2} \Rightarrow S = 6$$

Example 17.

$$\text{求} \quad \sum_{n=1}^{\infty} \frac{n^2 + n - 1}{n+1!} = ?$$

【解】

$$\because \frac{n^2 + n - 1}{n+1!} = \frac{n(n+1)}{n+1!} - \frac{1}{n+1!} = \frac{1}{(n-1)!} - \frac{1}{n+1!}$$

$$\therefore \sum_{n=1}^{M} \frac{n^2 + n - 1}{n+1!} = \frac{1}{0!} + \frac{1}{1!} - \frac{1}{(M+2)!} - \frac{1}{(M+1)!}$$

$$\therefore \sum_{n=1}^{\infty} \frac{n^2 + n - 1}{n+1!} = \frac{1}{0!} + \frac{1}{1!} - \lim_{M \to \infty} \frac{1}{(M+2)!} - \frac{1}{(M+1)!} = 2$$

Example 18.

$$\text{求} \quad \sum_{n=1}^{\infty} \frac{1}{n!\,(n+1)(n+3)} = ?$$

【解】

$$\because \frac{1}{n!\,(n+1)(n+3)} = \frac{n+2}{n!\,(n+1)(n+2)(n+3)} = \frac{n+2}{(n+3)!} = \frac{n+3-1}{(n+3)!}$$

$$= \frac{1}{(n+2)!} - \frac{1}{(n+3)!}$$

$$\therefore \sum_{n=1}^{\infty} \frac{1}{n!\,(n+1)(n+3)} = \sum_{n=1}^{\infty} \frac{1}{(n+2)!} - \frac{1}{(n+3)!} = \frac{1}{3!}$$

Example 19.

$$\sum_{n=1}^{\infty} \frac{1}{(3n+2)(3n-1)} = ?$$

【解】

$$\because \frac{1}{(3n+2)(3n-1)} = \frac{1}{3}\left(\frac{1}{(3n-1)} - \frac{1}{(3n+2)}\right)$$

$$\therefore \sum_{n=1}^{\infty} \frac{1}{(3n+2)(3n-1)} = \frac{1}{3}\sum_{n=1}^{\infty} \frac{1}{(3n-1)} - \frac{1}{(3n+1)} = \frac{1}{6}$$

Example 20.

$$\sum_{n=2}^{\infty} \frac{\ln\left(\left(1+\frac{1}{n}\right)^n (1+n)\right)}{(\ln n^n)\,(\ln(n+1)^{n+1})} = ?$$

【解】

$$\because \frac{\ln\left(\left(1+\frac{1}{n}\right)^n (1+n)\right)}{(\ln n^n)\,(\ln(n+1)^{n+1})} = \frac{n\ln\left(\frac{n+1}{n}\right) + \ln(1+n)}{(n\ln n)\,(n+1)\ln(n+1)}$$

$$= \frac{n\ln(n+1) - n\ln n}{(n\ln n)\,(n+1)\ln(n+1)} + \frac{\ln(1+n)}{(n\ln n)\,(n+1)\ln(n+1)}$$

$$= \frac{1}{(n+1)\ln n} - \frac{1}{(n+1)\ln(n+1)} + \frac{1}{n\ln n(n+1)}$$

$$= \frac{n+1}{n(n+1)\ln n} - \frac{1}{(n+1)\ln(n+1)} = \frac{1}{n\ln n} - \frac{1}{(n+1)\ln(n+1)}$$

$$\therefore \sum_{n=2}^{\infty} \frac{\ln\left(\left(1+\frac{1}{n}\right)^n (1+n)\right)}{(\ln n^n)\,(\ln(n+1)^{n+1})} = \frac{1}{2\ln 2} - \lim_{M\to\infty} \frac{1}{(M+1)\ln(M+1)} = \frac{1}{2\ln 2}$$

6.3 判断正项级数的收敛性

介绍四个用来判断正项级数是否收敛的检验法，如之前谈到这四个检验法的证明皆用到单调数列收敛定理，此外，这四者的使用时机不尽相同，读者除了理解这些检验法也需了解彼此之间使用时机的差异；使用积分检验法的时机为当正项级数里的a_n形式较为干净且

满足$f(n) = a_n$的函数$f(x)$通常能够较容易知道它的瑕积分$\int_1^\infty f(x)\,dx$收敛或发散；当正

项级数里的a_n形式较为复杂并且能够轻易找到b_n使得$a_n \leq b_n$或$b_n \leq a_n$时，则尝试用比较法，使用比较法的时候，通常会搭配积分检验法；当正项级数里的a_n出现阶乘或次方项时，尝试使用比值法，当a_n出现次方项而比值法失效时，尝试使用根值法；底下整理判断正项级数是否收敛的主要方法

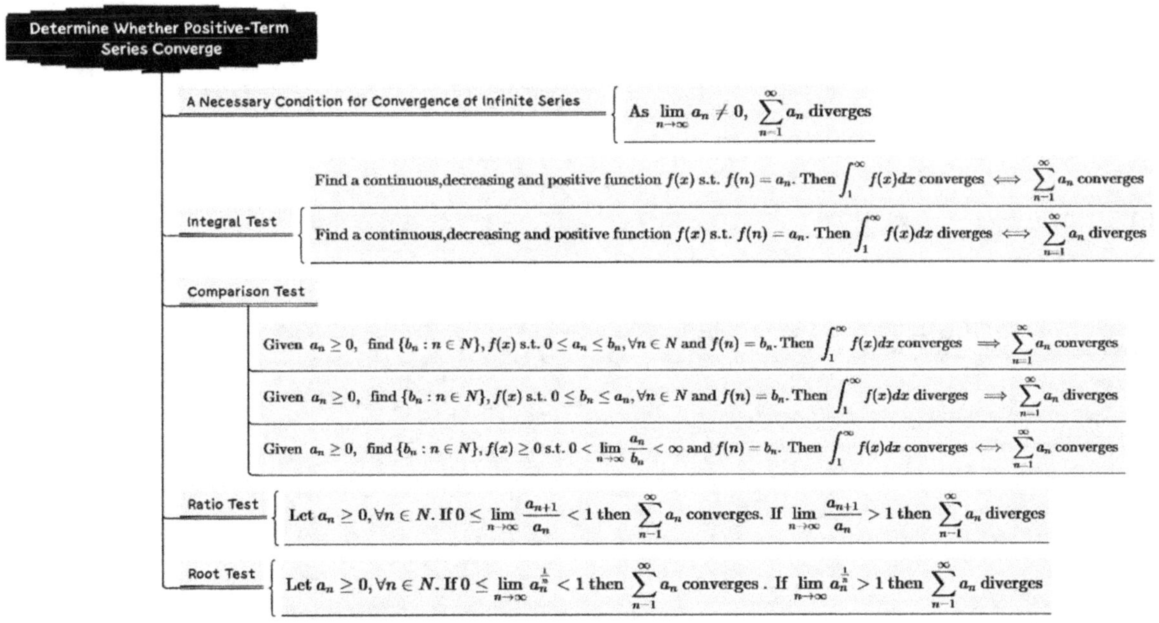

6.3.1   无穷级数收敛的必要条件

【定理】无穷级数收敛的必要条件

$$\sum_{n=1}^{\infty} a_n \text{ 收敛} \Rightarrow \lim_{n\to\infty} a_n = 0$$

<u>Proof:</u>

令 $S_n = \sum_{k=1}^{n} a_k$ 则 $a_n = S_n - S_{-1}$

$$\because \sum_{n=1}^{\infty} a_n \text{ 收敛, } \quad \diamondsuit \sum_{n=1}^{\infty} a_n = L \text{ 则 } \lim_{n \to \infty} S_n = \lim_{n \to \infty} S_{n-1} = L$$

$$\therefore \lim_{n \to \infty} a_n = \lim_{n \to \infty} S_n - S_{-1} = \lim_{n \to \infty} S_n - \lim_{n \to \infty} S_{n-1} = 0$$

Example 1.

$$判断 \sum_{n=1}^{\infty} \frac{7^n}{7^{n+1} + 1} \text{ 收敛或发散}$$

【解】

$$\text{Claim: } \lim_{n \to \infty} \frac{7^n}{7^{n+1} + 1} \neq 0$$

$$\lim_{n \to \infty} \frac{7^n}{7^{n+1} + 1} = \lim_{n \to \infty} \frac{\frac{7^n}{7^n}}{\frac{7^{n+1}}{7^n} + \frac{1}{7^n}} = \lim_{n \to \infty} \frac{1}{7 + \frac{1}{7^n}} = \frac{1}{7} \qquad \therefore \sum_{n=1}^{\infty} \frac{7^n}{7^{n+1} + 1} \text{ 发散}$$

Example 2.

$$判断 \sum_{n=1}^{\infty} \frac{1}{\sqrt[3n]{n}} \text{ 收敛或发散}$$

【解】

$$\text{Claim: } \lim_{n \to \infty} \frac{1}{\sqrt[3n]{n}} \neq 0$$

$$\because \frac{1}{\sqrt[3n]{n}} = n^{-\frac{1}{3n}} = e^{-\frac{1}{3n} \ln n}$$

$$\therefore \lim_{n \to \infty} \frac{\ln n}{3n} = \lim_{n \to \infty} \frac{\frac{1}{n}}{3} = 0 \Rightarrow \lim_{n \to \infty} \frac{1}{\sqrt[3n]{n}} = \exp\left(\lim_{n \to \infty} -\frac{1}{3n} \ln n \right) = 1 \quad \therefore \sum_{n=1}^{\infty} \frac{1}{\sqrt[3n]{n}} \text{ 发散}$$

Example 3.

$$\text{判断} \sum_{n=1}^{\infty} \left(1 + \frac{k}{n}\right)^n, \text{ for } k > 0 \text{ 收敛或发散}$$

【解】

$$\because \lim_{n \to \infty} \left(1 + \frac{k}{n}\right)^n = e^k \neq 0, \text{ for } k > 0 \quad \therefore \sum_{n=1}^{\infty} \left(1 + \frac{k}{n}\right)^n \text{ 发散}$$

Example 4.

$$\text{判断} \sum_{n=1}^{\infty} \cos n \text{ 收敛或发散}$$

【解】

$$\because \lim_{n \to \infty} \cos n \neq 0 \quad \therefore \sum_{n=1}^{\infty} \cos n \text{ 发散}$$

Example 5.

$$\text{判断} \sum_{n=1}^{\infty} \frac{e^n}{\ln n^2} \text{ 收敛或发散}$$

【解】

$$\because \frac{e^n}{\ln n^2} > \frac{e^n}{2n} \quad \therefore \lim_{n \to \infty} \frac{e^n}{2n} = \lim_{n \to \infty} \frac{e^n}{2} = \infty \Rightarrow \lim_{n \to \infty} \frac{e^n}{\ln n^2} = \infty \quad \therefore \sum_{n=1}^{\infty} \frac{e^n}{\ln n^2} \text{ 发散}$$

Example 6.

$$\text{判断} \sum_{n=1}^{\infty} n \ln \left(1 + \frac{k}{n}\right), \ \forall k \in N \text{ 收敛或发散}$$

【解】

Claim: $\lim_{n \to \infty} n \ln \left(1 + \frac{k}{n}\right) \neq 0, \ \forall k \in N$

令 $k \in N$ 且 $\dfrac{k}{n} = x$ 则

$$\lim_{n\to\infty} n\ln\left(1 + \frac{k}{n}\right) = k\lim_{n\to\infty} \frac{\ln\left(1 + \frac{k}{n}\right)}{\frac{k}{n}} = k\lim_{x\to 0} \frac{\ln(1+x)}{x} = k\lim_{x\to 0}\frac{1}{1+x} = k \neq 0$$

$$\therefore \sum_{n=1}^{\infty} n\ln\left(1 + \frac{k}{n}\right), \ \forall k \in N \text{发散}$$

Example 7.

$$\text{判断} \sum_{n=1}^{\infty} n\sin\frac{\pi}{n} \ \text{收敛或发散}$$

【解】

Claim: $\displaystyle\lim_{n\to\infty} n\sin\frac{\pi}{n} \neq 0$

$$\text{令} \ \frac{\pi}{n} = x \ \text{则} \ \lim_{n\to\infty} n\sin\frac{\pi}{n} = \pi\left(\lim_{n\to\infty} \frac{\sin\frac{\pi}{n}}{\frac{\pi}{n}}\right) = \pi\lim_{x\to 0}\frac{\sin x}{x} = \pi\lim_{x\to 0}\frac{\cos x}{1} = \pi$$

$$\therefore \sum_{n=1}^{\infty} n\sin\frac{\pi}{n} \ \text{发散}$$

6.3.2　使用积分检验法(Integral Test)

【定理】积分检验法(Integral Test)

If $\exists$ continuous, decreasing and positive $f(x)$ on $[1, \infty)$ such that $f(n) = a_n$, then

(i) $\displaystyle\int_1^{\infty} f(x)\,dx$ 收敛 $\Leftrightarrow \displaystyle\sum_{n=1}^{\infty} a_n$ 收敛

(ii) $\displaystyle\int_1^{\infty} f(x)\,dx$ 发散 $\Leftrightarrow \displaystyle\sum_{n=1}^{\infty} a_n$ 发散

Proof:

Assume $\exists$ continuous and decreasing $f(x)$ such that $f(n) = a_n$

(i) Claim: $\displaystyle\int_1^\infty f(x)dx$ 收斂 $\Rightarrow \displaystyle\sum_{n=1}^\infty a_n$ 收斂

Let $S_n = a_1 + a_2 + \cdots + a_n$，$\because a_1 + a_2 + \cdots + a_n < a_1 + \displaystyle\int_1^n f(x)dx$

If $\displaystyle\int_1^\infty f(x)dx$ 收斂 then $\{S_n\}_{n=1}^\infty$ is increasing and bounded sequence.

By Monotone convergence Theorem, $\{S_n\}_{n=1}^\infty$ convergences $\therefore \displaystyle\sum_{n=1}^\infty a_n$ 收斂

(ii) Claim: $\displaystyle\sum_{n=1}^\infty a_n$ 收斂 $\Rightarrow \displaystyle\int_1^\infty f(x)dx$ 收斂

Assume $\displaystyle\sum_{n=1}^\infty a_n$ 收斂 and let $S_n = \displaystyle\int_1^{n+1} f(x)dx$

$\because a_1 + a_2 + \ldots + a_n > \displaystyle\int_1^{n+1} f(x)dx$

If $\displaystyle\sum_{n=1}^\infty a_n$ 收斂 then $\{S_n\}_{n=1}^\infty$ is increasing and bounded sequence.

By Monotone convergence Theorem, $\{S_n\}_{n=1}^\infty$ convergences $\therefore \displaystyle\int_1^\infty f(x)dx$ 收斂

考试类型:
Type 1.

判断 $\displaystyle\sum_{n=1}^\infty a_n$ 收敛或发散

解题流程:
Step1.
找 $f(x)$ such that $f(n) = a_n$ 且说明 $f(x)$ 于 $[1, \infty)$ 为连续, 递减且恒正的函数
Step2.

判断 $\displaystyle\int_1^\infty f(x)\,dx$ 收敛或发散

如果能直接求瑕积分得值或判断其收敛发散时，则藉由积分检验法(Integral Test),

如果 $\displaystyle\int_1^\infty f(x)\,dx$ 收敛(发散) 则 $\displaystyle\sum_{n=1}^\infty a_n$ 收敛(发散)

<u>范例说明:</u>

Assume $p > 0$

(I)判断 $\displaystyle\sum_{n=1}^\infty \frac{1}{n^p}$ 是否收敛则令 $f(x) = x^{-p}$ 且判断 $\displaystyle\int_1^\infty x^{-p}\,dx$ 是否收敛

(II)判断 $\displaystyle\sum_{n=1}^\infty \frac{\ln n}{n^p}$ 是否收敛则令 $f(x) = x^{-p}\ln x$ 且判断 $\displaystyle\int_1^\infty x^{-p}\ln x\,dx$ 是否收敛

(III)判断 $\displaystyle\sum_{n=2}^\infty \frac{1}{n(\ln n)^p}$ 是否收敛则令 $f(x) = \dfrac{1}{x(\ln x)^p}$ 且判断 $\displaystyle\int_2^\infty \frac{dx}{x(\ln x)^p}$ 是否收敛

(IV)判断 $\displaystyle\sum_{n=2}^\infty \frac{1}{(\ln n)^P}$ 是否收敛则令 $f(x) = \dfrac{1}{(\ln n)^P}$ 且判断 $\displaystyle\int_2^\infty \frac{dx}{(\ln x)^P}$ 是否收敛

如果无法直接求瑕积分的值或判断其收敛发散时，可尝试将积分做转换，方法包含：变数代换法、分部积分法...等；接着再求转换后瑕积分的值或使用积分检验法(Integral Test)判断其收敛发散

Example 1.

试判断 $\displaystyle\sum_{n=1}^\infty \frac{1}{n^p}$ 收敛或发散, for $p > 0$

【解】

(1)

As $p = 1$, $\displaystyle\int_1^\infty x^{-1}dx = (\ln x)\big|_1^\infty = \infty$　　$\therefore \displaystyle\int_1^\infty x^{-1}dx$ 发散

令 $f(x) = x^{-1}$, $\forall x > 1$　　$\because f(x)$ 于 $[1,\infty)$ 为连续, 递减且恒正的函数

藉由 Integral Test 则 $\displaystyle\sum_{n=1}^\infty \frac{1}{n}$ 发散

(2)

As $p \neq 1$, 　$\because \displaystyle\int_1^\infty x^{-p}dx = \frac{x^{-p+1}\big|_1^\infty}{1-p} = \begin{cases} \dfrac{1}{p-1}, & p > 1 \\[2mm] \infty, & 0 < p < 1 \end{cases}$

令 $f(x) = x^{-p}$, $\forall x > 1$, 　$\because f(x)$ 于 $[1,\infty)$ 为连续, 递减且恒正的函数

藉由 Integral Test 则 $\displaystyle\sum_{n=1}^\infty \frac{1}{n^p} = \begin{cases} 收敛, & p > 1 \\[2mm] 发散, & 0 < p \leq 1 \end{cases}$

Example 2.

$$\text{试判断} \sum_{n=1}^\infty \frac{\ln n}{n^p} \text{ 收敛或发散, for } p > 0$$

【解】
(1)

As $p = 1$, 　$\because \displaystyle\int_1^\infty x^{-1}\ln x\, dx = \frac{(\ln x)^2}{2}\bigg|_1^\infty$　　$\therefore \displaystyle\int_1^\infty x^{-p}\ln x\, dx$ 发散, for $p = 1$

令 $f(x) = x^{-1}\ln x$, $\forall x > 1$, 　$\because f(x)$ 于 $[1,\infty)$ 为连续, 递减且恒正的函数

藉由 Integral Test 则 $\displaystyle\sum_{n=1}^\infty \frac{\ln n}{n^p}$ 发散, for $p = 1$

(2)

As $p \neq 1$, 　令 $u = \ln x$, $dv = x^{-p}dx$ 则 $du = \dfrac{dx}{x}$, $v = \dfrac{x^{1-p}}{1-p}$

藉由 Integration by parts,

$$\therefore \int_1^\infty x^{-p}\ln x\, dx = \left.\frac{x^{1-p}\ln x}{1-p}\right|_1^\infty - \int_1^\infty \frac{x^{-p}dx}{1-p} = \left.\frac{x^{1-p}\ln x}{1-p}\right|_1^\infty - \frac{x^{-p+1}|_1^\infty}{(p-1)^2}$$

As $p > 1$, $\quad \because \left.\frac{x^{1-p}\ln x}{1-p}\right|_1^\infty = 0$ 且 $\dfrac{x^{-p+1}|_1^\infty}{(p-1)^2} = \dfrac{1}{(p-1)^2}$ $\quad \therefore \int_1^\infty x^{-p}\ln x\, dx = \dfrac{1}{(p-1)^2}$

As $0 < p < 1$,

$$\because \left.\frac{x^{1-p}(\ln x)}{1-p}\right|_1^\infty = \infty \quad \text{且} \quad \frac{x^{-p+1}|_1^\infty}{(p-1)^2} = \infty \quad \therefore \int_1^\infty x^{-p}\ln x\, dx \text{ 发散}, \ \forall\, 0 < p < 1$$

令 $f(x) = x^{-p}\ln x$, $\ \forall x > e^{\frac{1}{p}}$, $\ \because f(x)$ 于 $[e^{\frac{1}{p}}, \infty)$ 为连续, 递减且恒正的函数

藉由 Integral Test 则 $\quad \displaystyle\sum_{n=1}^\infty \frac{\ln n}{n^p} = \begin{cases} 收敛, & p > 1 \\ 发散, & 0 < p \le 1 \end{cases}$

Example 3.

试判断 $\displaystyle\sum_{n=2}^\infty \frac{1}{n(\ln n)^p}$ 收敛或发散, for $p > 0$

【解】

(1)

As $p = 1$, $\ \because \displaystyle\int_2^\infty \frac{1}{x(\ln x)^p}dx = \ln(\ln x)|_2^\infty$ $\quad \therefore \displaystyle\int_2^\infty \frac{1}{x(\ln x)^p}dx$ 发散, $\ $ for $p = 1$

令 $f(x) = \dfrac{1}{x\ln x}$, $\ \forall x > 2$, $\ \because f(x)$ 于 $[2, \infty)$ 为连续, 递减且恒正的函数

藉由 Integral Test 则 $\displaystyle\sum_{n=2}^\infty \frac{1}{n\ln n}$ 发散

(2)

As $p \neq 1$, $\ \because \displaystyle\int_2^\infty \frac{1}{x(\ln x)^p}dx = \left.\frac{(\ln x)^{1-p}}{1-p}\right|_2^\infty = \begin{cases} \dfrac{(\ln 2)^{1-p}}{p-1}, & p > 1 \\ \infty, & 0 < p < 1 \end{cases}$

令 $f(x) = \dfrac{1}{x(\ln x)^p}$, $\forall x > 2$, $\because f(x)$ 于 $[2, \infty)$ 为连续, 递减且恒正的函数

藉由 Integral Test 则 $\displaystyle\sum_{n=2}^{\infty} \dfrac{1}{n(\ln n)^p} = \begin{cases} 收敛, & p > 1 \\ 发散, & 0 < p \leq 1 \end{cases}$

Example 4.

$$试判断 \sum_{n=1}^{\infty} \frac{1}{n^2 + 2n + 5} \ 收敛或发散$$

【解】

Claim: $\displaystyle\int_1^{\infty} \frac{1}{x^2 + 2x + 5} dx$ 收敛

$\because \displaystyle\int \frac{1}{x^2 + 2x + 5} dx = \int \frac{1}{(x+1)^2 + 4} dx = \frac{1}{4} \int \frac{1}{\left(\frac{x+1}{2}\right)^2 + 1} dx$

令 $t = \dfrac{x+1}{2}$ 则 $dt = \dfrac{dx}{2}$, 藉由变数代换法

则 $\dfrac{1}{4} \displaystyle\int \dfrac{1}{\left(\frac{x+1}{2}\right)^2 + 1} dx = \dfrac{1}{2} \int \dfrac{1}{t^2 + 1} dt = \dfrac{1}{2} \tan^{-1} t + c = \dfrac{1}{2} \tan^{-1} \dfrac{x+1}{2} + c$

$\therefore \displaystyle\int_1^{\infty} \frac{1}{x^2 + 2x + 5} dx = \frac{1}{2}\left(\lim_{b \to \infty} \tan^{-1} \frac{b+1}{2} - \tan^{-1} \frac{1+1}{2}\right) = \frac{1}{2}\left(\frac{\pi}{2} - \frac{\pi}{4}\right) = \frac{\pi}{8}$

令 $f(x) = \dfrac{1}{x^2 + 2x + 5}$, $\forall x > 1$, $\because f(x)$ 于 $[1, \infty)$ 为连续, 递减且恒正的函数

藉由 Integral Test 则 $\displaystyle\int_1^{\infty} \frac{1}{x^2 + 2x + 5} dx$ 收敛 $\Rightarrow \displaystyle\sum_{n=1}^{\infty} \frac{1}{n^2 + 2n + 5}$ 收敛

Example 5.

$$试判断 \sum_{n=2}^{\infty} \frac{n}{(\ln n)^k} \ 收敛或发散, \ k \geq 2$$

【解】

Claim: $\displaystyle\int_2^\infty \frac{x\,dx}{(\ln x)^k}$ 收敛

令 $\ln x = u$ 则 $\dfrac{dx}{x} = du \Rightarrow dx = e^u du$ $\therefore \displaystyle\int_{\ln 2}^\infty \frac{x\,dx}{(\ln x)^k} = \int_2^\infty u^{-k}e^{2u}\,du$

藉由罗比达法则 $\displaystyle\lim_{u\to\infty} u^{-k}e^{2u} = \infty$, for $k \geq 2$ $\Rightarrow \displaystyle\int_2^\infty \frac{x\,dx}{(\ln x)^k}$ 发散

令 $f(x) = \dfrac{x}{(\ln x)^k}$, $\forall x > 2$, $\because f(x)$ 于 $[2,\infty)$ 为连续, 递减且恒正的函数

藉由 Integral Test 则 $\displaystyle\int_2^\infty \frac{x\,dx}{(\ln x)^k}$ 发散 $\Rightarrow \displaystyle\sum_{n=2}^\infty \frac{n}{(\ln n)^k}$ 发散, $\forall k \geq 2$

Example 6.

$$\text{试判断} \sum_{n=1}^\infty \frac{n^3}{n^8 + 1} \quad \text{收敛或发散}$$

【解】

Claim: $\displaystyle\int_1^\infty \frac{x^3}{x^8 + 1}\,dx$ 收敛

令 $u = x^4$ 则 $du = 4x^3 dx$, 藉由变数代换法

$\therefore \displaystyle\int \frac{x^3}{1 + x^8}\,dx = \frac{1}{4}\int \frac{du}{1 + u^2} = \frac{1}{4}\tan^{-1}u + c = \frac{1}{4}\tan^{-1}x^4 + c$

$\therefore \displaystyle\int_a^b \frac{x^3}{1 + x^8}\,dx = \frac{1}{4}(\tan^{-1}b^4 - \tan^{-1}a^4)$ $\therefore \displaystyle\int_0^\infty \frac{x^3}{1 + x^8}\,dx = \frac{1}{4}\left(\frac{\pi}{2} - 0\right) = \frac{\pi}{8}$

令 $f(x) = \dfrac{x^3}{1 + x^8}$, $\forall x > 1$, $\because f(x)$ 于 $[1,\infty)$ 为连续, 递减且恒正的函数

藉由 Integral Test 则 $\displaystyle\int_1^\infty \frac{x^3}{1 + x^8}\,dx$ 收敛 $\Rightarrow \displaystyle\sum_{n=1}^\infty \frac{n^3}{(n^8 + 1)}$ 收敛

Example 7.

試判斷 $\displaystyle\sum_{n=1}^{\infty} \frac{\tan^{-1}\sqrt{n}}{\sqrt{n}(1+n)}$ 收斂或發散

【解】

Claim: $\displaystyle\int_{1}^{\infty} \frac{\tan^{-1}\sqrt{x}}{\sqrt{x}(1+x)}\,dx$ 收斂

令 $u=\sqrt{x}$ 則 $du=\dfrac{1}{2}x^{-\frac{1}{2}}dx \Rightarrow dx=2u\,du$, 藉由变数代换法

則 $\displaystyle\int \frac{\tan^{-1}\sqrt{x}}{\sqrt{x}(1+x)}\,dx = \int \frac{(\tan^{-1}u)2u}{u(1+u^2)}\,du = 2\int \frac{\tan^{-1}u}{1+u^2}\,du$

令 $t=\tan^{-1}u$ 則 $dt=\dfrac{du}{1+u^2}$, 藉由变数代换法

則 $\displaystyle 2\int \frac{\tan^{-1}u}{1+u^2}\,du = 2\int t\,dt = t^2+c = (\tan^{-1}u)^2+c = \left(\tan^{-1}\sqrt{x}\right)^2+c$

$\therefore \displaystyle\int_{1}^{\infty} \frac{\tan^{-1}\sqrt{x}}{\sqrt{x}(1+x)}\,dx = \lim_{b\to\infty}\left(\tan^{-1}\sqrt{b}\right)^2 - \left(\tan^{-1}\sqrt{1}\right)^2 = \left(\frac{\pi}{2}\right)^2 - \left(\frac{\pi}{4}\right)^2 = \frac{3\pi^2}{16}$

令 $f(x)=\dfrac{\tan^{-1}\sqrt{x}}{\sqrt{x}(1+x)}$, $\forall x>1$, $\because f(x)$ 于 $[1,\infty)$ 为连续, 递减且恒正的函数

藉由 Integral Test 則 $\displaystyle\int_{1}^{\infty} \frac{\tan^{-1}\sqrt{x}}{\sqrt{x}(1+x)}\,dx$ 收斂 $\Rightarrow \displaystyle\sum_{n=1}^{\infty} \frac{\tan^{-1}\sqrt{n}}{\sqrt{n}(1+n)}$ 收斂

Example 8.

試判斷 $\displaystyle\sum_{n=1}^{\infty} \frac{\tan^{-1}n}{n^2+1}$ 收斂或發散

【解】

Claim: $\displaystyle\int_{1}^{\infty} \frac{\tan^{-1}x\,dx}{x^2+1}$ 收斂

令 $\tan^{-1}x=u$ 則 $\dfrac{dx}{x^2+1}=du \Rightarrow \displaystyle\int_{1}^{\infty} \frac{\tan^{-1}x\,dx}{x^2+1} = \int_{\frac{\pi}{4}}^{\frac{\pi}{2}} u\,du = \left.\frac{u^2}{2}\right|_{\frac{\pi}{4}}^{\frac{\pi}{2}} < \infty$

Claim: $f(x)=\dfrac{\tan^{-1}x}{x^2+1}$ 为递减函数于 $[1,\infty)$

$$\because f'(x) = \frac{1 - 2x\tan^{-1}x}{(x^2+1)^2} \quad \text{且} \quad \tan^{-1}x > \frac{\pi}{4}, \quad \forall x > 1$$

$$\therefore 1 - 2x\tan^{-1}x < 1 - \frac{x\pi}{2} < 0, \quad \forall x > 1 \Rightarrow f'(x) < 0, \quad \forall x > 1$$

$$令 f(x) = \frac{\tan^{-1}x}{x^2+1}, \quad \forall x > 1, \quad \because f(x) 于 [1, \infty) 为连续, 递减且恒正的函数$$

$$藉由 \text{ Integral Test } 则 \quad \int_1^\infty \frac{\tan^{-1}x \, dx}{x^2+1} \text{ 收敛} \Rightarrow \sum_{n=1}^\infty \frac{\tan^{-1}n}{n^2+1} \text{ 收敛}$$

Example 9.

$$试判断 \sum_{n=1}^\infty \frac{1}{n(1+n^3)} \text{ 收敛或发散}$$

【解】

Claim: $\displaystyle\int_1^\infty \frac{1}{x(1+x^3)}dx$ 收敛

令 $t = x^3$ 则 $dt = 3x^2 dx$, 藉由变数代换法

$$则 \int \frac{1}{x(1+x^3)}dx = \int \frac{x^2}{x^3(1+x^3)}dx = \frac{1}{3}\int \frac{1}{t(1+t)}dt$$

$$= \frac{1}{3}\int \frac{1}{t} - \frac{1}{t+1}dt = \frac{1}{3}\ln\frac{t}{t+1} + c = \frac{1}{3}\ln\frac{x^3}{x^3+1} + c$$

$$\therefore \int_1^\infty \frac{1}{x(1+x^3)}dx = \frac{1}{3}\left(\lim_{b\to\infty}\ln\frac{b^3}{b^3+1} - \ln\frac{1}{2}\right) = \frac{\ln 2}{3}$$

$$令 f(x) = \frac{1}{x(1+x^3)}, \quad \forall x > 1, \quad \because f(x) 于 [1, \infty) 为连续, 递减且恒正的函数$$

$$藉由 \text{ Integral Test } 则 \quad \int_1^\infty \frac{1}{x(1+x^3)}dx \text{ 收敛} \Rightarrow \sum_{n=1}^\infty \frac{1}{n(1+n^3)} \text{ 收敛}$$

Example 10.

$$试判断 \sum_{n=2}^\infty \frac{1}{n\sqrt{n^6-1}} \text{ 收敛或发散}$$

【解】

Claim: $\displaystyle\int_2^\infty \frac{1}{x\sqrt{x^6-1}}\,dx$ 收斂

令 $u=\sqrt{x^6-1}$ 則 $du=3x^5(x^6-1)^{-\frac{1}{2}}\,dx$ 且 $u^2=x^6-1$，藉由变数代换法

則 $\displaystyle\int \frac{1}{x\sqrt{x^6-1}}\,dx=\int \frac{x^5}{x^6\sqrt{x^6-1}}\,dx=\frac{1}{3}\int \frac{1}{u^2+1}\,du$

$=\dfrac{1}{3}\tan^{-1}u+c=\dfrac{1}{3}\tan^{-1}\left(\sqrt{x^6-1}\right)+c$

$\therefore \displaystyle\int_2^\infty \frac{1}{x\sqrt{x^6-1}}\,dx=\frac{1}{3}\left(\lim_{b\to\infty}\tan^{-1}\left(\sqrt{b^6-1}\right)-\tan^{-1}\left(\sqrt{63}\right)\right)=\frac{\pi}{6}-\frac{\tan^{-1}\left(\sqrt{63}\right)}{3}$

令 $f(x)=\dfrac{1}{x\sqrt{x^6-1}}$，$\forall x>2$，$\because f(x)$于$[1,\infty)$为连续,递减且恒正的函数

藉由 Integral Test 則 $\displaystyle\int_2^\infty \frac{1}{x\sqrt{x^6-1}}\,dx$ 收斂 $\Rightarrow \displaystyle\sum_{n=2}^\infty \frac{1}{n\sqrt{n^6-1}}$ 收斂

Example 11.

$$\text{试判断}\ \sum_{n=1}^\infty \frac{n}{n^4+1}\ \text{收斂或发散}$$

【解】

Claim: $\displaystyle\int_1^\infty \frac{x}{x^4+1}\,dx$ 收斂

$\because \displaystyle\int_1^\infty \frac{x}{x^4+1}\,dx=\frac{1}{2}\int_1^\infty \frac{2x}{(x^2)^2+1}\,dx$

令 $t=x^2$ 則 $dt=2xdx$，藉由变数代换法

則 $\displaystyle\int_1^\infty \frac{x}{x^4+1}\,dx=\frac{1}{2}\int_1^\infty \frac{2x}{(x^2)^2+1}\,dx=\frac{1}{2}\int_1^\infty \frac{dt}{t^2+1}=\frac{1}{2}\tan^{-1}t\Big|_1^\infty=\frac{\pi}{8}$

令 $f(x)=\dfrac{x}{x^4+1}$，$\forall x>1$，$\because f(x)$于$[1,\infty)$为连续,递减且恒正的函数

藉由 Integral Test 则 $\displaystyle\int_1^\infty \frac{x}{x^4+1}\,dx$ 收敛 $\Rightarrow \displaystyle\sum_{n=1}^\infty \frac{n}{n^4+1}$ 收敛

Example 12.

$$\text{试判断} \sum_{n=2}^\infty \frac{1}{n^4-1} \text{ 收敛或发散}$$

【解】

Claim: $\displaystyle\int_2^\infty \frac{1}{x^4-1}\,dx$ 收敛

$\because \dfrac{1}{x^4-1} = \dfrac{1}{(x^2+1)(x^2-1)} = \dfrac{1}{2}\left(\dfrac{1}{x^2-1} - \dfrac{1}{x^2+1}\right)$

$= \dfrac{1}{2}\left(\dfrac{1}{2}\left(\dfrac{1}{x-1} - \dfrac{1}{x+1}\right) - \dfrac{1}{x^2+1}\right) = \dfrac{1}{4}\left(\dfrac{1}{x-1} - \dfrac{1}{x+1}\right) - \dfrac{1}{2}\cdot\dfrac{1}{(x^2+1)}$

$\therefore \displaystyle\int_2^\infty \frac{1}{x^4-1}\,dx = \int_2^\infty \frac{1}{4}\left(\frac{1}{x-1} - \frac{1}{x+1}\right) - \frac{1}{2}\cdot\frac{1}{(x^2+1)}\,dx$

$= \dfrac{1}{4}\left(\ln|x-1| - \ln|x+1|\right) - \dfrac{1}{2}\tan^{-1}x\Big|_2^\infty = \dfrac{-1}{4}\left(\ln\dfrac{1}{3}\right) - \dfrac{1}{2}\left(\dfrac{\pi}{2} - \tan^{-1}2\right)$

令 $f(x) = \dfrac{1}{x^4-1}$, $\forall x > 2$, $\because f(x)$ 于 $[2, \infty)$ 为连续, 递减且恒正的函数

藉由 Integral Test 则 $\displaystyle\int_2^\infty \frac{1}{x^4-1}\,dx$ 收敛 $\Rightarrow \displaystyle\sum_{n=2}^\infty \frac{1}{n^4-1}$ 收敛

6.3.3　使用比较法(Comparison Test)

如果介绍无法直接求瑕积分的值或判断其收敛发散时，可尝试变量代换法、分部积分法...等，接着再求转换后瑕积分的值或使用积分检验法(Integral Test)判断其收敛发散，接下来介绍的比较法与极限比较法，提供一种较为轻松的解法

【定理】 Comparison Test

假设 $\exists M \in \mathbb{N}$ s.t. $0 \le a_n \le b_n$, $\forall n \ge M$ 则

$$\sum_{n=1}^{\infty} b_n \text{ 收敛} \Rightarrow \sum_{n=1}^{\infty} a_n \text{ 收敛} \text{ 且 } \sum_{n=1}^{\infty} a_n \text{ 发散} \Rightarrow \sum_{n=1}^{\infty} b_n \text{ 发散}$$

Proof:

Claim: $\displaystyle\sum_{n=1}^{\infty} b_n \text{ 收敛} \Rightarrow \sum_{n=1}^{\infty} a_n \text{ 收敛}$

Let $S_k = a_1 + a_2 + \cdots + a_k$ and $\displaystyle\sum_{n=1}^{\infty} b_n \text{ 收敛}$

$$\because \sum_{n=M}^{k} a_n \le \sum_{n=M}^{k} b_n \le \sum_{n=1}^{\infty} b_n \quad \therefore S_k = \sum_{n=1}^{M-1} a_n + \sum_{n=M}^{k} a_n \le \sum_{n=1}^{M-1} a_n + \sum_{n=1}^{\infty} b_n$$

If $\displaystyle\sum_{n=1}^{\infty} b_n \text{ 收敛}$ then $\{S_k\}_{k=1}^{\infty}$ is increasing and bounded sequence.

By Monotone Convergence Theorem, $\{S_k\}_{k=1}^{\infty}$ convergences $\therefore \displaystyle\sum_{n=1}^{\infty} a_n \text{ 收敛}$

$$\therefore \sum_{n=1}^{\infty} b_n \text{ 收敛} \Rightarrow \sum_{n=1}^{\infty} a_n \text{ 收敛} \text{ 且 } \sum_{n=1}^{\infty} a_n \text{ 发散} \Rightarrow \sum_{n=1}^{\infty} b_n \text{ 发散}$$

【定理】 Limit Comparison Test

假设 $\displaystyle\lim_{n\to\infty} \frac{a_n}{b_n} = M$ 且 a_n, $b_n \ge 0$, $\forall n \in N$ 则

(i) 若 $0 < M < \infty$ 则 $\displaystyle\sum_{n=1}^{\infty} b_n$ 与 $\displaystyle\sum_{n=1}^{\infty} a_n$ 同时收敛或发散

(ii) 若 $M = 0$ 则 $\displaystyle\sum_{n=1}^{\infty} b_n \text{ 收敛} \Rightarrow \sum_{n=1}^{\infty} a_n \text{ 收敛}$

(iii)若 $M = \infty$　则 $\displaystyle\sum_{n=1}^{\infty} b_n$ 发散 $\Rightarrow \displaystyle\sum_{n=1}^{\infty} a_n$ 发散

<u>Proof:</u>

(i) Assume $0 < \lim_{n\to\infty} \dfrac{a_n}{b_n} < \infty$ and claim $\displaystyle\sum_{n=1}^{\infty} b_n$ 与 $\displaystyle\sum_{n=1}^{\infty} a_n$ 同时收敛或发散

Let $\varepsilon = \dfrac{M}{2}$, choose $N_1 \in N$ s.t. $n \geq N_1 \Rightarrow \dfrac{Mb_n}{2} \leq a_n \leq \dfrac{3Mb_n}{2}$

By Comparison Test, $\displaystyle\sum_{n=1}^{\infty} b_n$ 与 $\displaystyle\sum_{n=1}^{\infty} a_n$ 同时收敛或发散

(ii) Assume $\lim_{n\to\infty} \dfrac{a_n}{b_n} = 0$ and claim $\displaystyle\sum_{n=1}^{\infty} b_n$ 收敛 $\Rightarrow \displaystyle\sum_{n=1}^{\infty} a_n$ 收敛

$\because \lim_{n\to\infty} \dfrac{a_n}{b_n} = 0$　$\therefore$ let $\varepsilon = 1$, choose $N_1 \in N$ s.t. $n \geq N_1 \Rightarrow a_n \leq b_n$

By Comparison Test, $\displaystyle\sum_{n=1}^{\infty} b_n$ 收敛 $\Rightarrow \displaystyle\sum_{n=1}^{\infty} a_n$ 收敛

(iii) Assume $\lim_{n\to\infty} \dfrac{a_n}{b_n} = \infty$ and claim: $\displaystyle\sum_{n=1}^{\infty} b_n$ 发散 $\Rightarrow \displaystyle\sum_{n=1}^{\infty} a_n$ 发散

$\because \lim_{n\to\infty} \dfrac{a_n}{b_n} = \infty$　$\therefore$ let $M \in N$, choose $N_1 \in N$ s.t. $n \geq N_1 \Rightarrow \dfrac{a_n}{b_n} \geq M$

By Comparison Test, $\displaystyle\sum_{n=1}^{\infty} b_n$ 发散 $\Rightarrow \displaystyle\sum_{n=1}^{\infty} a_n$ 发散

記: 关键是找出较容易判断收敛性$\{b_n\}$ 使得 $0 \leq a_n \leq b_n$
<u>考试类型:</u>

当无法找出较容易判断收敛性$\{b_n\}$使得 $0 \leq a_n \leq b_n$的时候，可利用上述方法先求 $\lim_{n\to\infty} \dfrac{a_n}{b_n}$

的极限值, 再判断 $\sum_{n=1}^{\infty} b_n$ 的收敛性, 再者, 此方法最后一步往往也得搭配积分检验法；此外, 求 $\lim\limits_{n \to \infty} \dfrac{a_n}{b_n}$ 极限值的时候也常用到罗比达法则, 也就是会使用到罗比达法则与积分检验法的搭配

考试类型:

Type 1.

使用 Comparison Test 结合积分检验法判断$\sum_{n=1}^{\infty} a_n$ 收敛或发散

解题流程:

Step1.

说明 $\displaystyle\sum_{n=1}^{\infty} a_n$ 收敛时, 找$\{b_n : n \in N\}$满足 $0 \leq a_n \leq b_n$, $\forall n \in N$

说明 $\displaystyle\sum_{n=1}^{\infty} a_n$ 发散时, 找$\{b_n : n \in N\}$满足 $0 \leq b_n \leq a_n$, $\forall n \in N$

Step2.

找$f(x)$于$[1, \infty)$为连续, 递减且恒正的函数且 $f(x)$ such that $f(n) = b_n$

Step3.

判断 $\displaystyle\int_1^{\infty} f(x)dx$ 收敛

如果能直接求瑕积分得值或判断其收敛发散时：藉由积分检验法(Integral Test)

如果 $\displaystyle\int_1^{\infty} f(x)dx$ 收敛 则 $\displaystyle\sum_{n=1}^{\infty} b_n$ 收敛 $\xrightarrow{\text{Comparison Test}} \displaystyle\sum_{n=1}^{\infty} a_n$ 收敛

如果 $\displaystyle\int_1^{\infty} f(x)dx$ 发散则 $\displaystyle\sum_{n=1}^{\infty} b_n$ 发散 $\xrightarrow{\text{Comparison Test}} \displaystyle\sum_{n=1}^{\infty} a_n$ 发散

<u>范例说明:</u>

Assume $p > 0$

$$(I)\text{如果}\sum_{n=1}^{\infty}b_n=\sum_{n=1}^{\infty}\frac{1}{n^p}\ \text{则令}\ f(x)=x^{-p}\ \text{且判断}\ \int_{1}^{\infty}x^{-p}dx\ \text{是否收敛}$$

$$(II)\text{如果}\sum_{n=1}^{\infty}b_n=\sum_{n=1}^{\infty}\frac{\ln n}{n^p}\ \text{则令}\ f(x)=\frac{\ln x}{x^p}\ \text{且判断}\ \int_{1}^{\infty}\frac{\ln x}{x^p}dx\ \text{是否收敛}$$

$$(III)\text{如果}\sum_{n=2}^{\infty}b_n=\sum_{n=2}^{\infty}\frac{1}{n(\ln n)^p}\ \text{则令}f(x)=\frac{1}{x(\ln x)^p}\text{且判断}\ \int_{2}^{\infty}\frac{dx}{x(\ln x)^p}\ \text{是否收敛}$$

$$(IV)\text{如果}\sum_{n=2}^{\infty}b_n=\sum_{n=2}^{\infty}\frac{1}{(\ln n)^P}\ \text{则令}\ f(x)=\frac{1}{(\ln n)^P}\ \text{且判断}\ \int_{2}^{\infty}\frac{1}{(\ln x)^P}dx\ \text{是否收敛}$$

如果无法直接求瑕积分的值或判断其收敛发散时，则尝试将积分做转换，方法包含：变数代换法、分部积分法...等；接着再求转换后瑕积分的值或使用积分检验法(Integral Test)判断其收敛发散

Type 2.

使用 Limit Comparison Test 与积分检验法判断 $\sum_{n=1}^{\infty}a_n$ 收敛或发散

解题流程:

Step1.

找 $\{b_n:n\in N\}$ 满足 $\lim_{n\to\infty}\frac{a_n}{b_n}=M,\ 0<M<\infty$

Step2.

找 $f(x)$ 于 $[1,\infty)$ 为连续, 递减且恒正的函数且 $f(x)$ such that $f(n)=b_n$

Step3.

判断 $\int_{1}^{\infty}f(x)dx$ 收敛或发散

如果能直接求瑕积分的值或判断其收敛发散时：藉由积分检验法(Integral Test):

$$\text{若}\int_{1}^{\infty}f(x)dx\ \text{收敛 则}\sum_{n=1}^{\infty}b_n\ \text{收敛}\ \xrightarrow{\ \text{Limit Comparison Test}\ }\ \sum_{n=1}^{\infty}a_n\ \text{收敛}$$

$$\text{若} \int_1^\infty f(x)dx \text{ 发散 则} \sum_{n=1}^\infty b_n \text{ 发散} \xRightarrow{\text{Limit Comparison Test}} \sum_{n=1}^\infty a_n \text{ 发散}$$

<u>范例说明:</u>

Assume $p > 0$

(I) 如果 $\displaystyle\sum_{n=1}^\infty b_n = \sum_{n=1}^\infty \frac{1}{n^p}$ 则令 $f(x) = x^{-p}$ 且判断 $\displaystyle\int_1^\infty x^{-p}dx$ 是否收敛

(II) 如果 $\displaystyle\sum_{n=1}^\infty b_n = \sum_{n=1}^\infty \frac{\ln n}{n^p}$ 则令 $f(x) = x^{-p}\ln x$ 且判断 $\displaystyle\int_1^\infty x^{-p}\ln x\, dx$ 是否收敛

(III) 如果 $\displaystyle\sum_{n=2}^\infty b_n = \sum_{n=2}^\infty \frac{1}{n(\ln n)^p}$ 则令 $f(x) = \frac{1}{x(\ln x)^p}$ 且判断 $\displaystyle\int_2^\infty \frac{dx}{x(\ln x)^p}$ 是否收敛

(IV) 如果 $\displaystyle\sum_{n=2}^\infty b_n = \sum_{n=2}^\infty \frac{1}{(\ln n)^p}$ 则令 $f(x) = \frac{1}{(\ln n)^p}$ 且判断 $\displaystyle\int_2^\infty \frac{1}{(\ln n)^p}dx$ 是否收敛

与 Comparison Test 相同，如果无法直接求瑕积分的值或判断其收敛发散时，则尝试将积分做转换，方法包含：变数代换法、分部积分法...等；接着再求转换后瑕积分的值或使用积分检验法(Integral Test)判断其收敛发散

Example 1.

$$\text{试判断} \sum_{n=1}^\infty \frac{1}{n^3 + 1} \text{ 收敛或发散}$$

【解】

$$\because \frac{1}{n^3 + 1} \le \frac{1}{n^3} \qquad \therefore \text{若} \sum_{n=1}^\infty \frac{1}{n^3} \text{ 收敛 则} \sum_{n=1}^\infty \frac{1}{n^3 + 1} \text{ 收敛}$$

Claim: $\displaystyle\sum_{n=1}^{\infty} \frac{1}{n^3}$ 收敛

令 $f(x) = \dfrac{1}{x^3}$, $\forall x > 1$, $\because f(x)$ 于 $[1, \infty)$ 为连续, 递减且恒正的函数 且 $\displaystyle\int_1^{\infty} \frac{dx}{x^3}$ 收敛

$\therefore$ 藉由 Integral Test 则 $\displaystyle\sum_{n=1}^{\infty} \frac{1}{n^3}$ 收敛 $\quad \therefore \displaystyle\sum_{n=1}^{\infty} \frac{1}{n^3 + 1}$ 收敛

Example 2.

$$\text{试判断} \sum_{n=2}^{\infty} \frac{1}{n(\ln n)^2 + 3} \quad \text{收敛或发散}$$

【解】

$\because \dfrac{1}{n(\ln n)^2 + 3} \leq \dfrac{1}{n(\ln n)^2} \quad \therefore$ 若 $\displaystyle\sum_{n=2}^{\infty} \frac{1}{n(\ln n)^2}$ 收敛 则 $\displaystyle\sum_{n=2}^{\infty} \frac{1}{n(\ln n)^2 + 3}$ 收敛

Claim: $\displaystyle\sum_{n=2}^{\infty} \frac{1}{n(\ln n)^2}$ 收敛

$\because \displaystyle\int_2^{\infty} \frac{dx}{x \ln x^2} = (-1)(\ln x)^{-1}\big|_2^{\infty} < \infty$

令 $f(x) = \dfrac{1}{x \ln x^2} > 0$, $\forall x > 2$, $\because f(x)$ 于 $[2, \infty)$ 为连续, 递减且恒正的函数

$\therefore$ 藉由 Integral Test 则 $\displaystyle\sum_{n=2}^{\infty} \frac{1}{n(\ln n)^2}$ 收敛 $\quad \therefore \displaystyle\sum_{n=2}^{\infty} \frac{1}{n(\ln n)^2 + 3}$ 收敛

Example 3.

$$\text{试判断} \sum_{n=1}^{\infty} \frac{1}{n^2 - 3} \quad \text{收敛或发散}$$

【解】

$$\because \lim_{n\to\infty} \frac{\frac{1}{n^2-3}}{\frac{1}{n^2}} = 1$$

By Limit Comparison Test, 若 $\displaystyle\sum_{n=1}^{\infty} \frac{1}{n^2}$ 收敛 则 $\displaystyle\sum_{n=1}^{\infty} \frac{1}{n^2-3}$ 收敛

Claim: $\displaystyle\sum_{n=1}^{\infty} \frac{1}{n^2}$ 收敛

令 $f(x) = \dfrac{1}{x^2}$, $\forall x > 1$, $\because f(x)$ 于 $[1,\infty)$ 为连续, 递减且恒正的函数 且 $\displaystyle\int_1^{\infty} \frac{dx}{x^2}$ 收敛

$\therefore$ 藉由 Integral Test 则 $\displaystyle\sum_{n=1}^{\infty} \frac{1}{n^2}$ 收敛 $\quad\therefore \displaystyle\sum_{n=1}^{\infty} \frac{1}{n^2-3}$ 收敛

Example 4.

$$\text{试判断} \sum_{n=1}^{\infty} n\ln\left(1+\frac{1}{n^{1+p}}\right) \text{ 收敛或发散, } \forall p > 1$$

【解】

Claim: $\displaystyle\lim_{n\to\infty} \frac{n\ln\left(1+\frac{1}{n^{1+p}}\right)}{\frac{1}{n^p}} = 1$

令 $p > 1$ 且 $\dfrac{1}{n^{1+p}} = x$ 则 $\displaystyle\lim_{n\to\infty} \frac{n\ln\left(1+\frac{1}{n^{1+p}}\right)}{\frac{1}{n^p}} = \lim_{n\to\infty} \frac{\ln\left(1+\frac{1}{n^{1+p}}\right)}{\frac{1}{n^{1+p}}}$

$= \displaystyle\lim_{x\to 0} \frac{\ln(1+x)}{x} = \lim_{x\to 0} \frac{\frac{1}{1+x}}{1} = 1$

By Limit Comparison Test, 若 $\displaystyle\sum_{n=1}^{\infty} \frac{1}{n^p}$ 收敛 则 $\displaystyle\sum_{n=1}^{\infty} n\ln\left(1+\frac{1}{n^{1+p}}\right)$ 收敛

令 $f(x) = \dfrac{1}{x^p}$, $\forall x > 1$, $\because f(x)$ 于 $[1,\infty)$ 为连续, 递减且恒正的函数 且 $\displaystyle\int_1^{\infty} \frac{dx}{x^p}$ 收敛

$$\therefore \text{ 藉由 Integral Test 则 } \sum_{n=1}^{\infty} \frac{1}{n^p} \text{ 收敛} \quad \therefore \sum_{n=1}^{\infty} n\ln\left(1 + \frac{1}{n^{1+p}}\right) \text{ 收敛, } \forall p > 1$$

Example 5.

$$\text{试判断} \sum_{n=1}^{\infty} \ln\left(1 + \frac{1}{\sqrt{n}}\right) \text{ 收敛或发散}$$

【解】

$$\text{Claim: } \lim_{n \to \infty} \frac{\ln\left(1 + \frac{1}{\sqrt{n}}\right)}{\frac{1}{\sqrt{n}}} = 1$$

$$\text{令 } \frac{1}{\sqrt{n}} = x \text{ 则 } \lim_{n \to \infty} \frac{\ln\left(1 + \frac{1}{\sqrt{n}}\right)}{\frac{1}{\sqrt{n}}} = \lim_{x \to 0} \frac{\ln(1 + x)}{x} = \lim_{x \to 0} \frac{\frac{1}{1+x}}{1} = 1$$

$$\text{By Limit Comparison Test, 若 } \sum_{n=1}^{\infty} \frac{1}{\sqrt{n}} \text{ 发散 则 } \sum_{n=1}^{\infty} \ln\left(1 + \frac{1}{\sqrt{n}}\right) \text{ 发散}$$

$$\text{令 } f(x) = \frac{1}{\sqrt{x}}, \quad \forall x > 1, \quad \because f(x) \text{于} [1, \infty) \text{为连续, 递减且恒正的函数 且} \int_1^{\infty} \frac{dx}{\sqrt{x}} = \infty$$

$$\therefore \text{ 藉由 Integral Test 则 } \sum_{n=1}^{\infty} \frac{1}{\sqrt{n}} \text{ 发散} \quad \therefore \sum_{n=1}^{\infty} \ln\left(1 + \frac{1}{\sqrt{n}}\right) \text{ 发散}$$

Example 6.

$$\text{试判断} \sum_{n=1}^{\infty} \tan\frac{1}{n} \text{ 收敛或发散}$$

【解】

$$\text{Claim: } \lim_{n \to \infty} \frac{\tan\frac{1}{n}}{\frac{1}{n}} = 1$$

令 $\dfrac{1}{n}=x$ 则 $\displaystyle\lim_{n\to\infty}\dfrac{\tan\frac{1}{n}}{\frac{1}{n}}=\lim_{x\to0}\dfrac{\tan x}{x}=\lim_{x\to0}\dfrac{\sec^2 x}{1}=1$

By Limit Comparison Test, 若 $\displaystyle\sum_{n=1}^{\infty}\dfrac{1}{n}$ 发散 则 $\displaystyle\sum_{n=1}^{\infty}\tan\dfrac{1}{n}$ 发散

令 $f(x)=\dfrac{1}{x}$, $\forall x>1$,　$\because f(x)$ 于 $[1,\infty)$ 为连续, 递减且恒正的函数 且 $\displaystyle\int_{1}^{\infty}\dfrac{dx}{x}=\infty$

$\therefore$ 藉由 Integral Test 则 $\displaystyle\sum_{n=1}^{\infty}\dfrac{1}{n}$ 发散　$\therefore\displaystyle\sum_{n=1}^{\infty}\tan\dfrac{1}{n}$ 发散

Example 7.

$$\text{试判断 } \sum_{n=1}^{\infty}\sin\dfrac{1}{n^p} \text{ 收敛或发散, } \forall p>1$$

【解】

令 $p>1$

Claim: $\displaystyle\lim_{n\to\infty}\dfrac{\sin\frac{1}{n^p}}{\frac{1}{n^p}}=1$

令 $\dfrac{1}{n^p}=x$ 则 $\displaystyle\lim_{n\to\infty}\dfrac{\sin\frac{1}{n^p}}{\frac{1}{n^p}}=\lim_{x\to0}\dfrac{\sin x}{x}=\lim_{x\to0}\dfrac{\cos x}{1}=1$

By Limit Comparison Test, 若 $\displaystyle\sum_{n=1}^{\infty}\dfrac{1}{n^p}$ 收敛 则 $\displaystyle\sum_{n=1}^{\infty}\sin\dfrac{1}{n^p}$ 收敛

Claim: $\displaystyle\sum_{n=1}^{\infty}\dfrac{1}{n^p}$ 收敛

令 $f(x)=\dfrac{1}{x^p}$, $\forall x>1$,　$\because f(x)$ 于 $[1,\infty)$ 为连续, 递减且恒正的函数 且 $\displaystyle\int_{1}^{\infty}\dfrac{dx}{x^p}$ 收敛

$\therefore$ 藉由 Integral Test 则 $\displaystyle\sum_{n=1}^{\infty}\frac{1}{n^p}$ 收敛 $\quad\therefore\displaystyle\sum_{n=1}^{\infty}\sin\frac{1}{n^p}$ 收敛

Example 8.

试判断 $\displaystyle\sum_{n=2}^{\infty}\frac{1}{\ln n^2}$ 收敛或发散

【解】

$\because\dfrac{1}{\ln n^2}>\dfrac{1}{2n}\quad\therefore$ 若 $\displaystyle\sum_{n=2}^{\infty}\frac{1}{2n}$ 发散 则 $\displaystyle\sum_{n=2}^{\infty}\frac{1}{\ln n^2}$ 发散

令 $f(x)=\dfrac{1}{2x}$, $\forall x>2$, $\because f(x)$ 于 $[2,\infty)$ 为连续, 递减且恒正的函数 且 $\displaystyle\int_{2}^{\infty}\frac{dx}{2x}=\infty$

$\therefore$ 藉由 Integral Test 则 $\displaystyle\sum_{n=2}^{\infty}\frac{1}{2n}$ 发散 $\quad\therefore\displaystyle\sum_{n=2}^{\infty}\frac{1}{\ln n^2}$ 发散

Example 9.

试判断 $\displaystyle\sum_{n=2}^{\infty}\frac{1}{n(\ln n)^2-3}$ 收敛或发散

【解】

$\because\displaystyle\lim_{n\to\infty}\frac{\dfrac{1}{n(\ln n)^2-3}}{\dfrac{1}{n(\ln n)^2}}=1$

By Limit Comparison Test, 若 $\displaystyle\sum_{n=2}^{\infty}\frac{1}{n(\ln n)^2}$ 收敛 则 $\displaystyle\sum_{n=2}^{\infty}\frac{1}{n(\ln n)^2-3}$ 收敛

Claim: $\displaystyle\sum_{n=2}^{\infty}\frac{1}{n(\ln n)^2}$ 收敛

令$f(x) = \dfrac{1}{x \ln x^2}$, $\forall x > 2$ $\because f(x)$于$[2, \infty)$为连续,递减且恒正的函数 且 $\displaystyle\int_2^\infty \dfrac{dx}{x \ln x^2}$ 收敛

$\therefore$ 藉由 Integral Test 则 $\displaystyle\sum_{n=2}^\infty \dfrac{1}{n(\ln n)^2}$ 收敛 $\therefore \displaystyle\sum_{n=2}^\infty \dfrac{1}{n(\ln n)^2 - 3}$ 收敛

Example 10.

$$\text{试判断 } \sum_{n=1}^\infty \tan^{-1}\frac{1}{n^p} \text{ 收敛或发散, } \forall p > 1$$

【解】

令$p > 1$

Claim: $\displaystyle\lim_{n\to\infty} \dfrac{\tan^{-1}\dfrac{1}{n^p}}{\dfrac{1}{n^p}} = 1$

令 $\dfrac{1}{n^p} = x$ 则 $\displaystyle\lim_{n\to\infty} \dfrac{\tan^{-1}\dfrac{1}{n^p}}{\dfrac{1}{n^p}} = \lim_{x\to 0} \dfrac{\tan^{-1} x}{x} = \lim_{x\to 0} \dfrac{\dfrac{1}{1+x^2}}{1} = 1$

By Limit Comparison Test, 若 $\displaystyle\sum_{n=1}^\infty \dfrac{1}{n^p}$ 收敛 则 $\displaystyle\sum_{n=1}^\infty \tan^{-1}\dfrac{1}{n^p}$ 收敛

Claim: $\displaystyle\sum_{n=1}^\infty \dfrac{1}{n^p}$ 收敛

令$f(x) = \dfrac{1}{x^p}$, $\forall x > 1$, $\because f(x)$于$[1, \infty)$为连续,递减且恒正的函数 且 $\displaystyle\int_1^\infty \dfrac{dx}{x^p}$ 收敛

$\therefore$ 藉由 Integral Test 则 $\displaystyle\sum_{n=1}^\infty \dfrac{1}{n^p}$ 收敛 $\therefore \displaystyle\sum_{n=1}^\infty \tan^{-1}\dfrac{1}{n^p}$ 收敛, $\forall p > 1$

Example 11.

$$\text{试判断 } \sum_{n=1}^\infty \tan^{-1}\frac{1}{n} \text{ 收敛或发散}$$

【解】

Claim: $\displaystyle\lim_{n\to\infty} \frac{\tan^{-1}\frac{1}{n}}{\frac{1}{n}} = 1$

令 $\frac{1}{n} = x$ 则 $\displaystyle\lim_{n\to\infty} \frac{\tan^{-1}\frac{1}{n}}{\frac{1}{n}} = \lim_{x\to 0} \frac{\tan^{-1} x}{x} = \lim_{x\to 0} \frac{\frac{1}{1+x^2}}{1} = 1$

By Limit Comparison Test, 若 $\displaystyle\sum_{n=1}^{\infty} \frac{1}{n}$ 发散 则 $\displaystyle\sum_{n=1}^{\infty} \tan^{-1}\frac{1}{n}$ 发散

令 $f(x) = \frac{1}{x}$, $\forall x > 1$, $\because f(x)$ 于 $[1, \infty)$ 为连续, 递减且恒正的函数且 $\displaystyle\int_1^{\infty} \frac{dx}{x} = \infty$

$\therefore$ 藉由 Integral Test 则 $\displaystyle\sum_{n=1}^{\infty} \frac{1}{n}$ 发散 $\quad \therefore \displaystyle\sum_{n=1}^{\infty} \tan^{-1}\frac{1}{n}$ 发散

Example 12.

$\displaystyle\text{试判断} \sum_{n=1}^{\infty} \tan^{-1}\frac{1}{n^p}$ 收敛或发散, $\forall p > 1$

【解】

Claim: $\displaystyle\lim_{n\to\infty} \frac{\tan^{-1}\frac{1}{n^p}}{\frac{1}{n^p}} = 1$

令 $p > 1$ 且 $\frac{1}{n^p} = x$ 则 $\displaystyle\lim_{n\to\infty} \frac{\tan^{-1}\frac{1}{n^p}}{\frac{1}{n^p}} = \lim_{x\to 0} \frac{\tan^{-1} x}{x} = \lim_{x\to 0} \frac{\frac{1}{1+x^2}}{1} = 1$

By Limit Comparison Test, 若 $\displaystyle\sum_{n=1}^{\infty} \frac{1}{n^p}$ 收敛 则 $\displaystyle\sum_{n=1}^{\infty} \tan^{-1}\frac{1}{n^p}$ 收敛

令 $f(x) = \frac{1}{x^p}$, $\forall x > 1$, $\because f(x)$ 于 $[1, \infty)$ 为连续, 递减且恒正的函数 且 $\displaystyle\int_1^{\infty} \frac{dx}{x^p}$ 收敛

$$\therefore 藉由 \text{ Integral Test } 则 \sum_{n=1}^{\infty} \frac{1}{n^p} \text{ 收敛} \qquad \therefore \sum_{n=1}^{\infty} \tan^{-1}\frac{1}{n^p} \text{ 收敛, } \forall p > 1$$

Example 13.

$$试判断 \sum_{n=1}^{\infty} \ln\left(1+\frac{1}{n^3}\right) \text{ 收敛或发散}$$

【解】

$$\text{Claim: } \lim_{n\to\infty} \frac{\ln\left(1+\frac{1}{n^3}\right)}{\frac{1}{n^3}} = 1$$

$$令 \frac{1}{n^3} = x \text{ 则 } \lim_{n\to\infty} \frac{\ln\left(1+\frac{1}{n^3}\right)}{\frac{1}{n^3}} = \lim_{x\to 0} \frac{\ln(1+x)}{x} = \lim_{x\to 0} \frac{\frac{1}{1+x}}{1} = 1$$

$$\text{By Limit Comparison Test, } 若 \sum_{n=1}^{\infty} \frac{1}{n^3} \text{ 收敛则 } \sum_{n=1}^{\infty} \ln\left(1+\frac{1}{n^3}\right) \text{ 收敛}$$

$$\text{Claim: } \sum_{n=1}^{\infty} \frac{1}{n^3} \text{ 收敛}$$

$$令 f(x) = \frac{1}{x^3}, \ \forall x > 1, \ \because f(x)于[1,\infty)为连续,递减且恒正的函数 且 \int_1^{\infty} \frac{dx}{x^3} \text{ 收敛}$$

$$\therefore 藉由 \text{ Integral Test } 则 \sum_{n=1}^{\infty} \frac{1}{n^3} \text{ 收敛} \qquad \therefore \sum_{n=1}^{\infty} \ln\left(1+\frac{1}{n^3}\right) \text{ 收敛}$$

Example 14.

$$试判断 \sum_{n=1}^{\infty} \ln\left(1+\frac{1}{n^p}\right) \text{ 收敛或发散, } \forall p > 1$$

【解】

Claim: $\displaystyle\lim_{n\to\infty}\dfrac{\ln\left(1+\dfrac{1}{n^p}\right)}{\dfrac{1}{n^p}}=1$

令 $p>1$ 且 $\dfrac{1}{n^p}=x$ 则 $\displaystyle\lim_{n\to\infty}\dfrac{\ln\left(1+\dfrac{1}{n^p}\right)}{\dfrac{1}{n^p}}=\lim_{x\to 0}\dfrac{\ln(1+x)}{x}=\lim_{x\to 0}\dfrac{\dfrac{1}{1+x}}{1}=1$

By Limit Comparison Test, 若 $\displaystyle\sum_{n=1}^{\infty}\dfrac{1}{n^p}$ 收敛 则 $\displaystyle\sum_{n=1}^{\infty}\ln\left(1+\dfrac{1}{n^p}\right)$ 收敛

Claim: $\displaystyle\sum_{n=1}^{\infty}\dfrac{1}{n^p}$ 收敛

令 $f(x)=\dfrac{1}{x^p}$, $\forall x>1$, $\because f(x)$ 于 $[1,\infty)$ 为连续, 递减且恒正的函数 且 $\displaystyle\int_{1}^{\infty}\dfrac{dx}{x^p}$ 收敛

$\therefore$ 藉由 Integral Test 则 $\displaystyle\sum_{n=1}^{\infty}\dfrac{1}{n^p}$ 收敛 $\quad\therefore\displaystyle\sum_{n=1}^{\infty}\ln\left(1+\dfrac{1}{n^p}\right)$ 收敛, $\forall p>1$

Example 15.

试判断 $\displaystyle\sum_{n=1}^{\infty}\ln\left(1+\dfrac{1}{n}\right)$ 收敛或发散

【解】

Claim: $\displaystyle\lim_{n\to\infty}\dfrac{\ln\left(1+\dfrac{1}{n}\right)}{\dfrac{1}{n}}=1$

令 $\dfrac{1}{n}=x$ 则 $\displaystyle\lim_{n\to\infty}\dfrac{\ln\left(1+\dfrac{1}{n}\right)}{\dfrac{1}{n}}=\lim_{x\to 0}\dfrac{\ln(1+x)}{x}=\lim_{x\to 0}\dfrac{\dfrac{1}{1+x}}{1}=1$

By Limit Comparison Test, 若 $\displaystyle\sum_{n=1}^{\infty}\dfrac{1}{n}$ 发散 则 $\displaystyle\sum_{n=1}^{\infty}\ln\left(1+\dfrac{1}{n}\right)$ 发散

令 $f(x)=\dfrac{1}{x}$, $\forall x>1$, $\because f(x)$ 于 $[1,\infty)$ 为连续, 递减且恒正的函数 且 $\displaystyle\int_{1}^{\infty}\dfrac{dx}{x}=\infty$

$$\therefore \text{藉由 Integral Test 则} \sum_{n=1}^{\infty} \frac{1}{n} \text{ 发散} \qquad \therefore \sum_{n=1}^{\infty} \ln\left(1 + \frac{1}{n}\right) \text{ 发散}$$

Example 16.

$$\text{试判断} \quad \sum_{n=1}^{\infty} \frac{1}{n} \ln\left(1 + \frac{1}{n^2}\right) \text{ 收敛或发散}$$

【解】

$$\text{Claim:} \quad \lim_{n \to \infty} \frac{\dfrac{1}{n} \ln\left(1 + \dfrac{1}{n^2}\right)}{\dfrac{1}{n^3}} = 1$$

$$\text{令} \ \frac{1}{n^2} = x \ \text{则} \ \lim_{n \to \infty} \frac{\dfrac{1}{n} \ln\left(1 + \dfrac{1}{n^2}\right)}{\dfrac{1}{n^3}} = \lim_{n \to \infty} \frac{\ln\left(1 + \dfrac{1}{n^2}\right)}{\dfrac{1}{n^2}} = \lim_{x \to 0} \frac{\ln(1 + x)}{x} = 1$$

$$\text{By Limit Comparison Test,} \quad \text{若} \sum_{n=1}^{\infty} \frac{1}{n^3} \text{ 收敛 则} \quad \sum_{n=1}^{\infty} \frac{1}{n} \ln\left(1 + \frac{1}{n^2}\right) \text{ 收敛}$$

$$\text{Claim:} \sum_{n=1}^{\infty} \frac{1}{n^3} \text{ 收敛}$$

$$\text{令} f(x) = \frac{1}{x^3}, \ \ \forall x > 1, \ \ \because f(x) \text{于} [1, \infty) \text{为连续, 递减且恒正的函数 且} \int_1^{\infty} \frac{dx}{x^3} \text{ 收敛}$$

$$\therefore \text{藉由 Integral Test 则} \sum_{n=1}^{\infty} \frac{1}{n^3} \text{ 收敛} \qquad \therefore \sum_{n=1}^{\infty} \frac{1}{n} \ln\left(1 + \frac{1}{n^2}\right) \text{ 收敛}$$

Example 17.

$$\text{试判断} \quad \sum_{n=1}^{\infty} n \ln\left(1 + \frac{1}{n^2}\right) \text{ 收敛或发散}$$

【解】

Claim: $\displaystyle\lim_{n\to\infty}\dfrac{n\ln\left(1+\dfrac{1}{n^2}\right)}{\dfrac{1}{n}}=1$

令 $\dfrac{1}{n^2}=x$ 则 $\displaystyle\lim_{n\to\infty}\dfrac{n\ln\left(1+\dfrac{1}{n^2}\right)}{\dfrac{1}{n}}=\lim_{n\to\infty}\dfrac{\ln\left(1+\dfrac{1}{n^2}\right)}{\dfrac{1}{n^2}}=\lim_{x\to 0}\dfrac{\ln(1+x)}{x}=1$

By Limit Comparison Test, 若 $\displaystyle\sum_{n=1}^{\infty}\dfrac{1}{n}$ 发散 则 $\displaystyle\sum_{n=1}^{\infty}n\ln\left(1+\dfrac{1}{n^2}\right)$ 发散

令 $f(x)=\dfrac{1}{x}$, $\forall x>1$, $\because f(x)$ 于 $[1,\infty)$ 为连续, 递减且恒正的函数且 $\displaystyle\int_1^{\infty}\dfrac{dx}{x}=\infty$

$\therefore$ 藉由 Integral Test 则 $\displaystyle\sum_{n=1}^{\infty}\dfrac{1}{n}$ 发散 $\quad\therefore\displaystyle\sum_{n=1}^{\infty}n\ln\left(1+\dfrac{1}{n^2}\right)$ 发散

Example 18.

$$\text{试判断}\sum_{n=2}^{\infty}\dfrac{1}{(2\ln n)-3}\text{ 收敛或发散}$$

【解】

$\because\dfrac{1}{(2\ln n)-3}>\dfrac{1}{2\ln n}>\dfrac{1}{2n}\quad\therefore$ 若 $\displaystyle\sum_{n=2}^{\infty}\dfrac{1}{2n}$ 发散 则 $\displaystyle\sum_{n=2}^{\infty}\dfrac{1}{(2\ln n)-3}$ 发散

令 $f(x)=\dfrac{1}{2x}$, $\forall x>1$, $\because f(x)$ 于 $[1,\infty)$ 为连续, 递减且恒正的函数 且 $\displaystyle\int_1^{\infty}\dfrac{dx}{2x}=\infty$

$\therefore$ 藉由 Integral Test 则 $\displaystyle\sum_{n=1}^{\infty}\dfrac{1}{2n}$ 发散 $\quad\therefore\displaystyle\sum_{n=2}^{\infty}\dfrac{1}{(2\ln n)-3}$ 发散

Example 19.

$$\text{试判断}\sum_{n=2}^{\infty}\tan^{-1}\dfrac{n}{n^3+n^2+1}\text{ 收敛或发散}$$

【解】

$\because \tan^{-1} x$ 于 $[0, \infty]$ 为递增函数　$\therefore \tan^{-1} \dfrac{n}{n^3 + n^2 + 1} < \tan^{-1} \dfrac{1}{n^2}$

Claim: $\displaystyle\lim_{n \to \infty} \dfrac{\tan^{-1} \dfrac{1}{n^2}}{\dfrac{1}{n^2}} = 1$

令 $\dfrac{1}{n^2} = x$ 则 $\displaystyle\lim_{n \to \infty} \dfrac{\tan^{-1} \dfrac{1}{n^2}}{\dfrac{1}{n^2}} = \lim_{x \to 0} \dfrac{\tan^{-1} x}{x} = \lim_{x \to 0} \dfrac{\dfrac{1}{1 + x^2}}{1} = 1$

By Limit Comparison Test, 若 $\displaystyle\sum_{n=1}^{\infty} \dfrac{1}{n^2}$ 收敛 则 $\displaystyle\sum_{n=1}^{\infty} \tan^{-1} \dfrac{1}{n^2}$ 收敛

Claim: $\displaystyle\sum_{n=1}^{\infty} \dfrac{1}{n^2}$ 收敛

令 $f(x) = \dfrac{1}{x^2},\ \ \forall x > 1,\ \ \because f(x)$ 于 $[1, \infty)$ 为连续, 递减且恒正的函数 且 $\displaystyle\int_1^{\infty} \dfrac{dx}{x^2}$ 收敛

$\therefore$ 藉由 Integral Test 则 $\displaystyle\sum_{n=1}^{\infty} \dfrac{1}{n^2}$ 收敛

$\therefore \displaystyle\sum_{n=1}^{\infty} \tan^{-1} \dfrac{1}{n^2}$ 收敛 $\Rightarrow \tan^{-1} \dfrac{n}{n^3 + n^2 + 1}$ 收敛

Example 20.

試判斷 $\displaystyle\sum_{n=1}^{\infty} \sin \dfrac{\pi}{n}$ 收敛或发散

【解】

Claim: $\displaystyle\lim_{n \to \infty} \dfrac{\sin \dfrac{\pi}{n}}{\dfrac{\pi}{n}} = 1$

$$\Leftrightarrow \frac{\pi}{n} = x \ \ \text{则} \ \lim_{n\to\infty} \frac{\sin\frac{\pi}{n}}{\frac{\pi}{n}} = \lim_{x\to 0}\frac{\sin x}{x} = \lim_{x\to 0}\frac{\cos x}{1} = 1$$

By Limit Comparison Test, 若 $\displaystyle\sum_{n=1}^{\infty}\frac{\pi}{n}$ 发散 则 $\displaystyle\sum_{n=1}^{\infty}\sin\frac{\pi}{n}$ 发散

$$\Leftrightarrow f(x) = \frac{\pi}{x}, \ \ \forall x > 1, \ \ \because f(x)\text{于}[1,\infty)\text{为连续, 递减且恒正的函数 且} \int_1^{\infty}\frac{dx}{x} = \infty$$

$\therefore$ 藉由 Integral Test 则 $\displaystyle\sum_{n=1}^{\infty}\frac{\pi}{n}$ 发散 $\qquad \therefore \displaystyle\sum_{n=1}^{\infty}\sin\frac{\pi}{n}$ 发散

Example 21.

$$\text{试判断} \ \sum_{n=1}^{\infty}\sin\frac{\pi}{n^p} \ \text{收敛或发散}, \ \forall p > 1$$

【解】

$$\Leftrightarrow p > 1, \ \ \text{Claim:} \ \lim_{n\to\infty}\frac{\sin\frac{\pi}{n^p}}{\frac{\pi}{n^p}} = 1$$

$$\Leftrightarrow \frac{\pi}{n^p} = x \ \ \text{则} \ \lim_{n\to\infty}\frac{\sin\frac{\pi}{n^p}}{\frac{\pi}{n^p}} = \lim_{x\to 0}\frac{\sin x}{x} = \lim_{x\to 0}\frac{\cos x}{1} = 1$$

By Limit Comparison Test, 若 $\displaystyle\sum_{n=1}^{\infty}\frac{\pi}{n^p}$ 收敛 则 $\displaystyle\sum_{n=1}^{\infty}\sin\frac{\pi}{n^p}$ 收敛

Claim: $\displaystyle\sum_{n=1}^{\infty}\frac{\pi}{n^p}$ 收敛

$$\Leftrightarrow f(x) = \frac{\pi}{x^p}, \ \ \forall x > 1, \ \ \because f(x)\text{于}[1,\infty)\text{为连续, 递减且恒正的函数 且} \int_1^{\infty}\frac{1}{x^p}dx \ \text{收敛}$$

$\therefore$ 藉由 Integral Test 则 $\displaystyle\sum_{n=1}^{\infty}\frac{\pi}{n^p}$ 收敛 $\qquad \therefore \displaystyle\sum_{n=1}^{\infty}\sin\frac{\pi}{n^p}$ 收敛

Example 22.

$$\text{试判断} \quad \sum_{n=1}^{\infty} \frac{1}{2^{\ln n}} \text{ 收敛或发散}$$

【解】

$$\because 2 < e \quad \therefore 2^{\ln n} < e^{\ln n} = n \Rightarrow \frac{1}{2^{\ln n}} > \frac{1}{n} \quad \therefore \text{若} \sum_{n=1}^{\infty} \frac{1}{n} \text{ 发散 则} \sum_{n=1}^{\infty} \frac{1}{2^{\ln n}} \text{ 发散}$$

$$\text{令} f(x) = \frac{1}{x}, \quad \forall x > 1, \quad \because f(x) \text{于} [1,\infty) \text{为连续,递减且恒正的函数且} \int_1^{\infty} \frac{dx}{x} = \infty$$

$$\therefore \text{藉由 Integral Test 则} \sum_{n=1}^{\infty} \frac{1}{n} \text{ 发散} \qquad \therefore \sum_{n=1}^{\infty} \frac{1}{2^{\ln n}} \text{ 发散}$$

Example 23.

$$\text{试判断} \quad \sum_{n=1}^{\infty} \frac{\ln n}{n^2} \text{ 收敛或发散}$$

【解】

$$\text{Claim: } \lim_{n \to \infty} \frac{\frac{\ln n}{n^2}}{n^{-\frac{3}{2}}} = 0$$

$$\lim_{n \to \infty} \frac{\frac{\ln n}{n^2}}{n^{-\frac{3}{2}}} = \lim_{n \to \infty} \frac{\ln n}{n^{\frac{1}{2}}} = \lim_{n \to \infty} \frac{\frac{1}{n}}{\frac{1}{2} n^{-\frac{1}{2}}} = 0$$

$$\text{Claim: } \sum_{n=1}^{\infty} n^{-\frac{3}{2}} \text{ 收敛}$$

$$\text{令} f(x) = \frac{1}{x^{\frac{3}{2}}}, \quad \forall x > 1, \quad \because f(x) \text{于} [1,\infty) \text{为连续,递减且恒正的函数且} \int_1^{\infty} \frac{1}{x^{\frac{3}{2}}} dx \text{收敛}$$

$$\therefore \text{藉由 Integral Test 则} \sum_{n=1}^{\infty} n^{-\frac{3}{2}} \text{ 收敛}$$

By Limit Comparison Test 则 $\displaystyle\sum_{n=1}^{\infty} n^{-\frac{3}{2}}$ 收敛 $\Rightarrow \displaystyle\sum_{n=1}^{\infty} \frac{\ln n}{n^2}$ 收敛

Example 24.

$$\text{试判断 } \sum_{n=2}^{\infty} \frac{1}{(\ln n)^k}, \ k > 0 \ \text{收敛或发散}$$

【解】

Claim: $\displaystyle\lim_{n\to\infty} \frac{\frac{1}{(\ln n)^k}}{n^{-1}} = \infty$

$\because \displaystyle\lim_{n\to\infty} \frac{\frac{1}{(\ln n)^k}}{n^{-1}} = \lim_{n\to\infty} \frac{n}{(\ln n)^k} = \lim_{n\to\infty} \frac{n}{k(\ln n)^{k-1}} = \lim_{n\to\infty} \frac{n}{k!\,(\ln n)^{k-[k]-1}} = \infty$

By Limit Comparison Test, 若 $\displaystyle\sum_{n=2}^{\infty} \frac{1}{n}$ 发散 则 $\displaystyle\sum_{n=2}^{\infty} \frac{1}{(\ln n)^k}$ 发散

令 $f(x) = \dfrac{1}{x}$, $\forall x > 2$, $\because f(x)$ 于 $[2, \infty)$ 为连续, 递减且恒正的函数 且 $\displaystyle\int_2^{\infty} \frac{dx}{x} = \infty$

$\therefore$ 藉由 Integral Test 则 $\displaystyle\sum_{n=2}^{\infty} \frac{1}{n}$ 发散 $\quad \therefore \displaystyle\sum_{n=2}^{\infty} \frac{1}{(\ln n)^k}$ 发散

Example 25.

$$\text{试判断 } \sum_{n=1}^{\infty} \frac{1}{n^{1+\frac{2}{n}}} \ \text{收敛或发散}$$

【解】

$\because \dfrac{\frac{1}{n^{1+\frac{2}{n}}}}{\frac{1}{n}} = \dfrac{1}{n^{\frac{2}{n}}} = \dfrac{1}{e^{\frac{2}{n}\ln n}}$, 藉由罗比达法则 $\displaystyle\lim_{n\to\infty} \frac{\frac{1}{n^{1+\frac{2}{n}}}}{\frac{1}{n}} = \lim_{n\to\infty} \frac{1}{e^{\frac{2}{n}\ln n}} = \lim_{n\to\infty} \frac{1}{e^{\frac{2}{n}}} = 1$

By Limit Comparison Test, 若 $\displaystyle\sum_{n=1}^{\infty}\frac{1}{n}$ 发散 则 $\displaystyle\sum_{n=1}^{\infty}\frac{1}{n^{1+\frac{2}{n}}}$ 发散

令 $f(x)=\dfrac{1}{x}$, $\forall x>1$, $\because f(x)$ 于 $[1,\infty)$ 为连续, 递减且恒正的函数 且 $\displaystyle\int_{1}^{\infty}\frac{dx}{x}=\infty$

$\therefore$ 藉由 Integral Test 则 $\displaystyle\sum_{n=1}^{\infty}\frac{1}{n}$ 发散 $\quad\therefore\displaystyle\sum_{n=1}^{\infty}\frac{1}{n^{1+\frac{2}{n}}}$ 发散

Example 26.

$\displaystyle\quad$ 试判断 $\displaystyle\sum_{n=1}^{\infty}\frac{n}{n^3+2}$ 收敛或发散

【解】

$\because\dfrac{n}{n^3+2}<\dfrac{n}{n^3}<\dfrac{1}{n^2}\quad\therefore$ 若 $\displaystyle\sum_{n=1}^{\infty}\frac{1}{n^2}$ 收敛 则 $\displaystyle\sum_{n=1}^{\infty}\frac{n}{n^3+2}$ 收敛

Claim: $\displaystyle\sum_{n=1}^{\infty}\frac{1}{n^2}$ 收敛

令 $f(x)=\dfrac{1}{x^2}$, $\forall x>1$, $\because f(x)$ 于 $[1,\infty)$ 为连续, 递减且恒正的函数 且 $\displaystyle\int_{1}^{\infty}\frac{1}{x^2}\,dx$ 收敛

$\therefore$ 藉由 Integral Test 则 $\displaystyle\sum_{n=1}^{\infty}\frac{1}{n^2}$ 收敛 $\quad\therefore\displaystyle\sum_{n=1}^{\infty}\frac{n}{n^3+2}$ 收敛

Example 27.

$\displaystyle\quad$ 试判断 $\displaystyle\sum_{n=1}^{\infty}\frac{n^2+1}{\sqrt[3]{n^{10}+n^3}}$ 收敛或发散

【解】

$\because\dfrac{n^2+1}{\sqrt[3]{n^{10}+n^3}}<\dfrac{n^2+1}{\sqrt[3]{n^{10}}}<\dfrac{2n^2}{\sqrt[3]{n^{10}}}=2n^{-\frac{4}{3}}\quad\therefore$ 若 $\displaystyle\sum_{n=1}^{\infty}2n^{-\frac{4}{3}}$ 收敛 则 $\displaystyle\sum_{n=1}^{\infty}\frac{n^2+1}{\sqrt[3]{n^{10}+n^3}}$ 收敛

Claim: $\displaystyle\sum_{n=1}^{\infty} 2n^{-\frac{4}{3}}$ 收敛

令 $f(x) = \dfrac{1}{x^{\frac{4}{3}}}$, $\forall x > 1$, $\because f(x)$ 于 $[1,\infty)$ 为连续, 递减且恒正的函数 且 $\displaystyle\int_1^{\infty} \dfrac{1}{x^{\frac{4}{3}}}\, dx$ 收敛

$\therefore$ 藉由 Integral Test 则 $\displaystyle\sum_{n=1}^{\infty} 2n^{-\frac{4}{3}}$ 收敛 $\qquad \therefore \displaystyle\sum_{n=1}^{\infty} \dfrac{n^2+1}{\sqrt[3]{n^{10}+n^3}}$ 收敛

Example 28.

$$\text{试判断} \sum_{n=1}^{\infty} \frac{1}{\sqrt{n(n+2)(n+3)}} \text{ 收敛或发散}$$

【解】

$\because \dfrac{1}{\sqrt{n(n+2)(n+3)}} < \dfrac{1}{\sqrt{n^3}} < n^{-\frac{3}{2}}$

$\therefore$ 若 $\displaystyle\sum_{n=1}^{\infty} n^{-\frac{3}{2}}$ 收敛 则 $\displaystyle\sum_{n=1}^{\infty} \dfrac{1}{\sqrt{n(n+2)(n+3)}}$ 收敛

Claim: $\displaystyle\sum_{n=1}^{\infty} n^{-\frac{3}{2}}$ 收敛

令 $f(x) = \dfrac{1}{x^{\frac{3}{2}}}$, $\forall x > 1$, $\because f(x)$ 于 $[1,\infty)$ 为连续, 递减且恒正的函数 且 $\displaystyle\int_1^{\infty} \dfrac{1}{x^{\frac{3}{2}}}\, dx$ 收敛

$\therefore$ 藉由 Integral Test 则 $\displaystyle\sum_{n=1}^{\infty} n^{-\frac{3}{2}}$ 收敛 $\qquad \therefore \displaystyle\sum_{n=1}^{\infty} \dfrac{1}{\sqrt{n(n+2)(n+3)}}$ 收敛

Example 29.

$$\text{试判断} \sum_{n=1}^{\infty} \frac{\sqrt{n+1}-\sqrt{n}}{n} \text{ 收敛或发散}$$

【解】

$$\because \frac{\sqrt{n+1}-\sqrt{n}}{n} = \frac{(\sqrt{n+1}+\sqrt{n})(\sqrt{n+1}-\sqrt{n})}{n(\sqrt{n+1}+\sqrt{n})} = \frac{1}{n(\sqrt{n+1}+\sqrt{n})} < \frac{1}{n^{\frac{3}{2}}}$$

$$\therefore 若 \sum_{n=1}^{\infty} n^{-\frac{3}{2}} \ 收斂 \ 則 \ \sum_{n=1}^{\infty} \frac{\sqrt{n+1}-\sqrt{n}}{n} \ 收斂$$

$$\text{Claim:} \ \sum_{n=1}^{\infty} n^{-\frac{3}{2}} \ 收斂$$

$$令 f(x) = \frac{1}{x^{\frac{3}{2}}}, \quad \forall x > 1, \quad \because f(x)于[1,\infty)为连续, 递减且恒正的函数 \ 且 \ \int_{1}^{\infty} \frac{1}{x^{\frac{3}{2}}} dx \ 收斂$$

$$\therefore 藉由 \ \text{Integral Test} \ 則 \ \sum_{n=1}^{\infty} n^{-\frac{3}{2}} \ 收斂 \qquad \therefore \sum_{n=1}^{\infty} \frac{\sqrt{n+1}-\sqrt{n}}{n} \ 收斂$$

6.3.4 　使用比值法(Ratio Test)

【定理】Ratio Test

$$假设 \lim_{n\to\infty} \frac{a_{n+1}}{a_n} = r \ \text{ and } \ a_n \geq 0, \quad \forall n \in N \ 則$$

$$当 \ 0 \leq r < 1 \Rightarrow \sum_{n=1}^{\infty} a_n \ \text{converges} \ 且 \ 当 \ r > 1 \Rightarrow \sum_{n=1}^{\infty} a_n \ \text{diverges}$$

<u>Proof:</u>

$$\text{Assume} \ \lim_{n\to\infty} \frac{a_{n+1}}{a_n} = r$$

$$\text{(i) Claim} \ 0 \leq r < 1 \Rightarrow \sum_{n=1}^{\infty} a_n \ \text{converges}$$

$$\text{Assume} \ 0 \leq r < 1 \ \text{and choose} \ r' \ \text{s.t.} \ 0 \leq r < r' < 1$$

$$\because \lim_{n\to\infty} \frac{a_{n+1}}{a_n} = r, \quad \text{choose} \ M \in N \ \text{s.t.} \ n \geq M \Rightarrow \left| \frac{a_{n+1}}{a_n} - r \right| < r' - r$$

$$\therefore \frac{a_{n+1}}{a_n} < r', \ \forall n \geq M \Rightarrow \sum_{n=M}^{\infty} a_n < a_M + a_M \sum_{n=1}^{\infty} (r')^n = a_M + \frac{a_M r'}{1 - r'}$$

Let $S_k = \sum_{n=1}^{k} a_n$ then S_k is bounded and monotone sequence

By Monotone Convergence Theorem,　then $\{S_k\}_{k=1}^{\infty}$ converges $\Rightarrow \sum_{n=1}^{\infty} a_n$ converges

(ii)Claim: $r > 1 \Rightarrow \sum_{n=1}^{\infty} a_n$ diverges

Assume $r > 1$ and choose r' s.t. $r > r' > 1$

$\because \lim\limits_{n \to \infty} \frac{a_{n+1}}{a_n} = r, \ \text{choose } M \in N \text{ s.t. } n \geq M \Rightarrow r' - r < \frac{a_{n+1}}{a_n} - r < r - r'$

$$\therefore \frac{a_{n+1}}{a_n} > r' > 1, \ \forall n \geq M \Rightarrow \sum_{n=M}^{\infty} a_n > a_M + a_M \sum_{n=1}^{\infty} (r')^n$$

$\because r' > 1 \quad \therefore a_M + a_M \sum_{n=1}^{\infty} (r')^n$ diverges $\Rightarrow \sum_{n=1}^{\infty} a_n$ diverges

记:有阶乘或者有次方项时,　尝试用比值法
考试类型:
Type 1.

使用比值法判断 $\sum_{n=1}^{\infty} a_n$ 收敛或发散

解题流程:

令 $\lim\limits_{n \to \infty} \frac{a_{n+1}}{a_n} = r$

当 $0 \leq r < 1$ 则 $\sum_{n=1}^{\infty} a_n$ 收敛 且 当 $r > 1$ 则 $\sum_{n=1}^{\infty} a_n$ 发散

<u>范例说明:</u>

(I) 判断 $\displaystyle\sum_{n=1}^{\infty} \frac{1}{\sqrt{2n!}}$ 收敛发散 $\quad \because \dfrac{a_{n+1}}{a_n} = \sqrt{\dfrac{1}{(2n+2)(2n+1)}} \quad \therefore \lim_{n\to\infty} \dfrac{a_{n+1}}{a_n} = 0 < 1$

(II) 判断 $\displaystyle\sum_{n=1}^{\infty} \frac{2n!}{n!\,n!}$ 收敛发散 $\quad \because \dfrac{a_{n+1}}{a_n} = \dfrac{(2n+2)(2n+1)}{(n+1)(n+1)} \quad \therefore \lim_{n\to\infty} \dfrac{a_{n+1}}{a_n} = 4 > 1$

(III) 判断 $\displaystyle\sum_{n=1}^{\infty} \frac{n!}{n^n}$ 收敛发散 $\quad \because \dfrac{a_{n+1}}{a_n} = \left(\dfrac{n}{n+1}\right)^n \quad \therefore \lim_{n\to\infty} \dfrac{a_{n+1}}{a_n} = e^{-1} < 1$

Example 1.

$$\text{试判断} \sum_{n=1}^{\infty} \frac{1}{\sqrt{2n!}} \text{ 收敛或发散}$$

【解】

$$\because \frac{a_{n+1}}{a_n} = \frac{\sqrt{2n!}}{\sqrt{2n+2!}} = \sqrt{\frac{2n!}{2n+2!}} = \sqrt{\frac{1}{(2n+2)(2n+1)}} \qquad \therefore \lim_{n\to\infty} \frac{a_{n+1}}{a_n} = 0 < 1$$

藉由 Ratio Test 则 $\displaystyle\sum_{n=1}^{\infty} \frac{1}{\sqrt{2n!}}$ 收敛

Example 2.

$$\text{试判断} \sum_{n=1}^{\infty} \frac{n}{3^n} \text{ 收敛或发散}$$

【解】

$$\because \frac{a_{n+1}}{a_n} = \frac{\frac{n+1}{3^{n+1}}}{\frac{n}{3^n}} = \frac{n+1}{3n} \qquad \therefore \lim_{n\to\infty} \frac{a_{n+1}}{a_n} = \frac{1}{3} < 1, \ \text{藉由 Ratio Test 则} \sum_{n=1}^{\infty} \frac{n}{3^n} \text{收敛}$$

Example 3.

$$\text{试判断} \sum_{n=1}^{\infty} \frac{3^n}{n(n+1)} \text{ 收敛或发散}$$

【解】

$$\because \frac{a_{n+1}}{a_n} = \frac{\dfrac{3^{n+1}}{(n+1)(n+2)}}{\dfrac{3^n}{n(n+1)}} = \frac{3n(n+1)}{(n+1)(n+2)} \qquad \therefore \lim_{n\to\infty} \frac{a_{n+1}}{a_n} = 3 > 1$$

藉由 Ratio Test 则 $\displaystyle\sum_{n=1}^{\infty} \frac{3^n}{n(n+1)}$ 发散

Example 4.

$$\text{试判断} \sum_{n=1}^{\infty} \frac{n!}{n^n} \text{ 收敛或发散}$$

【解】

$$\because \frac{a_{n+1}}{a_n} = \frac{\dfrac{(n+1)!}{(n+1)^{n+1}}}{\dfrac{n!}{n^n}} = \frac{n^n(n+1)}{(n+1)^{n+1}} = \left(\frac{n}{n+1}\right)^n \qquad \therefore \lim_{n\to\infty} \frac{a_{n+1}}{a_n} = e^{-1} < 1$$

藉由 Ratio Test 则 $\displaystyle\sum_{n=1}^{\infty} \frac{n!}{n^n}$ 收敛

Example 5.

$$\text{试判断} \sum_{n=1}^{\infty} \frac{n!}{1 \cdot 3 \cdot 5 \cdots (2n-1)} \text{ 收敛或发散}$$

【解】

$$\because \frac{a_{n+1}}{a_n} = \frac{\dfrac{(n+1)!}{1 \cdot 3 \cdot 5 \cdots (2n-1)(2n+1)}}{\dfrac{n!}{1 \cdot 3 \cdot 5 \cdots (2n-1)}} = \frac{n+1}{2n+1} \qquad \therefore \lim_{n\to\infty} \frac{a_{n+1}}{a_n} = \frac{1}{2} < 1$$

藉由 Ratio Test 则 $\displaystyle\sum_{n=1}^{\infty} \dfrac{n!}{1 \cdot 3 \cdot 5 \cdots (2n-1)}$ 收敛

Example 6.

试判断 $\displaystyle\sum_{n=1}^{\infty} \dfrac{n^n}{3^n n!}$ 收敛或发散

【解】

$\because \dfrac{a_{n+1}}{a_n} = \dfrac{\dfrac{3^n n!}{n^n}}{\dfrac{3^{n+1}(n+1)!}{(n+1)^{(n+1)}}} = \dfrac{(n+1)^{(n+1)}}{3(n+1)n^n} = \dfrac{(n+1)^n}{3n^n}$

$\therefore \lim_{n\to\infty} \dfrac{a_{n+1}}{a_n} = \dfrac{e}{3} < 1,$ 藉由 Ratio Test 则 $\displaystyle\sum_{n=1}^{\infty} \dfrac{n^n}{3^n n!}$ 收敛

Example 7.

试判断 $\displaystyle\sum_{n=1}^{\infty} \dfrac{n!^3}{3n!}$ 收敛或发散

【解】

$\because \dfrac{a_{n+1}}{a_n} = \dfrac{\dfrac{(n+1)!^3}{3n+3!}}{\dfrac{n!^3}{3n!}} = \dfrac{(n+1)^3}{(3n+3)(3n+2)(3n+1)}$ $\therefore \lim_{n\to\infty} \dfrac{a_{n+1}}{a_n} = \dfrac{1}{27} < 1$

藉由 Ratio Test 则 $\displaystyle\sum_{n=1}^{\infty} \dfrac{n!^3}{3n!}$ 收敛

Example 8.

试判断 $\displaystyle\sum_{n=1}^{\infty} \dfrac{2n!}{n!\,n!}$ 收敛或发散

【解】

$$\because \frac{a_{n+1}}{a_n} = \frac{\dfrac{(2n+2)!}{n+1!\,n+1!}}{\dfrac{2n!}{n!\,n!}} = \frac{(2n+2)(2n+1)}{(n+1)(n+1)} \qquad \therefore \lim_{n\to\infty} \frac{a_{n+1}}{a_n} = 4 > 1$$

藉由 Ratio Test 则 $\displaystyle\sum_{n=1}^{\infty} \frac{2n!}{n!\,n!}$ 发散

Example 9.

试判断 $\displaystyle\sum_{n=1}^{\infty} \frac{(3n)!}{n!\,n!\,n!}$ 收敛或发散

【解】

$$\because \frac{a_{n+1}}{a_n} = \frac{\dfrac{(3n+3)!}{n+1!\,n+1!\,n+1!}}{\dfrac{3n!}{n!\,n!\,n!}} = \frac{(3n+3)(3n+2)(3n+1)}{(n+1)(n+1)(n+1)}$$

$$\therefore \lim_{n\to\infty} \frac{a_{n+1}}{a_n} = 27 > 1, \quad 藉由 \text{ Ratio Test } 则 \sum_{n=1}^{\infty} \frac{(3n)!}{n!\,n!\,n!} 发散$$

Example 10.

试判断 $\displaystyle\sum_{n=1}^{\infty} \frac{(4n)!}{n!\,n!\,n!\,n!}$ 收敛或发散

【解】

$$\because \frac{a_{n+1}}{a_n} = \frac{\dfrac{(4n+4)!}{(n+1)!\,(n+1)!\,(n+1)!\,(n+1)!}}{\dfrac{4n!}{n!\,n!\,n!\,n!}} = \frac{(4n+4)(4n+3)(4n+2)(4n+1)}{(n+1)(n+1)(n+1)(n+!)}$$

$$\therefore \lim_{n\to\infty} \frac{a_{n+1}}{a_n} = 64 > 1, \quad 藉由 \text{ Ratio Test } 则 \sum_{n=1}^{\infty} \frac{(4n)!}{n!\,n!\,n!\,n!} 发散$$

6.3.5　使用根值法(Root Test)

【定理】Root Test

假设 $\lim\limits_{n \to \infty} \sqrt[n]{a_n} = r$ and $a_n \geq 0$, $\forall n \in N$ 则

当 $0 \leq r < 1 \Rightarrow \sum\limits_{n=1}^{\infty} a_n$ 收敛且 当 $r > 1 \Rightarrow \sum\limits_{n=1}^{\infty} a_n$ 发散

Proof:

Assume $\lim\limits_{n \to \infty} \sqrt[n]{a_n} = r$

(i) Claim: $0 \leq r < 1 \Rightarrow \sum\limits_{n=1}^{\infty} a_n$ 收敛

Assume $0 \leq r < 1$, choose $M \in N$ s.t. $n \geq M \Rightarrow \left| \sqrt[n]{a_n} - r \right| < \dfrac{1-r}{2}$

$\therefore \sqrt[n]{a_n} - r < \dfrac{1-r}{2}$, $\forall n \geq M \Rightarrow a_n < \left(\dfrac{1+r}{2} \right)^n$, $\forall n \geq M$

$\Rightarrow \sum\limits_{n=M}^{\infty} a_n < \sum\limits_{n=M}^{\infty} \left(\dfrac{1+r}{2} \right)^n$, $\because 0 \leq r < 1$ $\therefore \sum\limits_{n=M}^{\infty} \left(\dfrac{1+r}{2} \right)^n$ 收敛

Let $S_k = \sum\limits_{n=1}^{k} a_n$ then S_k is bounded and monotone sequence

By Monotone Convergence Theorem, then $\{S_k\}_{k=1}^{\infty}$ converges $\Rightarrow \sum\limits_{n=1}^{\infty} a_n$ converges

(ii) Claim: $r > 1 \Rightarrow \sum\limits_{n=1}^{\infty} a_n$ 发散

Assume $r > 1$, choose $M \in N$ s.t. $n \geq M \Rightarrow \left| \sqrt[n]{a_n} - r \right| < \dfrac{r-1}{2}$

$\therefore \dfrac{1-r}{2} < \sqrt[n]{a_n} - r < \dfrac{r-1}{2}$, $\forall n \geq M \Rightarrow a_n > \left(\dfrac{1+r}{2} \right)^n$, $\forall n \geq M$

$$\Rightarrow \sum_{n=M}^{\infty} a_n > \sum_{n=M}^{\infty} \left(\frac{1+r}{2}\right)^n$$

$$\because r > 1 \quad \therefore \sum_{n=M}^{\infty} \left(\frac{1+r}{2}\right)^n \text{发散} \Rightarrow \sum_{n=1}^{\infty} a_n \text{发散}$$

记：有次方项时，尝试用根值法

考试类型：

Type 1.

使用根值法判断 $\displaystyle\sum_{n=1}^{\infty} a_n$ 收敛或发散

解题流程：

求 $\displaystyle\lim_{n\to\infty} \sqrt[n]{a_n} = ?$，令 $\displaystyle\lim_{n\to\infty} \sqrt[n]{a_n} = r$

当 $0 \le r < 1 \Rightarrow \displaystyle\sum_{n=1}^{\infty} a_n$ 收敛，当 $r > 1 \Rightarrow \displaystyle\sum_{n=1}^{\infty} a_n$ 发散

<u>范例说明：</u>

(I) 判断 $\displaystyle\sum_{n=1}^{\infty} \frac{n}{(\ln n^2)^n}$ 收敛发散 $\because \displaystyle\lim_{n\to\infty} \left(\frac{n}{(\ln n^2)^n}\right)^{\frac{1}{n}} = 0 \quad \therefore \displaystyle\sum_{n=1}^{\infty} \frac{n}{(\ln n^2)^n}$ 收敛

(II) 判断 $\displaystyle\sum_{n=1}^{\infty} \left(\frac{n+3}{5n+1}\right)^n$ 收敛发散 $\because \displaystyle\lim_{n\to\infty} \frac{n+3}{5n+1} = \frac{1}{5} < 1 \quad \therefore \displaystyle\sum_{n=1}^{\infty} \left(\frac{n+3}{5n+1}\right)^n$ 收敛

Example 1.

试判断 $\displaystyle\sum_{n=1}^{\infty} n \left(\frac{2}{3}\right)^n$ 收敛或发散

【解】

$$\because \left(n\left(\frac{2}{3}\right)^n\right)^{\frac{1}{n}} = n^{\frac{1}{n}} \cdot \frac{2}{3} = \frac{2}{3}e^{\frac{1}{n}\ln n} \quad \text{且} \quad \lim_{n\to\infty}\frac{1}{n}\ln n = \lim_{n\to\infty}\frac{\frac{1}{n}}{1} = 0$$

$$\therefore \lim_{n\to\infty}\frac{2}{3}e^{\frac{1}{n}\ln n} = \frac{2}{3} < 1, \quad \text{藉由 Root Test 则} \quad \sum_{n=1}^{\infty} n\left(\frac{2}{3}\right)^n \quad \text{收敛}$$

Example 2.

$$\text{试判断} \sum_{n=1}^{\infty}\left(\frac{n}{n+2}\right)^{n^2} \text{收敛或发散}$$

【解】

$$\because \left(\left(\frac{n}{n+2}\right)^{n^2}\right)^{\frac{1}{n}} = \left(\frac{n+2}{n}\right)^{-n} \quad \text{且} \quad \lim_{n\to\infty}\left(\frac{n}{n+2}\right)^n = \lim_{n\to\infty}\left(\frac{n+2}{n}\right)^{-n} = e^{-2} < 1$$

$$\text{藉由 Root Test 则} \quad \sum_{n=1}^{\infty}\left(\frac{n}{n+2}\right)^{n^2} \quad \text{收敛}$$

Example 3.

$$\text{试判断} \sum_{n=1}^{\infty}\left(\frac{n+3}{5n+1}\right)^n \text{收敛或发散}$$

【解】

$$\because \left(\left(\frac{n+3}{5n+1}\right)^n\right)^{\frac{1}{n}} = \frac{n+3}{5n+1} \quad \text{且} \quad \lim_{n\to\infty}\frac{n+3}{5n+1} = \frac{1}{5} < 1 \quad \text{藉由 Root Test 则} \quad \sum_{n=1}^{\infty}\left(\frac{n+3}{5n+1}\right)^n \quad \text{收敛}$$

Example 4.

$$\text{试判断} \sum_{n=1}^{\infty}\frac{n}{(\ln n^2)^n} \text{收敛或发散}$$

【解】

$$\because \left(\frac{n}{(\ln n^2)^n}\right)^{\frac{1}{n}} = \frac{n^{\frac{1}{n}}}{2\ln n} = \frac{e^{\frac{1}{n}\ln n}}{2\ln n} \quad \text{且} \quad \lim_{n\to\infty}\frac{1}{n}\ln n = \lim_{n\to\infty}\frac{\frac{1}{n}}{1} = 0$$

$$\therefore \lim_{n\to\infty}\left(\frac{n}{(\ln n^2)^n}\right)^{\frac{1}{n}} = \lim_{n\to\infty}\frac{e^{\frac{1}{n}\ln n}}{2\ln n} = 0, \quad \text{藉由 Root Test 则} \quad \sum_{n=1}^{\infty}\frac{n}{(\ln n^2)^n} \text{ 收敛}$$

Example 5.

$$\text{试判断} \sum_{n=1}^{\infty}\frac{n^k}{(\ln n)^n} \text{ 收敛或发散}, \ \forall k > 0$$

【解】

$$\text{令 } k > 0, \ \because \left(\frac{n^k}{(\ln n)^n}\right)^{\frac{1}{n}} = \frac{n^{\frac{k}{n}}}{\ln n} = \frac{e^{\frac{k}{n}\ln n}}{\ln n} \quad \text{且} \quad \lim_{n\to\infty}\frac{k}{n}\ln n = \lim_{n\to\infty}\frac{\frac{k}{n}}{1} = 0$$

$$\therefore \lim_{n\to\infty}\left(\frac{n^k}{(\ln n)^n}\right)^{\frac{1}{n}} = \lim_{n\to\infty}\frac{e^{\frac{k}{n}\ln n}}{\ln n} = 0 \quad \text{藉由 Root Test 则} \quad \sum_{n=1}^{\infty}\frac{n^k}{(\ln n)^n} \text{ 收敛}, \ \forall k > 0$$

6.4 判断交错级数的收敛性

【定义】交错级数的定义

$$\text{假设无穷级数} = \sum_{n=1}^{\infty}(-1)^n a_n \text{ 且} \forall a_n \geq 0 \text{ 则称为交错级数}$$

【定义】条件收敛的定义

$$\sum_{n=1}^{\infty} a_n \text{ 收敛 且} \sum_{n=1}^{\infty}|a_n| \text{ 发散} \Leftrightarrow \sum_{n=1}^{\infty} a_n \text{ 为条件收敛}$$

【**定义**】绝对收敛的定义

$$\sum_{n=1}^{\infty} |a_n| \ \text{收敛} \ \Leftrightarrow \ \sum_{n=1}^{\infty} a_n \ \text{绝对收敛}$$

【**定理**】

$$\text{如果} \ \sum_{n=1}^{\infty} a_n \ \text{绝对收敛则} \ \sum_{n=1}^{\infty} a_n \ \text{收敛}$$

proof:

$$\because \sum_{n=1}^{\infty} a_n \ \text{绝对收敛,} \ \text{let} \ \varepsilon > 0, \ \text{choose} \ M \in N \ \text{s.t.} \ n \geq M \Rightarrow \sum_{j=1}^{\infty} \left| a_{n+j} \right| < \varepsilon$$

$$\because \left| \sum_{j=1}^{\infty} a_{n+j} \right| \leq \sum_{j=1}^{\infty} \left| a_{n+j} \right| \ \therefore n \geq M \Rightarrow \left| \sum_{j=1}^{\infty} a_{n+j} \right| < \varepsilon \ \therefore \sum_{n=1}^{\infty} a_n \ \text{收敛}$$

【**定理**】Leibnitz Test

$$\text{假设} \ a_{n+1} < a_n, \ \forall n \in N \ \text{and} \ \lim_{n \to \infty} a_n = 0 \ \text{则} \ \sum_{n=0}^{\infty} (-1)^n a_n \ \text{收敛}$$

Proof:

$$\text{Let} \ S_{2n} = \sum_{k=0}^{2n} (-1)^k a_k \ \text{and} \ S_{2n+1} = \sum_{k=0}^{2n+1} (-1)^k a_k$$

then $\{S_{2n}\}_{n=1}^{\infty}$ is increasing and bounded above by a_1

and $\{S_{2n+1}\}_{n=1}^{\infty}$ is decreasing and bounded below by $a_0 + a_1$

$\therefore \{S_{2n}\}_{n=1}^{\infty}$ and $\{S_{2n+1}\}_{n=1}^{\infty}$ converges

$\because S_{2n+1} - S_{2n} = a_{2n+1}$ and $\lim_{n \to \infty} a_n = 0$

$$\therefore \lim_{n \to \infty} S_{2n} = \lim_{n \to \infty} S_{2n+1} \Rightarrow \sum_{n=0}^{\infty} (-1)^n a_n \ \text{converges}$$

使用 Leibnitz Test 说明 $\sum_{n=1}^{\infty}(-1)^n a_n$ 收敛时，若无法直接看出或说明 $a_{n+1} < a_n \ \forall n \in N$，尝试找 $f(x)$ 使得 $f(n) = a_n$，$\forall n \in N$，接着证明 $f'(x) < 0$，$\forall x \in R$ 则 $a_{n+1} < a_n$，$\forall n \in N$；

说明 $\lim_{n \to \infty} a_n = 0$ 时，也时常使用罗比达法则；判断是否为绝对收敛时，因为取了绝对值，

相当于在问正项无穷级数是否收敛，因此方法包含：计算无穷级数的和、当 $\lim_{n \to \infty} a_n \neq 0$ 时，$\sum_{n=1}^{\infty} a_n$ 发散、积分检验法(Integral Test)、比较法(Comparison Test)、比值法(Ratio Test)、根值法(Root Test)；底下为判断交错级数的检验法与使用时机

Determine Whether Alternating Series Converge

Determine whether it absolutely converges

If $\exists \{b_n\}_{n=1}^{\infty}$ and $p \geq 1$ s.t. $a_n = b_n - b_{n+p}$, evaluate the sum of infinite series

If $\lim_{n \to \infty} a_n \neq 0$ then $\sum_{n=1}^{\infty}(-1)^n a_n$ is not absolutely convergent

If $\sum_{n-1}^{\infty} a_n$ appears to be relatively simple, we can define a function $f(x)$ s.t. $f(n) = a_n$, use the Integral Test

If $\sum_{n=1}^{\infty} a_n$ appears to be complicated, use the Comparison Test

If $\sum_{n=1}^{\infty} a_n$ has factorials or power terms, we can try using the Ratio Test

If $\sum_{n=1}^{\infty} a_n$ has power terms, we can try using the Root Test

If it doesn't absolutely converges, determine whether it conditionally converges

Find $\{a_n : \forall n \in N\}$ s.t. $a_{n+1} < a_n, \forall n \in N$ and $\lim_{n \to \infty} a_n = 0$. By Leibnitz Test, we have $\sum_{n-1}^{\infty} a_n$ conditionally converges

If it is not directly provable for $a_{n+1} < a_n, \forall n \in N$, try to find a function $f(x)$ s.t. $f(n) = a_n, \forall n \in N$ and claim: $f'(x) < 0$ then $a_{n+1} < a_n, \forall n \in N$

考试类型:

Type 1.

假设 $a_n \geq 0$，$\forall n \in N$，判断 $\sum_{n=1}^{\infty}(-1)^n a_n$ 是否为绝对收敛

解题流程:

判断是否为绝对收敛时，因为取了绝对值，相当于在问正项无穷级数是否收敛，如上述谈到方法包含：计算无穷级数的和、….、根值法(Root Test)

<u>补充说明:</u>

判断 $\sum_{n=1}^{\infty}(-1)^n a_n$ 为条件收敛或绝对收敛时，可先判断是否为绝对收敛

(I)当 $\exists \{b_n : n \in N\}$ 且 $p \geq 1$ 使得 $a_n = b_n - b_{n+p}$ 则计算无穷级数的和，判断是否为绝对收敛

(II)若 $\lim_{n \to \infty} a_n \neq 0$ 则 $\sum_{n=1}^{\infty}(-1)^n a_n$ 不是绝对收敛

(III)当 $\sum_{n=1}^{\infty} a_n$ 较为乾净则找 $f(x)$ s.t. $f(n) = a_n$ 使用积分检验法(Integral Test)

判断是否为绝对收敛

(IV)当 $\sum_{n=1}^{\infty} a_n$ 较为复雜则找 $\{b_n : n \in N\}$ 满足 $0 \leq a_n \leq b_n$, $\forall n \in N$, 使用比较法

判断是否为绝对收敛; 或者, 找 $\{b_n : n \in N\}$ 满足 $\lim_{n \to \infty} \dfrac{a_n}{b_n} = M$, $0 < M < \infty$

使用极限比较法判断是否为绝对收敛

(V)当 $\sum_{n=1}^{\infty} a_n$ 有阶乘或者有次方项时，尝试用比值法(Ratio Test)

判断是否为绝对收敛

(VI)当 $\sum_{n=1}^{\infty} a_n$ 有次方项时，尝试用根值法(Root Test)判断是否为绝对收敛

Type 2.

假设 $a_n \geq 0, \forall n \in N$, 当 $\sum_{n=1}^{\infty}(-1)^n a_n$ 非绝对收敛，判断其是否为条件收敛

解题流程:

Step1.

证明 $a_{n+1} < a_n$, $\forall n \in N$, 若无法直接看出或说明 $a_{n+1} < a_n$ $\forall n \in N$, 尝试找 $f(x)$

使得 $f(n) = a_n$, $\forall n \in N$, 接著证明 $f'(x) < 0$, 则 $a_{n+1} < a_n$, $\forall n \in N$

Step2.

证明 $\lim\limits_{n \to \infty} a_n = 0$, 无法直接证明 $\lim\limits_{n \to \infty} a_n = 0$ 时, 尝试使用罗比达法则

Step3.

$\because a_{n+1} < a_n$ 且 $\lim\limits_{n \to \infty} a_n = 0$, 藉由 Leibnitz Test 则 $\sum\limits_{n=1}^{\infty} (-1)^n a_n$ 收敛

<u>范例说明:</u>

Assume $p > 0$

(I) 判断 $\sum\limits_{n=1}^{\infty} \dfrac{(-1)^n}{n^p}$ 是否条件收敛时

则令 $f(x) = x^{-p}$, 检查是否 $(x^{-p})' < 0$, $\forall x > 0$ 以及是否 $\lim\limits_{n \to \infty} \dfrac{1}{n^p} = 0$

(II) 判断 $\sum\limits_{n=1}^{\infty} \dfrac{(-1)^n \ln n}{n^p}$ 是否条件收敛时

则令 $f(x) = x^{-p} \ln x$, 检查是否 $(x^{-p} \ln x)' < 0$, $\forall x > 0$ 以及是否 $\lim\limits_{n \to \infty} \dfrac{\ln n}{n^p} = 0$

(III) 判断 $\sum\limits_{n=2}^{\infty} \dfrac{(-1)^n}{n(\ln n)^p}$ 是否条件收敛时

则令 $f(x) = \dfrac{1}{x(\ln x)^p}$, 检查是否 $\left(\dfrac{1}{x(\ln x)^p}\right)' < 0$, $\forall x > 0$ 以及 $\lim\limits_{n \to \infty} \dfrac{1}{n(\ln n)^p} = 0$

(IV) 判断 $\sum\limits_{n=2}^{\infty} \dfrac{(-1)^n}{(\ln n)^P}$ 是否条件收敛时

则令 $f(x) = \dfrac{1}{(\ln n)^P}$, 检查是否 $\left(\dfrac{1}{(\ln n)^P}\right)' < 0, \forall x > 0$ 以及是否 $\lim\limits_{n \to \infty} \dfrac{1}{(\ln n)^P} = 0$

Example 1.

$$判断 \sum_{n=1}^{\infty} \frac{(-1)^{n+1}}{\ln(n+1)} \text{ 为绝对收敛或条件收敛}$$

【解】

$$\because \frac{1}{\ln(n+1)} < \frac{1}{\ln n}, \quad \forall n \in N \text{ 且 } \lim_{n \to \infty} \frac{1}{\ln(n+1)} = 0$$

藉由 Leibnitz Test 则 $\displaystyle\sum_{n=1}^{\infty} \frac{(-1)^{n+1}}{\ln(n+1)}$ 收敛

Claim: $\displaystyle\sum_{n=1}^{\infty} \left| \frac{(-1)^{n+1}}{\ln(n+1)} \right|$ 发散

$$\because \left| \frac{(-1)^{n+1}}{\ln(n+1)} \right| = \frac{1}{\ln(n+1)} > \frac{1}{n+1}, \quad \forall n \in N \text{ 且 } \sum_{n=1}^{\infty} \frac{1}{n+1} \text{ 发散}$$

$$\therefore \sum_{n=1}^{\infty} \left| \frac{(-1)^{n+1}}{\ln(n+1)} \right| \text{ 发散} \qquad \therefore \sum_{n=1}^{\infty} \frac{(-1)^{n+1}}{\ln(n+1)} \text{ 条件收敛}$$

Example 2.

$$判断 \sum_{n=2}^{\infty} \frac{(-1)^{n+1}}{n\ln(\ln n)} \text{ 为绝对收敛或条件收敛}$$

【解】

$$\because \frac{1}{(n+1)\ln(\ln(n+1))} < \frac{1}{n\ln(\ln n)}, \quad \forall n \in N \text{ 且 } \lim_{n \to \infty} \frac{1}{n\ln(\ln n)} = 0$$

藉由 Leibnitz Test 则 $\displaystyle\sum_{n=2}^{\infty} \frac{(-1)^{n+1}}{n\ln(\ln n)}$ 收敛

Claim: $\displaystyle\sum_{n=1}^{\infty}\left|\frac{(-1)^{n+1}}{n\ln(\ln n)}\right|$ 发散

$\because \dfrac{1}{n\ln n} < \dfrac{1}{n\ln(\ln n)} = \left|\dfrac{(-1)^{n+1}}{n\ln(\ln n)}\right|$

Claim: $\displaystyle\sum_{n=2}^{\infty}\frac{1}{n\ln n}$ 发散

$\because \displaystyle\int_{2}^{\infty}\frac{dx}{x\ln x} = \ln\ln x\big|_{2}^{\infty} = \infty,$ 藉由 Integral Test 则 $\displaystyle\sum_{n=2}^{\infty}\frac{1}{n\ln n}$ 发散

$\therefore \displaystyle\sum_{n=1}^{\infty}\left|\frac{(-1)^{n+1}}{n\ln(\ln n)}\right|$ 发散, $\qquad \therefore \displaystyle\sum_{n=2}^{\infty}\frac{(-1)^{n+1}}{n\ln(\ln n)}$ 为条件收敛

Example 3.

$\qquad$ 判断 $\displaystyle\sum_{n=1}^{\infty}\frac{(-1)^{n}\ln n}{n-\ln n}$ 为绝对收敛或条件收敛

【解】

Claim: $\dfrac{\ln(n+1)}{(n+1)-\ln(n+1)} < \dfrac{\ln n}{n-\ln n},\quad \forall n \geq 3$

令 $f(x) = \dfrac{\ln x}{x-\ln x}$ 则 $f'(x) = \dfrac{\dfrac{x-\ln x}{x} - (1-\frac{1}{x})\ln x}{(x-\ln x)^2} = \dfrac{1-\ln x}{(x-\ln x)^2} < 0,\quad \forall x > e$

$\therefore f(x)$ 为递减函数, $\forall x > e \Rightarrow \dfrac{\ln(n+1)}{(n+1)-\ln(n+1)} < \dfrac{\ln n}{n-\ln n},\quad \forall n \geq 3$

Claim: $\displaystyle\lim_{n\to\infty}\frac{\ln n}{n-\ln n} = 0$

藉由罗比达法则 $\displaystyle\lim_{n\to\infty}\frac{\ln n}{n-\ln n} = \lim_{n\to\infty}\frac{\dfrac{1}{n}}{1-\dfrac{1}{n}} = 0$

藉由 Leibnitz Test 则 $\displaystyle\sum_{n=1}^{\infty}\frac{(-1)^n\ln n}{n-\ln n}$ 收敛

Claim: $\displaystyle\sum_{n=1}^{\infty}\left|\frac{(-1)^n\ln n}{n-\ln n}\right|$ 发散

$\because \dfrac{\ln n}{n-\ln n} > \dfrac{\ln n}{n}$ 且 $\displaystyle\int_1^{\infty}\frac{\ln x}{x}\,dx = \left.\frac{(\ln x)^2}{2}\right|_1^{\infty} = \infty$

藉由 Integral Test 则 $\displaystyle\sum_{n=2}^{\infty}\frac{\ln n}{n}$ 发散 $\Rightarrow \displaystyle\sum_{n=1}^{\infty}\left|\frac{(-1)^n\ln n}{n-\ln n}\right|$ 发散 $\therefore \displaystyle\sum_{n=1}^{\infty}\frac{(-1)^n\ln n}{n-\ln n}$ 为条件收敛

Example 4.

$$\text{判断} \sum_{n=1}^{\infty}\frac{(-1)^n\sqrt{n}+3}{n} \text{ 为绝对收敛或条件收敛}$$

【解】

Claim: $\dfrac{\sqrt{n+1}+3}{n+1} < \dfrac{\sqrt{n}+3}{n},\ \ \forall n\in N$

令 $f(x) = \dfrac{\sqrt{x}+3}{x}$ 则 $f'(x) = \dfrac{\frac{1}{2}x^{\frac{1}{2}}-(x^{\frac{1}{2}}+3)}{x^2} = \dfrac{-\frac{1}{2}x^{\frac{1}{2}}-3}{x^2} < 0,\ \forall x>0$

$\therefore f(x)$ 为递减函数, $\forall x>0 \Rightarrow \dfrac{\sqrt{n+1}+3}{n+1} < \dfrac{\sqrt{n}+3}{n},\ \ \forall n\in N$

$\because \displaystyle\lim_{n\to\infty}\frac{\sqrt{n}+3}{n} = \lim_{n\to\infty}\frac{1+\frac{3}{\sqrt{n}}}{\sqrt{n}} = 0$

藉由 Leibnitz Test 则 $\displaystyle\sum_{n=1}^{\infty}\frac{(-1)^n\sqrt{n}+3}{n}$ 收敛

Claim: $\displaystyle\sum_{n=1}^{\infty}\left|\frac{(-1)^n\sqrt{n}+3}{n}\right|$ 发散

$$\because \frac{\sqrt{n}+3}{n} > \frac{1}{n} \text{ 且 } \int_1^\infty \frac{1}{x}\,dx = \ln x \big|_1^\infty = \infty, \text{ 藉由 Integral Test 则 } \sum_{n=1}^\infty \frac{1}{n} \text{ 发散}$$

$$\therefore \sum_{n=1}^\infty \left| \frac{(-1)^n \sqrt{n}+3}{n} \right| \text{ 发散} \qquad \therefore \sum_{n=1}^\infty \frac{(-1)^n \sqrt{n}+3}{n} \text{ 为条件收敛}$$

Example 5.

$$\text{判断 } \sum_{n=1}^\infty (-1)^{n+1} n^3 e^{-n^2} \text{ 为绝对收敛或条件收敛}$$

【解】

$$\text{Claim: } \sum_{n=1}^\infty \left| (-1)^{n+1} n^3 e^{-n^2} \right| \text{ 收敛}$$

$$\because \left| \frac{(n+1)^3 e^{-(n+1)^2}}{n^3 e^{-n^2}} \right| = \left(\frac{n+1}{n} \right)^3 e^{-2n-1}$$

$$\therefore \lim_{n\to\infty} \left| \frac{(n+1)^3 e^{-(n+1)^2}}{n^3 e^{-n^2}} \right| = \lim_{n\to\infty} \left(\frac{n+1}{n} \right)^3 e^{-2n-1} = 0 < 1$$

$$\text{藉由 Ratio test 则 } \sum_{n=1}^\infty \left| (-1)^{n+1} n^3 e^{-n^2} \right| \text{ 收敛} \qquad \therefore \sum_{n=1}^\infty (-1)^{n+1} n^3 e^{-n^2} \text{ 绝对收敛}$$

Example 6.

$$\text{判断 } \sum_{n=1}^\infty (-1)^{n+1} n^3 e^{-n^4} \text{ 为绝对收敛或条件收敛}$$

【解】

Claim: $(n+1)^3 e^{-(n+1)^4} < n^3 e^{-n^4}, \ \forall n \in N$

$$\text{令 } f(x) = x^3 e^{-x^4} \text{ 则 } f'(x) = 3x^2 e^{-x^4} + x^3 e^{-x^4}(-4x^3) = e^{-x^4} x^2 (3 - 4x^4) < 0, \ \forall x > \sqrt[4]{\frac{3}{4}}$$

$$\therefore f(x) \text{ 为递减函数, } \forall x > \sqrt[4]{\frac{3}{4}} \Rightarrow (n+1)^3 e^{-(n+1)^4} < n^3 e^{-n^4}, \ \forall n \in N$$

Claim: $\lim\limits_{n \to \infty} n^3 e^{-n^4} = 0$

藉由罗比达法则 $\lim\limits_{n \to \infty} n^3 e^{-n^4} = \lim\limits_{n \to \infty} \frac{n^3}{e^{n^4}} = \lim\limits_{n \to \infty} \frac{3n^2}{4n^3 e^{n^4}} = 0$

藉由 Leibnitz Test 则 $\sum\limits_{n=1}^{\infty} (-1)^{n+1} n^3 e^{-n^4}$ 收敛

Claim: $\sum\limits_{n=1}^{\infty} \left| (-1)^{n+1} n^3 e^{-n^4} \right|$ 收敛

$$\therefore \int_{1}^{\infty} x^3 e^{-x^4} dx = -\frac{e^{-x^4}}{4}\bigg|_{1}^{\infty} < \infty, \ \text{藉由 Integral Test 则} \sum\limits_{n=1}^{\infty} \left| (-1)^{n+1} n^3 e^{-n^4} \right| \text{ 收敛}$$

$$\therefore \sum\limits_{n=1}^{\infty} (-1)^{n+1} n^3 e^{-n^4} \text{ 为绝对收敛}$$

Example 7.

$$\text{判断} \quad \sum\limits_{n=1}^{\infty} \frac{(-1)^{n+1} n^3}{3^n - 1} \text{ 为绝对收敛或条件收敛}$$

【解】

Claim: $\sum\limits_{n=1}^{\infty} \left| \frac{(-1)^{n+1} n^3}{3^n - 1} \right|$ 收敛

$$\therefore \left| \frac{\frac{(n+1)^3}{3^{n+1} - 1}}{\frac{n^3}{3^n - 1}} \right| = \left(\frac{n+1}{n} \right)^3 \frac{3^n - 1}{3^{n+1} - 1} = \left(\frac{n+1}{n} \right)^3 \frac{1 - \frac{1}{3^n}}{3 - \frac{1}{3^n}}$$

$$\therefore \lim_{n \to \infty} \left| \frac{\frac{(n+1)^3}{3^{n+1}-1}}{\frac{n^3}{3^n-1}} \right| = \lim_{n \to \infty} \left(\frac{n+1}{n} \right)^3 \frac{1-\frac{1}{3^n}}{3-\frac{1}{3^n}} = \frac{1}{3} < 1$$

藉由 Ratio test 则 $\displaystyle\sum_{n=1}^{\infty} \left| \frac{(-1)^{n+1}n^3}{3^n-1} \right|$ 收敛 $\quad \therefore \displaystyle\sum_{n=1}^{\infty} \frac{(-1)^{n+1}n^3}{3^n-1}$ 绝对收敛

Example 8.

$$判断 \quad \sum_{n=1}^{\infty} \frac{(-1)^{n+1}n!\,2^n}{n^n} \quad 为绝对收敛或条件收敛$$

【解】

Claim: $\displaystyle\sum_{n=1}^{\infty} \left| \frac{(-1)^{n+1}n!\,2^n}{n^n} \right|$ 收敛

$$\because \left| \frac{\frac{(n+1)!\,2^{n+1}}{(n+1)^{n+1}}}{\frac{n!\,2^n}{n^n}} \right| = \frac{2(n+1)n^n}{(n+1)^{n+1}} = \frac{2n^n}{(n+1)^n} = \frac{2}{\frac{(n+1)^n}{n^n}}$$

$$\therefore \lim_{n \to \infty} \left| \frac{\frac{(n+1)!\,2^{n+1}}{(n+1)^{n+1}}}{\frac{n!\,2^n}{n^n}} \right| = \lim_{n \to \infty} \frac{2}{\frac{(n+1)^n}{n^n}} = \frac{2}{e} < 1$$

藉由 Ratio test 则 $\displaystyle\sum_{n=1}^{\infty} \left| \frac{(-1)^{n+1}n!\,2^n}{n^n} \right|$ 收敛 $\quad \therefore \displaystyle\sum_{n=1}^{\infty} \frac{(-1)^{n+1}n!\,2^n}{n^n}$ 绝对收敛

Example 9.

$$判断 \quad \sum_{n=1}^{\infty} \frac{(-1)^{n+1}n!}{n^n} \quad 为绝对收敛或条件收敛$$

【解】

Claim: $\displaystyle\sum_{n=1}^{\infty}\left|\frac{(-1)^{n+1}n!}{n^n}\right|$ 收敛

$\because \left|\dfrac{\dfrac{(n+1)!}{(n+1)^{n+1}}}{\dfrac{n!}{n^n}}\right| = \dfrac{(n+1)n^n}{(n+1)^{n+1}} = \dfrac{n^n}{(n+1)^n} = \dfrac{1}{\dfrac{(n+1)^n}{n^n}}$

$\therefore \lim_{n\to\infty}\left|\dfrac{\dfrac{(n+1)!}{(n+1)^{n+1}}}{\dfrac{n!}{n^n}}\right| = \lim_{n\to\infty}\dfrac{1}{\dfrac{(n+1)^n}{n^n}} = \dfrac{1}{e} < 1$

藉由 Ratio test 则 $\displaystyle\sum_{n=1}^{\infty}\left|\frac{(-1)^{n+1}n!}{n^n}\right|$ 收敛 $\qquad \therefore \displaystyle\sum_{n=1}^{\infty}\frac{(-1)^{n+1}n!}{n^n}$ 绝对收敛

Example 10.

判断 $\displaystyle\sum_{n=2}^{\infty}\frac{(-1)^n}{n\ln^n n}$ 为绝对收敛或条件收敛

【解】

$\because \left(\dfrac{1}{n(\ln n)^n}\right)^{\frac{1}{n}} = \dfrac{1^{\frac{1}{n}}}{\dfrac{n}{\ln n}} = \dfrac{e^{\frac{1}{n}\ln\frac{1}{n}}}{\ln n}$ 且 $\lim_{n\to\infty}\dfrac{1}{n}\ln\dfrac{1}{n} = -\lim_{n\to\infty}\dfrac{\frac{1}{n}}{1} = 0$

$\therefore \lim_{n\to\infty}\left(\dfrac{1}{n(\ln n)^n}\right)^{\frac{1}{n}} = \lim_{n\to\infty}\dfrac{e^{\frac{1}{n}\ln\frac{1}{n}}}{\ln n} = 0$

藉由 Root Test 则 $\displaystyle\sum_{n=2}^{\infty}\left|\frac{(-1)^n}{n\ln^n n}\right|$ 收敛 $\qquad \therefore \displaystyle\sum_{n=2}^{\infty}\frac{(-1)^n}{n\ln^n n}$ 绝对收敛

Example 11.

判断 $\displaystyle\sum_{n=1}^{\infty}\frac{(-1)^n}{2n!}$ 为绝对收敛或条件收敛

【解】

$$\because \frac{1}{(2n+2)!} < \frac{1}{2n!}, \quad \forall n \in N \ \text{且} \ \lim_{n\to\infty} \frac{1}{2n!} = 0$$

藉由 Leibnitz Test 则 $\displaystyle\sum_{n=1}^{\infty} \frac{(-1)^n}{2n!}$ 收敛

Claim $\displaystyle\sum_{n=1}^{\infty} \left|\frac{(-1)^n}{2n!}\right|$ 收敛

$$\because \lim_{n\to\infty} \frac{\dfrac{1}{(2n+2)!}}{\dfrac{1}{(2n)!}} = \lim_{n\to\infty} \frac{1}{(2n+2)(2n+1)} = 0 < 1$$

藉由 Ratio Test 则 $\displaystyle\sum_{n=1}^{\infty} \left|\frac{(-1)^n}{(2n)!}\right|$ 收敛 $\qquad \therefore \displaystyle\sum_{n=1}^{\infty} \frac{(-1)^n}{(2n)!}$ 为绝对收敛

Example 12.

$$判断 \ \sum_{n=1}^{\infty} \frac{(-1)^{n+1}n^2}{n^3+3} \ 为绝对收敛或条件收敛$$

【解】

Claim: $\dfrac{(n+1)^2}{(n+1)^3+3} < \dfrac{n^2}{n^3+3}, \quad \forall n \geq 2$

令 $f(x) = \dfrac{x^2}{x^3+3}$ 则 $f'(x) = \dfrac{2x(x^3+3) - x^2 \cdot 3x^2}{(x^3+3)^2} = \dfrac{-x(x^3-6)}{(x^3+3)^2} < 0, \ \forall x > \sqrt[3]{6}$

$\therefore f(x)$ 为递减函数, $\forall x > \sqrt[3]{6} \Rightarrow \dfrac{(n+1)^2}{(n+1)^3+3} < \dfrac{n^2}{n^3+3}, \ \forall n \geq 2$

$\because \lim_{n\to\infty} \dfrac{n^2}{n^3+3} = 0$, 藉由 Leibnitz Test 则 $\displaystyle\sum_{n=1}^{\infty} \frac{(-1)^{n+1}n^2}{n^3+3}$ 收敛

Claim $\displaystyle\sum_{n=1}^{\infty} \left|\frac{(-1)^{n+1}n^2}{n^3+3}\right|$ 发散

$$\because \lim_{n\to\infty} \frac{\frac{n^2}{n^3+3}}{\frac{1}{n}} = 1 \text{ 且 } \sum_{n=1}^{\infty} \frac{1}{n} \text{ 发散}$$

藉由 Limit Comparison Test 则 $\displaystyle\sum_{n=1}^{\infty} \left| \frac{(-1)^{n+1}n^2}{n^3+3} \right|$ 发散 $\therefore \displaystyle\sum_{n=1}^{\infty} \frac{(-1)^{n+1}n^2}{n^3+3}$ 为条件收敛

Example 13.

$$\text{判断 } \sum_{n=1}^{\infty} (-1)^{n+1} \left(\frac{1}{2n}\right)^{\frac{1}{2n}} \text{ 为绝对收敛或条件收敛}$$

【解】

藉由罗比达法则

$$\lim_{n\to\infty} \left(\frac{1}{2n}\right)^{\frac{1}{2n}} = \lim_{n\to\infty} e^{\frac{\ln\frac{1}{2n}}{2n}} = \lim_{t\to 0} e^{t\ln t} = \lim_{t\to 0} e^{\frac{\ln t}{\frac{1}{t}}} = \lim_{t\to 0} e^{\frac{\frac{1}{t}}{\frac{-1}{t^2}}} = 1 \neq 0$$

$$\therefore \sum_{n=1}^{\infty} (-1)^{n+1} \left(\frac{1}{2n}\right)^{\frac{1}{2n}} \text{ 为发散级数}$$

Example 14.

$$\text{判断 } \sum_{n=1}^{\infty} \frac{(-1)^{n+1}(n!)^3}{(3n!)} \text{ 为绝对收敛或条件收敛}$$

【解】

Claim: $\displaystyle\sum_{n=1}^{\infty} \left| \frac{(-1)^{n+1}(n!)^3}{(3n!)} \right|$ 收敛

$$\therefore \left| \frac{\frac{(n+1!)^3}{(3n+3!)}}{\frac{(n!)^3}{3n!}} \right| = \frac{(n+1)^3}{(3n+3)(3n+2)(3n+1)}$$

$$\therefore \lim_{n\to\infty} \left| \frac{\frac{(n+1!)^3}{(3n+3!)}}{\frac{(n!)^3}{3n!}} \right| = \lim_{n\to\infty} \frac{(n+1)^3}{(3n+3)(3n+2)(3n+1)} = \frac{1}{27} < 1$$

藉由 Ratio test 則 $\displaystyle\sum_{n=1}^{\infty} \left| \frac{(-1)^{n+1}(n!)^3}{(3n!)} \right|$ 收斂 $\qquad \therefore \displaystyle\sum_{n=1}^{\infty} \frac{(-1)^{n+1}(n!)^3}{(3n!)}$ 絕對收斂

Example 15.

判斷 $\displaystyle\sum_{n=1}^{\infty} \frac{(-1)^{n+1} \sin\frac{1}{\sqrt{n}}}{3n}$ 為絕對收斂或條件收斂

【解】

Claim: $\displaystyle\sum_{n=1}^{\infty} \left| \frac{(-1)^{n+1} \sin\frac{1}{\sqrt{n}}}{3n} \right|$ 收斂

$$\because \lim_{n\to\infty} \left| \frac{\frac{\sin\frac{1}{\sqrt{n}}}{3n}}{\frac{1}{n^{\frac{3}{2}}}} \right| = \frac{1}{3} \lim_{n\to\infty} \left| \frac{\sin\frac{1}{\sqrt{n}}}{\frac{1}{\sqrt{n}}} \right| = \frac{1}{3}$$

Claim: $\displaystyle\sum_{n=1}^{\infty} \frac{1}{n^{\frac{3}{2}}}$ 收斂

$$\because \int_1^{\infty} \frac{dx}{x^{\frac{3}{2}}} = x^{-\frac{1}{2}} \Big|_1^{\infty} < \infty, \text{ 藉由 Integral Test 則 } \sum_{n=1}^{\infty} \frac{1}{n^{\frac{3}{2}}} \text{ 收斂}$$

By Limit Comparison Test 則 $\displaystyle\sum_{n=1}^{\infty} \frac{1}{n^{\frac{3}{2}}}$ 收斂 $\Rightarrow \displaystyle\sum_{n=1}^{\infty} \left| \frac{(-1)^{n+1} \sin\frac{1}{\sqrt{n}}}{3n} \right|$ 收斂

$$\therefore \sum_{n=1}^{\infty} \frac{(-1)^{n+1} \sin\frac{1}{\sqrt{n}}}{3n} \quad \text{绝对收敛}$$

Example 16.

$$判断 \sum_{n=1}^{\infty} (-1)^n \frac{4n}{5n-1} \quad \text{为绝对收敛或条件收敛}$$

【解】

$$\because \lim_{n\to\infty} \frac{4n}{5n-1} = \frac{4}{5} \neq 0 \qquad \therefore \sum_{n=1}^{\infty} (-1)^n \frac{4n}{5n-1} \quad \text{为发散级数}$$

Example 17.

$$a_n = \begin{cases} \dfrac{1}{n}, & n = 1,3,5 \\[2mm] -\dfrac{1}{n^3}, & n = 2,4,6 \end{cases} \quad 判断 \sum_{n=1}^{\infty} a_n \quad \text{收敛或发散}$$

【解】

$$\because \sum_{n=1}^{\infty} a_n = \sum_{n=1}^{\infty} \frac{1}{2n-1} - \sum_{n=1}^{\infty} \frac{1}{(2n)^3}$$

$$\because \sum_{n=1}^{\infty} \frac{1}{2n-1} \text{ 为发散级数 且 } \sum_{n=1}^{\infty} \frac{1}{(2n)^3} \text{ 为收敛级数} \quad \therefore \sum_{n=1}^{\infty} a_n \text{ 为发散级数}$$

Example 18.

$$判断 \sum_{n=2}^{\infty} \frac{(-1)^n}{n\ln^p n} \quad \text{为绝对收敛或条件收敛, } \forall p > 1$$

【解】

$$令 p > 1$$

Claim: $\displaystyle\sum_{n=2}^{\infty} \frac{1}{n\ln^p n}$ 收敛

$\because \displaystyle\int_{2}^{\infty} \frac{dx}{x\ln^p x} = \left.\frac{\ln^{-p+1} x}{1-p}\right|_{2}^{\infty} < \infty$, 藉由 Integral Test 则 $\displaystyle\sum_{n=2}^{\infty}\frac{1}{n\ln^p n}$ 收敛

因此 $\displaystyle\sum_{n=2}^{\infty}\frac{1}{n\ln^p n}$ 为绝对收敛

Example 19.

$$判断 \quad \sum_{n=1}^{\infty} \frac{(-1)^{n+1}\sin\sqrt{n}}{n^p} \quad 为绝对收敛或条件收敛, \ \forall p > 1$$

【解】

令 $p > 1$

Claim: $\displaystyle\sum_{n=1}^{\infty} \left|\frac{\sin\sqrt{n}}{n^p}\right|$ 收敛

$\because \left|\dfrac{\sin\sqrt{n}}{n^p}\right| < \left|\dfrac{1}{n^p}\right|, \ \forall n \in N \ $ 且 $\ \displaystyle\int_{1}^{\infty}\frac{dx}{x^p} = \left.\frac{x^{-p+1}}{1-p}\right|_{1}^{\infty} < \infty,$

藉由 Integral Test 则 $\displaystyle\sum_{n=1}^{\infty}\frac{1}{n^p}$ 收敛 $\Rightarrow \displaystyle\sum_{n=1}^{\infty}\left|\frac{\sin\sqrt{n}}{n^p}\right|$ 收敛

$\therefore \displaystyle\sum_{n=1}^{\infty}\frac{(-1)^{n+1}\sin\sqrt{n}}{n^p}$ 绝对收敛

6.5 幂级数与泰勒级数的定义与考试类型

之前讨论的级数是数列的总和，底下介绍的幂级数是函数数列的总和，而函数数列在某点取值之后的总和，即等同于某数列的总和，因此幂级数在某点取值后收敛发散的问题等同

于讨论无穷级数收敛发散的问题；底下会先介绍幂级数与其收敛发散的定义，以及何谓幂级数的收敛半径与收敛区间，接着讨论幂级数在其收敛区间之内为何会绝对收敛，此外，对于任意包含在收敛区间内的封闭区间而言，说明为何幂级数在此封闭区间之内会均匀收敛至某连续函数；若从宏观的角度来看幂级数，可思考成当任意给定一个幂级数，在满足哪些情形之下，此幂级数会收敛至某个连续函数或此幂级数何时能用一个连续函数来表示；泰勒级数(或泰勒展开式)相当于反了过来，也就是任意一个连续函数满足那些条件下，可以用幂级数来表示，底下整理幂级数与泰勒级数的考试类型，求泰勒级数有数种方法,使用时机也有所不同，读者应理解使用时机的差异

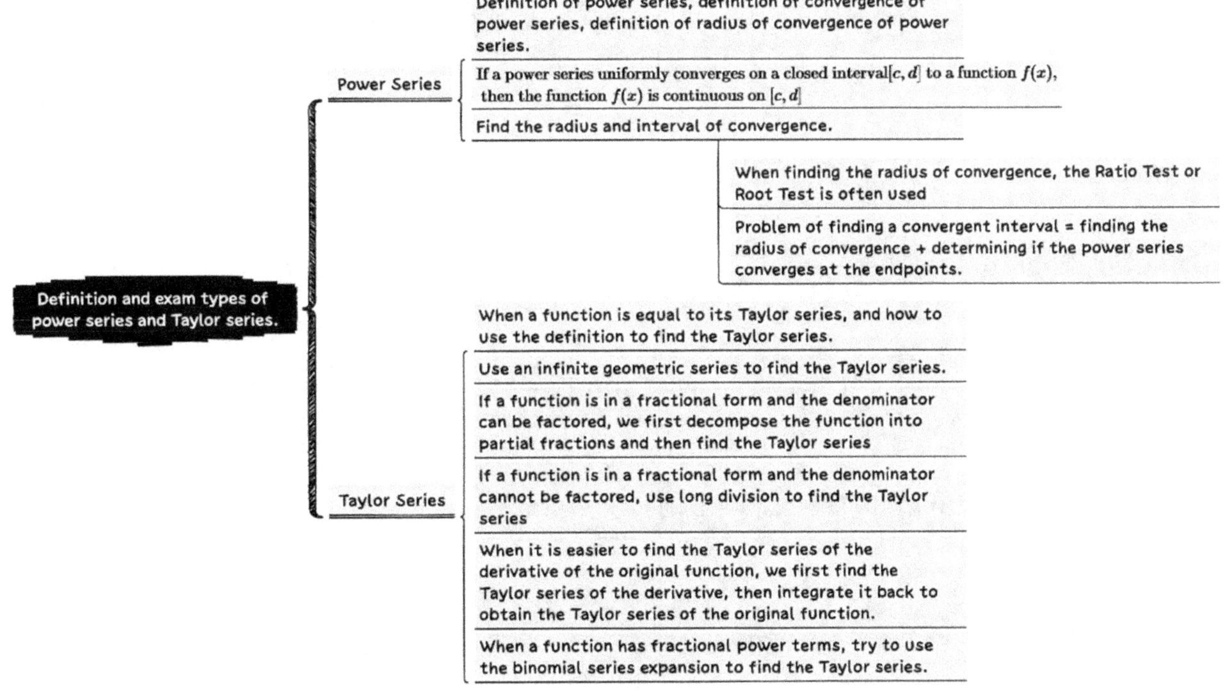

【定义】幂级数(Power Series)

若级数的形式如 $\displaystyle\sum_{k=0}^{\infty} a_k(x-a)^k$ 则此级数称为中心点为 a 的幂级数

【定义】幂级数的收敛

(i)A power series $\displaystyle\sum_{k=0}^{\infty} a_k(x-a)^k$ is said to converge at $c \iff \displaystyle\sum_{k=0}^{\infty} a_k(c-a)^k$ converges (ii)A power series $\displaystyle\sum_{k=0}^{\infty} a_k(x-a)^k$ is said to converge on the set S

$$\Leftrightarrow \sum_{k=0}^{\infty} a_k(x-a)^k \text{ converges, } \forall x \in S$$

【定义】幂级数的收敛半径与收敛区间

若幂级数 $\displaystyle\sum_{k=0}^{\infty} a_k(x-a)^k$ 在 $|x-a| < R$ 收敛则收敛半径为 R 且收敛区间为 $(x-a, x+a)$

补充说明:

By Ratio Test, 若 $\displaystyle\lim_{k\to\infty} \left| \frac{a_{k+1}(x-a)^{k+1}}{a_k(x-a)^k} \right| < 1$ 则 $\displaystyle\sum_{k=0}^{\infty} a_k(x-a)^k$ 收敛

$\because \displaystyle\lim_{k\to\infty} \left| \frac{a_{k+1}(x-a)^{k+1}}{a_k(x-a)^k} \right| < 1 \Leftrightarrow |x-a| < \lim_{k\to\infty}\left|\frac{a_k}{a_{k+1}}\right|$ $\therefore$ 收敛半径为 $R = \displaystyle\lim_{k\to\infty}\left|\frac{a_k}{a_{k+1}}\right|$

By Root Test, 若 $\displaystyle\lim_{k\to\infty} |a_k|^{\frac{1}{k}}|x-a| < 1$ 则 $\displaystyle\sum_{k=0}^{\infty} a_k(x-a)^k$ 收敛

$\because \displaystyle\lim_{k\to\infty}|a_k|^{\frac{1}{k}}|x-a| < 1 \Leftrightarrow |x-a| < \lim_{k\to\infty}\frac{1}{|a_k|^{\frac{1}{k}}}$ $\therefore$ 收敛半径为 $R = \displaystyle\lim_{k\to\infty}\frac{1}{|a_k|^{\frac{1}{k}}}$

也就是可使用 $\displaystyle\lim_{k\to\infty}\left|\frac{a_k}{a_{k+1}}\right|$ 或 $\displaystyle\lim_{k\to\infty}\frac{1}{|a_k|^{\frac{1}{k}}}$ 求 $\displaystyle\sum_{k=0}^{\infty} a_k(x-a)^k$ 的收敛半径

底下两个定理属于高等微积分的范围，用来帮助读者理解幂级数与连续函数的对应关系，当给定一幂级数且收敛半径为 R，则此幂级数在收敛区间内的任意闭区间皆为均匀收敛且收敛至一连续函数

【定理】

假设幂级数 $\sum_{k=0}^{\infty} a_k(x-a)^k$ 的收敛半径为 R 则

(i) $\sum_{k=0}^{\infty} a_k(x-a)^k$ converges absolutely, $\forall x \in (a-R, a+R)$

(ii) $\sum_{k=0}^{\infty} a_k(x-a)^k$ converges uniformly on $[c,d]$, $\forall [c,d] \subset (a-R, a+R)$

Proof:

(i)

Let $c \in (a-R, a+R)$. Claim $\sum_{k=0}^{\infty} a_k(c-a)^k$ converges absolutely

$\because \sum_{k=0}^{\infty} a_k(c-a)^k$ converges , $\forall c \in (a-R, a+R)$

Let $\varepsilon = 1$, choose $M \in N$ s.t. $k \geq M \Rightarrow |a_k(c-a)^k| < 1$ $\therefore \lim_{k \to \infty} |a_k|^{\frac{1}{k}} |c-a| < 1$

By Root Test, we have $\sum_{k=0}^{\infty} a_k(c-a)^k$ converges absolutely

(ii)

Let $[c,d] \subset (a-R, a+R)$. Choose $b \in (a-R, a+R)$ s.t. $|x-a| \leq |b-a|, \forall x \in [c,d]$

Let $M_k = |a_k||b-a|^k$, $\because \sum_{k=0}^{\infty} |a_k||b-a|^k$ converges and $|a_k(x-a)^k| \leq M_k, \forall x \in [c,d]$

By Weierstrass M– Test, $\sum_{k=0}^{\infty} a_k(x-a)^k$ converges uniformly on $[c,d]$

【定理】

若幂级数在闭区间 $[c,d]$ 均匀收敛至函数 $f(x)$ 则函数 $f(x)$ 在 $[c,d]$ 内为连续函数

<u>Proof:</u>

$\because$ 幂级数在闭区间 $[c,d]$ 均匀收敛至函数 $f(x)$

$$\text{Let } \varepsilon > 0, \text{choose } M \in N \text{ s.t. } n \geq M \Rightarrow \left| f(x) - \sum_{k=0}^{n} a_k (x-a)^k \right| < \frac{\varepsilon}{3}, \forall x \in [c,d]$$

$$\text{Let } b \in [c,d], \quad \because \sum_{k=0}^{M} a_k (x-a)^k \text{ is continuous at } b$$

$$\text{Choose } \delta > 0 \text{ s.t. } |x-b| < \delta \Rightarrow \left| \sum_{k=0}^{M} a_k (x-a)^k - \sum_{k=0}^{M} a_k (b-a)^k \right| < \frac{\varepsilon}{3}$$

$$\text{Then } |x-b| < \delta \Rightarrow$$

$$|f(x) - f(b)| < \left| f(x) - \sum_{k=0}^{M} a_k (x-a)^k \right| + \left| \sum_{k=0}^{M} a_k (x-a)^k - \sum_{k=0}^{M} a_k (b-a)^k \right|$$

$$+ \left| \sum_{k=0}^{M} a_k (b-a)^k - f(b) \right| < \frac{\varepsilon}{3} + \frac{\varepsilon}{3} + \frac{\varepsilon}{3} = \varepsilon$$

$\therefore f(x)$ 在 $[c,d]$ 内为连续函数

6.5.1 给幂级数求收敛半径与收敛区间

为了帮助读者理解如何求幂级数的收敛半径与收敛区间，我们在此使用较为精简的符号代替幂级数

$$\sum_{n=1}^{\infty} f_n(x) = \sum_{n=0}^{\infty} a_n (x-a)^n$$

接著介绍如何求幂级数 $\displaystyle\sum_{n=1}^{\infty} f_n(x)$ 的收敛半径或收敛区间

求收敛区间的问题 ＝ 找收敛半径 ＋ 此幂级数是否于端点收敛, 后者相当于是处理无穷级数收敛的问题, 包含之前讨论的: 求无穷级数的和、若 $\lim\limits_{n\to\infty} a_n \neq 0$ 则 $\sum_{n=1}^{\infty} a_n$ 发散、积分检验法、比较法(Comparison Test)、比值法(Ratio Test)、根值法(Root Test)、Leibnitz Test

考试类型:

Type 1.

求收敛半径时, 经常使用 Ratio Test 或 Root Test

解题流程:

Step1.

$$令 f(x) = \lim_{n\to\infty}\left|\frac{f_{n+1}(x)}{f_n(x)}\right| \text{ 或 } 令 f(x) = \lim_{n\to\infty}\left|\sqrt[n]{f_{n+1}(x)}\right|$$

Assume $f(x) = \dfrac{(x-b)^c}{a}, a, c > 0$ 且 $b \in R$

Step2.

$$令 |f(x)| < 1, 则 \left|\frac{(x-b)^c}{a}\right| < 1 \quad \therefore b - a^{\frac{1}{c}} < x < b + a^{\frac{1}{c}} \quad \therefore 收敛半径 = a^{\frac{1}{c}}$$

<u>范例说明:</u>

(I)如果 $f_n(x) = \dfrac{(nx)^n}{n!}$ 则 $f(x) = \lim\limits_{n\to\infty}\left|\dfrac{f_{n+1}(x)}{f_n(x)}\right| = \lim\limits_{n\to\infty}\left|\dfrac{\frac{((n+1)x)^{n+1}}{n+1!}}{\frac{(nx)^n}{n!}}\right| = e|x|$

(II)如果 $f_n(x) = (-1)^{n-1}\dfrac{x^{n-1}}{2n+1}$ 则 $f(x) = \lim\limits_{n\to\infty}\left|\dfrac{f_{n+1}(x)}{f_n(x)}\right| = \lim\limits_{n\to\infty}\left|\dfrac{\frac{x^n}{2n+3}}{\frac{x^{n-1}}{2n+1}}\right| = |x|$

Type 2.

求 $\sum\limits_{n=1}^{\infty} f_n(x)$ 的收敛区间

解题流程:

Step1.

$$令 f(x) = \lim_{n\to\infty}\left|\frac{f_{n+1}(x)}{f_n(x)}\right| \text{ 或 } 令 f(x) = \lim_{n\to\infty}\left|\sqrt[n]{f_{n+1}(x)}\right|$$

Step2.

令 $|f(x)| < 1$, 找 (x_0, x_1) 使得 则 $|f(x)| < 1,\ \forall x \in (x_0, x_1)\ \therefore$ 收敛区间包含 (x_0, x_1)

Step3.

判断 $\displaystyle\sum_{n=1}^{\infty} f_n(x)$ 于 $x = x_0,\ x_1$ 是否收敛, 也就是判断 $\displaystyle\sum_{n=1}^{\infty} f_n(x_0)$ 、$\displaystyle\sum_{n=1}^{\infty} f_n(x_1)$ 是否收敛

若为交错级数时, 则使用 Leibnitz Test 判断是否收敛

若为正项级数时, 则使用积分检验法、比较法(Comparison Test)、比值法(Ratio Test)、根值法(Root Test)

Step4.

(i)若 $\displaystyle\sum_{n=1}^{\infty} f_n(x_1)$ 收敛且 $\displaystyle\sum_{n=1}^{\infty} f_n(x_0)$ 收敛则收敛区间 $= [x_0, x_1]$

(ii)若 $\displaystyle\sum_{n=1}^{\infty} f_n(x_0)$ 收敛 且 $\displaystyle\sum_{n=1}^{\infty} f_n(x_1)$ 发散则收敛区间 $= [x_0, x_1)$

(iii)若 $\displaystyle\sum_{n=1}^{\infty} f_n(x_0)$ 发散 且 $\displaystyle\sum_{n=1}^{\infty} f_n(x_1)$ 收敛则收敛区间 $= (x_0, x_1]$

(iv)若 $\displaystyle\sum_{n=1}^{\infty} f_n(x_0)$ 发散 且 $\displaystyle\sum_{n=1}^{\infty} f_n(x_1)$ 发散则收敛区间 $= (x_0, x_1)$

范例说明:

若 $f(x) = \dfrac{(x-b)^c}{a}$, 其中 $a, c > 0$ 且 $b \in R$ 则 $x_0 = b - a^{\frac{1}{c}},\ x_1 = b + a^{\frac{1}{c}}$

Step1.

令 $\left|\dfrac{(x-b)^c}{a}\right| < 1$ 则 $b - a^{\frac{1}{c}} < x < b + a^{\frac{1}{c}}\ \therefore$ 收敛区间包含 $\left(b - a^{\frac{1}{c}}, b + a^{\frac{1}{c}}\right)$

Step2.

判断 $\displaystyle\sum_{n=1}^{\infty} f_n(x)$ 于 $x = b - a^{\frac{1}{c}},\ b + a^{\frac{1}{c}}$ 是否收敛

也就是判断 $\displaystyle\sum_{n=1}^{\infty} f_n\left(b - a^{\frac{1}{c}}\right) \cdot \sum_{n=1}^{\infty} f_n\left(b + a^{\frac{1}{c}}\right)$ 是否收敛

Step3.

若为交错级数时，则使用 Leibnitz Test 判断是否收敛

若为正项级数时，则使用积分检验法、比较法(Comparison Test)、比值法(Ratio Test)、根值法(Root Test)

Step4.

(i)若 $\displaystyle\sum_{n=1}^{\infty} f_n\left(b - a^{\frac{1}{c}}\right)$ 收敛且 $\displaystyle\sum_{n=1}^{\infty} f_n\left(b + a^{\frac{1}{c}}\right)$ 收敛 则收敛区间 $= [b - a^{\frac{1}{c}}, b + a^{\frac{1}{c}}]$

(ii)若 $\displaystyle\sum_{n=1}^{\infty} f_n\left(b - a^{\frac{1}{c}}\right)$ 发散且 $\displaystyle\sum_{n=1}^{\infty} f_n\left(b + a^{\frac{1}{c}}\right)$ 收敛则收敛区间 $= (b - a^{\frac{1}{c}}, b + a^{\frac{1}{c}}]$

(iii)若 $\displaystyle\sum_{n=1}^{\infty} f_n\left(b - a^{\frac{1}{c}}\right)$ 收敛且 $\displaystyle\sum_{n=1}^{\infty} f_n\left(b + a^{\frac{1}{c}}\right)$ 发散则收敛区间 $= [b - a^{\frac{1}{c}}, b + a^{\frac{1}{c}})$

(iv)若 $\displaystyle\sum_{n=1}^{\infty} f_n\left(b - a^{\frac{1}{c}}\right)$ 发散且 $\displaystyle\sum_{n=1}^{\infty} f_n\left(b + a^{\frac{1}{c}}\right)$ 发散则收敛区间 $= (b - a^{\frac{1}{c}}, b + a^{\frac{1}{c}})$

Example 1.

求 $\displaystyle\sum_{n=1}^{\infty} \frac{(nx)^n}{n!}$ 的收敛半径

【解】

$$\because \left|\frac{f_{n+1}(x)}{f_n(x)}\right| = \left|\frac{\frac{((n+1)x)^{n+1}}{n+1!}}{\frac{(nx)^n}{n!}}\right| = \left|\frac{(n+1)\left(1+\frac{1}{n}\right)^n x}{n+1}\right| = \left|\left(1+\frac{1}{n}\right)^n x\right|$$

$$\therefore \lim_{n\to\infty}\left|\frac{f_{n+1}(x)}{f_n(x)}\right| = \lim_{n\to\infty}\left|\left(1+\frac{1}{n}\right)^n x\right| = e|x|, \ \text{令 } e|x| < 1 \text{ 则收敛半径为 } \frac{1}{e}$$

Example 2.

$$求 \sum_{n=1}^{\infty} (-1)^{n-1} \frac{x^{n-1}}{2n+1} \text{ 的收敛半径}$$

【解】

$$\because \left| \frac{f_{n+1}(x)}{f_n(x)} \right| = \left| \frac{\dfrac{x^n}{2n+3}}{\dfrac{x^{n-1}}{2n+1}} \right| = \left| \frac{(2n+1)x}{2n+3} \right|$$

$$\therefore \lim_{n\to\infty} \left| \frac{f_{n+1}(x)}{f_n(x)} \right| = \lim_{n\to\infty} \left| \frac{(2n+1)x}{2n+3} \right| = |x|, \qquad \therefore \text{收敛半径为 } 1$$

Example 3.

$$求 \sum_{n=1}^{\infty} (-1)^{n-1} \frac{x^{n-1}}{kn+1} \text{ 的收敛半径}, \ \forall k \in N$$

【解】

$$令 k \in N, \quad \because \left| \frac{f_{n+1}(x)}{f_n(x)} \right| = \left| \frac{\dfrac{x^n}{kn+k+1}}{\dfrac{x^{n-1}}{kn+1}} \right| = \left| \frac{(kn+1)x}{kn+k+1} \right|$$

$$\therefore \lim_{n\to\infty} \left| \frac{f_{n+1}(x)}{f_n(x)} \right| = \lim_{n\to\infty} \left| \frac{(kn+1)x}{kn+k+1} \right| = |x| \qquad \therefore \text{收敛半径为 } 1$$

Example 4.

$$求 \sum_{n=1}^{\infty} (-1)^n \frac{(x-2)^n}{3^n \sqrt{n}} \text{ 的收敛区间}$$

【解】

$$\because \left| \frac{f_{n+1}(x)}{f_n(x)} \right| = \left| \frac{\dfrac{(x-2)^{n+1}}{3^{n+1}\sqrt{n+1}}}{\dfrac{(x-2)^n}{3^n\sqrt{n}}} \right| = \left| \frac{(x-2)\sqrt{n}}{3\sqrt{n+1}} \right| \qquad \therefore \lim_{n\to\infty} \left| \frac{f_{n+1}(x)}{f_n(x)} \right| = \lim_{n\to\infty} \left| \frac{(x-2)\sqrt{n}}{3\sqrt{n+1}} \right| = \left| \frac{x-2}{3} \right|$$

$$令 \left| \frac{x-2}{3} \right| < 1 \text{ 则 收敛区间包含 } (-1, 5)$$

(1)

As $x = -1$, $\displaystyle\sum_{n=1}^{\infty}(-1)^n\frac{(x-2)^n}{3^n\sqrt{n}} = \sum_{n=1}^{\infty}(-1)^n\frac{(-3)^n}{3^n\sqrt{n}} = \sum_{n=1}^{\infty}\frac{3^n}{3^n\sqrt{n}} = \sum_{n=1}^{\infty}\frac{1}{\sqrt{n}}$

藉由 Integral Test, 则 $\displaystyle\sum_{n=1}^{\infty}(-1)^n\frac{(x-2)^n}{3^n\sqrt{n}}$ 发散

(2)

As $x = 5$, $\displaystyle\sum_{n=1}^{\infty}(-1)^n\frac{(x-2)^n}{3^n\sqrt{n}} = \sum_{n=1}^{\infty}(-1)^n\frac{3^n}{3^n\sqrt{n}} = \sum_{n=1}^{\infty}(-1)^n\frac{1}{\sqrt{n}}$

$\because \dfrac{1}{\sqrt{n+1}} < \dfrac{1}{\sqrt{n}}, \forall\, n \in N$ 且 $\displaystyle\lim_{n\to\infty}\frac{1}{\sqrt{n}} = 0$

藉由 Leibnitz Test 则 $\displaystyle\sum_{n=1}^{\infty}(-1)^n\frac{(x-2)^n}{3^n\sqrt{n}}$ 收敛 $\quad \therefore$ 收敛区间 $= (-1, 5]$

Example 5.

求 $\displaystyle\sum_{n=1}^{\infty}(-1)^n\frac{(x-2)^n}{k^n\sqrt{n}}$ 的收敛区间, $\forall k \geq 3$

【解】

令 $k \geq 3$, $\because \left|\dfrac{f_{n+1}(x)}{f_n(x)}\right| = \left|\dfrac{\dfrac{(x-2)^{n+1}}{k^{n+1}\sqrt{n+1}}}{\dfrac{(x-2)^n}{k^n\sqrt{n}}}\right| = \left|\dfrac{(x-2)\sqrt{n}}{k\sqrt{n+1}}\right|$

$\therefore \displaystyle\lim_{n\to\infty}\left|\dfrac{f_{n+1}(x)}{f_n(x)}\right| = \lim_{n\to\infty}\left|\dfrac{(x-2)\sqrt{n}}{k\sqrt{n+1}}\right| = \left|\dfrac{x-2}{k}\right|$

令 $\left|\dfrac{x-2}{k}\right| < 1$ 则 收敛区间包含 $(2-k, 2+k)$

(1)

As $x = 2 - k$, $\displaystyle\sum_{n=1}^{\infty}(-1)^n\frac{(x-2)^n}{k^n\sqrt{n}} = \sum_{n=1}^{\infty}(-1)^n\frac{(-k)^n}{k^n\sqrt{n}} = \sum_{n=1}^{\infty}\frac{k^n}{k^n\sqrt{n}} = \sum_{n=1}^{\infty}\frac{1}{\sqrt{n}}$

藉由 Integral Test 则 $\displaystyle\sum_{n=1}^{\infty}(-1)^n\frac{(x-2)^n}{k^n\sqrt{n}}$ 发散

(2)

As $x = 2 + k$, $\displaystyle\sum_{n=1}^{\infty}(-1)^n\frac{(x-2)^n}{k^n\sqrt{n}} = \sum_{n=1}^{\infty}(-1)^n\frac{k^n}{k^n\sqrt{n}} = \sum_{n=1}^{\infty}(-1)^n\frac{1}{\sqrt{n}}$

$\because \dfrac{1}{\sqrt{n+1}} < \dfrac{1}{\sqrt{n}}$, $\forall n \in N$ 且 $\displaystyle\lim_{n\to\infty}\frac{1}{\sqrt{n}} = 0$

藉由 Leibnitz Test 则 $\displaystyle\sum_{n=1}^{\infty}(-1)^n\frac{(x-2)^n}{k^n\sqrt{n}}$ 收敛 $\quad \therefore$ 收敛区间 $= (2-k, 2+k]$

Example 6.

$\quad$ 求 $\displaystyle\sum_{n=1}^{\infty}\frac{(-1)^n}{3n-1}\left(\frac{1-x}{1+x}\right)^n$ 的收敛区间

【解】

$\because \left|\dfrac{f_{n+1}(x)}{f_n(x)}\right| = \left|\dfrac{\dfrac{(-1)^n}{3n+2}\left(\dfrac{1-x}{1+x}\right)^{n+1}}{\dfrac{(-1)^n}{3n-1}\left(\dfrac{1-x}{1+x}\right)^n}\right| = \left|\dfrac{(3n-1)\dfrac{1-x}{1+x}}{3n+2}\right| \quad \therefore \displaystyle\lim_{n\to\infty}\left|\dfrac{f_{n+1}(x)}{f_n(x)}\right| = \lim_{n\to\infty}\left|\dfrac{1-x}{1+x}\right|$

令 $\left|\dfrac{1-x}{1+x}\right| < 1$ 则 $x > 0 \quad\quad \therefore$ 收敛区间包含 $(0, \infty)$

As $x = 0$, $\displaystyle\sum_{n=1}^{\infty}\frac{(-1)^n}{3n-1}\left(\frac{1-x}{1+x}\right)^n = \sum_{n=1}^{\infty}\frac{(-1)^n}{3n-1}$ 且 $\displaystyle\sum_{n=1}^{\infty}\frac{(-1)^n}{3n-1}$ 收敛 $\quad \therefore$ 收敛区间 $= [0, \infty)$

Example 7.

$\quad$ 求 $\displaystyle\sum_{n=1}^{\infty}\frac{20^n}{n}x^n$ 的收敛区间

【解】

$$\because \left|\frac{f_{n+1}(x)}{f_n(x)}\right| = \left|\frac{\dfrac{20^{n+1}}{n+1}x^{n+1}}{\dfrac{20^n}{n}x^n}\right| = \left|\frac{20nx}{n+1}\right| \qquad \therefore \lim_{n\to\infty}\left|\frac{f_{n+1}(x)}{f_n(x)}\right| = \lim_{n\to\infty}\left|\frac{20nx}{n+1}\right| = 20|x|$$

令 $20|x| < 1$ 则 $-\dfrac{1}{20} < x < \dfrac{1}{20}$ $\qquad \therefore$ 收敛区间包含 $(-\dfrac{1}{20},\dfrac{1}{20})$

(1)

As $x = \dfrac{1}{20}$, $\quad \displaystyle\sum_{n=1}^{\infty}\frac{20^n}{n}x^n = \sum_{n=1}^{\infty}\frac{1}{n}$ 且 $\displaystyle\sum_{n=1}^{\infty}\frac{1}{n}$ 发散

(2)

As $x = -\dfrac{1}{20}$, $\quad \displaystyle\sum_{n=1}^{\infty}\frac{20}{n}x^n = \sum_{n=1}^{\infty}\frac{(-1)^n}{n}$

$\because \dfrac{1}{n+1} < \dfrac{1}{n}$, $\forall n \in N$ 且 $\lim\limits_{n\to\infty}\dfrac{1}{n} = 0$, 藉由 Leibnitz Test 则 $\displaystyle\sum_{n=1}^{\infty}\frac{(-1)^n}{n}$ 收敛

$\therefore$ 收敛区间 $= [-\dfrac{1}{20},\dfrac{1}{20})$

Example 8.

$$求 \sum_{n=1}^{\infty}(-1)^n\frac{(x-3)^n}{(n+1)3^n} \text{ 的收敛区间}$$

【解】

$$\because \left|\frac{f_{n+1}(x)}{f_n(x)}\right| = \left|\frac{\dfrac{(x-3)^{n+1}}{(n+2)3^{n+1}}}{\dfrac{(x-3)^n}{(n+1)3^n}}\right| = \left|\frac{(n+1)(x-3)}{3(n+2)}\right|$$

$$\therefore \lim_{n\to\infty}\left|\frac{f_{n+1}(x)}{f_n(x)}\right| = \lim_{n\to\infty}\left|\frac{(n+1)(x-3)}{3(n+2)}\right| = \left|\frac{x-3}{3}\right|$$

令 $\left|\dfrac{x-3}{3}\right| < 1$ 则收敛区间包含 $(0,6)$

(1)

$$\text{As } x = 0, \quad \sum_{n=1}^{\infty}(-1)^n \frac{(x-3)^n}{(n+1)3^n} = \sum_{n=1}^{\infty}(-1)^n \frac{(-3)^n}{(n+1)3^n} = \sum_{n=1}^{\infty}\frac{1}{(n+1)}$$

藉由 Integral Test 则 $\displaystyle\sum_{n=1}^{\infty}(-1)^n \frac{(x-3)^n}{(n+1)3^n}$ 发散

(2)

$$\text{As } x = 6, \quad \sum_{n=1}^{\infty}(-1)^n \frac{(x-3)^n}{(n+1)3^n} = \sum_{n=1}^{\infty}(-1)^n \frac{3^n}{(n+1)3^n} = \sum_{n=1}^{\infty}\frac{(-1)^n}{(n+1)}$$

$\because \dfrac{1}{n+2} < \dfrac{1}{n+1}, \quad \forall\, n \in N$ 且 $\displaystyle\lim_{n\to\infty}\frac{1}{n+1} = 0$

藉由 Leibnitz Test 则 $\displaystyle\sum_{n=1}^{\infty}(-1)^n \frac{(x-3)^n}{(n+1)3^n}$ 收敛 $\quad \therefore$ 收敛区间 $= (0, 6]$

Example 9.

$$\text{求} \sum_{n=1}^{\infty}(-1)^{n+1}\frac{(x+1)^{2n}}{(n+1)^2 3^n} \text{ 的收敛区间}$$

【解】

$$\because \left|\frac{f_{n+1}(x)}{f_n(x)}\right| = \left|\frac{\dfrac{(x+1)^{2n+2}}{(n+2)^2 3^{n+1}}}{\dfrac{(x+1)^{2n}}{(n+1)^2 3^n}}\right| = \left|\frac{(n+1)^2(x+1)^2}{(n+2)^2 3}\right|$$

$$\therefore \lim_{n\to\infty}\left|\frac{f_{n+1}(x)}{f_n(x)}\right| = \lim_{n\to\infty}\left|\frac{(n+1)^2(x+1)^2}{(n+2)^2 3}\right| = \frac{(x+1)^2}{3}$$

令 $\dfrac{(x+1)^2}{3} < 1$ 则 $-\sqrt{3} < x+1 < \sqrt{3} \Rightarrow -\sqrt{3}-1 < x < \sqrt{3}-1$

$\therefore$ 收敛区间包含 $(-\sqrt{3}-1, \sqrt{3}-1)$

As $x = -\sqrt{3}-1$ or $x = \sqrt{3}-1$

$$\sum_{n=1}^{\infty}(-1)^{n+1}\frac{(x+1)^{2n}}{(n+1)^2 3^n} = \sum_{n=1}^{\infty}(-1)^{n+1}\frac{(\sqrt{3})^{2n}}{(n+1)^2 3^n} = \sum_{n=1}^{\infty}(-1)^{n+1}\frac{1}{(n+1)^2}$$

$$\because \frac{1}{(n+2)^2} < \frac{1}{(n+1)^2}, \quad \forall n \in N \text{ 且 } \lim_{n \to \infty} \frac{1}{(n+1)^2} = 0$$

藉由 Leibnitz Test 则 $\displaystyle\sum_{n=1}^{\infty} \frac{(-1)^{n+1}}{(n+1)^2}$ 收敛 $\quad \therefore$ 收敛区间 $= [-\sqrt{3}-1, \sqrt{3}-1]$

Example 10.

求 $\displaystyle\sum_{n=1}^{\infty} (-1)^{n+1} \frac{(x+1)^{2n}}{(n+1)^2 k^n}$ 的收敛区间, $\forall k \in N$

【解】

令 $k \in N, \quad \because \left|\dfrac{f_{n+1}(x)}{f_n(x)}\right| = \left|\dfrac{\dfrac{(x+1)^{2n+2}}{(n+2)^2 k^{n+1}}}{\dfrac{(x+1)^{2n}}{(n+1)^2 k^n}}\right| = \left|\dfrac{(n+1)^2 (x+1)^2}{(n+2)^2 k}\right|$

$$\therefore \lim_{n \to \infty} \left|\frac{f_{n+1}(x)}{f_n(x)}\right| = \lim_{n \to \infty} \left|\frac{(n+1)^2 (x+1)^2}{(n+2)^2 k}\right| = \frac{(x+1)^2}{k}$$

令 $\dfrac{(x+1)^2}{k} < 1$ 则 $-\sqrt{k} < x+1 < \sqrt{k} \Rightarrow -\sqrt{k}-1 < x < \sqrt{k}-1$

$\therefore$ 收敛区间包含 $(-\sqrt{k}-1, \sqrt{k}-1)$

As $x = -\sqrt{k}-1$ or $x = \sqrt{k}-1$

$$\sum_{n=1}^{\infty} (-1)^{n+1} \frac{(x+1)^{2n}}{(n+1)^2 k^n} = \sum_{n=1}^{\infty} (-1)^{n+1} \frac{(\sqrt{k})^{2n}}{(n+1)^2 k^n} = \sum_{n=1}^{\infty} (-1)^{n+1} \frac{1}{(n+1)^2}$$

$$\because \frac{1}{(n+2)^2} < \frac{1}{(n+1)^2}, \quad \forall n \in N \text{ 且 } \lim_{n \to \infty} \frac{1}{(n+1)^2} = 0$$

藉由 Leibnitz Test 则 $\displaystyle\sum_{n=1}^{\infty} \frac{(-1)^{n+1}}{(n+1)^2}$ 收敛 $\quad \therefore$ 收敛区间 $= [-\sqrt{k}-1, \sqrt{k}-1]$

Example 11.

求 $\displaystyle\sum_{n=2}^{\infty} \frac{1}{n \ln n} \left(\frac{x}{2} - 1\right)^n$ 的收敛区间

【解】

$$\because \left|\frac{f_{n+1}(x)}{f_n(x)}\right| = \left|\frac{\dfrac{1}{(n+1)\ln(n+1)}\left(\dfrac{x}{2}-1\right)^{n+1}}{\dfrac{1}{n\ln n}\left(\dfrac{x}{2}-1\right)^{n}}\right| = \left|\frac{n\ln n\left(\dfrac{x}{2}-1\right)}{(n+1)\ln(n+1)}\right|$$

$$\therefore \lim_{n\to\infty}\left|\frac{f_{n+1}(x)}{f_n(x)}\right| = \lim_{n\to\infty}\left|\frac{x}{2}-1\right|$$

令 $\left|\dfrac{x}{2}-1\right| < 1$ 则 $0 < x < 4$ $\quad\therefore$ 收敛区间包含 $(0,4)$

(1)

As $x = 4$, $\displaystyle\sum_{n=2}^{\infty}\frac{1}{n\ln n}\left(\frac{x}{2}-1\right)^{n} = \sum_{n=2}^{\infty}\frac{1}{n\ln n}$

$\because \displaystyle\int_{2}^{\infty}\frac{dx}{x\ln x} = \ln(\ln x)\big|_{2}^{\infty} = \infty$ $\quad$ 且 $f(x) = \dfrac{1}{x\ln x}$ 于 $[2,\infty)$ 为连续递减函数

藉由 Integral Test 则 $\displaystyle\sum_{n=2}^{\infty}\frac{1}{n\ln n}$ 发散

(2)

As $x = 0$, $\displaystyle\sum_{n=2}^{\infty}\frac{1}{n\ln n}\left(\frac{x}{2}-1\right)^{n} = \sum_{n=2}^{\infty}\frac{(-1)^n}{n\ln n}$

$\because \dfrac{1}{(n+1)\ln(n+1)} < \dfrac{1}{n\ln n}$, $\quad \forall\, n \in N$ $\quad$ 且 $\displaystyle\lim_{n\to\infty}\frac{1}{n\ln n} = 0$

藉由 Leibnitz Test 则 $\displaystyle\sum_{n=2}^{\infty}\frac{(-1)^n}{n\ln n}$ 收敛 $\quad\therefore$ 收敛区间 $= [0,4)$

Example 12.

$$求 \sum_{n=1}^{\infty}\frac{n}{x^n} \text{ 的收敛区间}$$

【解】

$$\because \left|\frac{f_{n+1}(x)}{f_n(x)}\right| = \left|\frac{\frac{n+1}{x^{n+1}}}{\frac{n}{x^n}}\right| = \left|\frac{n+1}{nx}\right| \qquad \therefore \lim_{n\to\infty}\left|\frac{f_{n+1}(x)}{f_n(x)}\right| = \lim_{n\to\infty}\left|\frac{1}{x}\right|$$

令 $\left|\dfrac{1}{x}\right| < 1$ 则 $x < -1$ 或 $x > 1$ $\qquad \therefore$ 收敛区间包含 $(-\infty, -1)\cup(1,\infty)$

(1)

As $x = 1,$ $\quad \displaystyle\sum_{n=1}^{\infty}\frac{n}{x^n} = \sum_{n=1}^{\infty}n \ \Rightarrow \sum_{n=1}^{\infty}\frac{n}{x^n}$ 发散

(2)

As $x = -1,$ $\quad \displaystyle\sum_{n=1}^{\infty}\frac{n}{x^n} = \sum_{n=1}^{\infty}n(-1)^n \ \Rightarrow \sum_{n=1}^{\infty}\frac{n}{x^n}$ 发散

$\therefore$ 收敛区间 $= (-\infty,-1)\cup(1,\infty)$

Example 13.

$$求 \sum_{n=1}^{\infty}(-1)^n\frac{(x-5)^n}{8^n} \ 的收敛区间$$

【解】

$$\because \left|\frac{f_{n+1}(x)}{f_n(x)}\right| = \left|\frac{\frac{(x-5)^{n+1}}{8^{n+1}}}{\frac{(x-5)^n}{8^n}}\right| = \left|\frac{x-5}{8}\right| \qquad \therefore \lim_{n\to\infty}\left|\frac{f_{n+1}(x)}{f_n(x)}\right| = \lim_{n\to\infty}\left|\frac{x-5}{8}\right|$$

令 $\left|\dfrac{x-5}{8}\right| < 1$ 则 $|x-5| < 8 \Rightarrow -3 < x < 13$ $\qquad \therefore$ 收敛区间包含 $(-3,13)$

(1)

As $x = 13,$ $\quad \displaystyle\sum_{n=1}^{\infty}(-1)^n\frac{(x-5)^n}{8^n} = \sum_{n=1}^{\infty}(-1)^n$ 且 $\sum_{n=1}^{\infty}(-1)^n$ 发散

(2)

As $x = -3,$ $\quad \displaystyle\sum_{n=1}^{\infty}(-1)^n\frac{(x-5)^n}{8^n} = \sum_{n=1}^{\infty}1^n$ 且 $\sum_{n=1}^{\infty}1^n$ 发散

$\therefore$ 收敛区间 $= (-3,13)$

Example 14.

$$求 \sum_{n=1}^{\infty} x^{n^2} \ 的收敛区间$$

【解】

$$\because \left|\frac{f_{n+1}(x)}{f_n(x)}\right| = \left|\frac{x^{(n+1)^2}}{x^{n^2}}\right| = |x^{2n+1}|$$

令 $|x^{2n+1}| < 1$ 则 $|x^{2n+1}| < 1 \Rightarrow -1 < x < 1$ $\quad \therefore$ 收敛区间包含 $(-1,1)$

(1)

$$\text{As } x = 1, \quad \sum_{n=1}^{\infty} x^{n^2} = \sum_{n=1}^{\infty} 1, \quad \because \lim_{n \to \infty} 1 \neq 0 \quad \therefore \sum_{n=1}^{\infty} x^{n^2} \ 发散$$

(2)

$$\text{As } x = -1, \quad \sum_{n=1}^{\infty} x^{n^2} = \sum_{n=1}^{\infty} (-1)^{n^2}, \quad \because \lim_{n \to \infty} (-1)^{n^2} \neq 0 \quad \therefore \sum_{n=1}^{\infty} x^{n^2} \ 发散$$

$\therefore$ 收敛区间 $= (-1,1)$

Example 15.

$$求 \sum_{n=1}^{\infty} \left(\frac{3n}{n+1}\right)^n x^n \ 的收敛区间$$

【解】

$$\because \left|\sqrt[n]{f_{n+1}(x)}\right| = \left|\frac{3nx}{n+1}\right| \quad \therefore \lim_{n \to \infty} \left|\sqrt[n]{f_{n+1}(x)}\right| = \lim_{n \to \infty} \left|\frac{3nx}{n+1}\right| = |3x|$$

令 $|3x| < 1$ 则 $|x| < \dfrac{1}{3} \Rightarrow \dfrac{-1}{3} < x < \dfrac{1}{3}$ $\quad \therefore$ 收敛区间包含 $(\dfrac{-1}{3}, \dfrac{1}{3})$

(1)

$$\text{As } x = \frac{1}{3}, \quad \sum_{n=1}^{\infty} \left(\frac{3n}{n+1}\right)^n x^n = \sum_{n=1}^{\infty} \left(\frac{3n}{n+1}\right)^n \left(\frac{1}{3}\right)^n = \sum_{n=1}^{\infty} \left(\frac{n}{n+1}\right)^n$$

$$\because \lim_{n \to \infty} \left(\frac{n}{n+1}\right)^n = e^{-1} \neq 0 \qquad \therefore \sum_{n=1}^{\infty} \left(\frac{3n}{n+1}\right)^n \left(\frac{1}{3}\right)^n \text{ 发散}$$

(2)

$$\text{As } x = -\frac{1}{3}, \quad \sum_{n=1}^{\infty} \left(\frac{3n}{n+1}\right)^n x^n = \sum_{n=1}^{\infty} \left(\frac{3n}{n+1}\right)^n \left(\frac{-1}{3}\right)^n = \sum_{n=1}^{\infty} (-1)^n \left(\frac{n}{n+1}\right)^n$$

$$\because \lim_{n \to \infty} (-1)^n \left(\frac{n}{n+1}\right)^n = \pm e^{-1} \qquad \therefore \sum_{n=1}^{\infty} \left(\frac{3n}{n+1}\right)^n \left(\frac{-1}{3}\right)^n \text{ 发散}$$

$$\therefore \text{收敛区间} = \left(-\frac{1}{3}, \frac{1}{3}\right)$$

Example 16.

$$\text{求} \sum_{n=1}^{\infty} \left(\frac{n^2}{n^2+1}\right)^n (x-1)^n \text{ 的收敛区间}$$

【解】

$$\because \left|\sqrt[n]{f_{n+1}(x)}\right| = \left|\frac{n^2(x-1)}{n^2+1}\right| \qquad \therefore \lim_{n \to \infty} \left|\sqrt[n]{f_{n+1}(x)}\right| = \lim_{n \to \infty} \left|\frac{n^2(x-1)}{n^2+1}\right| = |x-1|$$

令$|x-1| < 1$ 则 $0 < x < 2$ $\qquad \therefore$ 收敛区间包含$(0,2)$

(1)

$$\text{As } x = 2, \quad \sum_{n=1}^{\infty} \left(\frac{n^2}{n^2+1}\right)^n (x-1)^n = \sum_{n=1}^{\infty} \left(\frac{n^2}{n^2+1}\right)^n$$

$$\because \sum_{n=1}^{\infty} \left(\frac{n^2}{n^2+1}\right)^n > \sum_{n=1}^{\infty} \left(\frac{n^2}{n^2+1}\right)^{n^2} \text{ 且 } \lim_{n \to \infty} \left(\frac{n^2}{n^2+1}\right)^{n^2} = e^{-1}$$

$$\because \sum_{n=1}^{\infty} \left(\frac{n^2}{n^2+1}\right)^{n^2} \text{ 发散} \Rightarrow \sum_{n=1}^{\infty} \left(\frac{n^2}{n^2+1}\right)^n \text{ 发散}$$

(2)

$$\text{As } x = 0, \quad \sum_{n=1}^{\infty} \left(\frac{n^2}{n^2 + 1} \right)^n (x - 1)^n = \sum_{n=1}^{\infty} (-1)^n \left(\frac{n^2}{n^2 + 1} \right)^n$$

$$\because \lim_{n \to \infty} \left(\frac{n^2}{n^2 + 1} \right)^n \neq 0 \quad \therefore \sum_{n=1}^{\infty} (-1)^n \left(\frac{n^2}{n^2 + 1} \right)^n \text{ 发散}$$

$$\therefore 收敛区间 = (0,2)$$

Example 17.

$$求 \sum_{n=1}^{\infty} \frac{1}{n \cdot 4^n} (x - 1)^n \text{ 的收敛区间}$$

【解】

$$\because \left| \frac{f_{n+1}(x)}{f_n(x)} \right| = \left| \frac{\frac{1}{(n+1) \cdot 4^{n+1}} (x-1)^{n+1}}{\frac{1}{n \cdot 4^n} (x-1)^n} \right| = \left| \frac{n(x-1)}{4(n+1)} \right| \quad \therefore \lim_{n \to \infty} \left| \frac{f_{n+1}(x)}{f_n(x)} \right| = \left| \frac{x-1}{4} \right|$$

$$令 \left| \frac{x-1}{4} \right| < 1 \text{ 则 } |x - 1| < 4 \Rightarrow -3 < x < 5 \quad \therefore 收敛区间包含(-3,5)$$

(1)

$$\text{As } x = 5, \quad \sum_{n=1}^{\infty} \frac{(x-1)^n}{n \cdot 4^n} = \sum_{n=1}^{\infty} \frac{4^n}{n \cdot 4^n} = \sum_{n=1}^{\infty} \frac{1}{n} \quad 且 \sum_{n=1}^{\infty} \frac{1}{n} \text{ 发散}$$

(2)

$$\text{As } x = -3, \quad \sum_{n=1}^{\infty} \frac{(x-1)^n}{n \cdot 4^n} = \sum_{n=1}^{\infty} \frac{(-1)^n 4^n}{n \cdot 4^n} = \sum_{n=1}^{\infty} \frac{(-1)^n}{n} \quad 且 \sum_{n=1}^{\infty} \frac{(-1)^n}{n} \text{ 收敛}$$

$$\therefore 收敛区间 = [-3,5)$$

Example 18.

$$求 \sum_{n=1}^{\infty} \frac{1}{n} (2x - 7)^n \text{ 的收敛区间}$$

【解】

$$\because \left|\frac{f_{n+1}(x)}{f_n(x)}\right| = \left|\frac{\frac{1}{n+1}(2x-7)^{n+1}}{\frac{1}{n}(2x-7)^n}\right| = \left|\frac{n(2x-7)}{n+1}\right| \quad \therefore \lim_{n\to\infty}\left|\frac{f_{n+1}(x)}{f_n(x)}\right| = \lim_{n\to\infty}|2x-7|$$

令 $|2x-7| < 1$ 则 $3 < x < 4$ $\qquad \therefore$ 收敛区间包含$(3,4)$

(1)

As $x = 4$, $\displaystyle\sum_{n=1}^{\infty}\frac{1}{n}(2x-7)^n = \sum_{n=1}^{\infty}\frac{1}{n}$ 且 $\displaystyle\sum_{n=1}^{\infty}\frac{1}{n}$ 发散

(2)

As $x = 3$, $\displaystyle\sum_{n=1}^{\infty}\frac{1}{n}(2x-7)^n = \sum_{n=1}^{\infty}\frac{(-1)^n}{n}$ 且 $\displaystyle\sum_{n=1}^{\infty}\frac{(-1)^n}{n}$ 收敛

$\therefore$ 收敛区间 $= [3,4)$

6.5.2　使用泰勒级数的定义求泰勒级数

从宏观的角度来看幂级数，可以思考成幂级数在满足哪些情形之下，会收敛至某个连续函数或满足什么条件时，幂级数能用一个连续函数来表示，底下介绍的 Taylor's Formula 相当于反了过来，可以思考成任意一个连续函数$f(x)$满足哪些条件，可以用幂级数来表示或者连续函数$f(x)$满足哪些条件之下，函数$f(x)$能有底下的表示式

$$f(x) = \sum_{k=0}^{\infty}\frac{f^{(k)}(c)}{k!}(x-c)^k$$

【定义】

Assume $f(x)$ is a real-valued function defined on an interval I in R. If f has derivatives of every order at each point of I, we denote $f(x) \in C^{\infty}$ on I.

【定义】泰勒级数（泰勒展开式）

若 $f(x) \in C^{\infty}$ on a neighborhood $B_\delta(c)$, $\delta > 0$ 则称幂级数 $\displaystyle\sum_{k=0}^{\infty}\frac{f^{(k)}(c)}{k!}(x-c)^k$

为在 c 点由 $f(x)$ 生成的泰勒级数或泰勒展开式.

若 $c = 0$ 时, 则称幂级数 $\displaystyle\sum_{k=0}^{\infty} \frac{f^{(k)}(0)}{k!} x^k$ 为由 $f(x)$ 生成的马克劳林级数

此外, 藉由 $f(x) \sim \displaystyle\sum_{k=0}^{\infty} \frac{f^{(k)}(c)}{k!} (x - c)^k$ 表示 $f(x)$ 生成此泰勒级数

假设函数 $f(x) = \begin{cases} e^{-\frac{1}{x^2}}, & x \neq 0 \\ 0, & x = 0 \end{cases}$, 则 $f(x) \in C^{\infty}(-\infty, \infty)$ 且 $f^{(k)}(0) = 0, \ \forall k \in N.$ 因此 $f(x)$ 以 $c = 0$ 为中心点的泰勒展开式恒等于零, 然而, 函数 $f(x)$ 只有在 $x = 0$ 等于零; 因此

$f(x) \neq \displaystyle\sum_{k=0}^{\infty} \frac{f^{(k)}(0)}{k!} x^k, \forall x \neq 0,$ 從這例子可观察到任意函数未必等于其泰勒级数;

接下来的问题是"$\sim$"何时能变成等号, 也就是函数 $f(x)$ 满足那些条件时, 函数 $f(x)$ 等于其

泰勒级数, 即 $f(x) = \displaystyle\sum_{k=0}^{\infty} \frac{f^{(k)}(c)}{k!} (x - c)^k$, 我们使用 Taylor's Formula 与其延伸定理來回答

這问题, 首先需先介绍 Extension of Generalized Mean Value Theorem

【**定理**】Extension of Generalized Mean-Value Theorem

Assume $f(x)$ and $g(x)$ have finite nth derivatives $f^{(n)}$ and $g^{(n)}$ in (a, b) and continuous $(n - 1)$th derivatives on $[a, b]$. Let $c \in [a, b]$. Then

$\forall x \in [a, b], \ x \neq c, \ \exists x_0 \in (x, c)$ s.t.

$$\left(f(x) - \sum_{k=0}^{n-1} \frac{f^{(k)}(c)}{k!} (x - c)^k \right) g^{(n)}(x_0) = \left(g(x) - \sum_{k=0}^{n-1} \frac{g^{(k)}(c)}{k!} (x - c)^k \right) f^{(n)}(x_0)$$

Proof:

Assume $c < b, \ c < x$ and x is fixed.

Let $F(t) = \displaystyle\sum_{k=0}^{n-1} \frac{f^{(k)}(t)}{k!} (x - t)^k$ and $G(t) = \displaystyle\sum_{k=0}^{n-1} \frac{g^{(k)}(t)}{k!} (x - t)^k, \ \forall t \in [c, x].$

Then F, G have finite derivative in (c, x) and are continuous on $[c, x]$.

By Generalized Mean-Value Theorem,

$\exists x_0 \in (c, x)$ s.t. $F'(x_0)\big(G(x) - G(c)\big) = G'(x_0)\big(F(x) - F(c)\big)$

$\therefore \exists x_0 \in (c, x)$ s.t. $F'(x_0)\big(g(x) - G(c)\big) = G'(x_0)\big(f(x) - F(c)\big)$

Claim: $F'(t) = \dfrac{f^{(n)}(t)(x - t)^{n-1}}{(n - 1)!}$ and $G'(t) = \dfrac{g^{(n)}(t)(x - t)^{n-1}}{(n - 1)!}$

$$F'(t) = f^{(1)}(t) + \sum_{k=1}^{n-1} \frac{f^{(k+1)}(t)}{k!}(x - t)^k - \frac{f^{(k)}(t)}{k - 1!}(x - t)^{k-1} = \frac{f^{(n)}(t)(x - t)^{n-1}}{(n - 1)!}$$

$$G'(t) = g^{(1)}(t) + \sum_{k=1}^{n-1} \frac{g^{(k+1)}(t)}{k!}(x - t)^k - \frac{g^{(k)}(t)}{k - 1!}(x - t)^{k-1} = \frac{g^{(n)}(t)(x - t)^{n-1}}{(n - 1)!}$$

$$\therefore \exists x_0 \in (c, x) \text{ s.t. } \frac{f^{(n)}(x_0)(x - x_0)^{n-1}}{(n - 1)!}\left(g(x) - \sum_{k=0}^{n-1} \frac{g^{(k)}(c)}{k!}(x - c)^k\right)$$

$$= \frac{g^{(n)}(x_0)(x - x_0)^{n-1}}{(n - 1)!}\left(f(x) - \sum_{k=0}^{n-1} \frac{f^{(k)}(c)}{k!}(x - c)^k\right)$$

$$\therefore \left(f(x) - \sum_{k=0}^{n-1} \frac{f^{(k)}(c)}{k!}(x - c)^k\right)g^{(n)}(x_0) = \left(g(x) - \sum_{k=0}^{n-1} \frac{g^{(k)}(c)}{k!}(x - c)^k\right)f^{(n)}(x_0)$$

【定理】Taylor's Formula

Assume $f(x)$ has finite nth derivative $f^{(n)}$ in (a, b) and that $f^{(n-1)}$ is continuous on $[a, b]$.

Let $c \in [a, b]$. Then $\forall x \in [a, b]$, $x \neq c$, $\exists\, x_0$ in interval joining x and c s.t.

$$f(x) = f(c) + \sum_{k=1}^{n-1} \frac{f^{(k)}(c)}{k!}(x - c)^k + \frac{f^{(n)}(x_0)}{n!}(x - c)^n$$

Proof:

Let $g(x) = (x - c)^n$, then $g^{(k)}(c) = 0$, $\forall 0 \leq k \leq n - 1$ and $g^{(n)}(x) = n!$

By Extension of Generalized Mean-Value Theorem, we have

$$\left(f(x) - \sum_{k=0}^{n-1} \frac{f^{(k)}(c)}{k!} (x-c)^k \right) g^{(n)}(x_0) = \left(g(x) - \sum_{k=0}^{n-1} \frac{g^{(k)}(c)}{k!} (x-c)^k \right) f^{(n)}(x_0)$$

$$\Rightarrow \left(f(x) - \sum_{k=0}^{n-1} \frac{f^{(k)}(c)}{k!} (x-c)^k \right) n! = (x-c)^n f^{(n)}(x_0)$$

$$\therefore f(x) = f(c) + \sum_{k=1}^{n-1} \frac{f^{(k)}(c)}{k!} (x-c)^k + \frac{f^{(n)}(x_0)}{n!} (x-c)^n$$

從 Taylor's Formula 可以观察出 $\displaystyle\sum_{k=0}^{\infty} \frac{f^{(k)}(c)}{k!} (x-c)^k$ 收敛至 $f(x)$ 的充分且必要条件为

$\displaystyle\lim_{n\to\infty} \frac{f^{(n)}(x_0)}{n!} (x-c)^n = 0$, 其中 x_0 与 x, c, n 三者有关; 因为 $\displaystyle\lim_{n\to\infty} \frac{M^n}{n!} = 0, \forall M > 0$, 所以若

$\exists M > 0 \text{ s.t. } \left| f^{(n)}(x) \right| \le M^n, \forall x \in [a,b]$ 则 $\displaystyle\lim_{n\to\infty} \frac{f^{(n)}(x_0)}{n!} (x-c)^n = 0$; 底下的定理, 可视为

Taylor's Formula 的延伸, 说明函数 $f(x)$ 满足哪些条件的时候會等于泰勒展开式

【定理】

Let $f(x) \in C^{\infty}$ on $[a,b]$ and $c \in [a,b]$. Assume $\exists$ a neighborhood $B_{\delta}(c)$, $\delta > 0$
and $M > 0 \text{ s.t. } \left| f^{(n)}(x) \right| \le M^n$, $\forall x \in B_{\delta}(c) \cap [a,b]$ and $n \in N$. Then

$$\forall x \in B_{\delta}(c) \cap [a,b], \text{ we have } f(x) = \sum_{k=0}^{\infty} \frac{f^{(k)}(c)}{k!} (x-c)^k$$

<u>Proof:</u>

By Taylor's Formula, $\forall x \in [a,b]$, $x \ne c$, $\exists x_0$ in interval joining x and c s.t.

$$f(x) = f(c) + \sum_{k=0}^{n-1} \frac{f^{(k)}(c)}{k!} (x-c)^k + \frac{f^{(n)}(x_0)}{n!} (x-c)^n$$

$$\because \left| f(x) - \sum_{k=0}^{n-1} \frac{f^{(k)}(c)}{k!}(x-c)^k \right| = \left| \frac{f^{(n)}(x_0)}{n!}(x-c)^n \right| \leq \left| \frac{M^n}{n!}(x-c)^n \right|$$

$$\text{and } \lim_{n\to\infty} \left| \frac{M^n}{n!}(x-c)^n \right| = 0, \ \forall x \in B_\delta(c) \cap [a,b]$$

$$\therefore f(x) = \sum_{k=0}^{\infty} \frac{f^{(k)}(c)}{k!}(x-c)^k, \ \forall x \in B_\delta(c) \cap [a,b]$$

<u>范例说明:</u>

(I) 若 $f(x) = \sin x$ 则 $\left| f^{(n)}(x) \right| \leq 1, \forall x \in R$ $\quad \therefore f(x) = \sum_{k=0}^{\infty} \frac{f^{(k)}(0)}{k!} x^k, \forall x \in R$

(II) 若 $f(x) = \cos x$ 则 $\left| f^{(n)}(x) \right| \leq 1, \forall x \in R$ $\quad \therefore f(x) = \sum_{k=0}^{\infty} \frac{f^{(k)}(0)}{k!} x^k, \forall x \in R$

(III) 若 $f(x) = e^{-x}$ 则 $\left| f^{(n)}(x) \right| \leq e, \ \forall x \in (-1,\infty)$ $\therefore f(x) = \sum_{k=0}^{\infty} \frac{f^{(k)}(0)}{k!} x^k, \forall x \in (-1,\infty)$

考试类型:
Type 1.

给函数 $f(x)$,求 $f^{(n)}(x_0)$ 的一般式,使得 $f(x) = \sum_{n=0}^{\infty} \frac{f^{(n)}(x_0)}{n!}(x-x_0)^n$

此方法关键在于求此无穷级数系数的一般式,因为系数的一般式源自于原函数的高阶导数,因此,需求出原函数高阶导数的一般式
解题流程:
Step1.
试求 $f^{(1)}(x) \, \cdot f^{(2)}(x) \, \cdot f^{(3)}(x) \ldots$
Step2.
观察 $f^{(1)}(x) \, \cdot f^{(2)}(x) \, \cdot f^{(3)}(x) \ldots$ 写出(猜想)$f^{(n)}(x)$ 的一般式
Step3.

使用數學归纳法证明猜想的 $f^{(n)}(x)$ 确实是微分 n 次之后的一般式 Step4.

找出收敛区间

范例说明：

(I)如果 $f(x) = \sin x$ 则 $f^{(n)}(0) = \begin{cases} 0, & n = \text{偶数} \\ (-1)^{\frac{n-1}{2}}, & n = \text{奇数} \end{cases}, \quad \forall n \in N$

(II)如果 $f(x) = \cos x$ 则 $f^{(n)}(0) = \begin{cases} (-1)^{\frac{n}{2}}, & n = \text{偶数} \\ 0, & n = \text{奇数} \end{cases}, \quad \forall n \in N$

(III)如果 $f(x) = e^x$ 则 $f^{(n)}(0) = 1, \forall n \in N$

(IV)如果 $f(x) = \dfrac{1}{(1-x)^p}$ 则 $f^{(n)}(0) = \dfrac{(n + (p-1))!}{(p-1)!}, \quad \forall n, p \in N$

Type 2.

給函数 $f(x)$，假设 $e^{f(x)} = 1 + ax + bx^2 + \cdots$，求 $a = ?, b = ?$

解题流程：

Step1.

找出 $f(x)$ 的泰勒展开式，假设 $f(x) = \displaystyle\sum_{n=0}^{\infty} \frac{f^{(n)}(x_0)}{n!}(x - x_0)^n$

Step2.

则 $e^{f(x)} = 1 + \left(\displaystyle\sum_{n=0}^{\infty} \frac{f^{(n)}(x_0)}{n!}(x - x_0)^n \right)$

$+ \dfrac{1}{2!}\left(\displaystyle\sum_{n=0}^{\infty} \frac{f^{(n)}(x_0)}{n!}(x - x_0)^n \right)^2 + \dfrac{1}{3!}\left(\displaystyle\sum_{n=0}^{\infty} \frac{f^{(n)}(x_0)}{n!}(x - x_0)^n \right)^3 + \cdots$

Step3.

$a = \dfrac{f^{(1)}(x_0)}{1!}, \quad b = \dfrac{f^{(2)}(x_0)}{2!} + \dfrac{1}{2!}\left(\dfrac{f^{(1)}(x_0)}{1!} \right)^2$

Type 3.

Assume $f(x) = \dfrac{1}{(1-x)^k}$，求$f(x)$的马克劳林级数并求收敛区间，$\forall k \in N$

解题流程：

令$k \in N$且$f(x) = \dfrac{1}{(1-x)^k}$ 则 $f'(x) = k(1-x)^{-(k+1)} \Rightarrow f^{(n)}(0) = \dfrac{(n+k-1)!}{(k-1)!}$

$\therefore f(x) = \displaystyle\sum_{n=0}^{\infty} \dfrac{f^{(n)}(0)}{n!}(x-0)^n$

$= f(0) + \dfrac{f^{(1)}(0)(x-0)}{1!} + \dfrac{f^{(2)}(0)(x-0)^2}{2!} + \dfrac{f^{(3)}(0)(x-0)^3}{3!} + \cdots$

$= \displaystyle\sum_{n=0}^{\infty} \dfrac{(n+k-1)!\, x^n}{(k-1)!\, n!} = \displaystyle\sum_{n=0}^{\infty} \dfrac{(n+k-1)(n+k-2)\cdots(n+1)x^n}{(k-1)!}$

$\therefore \left|\dfrac{f_{n+1}(x)}{f_n(x)}\right| = \left|\dfrac{\dfrac{(n+k)(n+k-1)(n+k-2)\cdots(n+2)x^{n+1}}{3!}}{\dfrac{(n+k-1)(n+k-2)\cdots(n+1)x^n}{3!}}\right| = \left|\dfrac{(n+k)x}{n+1}\right|$

$\therefore \displaystyle\lim_{n\to\infty}\left|\dfrac{f_{n+1}(x)}{f_n(x)}\right| = \lim_{n\to\infty}\left|\dfrac{(n+k)x}{n+1}\right| = |x| < 1, \ \forall x \in (-1,1) \ \therefore 收敛区间 = (-1,1)$

Example 1.

　　求$f(x) = e^x$ 于 $x = 0$ 的泰勒级数并求其收敛区间

【解】

$\because f(x) = \displaystyle\sum_{n=0}^{\infty}\dfrac{f^{(n)}(0)}{n!}(x-0)^n$

$= f(0) + \dfrac{f^{(1)}(0)(x-0)}{1!} + \dfrac{f^{(2)}(0)(x-0)^2}{2!} + \dfrac{f^{(3)}(0)(x-0)^3}{3!} + \cdots$

$= 1 + \dfrac{e^x|_{x=0}\,x}{1!} + \dfrac{e^x|_{x=0}\,x^2}{2!} + \dfrac{e^x|_{x=0}\,x^3}{3!} + \cdots = 1 + \dfrac{x}{1!} + \dfrac{x^2}{2!} + \dfrac{x^3}{3!} + \cdots = \displaystyle\sum_{n=0}^{\infty}\dfrac{x^n}{n!}$

$$\because \left| \frac{f_{n+1}(x)}{f_n(x)} \right| = \left| \frac{\dfrac{x^{n+1}}{n+1!}}{\dfrac{x^n}{n!}} \right| = \left| \frac{x}{n+1} \right|$$

$$\therefore \lim_{n \to \infty} \left| \frac{f_{n+1}(x)}{f_n(x)} \right| = \lim_{n \to \infty} \left| \frac{x}{n+1} \right| = 0 < 1, \ \forall x \in (-\infty, \infty) \quad \therefore 收敛区间 = (-\infty, \infty)$$

Example 2.

$$求 f(x) = \sin x \ 于 \ x = \frac{\pi}{4} \ 的三阶泰勒级数$$

【解】

$$\because f(x) = \sum_{n=0}^{\infty} \frac{f^{(n)}\left(\frac{\pi}{4}\right)}{n!} \left(x - \frac{\pi}{4}\right)^n$$

$$= f\left(\frac{\pi}{4}\right) + \frac{f^{(1)}\left(\frac{\pi}{4}\right)\left(x - \frac{\pi}{4}\right)}{1!} + \frac{f^{(2)}\left(\frac{\pi}{4}\right)\left(x - \frac{\pi}{4}\right)^2}{2!} + \frac{f^{(3)}\left(\frac{\pi}{4}\right)\left(x - \frac{\pi}{4}\right)^3}{3!} + \cdots$$

$$= \sin\frac{\pi}{4} + \frac{\cos\left(\frac{\pi}{4}\right)}{1!}\left(x - \frac{\pi}{4}\right) + \frac{-\sin\left(\frac{\pi}{4}\right)}{2!}\left(x - \frac{\pi}{4}\right)^2 + \frac{-\cos\left(\frac{\pi}{4}\right)}{3!}\left(x - \frac{\pi}{4}\right)^3$$

$$+ \frac{\sin\left(\frac{\pi}{4}\right)}{4!}\left(x - \frac{\pi}{4}\right)^4 + \cdots$$

$$= \frac{1}{\sqrt{2}} + \frac{1}{\sqrt{2}}\left(x - \frac{\pi}{4}\right) - \frac{1}{2! \cdot \sqrt{2}}\left(x - \frac{\pi}{4}\right)^2 - \frac{1}{3! \cdot \sqrt{2}}\left(x - \frac{\pi}{4}\right)^3 + \frac{1}{4! \cdot \sqrt{2}}\left(x - \frac{\pi}{4}\right)^4 + \cdots$$

Example 3.

$$求 f(x) = \cos x \ 于 \ x = 0 \ 的泰勒级数并求收敛区间$$

【解】

$$\because f(x) = \sum_{n=0}^{\infty} \frac{f^{(n)}(0)}{n!} (x - 0)^n$$

$$= f(0) + \frac{f^{(1)}(0)(x - 0)}{1!} + \frac{f^{(2)}(0)(x - 0)^2}{2!} + \frac{f^{(3)}(0)(x - 0)^3}{3!} + \cdots$$

$$= 1 + \frac{-\sin 0}{1!}x + \frac{-\cos 0}{2!}x^2 + \frac{\sin 0}{3!}x^3 + \frac{\cos 0}{4!}x^4 + \cdots = 1 - \frac{x^2}{2!} + \frac{x^4}{4!} + \cdots = \sum_{n=0}^{\infty} \frac{(-1)^n x^{2n}}{2n!}$$

$$\because \left| \frac{f_{n+1}(x)}{f_n(x)} \right| = \left| \frac{\dfrac{x^{2n+2}}{2n+2!}}{\dfrac{x^{2n}}{2n!}} \right| = \left| \frac{x^2}{(2n+1)(2n+2)} \right|$$

$$\therefore \lim_{n \to \infty} \left| \frac{f_{n+1}(x)}{f_n(x)} \right| = \lim_{n \to \infty} \left| \frac{x^2}{(2n+1)(2n+2)} \right| = 0 < 1, \ \ \forall x \in (-\infty, \infty)$$

$$\therefore 收敛区间 = (-\infty, \infty)$$

Example 4.

求 $f(x) = \sin x$ 于 $x = 0$ 的泰勒级数并求收敛区间

【解】

$$\because f(x) = \sum_{n=0}^{\infty} \frac{f^{(n)}(0)}{n!}(x-0)^n$$

$$= f(0) + \frac{f^{(1)}(0)(x-0)}{1!} + \frac{f^{(2)}(0)(x-0)^2}{2!} + \frac{f^{(3)}(0)(x-0)^3}{3!} + \cdots$$

$$= \sin 0 + \frac{\cos 0}{1!}x + \frac{-\sin 0}{2!}x^2 + \frac{-\cos 0}{3!}x^3 + \frac{\sin 0}{4!}x^4 + \cdots = \frac{x}{1!} - \frac{x^3}{3!} + \cdots = \sum_{n=0}^{\infty} \frac{(-1)^n x^{2n+1}}{(2n+1)!}$$

$$\because \left| \frac{f_{n+1}(x)}{f_n(x)} \right| = \left| \frac{\dfrac{x^{2n+3}}{2n+3!}}{\dfrac{x^{2n+1}}{(2n+1)!}} \right| = \left| \frac{x^2}{(2n+2)(2n+3)} \right|$$

$$\therefore \lim_{n \to \infty} \left| \frac{f_{n+1}(x)}{f_n(x)} \right| = \lim_{n \to \infty} \left| \frac{x^2}{(2n+2)(2n+3)} \right| = 0 < 1, \ \ \forall x \in (-\infty, \infty)$$

$$\therefore 收敛区间 = (-\infty, \infty)$$

Example 5.

求 $f(x) = e^{-x}$ 于 $x = 0$ 的泰勒级数并求收敛区间

【解】

$$\because f(x) = \sum_{n=0}^{\infty} \frac{f^{(n)}(0)}{n!}(x-0)^n$$

$$= f(0) + \frac{f^{(1)}(0)(x-0)}{1!} + \frac{f^{(2)}(0)(x-0)^2}{2!} + \frac{f^{(3)}(0)(x-0)^3}{3!} + \cdots$$

$$= 1 - \frac{e^{-x}|_{x=0}\,x}{1!} + \frac{e^{-x}|_{x=0}\,x^2}{2!} + \cdots = 1 - \frac{x}{1!} + \frac{x^2}{2!} - \frac{x^3}{3!} + \cdots = \sum_{n=0}^{\infty} \frac{(-1)^n x^n}{n!}$$

$$\because \left|\frac{f_{n+1}(x)}{f_n(x)}\right| = \left|\frac{\dfrac{x^{n+1}}{n+1!}}{\dfrac{x^n}{n!}}\right| = \left|\frac{x}{n+1}\right|$$

$$\therefore \lim_{n\to\infty} \left|\frac{f_{n+1}(x)}{f_n(x)}\right| = \lim_{n\to\infty} \left|\frac{x}{n+1}\right| = 0 < 1, \ \ \forall x \in (-\infty, \infty) \ \ \therefore 收敛区间 = (-\infty, \infty)$$

Example 6.

试证 $e^{ix} = \cos x + i \sin x, \ \ \forall x \in R$

【解】

$$f(x) = \sum_{n=0}^{\infty} \frac{f^{(n)}(0)}{n!}(x-0)^n$$

$$= 1 + \frac{f^{(1)}(0)(x-0)}{1!} + \frac{f^{(2)}(0)(x-0)^2}{2!} + \frac{f^{(3)}(0)(x-0)^3}{3!} + \cdots$$

$$= 1 + \frac{ix}{1!} + \frac{(ix)^2}{2!} + \frac{(ix)^3}{3!} + \cdots = \left(1 - \frac{x^2}{2!} + \frac{x^4}{4!} + \cdots\right) + i\left(\frac{x}{1!} - \frac{x^3}{3!} + \frac{x^5}{5!} + \cdots\right)$$

$$= \sum_{n=0}^{\infty} \frac{(-1)^n x^{2n}}{2n!} + i \sum_{n=0}^{\infty} \frac{(-1)^n x^{2n+1}}{(2n+1)!} = \cos x + i \sin x, \ \ \forall x \in R$$

Example 7.

求 $\cos x^2$ 的马克劳林级数并求收敛区间

【解】

$$\because \cos x = 1 - \frac{x^2}{2!} + \frac{x^4}{4!} + \cdots = \sum_{n=0}^{\infty} \frac{(-1)^n x^{2n}}{2n!}, \forall x \in (-\infty, \infty)$$

$$\therefore \cos x^2 = 1 - \frac{x^4}{2!} + \frac{x^8}{4!} + \cdots = \sum_{n=0}^{\infty} \frac{(-1)^n x^{4n}}{2n!}, \forall x \in (-\infty, \infty)$$

Example 8.

　求 $\sin x \cos x$ 的马克劳林级数并求收敛区间

【解】

$$\because \sin x \cos x = \frac{\sin 2x}{2} \quad 且 \quad \sin x = \frac{x}{1!} - \frac{x^3}{3!} + \cdots = \sum_{n=0}^{\infty} \frac{(-1)^n x^{2n+1}}{(2n+1)!}, \quad \forall x \in (-\infty, \infty)$$

$$\therefore \sin 2x = \sum_{n=0}^{\infty} \frac{(-1)^n (2x)^{2n+1}}{(2n+1)!}, \quad \forall x \in (-\infty, \infty)$$

$$\therefore \sin x \cos x = \frac{\sin 2x}{2} = \sum_{n=0}^{\infty} \frac{(-1)^n 2^{2n} x^{2n+1}}{(2n+1)!}, \quad \forall x \in (-\infty, \infty)$$

Example 9.

　求 $\sin(x+2)$ 的马克劳林级数并求收敛区间

【解】

$$\because \sin(x+2) = \sin x \cos 2 + \cos x \sin 2$$

$$\cos x = 1 - \frac{x^2}{2!} + \frac{x^4}{4!} + \cdots = \sum_{n=0}^{\infty} \frac{(-1)^n x^{2n}}{2n!}, \quad \forall x \in (-\infty, \infty)$$

$$\sin x = \frac{x}{1!} - \frac{x^3}{3!} + \cdots = \sum_{n=0}^{\infty} \frac{(-1)^n x^{2n+1}}{(2n+1)!}, \quad \forall x \in (-\infty, \infty)$$

$$\therefore \sin(x+2) = \cos 2 \sum_{n=0}^{\infty} \frac{(-1)^n x^{2n+1}}{(2n+1)!} + \sin 2 \sum_{n=0}^{\infty} \frac{(-1)^n x^{2n}}{2n!}$$

Example 10.

　试证 $\cosh x = 1 + \frac{1}{2!} x^2 + \frac{1}{4!} x^4 + \cdots, \quad \forall x \in R$

【解】

$$\because \cosh x = \frac{e^x + e^{-x}}{2}, \quad e^x = \sum_{n=0}^{\infty} \frac{x^n}{n!} \quad 且 \quad e^{-x} = \sum_{n=0}^{\infty} \frac{(-1)^n x^n}{n!}, \quad \forall x \in R$$

$$\therefore \cosh x = 1 + \frac{1}{2!}x^2 + \frac{1}{4!}x^4 + \cdots, \quad \forall x \in R$$

Example 11.

$$试证 \ \sinh x = x + \frac{1}{3!}x^3 + \frac{1}{5!}x^5 + \cdots, \quad \forall x \in R$$

【解】

$$\because \sinh x = \frac{e^x - e^{-x}}{2}, \quad e^x = \sum_{n=0}^{\infty} \frac{x^n}{n!} \ \ 且 \ \ e^{-x} = \sum_{n=0}^{\infty} \frac{(-1)^n x^n}{n!}, \quad \forall x \in R$$

$$\therefore \sinh x = x + \frac{1}{3!}x^3 + \frac{1}{5!}x^5 + \cdots, \quad \forall x \in R$$

Example 12.

$$求 f(x) = e^{-x} \ 于 \ x = 1 \ 的泰勒级数并求收敛区间$$

【解】

$$\because f(x) = \sum_{n=0}^{\infty} \frac{f^{(n)}(1)}{n!}(x-1)^n$$

$$= f(1) + \frac{f^{(1)}(1)(x-1)}{1!} + \frac{f^{(2)}(1)(x-1)^2}{2!} + \frac{f^{(3)}(1)(x-1)^3}{3!} + \cdots$$

$$= e^{-1} - \frac{e^{-x}|_{x=1}(x-1)}{1!} + \frac{e^{-x}|_{x=1}(x-1)^2}{2!} - \frac{e^{-x}|_{x=1}(x-1)^3}{3!} + \cdots$$

$$= e^{-1} - \frac{e^{-1}(x-1)}{1!} + \frac{e^{-1}(x-1)^2}{2!} - \frac{e^{-1}(x-1)^3}{3!} + \cdots = e^{-1} \sum_{n=0}^{\infty} \frac{(-1)^n (x-1)^n}{n!}$$

$$\because \left| \frac{f_{n+1}(x)}{f_n(x)} \right| = \left| \frac{\frac{(x-1)^{n+1}}{n+1!}}{\frac{(x-1)^n}{n!}} \right| = \left| \frac{x-1}{n+1} \right|$$

$$\therefore \lim_{n \to \infty} \left| \frac{f_{n+1}(x)}{f_n(x)} \right| = \lim_{n \to \infty} \left| \frac{x-1}{n+1} \right| = 0 < 1, \ \forall x \in (-\infty, \infty) \ \therefore 收敛区间 = (-\infty, \infty)$$

Example 13.

求 $f(x) = e^{-x}$ 于 $x = k$ 的泰勒级数, $\forall k \in N$

【解】

令 $k \in N$, $f(x) = \sum_{n=0}^{\infty} \frac{f^{(n)}(k)}{n!}(x-k)^n$

$$= f(k) + \frac{f^{(1)}(k)(x-k)}{1!} + \frac{f^{(2)}(k)(x-k)^2}{2!} + \frac{f^{(3)}(k)(x-k)^3}{3!} + \cdots$$

$$= e^{-k} - \frac{e^{-x}|_{x=k}(x-k)}{1!} + \frac{e^{-x}|_{x=k}(x-k)^2}{2!} - \frac{e^{-x}|_{x=k}(x-k)^3}{3!} + \cdots$$

$$= e^{-k} - \frac{e^{-k}(x-k)}{1!} + \frac{e^{-k}(x-k)^2}{2!} - \frac{e^{-k}(x-k)^3}{3!} + \cdots = e^{-k}\sum_{n=0}^{\infty}\frac{(-1)^n(x-k)^n}{n!}$$

$$\because \left|\frac{f_{n+1}(x)}{f_n(x)}\right| = \left|\frac{\frac{(x-k)^{n+1}}{n+1!}}{\frac{(x-k)^n}{n!}}\right| = \left|\frac{x-k}{n+1}\right|$$

$$\therefore \lim_{n\to\infty}\left|\frac{f_{n+1}(x)}{f_n(x)}\right| = \lim_{n\to\infty}\left|\frac{x-k}{n+1}\right| = 0 < 1, \ \forall x \in (-\infty, \infty) \ \therefore 收敛区间 = (-\infty, \infty)$$

Example 14.

求 $f(x) = \cos(x-2)$ 于 $x = 0$ 的泰勒级数

【解】

$\because f(x) = \cos(x-2) = \cos x \cos 2 + \sin x \sin 2$

且 $\cos x = 1 - \frac{x^2}{2!} + \frac{x^4}{4!} + \cdots = \sum_{n=0}^{\infty}\frac{(-1)^n x^{2n}}{2n!}, \ \forall x \in (-\infty, \infty)$

$\sin x = \frac{x}{1!} - \frac{x^3}{3!} + \cdots = \sum_{n=0}^{\infty}\frac{(-1)^n x^{2n+1}}{(2n+1)!}, \ \forall x \in (-\infty, \infty)$

$\therefore f(x) = \cos 2 \sum_{n=0}^{\infty}\frac{(-1)^n x^{2n}}{2n!} + \sin 2 \sum_{n=0}^{\infty}\frac{(-1)^n x^{2n+1}}{(2n+1)!}, \ \forall x \in (-\infty, \infty)$

Example 15.

求 $e^{\sin x} = 1 + ax + bx^2 + cx^3 + \cdots$，求 a, b, c 的值

【解】

$$\because e^{\sin x} = 1 + \frac{\sin x}{1!} + \frac{\sin^2 x}{2!} + \frac{\sin^3 x}{3!} + \cdots$$

$$= 1 + \left(\frac{x}{1!} - \frac{x^3}{3!} + \frac{x^5}{5!} + \cdots \right) + \frac{1}{2!}\left(\frac{x}{1!} - \frac{x^3}{3!} + \frac{x^5}{5!} + \cdots \right)^2 + \frac{1}{3!}\left(\frac{x}{1!} - \frac{x^3}{3!} + \frac{x^5}{5!} + \cdots \right)^3 + \cdots$$

$$\therefore a = 1, \quad b = \frac{1}{2}, \quad c = 0$$

Example 16.

求 $e^{\sinh x} = 1 + ax + bx^2 + cx^3 + \cdots$，求 a, b, c 的值

【解】

$$\because e^{\sinh x} = 1 + \frac{\sinh x}{1!} + \frac{\sinh^2 x}{2!} + \frac{\sinh^3 x}{3!} + \cdots$$

$$= 1 + \left(\frac{x}{1!} + \frac{x^3}{3!} + \frac{x^5}{5!} + \cdots \right) + \frac{1}{2!}\left(\frac{x}{1!} + \frac{x^3}{3!} + \frac{x^5}{5!} + \cdots \right)^2 + \frac{1}{3!}\left(\frac{x}{1!} + \frac{x^3}{3!} + \frac{x^5}{5!} + \cdots \right)^3 + \cdots$$

$$\therefore a = 1, \quad b = \frac{1}{2}, \quad c = \frac{1}{3}$$

Example 17.

求 $e^{1-\cos x} = 1 + ax + bx^2 + cx^3 + \cdots$，求 a, b, c 的值

【解】

$$\because e^{1-\cos x} = 1 + \frac{1 - \cos x}{1!} + \frac{(1 - \cos x)^2}{2!} + \frac{(1 - \cos x)^3}{3!} + \cdots$$

$$= 1 + \left(\frac{x^2}{2!} - \frac{x^4}{4!} + \cdots \right) + \frac{1}{2!}\left(\frac{x^2}{2!} - \frac{x^4}{4!} + \cdots \right)^2 + \frac{1}{3!}\left(\frac{x^2}{2!} - \frac{x^4}{4!} + \cdots \right)^3 + \cdots$$

$$\therefore a = 0, \quad b = \frac{1}{2!}, \quad c = 0$$

Example 18.

求 $e^{1-\cosh x} = 1 + ax + bx^2 + cx^3 + \cdots$，求 a, b, c 的值

【解】

$$\because e^{1-\cosh x} = 1 + \frac{1 - \cosh x}{1!} + \frac{(1 - \cosh x)^2}{2!} + \frac{(1 - \cosh x)^3}{3!} + \cdots$$

$$= 1 + \left(-\frac{x^2}{2!} - \frac{x^4}{4!} + \cdots\right) + \frac{1}{2!}\left(-\frac{x^2}{2!} - \frac{x^4}{4!} + \cdots\right)^2 + \frac{1}{3!}\left(-\frac{x^2}{2!} - \frac{x^4}{4!} + \cdots\right)^3 + \cdots$$

$$\therefore a = 0, \quad b = -\frac{1}{2!}, \quad c = 0$$

Example 19.

求 $\dfrac{1}{1+x}$ 与 $\dfrac{1}{1-x}$ 的马克劳林级数

【解】

$$\frac{1}{1+x} = \frac{1}{1-(-x)} = 1 + (-x) + (-x)^2 + (-x)^3 + \cdots, \quad \forall |x| < 1$$

$$\frac{1}{1-x} = 1 + x + x^2 + x^3 + \cdots, \quad \forall |x| < 1$$

Example 20.

求 $\dfrac{1}{(1-x)^4}$ 的马克劳林级数并求收敛区间

【解】

令 $f(x) = \dfrac{1}{(1-x)^4}$ 则 $f'(x) = 4(1-x)^{-5} \Rightarrow f^{(n)}(0) = \dfrac{(n+3)!}{3!}$

$$\therefore f(x) = \sum_{n=0}^{\infty} \frac{f^{(n)}(0)}{n!}(x-0)^n$$

$$= f(0) + \frac{f^{(1)}(0)(x-0)}{1!} + \frac{f^{(2)}(0)(x-0)^2}{2!} + \frac{f^{(3)}(0)(x-0)^3}{3!} + \cdots$$

$$= \sum_{n=0}^{\infty} \frac{(n+3)!\, x^n}{3!\, n!} = \sum_{n=0}^{\infty} \frac{(n+3)(n+2)(n+1)x^n}{3!}$$

$$\therefore \left|\frac{f_{n+1}(x)}{f_n(x)}\right| = \left|\frac{\dfrac{(n+4)(n+3)(n+2)x^{n+1}}{3!}}{\dfrac{(n+3)(n+2)(n+1)x^n}{3!}}\right| = \left|\frac{(n+4)x}{n+1}\right|$$

$$\therefore \lim_{n\to\infty} \left|\frac{f_{n+1}(x)}{f_n(x)}\right| = \lim_{n\to\infty} \left|\frac{(n+4)x}{n+1}\right| = |x| < 1, \ \forall x \in (-1,1) \ \therefore 收敛区间 = (-1,1)$$

Example 21.

求 $\dfrac{1}{(1-x)^k}$ 的马克劳林级数并求收敛区间, $\forall k \in N$

【解】

令 $k \in N$

令 $f(x) = \dfrac{1}{(1-x)^k}$ 则 $f'(x) = k(1-x)^{-(k+1)} \Rightarrow f^{(n)}(0) = \dfrac{(n+k-1)!}{(k-1)!}$

$$\therefore f(x) = \sum_{n=0}^{\infty} \frac{f^{(n)}(0)}{n!}(x-0)^n$$

$$= f(0) + \frac{f^{(1)}(0)(x-0)}{1!} + \frac{f^{(2)}(0)(x-0)^2}{2!} + \frac{f^{(3)}(0)(x-0)^3}{3!} + \cdots$$

$$= \sum_{n=0}^{\infty} \frac{(n+k-1)!\,x^n}{(k-1)!\,n!} = \sum_{n=0}^{\infty} \frac{(n+k-1)(n+k-2)\cdots(n+1)x^n}{(k-1)!}$$

$$\therefore \left|\frac{f_{n+1}(x)}{f_n(x)}\right| = \left|\frac{\dfrac{(n+k)(n+k-1)(n+k-2)\cdots(n+2)x^{n+1}}{(k-1)!}}{\dfrac{(n+k-1)(n+k-2)\cdots(n+1)x^n}{(k-1)!}}\right| = \left|\frac{(n+k)x}{n+1}\right|$$

$$\therefore \lim_{n\to\infty} \left|\frac{f_{n+1}(x)}{f_n(x)}\right| = \lim_{n\to\infty} \left|\frac{(n+k)x}{n+1}\right| = |x| < 1, \ \forall x \in (-1,1) \ \therefore 收敛区间 = (-1,1)$$

6.5.3 使用无穷等比级数求泰勒级数

使用无穷等比公式, 将函数转成泰勒级数

考试类型:

Type 1.

求 $\dfrac{1}{a-bx}$ 在 $x = x_0$ 的泰勒级数, 其中 $a \in R$, $b \neq 0$ and $a - bx_0 \neq 0$

解题流程:

Let $a \in R$, $b \neq 0$ and $a - bx_0 \neq 0$

Then $\dfrac{1}{a - bx} = \dfrac{1}{(a - bx_0) - b(x - x_0)} = \dfrac{1}{(a - bx_0)\left(1 - \dfrac{b(x - x_0)}{a - bx_0}\right)}$

$= \dfrac{1}{(a - bx_0)} \sum_{n=0}^{\infty} \left(\dfrac{b(x - x_0)}{a - bx_0}\right)^n = \dfrac{1}{(a - bx_0)} \sum_{n=0}^{\infty} \left(\dfrac{b}{a - bx_0}\right)^n (x - x_0)^n, \quad \forall \left|\dfrac{b(x - x_0)}{a - bx_0}\right| < 1$

Example 1.

求 $\dfrac{1}{3 + 5x}$ 的马克劳林级数

【解】

$$\dfrac{1}{3 + 5x} = \dfrac{1}{3} \cdot \dfrac{1}{1 + \dfrac{5}{3}x} = \dfrac{1}{3} \cdot \dfrac{1}{1 - \left(-\dfrac{5}{3}x\right)} = \dfrac{1}{3} \sum_{n=0}^{\infty} \left(-\dfrac{5}{3}\right)^n x^n, \quad \forall |x| < \dfrac{3}{5}$$

Example 2.

求 $\dfrac{1}{13 - 2x}$ 在 $x = 5$ 的泰勒级数

【解】

$$\dfrac{1}{13 - 2x} = \dfrac{1}{3 - 2(x - 5)} = \dfrac{1}{3\left(1 - \dfrac{2}{3}(x - 5)\right)} = \dfrac{1}{3} \sum_{n=0}^{\infty} \left(\dfrac{2}{3}\right)^n (x - 5)^n, \quad \forall |x - 5| < \dfrac{3}{2}$$

Example 3.

求 $\dfrac{1}{2 - 3x}$ 在 $x = 2$ 的泰勒级数

【解】

$$\dfrac{1}{2 - 3x} = \dfrac{1}{-4 - 3(x - 2)} = \dfrac{1}{-4\left(1 + \dfrac{3}{4}(x - 2)\right)} = \dfrac{-1}{4} \sum_{n=0}^{\infty} \left(\dfrac{-3}{4}\right)^n (x - 2)^n, \quad \forall |x - 2| < \dfrac{4}{3}$$

6.5.4　　先化为分式和再求泰勒级数

使用的时机为当函数为分式型态且分母可作因式分解，拆解完的两分式求泰勒级数较为容易时

考试类型：

Type 1.

求 $\dfrac{cx+d}{(x-a)(x-b)}$ 在 $x=x_0$ 的泰勒展开式，其中 $(x_0-a)(x_0-b)\neq 0$

解题流程：

Step1.

令 $\dfrac{cx+d}{(x-a)(x-b)}=\dfrac{d_1}{x-a}+\dfrac{d_2}{x-b}$，比较系数求 $d_1,d_2=?$

Step2.

使用无穷等比级数求泰勒级数

$$\frac{d_1}{x-a}=\frac{d_1}{(x_0-a)+(x-x_0)}=\frac{d_1}{(x_0-a)\left(1-\dfrac{(-1)(x-x_0)}{x_0-a}\right)}$$

$$=\frac{d_1}{x_0-a}\sum_{n=0}^{\infty}(-1)^n\left(\frac{x-x_0}{x_0-a}\right)^n=\frac{d_1}{x_0-a}\sum_{n=0}^{\infty}\left(\frac{-1}{x_0-a}\right)^n(x-x_0)^n$$

By the same way,　$\dfrac{d_2}{x-b}=\dfrac{d_2}{x_0-b}\sum_{n=0}^{\infty}\left(\dfrac{-1}{x_0-b}\right)^n(x-x_0)^n$

Step3.

把两式相加

则 $\dfrac{cx+d}{(x-a)(x-b)}=\sum_{n=0}^{\infty}\left(\dfrac{(-1)^n d_1}{(x_0-a)^n(x_0-a)}+\dfrac{(-1)^n d_2}{(x_0-b)^n(x_0-b)}\right)(x-x_0)^n$

Example 1.

求 $\dfrac{5x}{x^2-3x-4}$ 的马克劳林级数

【解】

令 $\dfrac{5x}{x^2 - 3x - 4} = \dfrac{a}{x-4} + \dfrac{b}{x+1}$ 則 $\dfrac{5x}{x^2 - 3x - 4} = \dfrac{a(x+1) + b(x-4)}{x^2 - 3x - 4}$

$\therefore a + b = 5, \quad a - 4b = 0 \Rightarrow a = 4, \quad b = 1$

$$\therefore \frac{5x}{x^2 - 3x - 4} = \frac{4}{x-4} + \frac{1}{x+1} = \frac{-4}{4\left(1 - \frac{x}{4}\right)} + \frac{1}{1-(-x)}$$

$$= -\sum_{n=0}^{\infty} \left(\frac{x}{4}\right)^n + \sum_{n=0}^{\infty} (-x)^n = \sum_{n=0}^{\infty} \left((-1)^n - \left(\frac{1}{4}\right)^n\right) x^n, \quad \forall |x| < 1$$

Example 2.

$$求 \ \frac{1}{x(x+3)} \ 在 x = 1 \ 的泰勒展开式$$

【解】

$$\because \frac{1}{x(x+3)} = \frac{1}{3}\left(\frac{1}{x} - \frac{1}{x+3}\right) = \frac{1}{3}\left(\frac{1}{1+(x-1)} - \frac{1}{4+(x-1)}\right)$$

$$= \frac{1}{3}\sum_{n=0}^{\infty} (-1)^n (x-1)^n - \frac{1}{12}\sum_{n=0}^{\infty} (-1)^n \left(\frac{x-1}{4}\right)^n = \sum_{n=0}^{\infty} (-1)^n \left(\frac{1}{3} - \frac{1}{12 \cdot 4^n}\right)(x-1)^n$$

$$令 \ \left|\frac{(x-1)^{n+1}}{(x-1)^n}\right| = |x-1| < 1 \ 且 \ \left|\frac{\left(\frac{x-1}{4}\right)^{n+1}}{\left(\frac{x-1}{4}\right)^n}\right| = \left|\frac{x-1}{4}\right| < 1$$

則 $x \in (0,2) \cap (-3,5) \Rightarrow x \in (0,2)$

$$\therefore \frac{1}{x(x+3)} = \sum_{n=0}^{\infty} (-1)^n \left(\frac{1}{3} - \frac{1}{12 \cdot 4^n}\right)(x-1)^n, \quad \forall x \in (0,2)$$

Example 3.

$$求 \ \frac{3}{2 + x - x^2} \ 在 x = 1 \ 的泰勒級数与其收斂半径$$

【解】

$$\because \frac{3}{2 + x - x^2} = \frac{3}{(x+1)(-x+2)} = \frac{1}{x+1} + \frac{1}{-x+2} = \frac{1}{2 + x - 1} + \frac{1}{1 - (x-1)}$$

$$= \frac{1}{2} \sum_{n=0}^{\infty} (-1)^n \left(\frac{x-1}{2}\right)^n + \sum_{n=0}^{\infty} (x-1)^n = \sum_{n=0}^{\infty} \left(\frac{1}{2}\left(\frac{-1}{2}\right)^n + 1\right)(x-1)^n$$

$$\diamondsuit \left|\frac{\left(\frac{x-1}{2}\right)^{n+1}}{\left(\frac{x-1}{2}\right)^n}\right| = \left|\frac{x-1}{2}\right| < 1 \ \text{且} \ \left|\frac{(x-1)^{n+1}}{(x-1)^n}\right| = |x-1| < 1$$

则 $x \in (-1,3) \cap (0,2) \Rightarrow x \in (0,2)$

$$\therefore \frac{3}{2+x-x^2} = \sum_{n=0}^{\infty} \left(\frac{1}{2}\left(\frac{-1}{2}\right)^n + 1\right)(x-1)^n, \ \ \forall x \in (0,2)$$

Example 4.

$$\text{求} \ \frac{2x}{(x-1)(x-2)} \ \text{的马克劳林级数}$$

【解】

$$\diamondsuit \ \frac{2x}{(x-1)(x-2)} = \frac{a}{x-1} + \frac{b}{x-2} \ \text{则} \ \frac{2x}{(x-1)(x-2)} = \frac{a(x-2)+b(x-1)}{(x-1)(x-2)}$$

$$\therefore a+b = 2, \ \ -2a-b = 0 \Rightarrow a = -2, \ \ b = 4$$

$$\therefore \frac{2x}{(x-1)(x-2)} = \frac{-2}{x-1} + \frac{4}{x-2} = 2\left(\frac{1}{1-x} + \frac{-1}{1-\frac{x}{2}}\right)$$

$$= 2\left(\sum_{n=0}^{\infty} x^n - \sum_{n=0}^{\infty} \left(\frac{x}{2}\right)^n\right) = \sum_{n=1}^{\infty} \left(2 - \left(\frac{1}{2}\right)^{n-1}\right) x^n, \ \ \forall |x| < 1$$

6.5.5 　使用长除法求泰勒级数

使用的时机为当函数为分式型态且分母无法因式分解或者只需求出泰勒级数前几项的时候

Example 1.

$$\text{假设} \ \frac{x}{x^2-5x+4} = ax + bx^2 + cx^3 + \cdots, \ \text{求} \ a = ?, \ b = ?, \ c = ?$$

【解】

藉由长除法 $\dfrac{x}{x^2-5x+4} = \dfrac{1}{3}\left(\dfrac{3}{4}x + \dfrac{15}{16}x^2 + \dfrac{63}{64}x^3 + \cdots\right)$ $\therefore a = \dfrac{1}{4}$, $b = \dfrac{5}{16}$, $c = \dfrac{21}{64}$

Example 2.

假设 $\dfrac{x}{x^2-4x+3} = ax + bx^2 + cx^3 + \cdots$，求 $a =?, b =?, c =?$

【解】

藉由长除法 $\dfrac{x}{x^2-4x+3} = \dfrac{1}{2}\left(\dfrac{2}{3}x + \dfrac{8}{9}x^2 + \dfrac{26}{27}x^3 + \cdots\right)$ $\therefore a = \dfrac{1}{3}$, $b = \dfrac{4}{9}$, $c = \dfrac{13}{27}$

Example 3.

假设 $\dfrac{x}{x^2-6x+5} = ax + bx^2 + cx^3 + \cdots$，求 $a =?, b =?, c =?$

【解】

藉由长除法 $\dfrac{x}{x^2-6x+5} = \dfrac{1}{4}\left(\dfrac{4}{5}x + \dfrac{24}{25}x^2 + \dfrac{124}{125}x^3 + \cdots\right)$ $\therefore a = \dfrac{1}{5}$, $b = \dfrac{6}{25}$, $c = \dfrac{31}{125}$

Example 4.

假设 $\dfrac{x}{x^2-7x+6} = ax + bx^2 + cx^3 + \cdots$，求 $a =?, b =?, c =?$

【解】

藉由长除法 $\dfrac{x}{x^2-7x+6} = \dfrac{1}{5}\left(\dfrac{5}{6}x + \dfrac{35}{36}x^2 + \dfrac{215}{216}x^3 + \cdots\right)$ $\therefore a = \dfrac{1}{6}$, $b = \dfrac{7}{36}$, $c = \dfrac{43}{216}$

Example 5.

假设 $\dfrac{x}{x^2-9x+8} = ax + bx^2 + cx^3 + \cdots$，求 $a =?, b =?, c =?$

【解】

藉由长除法 $\dfrac{x}{x^2-9x+8} = \dfrac{1}{7}\left(\dfrac{7}{8}x + \dfrac{63}{64}x^2 + \dfrac{511}{512}x^3 + \cdots\right)$ $\therefore a = \dfrac{1}{8}$, $b = \dfrac{9}{64}$, $c = \dfrac{73}{512}$

Example 6.

$$假设 \frac{x}{x^2 - x - 6} = ax + bx^2 + cx^3 + \cdots, \quad 求\ a = ?, b = ?, c = ?$$

【解】

藉由長除法 $\dfrac{x}{x^2 - x - 6} = -\dfrac{1}{6}x + \dfrac{1}{36}x^2 - \dfrac{7}{216}x^3 + \cdots, \quad \forall |x| < 2$

$$\therefore a = -\frac{1}{6}, \quad b = \frac{1}{36}, \quad c = -\frac{7}{216}$$

Example 7.

$$假设 \frac{2x}{x^2 - 4x - 5} = ax + bx^2 + cx^3 + \cdots, \quad 求\ a = ?, b = ?, c = ?$$

【解】

藉由長除法 $\dfrac{2x}{x^2 - 4x - 5} = -\dfrac{2}{5}x + \dfrac{8}{25}x^2 - \dfrac{42}{125}x^3 + \cdots, \quad \forall |x| < 1$

$$\therefore a = -\frac{2}{5}, \quad b = \frac{8}{25}, \quad c = -\frac{42}{125}$$

Example 8.

$$假设 \frac{3}{1 + x - x^2} = a + bx + cx^2 + dx^3 + \cdots, \quad 求\ a = ?, b = ?, c = ?, d = ?$$

【解】

藉由長除法 $\dfrac{3}{1 + x - x^2} = 3 - 3x + 6x^2 - 9x^3 + 15x^4 \cdots, \quad \forall |x| < \dfrac{\sqrt{5} - 1}{2}$

$$\therefore a = 3, \quad b = -3, \quad c = 6, \quad d = -9$$

Example 9.

$$假设\ \tan x = ax + bx^3 + cx^5 + dx^7 \ldots, \quad 求\ a = ?, b = ?, c = ?, d = ?$$

【解】

$$\because \tan x = \frac{\sin x}{\cos x} = \frac{x - \dfrac{x^3}{3!} + \dfrac{x^5}{5!} - \dfrac{x^7}{7!} + \cdots}{1 - \dfrac{x^2}{2!} + \dfrac{x^4}{4!} - \dfrac{x^6}{6!} + \cdots}$$

藉由長除法 $\tan x = x + \dfrac{x^3}{3} + \dfrac{2x^5}{15} + \dfrac{17x^7}{315} + \cdots, \quad \forall |x| < \dfrac{\pi}{2}$

$$\therefore a = 1, \quad b = \frac{1}{3}, \quad c = \frac{2}{15}, \quad d = \frac{17}{315}$$

Example 10.

假设 $\sec x = a + bx^2 + cx^4 + \cdots$，求 $a =?, b =?, c =?$

【解】

$$\because \sec x = \frac{1}{\cos x} = \cfrac{1}{1 - \dfrac{x^2}{2!} + \dfrac{x^4}{4!} - \dfrac{x^6}{6!} + \cdots}$$

藉由长除法 $\sec x = 1 + \dfrac{x^2}{2} + \dfrac{5x^4}{24} + \cdots, \quad \forall |x| < \dfrac{\pi}{2} \qquad \therefore a = 1, \quad b = \dfrac{1}{2}, \quad c = \dfrac{5}{24}$

Example 11.

假设 $\cot x = ax^{-1} + bx + cx^3 \ldots$，求 $a =?, b =?, c =?$

【解】

$$\because \cot x = \frac{\cos x}{\sin x} = \cfrac{1 - \dfrac{x^2}{2!} + \dfrac{x^4}{4!} - \dfrac{x^6}{6!} + \cdots}{x - \dfrac{x^3}{3!} + \dfrac{x^5}{5!} - \dfrac{x^7}{7!} + \cdots}$$

藉由长除法 $\cot x = \dfrac{1}{x} - \dfrac{x}{3} - \dfrac{x^3}{45} + \cdots, \quad \forall |x| < \pi \qquad \therefore a = 1, \quad b = -\dfrac{1}{3}, \quad c = -\dfrac{1}{45}$

Example 12.

假设 $\csc x = ax^{-1} + bx + cx^3 \ldots$，求 $a =?, b =?, c =?$

【解】

$$\because \csc x = \frac{1}{\sin x} = \cfrac{1}{x - \dfrac{x^3}{3!} + \dfrac{x^5}{5!} - \dfrac{x^7}{7!} + \cdots}$$

藉由长除法 $\csc x = \dfrac{1}{x} + \dfrac{x}{6} + \dfrac{7x^3}{360} + \cdots, \quad \forall |x| < \pi \quad \therefore a = 1, \quad b = \dfrac{1}{6}, \quad c = \dfrac{7}{360}$

6.5.6　先微分再求泰勒级数

当原函数的微分式较容易求得泰勒级数时，先求微分后的泰勒级数式，再积分回来其便为原函数的泰勒展开式

考试类型：

Type 1.

求 $f(x) = \ln(a - bx)$ 于 $x = x_0$ 的泰勒展开式，其中 $a \in R$, $b \neq 0$ and $a - bx_0 \neq 0$

解题流程：

Step1.

先求微分式 $f'(x) = \dfrac{-b}{a - bx}$

Step2.

$$\frac{-b}{a - bx} = \frac{-b}{(a - bx_0) - b(x - x_0)} = \frac{-b}{(a - bx_0)\left(1 - \dfrac{b(x - x_0)}{a - bx_0}\right)}$$

$$= \frac{-b}{a - bx_0} \sum_{n=0}^{\infty} \left(\frac{b(x - x_0)}{a - bx_0}\right)^n = \frac{-b}{a - bx_0} \sum_{n=0}^{\infty} \left(\frac{b}{a - bx_0}\right)^n (x - x_0)^n$$

$$= -\sum_{n=0}^{\infty} \left(\frac{b}{a - bx_0}\right)^{n+1} (x - x_0)^n, \quad \forall \left|\frac{b(x - x_0)}{a - bx_0}\right| < 1$$

Step3.

对此级数积分

$$f(x) = -\int \sum_{n=0}^{\infty} \left(\frac{b}{a - bx_0}\right)^{n+1} (x - x_0)^n \, dx = -\sum_{n=0}^{\infty} \left(\frac{b}{a - bx_0}\right)^{n+1} \int (x - x_0)^n \, dx$$

$$= -\sum_{n=0}^{\infty} \left(\frac{b}{a - bx_0}\right)^{n+1} \frac{(x - x_0)^{n+1}}{n + 1}$$

Example 1.

    (1)求 $\ln(1 + x)$ 的马克劳林级数

    (2)求 $\ln(1 - x)$ 的马克劳林级数

(3) 求 $\ln\left(\dfrac{1+x}{1-x}\right)$ 的马克劳林级数

【解】

(1)

$$\because \frac{d}{dx}\ln(1+x) = \frac{1}{1+x}$$

$$\text{且 } \frac{1}{1+x} = \frac{1}{1-(-x)} = 1 + (-x) + (-x)^2 + \cdots = \sum_{n=0}^{\infty}(-1)^n x^n, \quad \forall |x| < 1$$

$$\therefore \ln(1+x) = \int \sum_{n=0}^{\infty}(-1)^n x^n \, dx = \sum_{n=0}^{\infty}\int (-1)^n x^n dx = \sum_{n=0}^{\infty}\frac{(-1)^n x^{n+1}}{n+1}, \; \forall |x| < 1$$

(2)

$$\because \frac{d}{dx}\ln(1-x) = \frac{-1}{1-x} \text{ 且 } \frac{-1}{1-x} = -(1 + x + x^2 + \cdots) = -\sum_{n=0}^{\infty} x^n, \; \forall |x| < 1$$

$$\therefore \ln(1-x) = -\int \sum_{n=0}^{\infty} x^n \, dx = -\sum_{n=0}^{\infty}\int x^n dx = -\sum_{n=0}^{\infty}\frac{x^{n+1}}{n+1}, \; \forall -1 \le x < 1$$

(3)

$$\because \ln\left(\frac{1+x}{1-x}\right) = \ln(1+x) - \ln(1-x)$$

$$\text{Claim: } \ln(1+x) = \sum_{n=0}^{\infty}\frac{(-1)^n x^{n+1}}{n+1}$$

$$\because \frac{d}{dx}\ln(1+x) = \frac{1}{1+x} \text{ 且 } \frac{1}{1+x} = \frac{1}{1-(-x)} = 1 + (-x) + (-x)^2 + \cdots = \sum_{n=0}^{\infty}(-1)^n x^n$$

$$\therefore \ln(1+x) = \int \sum_{n=0}^{\infty}(-1)^n x^n \, dx = \sum_{n=0}^{\infty}\int (-1)^n x^n dx = \sum_{n=0}^{\infty}\frac{(-1)^n x^{n+1}}{n+1}, \; \forall |x| < 1$$

$$\text{Claim: } \ln(1-x) = -\sum_{n=0}^{\infty}\frac{x^{n+1}}{n+1}$$

$$\because \frac{d}{dx}\ln(1-x) = \frac{-1}{1-x} \ \text{且} \ \frac{-1}{1-x} = -(1 + x + x^2 + \cdots) = -\sum_{n=0}^{\infty} x^n$$

$$\therefore \ln(1-x) = -\int \sum_{n=0}^{\infty} x^n \, dx = -\sum_{n=0}^{\infty} \int x^n \, dx = -\sum_{n=0}^{\infty} \frac{x^{n+1}}{n+1}, \ \ \forall |x| < 1$$

$$\therefore \ln\left(\frac{1+x}{1-x}\right) = \ln(1+x) - \ln(1-x) = \sum_{n=0}^{\infty} \frac{(-1)^n x^{n+1}}{n+1} + \sum_{n=0}^{\infty} \frac{x^{n+1}}{n+1}$$

$$= 2\sum_{n=0}^{\infty} \frac{x^{2n+1}}{2n+1}, \ \ \forall -1 < x < 1$$

Example 2.

求 $\ln(4+3x)$ 在 $x=1$ 的泰勒级数并求其收敛区间

【解】

$$\because 4 + 3x = 7 + 3(x-1) = 7\left(1 + \frac{3}{7}(x-1)\right)$$

$$\therefore \frac{d}{dx}\ln(4+3x) = \frac{3}{4+3x} = \frac{3}{7\left(1 + \frac{3}{7}(x-1)\right)}$$

$$\because \frac{1}{1 + \frac{3}{7}(x-1)} = 1 - \frac{3(x-1)}{7} + \left(-\frac{3}{7}(x-1)\right)^2 + \cdots = \sum_{n=0}^{\infty} (-1)^n \left(\frac{3}{7}\right)^n (x-1)^n$$

$$\therefore \frac{d}{dx}\ln(4+3x) = \sum_{n=0}^{\infty} (-1)^n \left(\frac{3}{7}\right)^{n+1} (x-1)^n$$

$$\text{令} \left|\frac{3}{7}(x-1)\right| < 1 \ \text{则} \ \frac{-4}{3} < x < \frac{10}{3}$$

$$\therefore \ln(4+3x) = \int \sum_{n=0}^{\infty} (-1)^n \left(\frac{3}{7}\right)^{n+1} (x-1)^n \, dx + \ln 7$$

$$= \sum_{n=0}^{\infty} \int (-1)^n \left(\frac{3}{7}\right)^{n+1} (x-1)^n dx + \ln 7$$

$$= \sum_{n=0}^{\infty} (-1)^n \frac{\left(\frac{3}{7}\right)^{n+1}}{n+1} (x-1)^{n+1} + \ln 7, \quad \forall \frac{-4}{3} < x \le \frac{10}{3}$$

Example 3.

求 $\ln x$ 在 $x = 2$ 的泰勒级数并求其收敛区间

【解】

$$\because \frac{d}{dx} \ln x = \frac{1}{x} = \frac{1}{2 + (x-2)} = \frac{1}{2\left(1 + \frac{(x-2)}{2}\right)}$$

$$= \frac{1}{2}\left(1 - \frac{(x-2)}{2} + \left(\frac{x-2}{2}\right)^2 - \left(\frac{x-2}{2}\right)^3 + \cdots\right) = \frac{1}{2}\sum_{n=0}^{\infty} (-1)^n \left(\frac{x-2}{2}\right)^n$$

令 $\left|\frac{x-2}{2}\right| < 1$ 则 $0 < x < 4$

$$\therefore \ln x = \frac{1}{2} \int \sum_{n=0}^{\infty} (-1)^n \left(\frac{x-2}{2}\right)^n dx = \frac{1}{2}\sum_{n=0}^{\infty} \int (-1)^n \left(\frac{x-2}{2}\right)^n dx$$

$$= \frac{1}{2}\sum_{n=0}^{\infty} \frac{(-1)^n (x-2)^{n+1}}{2^n(n+1)}, \quad \forall 0 < x \le 4$$

Example 4.

求 $\ln x^2$ 在 $x = 1$ 的泰勒级数并求其收敛区间

【解】

$$\because \frac{d}{dx} \ln x^2 = \frac{2}{x} = \frac{2}{1 + (x-1)}$$

$$且 \frac{1}{1 + (x-1)} = 1 - (x-1) + (x-1)^2 + \cdots = \sum_{n=0}^{\infty} (-1)^n (x-1)^n$$

$$\therefore \frac{d}{dx}\ln(x^2) = \frac{2}{x} = \frac{2}{1 + (x-1)} = 2\sum_{n=0}^{\infty}(-1)^n(x-1)^n$$

$$\ln(x^2) = \int 2\sum_{n=0}^{\infty}(-1)^n(x-1)^n\,dx = 2\sum_{n=0}^{\infty}\int(-1)^n(x-1)^n dx = 2\sum_{n=0}^{\infty}\frac{(-1)^n(x-1)^{n+1}}{n+1}$$

Example 5.

$$设 f(x) = (x^2+1)\ln x \ \text{且} \ f(x) = \sum_{n=0}^{\infty} a_n(x-1)^n \ \text{则} \ a_4 =?$$

【解】

$$\because x^2 + 1 = (x-1)^2 + 2x = (x-1)^2 + 2(x-1) + 2$$

$$\text{Claim: } \ln x = \sum_{n=0}^{\infty}\frac{(-1)^n(x-1)^{n+1}}{n+1}$$

$$\because \frac{d}{dx}\ln x = \frac{1}{x} = \frac{1}{1-(1-x)} = 1 + (1-x) + (1-x)^2 + \cdots$$

$$= 1 - (x-1) + (x-1)^2 + \cdots = \sum_{n=0}^{\infty}(-1)^n(x-1)^n$$

$$\therefore \ln x = \int\sum_{n=0}^{\infty}(-1)^n(x-1)^n\,dx = \sum_{n=0}^{\infty}\int(-1)^n(x-1)^n dx = \sum_{n=0}^{\infty}\frac{(-1)^n(x-1)^{n+1}}{n+1}$$

$$f(x) = (x^2+1)\ln x = ((x-1)^2 + 2(x-1) + 2)\sum_{n=0}^{\infty}\frac{(-1)^n(x-1)^{n+1}}{n+1}$$

$$= \sum_{n=0}^{\infty}\frac{(-1)^n(x-1)^{n+3}}{n+1} + 2\sum_{n=0}^{\infty}\frac{(-1)^n(x-1)^{n+2}}{n+1} + 2\sum_{n=0}^{\infty}\frac{(-1)^n(x-1)^{n+1}}{n+1}$$

$$\therefore a_4 = -\frac{1}{2} + \frac{2}{3} - \frac{2}{4} = -\frac{1}{3}$$

Example 6.

求 $(x-1)\ln(1+3x)$ 在 $x=1$ 的泰勒级数

【解】

$$\because 1+3x = 4+3(x-1) = 4\left(1+\frac{3}{4}(x-1)\right)$$

$$\therefore \frac{d}{dx}\ln(1+3x) = \frac{3}{1+3x} = \frac{3}{4+3(x-1)} = \frac{3}{4\left(1+\frac{3}{4}(x-1)\right)}$$

$$\because \frac{1}{1+\frac{3}{4}(x-1)} = 1+\left(-\frac{3}{4}(x-1)\right)+\left(-\frac{3}{4}(x-1)\right)^2+\cdots = \sum_{n=0}^{\infty}(-1)^n\left(\frac{3}{4}\right)^n(x-1)^n$$

$$\therefore \frac{d}{dx}\ln(1+3x) = \sum_{n=0}^{\infty}(-1)^n\left(\frac{3}{4}\right)^{n+1}(x-1)^n, \quad 令 \left|\frac{3}{4}(x-1)\right|<1 \text{ 则 } \frac{-1}{3}<x<\frac{7}{3}$$

$$\therefore \ln(1+3x) = \int \sum_{n=0}^{\infty}(-1)^n\left(\frac{3}{4}\right)^{n+1}(x-1)^n\,dx + \ln 4$$

$$= \sum_{n=0}^{\infty}\int (-1)^n\left(\frac{3}{4}\right)^{n+1}(x-1)^n dx + \ln 4 = \sum_{n=0}^{\infty}\frac{(-1)^n\left(\frac{3}{4}\right)^{n+1}(x-1)^{n+1}}{n+1} + \ln 4$$

$$\therefore f(x) = (x-1)\ln(1+3x) = (x-1)\left(\sum_{n=0}^{\infty}\frac{(-1)^n\left(\frac{3}{4}\right)^{n+1}(x-1)^{n+1}}{n+1} + \ln 4\right)$$

$$= (x-1)\ln 4 + \sum_{n=0}^{\infty}\frac{(-1)^n\left(\frac{3}{4}\right)^{n+1}(x-1)^{n+2}}{n+1}, \quad \forall\, \frac{-1}{3}<x\leq\frac{7}{3}$$

Example 7.

求 $\ln(1+3x)$ 在 $x=2$ 的泰勒级数并求其收敛区间

【解】

$$\because 1+3x = 7+3(x-2) = 7\left(1+\frac{3}{7}(x-2)\right)$$

$$\therefore \frac{d}{dx}\ln(1+3x) = \frac{3}{1+3x} = \frac{3}{7\left(1+\frac{3}{7}(x-2)\right)}$$

$$\because \frac{1}{1+\frac{3}{7}(x-2)} = 1 - \frac{3}{7}(x-2) + \left(-\frac{3}{7}(x-2)\right)^2 + \cdots = \sum_{n=0}^{\infty} (-1)^n \left(\frac{3}{7}\right)^n (x-2)^n$$

$$\therefore \frac{d}{dx}\ln(1+3x) = \sum_{n=0}^{\infty} (-1)^n \left(\frac{3}{7}\right)^{n+1} (x-2)^n$$

$$令 \left|\frac{3}{7}(x-2)\right| < 1 \ 则 \ \frac{-1}{3} < x < \frac{13}{3}$$

$$\therefore \ln(1+3x) = \int \sum_{n=0}^{\infty} (-1)^n \left(\frac{3}{7}\right)^{n+1} (x-2)^n \, dx + \ln 7$$

$$= \sum_{n=0}^{\infty} \int (-1)^n \left(\frac{3}{7}\right)^{n+1} (x-2)^n dx + \ln 7 = \sum_{n=0}^{\infty} \frac{(-1)^n \left(\frac{3}{7}\right)^{n+1} (x-2)^{n+1}}{n+1} + \ln 7$$

(1) As $x = \dfrac{13}{3}$,

$$\sum_{n=0}^{\infty} \frac{(-1)^n \left(\frac{3}{7}\right)^{n+1} (x-2)^{n+1}}{n+1} = \sum_{n=0}^{\infty} \frac{(-1)^n \left(\frac{3}{7}\right)^{n+1} \left(\frac{13}{3}-2\right)^{n+1}}{n+1} = \sum_{n=0}^{\infty} \frac{(-1)^n}{n+1}$$

$$且 \ \sum_{n=0}^{\infty} \frac{(-1)^n}{n+1} \ 收敛$$

(2) As $x = \dfrac{-1}{3}$

$$\sum_{n=0}^{\infty} \frac{(-1)^n \left(\frac{3}{7}\right)^{n+1} (x-2)^{n+1}}{n+1} = \sum_{n=0}^{\infty} \frac{(-1)^n \left(\frac{3}{7}\right)^{n+1} \left(\frac{-7}{3}\right)^{n+1}}{n+1} = \sum_{n=0}^{\infty} \frac{1}{n+1}$$

$$且 \ \sum_{n=0}^{\infty} \frac{1}{n+1} \ 发散$$

$$\therefore \ln(1 + 3x) = \sum_{n=0}^{\infty} \frac{(-1)^n \left(\frac{3}{7}\right)^{n+1} (x-2)^{n+1}}{n+1} + \ln 7, \quad \forall \frac{-1}{3} < x \le \frac{13}{3}$$

Example 8.

求 $\ln(2 + 3x)$ 在 $x = 1$ 的泰勒级数并求其收敛区间

【解】

$$\because 2 + 3x = 5 + 3(x-1) = 5\left(1 + \frac{3}{5}(x-1)\right)$$

$$\because \frac{d}{dx}\ln(2 + 3x) = \frac{3}{2 + 3x} = \frac{3}{5\left(1 + \frac{3}{5}(x-1)\right)}$$

$$\because \frac{1}{1 + \frac{3}{5}(x-1)} = 1 - \frac{3}{5}(x-1) + \left(-\frac{3}{5}(x-1)\right)^2 + \cdots = \sum_{n=0}^{\infty} (-1)^n \left(\frac{3}{5}\right)^n (x-1)^n$$

$$\therefore \frac{d}{dx}\ln(2 + 3x) = \sum_{n=0}^{\infty} (-1)^n \left(\frac{3}{5}\right)^{n+1} (x-1)^n$$

$$令 \left|\frac{3}{5}(x-1)\right| < 1 \ 则 \ \frac{-2}{3} < x < \frac{8}{3}$$

$$\therefore \ln(2 + 3x) = \int \sum_{n=0}^{\infty} (-1)^n \left(\frac{3}{5}\right)^{n+1} (x-1)^n \, dx + \ln 5$$

$$= \sum_{n=0}^{\infty} \int (-1)^n \left(\frac{3}{5}\right)^{n+1} (x-1)^n dx + \ln 5$$

$$= \sum_{n=0}^{\infty} (-1)^n \frac{\left(\frac{3}{5}\right)^{n+1}}{n+1} (x-1)^{n+1} + \ln 5, \quad \forall \frac{-2}{3} < x \le \frac{8}{3}$$

Example 9.

求 $\tan^{-1} x$ 的马克劳林级数

【解】

$$\because \frac{d}{dx}\tan^{-1}x = \frac{1}{1+x^2} = 1 + (-x^2) + (-x^2)^2 + \cdots = \sum_{n=0}^{\infty}(-1)^n x^{2n}, \ \forall |x| < 1$$

$$\therefore \tan^{-1}x = \int \sum_{n=0}^{\infty}(-1)^n x^{2n}\,dx = \sum_{n=0}^{\infty}\int (-1)^n x^{2n}dx = \sum_{n=0}^{\infty}\frac{(-1)^n x^{2n+1}}{2n+1}, \forall |x| < 1$$

Example 10.

求 $\tanh^{-1}x$ 的马克劳林级数

【解】

$$\because \frac{d}{dx}\tanh^{-1}x = \frac{1}{1-x^2} = 1 + x^2 + x^4 + \cdots = \sum_{n=0}^{\infty}x^{2n}, \ \forall |x| < 1$$

$$\therefore \tanh^{-1}x = \int \sum_{n=0}^{\infty}x^{2n}\,dx = \sum_{n=0}^{\infty}\int x^{2n}dx = \sum_{n=0}^{\infty}\frac{x^{2n+1}}{2n+1}, \ \forall -1 < x < 1$$

6.5.7 使用二项式展开求泰勒级数

上述讨论的方法皆适用于函数为整数次方项，当函数有分数的次方项求泰勒展开式时，尝试用二项式展开式

考试类型:

Type 1.

使用二项式展开式求 $(ax+b)^r$ 在 $x = x_0$ 的泰勒级数，其中 $a \neq 0$, $b \in R, r = R\backslash\{Z\}$ and $b + ax_0 \neq 0$

解题流程:

Step1.

$$\because ax + b = b + ax_0 + a(x - x_0) = (b + ax_0)\left(1 + \frac{a(x - x_0)}{b + ax_0}\right)$$

$$\therefore (ax + b)^r = (b + ax_0)^r \left(1 + \frac{a(x - x_0)}{b + ax_0}\right)^r$$

Step2.

使用二项式展开 $\left(1 + \dfrac{a(x - x_0)}{b + ax_0}\right)^r = \displaystyle\sum_{n=0}^{\infty} C_n^r \left(\dfrac{a(x - x_0)}{b + ax_0}\right)^n = \sum_{n=0}^{\infty} \dfrac{C_n^r a^n (x - x_0)^n}{(b + ax_0)^n}$

Step3.

找出明确 C_n^r 的值，$\forall n \in N$

当 $r = \dfrac{1}{2}$ 则 $C_0^{\frac{1}{2}} = 1$, $C_1^{\frac{1}{2}} = \dfrac{1}{2}$, $C_2^{\frac{1}{2}} = \dfrac{1}{2} \cdot \left(\dfrac{-1}{2}\right)$, $C_3^{\frac{1}{2}} = \dfrac{1}{2} \cdot \left(\dfrac{-1}{2}\right) \cdot \left(\dfrac{-3}{2}\right)$

$\therefore C_0^{\frac{1}{2}} = 1$, $C_1^{\frac{1}{2}} = \dfrac{1}{2}$, $C_n^{\frac{1}{2}} = 2^{-n}(-1)^{n+1}\displaystyle\prod_{k=0}^{n-2} 2k + 1$, $\forall n \geq 2$

$\therefore (ax + b)^r = (b + ax_0)^r \displaystyle\sum_{n=0}^{\infty} \dfrac{C_n^r a^n (x - x_0)^n}{(b + ax_0)^n}$

$= (b + ax_0)^r \times \left(1 + \dfrac{a(x - x_0)}{2(b + ax_0)} + \displaystyle\sum_{n=2}^{\infty} \dfrac{(2^{-n}(-1)^{n+1} \prod_{k=0}^{n-2} 2k + 1)a^n(x - x_0)^n}{(b + ax_0)^n}\right)$

当 $r = \dfrac{-1}{2}$ 则 $C_0^{\frac{-1}{2}} = 1$, $C_1^{\frac{-1}{2}} = \dfrac{-1}{2}$, $C_2^{\frac{-1}{2}} = \dfrac{-1}{2} \cdot \left(\dfrac{-3}{2}\right)$, $C_3^{\frac{-1}{2}} = \dfrac{-1}{2} \cdot \left(\dfrac{-3}{2}\right) \cdot \left(\dfrac{-5}{2}\right)$

$\therefore C_0^{\frac{-1}{2}} = 1$, $C_1^{\frac{-1}{2}} = \dfrac{-1}{2}$, $C_n^{\frac{-1}{2}} = 2^{-n}(-1)^{n}\displaystyle\prod_{k=0}^{n-1} (2k + 1)$, $\forall n \geq 2$

$\therefore (ax + b)^r = (b + ax_0)^r \displaystyle\sum_{n=0}^{\infty} \dfrac{C_n^r a^n (x - x_0)^n}{(b + ax_0)^n}$

$= (b + ax_0)^r \times \left(1 - \dfrac{a(x - x_0)}{2(b + ax_0)} + \displaystyle\sum_{n=2}^{\infty} \dfrac{(2^{-n}(-1)^{n} \prod_{k=0}^{n-1}(2k + 1))a^n(x - x_0)^n}{(b + ax_0)^n}\right)$

Type 2.

针对三角函数反函数求马克劳林级数的时候，通常会先对函数微分再使用二项式展开式求马克劳林级数，底下为方便起见使用 $\sin^{-1} x$ 来说明

解题流程：

Step1.

$$\frac{d}{dx}\sin^{-1}x = (1-x^2)^{-\frac{1}{2}}$$

藉由二项式展开则 $(1-x^2)^{-\frac{1}{2}} = \sum_{n=0}^{\infty} C_n^{-\frac{1}{2}}(-x^2)^n = \sum_{n=0}^{\infty}(-1)^n C_n^{-\frac{1}{2}} x^{2n}$

Step2.

对此泰勒级数积分

$$\sin^{-1}x = \int \sum_{n=0}^{\infty}(-1)^n C_n^{-\frac{1}{2}} x^{2n}\, dx = \sum_{n=0}^{\infty}(-1)^n C_n^{-\frac{1}{2}} \int x^{2n}\, dx = \sum_{n=0}^{\infty} \frac{(-1)^n C_n^{-\frac{1}{2}} x^{2n+1}}{2n+1}$$

Step3.

$$\because C_0^{\frac{-1}{2}} = 1, \quad C_1^{\frac{-1}{2}} = \frac{-1}{2}, \quad C_n^{\frac{-1}{2}} = 2^{-n}(-1)^n \prod_{k=0}^{n-1} 2k+1, \quad \forall n \geq 2$$

$$\therefore \sin^{-1}x = x + \frac{x^3}{6} + \sum_{n=2}^{\infty} \frac{2^{-n}\prod_{k=0}^{n-1} 2k+1\, x^{2n+1}}{2n+1}$$

<u>相关例题延伸：</u>

(I)如果 $f(x) = \cos^{-1}x$ 则 $\dfrac{d}{dx}\cos^{-1}x = -(1-x^2)^{-\frac{1}{2}}$

(II)如果 $f(x) = \sinh^{-1}x$ 则 $\dfrac{d}{dx}\sinh^{-1}x = \dfrac{1}{(x^2+1)^{\frac{1}{2}}}$

(III)如果 $f(x) = \operatorname{sech}^{-1}x$ 则 $\dfrac{d}{dx}\operatorname{sech}^{-1}x = \dfrac{-1}{x}(1-x^2)^{-\frac{1}{2}}$

Example 1.

(1)求 $(1+x)^{-\frac{1}{2}}$ 的马克劳林级数　(2)求 $(1-x)^{-\frac{1}{2}}$ 的马克劳林级数

(3)求 $(1+x)^{\frac{1}{2}}$ 的马克劳林级数　(4)求 $(1-x)^{\frac{1}{2}}$ 的马克劳林级数

【解】

(1)

藉由二项式展开

$$(1+x)^{-\frac{1}{2}} = \sum_{n=0}^{\infty} C_n^{-\frac{1}{2}} x^n = 1 + \frac{-\frac{1}{2}}{1!}x + \frac{(-\frac{1}{2})(-\frac{3}{2})}{2!}x^2 + \frac{(-\frac{1}{2})(-\frac{3}{2})(-\frac{5}{2})}{3!}x^3 + \cdots$$

$$= 1 + \sum_{n=1}^{\infty} \frac{2^{-n}(-1)^n \prod_{k=0}^{n-1} 2k+1}{n!} x^n, \ \forall -1 < x < 1$$

(2)

藉由二项式展开

$$(1-x)^{-\frac{1}{2}} = \sum_{n=0}^{\infty} C_n^{-\frac{1}{2}} (-x)^n$$

$$= 1 + \frac{-\frac{1}{2}}{1!}(-x) + \frac{(-\frac{1}{2})(-\frac{3}{2})}{2!}(-x)^2 + \frac{(-\frac{1}{2})(-\frac{3}{2})(-\frac{5}{2})}{3!}(-x)^3 + \cdots$$

$$= 1 + \sum_{n=1}^{\infty} \frac{2^{-n} \prod_{k=0}^{n-1} 2k+1}{n!} x^n, \ \forall -1 < x < 1$$

(3)

藉由二项式展开

$$(1+x)^{\frac{1}{2}} = \sum_{n=0}^{\infty} C_n^{\frac{1}{2}} x^n = 1 + \frac{\frac{1}{2}}{1!}x + \frac{(\frac{1}{2})(-\frac{1}{2})}{2!}x^2 + \frac{(\frac{1}{2})(-\frac{1}{2})(-\frac{3}{2})}{3!}x^3 + \cdots$$

$$= 1 + \frac{x}{2} + \sum_{n=2}^{\infty} \frac{2^{-n}(-1)^{n+1} \prod_{k=0}^{n-2} 2k+1}{n!} x^n, \ \forall -1 < x < 1$$

(4)

藉由二项式展开

$$(1-x)^{\frac{1}{2}} = \sum_{n=0}^{\infty} C_n^{\frac{1}{2}} (-x)^n = 1 + \frac{\frac{1}{2}}{1!}(-x) + \frac{(\frac{1}{2})(-\frac{1}{2})}{2!}(-x)^2 + \frac{(\frac{1}{2})(-\frac{1}{2})(-\frac{3}{2})}{3!}(-x)^3 + \cdots$$

$$= 1 - \frac{x}{2} - \sum_{n=2}^{\infty} \frac{2^{-n} \prod_{k=0}^{n-2} 2k+1}{n!} x^n, \ \forall -1 < x < 1$$

Example 2.

$$求 (9-x)^{\frac{1}{2}} \text{ 的马克劳林级数}$$

【解】

$$\because (9-x)^{\frac{1}{2}} = 3(1 - \frac{x}{9})^{\frac{1}{2}}, \ \text{藉由二项式展开}$$

$$(1 - \frac{x}{9})^{\frac{1}{2}} = \sum_{n=0}^{\infty} C_n^{\frac{1}{2}} (-\frac{x}{9})^n = 1 + \frac{\frac{1}{2}}{1!}(-\frac{x}{9}) + \frac{(\frac{1}{2})(-\frac{1}{2})}{2!}(-\frac{x}{9})^2 + \frac{(\frac{1}{2})(-\frac{1}{2})(-\frac{3}{2})}{3!}(-\frac{x}{9})^3 + \cdots$$

$$= 1 - \frac{\frac{x}{9}}{2} - \sum_{n=2}^{\infty} \frac{2^{-n} \prod_{k=0}^{n-2} 2k+1}{n!} \left(\frac{x}{9}\right)^n, \ \forall -1 < \frac{x}{9} < 1$$

$$= 1 - \frac{\frac{x}{9}}{2} - \sum_{n=2}^{\infty} \frac{2^{-n} \prod_{k=0}^{n-2} 2k+1}{n! \, 3^{2n}} x^n, \ \forall -1 < \frac{x}{9} < 1$$

$$\therefore (9-x)^{\frac{1}{2}} = 3 \left(1 + \frac{\frac{1}{2}}{1!}(-\frac{x}{9}) + \frac{(\frac{1}{2})(-\frac{1}{2})}{2!}(-\frac{x}{9})^2 + \frac{(\frac{1}{2})(-\frac{1}{2})(-\frac{3}{2})}{3!}(-\frac{x}{9})^3 + \cdots \right)$$

$$= 3 \left(1 - \frac{\frac{x}{9}}{2} - \sum_{n=2}^{\infty} \frac{2^{-n} \prod_{k=0}^{n-2} 2k+1}{n! \, 3^{2n}} x^n \right), \ \forall -1 < \frac{x}{9} < 1$$

$$\because \left| \frac{\frac{2^{-n-1} \prod_{k=0}^{n-1} 2k+1}{n+1! \, 3^{2n+2}} x^{n+1}}{\frac{2^{-n} \prod_{k=0}^{n-2} 2k+1}{n! \, 3^{2n}} x^n} \right| = \left| \frac{2^{-1}(2n-1)x}{3^2(n+1)} \right|$$

$$令 \lim_{n \to \infty} \left| \frac{2^{-1}(2n-1)x}{3^2(n+1)} \right| < 1 \ 则 \ -9 < x < 9$$

$$\therefore (9-x)^{\frac{1}{2}} = 3 \left(1 - \frac{\frac{x}{9}}{2} - \sum_{n=2}^{\infty} \frac{2^{-n} \prod_{k=0}^{n-2} 2k+1}{n! \, 3^{2n}} x^n \right), \ \forall -9 < x < 9$$

Example 3.

$$\text{求}(r^2 - x)^{\frac{1}{2}} \text{ 的马克劳林级数}, \ r > 0$$

【解】

$\because (r^2 - x)^{\frac{1}{2}} = r(1 - \dfrac{x}{r^2})^{\frac{1}{2}}, \quad$ 藉由二项式展开

$$(1 - \frac{x}{r^2})^{\frac{1}{2}} = \sum_{n=0}^{\infty} C_n^{\frac{1}{2}} (-\frac{x}{r^2})^n$$

$$= 1 + \frac{\frac{1}{2}}{1!}(-\frac{x}{r^2}) + \frac{(\frac{1}{2})(-\frac{1}{2})}{2!}(-\frac{x}{r^2})^2 + \frac{(\frac{1}{2})(-\frac{1}{2})(-\frac{3}{2})}{3!}(-\frac{x}{r^2})^3 + \cdots$$

$$= 1 - \frac{\frac{x}{r^2}}{2} - \sum_{n=2}^{\infty} \frac{2^{-n} \prod_{k=0}^{n-2} 2k+1}{n!} \left(\frac{x}{r^2}\right)^n, \ \forall -1 < \frac{x}{r^2} < 1$$

$$= 1 - \frac{\frac{x}{r^2}}{2} - \sum_{n=2}^{\infty} \frac{2^{-n} \prod_{k=0}^{n-2} 2k+1}{n! \, r^{2n}} x^n, \ \forall -1 < \frac{x}{r^2} < 1$$

$$\therefore (r^2 - x)^{\frac{1}{2}} = r\left(1 + \frac{\frac{1}{2}}{1!}(-\frac{x}{r^2}) + \frac{(\frac{1}{2})(-\frac{1}{2})}{2!}(-\frac{x}{r^2})^2 + \frac{(\frac{1}{2})(-\frac{1}{2})(-\frac{3}{2})}{3!}(-\frac{x}{r^2})^3 + \cdots\right)$$

$$= r\left(1 - \frac{\frac{x}{r^2}}{2} - \sum_{n=2}^{\infty} \frac{2^{-n} \prod_{k=0}^{n-2} 2k+1}{n! \, r^{2n}} x^n\right), \ \forall -1 < \frac{x}{r^2} < 1$$

$$\because \left| \frac{\frac{2^{-n-1} \prod_{k=0}^{n-1} 2k+1}{n+1! \, r^{2n+2}} x^{n+1}}{\frac{2^{-n} \prod_{k=0}^{n-2} 2k+1}{n! \, r^{2n}} x^n} \right| = \left| \frac{2^{-1}(2n-1)x}{r^2(n+1)} \right|$$

$$\text{令} \lim_{n\to\infty} \left| \frac{2^{-1}(2n-1)x}{r^2(n+1)} \right| < 1 \text{ 则 } -r^2 < x < r^2$$

$$\therefore (r^2 - x)^{\frac{1}{2}} = r\left(1 - \frac{\frac{x}{r^2}}{2} - \sum_{n=2}^{\infty} \frac{2^{-n} \prod_{k=0}^{n-2} 2k+1}{n! \, r^{2n}} x^n\right), \ \forall -r^2 < x < r^2$$

Example 4.

$$求 (9-x)^{-\frac{1}{2}} 的马克劳林级数$$

【解】

$$\because (9-x)^{-\frac{1}{2}} = 3^{-1}(1-\frac{x}{9})^{-\frac{1}{2}}, \quad 藉由二项式展开$$

$$(1-\frac{x}{9})^{-\frac{1}{2}} = \sum_{n=0}^{\infty} C_n^{-\frac{1}{2}} (-\frac{x}{9})^n$$

$$= 1 + \frac{-\frac{1}{2}}{1!}(-\frac{x}{9}) + \frac{(-\frac{1}{2})(-\frac{3}{2})}{2!}(-\frac{x}{9})^2 + \frac{(-\frac{1}{2})(-\frac{3}{2})(-\frac{5}{2})}{3!}(-\frac{x}{9})^3 + \cdots$$

$$\therefore (9-x)^{-\frac{1}{2}} = 3^{-1}\left(1 + \frac{-\frac{1}{2}}{1!}(-\frac{x}{9}) + \frac{(-\frac{1}{2})(-\frac{3}{2})}{2!}(-\frac{x}{9})^2 + \frac{(-\frac{1}{2})(-\frac{3}{2})(-\frac{5}{2})}{3!}(-\frac{x}{9})^3 + \cdots\right)$$

$$= \frac{1}{3} + \sum_{n=1}^{\infty} \frac{2^{-n} \prod_{k=0}^{n-1} 2k+1}{3^{2n+1}n!} x^n$$

$$\because \left| \frac{\frac{2^{-n-1}\prod_{k=0}^{n} 2k+1}{3^{2n+3}(n+1)!} x^{n+1}}{\frac{2^{-n}\prod_{k=0}^{n-1} 2k+1}{3^{2n+1}n!} x^n} \right| = \left| \frac{2^{-1}(2n+1)x}{3^2(n+1)} \right|$$

$$令 \lim_{n \to \infty} \left| \frac{2^{-1}(2n+1)x}{3^2(n+1)} \right| < 1 \ 则 \ -9 < x < 9$$

$$\therefore (9-x)^{-\frac{1}{2}} = \frac{1}{3} + \sum_{n=1}^{\infty} \frac{2^{-n}\prod_{k=0}^{n-1} 2k+1}{3^{2n+1}n!} x^n, \ \forall -9 < x < 9$$

Example 5.

$$求 (r^2-x)^{\frac{-1}{2}} 的马克劳林级数, \ r > 0$$

【解】

$\because (r^2 - x)^{-\frac{1}{2}} = r^{-1}(1 - r^2)^{-\frac{1}{2}}$，藉由二项式展开

$$(1 - \frac{x}{r^2})^{-\frac{1}{2}} = \sum_{n=0}^{\infty} C_n^{-\frac{1}{2}} (-\frac{x}{r^2})^n$$

$$= 1 + \frac{-\frac{1}{2}}{1!}(-\frac{x}{r^2}) + \frac{(-\frac{1}{2})(-\frac{3}{2})}{2!}(-\frac{x}{r^2})^2 + \frac{(-\frac{1}{2})(-\frac{3}{2})(-\frac{5}{2})}{3!}(-\frac{x}{r^2})^3 + \cdots$$

$$\therefore (r^2 - x)^{-\frac{1}{2}} = r^{-1}\left(1 + \frac{-\frac{1}{2}}{1!}(-\frac{x}{r^2}) + \frac{(-\frac{1}{2})(-\frac{3}{2})}{2!}(-\frac{x}{r^2})^2 + \frac{(-\frac{1}{2})(-\frac{3}{2})(-\frac{5}{2})}{3!}(-\frac{x}{r^2})^3 + \cdots\right)$$

$$= \frac{1}{r} + \sum_{n=1}^{\infty} \frac{2^{-n}\prod_{k=0}^{n-1} 2k+1}{r^{2n+1}n!} x^n$$

$$\because \left|\frac{\frac{2^{-n-1}\prod_{k=0}^{n} 2k+1}{r^{2n+3}(n+1)!}x^{n+1}}{\frac{2^{-n}\prod_{k=0}^{n-1} 2k+1}{r^{2n+1}n!}x^n}\right| = \left|\frac{2^{-1}(2n+1)x}{r^2(n+1)}\right|$$

令 $\lim_{n\to\infty} \left|\frac{2^{-1}(2n+1)x}{r^2(n+1)}\right| < 1$ 则 $-r^2 < x < r^2$

$$\therefore (r^2 - x)^{-\frac{1}{2}} = \frac{1}{r} + \sum_{n=1}^{\infty} \frac{2^{-n}\prod_{k=0}^{n-1} 2k+1}{r^{2n+1}n!} x^n, \ \forall -r^2 < x < r^2$$

Example 6.

求 $(2x - 3)^{\frac{3}{2}}$ 在 $x = 2$ 的马克劳林级数

【解】

$\because 2x - 3 = 1 + 2(x - 2) \quad \therefore (2x - 3)^{\frac{3}{2}} = (1 + 2(x - 2))^{\frac{3}{2}}$

$$\Rightarrow (2x - 3)^{\frac{3}{2}} = \sum_{n=0}^{\infty} C_n^{\frac{3}{2}} (2x - 4)^n$$

$$= 1 + \frac{\frac{3}{2}}{1!}(2x-4) + \frac{\frac{3}{2}\cdot\frac{1}{2}}{2!}(2x-4)^2 + \frac{\frac{3}{2}\cdot\frac{1}{2}\left(-\frac{1}{2}\right)}{3!}(2x-4)^3$$

$$+ \frac{\frac{3}{2}\cdot\frac{1}{2}\left(-\frac{1}{2}\right)\left(-\frac{3}{2}\right)}{4!}(2x-4)^4 + \cdots$$

$$= 1 + \frac{3}{1!}(x-2) + \frac{3}{2!}(x-2)^2 + \frac{3(-1)}{3!}(x-2)^3 + \frac{3(-1)(-3)}{4!}(x-2)^4 \cdots$$

$$= 1 + \frac{3}{1!}(x-2) + \frac{3}{2!}(x-2)^2 + 3\sum_{n=3}^{\infty}\frac{(-1)^n \prod_{k=0}^{n-3} 2k+1}{n!}(x-2)^n$$

$$\because \left| \frac{\frac{\prod_{k=0}^{n-2} 2k+1}{n+1!}(x-2)^{n+1}}{\frac{\prod_{k=0}^{n-3} 2k+1}{n!}(x-2)^n} \right| = \left| \frac{(2n-3)(x-2)}{(n+1)} \right|$$

$$\text{令} \lim_{n\to\infty}\left|\frac{(2n-3)(x-2)}{(n+1)}\right| < 1 \text{ 则 } \frac{3}{2} < x < \frac{5}{2}$$

$$\therefore (2x-3)^{\frac{3}{2}} = \sum_{n=0}^{\infty} C_n^{\frac{3}{2}}(2x-4)^n$$

$$= 1 + \frac{3}{1!}(x-2) + \frac{3}{2!}(x-2)^2 + 3\sum_{n=3}^{\infty}\frac{(-1)^n \prod_{k=0}^{n-3} 2k+1}{n!}(x-2)^n, \ \forall \frac{3}{2} < x < \frac{5}{2}$$

Example 7.

求 $\sin^{-1} x$ 的马克劳林级数

【解】

$$\because \frac{d}{dx}\sin^{-1} x = (1-x^2)^{-\frac{1}{2}}, \ \text{藉由二项式展开}$$

$$(1-x^2)^{-\frac{1}{2}} = \sum_{n=0}^{\infty} C_n^{-\frac{1}{2}}(-x^2)^n$$

$$= 1 + \frac{-\frac{1}{2}}{1!}(-x^2) + \frac{\left(-\frac{1}{2}\right)\left(-\frac{3}{2}\right)}{2!}(-x^2)^2 + \frac{\left(-\frac{1}{2}\right)\left(-\frac{3}{2}\right)\left(-\frac{5}{2}\right)}{3!}(-x^2)^3 + \cdots$$

$$= 1 + \frac{\frac{1}{2}}{1!}(x^2) + \frac{\frac{1}{2} \cdot \frac{3}{2}}{2!}(x^2)^2 + \frac{\frac{1}{2} \cdot \frac{3}{2} \cdot \frac{5}{2}}{3!}(x^2)^3 + \cdots$$

$$= 1 + \sum_{n=1}^{\infty} \frac{2^{-n} \prod_{k=0}^{n-1} 2k+1}{n!} x^{2n}, \ \forall -1 < x < 1$$

$$\Rightarrow \sin^{-1} x = x + \sum_{n=1}^{\infty} \frac{2^{-n} \prod_{k=0}^{n-1} 2k+1}{n!\,(2n+1)} x^{2n+1}, \ \forall -1 < x < 1$$

Example 8.

　　求 $\cos^{-1} x$ 的马克劳林级数

【解】

$$\because \frac{d}{dx} \cos^{-1} x = -(1-x^2)^{-\frac{1}{2}}, \ \text{藉由二项式展开}$$

$$(1-x^2)^{-\frac{1}{2}} = \sum_{n=0}^{\infty} C_n^{-\frac{1}{2}} (-x^2)^n$$

$$= 1 + \frac{-\frac{1}{2}}{1!}(-x^2) + \frac{\left(-\frac{1}{2}\right)\left(-\frac{3}{2}\right)}{2!}(-x^2)^2 + \frac{\left(-\frac{1}{2}\right)\left(-\frac{3}{2}\right)\left(-\frac{5}{2}\right)}{3!}(-x^2)^3 + \cdots$$

$$= 1 + \frac{\frac{1}{2}}{1!}(x^2) + \frac{\left(\frac{1}{2}\right)\left(\frac{3}{2}\right)}{2!}(x^2)^2 + \frac{\left(\frac{1}{2}\right)\left(\frac{3}{2}\right)\left(\frac{5}{2}\right)}{3!}(x^2)^3 + \cdots$$

$$= 1 + \sum_{n=1}^{\infty} \frac{2^{-n} \prod_{k=0}^{n-1} 2k+1}{n!} x^{2n}, \ \forall -1 < x < 1$$

$$\Rightarrow \cos^{-1} x = -x - \sum_{n=1}^{\infty} \frac{2^{-n} \prod_{k=0}^{n-1} 2k+1}{n!\,(2n+1)} x^{2n+1}, \ \forall -1 < x < 1$$

Example 9.

　　求 $\sinh^{-1} x$ 的马克劳林级数

【解】

$$\because \frac{d}{dx}\sinh^{-1}x = \frac{d}{dx}\ln|x+\sqrt{x^2+1}| = \frac{\dfrac{2(x^2+1)^{\frac{1}{2}}+2x}{2(x^2+1)^{\frac{1}{2}}}}{|x+\sqrt{x^2+1}|} = \frac{1}{(x^2+1)^{\frac{1}{2}}}$$

藉由二项式展开

$$(1+x^2)^{-\frac{1}{2}} = \sum_{n=0}^{\infty} C_n^{-\frac{1}{2}} x^{2n} = 1 + \frac{-\dfrac{1}{2}}{1!}x^2 + \frac{(-\dfrac{1}{2})(-\dfrac{3}{2})}{2!}x^4 + \frac{(-\dfrac{1}{2})(-\dfrac{3}{2})(-\dfrac{5}{2})}{3!}x^6 + \cdots$$

$$= 1 + \sum_{n=1}^{\infty} \frac{2^{-n}(-1)^n \prod_{k=0}^{n-1} 2k+1}{n!} x^{2n}, \ \forall -1 < x < 1$$

$$\Rightarrow \sinh^{-1}x = x + \sum_{n=1}^{\infty} \frac{2^{-n}(-1)^n \prod_{k=0}^{n-1} 2k+1}{n!\,(2n+1)} x^{2n+1}, \ \forall -1 < x < 1$$

Example 10.

　　求 $\mathrm{sech}^{-1}x$ 的马克劳林级数

【解】

$$\because \frac{d}{dx}\mathrm{sech}^{-1}x = \frac{-1}{x}(1-x^2)^{-\frac{1}{2}}, \quad 藉由二项式展开$$

$$\frac{-1}{x}(1-x^2)^{-\frac{1}{2}} = \frac{-1}{x}\left(1 + \sum_{n=1}^{\infty} \frac{2^{-n}\prod_{k=0}^{n-1} 2k+1}{n!} x^{2n}\right) = \frac{-1}{x} - \sum_{n=1}^{\infty} \frac{2^{-n}\prod_{k=0}^{n-1} 2k+1}{n!} x^{2n-1}$$

$$\Rightarrow \mathrm{sech}^{-1}x = -\ln x - \sum_{n=1}^{\infty} \frac{2^{-n}\prod_{k=0}^{n-1} 2k+1}{n!\,2n} x^{2n}, \ \forall\, 0 < x < \infty$$

6.6 泰勒级数相关应用的考试类型

6.6.1　　使用泰勒级数求函数极限

泰勒级数应用在求函数极限的时机为，当无法使用罗比达法则求极限时或当分子分母的函数能简易求得泰勒级数，或当使用罗比达法则分子分母微分之后出现较能简易求得泰勒展开式的函数，底下盘点较能简易求得泰勒级数的函数，包括：

$\ln x$ 、 $\cos x$ 、 $\sin x$ 、 $\sinh x$ 、 e^x 、 e^{-x} 、 $\sin^{-1} x$ 、 $\cos^{-1} x$ 、 $\sinh^{-1} x$ 、 $\tan^{-1} x$ 、

$\tanh^{-1} x$ 、 $(a + bx)^{\frac{1}{2}}$ 其中 $a \in R,\ b \neq 0$ 、 $(a + bx)^{-\frac{1}{2}}$ 其中 $a \in R,\ b \neq 0$.... 等

整体而言，求函数极限的方法，包含三大类：第一类为第一章所介绍的将函数做些转换再结合直接代入法，第二类为使用罗比达法则，最后一类则是使用泰勒级数，底下整理关于求函数极限的考试类型

考试类型:

Type 1.

求 $\lim\limits_{x \to 0} \dfrac{g(x)}{f(x)} = ?$ 其中 $\lim\limits_{x \to 0} f(x) = \lim\limits_{x \to 0} g(x) = 0$

解题流程:

Step1.

找 $a, b \in R$ 使得 $\dfrac{g(x)}{f(x)} = \dfrac{b + \sum_{n=1}^{\infty} b_n x^n}{a + \sum_{n=1}^{\infty} a_n x^n}$

Step2.

$$\lim_{x \to 0} \frac{g(x)}{f(x)} = \lim_{x \to 0} \frac{b + \sum_{n=1}^{\infty} b_n x^n}{a + \sum_{n=1}^{\infty} a_n x^n} = \frac{b}{a}$$

<u>范例说明:</u>

(I) 求 $\lim\limits_{x \to 0} \dfrac{\sinh x}{\sin x} = ?$

$\because \sin x = x - \dfrac{x^3}{3!} + \dfrac{x^5}{5!} + \cdots$ 且 $\sinh x = x + \dfrac{1}{3!} x^3 + \dfrac{1}{5!} x^5 + \cdots$

$\therefore \dfrac{\sinh x}{\sin x} = \dfrac{x + \dfrac{1}{3!} x^3 + \dfrac{1}{5!} x^5 + \cdots}{x - \dfrac{x^3}{3!} + \dfrac{x^5}{5!} + \cdots} = \dfrac{1 + \dfrac{1}{3!} x^2 + \dfrac{1}{5!} x^4 + \cdots}{1 - \dfrac{x^2}{3!} + \dfrac{x^4}{5!} + \cdots}$

$\therefore \lim\limits_{x \to 0} \dfrac{\sinh x}{\sin x} = \lim\limits_{x \to 0} \dfrac{1 + \dfrac{1}{3!} x^2 + \dfrac{1}{5!} x^4 + \cdots}{1 - \dfrac{x^2}{3!} + \dfrac{x^4}{5!} + \cdots} = 1$

Type 2.

求 $\lim\limits_{x \to 0} \dfrac{\int_0^x g(t)dt}{\int_0^x f(t)dt} = ?$

解题流程:

Step1.

藉由 Leibniz 微分公式则 $\lim\limits_{x \to 0} \dfrac{\int_0^x g(t)dt}{\int_0^x f(t)dt} = \lim\limits_{x \to 0} \dfrac{g(x)}{f(x)}$

Step2.

找 $a, b \in R$ 使得 $\dfrac{g(x)}{f(x)} = \dfrac{b + \sum_{n=1}^{\infty} b_n x^n}{a + \sum_{n=1}^{\infty} a_n x^n}$

Step3.

$$\lim_{x \to 0} \frac{g(x)}{f(x)} = \lim_{x \to 0} \frac{b + \sum_{n=1}^{\infty} b_n x^n}{a + \sum_{n=1}^{\infty} a_n x^n} = \frac{b}{a}$$

<u>范例说明:</u>

(I) 求 $\displaystyle\lim_{x\to 0^+}\frac{\int_0^{x^3}(\sin\sqrt[3]{t})-\sqrt[3]{t}\,dt}{\int_0^{x^3}(\tan\sqrt[3]{t})-\sqrt[3]{t}\,dt}=?$

藉由 Leibniz 微分公式 则

$$\lim_{x\to 0^+}\frac{\int_0^{x^3}(\sin\sqrt[3]{t})-\sqrt[3]{t}\,dt}{\int_0^{x^3}(\tan\sqrt[3]{t})-\sqrt[3]{t}\,dt}=\lim_{x\to 0^+}\frac{(\sin x-x)3x^2}{(\tan x-x)3x^2}=\lim_{x\to 0^+}\frac{\sin x-x}{\tan x-x}$$

$\because \sin x=\displaystyle\sum_{n=0}^{\infty}\frac{(-1)^n x^{2n+1}}{(2n+1)!}$ 且 $\tan x=x+\dfrac{1}{3}x^3+\dfrac{2}{15}x^5+\cdots$

$$\therefore \lim_{x\to 0^+}\frac{\int_0^{x^3}(\sin\sqrt[3]{t})-\sqrt[3]{t}\,dt}{\int_0^{x^3}(\tan\sqrt[3]{t})-\sqrt[3]{t}\,dt}=\lim_{x\to 0^+}\frac{\dfrac{-1}{3!}x^3+\sum_{n=2}^{\infty}\dfrac{(-1)^n x^{2n+1}}{(2n+1)!}}{\dfrac{1}{3}x^3+\dfrac{2}{15}x^5+\cdots}$$

Type 3.

求 $\displaystyle\lim_{x\to 0}\frac{1}{f(x)}-\frac{1}{g(x)}=?$ 其中 $\displaystyle\lim_{x\to 0}f(x)=\lim_{x\to 0}g(x)=0$

解题流程

Step1.

找 $a,b\in R$ 使得 $\dfrac{1}{f(x)}-\dfrac{1}{g(x)}=\dfrac{b+\sum_{n=1}^{\infty}b_n x^n}{a+\sum_{n=1}^{\infty}a_n x^n}$

Step2.

$$\lim_{x\to 0}\frac{1}{f(x)}-\frac{1}{g(x)}=\lim_{x\to 0}\frac{b+\sum_{n=1}^{\infty}b_n x^n}{a+\sum_{n=1}^{\infty}a_n x^n}=\frac{b}{a}$$

<u>范例说明:</u>

(I) 求 $\displaystyle\lim_{x\to 0}\frac{1}{\ln(1-x)}+\frac{1}{x}=?$

$\because \ln(1-x)=-\displaystyle\sum_{n=0}^{\infty}\frac{x^{n+1}}{n+1}$

$$\therefore \frac{1}{\ln(1-x)}+\frac{1}{x}=\frac{x+\ln(1-x)}{x\ln(1-x)}=-\frac{x-\sum_{n=0}^{\infty}\dfrac{x^{n+1}}{n+1}}{\sum_{n=0}^{\infty}\dfrac{x^{n+2}}{n+1}}=\frac{\dfrac{1}{2}+\sum_{n=2}^{\infty}\dfrac{x^{n-1}}{n+1}}{1+\left(\sum_{n=1}^{\infty}\dfrac{x^n}{n+1}\right)}$$

Type 4.

求 $\lim\limits_{x\to\infty} \dfrac{g(x)}{f(x)} =?$ 其中 $\lim\limits_{x\to\infty} f(x) = \lim\limits_{x\to\infty} g(x) = \infty$

解题流程:

Step1.

找 $a, b \in R$ 使得 $\dfrac{g(x)}{f(x)} = \dfrac{b + \sum_{n=1}^{\infty} b_n x^{-n}}{a + \sum_{n=1}^{\infty} a_n x^{-n}}$

Step2.

$$\lim\limits_{x\to\infty} \frac{g(x)}{f(x)} = \lim\limits_{x\to\infty} \frac{b + \sum_{n=1}^{\infty} b_n x^{-n}}{a + \sum_{n=1}^{\infty} a_n x^{-n}} = \frac{b}{a}$$

Type 5.

求 $\lim\limits_{x\to\infty} \dfrac{1}{f(x)} - \dfrac{1}{g(x)} =?$ 其中 $\lim\limits_{x\to\infty} f(x) = \lim\limits_{x\to\infty} g(x) = 0$

解题流程:

Step1.

找 $a, b \in R$ 使得 $\dfrac{1}{f(x)} - \dfrac{1}{g(x)} = \dfrac{b + \sum_{n=1}^{\infty} b_n x^{-n}}{a + \sum_{n=1}^{\infty} a_n x^{-n}}$

Step2.

$$\lim\limits_{x\to\infty} \frac{1}{f(x)} - \frac{1}{g(x)} = \lim\limits_{x\to\infty} \frac{b + \sum_{n=1}^{\infty} b_n x^{-n}}{a + \sum_{n=1}^{\infty} a_n x^{-n}} = \frac{b}{a}$$

Type 6.

求 $\lim\limits_{x\to\infty} \left(1 + \dfrac{1}{f(x)}\right)^{g(x)} =?$ 其中 $\lim\limits_{x\to\infty} f(x) = \lim\limits_{x\to\infty} g(x) = \infty$

解题流程:

Step1.

$\because \left(1 + \dfrac{1}{f(x)}\right)^{g(x)} = \exp\left(g(x) \ln\left(1 + \dfrac{1}{f(x)}\right)\right)$

Step2.

$\because \ln\left(1 + \dfrac{1}{f(x)}\right) = \sum\limits_{k=0}^{\infty} \dfrac{(-1)^k f^{-k-1}(x)}{k+1} \quad \therefore \left(1 + \dfrac{1}{f(x)}\right)^{g(x)} = \exp\left(g(x) \sum\limits_{k=0}^{\infty} \dfrac{(-1)^k f^{-k-1}(x)}{k+1}\right)$

$$\therefore \lim_{x \to \infty} \left(1 + \frac{1}{f(x)}\right)^{g(x)} = \exp\left(\lim_{x \to \infty} g(x) \ln\left(1 + \frac{1}{f(x)}\right)\right)$$

$$= \exp\left(\lim_{x \to \infty} g(x) \sum_{k=0}^{\infty} \frac{(-1)^k f^{-k-1}(x)}{k+1}\right)$$

Step3.

$$若\ \lim_{x \to \infty} g(x) \sum_{k=0}^{\infty} \frac{(-1)^k f^{-k-1}(x)}{k+1} = \alpha\ \ 则\ \lim_{x \to \infty} \left(1 + \frac{1}{f(x)}\right)^{g(x)} = \exp(\alpha)$$

范例说明：

(I) 求 $\lim_{x \to \infty} \left(1 + \dfrac{3}{x+2}\right)^{\ln x} = ?$

$$\because \left(1 + \frac{3}{x+2}\right)^{\ln x} = e^{\ln x \ln\left(1+\frac{3}{x+2}\right)}\ \text{且}\ \ln\left(1 + \frac{3}{x+2}\right) = \sum_{n=0}^{\infty} \frac{(-1)^n 3^{n+1}(x+2)^{-n-1}}{n+1}$$

$$\therefore \ln x \ln\left(1 + \frac{3}{x+2}\right) = \ln x \sum_{n=0}^{\infty} \frac{(-1)^n 3^{n+1}(x+2)^{-n-1}}{n+1}$$

藉由罗比达法则 $\lim_{x \to \infty} \ln x (x+2)^{-n-1} = 0,\ \ \forall n \geq 0$

$$\Rightarrow \lim_{x \to \infty} \left(1 + \frac{3}{x+2}\right)^{\ln x} = \lim_{x \to \infty} e^{\ln x \ln\left(1+\frac{3}{x+2}\right)} = 1$$

Type 7.

$$求\ \lim_{\beta \to 0} \int_{\beta}^{\alpha\beta} \frac{f(t)}{t^k} dt = ?,\ \ \forall \alpha > 0$$

解题流程：

Step1.

$$找 f(x) 的马克劳林级数\ \text{s.t.}\ f(x) = \sum_{n=0}^{\infty} a_n x^n$$

Step2.

$$\int_{\beta}^{\alpha\beta} \frac{f(t)}{t^k} \, dt = \int_{\beta}^{\alpha\beta} \sum_{n=0}^{\infty} a_n t^{n-k} \, dt = \sum_{n=0}^{\infty} a_n \int_{\beta}^{\alpha\beta} t^{n-k} \, dt$$

Step3.

$$求 \ \sum_{n=0}^{\infty} a_n \int_{\beta}^{\alpha\beta} t^{n-k} \, dt = ?$$

<u>范例说明:</u>

(I) 求 $\displaystyle\lim_{\beta \to 0} \int_{\beta}^{3\beta} \frac{e^{-x}}{x} \, dx = ?$

$$\because e^{-x} = \sum_{n=0}^{\infty} \frac{(-1)^n}{n!} x^n \quad \therefore \frac{e^{-x}}{x} = \sum_{n=0}^{\infty} \frac{(-1)^n}{n!} x^{n-1}$$

$$\because \int_{\beta}^{3\beta} \frac{e^{-x}}{x} \, dx = \ln 3 + \sum_{n=1}^{\infty} \frac{(-1)^n((3\beta)^n - \beta^n)}{n! \, n}$$

$$\therefore \lim_{\beta \to 0} \int_{\beta}^{3\beta} \frac{e^{-x}}{x} \, dx = \ln 3 + \lim_{\beta \to 0} \sum_{n=1}^{\infty} \frac{(-1)^n((3\beta)^n - \beta^n)}{n! \, n} = \ln 3$$

Example 1.

$$求 \ \lim_{x \to 0} \frac{2 - \cos x - \sqrt{1 + x^2}}{x^4} = ?$$

【解】

$$\because \cos x = \sum_{n=0}^{\infty} \frac{(-1)^n x^{2n}}{2n!} = 1 - \frac{x^2}{2!} + \frac{x^4}{4!} + \sum_{n=3}^{\infty} \frac{(-1)^n x^{2n}}{2n!}$$

$$且 \ \sqrt{1 + x^2} = 1 + \frac{x^2}{2} + \sum_{n=2}^{\infty} \frac{2^{-n}(-1)^{n+1} \prod_{k=0}^{n-2} 2k + 1}{n!} x^{2n}$$

$$= 1 + \frac{x^2}{2} - \frac{2^{-2}x^4}{2!} + \sum_{n=3}^{\infty} \frac{2^{-n}(-1)^{n+1}\prod_{k=0}^{n-2}2k+1}{n!}x^{2n}$$

$$\therefore \frac{2 - \cos x - \sqrt{1+x^2}}{x^4} = \frac{x^4\left(-\frac{1}{4!} + \frac{2^{-2}}{2!}\right) - \sum_{n=3}^{\infty}\left(\frac{(-1)^n}{2n!} + \frac{2^{-n}(-1)^{n+1}\prod_{k=0}^{n-2}2k+1}{n!}\right)x^{2n}}{x^4}$$

$$= \left(-\frac{1}{4!} + \frac{2^{-2}}{2!}\right) - \sum_{n=3}^{\infty}\left(\frac{(-1)^n}{2n!} + \frac{2^{-n}(-1)^{n+1}\prod_{k=0}^{n-2}2k+1}{n!}\right)x^{2n-4}$$

$$\Rightarrow \lim_{x\to 0} \frac{2 - \cos x - \sqrt{1+x^2}}{x^4} = -\frac{1}{4!} + \frac{2^{-2}}{2!} = \frac{1}{12}$$

Example 2.

$$求 \lim_{x\to 0} \frac{2 - \cos x - \sqrt{1+x^2}}{(e^x - 1)^4} = ?$$

【解】

$$\because \cos x = \sum_{n=0}^{\infty} \frac{(-1)^n x^{2n}}{2n!} = 1 - \frac{x^2}{2!} + \frac{x^4}{4!} + \sum_{n=3}^{\infty} \frac{(-1)^n x^{2n}}{2n!}$$

$$且 \sqrt{1+x^2} = 1 + \frac{x^2}{2} + \sum_{n=2}^{\infty} \frac{2^{-n}(-1)^{n+1}\prod_{k=0}^{n-2}2k+1}{n!}x^{2n}$$

$$= 1 + \frac{x^2}{2} - \frac{2^{-2}}{2!}x^4 + \sum_{n=3}^{\infty} \frac{2^{-n}(-1)^{n+1}\prod_{k=0}^{n-2}2k+1}{n!}x^{2n}$$

$$\therefore (e^x - 1)^4 = \left(x + \frac{x^2}{2!} + \cdots\right)^4 = \left(x + \frac{x^2}{2!} + \cdots\right)^2\left(x + \frac{x^2}{2!} + \cdots\right)^2$$

$$= (x^2 + x^3 + \cdots)(x^2 + x^3 + \cdots) = x^4 + 2x^5 + \cdots$$

$$\therefore \frac{2 - \cos x - \sqrt{1+x^2}}{(e^x - 1)^4} = \frac{x^4\left(-\frac{1}{4!} + \frac{2^{-2}}{2!}\right) - \sum_{n=3}^{\infty}\left(\frac{(-1)^n}{2n!} + \frac{2^{-n}(-1)^{n+1}\prod_{k=0}^{n-2}2k+1}{n!}\right)x^{2n}}{x^4 + 2x^5 + \cdots}$$

$$= \frac{\left(-\frac{1}{4!} + \frac{2^{-2}}{2!}\right) - \sum_{n=3}^{\infty}\left(\frac{(-1)^n}{2n!} + \frac{2^{-n}(-1)^{n+1}\prod_{k=0}^{n-2}2k+1}{n!}\right)x^{2n-4}}{1 + 2x}$$

$$\Rightarrow \lim_{x \to 0} \frac{2 - \cos x - \sqrt{1 + x^2}}{x^4} = -\frac{1}{4!} + \frac{2^{-2}}{2!} = \frac{1}{12}$$

Example 3.

$$求 \lim_{x \to 0} \frac{\sinh x}{\sin x} = ?$$

【解】

$$\because \sin x = x - \frac{x^3}{3!} + \frac{x^5}{5!} + \cdots \quad 且 \quad \sinh x = x + \frac{1}{3!}x^3 + \frac{1}{5!}x^5 + \cdots$$

$$\therefore \frac{\sinh x}{\sin x} = \frac{x + \frac{1}{3!}x^3 + \frac{1}{5!}x^5 + \cdots}{x - \frac{x^3}{3!} + \frac{x^5}{5!} + \cdots} = \frac{1 + \frac{1}{3!}x^2 + \frac{1}{5!}x^4 + \cdots}{1 - \frac{x^2}{3!} + \frac{x^4}{5!} + \cdots}$$

$$\therefore \lim_{x \to 0} \frac{\sinh x}{\sin x} = \lim_{x \to 0} \frac{1 + \frac{1}{3!}x^2 + \frac{1}{5!}x^4 + \cdots}{1 - \frac{x^2}{3!} + \frac{x^4}{5!} + \cdots} = 1$$

Example 4.

$$求 \lim_{x \to 0} \frac{\sin^{-1} x}{\sin x} = ?$$

【解】

$$\because \sin^{-1} x = x + \sum_{n=1}^{\infty} \frac{2^{-n} \prod_{k=0}^{n-1} 2k + 1}{n!\,(2n + 1)} x^{2n+1} \quad 且 \quad \sin x = x - \frac{x^3}{3!} + \frac{x^5}{5!} + \cdots$$

$$\therefore \frac{\sin^{-1} x}{\sin x} = \frac{x + \sum_{n=1}^{\infty} \frac{2^{-n} \prod_{k=0}^{n-1} 2k + 1}{n!\,(2n + 1)} x^{2n+1}}{x - \frac{x^3}{3!} + \frac{x^5}{5!} + \cdots} = \frac{1 + \sum_{n=1}^{\infty} \frac{2^{-n} \prod_{k=0}^{n-1} 2k + 1}{n!\,(2n + 1)} x^{2n}}{1 - \frac{x^2}{3!} + \frac{x^4}{5!} + \cdots}$$

$$\therefore \lim_{x \to 0} \frac{\sin^{-1} x}{\sin x} = \lim_{x \to 0} \frac{1 + \sum_{n=1}^{\infty} \frac{2^{-n} \prod_{k=0}^{n-1} 2k + 1}{n!\,(2n + 1)} x^{2n}}{1 - \frac{x^2}{3!} + \frac{x^4}{5!} + \cdots} = 1$$

Example 5.

$$求 \lim_{x \to 0} \frac{x - \sin x + (1 + x^3)^{\frac{1}{2}} - 1}{x^3} = ?$$

【解】

$$\because \sin x = \sum_{n=0}^{\infty} \frac{(-1)^n x^{2n+1}}{(2n+1)!} = x - \frac{x^3}{3!} + \sum_{n=2}^{\infty} \frac{(-1)^n x^{2n+1}}{(2n+1)!}$$

$$(1 + x^3)^{\frac{1}{2}} = 1 + \frac{x^3}{2} + \sum_{n=2}^{\infty} \frac{2^{-n}(-1)^{n+1} \prod_{k=0}^{n-2} 2k + 1}{n!} x^{3n}$$

$$\therefore \frac{x - \sin x + (1 + x^3)^{\frac{1}{2}} - 1}{x^3}$$

$$= \frac{x - \left(x - \frac{x^3}{3!} + \sum_{n=2}^{\infty} \frac{(-1)^n x^{2n+1}}{(2n+1)!}\right) + \left(1 + \frac{x^3}{2} + \sum_{n=2}^{\infty} \frac{2^{-n}(-1)^{n+1} \prod_{k=0}^{n-2} 2k + 1}{n!} x^{3n}\right) - 1}{x^3}$$

$$= \frac{\frac{x^3}{3!} - \sum_{n=2}^{\infty} \frac{(-1)^n x^{2n+1}}{(2n+1)!} + \left(\frac{x^3}{2} + \sum_{n=2}^{\infty} \frac{2^{-n}(-1)^{n+1} \prod_{k=0}^{n-2} 2k + 1}{n!} x^{3n}\right)}{x^3}$$

$$= \frac{1}{3!} - \sum_{n=2}^{\infty} \frac{(-1)^n x^{2n-2}}{(2n+1)!} + \left(\frac{1}{2} + \sum_{n=2}^{\infty} \frac{2^{-n}(-1)^{n+1} \prod_{k=0}^{n-2} 2k + 1}{n!} x^{3n-3}\right)$$

$$\therefore \lim_{x \to 0} \frac{x - \sin x + (1 + x^3)^{\frac{1}{2}} - 1}{x^3}$$

$$= \lim_{x \to 0} \frac{1}{3!} - \sum_{n=2}^{\infty} \frac{(-1)^n x^{2n-2}}{(2n+1)!} + \left(\frac{1}{2} + \sum_{n=2}^{\infty} \frac{2^{-n}(-1)^{n+1} \prod_{k=0}^{n-2} 2k + 1}{n!} x^{3n-3}\right) = \frac{1}{3!} + \frac{1}{2} = \frac{2}{3}$$

Example 6.

$$求 \lim_{x \to 0} \frac{\cos x^2 - \cos^2 x}{(e^x - 1)^2} = ?$$

【解】

$$\because \cos x = \sum_{n=0}^{\infty} \frac{(-1)^n x^{2n}}{2n!} = 1 - \frac{x^2}{2!} + \frac{x^4}{4!} + \sum_{n=3}^{\infty} \frac{(-1)^n x^{2n}}{2n!}$$

$$\therefore \cos x^2 = 1 - \frac{x^4}{2!} + \frac{x^8}{4!} + \sum_{n=3}^{\infty} \frac{(-1)^n x^{4n}}{2n!} \text{ and } \cos^2 x = \left(1 - \frac{x^2}{2!} + \frac{x^4}{4!} + \cdots\right)^2 = 1 - x^2 + \cdots$$

$$\because e^x = \sum_{n=0}^{\infty} \frac{x^n}{n!} = 1 + x + \frac{x^2}{2!} + \cdots \qquad \therefore (e^x - 1)^2 = \left(x + \frac{x^2}{2!} + \cdots\right)^2 = x^2 + x^3 + \cdots$$

$$\therefore \frac{\cos x^2 - \cos^2 x}{(e^x - 1)^2} = \frac{1 - \frac{x^4}{2!} + \frac{x^8}{4!} + \sum_{n=3}^{\infty} \frac{(-1)^n x^{4n}}{2n!} + \cdots - (1 - x^2 + \cdots)}{x^2 + x^3 + \cdots}$$

$$\Rightarrow \lim_{x \to 0} \frac{\cos x^2 - \cos^2 x}{(e^x - 1)^2} = 1$$

Example 7.

$$求 \lim_{x \to 0} \frac{\cos x - \sin x + e^{-x} + 2x - 2}{(e^x - 1)^4} = ?$$

【解】

$$\because \sin x = \sum_{n=0}^{\infty} \frac{(-1)^n x^{2n+1}}{(2n+1)!} = x - \frac{x^3}{3!} + \frac{x^5}{5!} + \cdots$$

$$\cos x = \sum_{n=0}^{\infty} \frac{(-1)^n x^{2n}}{2n!} = 1 - \frac{x^2}{2!} + \frac{x^4}{4!} + \sum_{n=3}^{\infty} \frac{(-1)^n x^{2n}}{2n!}$$

$$e^{-x} = \sum_{n=0}^{\infty} \frac{(-1)^n x^n}{n!} = 1 - x + \frac{x^2}{2!} - \frac{x^3}{3!} + \frac{x^4}{4!} + \cdots$$

$$\therefore \cos x - \sin x + e^{-x} + 2x - 2$$

$$= \left(1 - \frac{x^2}{2!} + \frac{x^4}{4!} + \sum_{n=3}^{\infty} \frac{(-1)^n x^{2n}}{2n!}\right) - \left(x - \frac{x^3}{3!} + \frac{x^5}{5!} + \cdots\right)$$

$$+ \left(1 - x + \frac{x^2}{2!} - \frac{x^3}{3!} + \frac{x^4}{4!} - \frac{x^5}{5!} + \cdots\right) + 2x - 2 = 2 \cdot \frac{x^4}{4!} - 2 \cdot \frac{x^5}{5!} + \cdots$$

$$\because e^x = \sum_{n=0}^{\infty} \frac{x^n}{n!} = 1 + x + \frac{x^2}{2!} + \cdots$$

$$\therefore (e^x - 1)^4 = \left(x + \frac{x^2}{2!} + \cdots\right)^4 = \left(x + \frac{x^2}{2!} + \cdots\right)^2 \left(x + \frac{x^2}{2!} + \cdots\right)^2$$

$$= (x^2 + x^3 + \cdots)(x^2 + x^3 + \cdots) = x^4 + 2x^5 + \cdots$$

$$\therefore \frac{\cos x - \sin x + e^{-x} + 2x - 2}{(e^x - 1)^4} = \frac{2 \cdot \frac{x^4}{4!} - 2 \cdot \frac{x^5}{5!} + \cdots}{x^4 + 2x^5 + \cdots} = \frac{\frac{1}{12} - 2 \cdot \frac{x}{5!} + \cdots}{1 + 2x + \cdots}$$

$$\therefore \lim_{x \to 0} \frac{\cos x - \sin x + e^{-x} + 2x - 2}{(e^x - 1)^4} = \lim_{x \to 0} \frac{\frac{1}{12} - 2 \cdot \frac{x}{5!} + \cdots}{1 + 2x + \cdots} = \frac{1}{12}$$

Example 8.

$$求 \lim_{x \to 0} \frac{\cos x^3 - e^{-\frac{x^6}{2}}}{x^{12}} = \ ?$$

【解】

$$\because \cos x = \sum_{n=0}^{\infty} \frac{(-1)^n x^{2n}}{2n!} \quad \therefore \cos x^3 = \sum_{n=0}^{\infty} \frac{(-1)^n x^{6n}}{2n!} = 1 - \frac{x^6}{2} + \frac{x^{12}}{24} - \frac{x^{18}}{6!} + \cdots$$

$$\because e^{-x} = \sum_{n=0}^{\infty} \frac{(-1)^n x^n}{n!} \quad \therefore e^{-\frac{x^6}{2}} = \sum_{n=0}^{\infty} \frac{(-1)^n \left(\frac{x^6}{2}\right)^n}{n!} = 1 - \frac{x^6}{2} + \frac{x^{12}}{8} - \frac{x^{18}}{3! \cdot 8}$$

$$\therefore \frac{\cos x^3 - e^{-\frac{x^6}{2}}}{x^{12}} = \frac{1 - \frac{x^6}{2} + \frac{x^{12}}{24} - \frac{x^{18}}{6!} - \left(1 - \frac{x^6}{2} + \frac{x^{12}}{8} - \frac{x^{18}}{3! \cdot 8}\right)}{x^{12}}$$

$$= \frac{x^{12}\left(\frac{-1}{12} + x^6\left(-\frac{1}{6!} + \frac{1}{3! \cdot 8}\right) + \cdots\right)}{x^{12}} = \frac{-1}{12} + x^6\left(-\frac{1}{6!} + \frac{1}{3! \cdot 8}\right) + \cdots$$

$$\therefore \lim_{x \to 0} \frac{\cos x^3 - e^{-\frac{x^6}{2}}}{x^{12}} = \frac{-1}{12} + \lim_{x \to 0} x^6\left(-\frac{1}{6!} + \frac{1}{3! \cdot 8}\right) + \cdots = \frac{-1}{12}$$

Example 9.

$$\text{求} \lim_{x \to 0} \frac{\sin x^3 - x^3 e^{-\frac{x^6}{2}}}{x^9} = ?$$

【解】

$$\because \sin x = \sum_{n=0}^{\infty} \frac{(-1)^n x^{2n+1}}{(2n+1)!} = x - \frac{x^3}{3!} + \frac{x^5}{5!} + \cdots \qquad \therefore \sin x^3 = x^3 - \frac{x^9}{3!} + \frac{x^{15}}{5!} + \cdots$$

$$\because e^{-x} = \sum_{n=0}^{\infty} \frac{(-1)^n x^n}{n!} \qquad \therefore e^{-\frac{x^6}{2}} = \sum_{n=0}^{\infty} \frac{(-1)^n \left(\frac{x^6}{2}\right)^n}{n!} = 1 - \frac{x^6}{2} + \frac{x^{12}}{8} - \frac{x^{18}}{3! \cdot 8}$$

$$\therefore \frac{\sin x^3 - e^{-\frac{x^6}{2}}}{x^9} = \frac{x^3 - \frac{x^9}{3!} + \frac{x^{15}}{5!} + \cdots - x^3 \left(1 - \frac{x^6}{2} + \frac{x^{12}}{8} - \frac{x^{18}}{3! \cdot 8}\right)}{x^9}$$

$$= \frac{x^9 \left(-\frac{1}{3!} + \frac{1}{2} + x^6 \left(\frac{1}{5!} - \frac{1}{8}\right) + \cdots\right)}{x^9} = \frac{1}{3} + x^6 \left(\frac{1}{5!} - \frac{1}{8}\right) + \cdots$$

$$\therefore \lim_{x \to 0} \frac{\sin x^3 - x^3 e^{-\frac{x^6}{2}}}{x^9} = \frac{1}{3} + \lim_{x \to 0} x^6 \left(\frac{1}{5!} - \frac{1}{8}\right) + \cdots = \frac{1}{3}$$

Example 10.

$$(1)\text{求} \ \lim_{x \to 0} \frac{\int_0^x t - \sin t \, dt}{\int_0^x t^2 \ln t \, dt} = ? \qquad (2)\text{求} \ \lim_{x \to 0} \frac{x - \int_0^x \cos t \, dt}{\int_0^x t \ln(1-t) \, dt} = ?$$

【解】

(1)

$$\text{藉由 Leibniz 微分公式 则} \ \lim_{x \to 0} \frac{\int_0^x t - \sin t \, dt}{\int_0^x t^2 \ln t \, dt} = \lim_{x \to 0} \frac{x - \sin x}{x^2 \ln x}$$

$$\because x - \sin x = x - \left(x - \frac{x^3}{3!} + \sum_{n=2}^{\infty} \frac{(-1)^n x^{2n+1}}{(2n+1)!}\right)$$

$$\text{且} \ x^2 \ln x = x^2 \left(x - \frac{1}{2} x^2 + \frac{1}{3} x^3 + \cdots\right)$$

$$\therefore \frac{x - \sin x}{x^2 \ln x} = \frac{\dfrac{x^3}{3!} - \sum_{n=2}^{\infty} \dfrac{(-1)^n x^{2n+1}}{(2n+1)!}}{x^3 - \dfrac{1}{2}x^4 + \dfrac{1}{3}x^5 + \cdots} = \frac{\dfrac{1}{3!} - \sum_{n=2}^{\infty} \dfrac{(-1)^n x^{2n-2}}{(2n+1)!}}{1 - \dfrac{1}{2}x + \dfrac{1}{3}x^2 + \cdots} \Rightarrow \lim_{x \to 0} \frac{x - \sin x}{x^2 \ln x} = \frac{1}{3!}$$

(2)

藉由 Leibniz 微分公式 则 $\displaystyle \lim_{x \to 0} \frac{x - \int_0^x \cos t \, dt}{\int_0^x t \ln(1-t) \, dt} = \lim_{x \to 0} \frac{1 - \cos x}{x \ln(1-x)}$

$$\because 1 - \cos x = \frac{x^2}{2!} - \frac{x^4}{4!} - \sum_{n=3}^{\infty} \frac{(-1)^n x^{2n}}{2n!} \; \text{且} \; x \ln(1-x) = -x^2 - \frac{1}{2}x^3 - \frac{1}{3}x^4 + \cdots$$

$$\therefore \frac{1 - \cos x}{x \ln(1-x)} = -\frac{\dfrac{x^2}{2!} - \dfrac{x^4}{4!} - \sum_{n=3}^{\infty} \dfrac{(-1)^n x^{2n}}{2n!}}{x^2 + \dfrac{1}{2}x^3 + \dfrac{1}{3}x^4 + \cdots} = -\frac{\dfrac{1}{2!} - \dfrac{x^2}{4!} - \sum_{n=3}^{\infty} \dfrac{(-1)^n x^{2n-2}}{2n!}}{1 + \dfrac{1}{2}x + \dfrac{1}{3}x^2 + \cdots}$$

$$\Rightarrow \lim_{x \to 0} \frac{1 - \cos x}{x \ln(1-x)} = -\frac{1}{2}$$

Example 11.

$$(1) \text{求} \lim_{x \to 0} \frac{1}{\ln(1-x)} + \frac{1}{x} = ? \qquad (2) \text{求} \lim_{x \to 1} \frac{x}{x-1} - \frac{1}{\ln x} = ?$$

【解】

(1)

$$\because \ln(1-x) = -\sum_{n=0}^{\infty} \frac{x^{n+1}}{n+1}$$

$$\therefore \frac{1}{\ln(1-x)} + \frac{1}{x} = \frac{x + \ln(1-x)}{x \ln(1-x)} = -\frac{x - \sum_{n=0}^{\infty} \dfrac{x^{n+1}}{n+1}}{\sum_{n=0}^{\infty} \dfrac{x^{n+2}}{n+1}} = \frac{\sum_{n=1}^{\infty} \dfrac{x^{n+1}}{n+1}}{\sum_{n=0}^{\infty} \dfrac{x^{n+2}}{n+1}} = \frac{\dfrac{1}{2} + \sum_{n=2}^{\infty} \dfrac{x^{n-1}}{n+1}}{1 + \left(\sum_{n=1}^{\infty} \dfrac{x^n}{n+1}\right)}$$

$$\Rightarrow \lim_{x \to 0} \frac{1}{\ln(1-x)} + \frac{1}{x} = \frac{1}{2}$$

(2)

令 $u = x - 1$ 则 $\dfrac{x}{x-1} - \dfrac{1}{\ln x} = \dfrac{u+1}{u} - \dfrac{1}{\ln(u+1)} = \dfrac{(u+1)\ln(u+1) - u}{u \ln(u+1)}$

且 $\ln(1+u) = \sum_{n=0}^{\infty} \frac{(-1)^n u^{n+1}}{n+1}$

$$\frac{x}{x-1} - \frac{1}{\ln x} = \frac{(u+1)\sum_{n=0}^{\infty}\frac{(-1)^n u^{n+1}}{n+1} - u}{u\sum_{n=0}^{\infty}\frac{(-1)^n u^{n+1}}{n+1}} = \frac{(u+1)u - u + \sum_{n=1}^{\infty}\frac{(-1)^n u^{n+1}}{n+1}}{\sum_{n=0}^{\infty}\frac{(-1)^n u^{n+2}}{n+1}}$$

$$= \frac{\frac{u^2}{2} + \sum_{n=2}^{\infty}\frac{(-1)^n u^{n+1}}{n+1}}{\sum_{n=0}^{\infty}\frac{(-1)^n u^{n+2}}{n+1}} = \frac{\frac{1}{2} + \sum_{n=2}^{\infty}\frac{(-1)^n u^{n-1}}{n+1}}{\sum_{n=0}^{\infty}\frac{(-1)^n u^n}{n+1}}$$

$$\Rightarrow \lim_{x\to 1}\frac{x}{x-1} - \frac{1}{\ln x} = \lim_{u\to 0}\frac{\frac{1}{2} + \sum_{n=2}^{\infty}\frac{(-1)^n u^{n-1}}{n+1}}{\sum_{n=0}^{\infty}\frac{(-1)^n u^n}{n+1}} = \frac{1}{2}$$

Example 12.

$$求 \ \lim_{x\to\infty} x - x^{k+1}\ln\left(1+\frac{1}{x^k}\right) = ?, \quad \forall k \geq 2$$

【解】

令 $k \geq 2$, $\because \ln\left(1+\frac{1}{x^k}\right) = \sum_{n=0}^{\infty}\frac{(-1)^n x^{-kn-k}}{n+1}$

$$\therefore x - x^{k+1}\ln\left(1+\frac{1}{x^k}\right) = x - x^{k+1}\left(\sum_{n=0}^{\infty}\frac{(-1)^n x^{-kn-k}}{n+1}\right) = x - \sum_{n=0}^{\infty}\frac{(-1)^n x^{-kn+1}}{n+1}$$

$$= x - x - \sum_{n=1}^{\infty}\frac{(-1)^n x^{-kn+1}}{n+1} = -\sum_{n=1}^{\infty}\frac{(-1)^n x^{-kn+1}}{n+1}$$

$$\Rightarrow \lim_{x\to\infty} x - x^{k+1}\ln\left(1+\frac{1}{x^k}\right) = 0$$

Example 13.

$$(1)求 \ \lim_{x\to\infty}\left(1+\frac{3}{x+2}\right)^{\ln x} = ? \qquad (2)求 \ \lim_{n\to\infty}\left(1+\frac{1}{n^2+1}\right)^{3n^2+1} = ?$$

$$(3)求 \ \lim_{n\to\infty}\left(1+\frac{3}{n}+\frac{5}{n^2}\right)^n = ? \qquad (4)求 \ \lim_{n\to\infty}\left(\frac{n+5}{n+2}\right)^n = ?$$

【解】

(1)

$$\because \left(1 + \frac{3}{x+2}\right)^{\ln x} = e^{\ln x \ln\left(1+\frac{3}{x+2}\right)} \quad \text{且} \ \ln\left(1 + \frac{3}{x+2}\right) = \sum_{n=0}^{\infty} \frac{(-1)^n 3^{n+1} (x+2)^{-n-1}}{n+1}$$

$$\therefore \ln x \ln\left(1 + \frac{3}{x+2}\right) = \ln x \sum_{n=0}^{\infty} \frac{(-1)^n 3^{n+1} (x+2)^{-n-1}}{n+1}$$

藉由罗比达法则 $\lim\limits_{x\to\infty} \ln x (x+2)^{-n-1} = 0, \ \forall n \geq 0$

$$\Rightarrow \lim_{x\to\infty} \left(1 + \frac{3}{x+2}\right)^{\ln x} = \lim_{x\to\infty} e^{\ln x \ln\left(1+\frac{3}{x+2}\right)} = 1$$

(2)

$$\because \left(1 + \frac{1}{n^2+1}\right)^{3n^2+1} = e^{(3n^2+1)\ln\left(1+\frac{1}{n^2+1}\right)} \quad \text{且} \ \ln\left(1 + \frac{1}{n^2+1}\right) = \sum_{k=0}^{\infty} \frac{(-1)^k (n^2+1)^{-k-1}}{k+1}$$

$$\therefore \lim_{n\to\infty} (3n^2+1)\ln\left(1 + \frac{1}{n^2+1}\right) = \lim_{n\to\infty} (3n^2+1) \sum_{k=0}^{\infty} \frac{(-1)^k (n^2+1)^{-k-1}}{k+1}$$

$$= \lim_{n\to\infty} \sum_{k=0}^{\infty} \frac{(-1)^k (n^2+1)^{-k-1}(3n^2+1)}{k+1}$$

$$= \lim_{n\to\infty} \left(\frac{3n^2+1}{n^2+1} + \sum_{k=1}^{\infty} \frac{(-1)^k (n^2+1)^{-k-1}(3n^2+1)}{k+1} \right) = 3$$

$$\Rightarrow \lim_{n\to\infty} \left(1 + \frac{1}{n^2+1}\right)^{3n^2+1} = \lim_{n\to\infty} e^{(3n^2+1)\ln\left(1+\frac{1}{n^2+1}\right)} = e^3$$

(3)

$$\because \left(1 + \frac{3}{n} + \frac{5}{n^2}\right)^n = e^{n\ln\left(1+\frac{3}{n}+\frac{5}{n^2}\right)} \quad \text{且} \ \ln\left(1 + \frac{3}{n} + \frac{5}{n^2}\right) = \sum_{k=0}^{\infty} \frac{(-1)^k \left(\frac{3}{n}+\frac{5}{n^2}\right)^{k+1}}{k+1}$$

$$\therefore n \ln\left(1 + \frac{3}{n} + \frac{5}{n^2}\right) = n \sum_{k=0}^{\infty} \frac{(-1)^k \left(\frac{3}{n} + \frac{5}{n^2}\right)^{k+1}}{k+1} = n\left(\frac{3}{n} + \frac{5}{n^2} + \sum_{k=1}^{\infty} \frac{(-1)^k \left(\frac{3}{n} + \frac{5}{n^2}\right)^{k+1}}{k+1}\right)$$

$$\therefore \lim_{n\to\infty} n \ln\left(1 + \frac{3}{n} + \frac{5}{n^2}\right) = \lim_{n\to\infty} n\left(\frac{3}{n} + \frac{5}{n^2} + \sum_{k=1}^{\infty} \frac{(-1)^k \left(\frac{3}{n} + \frac{5}{n^2}\right)^{k+1}}{k+1}\right) = 3$$

$$\Rightarrow \lim_{n\to\infty}\left(1 + \frac{3}{n} + \frac{5}{n^2}\right)^n = \lim_{n\to\infty} e^{n\ln\left(1+\frac{3}{n}+\frac{5}{n^2}\right)} = e^3$$

(4)

$$\because \left(\frac{n+5}{n+2}\right)^n = e^{n\ln\frac{n+5}{n+2}} \quad \text{且} \quad \ln\frac{n+5}{n+2} = \ln\left(1 + \frac{3}{n+2}\right) = \sum_{k=0}^{\infty} \frac{(-1)^k \left(\frac{3}{n+2}\right)^{k+1}}{k+1}$$

$$\therefore n \ln\frac{n+5}{n+2} = n \sum_{k=0}^{\infty} \frac{(-1)^k \left(\frac{3}{n+2}\right)^{k+1}}{k+1}$$

$$\Rightarrow \lim_{n\to\infty} n \ln\frac{n+5}{n+2} = \lim_{n\to\infty} n \sum_{k=0}^{\infty} \frac{(-1)^k \left(\frac{3}{n+2}\right)^{k+1}}{k+1} = \lim_{n\to\infty} n\left(\frac{3}{n+2} + \sum_{k=1}^{\infty} \frac{(-1)^k \left(\frac{3}{n+2}\right)^{k+1}}{k+1}\right)$$

$$= 3$$

$$\therefore \lim_{n\to\infty}\left(\frac{n+5}{n+2}\right)^n = e^3$$

Example 14.

$$(1)\,求 \lim_{x\to 0} \frac{e - (1+x)^{\frac{1}{x}}}{x} = ? \qquad (2)\,求 \lim_{x\to\infty} x\left(\left(1 + \frac{1}{x}\right)^x - e\right) = ?$$

【解】

(1)

$$\because (1+x)^{\frac{1}{x}} = e^{\frac{1}{x}\ln(1+x)}, \text{ 藉由罗比达法则}$$

$$\lim_{x\to 0}\frac{e-(1+x)^{\frac{1}{x}}}{x}=\lim_{x\to 0}\frac{e-e^{\frac{1}{x}\ln(1+x)}}{x}=\lim_{x\to 0}\frac{-e^{\frac{1}{x}\ln(1+x)}\left(\dfrac{\dfrac{x}{1+x}-\ln(1+x)}{x^2}\right)}{1}$$

$$=-\lim_{x\to 0}e^{\frac{1}{x}\ln(1+x)}\lim_{x\to 0}\frac{x-(1+x)\ln(1+x)}{x^2(1+x)}=-e\cdot\lim_{x\to 0}\frac{x-(1+x)\ln(1+x)}{x^2(1+x)}$$

$$\because \ln(1+x)=\sum_{k=0}^{\infty}\frac{(-1)^k x^{k+1}}{k+1}$$

$$\therefore \lim_{x\to 0}\frac{x-(1+x)\ln(1+x)}{x^2(1+x)}=\lim_{x\to 0}\frac{x-(1+x)\sum_{k=0}^{\infty}\dfrac{(-1)^k x^{k+1}}{k+1}}{x^2(1+x)}$$

$$=\lim_{x\to 0}\frac{x-(1+x)\left(x-\dfrac{x^2}{2}+\sum_{k=2}^{\infty}\dfrac{(-1)^k x^{k+1}}{k+1}\right)}{x^2(1+x)}=\frac{-1}{2}$$

$$\therefore \lim_{x\to 0}\frac{e-(1+x)^{\frac{1}{x}}}{x}=\frac{e}{2}$$

(2)

令$x=\dfrac{1}{t}$ 则 $x\left(\left(1+\dfrac{1}{x}\right)^x-e\right)=\dfrac{(1+t)^{\frac{1}{t}}-e}{t}=\dfrac{e^{\frac{1}{t}\ln 1+t}-e}{t}$，藉由罗比达法则

$$\lim_{x\to\infty}x\left(\left(1+\frac{1}{x}\right)^x-e\right)=\lim_{t\to 0^+}\frac{e^{\frac{1}{t}\ln 1+t}-e}{t}=\lim_{t\to 0^+}e^{\frac{1}{t}\ln(1+t)}\left(\dfrac{\dfrac{t}{1+t}-\ln(1+t)}{t^2}\right)$$

$$=\lim_{t\to 0^+}(1+t)^{\frac{1}{t}}\lim_{t\to 0^+}\frac{t-(1+t)\ln(1+t)}{t^2(1+t)}=e\cdot\lim_{t\to 0^+}\frac{t-(1+t)\ln(1+t)}{t^2(1+t)}$$

$$\because \ln(1+t)=\sum_{k=0}^{\infty}\frac{(-1)^k t^{k+1}}{k+1}$$

$$\therefore \lim_{t\to 0^+}\frac{t-(1+t)\ln(1+t)}{t^2(1+t)}=\lim_{t\to 0^+}\frac{t-(1+t)\sum_{k=0}^{\infty}\dfrac{(-1)^k t^{k+1}}{k+1}}{t^2(1+t)}$$

$$= \lim_{t \to 0^+} \frac{t - (1+t)\left(t - \frac{t^2}{2} + \sum_{k=2}^{\infty} \frac{(-1)^k t^{k+1}}{k+1}\right)}{t^2(1+t)} = -\frac{1}{2}$$

$$\Rightarrow \lim_{x \to \infty} x\left(\left(1 + \frac{1}{x}\right)^x - e\right) = -\frac{e}{2}$$

Example 15.

$$求 \lim_{\beta \to 0} \int_{\beta}^{3\beta} \frac{e^{-x}}{x}\,dx = ?$$

【解】

$$\because e^{-x} = \sum_{n=0}^{\infty} \frac{(-1)^n}{n!} x^n \qquad \therefore \frac{e^{-x}}{x} = \sum_{n=0}^{\infty} \frac{(-1)^n}{n!} x^{n-1}$$

$$\because \int_{\beta}^{3\beta} \frac{e^{-x}}{x}\,dx = \int_{\beta}^{3\beta} \sum_{n=0}^{\infty} \frac{(-1)^n}{n!} x^{n-1}\,dx = \sum_{n=0}^{\infty} \frac{(-1)^n}{n!} \int_{\beta}^{3\beta} x^{n-1}\,dx$$

$$= \ln x\Big|_{\beta}^{3\beta} + \sum_{n=1}^{\infty} \frac{(-1)^n}{n!\,n} x^n\Big|_{\beta}^{3\beta} = \ln 3 + \sum_{n=1}^{\infty} \frac{(-1)^n((3\beta)^n - \beta^n)}{n!\,n}$$

$$\therefore \lim_{\beta \to 0} \int_{\beta}^{3\beta} \frac{e^{-x}}{x}\,dx = \ln 3 + \lim_{\beta \to 0} \sum_{n=1}^{\infty} \frac{(-1)^n((3\beta)^n - \beta^n)}{n!\,n} = \ln 3$$

Example 16.

$$求 \lim_{\beta \to 0} \int_{\beta}^{3\beta} \frac{\tan^{-1} x}{x^2}\,dx = ?$$

【解】

$$\because \frac{d}{dx}\tan^{-1} x = \frac{1}{1+x^2} = 1 + (-x^2) + (-x^2)^2 + \cdots = \sum_{n=0}^{\infty} (-1)^n x^{2n}$$

$$令\ |x^2| < 1\ 则 -1 < x < 1 \qquad \therefore \tan^{-1} x = \sum_{n=0}^{\infty} \frac{(-1)^n x^{2n+1}}{2n+1}, \ \forall -1 < x < 1$$

$$\therefore \frac{\tan^{-1} x}{x^2} = \sum_{n=0}^{\infty} \frac{(-1)^n x^{2n-1}}{2n+1}, \ \forall -1 < x < 1$$

$$\therefore \int_{\beta}^{3\beta} \frac{\tan^{-1} x}{x^2} dx = \int_{\beta}^{3\beta} \sum_{n=0}^{\infty} \frac{(-1)^n x^{2n-1}}{2n+1} dx = \sum_{n=0}^{\infty} \frac{(-1)^n}{2n+1} \int_{\beta}^{3\beta} x^{2n-1} dx$$

$$= \ln x \big|_{\beta}^{3\beta} + \sum_{n=1}^{\infty} \frac{(-1)^n}{(2n+1)2n} x^{2n} \big|_{\beta}^{3\beta} = \ln 3 + \sum_{n=1}^{\infty} \frac{(-1)^n((3\beta)^{2n} - \beta^{2n})}{(2n+1)2n}$$

$$\therefore \lim_{\beta \to 0} \int_{\beta}^{3\beta} \frac{\tan^{-1} x}{x^2} dx = \lim_{\beta \to 0} \left(\ln 3 + \sum_{n=1}^{\infty} \frac{(-1)^n((3\beta)^{2n} - \beta^{2n})}{(2n+1)2n} \right) = \ln 3$$

Example 17.

$$求 \lim_{\beta \to 0} \int_{\beta}^{3\beta} \frac{\tanh^{-1} x}{x} dx = ?$$

【解】

$$\because \frac{d}{dx} \tanh^{-1} x = \frac{1}{1-x^2} = 1 + x^2 + x^4 + \cdots = \sum_{n=0}^{\infty} x^{2n}$$

令 $|x^2| < 1$ 则 $-1 < x < 1$

$$\therefore \tanh^{-1} x = \int \sum_{n=0}^{\infty} x^{2n} dx = \sum_{n=0}^{\infty} \int x^{2n} dx = \sum_{n=0}^{\infty} \frac{x^{2n+1}}{2n+1}, \ \forall -1 < x < 1$$

$$\therefore \int_{\beta}^{3\beta} \frac{\tanh^{-1} x}{x^2} dx = \int_{\beta}^{3\beta} \sum_{n=0}^{\infty} \frac{x^{2n-1}}{2n+1} dx = \sum_{n=0}^{\infty} \frac{1}{2n+1} \int_{\beta}^{3\beta} x^{2n-1} dx$$

$$= \ln x \big|_{\beta}^{3\beta} + \sum_{n=1}^{\infty} \frac{1}{(2n+1)2n} x^{2n} \big|_{\beta}^{3\beta} = \ln 3 + \sum_{n=1}^{\infty} \frac{(3\beta)^{2n} - \beta^{2n}}{(2n+1)2n}$$

$$\therefore \lim_{\beta \to 0} \int_{\beta}^{3\beta} \frac{\tanh^{-1} x}{x^2} dx = \lim_{\beta \to 0} \left(\ln 3 + \sum_{n=1}^{\infty} \frac{(3\beta)^{2n} - \beta^{2n}}{(2n+1)2n} \right) = \ln 3$$

Example 18.

$$\text{求} \lim_{\beta \to 0} \int_{\beta}^{3\beta} \frac{\sin x}{x^2}\, dx = ?$$

【解】

$$\because \sin x = \sum_{n=0}^{\infty} \frac{(-1)^n x^{2n+1}}{(2n+1)!} \qquad \therefore \frac{\sin x}{x^2} = \sum_{n=0}^{\infty} \frac{(-1)^n x^{2n-1}}{(2n+1)!}, \ \forall -1 < x < 1$$

$$\because \int_{\beta}^{3\beta} \frac{\sin x}{x^2}\, dx = \int_{\beta}^{3\beta} \sum_{n=0}^{\infty} \frac{(-1)^n x^{2n-1}}{(2n+1)!}\, dx = \sum_{n=0}^{\infty} \frac{(-1)^n}{(2n+1)!} \int_{\beta}^{3\beta} x^{2n-1}\, dx$$

$$= \ln x \Big|_{\beta}^{3\beta} + \sum_{n=1}^{\infty} \frac{(-1)^n}{(2n+1)!\, 2n} x^{2n} \Big|_{\beta}^{3\beta} = \ln 3 + \sum_{n=1}^{\infty} \frac{(-1)^n ((3\beta)^{2n} - \beta^{2n})}{(2n+1)!\, 2n}$$

$$\therefore \lim_{\beta \to 0} \int_{\beta}^{3\beta} \frac{\sin x}{x^2}\, dx = \lim_{\beta \to 0} \left(\ln 3 + \sum_{n=1}^{\infty} \frac{(-1)^n ((3\beta)^{2n} - \beta^{2n})}{(2n+1)!\, 2n} \right) = \ln 3$$

Example 19.

$$\text{求} \lim_{\beta \to 0} \int_{\beta}^{3\beta} \frac{\sinh x}{x^2}\, dx = ?$$

【解】

$$\because \sinh x = \sum_{n=0}^{\infty} \frac{x^{2n+1}}{(2n+1)!} \qquad \therefore \frac{\sinh x}{x^2} = \sum_{n=0}^{\infty} \frac{x^{2n-1}}{(2n+1)!}, \ \forall -1 < x < 1$$

$$\because \int_{\beta}^{3\beta} \frac{\sinh x}{x^2}\, dx = \int_{\beta}^{3\beta} \sum_{n=0}^{\infty} \frac{x^{2n-1}}{(2n+1)!}\, dx = \sum_{n=0}^{\infty} \frac{1}{(2n+1)!} \int_{\beta}^{3\beta} x^{2n-1}\, dx$$

$$= \ln x \Big|_{\beta}^{3\beta} + \sum_{n=1}^{\infty} \frac{1}{(2n+1)!\, 2n} x^{2n} \Big|_{\beta}^{3\beta} = \ln 3 + \sum_{n=1}^{\infty} \frac{(3\beta)^{2n} - \beta^{2n}}{(2n+1)!\, 2n}$$

$$\therefore \lim_{\beta \to 0} \int_{\beta}^{3\beta} \frac{\sinh x}{x^2}\, dx = \lim_{\beta \to 0} \left(\ln 3 + \sum_{n=1}^{\infty} \frac{(3\beta)^{2n} - \beta^{2n}}{(2n+1)!\, 2n} \right) = \ln 3$$

Example 20.

$$\text{求} \lim_{\beta \to 0} \int_{\beta}^{3\beta} \frac{\sin^{-1} x}{x^2} \, dx = ?$$

【解】

$$\because \frac{d}{dx} \sin^{-1} x = (1 - x^2)^{-\frac{1}{2}}, \quad \text{藉由二项式展开}$$

$$(1 - x^2)^{-\frac{1}{2}} = \sum_{n=0}^{\infty} C_n^{-\frac{1}{2}} (-x^2)^n$$

$$= 1 + \frac{-\frac{1}{2}}{1!}(-x^2) + \frac{\left(-\frac{1}{2}\right)\left(-\frac{3}{2}\right)}{2!}(-x^2)^2 + \frac{\left(-\frac{1}{2}\right)\left(-\frac{3}{2}\right)\left(-\frac{5}{2}\right)}{3!}(-x^2)^3 + \cdots$$

$$= 1 + \frac{\frac{1}{2}}{1!}(x^2) + \frac{\frac{1}{2} \cdot \frac{3}{2}}{2!}(x^2)^2 + \frac{\frac{1}{2} \cdot \frac{3}{2} \cdot \frac{5}{2}}{3!}(x^2)^3 + \cdots$$

$$= 1 + \sum_{n=1}^{\infty} \frac{2^{-n} \prod_{k=0}^{n-1} 2k + 1}{n!} x^{2n}, \; \forall -1 < x < 1$$

$$\Rightarrow \sin^{-1} x = x + \sum_{n=1}^{\infty} \frac{2^{-n} \prod_{k=0}^{n-1} 2k + 1}{n! \, (2n + 1)} x^{2n+1}, \; \forall -1 < x < 1$$

$$\because \int_{\beta}^{3\beta} \frac{\sin^{-1} x}{x^2} \, dx = \int_{\beta}^{3\beta} \frac{1}{x} \, dx + \int_{\beta}^{3\beta} \sum_{n=1}^{\infty} \frac{2^{-n} \prod_{k=0}^{n-1} 2k + 1}{n! \, (2n + 1)} x^{2n-1} \, dx$$

$$= \ln x \big|_{\beta}^{3\beta} + \sum_{n=1}^{\infty} \frac{2^{-n} \prod_{k=0}^{n-1} 2k + 1}{n! \, (2n + 1) 2n} x^{2n} \big|_{\beta}^{3\beta} = \ln 3 + \sum_{n=1}^{\infty} \frac{2^{-n} \prod_{k=0}^{n-1} 2k + 1}{n! \, (2n + 1) 2n} ((3\beta)^{2n} - \beta^{2n})$$

$$\therefore \lim_{\beta \to 0} \int_{\beta}^{3\beta} \frac{\sin^{-1} x}{x^2} \, dx = \lim_{\beta \to 0} \left(\ln 3 + \sum_{n=1}^{\infty} \frac{2^{-n} \prod_{k=0}^{n-1} 2k + 1}{n! \, (2n + 1) 2n} ((3\beta)^{2n} - \beta^{2n}) \right) = \ln 3$$

Example 21.

$$\text{求} \lim_{\beta \to 0} \int_{\beta}^{3\beta} \frac{\sinh^{-1} x}{x^2}\, dx = ?$$

【解】

$$\because \frac{d}{dx}\sinh^{-1} x = \frac{d}{dx}\ln |x + \sqrt{x^2 + 1}| = \frac{\dfrac{2(x^2+1)^{\frac{1}{2}} + 2x}{2(x^2+1)^{\frac{1}{2}}}}{|x + \sqrt{x^2+1}|} = \frac{1}{(x^2+1)^{\frac{1}{2}}}$$

藉由二项式展开

$$(1 + x^2)^{-\frac{1}{2}} = \sum_{n=0}^{\infty} C_n^{-\frac{1}{2}} x^{2n} = 1 + \frac{-\dfrac{1}{2}}{1!}x^2 + \frac{(-\dfrac{1}{2})(-\dfrac{3}{2})}{2!}x^4 + \frac{(-\dfrac{1}{2})(-\dfrac{3}{2})(-\dfrac{5}{2})}{3!}x^6 + \cdots$$

$$= 1 + \sum_{n=1}^{\infty} \frac{2^{-n}(-1)^n \prod_{k=0}^{n-1} 2k + 1}{n!} x^{2n},\ \forall -1 < x < 1$$

$$\Rightarrow\ \sinh^{-1} x = x + \sum_{n=1}^{\infty} \frac{2^{-n}(-1)^n \prod_{k=0}^{n-1} 2k + 1}{n!\,(2n+1)} x^{2n+1},\ \forall -1 < x < 1$$

$$\because \int_{\beta}^{3\beta} \frac{\sinh^{-1} x}{x^2}\, dx = \int_{\beta}^{3\beta} \frac{1}{x}\, dx + \int_{\beta}^{3\beta} \sum_{n=1}^{\infty} \frac{2^{-n}(-1)^n \prod_{k=0}^{n-1} 2k + 1}{n!\,(2n+1)} x^{2n-1}\, dx$$

$$= \ln x \Big|_{\beta}^{3\beta} + \sum_{n=1}^{\infty} \frac{2^{-n}(-1)^n \prod_{k=0}^{n-1} 2k + 1}{n!\,(2n+1)2n} x^{2n} \Big|_{\beta}^{3\beta}$$

$$= \ln 3 + \sum_{n=1}^{\infty} \frac{2^{-n}(-1)^n \prod_{k=0}^{n-1} 2k + 1}{n!\,(2n+1)2n} ((3\beta)^{2n} - \beta^{2n})$$

$$\therefore \lim_{\beta \to 0} \int_{\beta}^{3\beta} \frac{\sinh^{-1} x}{x^2}\, dx = \lim_{\beta \to 0} \left(\ln 3 + \sum_{n=1}^{\infty} \frac{2^{-n}(-1)^n \prod_{k=0}^{n-1} 2k + 1}{n!\,(2n+1)2n} ((3\beta)^{2n} - \beta^{2n}) \right) = \ln 3$$

Example 22.

$$\text{求} \lim_{x \to 0^+} \frac{\int_0^{x^3} (\sin \sqrt[3]{t}) - \sqrt[3]{t}\, dt}{\int_0^{x^3} (\tan \sqrt[3]{t}) - \sqrt[3]{t}\, dt} = ?$$

【解】

藉由 Leibniz 微分公式 则

$$\lim_{x\to 0^+}\frac{\int_0^{x^3}(\sin\sqrt[3]{t})-\sqrt[3]{t}\,dt}{\int_0^{x^3}(\tan\sqrt[3]{t})-\sqrt[3]{t}\,dt}=\lim_{x\to 0^+}\frac{(\sin x-x)3x^2}{(\tan x-x)3x^2}=\lim_{x\to 0^+}\frac{\sin x-x}{\tan x-x}$$

$$\because \sin x=\sum_{n=0}^{\infty}\frac{(-1)^n x^{2n+1}}{(2n+1)!}\quad\text{且}\quad \tan x=x+\frac{1}{3}x^3+\frac{2}{15}x^5+\cdots$$

$$\therefore \frac{\sin x-x}{\tan x-x}=\frac{\sum_{n=0}^{\infty}\frac{(-1)^n x^{2n+1}}{(2n+1)!}-x}{x+\frac{1}{3}x^3+\frac{2}{15}x^5+\cdots-x}=\frac{\frac{-1}{3!}x^3+\sum_{n=2}^{\infty}\frac{(-1)^n x^{2n+1}}{(2n+1)!}}{\frac{1}{3}x^3+\frac{2}{15}x^5+\cdots}$$

$$\lim_{x\to 0^+}\frac{\int_0^{x^3}(\sin\sqrt[3]{t})-\sqrt[3]{t}\,dt}{\int_0^{x^3}(\tan\sqrt[3]{t})-\sqrt[3]{t}\,dt}=\lim_{x\to 0^+}\frac{\frac{-1}{3!}x^3+\sum_{n=2}^{\infty}\frac{(-1)^n x^{2n+1}}{(2n+1)!}}{\frac{1}{3}x^3+\frac{2}{15}x^5+\cdots}=-\frac{1}{2}$$

Example 23.

$$求\ \lim_{x\to 0}\frac{\sin x^2-\sin^2 x}{\sin^4 x}=?$$

【解】

$$\because \sin x=\sum_{n=0}^{\infty}\frac{(-1)^n x^{2n+1}}{(2n+1)!}=x-\frac{x^3}{3!}+\frac{x^5}{5!}+\cdots\quad\therefore \sin x^2=x^2-\frac{x^6}{3!}+\frac{x^{10}}{5!}+\cdots$$

$$\sin^2 x=\left(x-\frac{x^3}{3!}+\frac{x^5}{5!}+\cdots\right)^2=x^2-\frac{2x^4}{3!}+\frac{2x^6}{45}+\cdots$$

$$\sin^4 x=\left(x-\frac{x^3}{3!}+\frac{x^5}{5!}+\cdots\right)^4=x^4-\frac{4x^6}{3!}+\cdots$$

$$\therefore \frac{\sin x^2-\sin^2 x}{\sin^4 x}=\frac{x^2-\frac{x^6}{3!}+\frac{x^{10}}{5!}+\cdots-\left(x^2-\frac{2x^4}{3!}+\frac{2x^6}{45}+\cdots\right)}{x^4-\frac{4x^6}{3!}+\cdots}$$

$$=\frac{x^4\left(\frac{2}{3!}-\frac{19x^6}{90}+\cdots\right)}{x^4\left(1-\frac{4x^2}{3!}+\cdots\right)}=\frac{\frac{1}{3}-\frac{19x^6}{90}+\cdots}{1-\frac{4x^2}{3!}+\cdots}$$

$$\Rightarrow \lim_{x \to 0} \frac{\sin x^2 - \sin^2 x}{\sin^4 x} = \frac{1}{3}$$

Example 24.

$$求 \lim_{x \to 0} \frac{6\sin^2 x - 6x^2 + 5x^4}{x^4} = ?$$

【解】

$$\because \sin x = \sum_{n=0}^{\infty} \frac{(-1)^n x^{2n+1}}{(2n+1)!} = x - \frac{x^3}{3!} + \frac{x^5}{5!} + \cdots$$

$$\sin^2 x = \left(x - \frac{x^3}{3!} + \frac{x^5}{5!} + \cdots \right)^2 = x^2 - \frac{2x^4}{3!} + \frac{2x^6}{45} + \cdots$$

$$\therefore \frac{6\sin^2 x - 6x^2 + 5x^4}{x^4} = \frac{6\left(x^2 - \frac{2x^4}{3!} + \frac{2x^6}{45} + \cdots \right) - 6x^2 + 5x^4}{x^4} = 3 + \frac{4x^2}{15} + \cdots$$

$$\therefore \lim_{x \to 0} \frac{6\sin^2 x - 6x^2 + 5x^4}{x^4} = 3$$

Example 25.

$$求 \lim_{x \to 0} \frac{2(\cos^3 x - 1) + x^6}{x^8(e^x - 1)^4} = ?$$

【解】

$$\because \cos x = \sum_{n=0}^{\infty} \frac{(-1)^n x^{2n}}{2n!} \quad \therefore \cos x^3 = \sum_{n=0}^{\infty} \frac{(-1)^n x^{6n}}{2n!} = 1 - \frac{x^6}{2} + \frac{x^{12}}{24} - \frac{x^{18}}{6!} + \cdots$$

$$\because e^x = \sum_{n=0}^{\infty} \frac{x^n}{n!} = 1 + x + \frac{x^2}{2!} + \cdots \quad \therefore (e^x - 1)^4 = \left(x + \frac{x^2}{2!} + \cdots \right)^4 = x^4 + 2x^5 + \cdots$$

$$\therefore \frac{2(\cos^3 x - 1) + x^6}{x^8(e^x - 1)^4} = \frac{2\left(-\frac{x^6}{2} + \frac{x^{12}}{24} - \frac{x^{18}}{6!} + \cdots \right) + x^6}{x^8(x^4 + 2x^5 + \cdots)} = \frac{\frac{x^{12}}{12} - \frac{2x^{18}}{6!} + \cdots}{x^8(x^4 + 2x^5 + \cdots)}$$

$$\therefore \lim_{x \to 0} \frac{2(\cos^3 x - 1) + x^6}{x^8(e^x - 1)^4} = \frac{1}{12}$$

Example 26.

$$\text{假设}\, g(x)\text{为四次多项式且}\ \lim_{x\to 0}\frac{\cos x - g(x)}{x^4} = 0\ ,\ \text{求}\ g(x) =?$$

【解】

令 $g(x) = a_0 + a_1 x + a_2 x^2 + a_3 x^3 + a_4 x^4$

$$\because \frac{\cos x - g(x)}{x^4} = \frac{\left(1 - \frac{x^2}{2!} + \frac{x^4}{4!} - \frac{x^6}{6!} + \cdots\right) - g(x)}{x^4}$$

$$= \frac{\left(1 - \frac{x^2}{2!} + \frac{x^4}{4!} - \frac{x^6}{6!} + \cdots\right) - (a_0 + a_1 x + a_2 x^2 + a_3 x^3 + a_4 x^4)}{x^5}$$

$$= \frac{\left(-\frac{x^6}{6!} + \frac{x^8}{8!} + \cdots\right) + \left(1 - a_0 - a_1 x - \left(\frac{1}{2!} + a_2\right) x^2 - a_3 x^3 + \left(\frac{1}{4!} - a_4\right) x^4\right)}{x^4}$$

$$\because \lim_{x\to 0}\frac{\cos x - g(x)}{x^4} = 0 \ \text{且} \ \lim_{x\to 0}\frac{\left(-\frac{x^6}{6!} + \frac{x^8}{8!} + \cdots\right)}{x^4} = 0$$

$$\therefore \lim_{x\to 0}\frac{1 - a_0 - a_1 x - \left(\frac{1}{2!} + a_2\right) x^2 - a_3 x^3 + \left(\frac{1}{4!} - a_4\right) x^4}{x^4} = 0$$

$$\therefore a_0 = 1,\ a_1 = 0,\ a_2 = -\frac{1}{2!},\ a_3 = 0,\ a_4 = \frac{1}{4!}\ \therefore g(x) = 1 - \frac{1}{2!}x^2 + \frac{1}{4!}x^4$$

6.6.2　使用泰勒級数求高阶导数值

透过数学归纳法求高阶导数的方法，过程通常较为冗长，使用泰勒级数求高阶导数值的时机为当此函数能简易求得泰勒级数，或其等于某个多项式乘以较易求得泰勒级数的函数，或其等于两个较易求得泰勒级数的函数乘积时，在这些情形之下可尝试使用泰勒级数求高阶导数值，如之前所整理，较易求得泰勒级数的函数，包括：

$\ln x$、$\cos x$、$\sin x$、$\sinh x$、e^x、e^{-x}、$\sin^{-1} x$、$\cos^{-1} x$、$\sinh^{-1} x$、$\tan^{-1} x$、

$\tanh^{-1} x$、$(a + bx)^{\frac{1}{2}}$ 其中 $a \in R,\ b \neq 0$、$(a + bx)^{-\frac{1}{2}}$ 其中 $a \in R,\ b \neq 0$ …. 等

底下为使用数学归纳法与泰勒级数求高阶导数的解题流程

Find Derivatives of Higher Order

Use Mathematical Induction to find the Derivatives of Higher Order

Given $f(x)$, find $f^{(n)}(x) =?, \forall n \in N$:
Find $f^{(1)}(x), f^{(2)}(x), f^{(3)}(x)$... and write down the general form of guessed $f^{(n)}(x)$, denoted by $g_n(x)$. Use Mathematical Induction to show the guessed $g_n(x)$ is indeed the general form $f^{(n)}(x)$.

Assume $f(x) = f_1(x) + f_2(x)$. Find $f^{(n)}(x) =?, \forall n \in N$: Write down the guessed form of $f_1^{(n)}(x), f_2^{(n)}$, denoted by $g_n(x)$ and $h_n(x)$, Use Mathematical Induction to show $g_n(x)$ and $h_n(x)$ are indeed the general form of $f_1^{(n)}(x), f_2^{(n)}(x)$

Use Taylor Series to Find the Derivatives of Higher Order

Find $\{a_m\}, c, d$ s.t $f(x) = \sum_{m=0}^{\infty} a_m x^{c+dm}$, where $c \in N \cup \{0\}, d \in N$ then $f^{(n)}(0) = n! a_{\frac{n-c}{d}}$

考试类型:

Type 1.

給函数 $f(x)$, 求 $f^{(n)}(0) =?$

解题流程:

Step1.

求函数 $f(x)$ 的无穷级数和, 假设 $f(x) = \sum_{m=0}^{\infty} a_m x^{c+d\times m}$, $c \in N \cup \{0\}$, $d \in N$

Step2.

藉由泰勒展开式则 $f(x) = \sum_{n=0}^{\infty} \frac{f^{(n)}(0)}{n!} x^n$

令 $n = c + d \times m$ 则 $m = \dfrac{n-c}{d}$ $\therefore \dfrac{f^{(n)}(0)}{n!} = a_{\frac{n-c}{d}} \Rightarrow f^{(n)}(0) = n! \cdot a_{\frac{n-c}{d}}$

Example 1.

设 $f(x) = (x + 2)^2 \sin x$, 求高阶导数 $f^{(10)}(0)$, $f^{(13)}(0) =?$

【解】

$\because \sin x = \sum_{n=0}^{\infty} \dfrac{(-1)^n x^{2n+1}}{(2n + 1)!}$ 且 $(x + 2)^2 = x^2 + 4x + 4$

$\therefore (x + 2)^2 \sin x = (x^2 + 4x + 4) \sum_{n=0}^{\infty} \dfrac{(-1)^n x^{2n+1}}{(2n + 1)!}$

$= \sum_{n=0}^{\infty} \dfrac{(-1)^n x^{2n+3}}{(2n + 1)!} + 4 \sum_{n=0}^{\infty} \dfrac{(-1)^n x^{2n+2}}{(2n + 1)!} + 4 \sum_{n=0}^{\infty} \dfrac{(-1)^n x^{2n+1}}{(2n + 1)!}$

藉由泰勒展开式 $f(x) = \sum_{k=0}^{\infty} \dfrac{f^{(k)}(0)}{k!} x^k$ 则 $\dfrac{f^{(10)}(0)}{10!} = 4 \cdot \dfrac{(-1)^4}{9!} \Rightarrow f^{(10)}(0) = 40,$

$\dfrac{f^{(13)}(0)}{13!} = \dfrac{(-1)^5}{11!} + \dfrac{4(-1)^6}{13!} \Rightarrow f^{(13)}(0) = -152$

Example 2.

设 $f(x) = x^2 \ln(1 + 3x)$, 求高阶导数 $f^{(9)}(0) =?$

【解】

$\because f(x) = x^2 \ln(1 + 3x) = x^2 \ln(1 + 3x) = x^2 \sum_{n=1}^{\infty} \dfrac{(-1)^{n+1}(3x)^n}{n}$

藉由泰勒展开式 $f(x) = \sum_{k=0}^{\infty} \dfrac{f^{(k)}(0)}{k!} x^k$ $\therefore \dfrac{f^{(9)}(0)}{9!} = \dfrac{3^7}{7} \Rightarrow f^{(9)}(0) = \dfrac{3^7}{7} \cdot 9!$

Example 3.

设 $f(x) = \cos x^3$, 求高阶导数 $f^{(18)}(0) =?$

【解】

$\because \cos x = \sum_{n=0}^{\infty} \dfrac{(-1)^n x^{2n}}{2n!}$ $\therefore \cos x^3 = \sum_{n=0}^{\infty} \dfrac{(-1)^n x^{6n}}{2n!}$

藉由泰勒展开式 $f(x) = \sum_{k=0}^{\infty} \dfrac{f^{(k)}(0)}{k!} x^k$ $\quad \therefore \dfrac{f^{(18)}(0)}{18!} = \dfrac{(-1)^3}{6!} \Rightarrow f^{(18)}(0) = -\dfrac{18!}{6!}$

Example 4.

设 $f(x) = \cos x^9$, 求高阶导数 $f^{(18)}(0) =?$

【解】

$\because \cos x = \sum_{n=0}^{\infty} \dfrac{(-1)^n x^{2n}}{2n!}$ $\quad \therefore \cos x^9 = \sum_{n=0}^{\infty} \dfrac{(-1)^n x^{18n}}{2n!}$

藉由泰勒展开式 $f(x) = \sum_{k=0}^{\infty} \dfrac{f^{(k)}(0)}{k!} x^k$ $\quad \therefore \dfrac{f^{(18)}(0)}{18!} = \dfrac{(-1)}{2!} \Rightarrow f^{(18)}(0) = -\dfrac{18!}{2!}$

Example 5.

设 $f(x) = \ln \sqrt{\dfrac{1+x^2}{1-x^2}}$, 求高阶导数 $f^{(14)}(0) =?$

【解】

$\because f(x) = \ln \sqrt{\dfrac{1+x^2}{1-x^2}} = \dfrac{1}{2}(\ln(1+x^2) - \ln(1-x^2))$

$\ln(1+x^2) = \sum_{n=1}^{\infty} \dfrac{(-1)^{n+1} x^{2n}}{n}$ 且 $\ln(1-x^2) = -\sum_{n=1}^{\infty} \dfrac{x^{2n}}{n}$

藉由泰勒展开式 $f(x) = \sum_{k=0}^{\infty} \dfrac{f^{(k)}(0)}{k!} x^k$ $\quad \therefore \dfrac{f^{(14)}(0)}{14!} = \dfrac{1}{2}\left(\dfrac{1}{7} + \dfrac{1}{7}\right) \Rightarrow f^{(14)}(0) = \dfrac{14!}{7}$

Example 6.

设 $f(x) = \cos\left(x + \dfrac{\pi}{4}\right)$, 求高阶导数 $f^{(100)}(0) =?$

【解】

$$\because \cos\left(x + \frac{\pi}{4}\right) = \frac{1}{\sqrt{2}}(\cos x - \sin x)$$

$$\because \cos x = \sum_{n=0}^{\infty} \frac{(-1)^n x^{2n}}{2n!} \quad \text{且} \quad \sin x = \sum_{n=0}^{\infty} \frac{(-1)^n x^{2n+1}}{(2n+1)!}$$

$$\text{藉由泰勒展开式 } f(x) = \sum_{k=0}^{\infty} \frac{f^{(k)}(0)}{k!} x^k \quad \therefore \frac{f^{(100)}(0)}{100!} = \frac{-1}{\sqrt{2}\cdot 100!} \Rightarrow f^{(100)}(0) = \frac{-1}{\sqrt{2}}$$

Example 7.

设 $f(x) = x^8 \ln(1 + x^3)$, 求高阶导数 $f^{(41)}(0) = ?$

【解】

$$\because \ln(1 + x^3) = \sum_{n=1}^{\infty} \frac{(-1)^{n+1} x^{3n}}{n} \qquad \therefore x^8 \ln(1 + x^3) = \sum_{n=1}^{\infty} \frac{(-1)^{n+1} x^{3n+8}}{n}$$

$$\text{藉由泰勒展开式 } f(x) = \sum_{k=0}^{\infty} \frac{f^{(k)}(0)}{k!} x^k \quad \therefore \frac{f^{(41)}(0)}{41!} = \frac{1}{11} \Rightarrow f^{(40)}(0) = \frac{41!}{11}$$

Example 8.

设 $f(x) = \frac{1}{x^2 - 1}$, 求高阶导数 $f^{(999)}(0) = ?$

【解】

$$\because \frac{1}{x^2 - 1} = -\sum_{n=0}^{\infty} x^{2n}$$

$$\text{藉由泰勒展开式 } f(x) = \sum_{k=0}^{\infty} \frac{f^{(k)}(0)}{k!} x^k \quad \therefore \frac{f^{(990)}(0)}{990!} = -1 \Rightarrow f^{(999)}(0) = -990!$$

Example 9.

设 $f(x) = \frac{1}{1 - x^2}$, 求高阶导数 $f^{(55)}(0) = ?$, $f^{(88)}(0) = ?$

【解】

$$\because \frac{1}{1-x^2} = \sum_{n=0}^{\infty} x^{2n}, \text{ 藉由泰勒展开式 } f(x) = \sum_{k=0}^{\infty} \frac{f^{(k)}(0)}{k!} x^k$$

$$\therefore \frac{f^{(55)}(0)}{55!} = 0 \text{ 且 } \frac{f^{(88)}(0)}{88!} = 1 \Rightarrow f^{(55)}(0) = 0, \ f^{(88)}(0) = 88!$$

Example 10.

$$设 f(x) = \frac{1}{(1-x)^4}, \quad 求高阶导数 f^{(100)}(0) = ?$$

【解】

$$令 f(x) = \frac{1}{(1-x)^4} \text{ 则 } f'(x) = 4(1-x)^{-5} \Rightarrow f^{(n)}(0) = \frac{(n+3)!}{3!}$$

$$\therefore f(x) = \frac{1}{(1-x)^4}$$

$$= f(x_0) + \frac{f^{(1)}(x_0)(x-x_0)}{1!} + \frac{f^{(2)}(x_0)(x-x_0)^2}{2!} + \frac{f^{(3)}(x_0)(x-x_0)^3}{3!} + \cdots$$

$$= \sum_{n=0}^{\infty} \frac{(n+3)! \, x^n}{3! \, n!} = \sum_{n=0}^{\infty} \frac{(n+3)(n+2)(n+1)x^n}{3!}$$

$$藉由泰勒展开式 \ f(x) = \sum_{k=0}^{\infty} \frac{f^{(k)}(0)}{k!} x^k \quad \therefore \frac{f^{(100)}(0)}{100!} = \frac{103 \cdot 102 \cdot 101}{3!}$$

$$\Rightarrow f^{(100)}(0) = \frac{103!}{3!}$$

Example 11.

$$设 f(x) = \frac{1}{\sqrt{x^2+1}}, \quad 求高阶导数 f^{(4)}(0) = ?$$

【解】

$$\because (1+x^2)^{-\frac{1}{2}} = 1 + \sum_{n=1}^{\infty} \frac{2^{-n}(-1)^n \prod_{k=0}^{n-1} 2k+1}{n!} x^{2n}$$

藉由泰勒展开式 $f(x) = \sum_{k=0}^{\infty} \dfrac{f^{(k)}(0)}{k!} x^k$ $\therefore \dfrac{f^{(4)}(0)}{4!} = \dfrac{2^{-2} \cdot 3}{2!} \Rightarrow f^{(4)}(0) = \dfrac{4! \cdot 2^{-2} \cdot 3}{2!} = 9$

Example 12.

设 $f(x) = \sqrt{1+x} + \sqrt{1-x}$，求高阶导数 $f^{(20)}(0) = ?$

【解】

$\because (1+x)^{\frac{1}{2}} = 1 + \dfrac{x}{2} + \sum_{n=2}^{\infty} \dfrac{2^{-n}(-1)^{n+1} \prod_{k=0}^{n-2} 2k+1}{n!} x^n$

$(1-x)^{\frac{1}{2}} = 1 - \dfrac{x}{2} - \sum_{n=2}^{\infty} \dfrac{2^{-n} \prod_{k=0}^{n-2} 2k+1}{n!} x^n$

$\therefore (1+x)^{\frac{1}{2}} + (1-x)^{\frac{1}{2}} = 2 + 2\sum_{n=1}^{\infty} \dfrac{2^{-2n}(-1)^{2n+1} \prod_{k=0}^{2n-2} 2k+1}{2n!} x^{2n}$

藉由泰勒展开式 $f(x) = \sum_{k=0}^{\infty} \dfrac{f^{(k)}(0)}{k!} x^k$

$\therefore \dfrac{f^{(20)}(0)}{20!} = 2\left(\dfrac{2^{-20}(-1)^{21} \prod_{k=0}^{18} 2k+1}{20!} \right) = - \dfrac{2^{-19} \prod_{k=0}^{18} 2k+1}{20!}$

$\therefore f^{(20)}(0) = -2^{-19} \prod_{k=0}^{18} 2k+1$

Example 13.

设 $f(x) = \tan^{-1} x$，求高阶导数 $f^{(399)}(0) = ?$

【解】

$\because \tan^{-1} x = \int \sum_{n=0}^{\infty} (-1)^n x^{2n}\, dx = \sum_{n=0}^{\infty} \int (-1)^n x^{2n} dx = \sum_{n=0}^{\infty} \dfrac{(-1)^n x^{2n+1}}{2n+1}$

藉由泰勒展开式 $f(x) = \sum_{k=0}^{\infty} \dfrac{f^{(k)}(0)}{k!} x^k$ $\therefore \dfrac{f^{(399)}(0)}{399!} = \dfrac{-1}{399} \Rightarrow f^{(399)}(0) = -398!$

Example 14.

设 $f(x) = \tanh^{-1} x$, 求高阶导数 $f^{(399)}(0) =?$

【解】

$$\because \tanh^{-1} x = \int \sum_{n=0}^{\infty} x^{2n}\, dx = \sum_{n=0}^{\infty} \int x^{2n} dx = \sum_{n=0}^{\infty} \frac{x^{2n+1}}{2n+1}, \ \forall -1 < x < 1$$

$$藉由泰勒展开式\ f(x) = \sum_{k=0}^{\infty} \frac{f^{(k)}(0)}{k!} x^k \quad \therefore \frac{f^{(399)}(0)}{399!} = \frac{1}{399} \Rightarrow f^{(399)}(0) = 398!$$

Example 15.

设 $f(x) = \sin x^3$, 求高阶导数 $f^{(93)}(0) =?$

【解】

$$\because \sin x = \sum_{n=0}^{\infty} \frac{(-1)^n x^{2n+1}}{(2n+1)!} \quad \therefore \sin x^3 = \sum_{n=0}^{\infty} \frac{(-1)^n x^{6n+3}}{(2n+1)!}$$

$$藉由泰勒展开式\ f(x) = \sum_{k=0}^{\infty} \frac{f^{(k)}(0)}{k!} x^k \quad \therefore \frac{f^{(93)}(0)}{93!} = \frac{-1}{31!} \Rightarrow f^{(93)}(0) = \frac{-93!}{31!}$$

Example 16.

设 $f(x) = \sin\left(x^2 + \frac{\pi}{4}\right)$, 求高阶导数 $f^{(20)}(0) =?$

【解】

$$\because \sin(x^2 + \frac{\pi}{4}) = \sin x^2 \cos\frac{\pi}{4} + \cos x^2 \sin\frac{\pi}{4}$$

$$\cos x^2 = \sum_{n=0}^{\infty} \frac{(-1)^n x^{4n}}{2n!} \quad 且 \quad \sin x^2 = \sum_{n=0}^{\infty} \frac{(-1)^n x^{4n+2}}{(2n+1)!}$$

$$\therefore \sin(x^2 + \frac{\pi}{4}) = \cos\frac{\pi}{4} \sum_{n=0}^{\infty} \frac{(-1)^n x^{4n+2}}{(2n+1)!} + \sin\frac{\pi}{4} \sum_{n=0}^{\infty} \frac{(-1)^n x^{4n}}{2n!}$$

藉由泰勒展开式 $f(x) = \sum_{k=0}^{\infty} \frac{f^{(k)}(0)}{k!} x^k \quad \therefore \frac{f^{(20)}(0)}{20!} = \frac{1}{\sqrt{2}} \cdot \frac{-1}{10!} \Rightarrow f^{(20)}(0) = \frac{-20!}{10!\sqrt{2}}$

Example 17.

设 $f(x) = \sin x \cos x$, 求高阶导数 $f^{(101)}(0) = ?$

【解】

$\because \sin x \cos x = \dfrac{\sin 2x}{2}$

$\because \sin x = \dfrac{x}{1!} - \dfrac{x^3}{3!} + \cdots = \sum_{n=0}^{\infty} \dfrac{(-1)^n x^{2n+1}}{(2n+1)!} \quad \therefore \sin 2x = \sum_{n=0}^{\infty} \dfrac{(-1)^n (2x)^{2n+1}}{(2n+1)!}$

$\therefore \sin x \cos x = \dfrac{\sin 2x}{2} = \sum_{n=0}^{\infty} \dfrac{(-1)^n 2^{2n} x^{2n+1}}{(2n+1)!}$

藉由泰勒展开式 $f(x) = \sum_{k=0}^{\infty} \dfrac{f^{(k)}(0)}{k!} x^k \quad \therefore \dfrac{f^{(101)}(0)}{101!} = \dfrac{2^{100}}{101!} \Rightarrow f^{(101)}(0) = 2^{100}$

6.6.3　使用泰勒级数求无穷级数的和

原本求无穷级数和是尝试找 $\{b_n : n \in N\}$ 使得 $a_n = b_n - b_{n+1}$, 则 $\sum_{n=1}^{M} a_n = b_1 - b_M$

因此 $\sum_{n=1}^{\infty} a_n = b_1 - \lim\limits_{M \to \infty} b_M$; 当分母出现 α^n, 则令所求的无穷级数和为S, 接着观察

$S - \dfrac{S}{\alpha}$ 是否能改写为无穷等比级数和; 当分母出现 $n!$ 则通常會用到 $e^x = \sum_{n=0}^{\infty} \dfrac{x^n}{n!}$ 解题,

也可尝试先将 Summation 里的函数微分或积分, 再观察这样是否较易求得收敛的函数; 如果上述方法仍无法求解, 则尝试将此无穷级数改写为无穷函数级数在某点取值, 再观察此无穷函数级数的微分或积分式是否较容易求得收敛的函数

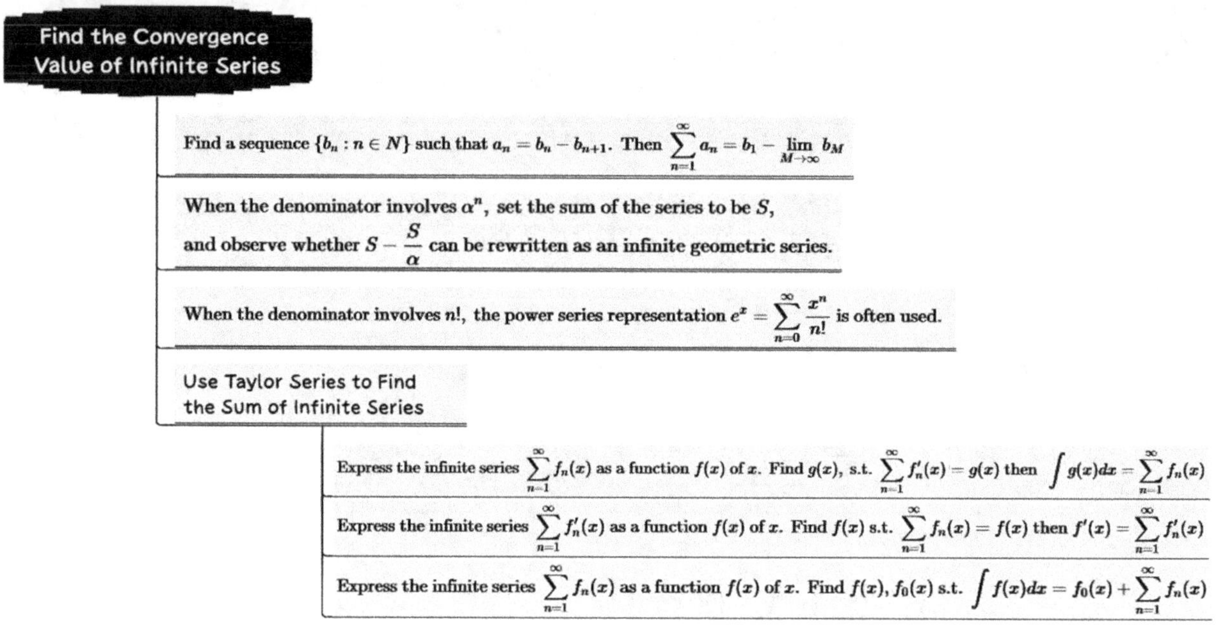

Find the Convergence Value of Infinite Series

Find a sequence $\{b_n : n \in N\}$ such that $a_n = b_n - b_{n+1}$. Then $\displaystyle\sum_{n=1}^{\infty} a_n = b_1 - \lim_{M \to \infty} b_M$

When the denominator involves α^n, set the sum of the series to be S, and observe whether $S - \dfrac{S}{\alpha}$ can be rewritten as an infinite geometric series.

When the denominator involves $n!$, the power series representation $e^x = \displaystyle\sum_{n=0}^{\infty} \dfrac{x^n}{n!}$ is often used.

Use Taylor Series to Find the Sum of Infinite Series

Express the infinite series $\displaystyle\sum_{n=1}^{\infty} f_n(x)$ as a function $f(x)$ of x. Find $g(x)$, s.t. $\displaystyle\sum_{n=1}^{\infty} f_n'(x) = g(x)$ then $\displaystyle\int g(x)dx = \sum_{n=1}^{\infty} f_n(x)$

Express the infinite series $\displaystyle\sum_{n=1}^{\infty} f_n'(x)$ as a function $f(x)$ of x. Find $f(x)$ s.t. $\displaystyle\sum_{n=1}^{\infty} f_n(x) = f(x)$ then $f'(x) = \displaystyle\sum_{n=1}^{\infty} f_n'(x)$

Express the infinite series $\displaystyle\sum_{n=1}^{\infty} f_n(x)$ as a function $f(x)$ of x. Find $f(x)$, $f_0(x)$ s.t. $\displaystyle\int f(x)dx = f_0(x) + \sum_{n=1}^{\infty} f_n(x)$

考试类型:

Type 1.

Prove $\displaystyle\sum_{n=1}^{\infty} \frac{\beta n - \gamma}{\alpha^n} = \frac{(\alpha - 1)(\beta - \gamma) + \beta}{(\alpha - 1)^2}, \quad \forall \alpha\beta\gamma \neq 0$

解题流程:

Step1.

使用积分检验法、比较法(Comparison Test)、比值法(Ratio Test)、根值法(Root Test)

判断 $\displaystyle\sum_{n=1}^{\infty} \frac{\beta n - \gamma}{\alpha^n}$ 是否收敛

Step2.

如果 $\displaystyle\sum_{n=1}^{\infty} \frac{\beta n - \gamma}{\alpha^n}$ 收敛, 令 $S = \displaystyle\sum_{n=1}^{\infty} \frac{\beta n - \gamma}{\alpha^n}$ 则 $\dfrac{S}{\alpha} = \displaystyle\sum_{n=1}^{\infty} \frac{\beta n - \gamma}{\alpha^{n+1}} = \displaystyle\sum_{n=2}^{\infty} \frac{\beta(n - 1) - \gamma}{\alpha^n}$

Step3.

$\because S - \dfrac{S}{\alpha} = \dfrac{(\alpha - 1)S}{\alpha} = \dfrac{\beta - \gamma}{\alpha} + \displaystyle\sum_{n=2}^{\infty} \frac{\beta}{\alpha^n} = \dfrac{\beta - \gamma}{\alpha} + \dfrac{\frac{\beta}{\alpha^2}}{1 - \frac{1}{\alpha}} = \dfrac{(\alpha - 1)(\beta - \gamma) + \beta}{\alpha(\alpha - 1)}$

$$\therefore s = \frac{(\alpha - 1)(\beta - \gamma) + \beta}{(\alpha - 1)^2}$$

Type 2.

Prove $\displaystyle\sum_{n=2}^{\infty} \frac{n(n-1)}{\alpha^n} = \frac{2}{(\alpha - 1)^2}\left(1 + \frac{1}{\alpha} + \frac{1}{\alpha(\alpha - 1)}\right), \quad \forall \alpha > 1$

解题流程:

Step1.

使用积分检验法、比较法(Comparison Test)、比值法、(Ratio Test)、根值法(Root Test)

判断 $\displaystyle\sum_{n=2}^{\infty} \frac{n(n-1)}{\alpha^n}$ 是否收敛

Step2.

如果 $\displaystyle\sum_{n=2}^{\infty} \frac{n(n-1)}{\alpha^n}$ 收敛, 令 $s = \displaystyle\sum_{n=2}^{\infty} \frac{n(n-1)}{\alpha^n}$ 则 $\dfrac{s}{\alpha} = \displaystyle\sum_{n=2}^{\infty} \frac{n(n-1)}{\alpha^{n+1}} = \sum_{n=3}^{\infty} \frac{(n-1)(n-2)}{\alpha^n}$

Step3.

$$\because s - \frac{s}{\alpha} = \frac{(\alpha - 1)s}{\alpha} = \frac{2}{\alpha^2} + \sum_{n=3}^{\infty} \frac{2n - 2}{\alpha^n} = \frac{2}{\alpha^2} + \sum_{n=2}^{\infty} \frac{2n}{\alpha^{n+1}}$$

$$\therefore \left(s - \frac{s}{\alpha}\right)\frac{1}{\alpha} = \frac{(\alpha - 1)s}{\alpha^2} = \frac{2}{\alpha^3} + \sum_{n=2}^{\infty} \frac{2n}{\alpha^{n+2}} = \frac{2}{\alpha^3} + \sum_{n=3}^{\infty} \frac{2n - 2}{\alpha^{n+1}}$$

Step4.

$$\therefore \frac{(\alpha - 1)s}{\alpha} - \frac{(\alpha - 1)s}{\alpha^2} = \frac{2}{\alpha^2} - \frac{2}{\alpha^3} + \frac{4}{\alpha^3} + \sum_{n=3}^{\infty} \frac{2}{\alpha^{n+1}}$$

$$\therefore \frac{(\alpha - 1)s}{\alpha} - \frac{(\alpha - 1)s}{\alpha^2} = \frac{s(\alpha - 1)^2}{\alpha^2}$$

and $\dfrac{2}{\alpha^2} - \dfrac{2}{\alpha^3} + \dfrac{4}{\alpha^3} + \displaystyle\sum_{n=3}^{\infty} \frac{2}{\alpha^{n+1}} = \frac{2}{\alpha^2} + \frac{2}{\alpha^3} + \frac{2}{\alpha^3(\alpha - 1)}$

Step5.

$$\therefore s = \frac{2}{(\alpha-1)^2}\left(1 + \frac{1}{\alpha} + \frac{1}{\alpha(\alpha-1)}\right)$$

Type 3.

Prove $\displaystyle\sum_{n=0}^{\infty} \frac{(n+1)\alpha^n}{n!} = (1+\alpha)e^{\alpha}, \quad \forall \alpha \in R$

解题流程:

Step1.

$$\because e^x = \sum_{n=0}^{\infty} \frac{x^n}{n!} \qquad \therefore (xe^x)' = e^x + xe^x = \frac{d}{dx}\sum_{n=0}^{\infty} \frac{x^{n+1}}{n!} = \sum_{n=0}^{\infty} \frac{(n+1)x^n}{n!}$$

Step2.

$$\therefore (1+\alpha)e^{\alpha} = \sum_{n=0}^{\infty} \frac{(n+1)\alpha^n}{n!}$$

Type 4.

求 $\displaystyle\sum_{n=0}^{\infty} \frac{(n+1)^2\alpha^n}{n!} =?, \quad \forall \alpha \in R$

解题流程:

Step1.

$$\because e^x = \sum_{n=0}^{\infty} \frac{x^n}{n!} \qquad \therefore (xe^x)' = e^x + xe^x = \frac{d}{dx}\sum_{n=0}^{\infty} \frac{x^{n+1}}{n!} = \sum_{n=0}^{\infty} \frac{(n+1)x^n}{n!}$$

Step2.

$$xe^x + x^2e^x = \sum_{n=0}^{\infty} \frac{(n+1)x^{n+1}}{n!}$$

$$\Rightarrow (xe^x + x^2e^x)' = e^x + xe^x + 2xe^x + x^2e^x = \sum_{n=0}^{\infty} \frac{(n+1)^2 x^n}{n!}$$

Step3.

$$\therefore e^{\alpha} + 3\alpha e^{\alpha} + \alpha^2 e^{\alpha} = \sum_{n=0}^{\infty} \frac{(n+1)^2 \alpha^n}{n!}$$

Type 5.

$$求 \sum_{n=1}^{\infty} \frac{x^{kn}}{kn} =?, \quad \forall k \in N \, (|x| < 1)$$

解题流程:

Step1.

$$令 \, k \in N \, 且 \, |x| < 1 \, 使用比值法则 \, \sum_{n=1}^{\infty} \frac{x^{kn}}{kn} \, 收敛$$

Step2.

$$令 f(x) = \sum_{n=1}^{\infty} \frac{x^{kn}}{kn} \, 则 \, f'(x) = \sum_{n=1}^{\infty} x^{kn-1} = \frac{x^{k-1}}{1-x^k}$$

Step3.

$$f(x) = \int \frac{x^{k-1}}{1-x^k} dx = -\frac{\ln(1-x^k)}{k} + c$$

Step4.

$$\because f(0) = 0 \quad \therefore c = 0 \Rightarrow f(x) = \int \frac{x^{k-1}}{1-x^k} dx = -\frac{\ln(1-x^k)}{k}$$

Type 6.

$$求 \sum_{n=1}^{\infty} f_n(x) \, 的函数表示式, \, \text{where} \, \exists \, g(x) \, 使得 \, \sum_{n=1}^{\infty} f_n'(x) = g(x)$$

解题流程:

Step1.

$$令 f(x) = \sum_{n=1}^{\infty} f_n(x) \, \text{and} \, 找 g(x) 使得 \sum_{n=1}^{\infty} f_n'(x) = g(x)$$

Step2.

因此 $f(x) = \displaystyle\int g(x)\,dx$

<u>范例说明:</u>

(I) 求 $\displaystyle\sum_{n=1}^{\infty} \frac{x^{kn}}{kn} = ?$，令 $f(x) = \displaystyle\sum_{n=1}^{\infty} \frac{x^{kn}}{kn}$ 则 $f'(x) = \displaystyle\sum_{n=1}^{\infty} x^{kn-1} = \frac{x^{k-1}}{1-x^k}$

$\Rightarrow f(x) = \displaystyle\int \frac{x^{k-1}}{1-x^k}\,dx$

(II) 求 $\displaystyle\sum_{n=1}^{\infty} \frac{x^{n+1}}{n(n+1)} = ?$，令 $f(x) = \displaystyle\sum_{n=1}^{\infty} \frac{x^{n+1}}{n(n+1)}$ 则 $f'(x) = \displaystyle\sum_{n=1}^{\infty} \frac{x^n}{n}$

$\Rightarrow f''(x) = \displaystyle\sum_{n=1}^{\infty} x^{n-1} = \frac{1}{1-x} \quad \therefore f'(x) = -\ln(1-x)$

$\Rightarrow f(x) = -\displaystyle\int \ln(1-x)\,dx$

Type 7.

求 $\displaystyle\sum_{n=1}^{\infty} f_n'(x)$ 的函数表示式，where $\exists f(x)$ s.t. $f(x) = \displaystyle\sum_{n=1}^{\infty} f_n(x)$

解题流程:

找 $f(x)$ 使得 $f(x) = \displaystyle\sum_{n=1}^{\infty} f_n(x)$，$\because f'(x) = \displaystyle\sum_{n=1}^{\infty} f_n'(x) \quad \therefore$ 求 $f'(x) = ?$

<u>范例说明:</u>

(I) 求 $\displaystyle\sum_{n=1}^{\infty} \frac{n^2 x^{n-1}}{n!} = ?$

$\because \displaystyle\int \sum_{n=1}^{\infty} \frac{n^2 x^{n-1}}{n!}\,dx = \int \sum_{n=1}^{\infty} \frac{n x^{n-1}}{(n-1)!}\,dx = \int \sum_{n=0}^{\infty} \frac{(n+1)x^n}{n!}\,dx = \sum_{n=0}^{\infty} \frac{x^{n+1}}{n!} = xe^x$

$$\therefore \sum_{n=1}^{\infty} \frac{n^2 x^{n-1}}{n!} = (xe^x)' = e^x + xe^x$$

(II) 求 $\displaystyle\sum_{n=1}^{\infty} \frac{n^2 x^{n-1}}{n-1!} = ?$

$$\because \int \sum_{n=1}^{\infty} \frac{n^2 x^{n-1}}{n-1!} dx = \int \sum_{n=0}^{\infty} \frac{(n+1)^2 x^n}{n!} dx = \sum_{n=0}^{\infty} \frac{(n+1)x^{n+1}}{n!} = xe^x + x^2 e^x$$

$$\therefore \sum_{n=1}^{\infty} \frac{n^2 x^{n-1}}{n-1!} = (xe^x + x^2 e^x)'$$

Type 8.

$$求 \sum_{n=1}^{\infty} f_n(x) \ 的函数表示式, \ \text{where} \ \exists f(x), \ f_0(x) \ \text{s.t.} \int f(x)dx = f_0(x) + \sum_{n=1}^{\infty} f_n(x)$$

解题流程:

$$找 f(x) 以及 f_0(x) 使得 \int f(x)dx = f_0(x) + \sum_{n=1}^{\infty} f_n(x) \quad \therefore 求 \int f(x)dx = ?$$

范例说明:

$$求 \sum_{n=1}^{\infty} \frac{x^{n+2}}{n!\,(n+2)} = ?$$

$$\because \frac{x^2}{2} + \sum_{n=1}^{\infty} \frac{x^{n+2}}{n!\,(n+2)} = \sum_{n=0}^{\infty} \frac{x^{n+2}}{n!\,(n+2)} = \int \sum_{n=0}^{\infty} \frac{x^{n+1}}{n!} dx = \int xe^x dx$$

$$\therefore \sum_{n=1}^{\infty} \frac{x^{n+2}}{n!\,(n+2)} = \int xe^x dx - \frac{x^2}{2}$$

Example 1.

$$求\ (1 - \frac{4}{2!} + \frac{16}{4!} - \frac{64}{6!} + \cdots)^2 + (1 - \frac{8}{3!} + \frac{32}{5!} - \frac{128}{7!} + \cdots)^2 = ?$$

【解】

$$\because \cos x = \sum_{n=0}^{\infty} \frac{(-1)^n x^{2n}}{2n!} \quad 且\ \sin x = \sum_{n=0}^{\infty} \frac{(-1)^n x^{2n+1}}{(2n+1)!}$$

$$\therefore\ 1 - \frac{4}{2!} + \frac{16}{4!} - \frac{64}{6!} + \cdots = \cos 2 \quad 且\ 1 - \frac{8}{3!} + \frac{32}{5!} - \frac{128}{7!} + \cdots = \sin 2$$

$$\Rightarrow\ (1 - \frac{4}{2!} + \frac{16}{4!} - \frac{64}{6!} + \cdots)^2 + (1 - \frac{8}{3!} + \frac{32}{5!} - \frac{128}{7!} + \cdots)^2 = \cos^2 2 + \sin^2 2 = 1$$

Example 2.

$$求\ 1 - \frac{1}{3} + \frac{1}{9 \cdot 2!} - \frac{1}{27 \cdot 3!} + \frac{1}{81 \cdot 4!} \cdots = ?$$

【解】

$$\because e^{-x} = \sum_{k=0}^{\infty} \frac{(-1)^k}{k!} x^k \quad \therefore e^{-\frac{1}{3}} = \sum_{k=0}^{\infty} \frac{(-1)^k}{k!} \left(\frac{1}{3}\right)^k = 1 - \frac{1}{3} + \frac{1}{9 \cdot 2!} - \frac{1}{27 \cdot 3!} + \frac{1}{81 \cdot 4!} \cdots$$

Example 3.

$$求\ \sum_{n=2}^{\infty} \frac{n(n-1)}{4^n} = ?$$

【解】

$$令\ s = \sum_{n=2}^{\infty} \frac{n(n-1)}{4^n} \quad 则\ \frac{s}{4} = \sum_{n=2}^{\infty} \frac{n(n-1)}{4^{n+1}} = \sum_{n=3}^{\infty} \frac{(n-1)(n-2)}{4^n}$$

$$\therefore \frac{3s}{4} = \frac{2}{4^2} + \sum_{n=3}^{\infty} \frac{n(n-1) - (n-1)(n-2)}{4^n} = \frac{2}{4^2} + \sum_{n=3}^{\infty} \frac{2n-2}{4^n}$$

$$\Rightarrow s = \frac{1}{6} + \frac{2}{3} \sum_{n=3}^{\infty} \frac{n-1}{4^{n-1}} = \frac{1}{6} + \frac{2}{3} \sum_{n=2}^{\infty} \frac{n}{4^n}$$

$$\therefore \frac{s}{4} = \frac{1}{24} + \frac{2}{3}\sum_{n=2}^{\infty}\frac{n}{4^{n+1}} = \frac{1}{24} + \frac{2}{3}\sum_{n=3}^{\infty}\frac{n-1}{4^n}$$

$$\therefore s - \frac{s}{4} = \frac{3s}{4} = \frac{3}{24} + \frac{1}{12} + \frac{2}{3}\sum_{n=3}^{\infty}\frac{1}{4^n} = \frac{2}{3}\left(\frac{1}{4} + \frac{1}{16} + \sum_{n=3}^{\infty}\frac{1}{4^n}\right) = \frac{2}{3}\cdot\frac{\frac{1}{4}}{1-\frac{1}{4}} = \frac{2}{9} \Rightarrow s = \frac{8}{27}$$

Example 4.

$$求 \sum_{n=2}^{\infty}\frac{n(n-1)}{5^n} = ?$$

【解】

$$令 \; s = \sum_{n=2}^{\infty}\frac{n(n-1)}{5^n} \quad 则 \quad \frac{s}{5} = \sum_{n=2}^{\infty}\frac{n(n-1)}{5^{n+1}} = \sum_{n=3}^{\infty}\frac{(n-1)(n-2)}{5^n}$$

$$\therefore \frac{4s}{5} = \frac{2}{5^2} + \sum_{n=3}^{\infty}\frac{n(n-1)-(n-1)(n-2)}{5^n} = \frac{2}{5^2} + \sum_{n=3}^{\infty}\frac{2n-2}{5^n}$$

$$\Rightarrow 2s = \frac{1}{5} + \sum_{n=3}^{\infty}\frac{n-1}{5^{n-1}} = \frac{1}{5} + \sum_{n=2}^{\infty}\frac{n}{5^n} \quad\quad \therefore \frac{2s}{5} = \frac{1}{5^2} + \sum_{n=2}^{\infty}\frac{n}{5^{n+1}} = \frac{1}{5^2} + \sum_{n=3}^{\infty}\frac{n-1}{5^n}$$

$$\therefore 2s - \frac{2s}{5} = \frac{8s}{5} = \frac{1}{5} + \frac{2}{5^2} - \frac{1}{5^2} + \sum_{n=3}^{\infty}\frac{1}{5^n} = \sum_{n=1}^{\infty}\frac{1}{5^n} = \frac{\frac{1}{5}}{1-\frac{1}{5}} = \frac{1}{4} \Rightarrow s = \frac{5}{32}$$

Example 5.

$$求 \sum_{n=1}^{\infty}\frac{3n-1}{3^n} = ?$$

【解】

$$令 \; s = \sum_{n=1}^{\infty}\frac{3n-1}{3^n} \quad 则 \quad \frac{s}{3} = \sum_{n=1}^{\infty}\frac{3n-1}{3^{n+1}} = \sum_{n=2}^{\infty}\frac{3(n-1)-1}{3^n}$$

$$\therefore \frac{2s}{3} = \frac{2}{3} + \sum_{n=2}^{\infty} \frac{3}{3^n} = \frac{2}{3} + \sum_{n=2}^{\infty} \frac{1}{3^{n-1}} = \frac{2}{3} + \frac{\frac{1}{3}}{1 - \frac{1}{3}} = \frac{7}{6} \Rightarrow s = \frac{7}{4}$$

Example 6.

$$求 \sum_{n=1}^{\infty} \frac{x^{n+1}}{n(n+1)} \ 的函数表示式(|x| < 1)$$

【解】

$$令 f(x) = \sum_{n=1}^{\infty} \frac{x^{n+1}}{n(n+1)} \ 则 \ f'(x) = \sum_{n=1}^{\infty} \frac{x^n}{n} \Rightarrow f''(x) = \sum_{n=1}^{\infty} x^{n-1} = \frac{1}{1-x}$$

$$\therefore f'(x) = -\ln(1-x), \ 藉由 \ \text{Integration by parts}$$

$$f(x) = -\int \ln(1-x)dx = -\left(x\ln(1-x) + \int \frac{xdx}{1-x} \right)$$

$$= -(x\ln(1-x) - \ln(1-x) + 1 - x) = (1-x)\ln(1-x) - 1 + x + c$$

$$\because f(0) = 0 \quad \therefore c = 1 \Rightarrow f(x) = (1-x)\ln(1-x) + x$$

Example 7.

$$求 \sum_{n=0}^{\infty} \frac{(-1)^n x^{3n+1}}{3n+1} \ 的函数表示式$$

【解】

$$令 f(x) = \sum_{n=0}^{\infty} \frac{(-1)^n x^{3n+1}}{3n+1} \ 则 \ f'(x) = \sum_{n=0}^{\infty} (-1)^n x^{3n} = \frac{1}{1-(-x^3)} = \frac{1}{1+x^3}$$

$$\because 1 + x^3 = (x+1)(x^2 - x + 1)$$

$$令 \frac{1}{1+x^3} = \frac{a}{1+x} + \frac{bx+c}{x^2-x+1}, \ 藉由比较系数$$

$$则 \frac{1}{1+x^3} = \frac{1}{3(1+x)} + \frac{-x+2}{3(x^2-x+1)} = \frac{1}{3(1+x)} + \frac{-\frac{1}{2}(2x-1) + \frac{3}{2}}{3(x^2-x+1)}$$

$$\because \frac{\frac{3}{2}}{3(x^2 - x + 1)} = \frac{1}{2\left(\left(x - \frac{1}{2}\right)^2 + \frac{3}{4}\right)} = \frac{1}{\frac{3}{2}\left(\left(\frac{2x-1}{\sqrt{3}}\right)^2 + 1\right)}$$

$$\therefore f(x) = \int \frac{1}{1 + x^3}\, dx = \int \frac{1}{3(1+x)} + \frac{-\frac{1}{2}(2x-1)}{3(x^2-x+1)} + \frac{1}{\frac{3}{2}\left(\left(\frac{2x-1}{\sqrt{3}}\right)^2 + 1\right)}\, dx$$

$$\Rightarrow f(x) = 3\ln|1 + x| - \frac{1}{6}\ln|x^2 - x + 1| + \frac{1}{\sqrt{3}}\tan^{-1}\frac{2x-1}{\sqrt{3}} + c$$

$$\because f(0) = 0 \quad \therefore \frac{1}{\sqrt{3}}\tan^{-1}\frac{-1}{\sqrt{3}} + c = 0 \Rightarrow \frac{1}{\sqrt{3}}\left(-\frac{\pi}{6}\right) + c = 0 \quad \therefore c = \frac{\pi}{6\sqrt{3}}$$

Example 8.

$$求 \sum_{n=0}^{\infty} \frac{(-1)^n (x-5)^n}{n+1}\ 的函数表示式$$

【解】

$$\because \ln(1+x) = \sum_{n=1}^{\infty} \frac{(-1)^{n+1} x^n}{n} \quad \therefore \frac{\ln(1+x)}{x} = \sum_{n=1}^{\infty} \frac{(-1)^{n+1} x^{n-1}}{n} = \sum_{n=0}^{\infty} \frac{(-1)^n x^n}{n+1}$$

$$\Rightarrow \frac{\ln(x-4)}{x-5} = \sum_{n=0}^{\infty} \frac{(-1)^n (x-5)^n}{n+1}$$

Example 9.

$$求 \sum_{n=1}^{\infty} \frac{n}{n-1!} = ?$$

【解】

$$\because \sum_{n=1}^{\infty} \frac{n x^{n-1}}{n-1!} = \sum_{n=0}^{\infty} \frac{(n+1)x^n}{n!} = \frac{d}{dx}\sum_{n=0}^{\infty} \frac{x^{n+1}}{n!} = (xe^x)' = e^x + xe^x$$

令 $x = 1$ 则 $\quad \displaystyle\sum_{n=1}^{\infty} \frac{n}{n-1!} = 2e$

Example 10.

$$求 \sum_{n=1}^{\infty} \frac{n^2 \left(\frac{1}{2}\right)^{n-1}}{n-1!} = ?$$

【解】

$$\because \int \sum_{n=1}^{\infty} \frac{n^2 x^{n-1}}{n-1!} dx = \int \sum_{n=0}^{\infty} \frac{(n+1)^2 x^n}{n!} dx = \sum_{n=0}^{\infty} \frac{(n+1)x^{n+1}}{n!} = xe^x + x^2 e^x$$

$$\therefore \sum_{n=1}^{\infty} \frac{n^2 x^{n-1}}{n-1!} = (xe^x + x^2 e^x)' = e^x + xe^x + 2xe^x + x^2 e^x$$

令 $x = \dfrac{1}{2}$ 则 $\displaystyle\sum_{n=1}^{\infty} \frac{n^2 \left(\frac{1}{2}\right)^{n-1}}{n-1!} = e^{\frac{1}{2}}\left(1 + \frac{1}{2} + 1 + \frac{1}{4}\right) = e^{\frac{1}{2}}\left(\frac{11}{4}\right)$

Example 11.

$$求 \sum_{n=1}^{\infty} \frac{n^2 2^{n-1}}{n!} = ?$$

【解】

$$\because \int \sum_{n=1}^{\infty} \frac{n^2 x^{n-1}}{n!} dx = \int \sum_{n=1}^{\infty} \frac{n x^{n-1}}{(n-1)!} dx = \int \sum_{n=0}^{\infty} \frac{(n+1)x^n}{n!} dx = \sum_{n=0}^{\infty} \frac{x^{n+1}}{n!} = xe^x$$

$$\therefore \sum_{n=1}^{\infty} \frac{n^2 x^{n-1}}{n!} = (xe^x)' = e^x + xe^x$$

令 $x = 2$ 则 $\quad \displaystyle\sum_{n=1}^{\infty} \frac{n^2 2^{n-1}}{n!} = 3e^2$

Example 12.

$$求 \sum_{n=1}^{\infty} \frac{n^2 a^{n-1}}{n!} =?, \quad \forall a > 0$$

【解】

$$\because \int \sum_{n=1}^{\infty} \frac{n^2 x^{n-1}}{n!} dx = \int \sum_{n=1}^{\infty} \frac{nx^{n-1}}{(n-1)!} dx = \int \sum_{n=0}^{\infty} \frac{(n+1)x^n}{n!} dx = \sum_{n=0}^{\infty} \frac{x^{n+1}}{n!} = xe^x$$

$$\therefore \sum_{n=1}^{\infty} \frac{n^2 x^{n-1}}{n!} = (xe^x)' = e^x + xe^x$$

$$令 \ x = a \ 则 \ \sum_{n=1}^{\infty} \frac{n^2 a^{n-1}}{n!} = (a+1)e^a$$

Example 13.

$$求 \sum_{n=0}^{\infty} \frac{3^n(n+1)}{n!} =?$$

【解】

$$\because \int \sum_{n=0}^{\infty} \frac{(n+1)x^n}{n!} dx = \sum_{n=0}^{\infty} \frac{x^{n+1}}{n!} = xe^x \quad \therefore \sum_{n=0}^{\infty} \frac{(n+1)x^n}{n!} = (xe^x)' = e^x + xe^x$$

$$令 \ x = 3 \ 则 \ \sum_{n=0}^{\infty} \frac{3^n(n+1)}{n!} = 4e^3$$

Example 14.

$$求 \sum_{n=0}^{\infty} \frac{a^n(n+1)}{n!} =?, \quad \forall a > 0$$

【解】

$$\because \int \sum_{n=0}^{\infty} \frac{(n+1)x^n}{n!} dx = \sum_{n=0}^{\infty} \frac{x^{n+1}}{n!} = xe^x \quad \therefore \sum_{n=0}^{\infty} \frac{(n+1)x^n}{n!} = (xe^x)' = e^x + xe^x$$

$$令\, x = a \ 则 \ \sum_{n=0}^{\infty} \frac{a^n(n+1)}{n!} = (a+1)e^a$$

Example 15.

$$求 \sum_{n=0}^{\infty} \frac{3^n(n^2+1)}{n!} = ?$$

【解】

$$\because \sum_{n=0}^{\infty} \frac{3^n(n^2+1)}{n!} = \sum_{n=1}^{\infty} \frac{3^n n}{n-1!} + \sum_{n=0}^{\infty} \frac{3^n}{n!}$$

$$\because \int \sum_{n=0}^{\infty} \frac{(n+1)x^n}{n!} dx = \sum_{n=0}^{\infty} \frac{x^{n+1}}{n!} = xe^x \quad \therefore \sum_{n=0}^{\infty} \frac{(n+1)x^n}{n!} = (xe^x)' = e^x + xe^x$$

$$\therefore \sum_{n=1}^{\infty} \frac{x^n n}{n-1!} = \sum_{n=0}^{\infty} \frac{(n+1)x^{n+1}}{n!} = x(e^x + xe^x)$$

$$令\, x = 3 \ 则 \ 12e^3 = \sum_{n=0}^{\infty} \frac{(n+1)3^{n+1}}{n!} \quad \because \sum_{n=0}^{\infty} \frac{3^n}{n!} = e^3 \quad \therefore \sum_{n=0}^{\infty} \frac{3^n(n^2+1)}{n!} = 13e^3$$

Example 16.

$$求 \sum_{n=0}^{\infty} \frac{a^n(n^2+1)}{n!} = ?, \quad \forall a > 0$$

【解】

$$\because \sum_{n=0}^{\infty} \frac{a^n(n^2+1)}{n!} = \sum_{n=1}^{\infty} \frac{a^n n}{n-1!} + \sum_{n=0}^{\infty} \frac{a^n}{n!}$$

$$\because \int \sum_{n=0}^{\infty} \frac{(n+1)x^n}{n!}\, dx = \sum_{n=0}^{\infty} \frac{x^{n+1}}{n!} = xe^x \quad \therefore \sum_{n=0}^{\infty} \frac{(n+1)x^n}{n!} = (xe^x)' = e^x + xe^x$$

$$\therefore \sum_{n=1}^{\infty} \frac{x^n n}{n-1!} = \sum_{n=0}^{\infty} \frac{(n+1)x^{n+1}}{n!} = x(e^x + xe^x)$$

$$令\ x = a\ 则\ a(a+1)e^a = \sum_{n=0}^{\infty} \frac{(n+1)a^{n+1}}{n!}$$

$$\because \sum_{n=0}^{\infty} \frac{a^n}{n!} = e^a \quad \therefore \sum_{n=0}^{\infty} \frac{a^n(n^2+1)}{n!} = (a^2 + a + 1)e^a$$

Example 17.

$$求 \sum_{n=1}^{\infty} \frac{2^{n+2}}{n!\,(n+2)} = ?$$

【解】

$$\because \frac{x^2}{2} + \sum_{n=1}^{\infty} \frac{x^{n+2}}{n!\,(n+2)} = \sum_{n=0}^{\infty} \frac{x^{n+2}}{n!\,(n+2)} = \int \sum_{n=0}^{\infty} \frac{x^{n+1}}{n!}\, dx = \int xe^x dx$$

藉由 Integration by parts 则 $\int xe^x dx = xe^x - e^x + c$

$$令 x = 0\ 则 c = 1 \Rightarrow \int xe^x dx = xe^x - e^x + 1$$

$$令 x = 2\ 则\ 2 + \sum_{n=1}^{\infty} \frac{2^{n+2}}{n!\,(n+2)} = e^2 + 1 \Rightarrow \sum_{n=1}^{\infty} \frac{2^{n+2}}{n!\,(n+2)} = e^2 - 1$$

Example 18.

$$求 \sum_{n=1}^{\infty} \frac{a^{n+2}}{n!\,(n+2)} = ?, \quad \forall a > 0$$

【解】

$$\because \frac{x^2}{2} + \sum_{n=1}^{\infty} \frac{x^{n+2}}{n!\,(n+2)} = \sum_{n=0}^{\infty} \frac{x^{n+2}}{n!\,(n+2)} = \int \sum_{n=0}^{\infty} \frac{x^{n+1}}{n!}\,dx = \int x e^x\,dx$$

藉由 Integration by parts 则 $\int x e^x\,dx = x e^x - e^x + c$

令 $x = 0$ 则 $c = 1 \Rightarrow \int x e^x\,dx = x e^x - e^x + 1$

令 $a > 0$, 令 $x = a$ 则 $\dfrac{a^2}{2} + \sum_{n=1}^{\infty} \dfrac{a^{n+2}}{n!\,(n+2)} = (a-1)e^a + 1$

$$\Rightarrow \sum_{n=1}^{\infty} \frac{a^{n+2}}{n!\,(n+2)} = (a-1)e^a + 1 - \frac{a^2}{2}$$

Example 19.

$$求 \sum_{n=1}^{\infty} \frac{\left(\frac{1}{2}\right)^{n+1}}{n(n+1)} = ?$$

【解】

$$令 f(x) = \sum_{n=1}^{\infty} \frac{x^{n+1}}{n(n+1)} \ 则 \ f'(x) = \sum_{n=1}^{\infty} \frac{x^n}{n}$$

$$\Rightarrow f''(x) = \sum_{n=1}^{\infty} x^{n-1} = \frac{1}{1-x} \quad \therefore f'(x) = -\ln(1-x), \ 藉由 \ \text{Integration by parts}$$

$$f(x) = -\int \ln(1-x)\,dx = -\left(x\ln(1-x) + \int \frac{x\,dx}{1-x} \right)$$

$$= -(x\ln(1-x) - \ln(1-x) + 1 - x) = (1-x)\ln(1-x) - 1 + x + c$$

$\because f(0) = 0 \quad \therefore c = 1 \Rightarrow f(x) = (1-x)\ln(1-x) + x$

$$令 \ x = \frac{1}{2} \ 则 \ \sum_{n=1}^{\infty} \frac{\left(\frac{1}{2}\right)^{n+1}}{n(n+1)} = f\left(\frac{1}{2}\right) = \frac{1}{2}\ln\frac{1}{2} + \frac{1}{2}$$

Example 20.

$$求 \sum_{n=1}^{\infty} \left(\frac{1}{2}\right)^n n^2 = ?$$

【解】

$$令 f(x) = \sum_{n=1}^{\infty} n^2 x^n \text{ 则 } xf(x) = \sum_{n=1}^{\infty} n^2 x^{n+1} = \sum_{n=2}^{\infty} (n-1)^2 x^n$$

$$\therefore (1-x)f(x) = x + \sum_{n=2}^{\infty} (2n-1)x^n$$

$$\Rightarrow (1-x)xf(x) = x^2 + \sum_{n=2}^{\infty} (2n-1)x^{n+1} = x^2 + \sum_{n=3}^{\infty} (2(n-1)-1)x^n$$

$$\therefore (1-x)^2 f(x) = x - x^2 + 3x^2 + 2\sum_{n=3}^{\infty} x^n = x + \frac{2x^2}{1-x} \Rightarrow f(x) = \frac{x}{(1-x)^2} + \frac{2x^2}{(1-x)^3}$$

$$令 x = \frac{1}{2} \text{ 则 } \sum_{n=1}^{\infty} \left(\frac{1}{2}\right)^n n^2 = f\left(\frac{1}{2}\right) = \frac{\frac{1}{2}}{\left(1-\frac{1}{2}\right)^2} + \frac{2 \cdot \frac{1}{4}}{(1-\frac{1}{2})^3} = 6$$

Example 21.

$$求 \sum_{n=0}^{\infty} (n+1)(n+2)\left(\frac{1}{3}\right)^n = ?$$

【解】

$$\because \sum_{n=0}^{\infty} (n+1)(n+2)x^n = \left(\sum_{n=0}^{\infty} x^{n+2}\right)'' = \left(\frac{x^2}{1-x}\right)'' = \frac{2}{(1-x)^3}$$

$$令 x = \frac{1}{3} \text{ 则 } \sum_{n=0}^{\infty} (n+1)(n+2)\left(\frac{1}{3}\right)^n = \frac{2}{\left(1-\frac{1}{3}\right)^3} = \frac{27}{4}$$

Example 22.

$$求 \sum_{n=1}^{\infty} \frac{(-1)^{n+1}}{n} \left(\frac{4}{5}\right)^n = ?$$

【解】

$$\because \ln(1+x) = \sum_{n=1}^{\infty} \frac{(-1)^{n+1} x^n}{n}, \quad 令 x = \frac{4}{5} \; 则 \; \sum_{n=1}^{\infty} \frac{(-1)^{n+1}}{n} \left(\frac{4}{5}\right)^n = \ln \frac{9}{5}$$

Example 23.

$$求 \sum_{n=1}^{\infty} n^2 x^n \; 的函数表示式 (|x| < 1)$$

【解】

$$令 f(x) = \sum_{n=1}^{\infty} n^2 x^n \; 则 \; xf(x) = \sum_{n=1}^{\infty} n^2 x^{n+1} = \sum_{n=2}^{\infty} (n-1)^2 x^n$$

$$\therefore (1-x)f(x) = x + \sum_{n=2}^{\infty} (2n-1) x^n$$

$$\Rightarrow (1-x)xf(x) = x^2 + \sum_{n=2}^{\infty} (2n-1) x^{n+1} = x^2 + \sum_{n=3}^{\infty} (2(n-1)-1) x^n$$

$$\therefore (1-x)f(x) - (1-x)xf(x) = (1-x)^2 f(x)$$

$$= x - x^2 + 3x^2 + 2\sum_{n=3}^{\infty} x^n = x + \frac{2x^2}{1-x} \Rightarrow f(x) = \frac{x}{(1-x)^2} + \frac{2x^2}{(1-x)^3}$$

Example 24.

$$求 \sum_{n=1}^{\infty} n^3 x^n \; 的函数表示式 (|x| < 1)$$

【解】

$$\diamondsuit f(x) = \sum_{n=1}^{\infty} n^3 x^n \text{ 则 } xf(x) = \sum_{n=1}^{\infty} n^3 x^{n+1} = \sum_{n=2}^{\infty} (n-1)^3 x^n$$

$$\therefore (1-x)f(x) = x + \sum_{n=2}^{\infty} (3n^2 - 3n + 1)x^n$$

$$\Rightarrow (1-x)xf(x) = x^2 + \sum_{n=2}^{\infty} (3n^2 - 3n + 1)x^{n+1} = x^2 + \sum_{n=3}^{\infty} (3(n-1)^2 - 3(n-1) + 1)x^n$$

$$\Rightarrow (1-x)f(x) - (1-x)xf(x) = (1-x)^2 f(x)$$

$$= x - x^2 + 7x^2 + 6\sum_{n=3}^{\infty} (n-1)x^n = x + 6x^2 + 6\sum_{n=3}^{\infty} (n-1)x^n$$

$$\therefore (1-x)^2 xf(x) = x^2 + 6x^3 + 6\sum_{n=3}^{\infty} (n-1)x^{n+1} = x^2 + 6x^3 + 6\sum_{n=4}^{\infty} (n-2)x^n$$

$$\Rightarrow (1-x)^2 f(x) - (1-x)^2 xf(x) = (1-x)^3 f(x)$$

$$= x + 5x^2 - 6x^3 + 12x^3 + 6\sum_{n=4}^{\infty} x^n = x + 5x^2 + 6x^3 + 6\sum_{n=4}^{\infty} x^n = x + 5x^2 + \frac{6x^3}{1-x}$$

$$\Rightarrow f(x) = \frac{x + 5x^2}{(1-x)^3} + \frac{6x^3}{(1-x)^4}$$

Example 25.

$$\text{求} \sum_{n=1}^{\infty} \frac{x^{3n}}{3n} \text{ 的函数表示式}(|x| < 1)$$

【解】

$$\diamondsuit f(x) = \sum_{n=1}^{\infty} \frac{x^{3n}}{3n} \text{ 则 } f'(x) = \sum_{n=1}^{\infty} x^{3n-1} = \frac{x^2}{1-x^3}$$

$$\text{因此 } f(x) = \int \frac{x^2}{1-x^3} dx = \left(\frac{-1}{3}\right)\ln(1-x^3) + c$$

$$\because f(0) = 0 \qquad \therefore c = 0 \Rightarrow f(x) = \int \frac{x^2}{1-x^3}\,dx = \left(\frac{-1}{3}\right)\ln(1-x^3)$$

Example 26.

$$\text{求} \sum_{n=1}^{\infty} \frac{x^{kn}}{kn} \text{ 的函数表示式}(|x| < 1), \quad \forall k \in N$$

【解】

$$\text{令} k \in N \text{ 且 } f(x) = \sum_{n=1}^{\infty} \frac{x^{kn}}{kn} \text{ 则 } f'(x) = \sum_{n=1}^{\infty} x^{kn-1} = \frac{x^{k-1}}{1-x^k}$$

$$\text{因此 } f(x) = \int \frac{x^{k-1}}{1-x^k}\,dx = \left(\frac{-1}{k}\right)\ln(1-x^k) + c$$

$$\because f(0) = 0 \quad \therefore c = 0 \Rightarrow f(x) = \int \frac{x^{k-1}}{1-x^k}\,dx = \left(\frac{-1}{k}\right)\ln(1-x^k)$$

6.6.4 使用泰勒级数求瑕积分的值或判断收敛发散

如之前谈到，瑕积分的考试类型，区分为求瑕积分的值与判断瑕积分收敛或发散，底下整理之前所介绍的考试类型与求解方法：

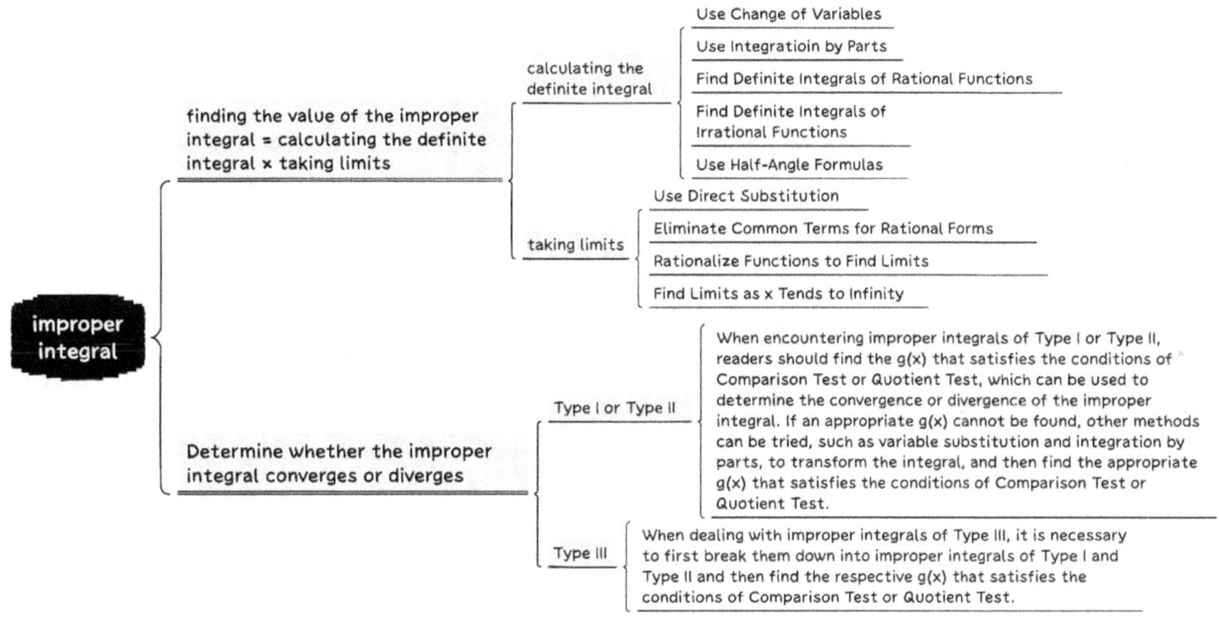

如果无法用上述方法求瑕积分的值或判断瑕积分的收敛发散时，则观察此时的被积分函数是否为较易求得泰勒级数的函数，尝试用泰勒级数解题，先找出对应的泰勒级数，求得每项积分后的一般式，最后再求每项一般式无穷和的值或判断此无穷级数是否收敛，如之前所整理，较易求得泰勒级数的函数包含：

$\ln x$、$\cos x$、$\sin x$、$\sinh x$、e^x、e^{-x}、$\sin^{-1} x$、$\cos^{-1} x$、$\sinh^{-1} x$、$\tan^{-1} x$、

$\tanh^{-1} x$、$(a + bx)^{\frac{1}{2}}$ 其中 $a \in R, \ b \neq 0$、$(a + bx)^{-\frac{1}{2}}$ 其中 $a \in R, \ b \neq 0 \dots$ 等

泰勒级数帮助将瑕积分的问题转换成无穷级数和，接着利用无穷级数和的收敛性判断是否收敛；之前探讨无穷级数和是否收敛时，使用的 Integral Test、Comparison Test 与 Limit Comparison Test 相当于将问题转换成对应的瑕积分是否收敛的问题，泰勒级数的应用相当于反了过来，帮助把无法或不好判断瑕积分是否收敛的问题转成无穷级数是否收敛的问题

考试类型:

Type 1.

求 $\int_0^1 \dfrac{g(x)}{f(x)} dx = ?$ 或 判断 $\int_0^1 \dfrac{g(x)}{f(x)} dx$ 是否收敛，其中 $\lim_{x \to 0} f(x) = \lim_{x \to 0} g(x) = 0$

解题流程:

Step1.

求 $\dfrac{g(x)}{f(x)}$ 的泰勒展开式, 假设 $\dfrac{g(x)}{f(x)} = \sum\limits_{n=0}^{\infty} a_n x^{kn+m}$, 其中 $k \in N$, $m \in N \cup \{0, -1\}$

Step2.

则 $\displaystyle\int_0^1 \dfrac{g(x)}{f(x)} dx = \int_0^1 \sum_{n=0}^{\infty} a_n x^{kn+m} dx = \sum_{n=0}^{\infty} a_n \int_0^1 x^{kn+m} dx = \sum_{n=0}^{\infty} \left. \dfrac{a_n x^{kn+m+1}}{kn+m+1} \right|_{x=0}^{x=1}$

$$= \sum_{n=0}^{\infty} \dfrac{a_n}{kn+m+1}$$

Step3.

如果需判断 $\displaystyle\sum_{n=0}^{\infty} \dfrac{a_n}{kn+m+1}$ 是否收敛则使用积分检验法、比较法(Comparison Test)、

比值法 (Ratio Test)、根值法(Root Test) 判断其是否收敛

若求 $\displaystyle\int_0^1 \dfrac{g(x)}{f(x)} dx =?$ 则 计算 $\displaystyle\sum_{n=0}^{\infty} \dfrac{a_n}{kn+m+1} =?$

<u>范例说明:</u>

(I)判断 $\displaystyle\int_0^1 \dfrac{\sin x}{x} dx$ 收敛发散

$\because \sin x = \displaystyle\sum_{n=0}^{\infty} \dfrac{(-1)^n x^{2n+1}}{(2n+1)!}$ $\quad \therefore \dfrac{\sin x}{x} = \displaystyle\sum_{n=0}^{\infty} \dfrac{(-1)^n x^{2n}}{(2n+1)!}$ $\quad \therefore \displaystyle\int_0^1 \dfrac{\sin x}{x} dx = \sum_{n=0}^{\infty} \dfrac{(-1)^n}{(2n+1)!\,(2n+1)}$

(II)判断 $\displaystyle\int_0^1 \dfrac{\tanh^{-1} x}{x} dx$ 收敛发散

$\because \dfrac{\tanh^{-1} x}{x} = \displaystyle\sum_{n=0}^{\infty} \dfrac{x^{2n}}{2n+1}$, $\forall -1 < x < 1$ $\quad \therefore \displaystyle\int_0^1 \dfrac{\tanh^{-1} x}{x} dx = \sum_{n=0}^{\infty} \dfrac{1}{(2n+1)^2}$

Example 1.

$$求 \int_0^1 \frac{1 - e^{-x^2}}{x^2} \, dx = ?$$

【解】

$$\because e^{-x^2} = \sum_{n=0}^{\infty} \frac{(-1)^n x^{2n}}{n!} \qquad \therefore \frac{1 - e^{-x^2}}{x^2} = \sum_{n=1}^{\infty} \frac{(-1)^{n+1} x^{2n-2}}{n!}$$

$$\therefore \int_0^1 \frac{1 - e^{-x^2}}{x^2} \, dx = \int_0^1 \sum_{n=1}^{\infty} \frac{(-1)^{n+1} x^{2n-2}}{n!} \, dx = \sum_{n=1}^{\infty} \int_0^1 \frac{(-1)^{n+1} x^{2n-2}}{n!} \, dx$$

$$= \sum_{n=1}^{\infty} \frac{(-1)^{n+1} x^{2n-1}}{n!\,(2n-1)} \bigg|_{x=0}^{x=1} = \sum_{n=1}^{\infty} \frac{(-1)^{n+1}}{n!\,(2n-1)}$$

Example 2.

$$求 \int_0^1 \frac{1}{x} \ln\left(\frac{1+x}{1-x}\right) dx = ?$$

【解】

$$\because \ln(1+x) = \sum_{n=1}^{\infty} \frac{(-1)^{n+1} x^n}{n} \; 且 \; \ln(1-x) = -\sum_{n=1}^{\infty} \frac{x^n}{n}$$

$$\therefore \frac{1}{x} \ln\left(\frac{1+x}{1-x}\right) = \frac{1}{x}\left(\sum_{n=1}^{\infty} \frac{(-1)^{n+1} x^n}{n} + \sum_{n=1}^{\infty} \frac{x^n}{n} \right) = \frac{1}{x}\left(\sum_{n=0}^{\infty} \frac{2x^{2n+1}}{2n+1} \right) = \sum_{n=0}^{\infty} \frac{2x^{2n}}{2n+1}$$

$$\Rightarrow \int_0^1 \frac{1}{x} \ln\left(\frac{1+x}{1-x}\right) dx = \int_0^1 \sum_{n=0}^{\infty} \frac{2x^{2n}}{(2n+1)} \, dx = \sum_{n=0}^{\infty} \int_0^1 \frac{2x^{2n}}{(2n+1)} \, dx = 2 \sum_{n=0}^{\infty} \frac{1}{(2n+1)^2}$$

Example 3.

$$试判断 \int_0^1 \tanh^{-1} x^2 \, dx \; 收敛或发散$$

【解】

$$\because \tanh^{-1} x^2 = \sum_{n=0}^{\infty} \frac{x^{4n+2}}{2n+1}, \quad \forall -1 < x < 1$$

$$\therefore \int_0^1 \tanh^{-1} x^2 \, dx = \int_0^1 \sum_{n=0}^{\infty} \frac{x^{4n+2}}{2n+1} \, dx = \sum_{n=0}^{\infty} \frac{1}{2n+1} \int_0^1 x^{4n+2} \, dx$$

$$= \sum_{n=0}^{\infty} \frac{x^{4n+3}}{(2n+1)(4n+3)} \bigg|_0^1 = \sum_{n=0}^{\infty} \frac{1}{(2n+1)(4n+3)}$$

$$\because \sum_{n=0}^{\infty} \frac{1}{(2n+1)(4n+3)} \text{ 收敛} \qquad \therefore \int_0^1 \tanh^{-1} x^2 \, dx \text{ 收敛}$$

Example 4.

$$\text{试判断} \int_0^1 \frac{\ln(1 + x^2)}{x} \, dx \text{ 收敛或发散}$$

【解】

$$\because \ln(1 + x^2) = \sum_{n=1}^{\infty} \frac{(-1)^{n+1} x^{2n}}{n} \qquad \therefore \frac{\ln(1 + x^2)}{x} = \sum_{n=1}^{\infty} \frac{(-1)^{n+1} x^{2n-1}}{n}$$

$$\therefore \int_0^1 \frac{\ln(1 + x^2)}{x} \, dx = \int_0^1 \sum_{n=1}^{\infty} \frac{(-1)^{n+1} x^{2n-1}}{n} \, dx = \sum_{n=1}^{\infty} \frac{(-1)^{n+1}}{n} \int_0^1 x^{2n-1} \, dx$$

$$= \sum_{n=1}^{\infty} \frac{(-1)^{n+1} x^{2n}}{n \cdot 2n} \bigg|_0^1 = \sum_{n=1}^{\infty} \frac{(-1)^{n+1}}{2n^2}$$

$$\because \sum_{n=0}^{\infty} \frac{(-1)^{n+1}}{2n^2} \text{ 收敛} \qquad \therefore \int_0^1 \frac{\ln(1 + x^2)}{x} \, dx \text{ 收敛}$$

Example 5.

$$\text{试判断} \int_0^1 \frac{\ln(1 - x^2)}{x} \, dx \text{ 收敛或发散}$$

【解】

$$\because \ln(1 - x^2) = -\sum_{n=1}^{\infty} \frac{x^{2n}}{n} \qquad \therefore \frac{\ln(1 - x^2)}{x} = -\sum_{n=1}^{\infty} \frac{x^{2n-1}}{n}$$

$$\therefore \int_0^1 \frac{\ln(1 - x^2)}{x}\, dx = -\int_0^1 \sum_{n=1}^{\infty} \frac{x^{2n-1}}{n}\, dx = -\sum_{n=1}^{\infty} \frac{1}{n} \int_0^1 x^{2n-1}\, dx = -\sum_{n=1}^{\infty} \frac{x^{2n}}{n \cdot 2n}\Big|_0^1 = -\sum_{n=1}^{\infty} \frac{1}{2n^2}$$

$$\because \sum_{n=1}^{\infty} \frac{1}{2n^2} \text{ 收敛} \qquad \therefore \int_0^1 \frac{\ln(1 - x^2)}{x}\, dx \text{ 收敛}$$

Example 6.

$$\text{试判断} \quad \int_0^1 \frac{\tan^{-1} x}{x}\, dx \text{ 收敛或发散}$$

【解】

$$\because \tan^{-1} x = \sum_{n=0}^{\infty} \frac{(-1)^n x^{2n+1}}{2n + 1},\ \forall -1 < x < 1 \quad \therefore \frac{\tan^{-1} x}{x} = \sum_{n=0}^{\infty} \frac{(-1)^n x^{2n}}{2n + 1},\ \forall -1 < x < 1$$

$$\therefore \int_0^1 \frac{\tan^{-1} x}{x}\, x\, dx = \int_0^1 \sum_{n=0}^{\infty} \frac{(-1)^n x^{2n}}{2n + 1}\, dx = \sum_{n=0}^{\infty} \frac{(-1)^n}{2n + 1} \int_0^1 x^{2n}\, dx$$

$$= \sum_{n=0}^{\infty} \frac{(-1)^n x^{2n+1}}{(2n + 1)^2}\Big|_0^1 = \sum_{n=0}^{\infty} \frac{(-1)^n}{(2n + 1)^2}$$

$$\because \sum_{n=0}^{\infty} \frac{(-1)^n}{(2n + 1)^2} \text{ 收敛} \qquad \therefore \int_0^1 \frac{\tan^{-1} x}{x}\, dx \text{ 收敛}$$

Example 7.

$$\text{试判断} \quad \int_0^1 \frac{\tanh^{-1} x}{x}\, dx \text{ 收敛或发散}$$

【解】

$$\because \frac{\tanh^{-1}x}{x} = \sum_{n=0}^{\infty} \frac{x^{2n}}{2n+1}, \ \ \forall -1 < x < 1$$

$$\therefore \int_0^1 \frac{\tanh^{-1}x}{x}\,dx = \int_0^1 \sum_{n=0}^{\infty} \frac{x^{2n}}{2n+1}\,dx = \sum_{n=0}^{\infty} \frac{1}{2n+1}\int_0^1 x^{2n}\,dx = \sum_{n=0}^{\infty} \frac{1}{(2n+1)^2}$$

$$\because \sum_{n=0}^{\infty} \frac{1}{(2n+1)^2} \ 收敛 \qquad \therefore \int_0^1 \frac{\tanh^{-1}x}{x}\,dx \ 收敛$$

Example 8.

$$试判断 \ \int_0^1 \frac{\sin x}{x}\,dx \ 收敛或发散$$

【解】

$$\because \sin x = \sum_{n=0}^{\infty} \frac{(-1)^n x^{2n+1}}{(2n+1)!} \qquad \therefore \frac{\sin x}{x} = \sum_{n=0}^{\infty} \frac{(-1)^n x^{2n}}{(2n+1)!}$$

$$\therefore \int_0^1 \frac{\sin x}{x}\,dx = \int_0^1 \sum_{n=0}^{\infty} \frac{(-1)^n x^{2n}}{(2n+1)!}\,dx = \sum_{n=0}^{\infty} \int_0^1 \frac{(-1)^n x^{2n}}{(2n+1)!}\,dx$$

$$= \sum_{n=0}^{\infty} \frac{(-1)^n x^{2n+1}}{(2n+1)!\,(2n+1)}\bigg|_{x=0}^{x=1} = \sum_{n=0}^{\infty} \frac{(-1)^n}{(2n+1)!\,(2n+1)}$$

$$\because \sum_{n=0}^{\infty} \frac{(-1)^n}{(2n+1)!\,(2n+1)} \ 收敛 \qquad \therefore \int_0^1 \frac{\sin x}{x}\,dx \ 收敛$$

Example 9.

$$试判断 \ \int_0^1 \frac{\sin^{-1}\frac{x}{3}}{x}\,dx \ 收敛或发散$$

【解】

$$\because \sin^{-1}\frac{x}{3} = \frac{x}{3} + \sum_{n=1}^{\infty} \frac{2^{-n}\prod_{k=0}^{n-1}2k+1}{3^{2n+1}n!\,(2n+1)}x^{2n+1}, \ \forall -1 < x < 1$$

$$\therefore \frac{\sin^{-1}\frac{x}{3}}{x} = \frac{1}{3} + \sum_{n=1}^{\infty} \frac{2^{-n}\prod_{k=0}^{n-1}2k+1}{3^{2n+1}n!\,(2n+1)}x^{2n}, \ \forall -1 < x < 1$$

$$\therefore \int_0^1 \frac{\sin^{-1}\frac{x}{3}}{x}\,dx = \int_0^1 \frac{1}{3} + \sum_{n=1}^{\infty} \frac{2^{-n}\prod_{k=0}^{n-1}2k+1}{3^{2n+1}n!\,(2n+1)}x^{2n}\,dx$$

$$= \frac{1}{3} + \sum_{n=1}^{\infty} \int_0^1 \frac{2^{-n}\prod_{k=0}^{n-1}2k+1}{3^{2n+1}n!\,(2n+1)}x^{2n}\,dx = \frac{1}{3} + \sum_{n=1}^{\infty} \frac{2^{-n}\prod_{k=0}^{n-1}2k+1}{3^{2n+1}n!\,(2n+1)^2}x^{2n+1}\Bigg|_{x=0}^{x=1}$$

$$= \frac{1}{3} + \sum_{n=1}^{\infty} \frac{2^{-n}\prod_{k=0}^{n-1}2k+1}{3^{2n+1}n!\,(2n+1)^2}$$

$$\because \left| \frac{\dfrac{2^{-n-1}\prod_{k=0}^{n}2k+1}{3^{2n+3}(n+1)!\,(2n+3)^2}}{\dfrac{2^{-n}\prod_{k=0}^{n-1}2k+1}{3^{2n+1}n!\,(2n+1)^2}} \right| = \left| \frac{1}{9}\cdot\frac{(2n+1)^2(2n+1)}{2(2n+3)^2(n+1)} \right| \ \text{且} \ \lim_{n\to\infty}\left| \frac{1}{9}\cdot\frac{(2n+1)^2(2n+1)}{2(2n+3)^2(n+1)} \right| = \frac{1}{9},$$

藉由 Ratio Test 则 $\displaystyle\sum_{n=1}^{\infty} \frac{2^{-n}\prod_{k=0}^{n-1}2k+1}{3^{2n+1}n!\,(2n+1)^2}$ 收敛 $\Rightarrow \displaystyle\int_0^1 \frac{\sin^{-1}\frac{x}{3}}{x}\,dx$ 收敛

Example 10.

$$\text{试判断} \ \int_0^1 \frac{\sinh^{-1}\frac{x}{3}}{x}\,dx \ \text{收敛或发散}$$

【解】

$$\because \sinh^{-1}x = x + \sum_{n=1}^{\infty} \frac{2^{-n}(-1)^n\prod_{k=0}^{n-1}2k+1}{n!\,(2n+1)}x^{2n+1}, \forall -1 < x < 1$$

$$\because \sin^{-1}\frac{x}{3} = \frac{x}{3} + \sum_{n=1}^{\infty} \frac{2^{-n}(-1)^n\prod_{k=0}^{n-1}2k+1}{3^{2n+1}n!\,(2n+1)}x^{2n+1}, \forall -1 < x < 1$$

$$\therefore \frac{\sin^{-1}\frac{x}{3}}{x} = \frac{1}{3} + \sum_{n=1}^{\infty} \frac{2^{-n}(-1)^n \prod_{k=0}^{n-1} 2k+1}{3^{2n+1} n! \, (2n+1)} x^{2n}, \ \forall -1 < x < 1$$

$$\therefore \int_0^1 \frac{\sin^{-1}\frac{x}{3}}{x} \, dx = \int_0^1 \frac{1}{3} + \sum_{n=1}^{\infty} \frac{2^{-n}(-1)^n \prod_{k=0}^{n-1} 2k+1}{3^{2n+1} n! \, (2n+1)} x^{2n} \, dx$$

$$= \frac{1}{3} + \sum_{n=1}^{\infty} \int_0^1 \frac{2^{-n}(-1)^n \prod_{k=0}^{n-1} 2k+1}{3^{2n+1} n! \, (2n+1)} x^{2n} \, dx = \frac{1}{3} + \sum_{n=1}^{\infty} \frac{2^{-n}(-1)^n \prod_{k=0}^{n-1} 2k+1}{3^{2n+1} n! \, (2n+1)^2} x^{2n+1} \Bigg|_{x=0}^{x=1}$$

$$= \frac{1}{3} + \sum_{n=1}^{\infty} \frac{2^{-n}(-1)^n \prod_{k=0}^{n-1} 2k+1}{3^{2n+1} n! \, (2n+1)^2}$$

$$\therefore \left| \frac{\dfrac{2^{-n-1} \prod_{k=0}^{n} 2k+1}{3^{2n+3}(n+1)! \, (2n+3)^2}}{\dfrac{2^{-n} \prod_{k=0}^{n-1} 2k+1}{3^{2n+1} n! \, (2n+1)^2}} \right| = \left| \frac{1}{9} \cdot \frac{(2n+1)^2(2n+1)}{2(2n+3)^2(n+1)} \right| \ \text{且} \ \lim_{n \to \infty} \left| \frac{1}{9} \cdot \frac{(2n+1)^2(2n+1)}{2(2n+3)^2(n+1)} \right| = \frac{1}{9}$$

$$\text{藉由 Ratio Test 则} \ \sum_{n=1}^{\infty} \frac{2^{-n}(-1)^n \prod_{k=0}^{n-1} 2k+1}{3^{2n+1} n! \, (2n+1)^2} \ \text{收敛} \Rightarrow \int_0^1 \frac{\sinh^{-1}\frac{x}{3}}{x} \, dx \ \text{收敛}$$